AF359308

DICTIONNAIRE

DES

SCIENCES NATURELLES.

TOME XXVIII.

MAD = MANA.

DICTIONNAIRE

DES

SCIENCES NATURELLES,

DANS LEQUEL 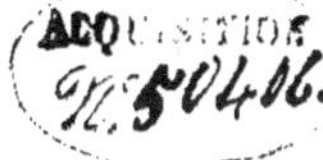

ON TRAITE MÉTHODIQUEMENT DES DIFFÉRENS ÊTRES DE LA NATURE, CONSIDÉRÉS SOIT EN EUX-MÊMES, D'APRÈS L'ÉTAT ACTUEL DE NOS CONNOISSANCES, SOIT RELATIVEMENT A L'UTILITÉ QU'EN PEUVENT RETIRER LA MÉDECINE, L'AGRICULTURE, LE COMMERCE ET LES ARTS.

SUIVI D'UNE BIOGRAPHIE DES PLUS CÉLÈBRES NATURALISTES.

Ouvrage destiné aux médecins, aux agriculteurs, aux commerçans, aux artistes, aux manufacturiers, et à tous ceux qui ont intérêt à connoître les productions de la nature, leurs caractères génériques et spécifiques, leur lieu natal, leurs propriétés et leurs usages.

PAR

Plusieurs Professeurs du Jardin du Roi, et des principales Écoles de Paris.

TOME VINGT-HUITIÈME.

F. G. LEVRAULT, Éditeur, à STRASBOURG,
et rue des Fossés M. le Prince, N.º 31, à PARIS.

LE NORMANT, rue de Seine, N.º 8, à PARIS.

1823.

DICTIONNAIRE

DES

SCIENCES NATURELLES.

MAD

MADABLOTA. (*Bot.*) Sonnerat a publié sous ce nom le *banisteria unicapsularis* de M. Lamarck, dont le genre appartient à la famille des malpighiées, et est le *molina* de Cavanilles, le *gærtnera* de Schreber et Willdenow, l'*hyptage* de Gærtner. Ce dernier nom sera probablement préféré, parce que les autres ont été appliqués à des genres différens. (J.)

MADAN. (*Bot.*) Suivant Hermann et Linnæus, le *jambolifera* est ainsi nommé à Ceilan. (J.)

MADANAKA (*Bot.*), nom brame du *perin-njara* du Malabar, *calyptranthes caryophyllifolia* de Willdenow. (J.)

MADANG-GUSA (*Bot.*), nom japonois de l'*hypoxis spicata* de M. Thunberg. (J.)

MADDH (*Bot.*), nom arabe, suivant Forskal, de son *dianthera trisulca*, que Vahl nomme *justicia trisulca*. (J.)

MADDJENNINÆ. (*Bot.*) Nom arabe d'une rue, *ruta tuberculata* de Forskal. Les femmes de l'Egypte se lavent la tête avec son suc pour faire pousser leurs cheveux. M. Delile la nomme *megen nyneh*. (J.)

MADELAINE. (*Bot.*) Une variété de pêche et une variété de poire portent ce nom. (L. D.)

MADERAN-PULLI (*Bot.*), nom malabare du tamarin, cité par Rhèede. (J.)

MADHÆFAA (*Bot.*), nom arabe, suivant Forskal, de son *dianthera paniculata*, que Retz et Vahl nomment *dianthera bicalyculata*. (J.)

MADHUCA. (*Bot.*) On trouve sous ce nom, dans le *Systema Naturæ* de Gmelin, comme devant former un genre particulier, une plante des Indes, qui est le *bassia latifolia* de Roxburg. Voyez Illipé. (Poir.)

MADI. (*Bot.*) Nom brame du palmier arec, qui est le *caunga* des Malabares. On connoît, sous le même nom, un genre de plantes composées, originaire du Chili, dont Feuillée fait mention, et qui est maintenant le genre *Madia*. Voyez Madi, ci-après. (J.)

MADI, *Madia*. (*Bot.*) Genre de plantes dicotylédones, à fleurs composées, de la famille des *corymbifères*, de la *syngénésie polygamie superflue* de Linnæus, offrant pour caractère essentiel : Des fleurs radiées : un calice simple à huit ou dix folioles, quelquefois un second calice intérieur à plusieurs folioles ; les fleurons hermaphrodites ; les demi-fleurons femelles ; cinq étamines syngénèses ; l'ovaire surmonté d'un style capillaire ; les semences non aigrettées ; le réceptacle nu.

Madi cultivé : *Madia sativa*, Molin., *Chili*, édit. franç., pag. 106 ; Willd., *Spec.*, 3, pag. 1951 ; Madi, Feuill., *Pér.*, pag. 59, tab. 26. Plante très-intéressante par les propriétés de ses semences. Sa racine est blanchâtre et pivotante ; sa tige herbacée, rameuse, haute d'environ quatre pieds et demi, garnie de feuilles alternes, nombreuses, linéaires-lancéolées, aiguës, très-entières, longues d'environ quatre pouces et demi, assez semblables à celles du laurier-rose, d'un vert-clair, chargées, ainsi que la tige et les rameaux, de poils courts et blanchâtres. Les fleurs sont jaunes, presque sessiles, agglomérées à l'extrémité des rameaux, ou dans l'aisselle des feuilles. Le calice, avant son épanouissement, est un peu ovale, presque sphérique, velu, composé de huit folioles linéaires : les fleurons sont nombreux, de la longueur du calice, à cinq divisions, tous hermaphrodites ; les demi-fleurons très-longs, à trois dents ; les semences longues de quatre à cinq lignes, couvertes d'une pellicule mince et brunâtre, convexes d'un côté, aplaties de l'autre.

Cette plante croît au Chili, où elle est assez généralement

cultivée. Ses semences fournissent par expression, ou par la simple coction, une huile très-douce, au moins aussi agréable que celle de l'olive, à laquelle elle ressemble aussi par la couleur. Les naturels du pays s'en servent non seulement pour assaisonner leurs mets, mais encore pour brûler dans les lampes: ils l'emploient aussi pour apaiser les douleurs, en oignant avec elle les parties malades. Molina en cite une autre espéce, le MADI SAUVAGE (*madia mellosa*), qui, dit-il, se distingue du premier par des feuilles qui embrassent la tige, et qui sont visqueuses au tact; peut-être est-ce la même plante que la suivante.

MADI VISQUEUX: *Madia viscosa*, Cavan., *Icon. rar.*, 3, tab. 298; *Madia mellosa*, Jacq., *Hort. Schœnbr.*, 3, tab. 502. Espèce remarquable par les poils glanduleux qui recouvrent toutes ses parties. Ses tiges sont droites, herbacées, garnies de feuilles éparses, alternes, sessiles, oblongues-lancéolées, obtuses, très-entières, longues de quatre pouces, rudes au toucher, marquées de trois nervures longitudinales, dont deux plus fines. Les fleurs sont presque sessiles, la plupart solitaires, axillaires et terminales; leur calice est globuleux, à dix folioles, un peu en carène, visqueuses, hérissées; la corolle jaune, plus longue que le calice; les demi-fleurons sont assez souvent au nombre de cinq; les semences dépourvues d'aigrettes; le réceptacle est nu. Cette plante croit au Chili: on la cultive au Jardin du Roi. (POIR.)

MADION. (*Ornith.*) Gesner, dans l'*Appendix*, cite ce terme, d'après Avicenne, comme étant le nom d'un oiseau de diverses couleurs, mais sans mettre à portée de le reconnoître. (CH. D.)

MADJANI. (*Bot.*) Les Brames nomment ainsi la rose de Cayenne, *hibiscus mutabilis*, qui est le *hina-pariti* du Malabar.(J.)

MADJERSCHE. (*Bot.*) Nom arabe, suivant Forskal, de son *croton lobatum*, qui est le *jatropha glauca* de Vahl. Il est aussi nommé OBAB. Voyez ce mot. (J.)

MADO (*Bot.*), nom brame du *tenga* du Malabar, qui est le cocotier. (J.)

MADOKA. (*Mamm.*) Selon le voyageur Salt, les Abyssins nomment ainsi un animal du genre des antilopes. M. de Blainville a distingué spécifiquement cet antilope sous le nom d'*Antilope de* SALT. (DESM.)

MADONIA. (*Bot.*) Adanson, qui cite cette plante de Théophraste, la place dans le genre *Nymphœa*. (LEM.)

MADRE DE DIOS. (*Bot.*) Dans un herbier ancien de l'Inde, envoyé par un chirurgien nommé Couzier, est une espèce de *premna*, que nous nommons *premna flavescens*, à cause de la couleur jaunâtre de son feuillage. C'est le *thovaylé* des Indiens, le *madre de Dios* des Portugais de ces colonies. (**J.**)

MADRE-SYLVA (*Bot.*), nom portugais du chèvrefeuille des jardins, cité par Vandelli. (**J.**)

MADREPORE, *Madrepora.* (*Polyp.*) Impérati paroît être le premier auteur qui ait employé ce mot pour désigner une espèce de polypiers pierreux ; Marsigli l'étendit à tous les polypiers de cette nature ; Boerhaave et Tournefort l'appliquèrent à ceux qui sont très-poreux ; enfin Linnæus le restreignit aux espèces qui offrent à leur surface des excavations en forme d'étoiles lamelleuses, dont il forma ainsi un genre distinct parmi ses zoophytes. Cependant Pallas circonscrivit encore plus nettement ce genre ; et, tout en adoptant le mode de division que le célèbre Suédois avoit employé, il le perfectionna beaucoup et partagea les espèces en huit sections sous les noms de *madreporæ simplices*, *concatenatæ*, *conglomeratæ*, *aggregatæ*, *dichotomæ*, *vegetantes*, *anomalæ* et *stellæ*, divisions pour lesquelles il donna de fort bons caractères. Sloane, Catesby, et même Gualtieri créèrent quelques genres avec des dénominations particulières, mais qui ne furent pas adoptés ; aussi Ellis et Solander, dans leur bel ouvrage sur ce groupe de corps organisés, admirent entièrement la division de Pallas ; c'est ce que fit aussi Gmelin dans la dernière édition du *Systema Naturæ* ; et presque tous les zoologistes subséquens, jusqu'à M. de Lamarck. Celui-ci, dans la première édition de ses Animaux sans vertèbres, crut devoir former autant de genres particuliers de la plupart des divisions de Pallas ; ce qui a été imité par un grand nombre de zoologistes ; mais depuis il a été encore plus loin dans la multiplication de ces genres ; en sorte que, dans la nouvelle édition des Animaux sans vertèbres, les madrepores de Linnæus et de Pallas forment pour lui la section des polypiers, qu'il nomme lamellifères, et le nom de madrepore est réservé aux polypiers lamellifères dendroïdes, dont la surface est hérissée par des cellules saillantes. Cette amélioration dans la classification des polypiers pierreux lamellifères, n'est malheureusement encore basée que sur la connoissance du polypier ou de la masse crétacée, produite par les animaux, et sur laquelle ils reposent; car si la science possède quelques faits sur certains de ces animaux, elle est encore assez loin d'avoir des connoissances suffisantes sur tous, et ce sont cependant des élémens nécessaires pour la conformation des genres établis sur la considération du polypier seulement. C'est à Impérati qu'est dû le premier soupçon que les madrepores de Linnæus appartenoient à des animaux. Rumph, qui eut l'occasion d'en observer un si grand nombre dans les mers de l'Inde, confirma cette opinion, mais il n'y vit qu'une sorte de gelée animale recouvrant le polypier. Enfin Peysonnell leva tous les doutes à ce sujet, et regarda les madrepores plus spécialement comme de véritables coquilles d'animaux agrégés. Donati et Cavolini sont cependant les auteurs qui nous ont donné le plus de détails sur quelques espèces de ce genre, tel que le concevoient Linnæus et Pallas; car nous ne connoissons encore aucun observateur qui ait parlé de l'animal d'une espèce du genre Madrepore, tel que M. de Lamarck l'a circonscrit; ce qui nous empêche d'en tirer les caractères du genre que nous exprimons ainsi : Polypes inconnus contenus dans des cellules ou loges plus ou moins profondes, plus ou moins saillantes, à peine stelliformes, éparses à la surface d'un arbuscule entièrement calcaire, fixé à sa base, ramifié d'une manière irrégulière, et percé d'un très-grand nombre de pores. Ce genre correspond à la division des *madreporæ ramosæ*, de Gmelin.

On ne connoît pas encore de ces madrepores ainsi définis dans les mers qui baignent l'Europe; et jusqu'ici on n'en a rencontré que dans les mers de l'Amérique méridionale, et surtout dans celles de l'Inde. Il paroît qu'ils s'y développent fixés par leur base à des profondeurs assez considérables, en élevant plus ou moins les expansions foliacées, ou les ramifications caulescentes et ramifiées qui les constituent. Nous ignorons entièrement quel est leur mode d'accroissement, de multiplication, de mort. Nous savons seulement que le polypier, qui est entièrement calcaire, est d'un tissu d'autant plus serré, qu'on se rapproche davantage des parties basilaires, et qu'au contraire l'extrémité des ramifications est toujours plus poreuse. Les cellules inférieures sont en effet toujours plus effacées, au contraire des supérieures, et l'extrémité des rameaux est souvent terminée par une excavation infundibuliforme assez profonde.

C'est à l'accroissement très-rapide, dit-on, des madrepores proprement dits, et surtout du madrepore muriqué, qu'est due la formation des rescifs nombreux qui existent dans la mer du Sud, dans celle des Indes et dans la mer Rouge. Ce qu'il y a de certain, c'est que la plupart des îles de ces pays reposent sur un sol calcaire, entièrement composé de polypiers pierreux, et que leurs montagnes les plus élevées en sont elles-mêmes formées; mais il seroit bien difficile d'assurer que les madrepores sont les espèces qui s'y trouvent en plus grand nombre. Nous manquons d'observations positives, comme nous le verrons à l'article des polypiers pierreux, où nous traiterons de l'histoire des madrepores considérés en général.

M. de Lamarck compte dans ce genre neuf espèces seulement, qu'on peut partager en deux sections, d'après la forme des branches du polypier.

A. *Espèces dont la tige et les branches sont comprimées.*

Le MADREPORE PALMÉ: *Madrepora palmata*, Lamck., *Esp. Sup.*, 1, t. 83; vulgairement le CHAR DE NEPTUNE. Grande et belle espèce, fort large, dont les expansions sont aplaties, enroulées à la base, profondément divisées, laciniées, presque palmées et muriquées des deux côtés. Des mers d'Amérique.

Le MADREPORE ÉVENTAIL; *Madrepora flabellum*, Lamck. Espèce moins grande que la précédente, droite, tout-à-fait flabelliforme, non enroulée à sa base; les cellules inégales, subproéminentes. Océan américain.

B. *Espèces dont la tige et les ramifications sont plus ou moins arrondies.*

Le MADREPORE EN CORYMBE: *Madrepora corymbosa*, Lamck.; Rumph, *Amb.*, 6, tab. 86, fig. 2. Très-rameux, orbiculaire; les rameaux ascendans, divisés en un très-grand nombre de ramules, formant un très-large corymbe oblique; cellules inégales, serrées et striées en dehors.

C'est une espèce commune dans les collections, et venant de l'Océan indien.

Le Madrepore plantain : *Madrepora plantaginea*, Lamck. ; *Madrepora muricata*, var., *Esp. Suppl.*, 1, t. 54; vulgairement l'Épi de blé. Espèce en gerbe, formée de rameaux droits, nombreux, courts, spiciformes; les cellules turbinées, tubuleuses, obtuses, épaissies sur le bord. Mers de l'Inde.

Le Madrepore pocillifère ; *Madrepora pocillifera*, Lamck. Polypier rameux; les rameaux ronds, ascendans, prolifères, perforés au sommet; les cellules serrées, saillantes, cochléariformes. Océan austral.

Le Madrepore lache; *Madrepora laxa*, Lamck. Polypier assez étalé ; les rameaux cylindriques, nombreux, prolifères au sommet, et hérissés de cellules tubuleuses, inégales et échinulées en dehors. Mers australes.

Le Madrepore muriqué : *Madrepora muricata*, Soland., Ellis, tab. 57; le madrepore abrotanoïde, Lamck. Polypier rameux, droit; branches assez épaisses, droites, rameuses, pyramidales; les rameaux latéraux, courts, épars, serrés et hérissés de papilles tubuleuses, entremêlées d'étoiles superficielles. Grande et belle espèce de l'Océan indien.

Le Madrepore corne de cerf : *Madrepora cervicornis*, Lamck., Sloane, *Jam. Hist.*, 1, t. 18, f. 5. Polypier rameux; les branches simples ou peu divisées, cylindriques, épaisses, pointues, scabres, courbées de différentes manières; les papilles courtes, sans étoiles superficielles. Mers d'Amérique.

Le Madrepore prolifère : *Madrepora prolifera*, Lamck. ; *Madrepora muricata*, *Esp. Suppl.*, 1, tab. 50. Polypier rameux, en touffe lâche ; les branches longues, grêles, prolifères au sommet, et hérissées de papilles tubuleuses, ascendantes, striées en dehors. Mers d'Amérique et des Indes. (De B.)

MADREPORES. (*Foss.*) Les polypes des madrepores qui sont extrêmement communs dans les mers des climats chauds et principalement dans celles de la Zone Torride, ne peuvent plus exister aujourd'hui dans le climat que nous habitons. On trouve cependant de ces polypiers à l'état fossile dans les couches anciennes ainsi que dans les plus modernes de nos pays, où ils ont été formés; mais il paroît qu'ils n'y étoient pas aussi abondans que dans les mers où ces polypes vivent aujourd'hui, puisqu'ils forment des rescifs immenses et des masses semblables à des montagnes, surtout dans l'Océan Pacifique équinoxial.

Le calcaire coquillier des environs de Paris présente les débris de trois ou quatre espèces de ce genre.

Le Madrepore orné ; *Madrepora ornata*, Def., Vélins du Mus. d'Hist. nat., n.° 48, fig. 15. Polypier rameux, à rameaux divisés, garnis de cellules éloignées les unes des autres de deux à quatre lignes, et un peu saillantes. L'intervalle entre les cellules est couvert de petites éminences disposées dans certains endroits par sillons parallèles, mais le plus souvent en réseau irrégulier. Les plus grands débris de ce polypier n'ont pas plus de deux pouces de longueur, sur trois à quatre lignes de diamètre. On trouve cette espèce à Grignon et à Beynes, département de Seine et Oise.

Madrepore de Solander ; *Madrepora Solanderi*, Def. Cette espèce présente des débris rameux dont le tronc est souvent aplati et plus gros que dans l'espèce précédente. Ils sont couverts de cellules rapprochées, inégales et saillantes dans les morceaux bien conservés; mais en général tout ce qu'on rencontre à Valmondois, près de l'Ile-Adam, département de Seine et Oise, où on les trouve, paroît avoir été battu par les vagues, comme les différens corps marins que l'on trouve aujourd'hui sur les rivages. Des morceaux de cette espèce, qui se trouvent dans ma collection, sont indiqués avoir été trouvés à Mary, près de Meaux, département de Seine et Marne.

Madrepore de Gerville; *Madrepora Gervillii*. Def. Polypier cylindrique, couvert de cellules peu lamelleuses, de grandeur égale entre elles et disposées en quinconce. L'intervalle entre les cellules est agréablement granulé. Le seul morceau de ce polypier que je connoisse et que je possède, a un pouce et demi de longueur, sur trois lignes de diamètre. Il a été trouvé dans la falunière de Hauteville, département de la Manche, par M. de Gerville, dont les découvertes en fossiles enrichissent la science tous les jours.

On trouve dans les couches très-anciennes des environs de Chimay, près de Marienbourg, une espèce qui paroît fort grande et qui a beaucoup de rapports avec le madrepore abrotanoïde. Sa substance paroît avoir été changée en calcédoine.

Je possède encore des morceaux de madrepores fossiles qui paroissent d'espèces différentes de celles ci-dessus; mais leur état de conservation ne permet pas d'en déterminer les caractères.

Fortis et d'autres auteurs ont cité des lieux où l'on avoit trouvé des madrepores fossiles; mais comme sous ce nom on comprenoit autrefois presque tous les polypiers, on ne peut savoir de quel genre ils ont voulu parler. (D. F.)

MADRÉPORITE. (*Min.*) En élevant au rang d'espèce une simple modification d'une espèce minéralogique déterminée avec toute la précision désirable par les moyens physiques, cristallographiques et chimiques, en lui donnant un nom aussi impropre que celui de *madréporite* qui indique un zoophyte fossile, il nous paroît qu'il étoit difficile d'établir une spécification plus opposée à ce que nous regardons comme les vrais principes de la minéralogie scientifique.

On diroit que ces spécifications nominales sont faites en faveur des marchands de minéraux; car, aussitôt que ce nom a été donné à une variété noire, bacillaire et un peu bitumineuse de calcaire, tous les minéralogistes, les savans comme les simples amateurs, ont voulu avoir dans leur collection la variété de chaux carbonatée, à laquelle on avoit donné de l'importance en l'appelant *madréporite*, et à laquelle ils auroient à peine pensé sous le nom de *chaux carbonatée cylindroïde conjointe noirâtre*; c'est le nom systématique, un peu long il est vrai, que M. Haüy donne à cette sous-variété de calcaire. Nous mettrons en seconde ligne la structure de cette variété, et nous la considérerons plutôt par rapport au corps qui lui donne sa couleur et son odeur souvent fétide; ce corps est cependant en si petite quantité qu'il paroît avoir échappé à la plupart des chimistes qui ont fait l'analyse de la madréporite, mais c'est précisément parce que nous ne sommes sûrs ni de la présence constante de ce corps, ni de son action, que nous devons désigner cette variété par un nom insignifiant, et nous adopterons celui que M. Jameson lui a donné, en plaçant ce minéral dans le calcaire lucullan ou fétide, et en désignant cette variété par le nom méthodique de *calcaire lucullan bacillaire*. Nous en avons déjà parlé à l'article de la CHAUX CARBONATÉE, sous le nom de calcaire spathique bacillaire.

(Voyez cette variété, tom. VIII, pag. 270.) Nous avons fait connoître la petite quantité de carbone que Klaproth y a trouvée, un demi pour cent ; cependant cette très-petite quantité de carbone, ayant été trouvée assez constamment dans les différentes variétés de calcaire lucullan, a fait aussi donner tant à ce calcaire qu'à la sous-variété qui nous occupe, le nom d'anthraconite, nom significatif fort bon si on devoit l'appliquer à une espèce particulière.

On ne connoissoit d'abord le calcaire lucullan bacillaire qu'en morceaux épars dans la vallée de Russbach près de Salzbourg ; mais, depuis cette première découverte, on l'a retrouvé à Stavern en Norwége, à Garphytta en Néricie, province de Suède, dans des terrains qui appartiennent à la formation transitive, et enfin dans le Groenland.

Les calcaires lucullans de ces quatre localités ont donné à l'analyse les principes suivans que nous distinguons d'une multitude d'autres principes qui ne sont évidemment qu'accessoires au minéral.

Analyse du calcaire lucullan bacillaire.

	Par KLAPROTH.	Par JOHN.		
	De Salzbourg,	de Stavern,	de Garphytta,	du Groenland.
Chaux carbonatée......	93	95	95	96
Alumine................	»	1	1	»
Silice................	4	1	»	»
Fer oxydé.............	1	1	1	1
Carbone.............	0,5	1	1	0,7
	98,5	99	98	97,7
Pertes ou corps étrangers.	1,5	1	2	2,3
	100	100	100	100

La concordance des résultats de ces analyses dans les parties essentielles et caractéristiques d'une simple variété, faites sur des échantillons pris dans des lieux très-éloignés, est une chose assez frappante, et qui nous indique dans tous les phénomènes de la nature inorganique, tant dans la composition essentielle que dans les mélanges, les relations géologiques, etc..

une uniformité d'action, et par conséquent une simplicité de principes et de moyens bien dignes d'être remarqués. (B.)

MADRÉPORITE. (*Foss.*) C'est le nom que les auteurs anciens ont donné à différens genres de polypiers pierreux fossiles; tels que les caryophillies, les astrées, les fongies, les madrepores proprement dits, et autres. (D. F.)

MADRONO. (*Bot.*) Clusius dit que les Espagnols donnent ce nom à l'arbousier, et celui de *madronos* à son fruit. Les Portugais le nomment *madronho*. (J.)

MADRUNO. (*Bot.*) Dans le royaume de la Nouvelle-Grenade, on nomme ainsi un calaba, *calophyllum madruno* de la Flore équinoxiale. (J.)

MAEKASTAK. (*Ornith.*) L'oiseau ainsi nommé en Laponie, est la bécassine, *scolopax gallinago*, Linn. (CH. D.)

MÆLÆCHE ou MÆLÆKE (*Bot.*), nom arabe d'un titimale, *euphorbia peplus*, selon Forskal; l'*euphorbia retusa* est nommé *melbœia*. (J.)

MÆLAHOLA. (*Bot.*) Nom donné, suivant Hermann, dans l'île de Ceilan, à l'*olax zeylanica*, employé dans cette ile comme plante potagère. Linnæus l'écrit *mella-hola*. (J.)

MÆMANG. (*Bot.*) Espèce de haricot de Ceilan, citée par Hermann. (J.)

MAENK (*Mamm.*), nom suédois d'une petite espèce de marte, dont Linnæus a parlé sous le nom de *lutreola*. (F. C.)

MÆNURA. (*Ornith.*) Voyez MÉNURE. (CH. D.)

MÆRUA. (*Bot.*) Voyez MÉRUA. (POIR.)

MAES. (*Ornith.*), nom hollandois de la mésange charbonnière, *parus major*, Linn., que l'on appelle aussi *col-maes*. (CH. D.)

MÆSA. (*Bot.*) Voyez MÉSA. (POIR.)

MAEU. (*Ornith.*) L'oiseau que les Bas-Allemands nomment, suivant Aldrovande, *maeu* et *cockmaeu*, est la petite mouette cendrée, *larus cinerarius*, Lath. (CH. D.)

MAFAN. (*Conchyl.*) Adanson (Sénégal, p. 95, pl. 6.) désigne ainsi une espèce de cône, *conus vicarius*, Brug., et pense que c'est à cette espèce que se rapportent les coquilles si recherchées autrefois sous les noms d'amiraux, de vice-amiraux et même d'extra-amiraux. Voyez CÔNE. (DE B.)

MAFOUTILICOUI. MAFUTILIQUI. (*Mamm.*) Gannila parle

sous ce nom indien d'un mammifère mal déterminé, qui sans doute appartient au genre des moufettes. (F. C.)

MAFOUTRE. (*Bot.*) Voyez Bois de mafoutre. (J.)

MAGALLANA (*Bot.*) Voyez Magellane. (Lem.)

MAGALEP. (*Bot.*) Voyez Mahaleb. (J.)

MAGA-PAQUI (*Bot.*), nom américain du *salvia petiolaris* de la Flore équinoxiale, qui croît sur les bords du fleuve de la Madeleine. (J.)

MAGARI. (*Ornith.*) Voyez Maguari. (Ch. D.)

MAGAS. (*Conchyl.*) Genre de coquilles proposé par M. Sowerby (*Minéral Conchology.*) pour une seule espèce qui paroît ne différer des térébratules que par des appendices internes qu'on remarque à la charnière. (De B.)

MAGAS. (*Foss.*) On trouve dans les couches supérieures de la craie des environs de Paris, et en Angleterre, prés de Maudesley en Norwich, une espéce de petite coquille bivalve, que M. de Lamarck a rangée dans les térébratules (Anim. sans vert., 1819, tom. VI, partie Ire, pag. 251, n.ºs 26 ou 58); mais M. Sowerby a cru devoir faire de cette espèce un genre particulier auquel il a donné le nom de Magas, et dont voici les caractères : Coquille bivalve, à valves inégales; l'une des valves est munie d'un bec recourbé, le long duquel s'étend un sinus angulaire. La charnière est droite avec deux élévations au milieu. (Sowerb., *Min. Conch.*, tom. II, pag. 39, tab. 119.)

Le genre des térébratules, comme il est composé, comprend une très-grande quantité d'espèces parmi certaines desquelles les caractères diffèrent tellement, que, pour en faciliter l'étude, il est nécessaire de les diviser en quelques autres genres, ainsi que l'a déjà annoncé M. de Lamarck dans l'ouvrage ci-dessus cité. Il conviendroit peut-être de placer dans le genre des térébratules, proprement dites, les coquilles dont la plus grande valve porte un trou rond au sommet; dans un autre celles qui n'ont qu'une échancrure dans cet endroit; et dans un autre celles dont la place pour l'attache du pédicule est triangulaire. Dans ce dernier se trouve déjà le genre Spirifer, dont il est parlé à son article.

Quant à l'espèce qui sert de type au genre Magas, et à laquelle M. Sowerby a donné le nom de *magas pumilus*, cet auteur a annoncé qu'il n'a pas été à portée d'étudier sa structure intérieure. J'ai pu le faire, et j'ai remarqué qu'elle porte deux dents en crochet sur la plus grande valve, dont le sommet est échancré. L'autre valve porte intérieurement à son milieu une sorte de cloison longitudinale qui s'avance jusqu'aux deux tiers de la longueur de la coquille, et qui paroit avoir partagé jusqu'à cet endroit l'animal en deux parties. Cependant la cloison laisse vide, du côté de la charnière, un espace occupé par deux petites attaches calcaires rubanées qui partent de cette dernière, et, en s'écartant un peu de la ligne de la cloison, vont s'y réunir au centre de la coquille. Longueur, quatre lignes; largeur, trois lignes. On voit la figure de cette coquille dans la description géologique des environs de Paris, par M. Brongniart, tom. IV, fig. 9, et dans l'Atlas de ce Dictionnaire. (D. F.)

MAGELLANA. (*Bot.*) C. Bauhin indique, sous ce nom, l'Ecorce de Winter. Voyez ce mot. (Lém.)

MAGELLANE, *Magellana*. (*Bot.*) Genre de plantes dicotylédones, à fleurs complètes, polypétalées, appartenant à l'*octandrie monogynie* de Linnæus, caractérisé par un calice éperonné, à trois divisions; l'inférieure plus courte, plus large, à trois lobes, cinq pétales irréguliers; les trois supérieurs plus longs, en capuchon à leur base avec un onglet filiforme, les inférieures sessiles; huit étamines; les filamens un peu soudés à leur base; un ovaire supérieur à deux lobes; un style; le stigmate bifide; une capsule uniloculaire, monosperme par avortement.

Magellane a feuilles de poireau : *Magellana porrifolia*, Poir., *Ill. gen.*, *Suppl.*, tab. 942; *Magallana porrifolia*, Cavan., *Icon. rar.*, 4, pag. 51, tab. 374. Plante herbacée, dont la tige est grimpante, filiforme, cylindrique, longue de trois pieds et plus; garnie de feuilles alternes, pétiolées, la plupart à trois divisions profondes, étroites, linéaires, aiguës, très-entières, parsemées de quelques pores transparens et jaunâtres, à pétioles de la longueur des feuilles, cylindriques, souvent contournés autour de la tige. Les fleurs sont axillaires, la plupart solitaires, soutenues par des pédoncules longs d'un pouce et demi. Le calice est jaunâtre, persistant, à trois divisions profondes : les deux supérieures linéaires et distantes, l'inférieure plus large, plus courte, trifide, éperonnée à sa base; la corolle jaune, à cinq pétales : les trois supérieurs plus longs, ovales, en capuchon à leur base, prolongés en un onglet filiforme : les deux inférieurs linéaires, sessiles; les étamines plus courtes que le calice, à filamens réunis à leur base en un anneau court, placé sur le réceptacle, autour de l'ovaire; le style filiforme; le stigmate à deux divisions, dont une épaisse, plus courte, l'autre plus longue, subulée; une capsule indéhiscente, à une loge, à trois grandes ailes; une seule semence. Cette plante croît dans l'Amérique méridionale. (Poir.)

MAGGAI. (*Bot.*) Fragosus cite sous ce nom un arbre de l'Inde qui est employé, selon lui, en fumigation pour faire suer et guérir ainsi les maladies vénériennes. C. Bauhin le cite pour cette raison à la suite du gayac. (J.)

MAGILE, *Magilus.* (*Chétopod.*)? Genre d'animaux appartenant probablement à la classe des chétopodes à tuyaux, mais qui n'est réellement établi, par Denis-de-Monfort, que sur un tube calcaire fort épais, caréné, enroulé au sommet en une spirale courte, ovale, héliciforme, et prolongé en ligne droite dans le reste de son étendue; son ouverture très-entière, oblique, avec une gouttière qui correspond à la carène du tube. Ce genre ne contient encore qu'une seule espèce bien connue, le MAGILE ANTIQUE, *magilus antiquus*, Monfort.; *Compulotte à prolongement ridé*, Guettard, Mém., vol. III, p. 540, pl. 71, f. 6. Ce singulier tube est épais, jaunâtre, demi-transparent et entièrement solide dans une partie plus ou moins considérable de sa partie postérieure; cette partie s'enfonce ordinairement dans des madrepores. La portion droite, qui se prolonge quelquefois jusqu'à trois pieds suivant M. Mathieu, se trouve aussi plus ou moins engagée dans la substance madréporique. Sa cavité est du reste lisse et unie.

Il paroît que cette espèce existe dans les mers de l'Inde. M. Mathieu l'a observée communément à l'Ile-de-France.

M. de Lamarck a vu la partie spirale seulement d'un autre magile, contenue dans une astrée, et qui a été rapportée par Péron; cette spirale étoit mince, finement lamellaire et sans tube. M. de Lamarck suppose qu'elle pourroit bien former une espèce distincte qu'il propose de nommer le Magile de Péron, *magilus Peronii.*

Le même zoologiste pense que la *serpula gigantea* de Pallas, *Miscell. Zool.*, p. 159, t. 10, f. 2-10, est une espèce du genre Magile. Cela peut être; cependant celui-ci, ni M. Ev. Home, qui a décrit une espèce fort voisine, si même elle diffère de celle de Pallas, n'ont dit que le tube, habité par leur serpule, commençât par une spire héliciforme, ce qui fait le principal caractère du genre Magile. (De B.)

MAGISTÈRE DE BISMUTH. (*Chim.*) C'est le sous-nitrate de bismuth qu'on obtient en versant de l'eau dans du nitrate de bismuth. (Ch.)

MAGISTÈRE DE CORAIL ou D'YEUX D'ECREVISSES. (*Chim.*) C'est du sous-carbonate de chaux qu'on obtient en versant du sous-carbonate de potasse ou de soude dans la solution du nitrate de chaux qu'on a préparé avec du corail ou des yeux d'écrevisses. (Ch.)

MAGISTÈRE DE SOUFRE. (*Chim.*) Soufre très - divisé, d'un gris blanchâtre, que l'on obtient en versant un acide dans du sulfure hydrogéné de potasse ou de soude. (Ch.)

MAGISTÈRES. (*Chim.*) En général les anciens donnoient ce nom aux *précipités*, mais peu à peu cette expression a prévalu sur la première, et déjà dans la dernière moitié du siècle précédent, l'expression de magistères n'étoit plus usitée que pour désigner quelques préparations employées en médecine ou dans les arts. (Ch.)

MAGISTRANTIA. (*Bot.*) L'impératoire est citée sous ce nom par Camérarius. (J.)

MAGJON. (*Bot.*) On nomme ainsi dans quelques endroits les tubercules de la gesse tubéreuse. (L. D.)

MAGLAMARAN. (*Bot.*) Dans un ancien herbier de l'Inde, nous trouvons sous ce nom le *mimusops*, qui est le *cavekvin* des Portugais. (J.)

MAGNA, MAGNAOU ou MAGNAN. (*Ent.*) Nom qu'il faut prononcer *Magnia* et *Magnian*, et qui sert à désigner les vers à soie dans le midi de la France. (Lem.)

MAGNAKLI. (*Ornith.*) Le P. Paulin de Saint-Barthélemy dit, pag. 422 du tome I.er de son Voyage aux Indes orientales, que le magnakli, qui a le corps jaune et les ailes noires, est

un des plus beaux oiseaux du Malabar. C'est vraisemblablement une espèce de loriot. (Cʜ. D.)

MAGNALES. (*Ornith.*) Gesner, en parlant des *Aves magnales* d'Albert, édit. de Turin, 1555, pag. 575, énonce l'opinion
que ce sont des pélicans. (Cʜ. D.)

MAGNANIMA. (*Ornith.*) On nomme ainsi, dans le Boulo-
nois, la fauvette d'hiver ou mouchet, *motacilla modularis*,
Linn. (Cʜ. D.)

MAGNAS. (*Bot.*) Garcias, et quelques autres anciens,
cités par C. Bauhin, nomment ainsi le manguier, *mangifera*. Ce
nom a peut-être été mal transcrit et substitué à celui de *man-
gas*, que l'arbre porte en d'autres lieux. (J.)

MAGNÉLITHE. (*Min.*) Hoepfner, apothicaire de Berne,
a donné ce nom au Jᴀᴅᴇ tenace. Voyez ce mot. (B.)

MAGNÈS. (*Min.*) Nous n'employons guère ce nom en
françois, mais nous devons le laisser cependant sans traduction en en traitant ici ; car il seroit difficile de se décider sur
son équivalent ; ce nom en latin, considéré comme le sub-
stantif de notre adjectif *magnétique*, veut dire alors très-clai-
rement pour nous *aimant*. Les noms magnésie et manganèse
offrent par leur ressemblance et par leur emploi très-indéter-
miné par les anciens une grande confusion. En se bornant au
mot *magnès*, il paroît que les anciens l'ont employé dans
trois acceptions très-différentes.

1.° Comme synonyme de notre mot aimant, de leurs *side-
rites* et *lapis heraclius*. C'est ainsi qu'il est employé par Pline,
liv. 36, chap. 16, sans aucun doute.

2.° Comme nom d'une pierre venant de la Magnésie asiatique, et la description que Théophraste donne de ce minéral, ne peut convenir en aucune manière au minerai de
fer oxidé que nous nommons aimant. Il dit que c'est une
pierre qui a de la ressemblance avec l'argent, quoique d'une
espèce absolument différente, et qui se laisse tourner facilement. Quoiqu'il soit assez difficile de présumer de quelle espèce de pierre il a voulu parler, Hill, dans son édition de
Théophraste, dit que cette indication ne peut guère convenir qu'au talc, et nous sommes disposés à partager cette opinion : la géognosie de l'Asie mineure pourra nous apprendre

s'il y a dans la magnésie de ces beaux talcs presque compactes, d'un blanc argentin, qu'on trouve en Piémont.

3.° Pline dit qu'on faisoit entrer le *magnes lapis* dans la composition du verre. M. de Launay rend cette expression par *pierre d'aimant*, et croit que l'aimant pourroit entrer dans la composition de cette matière; mais il n'est pas nécessaire d'admettre une application si peu vraisemblable : ne sait-on pas que le manganèse compacte, dont le nom a d'ailleurs la même origine que celui de l'aimant (*magnès*), et qui ressemble si bien à ce minerai de fer, entre depuis un temps immémorial dans la composition du verre. Cette pierre n'a pas, il est vrai, la vertu magnétique, mais c'est précisément ce que Pline indique, car c'est en parlant de la pierre d'aimant de Cantabrie (Biscaye), qui n'avoit pas la propriété d'attirer le fer, et qui n'étoit pas un véritable aimant, qu'il est conduit à parler du *magnes lapis* employé dans les verreries. (B.)

MAGNÉSIE. (*Min.*) En traduisant le nom de *magnesia nigra*, qui est souvent le nom latin du *manganese*, on a autrefois, mais rarement, appliqué le nom de magnésie à ce métal : ce qui a produit des erreurs, ou au moins de la confusion, dans l'histoire de ces deux corps, d'ailleurs si différens. (B.)

MAGNÉSIE (*Min.*) Nous avons fait sous les noms de barite, de chaux, etc., l'histoire des espèces renfermées dans ces genres. Nous ne suivrons plus la même marche. Nous pensons que la distinction des espèces, heureusement si précise maintenant en minéralogie, doit être indépendante de celle des genres, et avec d'autant plus de raison, que les espèces placées ainsi dans des genres souvent arbitraires, ne présentent que très-rarement des caractères communs. Nous traiterons donc chaque espèce séparément à son nom spécifique; et si nous sommes forcés d'en réunir ici plusieurs sous le nom générique de magnésie, c'est que nous n'avons apporté que depuis peu ce changement à notre marche, mais nous le regardons comme un perfectionnement. Or, pour éviter d'établir aucune relation essentielle entre l'espèce minérale et le genre dans lequel on peut la placer, nous donnerons aux espèces des noms univoques et aussi insignifians qu'il nous sera possible d'en trouver. Nous sommes d'autant plus enhardis à suivre cette marche, que nous l'avons établie de concert avec M. Beudant.

Ainsi, les espèces qui appartenoient au genre Magnésie seront désignées par les noms suivans, et pourront être placées par les minéralogistes dans les genres qu'ils croiront convenable d'établir, sans qu'on soit obligé de changer ces noms.

MAGNÉSIE SULFATÉE.= Epsomite. (Voyez MAGNÉSIE SULFATÉE.)

MAGNÉSIE BORATÉE. = Boracite. (Voyez MAGNÉSIE BORATÉE.)

MAGNÉSIE HYDRATÉE. = Brucite. (Voyez MAGNÉSIE HYDRATÉE.)

MAGNÉSIE CARBONATÉE. = Giobertite. (Voyez MAGNÉSIE CARBONATÉE.)

MAGNÉSIE HYDRO-SILICATÉE = { MAGNÉSITE. (Voyez ce mot.) SERPENTINE. (Voyez ce mot.)

MAGNÉSIE SILICATÉE. = { CONDRODITE. (Voyez MAGNÉSIE SILICATÉE.) TALC. (Voyez ce mot.)

Parmi ces espèces, celles dans lesquelles les propriétés de la magnésie semblent ne pas être entièrement enveloppées par les corps qui sont combinés avec elle à la manière des acides, telles que la magnésie carbonatée, la magnésie silicatée et l'hydro-silicatée, paroissent posséder quelques propriétés particulières qu'on attribue alors, et avec beaucoup de probabilité, à la présence de cette terre.

Ainsi on a remarqué, et c'est à Smithson - Tennant qu'on doit cette observation, que les terres et les pierres qui renferment de la magnésie pure dans une proportion même peu considérable, nuisent à la fertilité des terres et s'opposent totalement à la végétation, lorsque la magnésie égale les deux cinquièmes de la masse totale. Cet ingénieux minéralogiste qu'on a perdu, il y a quelques années, par un accident si funeste aux progrès de la chimie et de la minéralogie, avoit remarqué que, près de Doncaster, les places sur lesquelles on déposoit un calcaire-lent préalablement calciné, étoient frappées de stérilité pour plusieurs années; il s'est assuré par des expériences directes que cet effet pernicieux étoit dû à la magnésie qui ne perdoit cette qualité nuisible qu'en se saturant complètement d'acide carbonique, et en s'enfouissant pour ainsi dire dans le sol par l'effet des météores atmosphériques. Cette observation explique la nudité et le dénûment presqu'absolu de végétation qui caractérisent extérieurement les collines de serpentine, de stéatite et de magnésite, aspect que tous les géologues peuvent avoir observé, surtout dans cette partie des Apennins de la Ligurie où les roches ophiolitiques sont si abondantes.

La seconde particularité que présentent les roches et terres magnésiennes, et qui, sans leur être absolument propre, s'y montre cependant beaucoup plus communément que dans toute autre terre, c'est d'être ou la base de presque toutes les matières terreuses que mangent certains peuples, soit par goût, soit par habitude, soit pour tromper leur faim, ou d'entrer pour une assez grande proportion dans ces terres d'apparence argileuse et stéatiteuse. On a des récits trop authentiques de cette singulière pratique pour qu'il soit permis d'en douter. M. la Billardière raconte que les habitans de la Nouve.le - Calédonie mangent une assez grande quantité d'une stéatite tendre, friable et verdâtre, dans laquelle M. Vauquelin a reconnu 0,37 de magnésie, 0,36 de silice, 0.17 d'oxide de fer, et qui ne contient d'ailleurs rien d'alimentaire. M. de Humboldt assure que les Otomagues, peuple sauvage des bords de l'Orenoque, se nourrissent presque uniquement, pendant trois mois, d'une espèce de glaise, et qu'ils en mangent jusqu'à sept hectogrammes par jour; ils la font griller légèrement, l'humectent ensuite, mais n'y ajoutent rien. M. Golbery rapporte que les Nègres des îles de *los Idolos*, à l'embouchure du Sénégal, mêlent à leur riz une stéatite blanche, onctueuse et molle comme du beurre. Il dit en avoir mangé sans dégoût et sans être incommodé.

M. Moreau de Jonnès nous apprend que les Nègres et Métives des Antilles, dans des accès d'appétit dépravé, mangent une terre grasse composée, suivant ce naturaliste, d'argile, de silice et de magnésie, et qui paroit être due à la décomposition de certaines roches micacées et felspathiques. Enfin M. Breschet en a fait l'expérience sur lui-même : ayant très-faim, il a mangé environ 15 décigrammes d'un talc lamellaire verdâtre du Tyrol, et n'en a éprouvé aucun mauvais effet.

Les magnésites et giobertites entrent, comme nous le dirons, dans la composition des porcelaines ; elles peuvent être utilement employées pour la préparation du sulfate de magnésie, et seroient d'une grande ressource pour fournir ce sel si son usage étoit plus multiplié. (B.)

MAGNÉSIE BORATÉE, ou la BORACITE (1). (*Min.*) On n'a encore vu ce minéral que sous la forme de cristaux dérivant du cube, d'un volume peu considérable, incolores, ayant assez de dureté pour rayer facilement le verre; examinés ensuite de plus près, ils offrent des caractères distinctifs et des propriétés particulières aussi nombreuses que tranchées.

Caract. physiques. Leur forme dérive évidemment du cube; et, quoiqu'ils n'offrent dans leur structure aucun joint qui permette un clivage, on ne peut hésiter de leur accorder ce solide pour forme primitive. On aperçoit cependant, en les regardant à une vive lumière (HAÜY), quelques joints parallèles aux faces (2).

La boracite est assez dure pour rayer le felspath. Sa pesanteur spécifique est de 2,56 à 2,91; elle est incolore.

Elle est facilement électrisée par l'action de la chaleur; et lorsqu'elle a acquis cette propriété par une température convenable, quatre de ses huit angles présentent l'électricité résineuse, et quatre autres angles opposés en diagonale à ceux-ci manifestent l'électricité vitreuse. On remarque que les angles solides qui manifestent l'électricité vitreuse sont remplacés par une facette solitaire, et que ceux qui offrent l'électricité résineuse, ou restent intacts, ou sont garnis de plus d'une facette.

Caract. chimiques. La boracite se fond au chalumeau en un émail jaunâtre d'abord et bleuâtre ensuite, qui lance comme de petites étincelles et qui se hérisse d'aiguilles cristallines en refroidissant, si on continue de le chauffer fortement. Les acides n'ont aucune action sur elle.

Les analyses semblent indiquer des différences assez notables dans les principes de ce minéral, pris dans les deux seuls lieux où on le connoisse; mais il est probable que cela vient de quelque imperfection dans ces analyses, et qu'on peut s'en tenir au résultat indiqué par M. Vauquelin, et admettre pour sa composition :

Magnésie............................ 16
Acide borique...................... 83

---

(1) Quarz cubique. — Spath sédatif ou boracique. — Borate magnésio-calcaire.

(2) M. Mohs lui attribue un clivage imparfait, conduisant à l'octaèdre.

M. Pfaff donne pour la composition de celle du Segebert :

Magnésie........................ 36
Acide borique.................... 64

Il y a presque toujours un peu de silice et de fer interposés, et quelquefois une assez grande quantité de chaux carbonatée qui rend alors la boracite opaque.

Variétés de forme. — Les altérations qu'éprouve la forme primitive, ne la masquent presque jamais assez pour la faire entièrement disparoître ; en sorte qu'on peut dire que ses variétés rappellent toujours le cube. Les cristaux acquièrent rarement la grosseur d'un gros pois (1 cent. de côté). Quelquefois leurs faces sont nettes et comme polies, quelquefois aussi elles semblent avoir été corrodées.

M. Haüy en reconnoît cinq variétés :

1. *La défective.* C'est le cube dont les douze arêtes sont remplacées par des facettes linéaires, et dont quatre des angles solides sont alternativement remplacés par des facettes hexagonales. Cette variété est la plus commune.

2. *La surabondante.* La variété précédente avec trois facettes linéaires, rectangulaires, convergentes, vers le centre de la facette hexagonale ; les angles opposés en diagonale restant intacts.

3. *La quadriduodécimale.* Les facettes linéaires n de la première variété, ayant atteint leurs limites, ont masqué entièrement les faces de cube.

4. *La distincte.*

5. *La plagièdre.*

La forme primitive pure ne paroît pas exister dans toute son intégrité. En regardant avec attention les petits cristaux qui semblent la présenter ainsi, on voit toujours sur quatre angles solides de petites facettes. Il semble que la propriété pyroélectrique de cette espèce se soit opposée à la formation d'un cube parfait dont les huit angles solides également simples eussent contredit la loi qu'on a observée jusqu'à présent sur tous les cristaux pyroélectriques, dans lesquels les angles solides à électricité vitreuse ont constamment une composition différente des angles solides doués de l'électricité résineuse.

La boracite varie peu sous le rapport des accidens de lumière. Elle est généralement incolore, quelquefois limpide, plus souvent translucide, nuageuse ou opaque avec des teintes grisâtres, rosâtres et violâtres.

Gissement. On la trouve en cristaux ordinairement isolés et disséminés dans le gypse. Elle y est accompagnée de calcaire magnésien laminaire, etc. On ne l'a trouvée jusqu'à présent que dans deux seuls endroits : 1.° au mont Kalkberg près Lunebourg, dans le duché de Brunswick, montagne de gypse grenu qui renferme de petits cristaux de quarz. La boracite n'y est pas également répandue, mais semble y former, à environ quatre-vingts pieds de profondeur, comme des zones indépendantes de celles qui renferment le quarz. M. Fr. Senf fait remarquer que les parties de gypse qui renferment la boracite sont plus humides que les autres. 2.° Au Segeberg, près de Kiel, dans le Holstein, montagne de gypse semblable à la précédente. Elle y est associée, mais très-rarement, avec du succin ? ou au moins avec un fossile bitumineux donnant au calcaire qui en est imprégné une odeur fétide (STEFFENS).

On ne sait pas encore précisément à quel terrain appartiennent ces gypses ; s'ils sont inférieurs à la craie, ce que la présence de l'anhydrite qu'on y cite sembleroit indiquer, ou s'ils sont supérieurs à cette roche, et dépendans de la formation d'argile plastique, bituminifère, métallifère et salifère quelquefois, qui la recouvre.

L'association de l'acide boracique avec le gypse ne se fait pas voir uniquement dans les lieux que nous venons de citer : celui qui se dégage en Toscane des entrailles de la terre, dans les endroits nommés Lagonis, se mêle avec le gypse qui se montre à l'ouverture de ces soupiraux, et qui se trouve en masses plus volumineuses dans les terrains marneux que ces vapeurs boracifères traversent ou qu'elles ont pu traverser autrefois.

Annotations. — C'est en 1787 que la boracite a été trouvée dans le gypse de Lunebourg par M. Gerrard, mais ce fut Lasius qui, à cette même époque, appela l'attention des naturalistes sur cette espèce minérale, dont cependant il méconnut la nature. Les habitans la connoissoient depuis long-temps sous le nom de *pierres cubiques.* En 1791 M. Haüy découvrit par expérience leur propriété pyroélectrique, les quatre axes et les huit pôles électriques, et par induction la différence de symétrie qui devoit exister, et qui existoit en effet dans les angles solides doués d'électricités différentes. C'est donc ici la manifestation de l'électricité qui a conduit à la découverte du défaut de symétrie, et c'est en effet le cas le plus ordinaire, les cristaux complets étant généralement rares, tandis que la propriété électrique se manifeste toujours, même dans les fragmens : mais il falloit une grande sagacité pour la reconnoître dans des cristaux ordinairement si petits, et dans lesquels les pôles opposés sont nécessairement si voisins l'un de l'autre. Aussi faut-il beaucoup d'adresse et d'attention pour faire manifester à ces petits corps des effets si opposés à de si petites distances. (B.)

MAGNÉSIE CARBONATÉE, ou la GIOBERTITE(1). (*Min.*) D'après le principe que nous avons adopté, chaque minéral, considéré comme espèce, doit porter un nom univoque et indépendant de ce qu'on croit être sa composition essen-

---

(1) Reine Talker de WERN. — Magnésite, A. BR., Traité de Minéralogie, 1807, t. I, pag. 489. — Magnésite, LEONHARD, HANDB. der Orykt., 1821, pag. 537. — Magnésite et Magnésite effervescente. A. BR., Notice sur la Magnésite du Bassin de Paris, Ann. des Min. 1822, pag. 29. — Magnésie carbonatée, HAUY, Tr., 1822. T. II, p. 65.

Les caractères distinctifs essentiels des espèces chimiques, magnésie hydratée silicifère, magnésie carbonatée, magnésie silicatée, étoient vagues ; je réunis alors tous ces minéraux, qui étoient à peine distingués les uns des autres, sous le nom générique de magnésite ; mais les nouvelles analyses de M. Berthier ayant donné des moyens précis de les séparer, je ne conserve plus sous le nom de MAGNÉSITE que l'espèce qui est le résultat de la combinaison de la magnésie avec de la silice et de l'eau. Malheureusement l'application que je fais de ce nom n'est pas d'accord avec celle qu'en ont faite quelques minéralogistes (MM. Jameson, Leonhard, etc.). Ils ont donné le nom de MAGNÉSITE à la magnésie carbonatée, et ont donné celui de MEERSCHAUM, nom allemand que nous ne pouvons adopter en françois ni traduire, parce qu'il devient alors ridicule pour nous (écume de mer), à la magnésie silicatée, nonobstant la présence de l'acide carbonique en proportion assez considérable dans les espèces admises, et l'absence de l'acide carbonique dans quelques uns des exemples rapportés à la magnésie carbonatée. Ce mélange d'espèces n'établissant aucune antériorité de nom, m'autorise à le débrouiller, et à laisser le nom de MAGNÉSITE à l'espèce qui n'avoit d'autres caractères essentiel, que de présenter cette terre dominant en quantité et en propriétés

tielle. L'espèce chimique dont nous allons donner l'histoire naturelle, n'ayant point de nom minéralogique, nous avons cru pouvoir lui donner celui de Giobertite , en l'honneur du chimiste célèbre de Turin , qui le premier l'a fait connoître.

Propriétés caractéristiques. — Cette espèce ne s'est encore trouvée ni cristallisée , ni même transparente , ce qui nous indique qu'elle ne s'est pas présentée avec le degré de pureté et de perfection, qui est le signe d'une espèce minérale bien déterminée.

On ne l'a vue jusqu'à présent qu'avec un aspect terreux, une texture compacte à grain très-fin , sans aucune indication de structure : elle est assez tenace, ne laissant aucune trace sur le bois comme le font la craie ou l'argile, elle fait effervescence avec les acides , comme la première de ces pierres, quoique beaucoup plus foiblement , mais elle est plus dure que le calcaire spathique qu'elle raie aisément.

Tels sont les caractères distinctifs de cette espèce. Nous allons maintenant en énumérer toutes les propriétés tant physiques que chimiques.

La Giobertite dont nous venons de faire connoître l'aspect et la dureté, se casse avec plus ou moins de difficulté, suivant les circonstances particulières aux échantillons essayés ; mais elle est toujours plus tenace que le calcaire compacte ou grossier, et surtout que la craie : sa cassure est ou conchoïde ou raboteuse : elle est maigre au toucher ; elle absorbe facilement l'eau, se ramollit difficilement, lorsqu'on la tient plongée dans ce liquide. Il faut, pour en faire une pâte , toujours peu liante , la broyer long-temps à l'état humide.

Sa pesanteur spécifique au premier moment de l'immersion, n'est que de 2,45 ; mais, lorsqu'elle est imbibée d'eau , elle est de 2,88.

Caract. chimiques. — Elle est essentiellement composée de magnésie, d'acide carbonique et d'eau, mais il s'y joint presque toujours de la silice , en sorte que sa définition chimique seroit *magnésie carbonatée hydro-silicatée.*

Sa composition est manifestée par les essais suivans.

Au feu du chalumeau elle est absolument infusible : au feu des fourneaux elle perd de son poids, prend quelquefois de la retraite et de la dureté.

Elle fait effervescence avec les acides, mais il faut souvent aider leur action par celle de la chaleur ; elle s'y dissout en partie, et donne, par l'imbibition d'acide sulfurique, des cristaux de sulfate de magnésie ; elle se colore en pourpre par le nitrate de cobalt.

Nous divisons cette espèce en deux variétés, et nous donnerons pour chacune des exemples pris dans divers lieux :

1. Giobertite plastique.

Elle est généralement d'un blanc tirant sur le jaunâtre ou le rosâtre sale, avec des fissures dont les surfaces sont teintes en jaune, et ornées de dendrites superficielles ; ses surfaces, exposées à l'air depuis quelque temps, brunissent ou prennent une teinte violâtre sale ; elle fait assez difficilement pâte avec l'eau, et je ne sache pas qu'on ait encore employé toutes ses variétés comme matière plastique dans les arts céramiques. Néanmoins l'usage remarquable que l'on fait de l'une d'elles dans la fabrication de la porcelaine, suffit pour motiver le nom que nous lui assignons. Enfin il paroit, comme on va le voir, qu'elle contient des quantités d'eau très-variables, qui ne vont quelquefois qu'à un pour cent.

Cette espèce n'étant pas parfaitement limitée, et ses variétés l'étant encore moins, nous sommes obligés de la déterminer par de nombreux exemples.

Giobertite de Hroubschitz.

Composition d'après Bucholz :

> Magnésie............................... 48
> Acide carbonique....................... 47
> Eau 2
> Silice................................. 4

Elle se trouve, à Roubschitz ou Hroubschitz en Moravie, en rognons dans une colline de serpentine, au pied de laquelle coule l'Iglava. Cette serpentine est probablement placée sur le gneiss. Elle est fissurée dans toutes sortes de directions, et ne montre aucune apparence de stratification. Elle est noirâtre et renferme quelquefois de l'anthophyllite. Les fissures sont remplies de talc verdâtre, accompagné vers le fond d'asbeste subériforme. On ne trouve la giobertite que dans les parties de talc qui sont immédiatement au-dessous de la terre végétale , en morceaux ou rognons uniformes. On trouve, dans la même roche, du calcaire magnésien (*gurofian*), et de la magnésite écume de mer, qui paroît toujours inférieure aux deux précédens (Teubner). MM. Haberlé et Bucholz, qui avoient déjà décrit ce gissement à peu près comme nous venons de le rapporter, ajoutent que la montagne de serpentine renferme en outre de la calcédoine verte ou *plasma* et du silex résinite.

Giobertite de Styrie.

Composition d'après Klaproth :

        Magnésie.. 48
        Acide carbonique........................... 49
        Eau 3

Giobertite de Baugarten.

Composition d'après Stromeyer :

        Magnésie....................................... 47
        Acide carbonique.......................... 5o
        Eau 1

Elle est d'abord d'un blanc de neige : mais elle jaunit par l'action de l'air; elle est plus dure que le verre, et tenace; sa pesanteur spécifique est de 2.95. (Hausmann.)

On la trouve à Baugarten en Silésie.

Giobertite piémontoise.

On en trouve dans les environs de Turin deux modifications qui présentent quelquefois dans leur couleur, leur aspect, leur tenacité, leur pesanteur même et leur composition, des différences assez notables , différences qui ne les empêchent pas cependant de posséder les caractères généraux exposés au commencement de cet article.

L'une se trouve dans la colline de Baldissero , ou Baudissero, à huit lieues environ N. O. de Turin. Elle est généralement plus blanche, plus compacte, plus pesante , et contient, d'après M. Berthier :

		ou
Magnésie............... 44	Carbonate de magnésie....... 81
Acide carbonique.......... 42	
Eau................... o5	Magnésie................... o5
Silice........... o9	Silice.................... o9

L'autre se rencontre dans la colline de Castella-Monte, à peu de distance de la précédente. Elle est plus légère que la première ; elle fait une vive effervescence avec l'acide sulfurique.

Elle est composée, d'après l'analyse de M. Berthier :

		ou	
De magnésie............	25	Carbonate de magnésie......	20
D'acide carbonique........	10		
D'eau.................	12	Magnésie.................	16
De silice...............	43	Silice...................	43
Quarz interposé..........	8		

Il est possible que ce minéral magnésien ne soit, comme le soupçonne M. Giobert, qu'un silicate de magnésie, dont une partie de magnésie libre devient carbonatée par sa longue exposition à l'air. Il faudroit répéter l'analyse sur des morceaux pris profondément dans le sol, et extraits nouvellement. Ceux-ci sont ordinairement translucides.

La giobertite piémontoise de Baldissero et de Castella-Monte se présente en veines d'une épaisseur très-variable, s'anastomosant de mille manières et courant dans toutes sortes de directions dans des collines d'ophiolite diallagique très-altérées et se désagrégeant avec une grande facilité. L'ophiolite est néanmoins la roche dominante. Outre les filons, veines et amas de giobertite, elles renferment et montrent çà et là, surtout celle de Baldissero, des nodules plus ou moins volumineux d'euphotide. Ces nodules ou gros sphéroïdes sont solides et nullement altérés vers leur centre, mais ils s'altèrent et se désagrègent à leur surface avec la plus grande facilité.

Au milieu de la masse ophiolitique, et surtout au milieu même des veines et filons de giobertite, on voit des plaques à surface mamelonnée de calcédoine, de silex résinite, et même de silex corné opaque, passant au jaspe. La position de ce terrain ainsi composé, qui appartient aux formations ou roches ophiolitiques, ne peut être déterminée directement. On ne voit pas sur quel terrain il repose, et il n'est recouvert que par un terrain de transport. Mais il me paroit très-probable qu'il appartient à la grande formation d'ophiolite, de serpentine et d'euphotide des Apennins que je considère comme supérieur au calcaire compacte de sédiment inférieur (1).

____

(1) Voyez la figure de ce gîte de giobertite et les raisons qui m'ont

On a employé, et on emploie encore, mais avec peu d'activité, la giobertite dans la fabrication de la porcelaine à Vineuf, près Turin. Elle entre dans la composition de la pâte comme matière plastique et infusible, et remplace en partie le kaolin ; mais comme elle est peu liante, on a été obligé de l'associer avec une argile plastique extraite a Barge, et qui est grisâtre, ce qui donne à cette porcelaine une teinte d'un blanc sale. Sa couverte ou vernis est fait comme celui de la porcelaine ordinaire, avec du felspath, mais il s'y étend avec plus de difficulté ; car les pièces sont rarement émaillées d'une manière égale, et l'émail ne présente pas toujours une surface parfaitement unie et *glacée*.

On emploie aussi la giobertite de Baldissero dans la fabrication des creusets de verrerie. M. Giobert m'a appris dernièrement qu'on la recherchoit pour cet usage, parce que les creusets qu'on en fait sont de bonne qualité et durables.

Giobertite de l'Ile d'Elbe.

Composition par M. Berthier.

		ou
Magnésie................ 35	Carbonate de magnésie...... 72
Acide carbonique......... 37	
Eau.................... 01	
Silice.................. 26	Silice.................... 26

Elle vient de Campo dans l'Ile d'Elbe.

Les exemples précédens, à peu près les seuls qui puissent se rapporter exactement à la magnésie carbonatée, suffisent pour établir l'existence de cette espèce chimique dans la nature et ses caractères, et pour donner la connoissance des corps qui lui sont ordinairement associés.

M. Phlipps et M. Haüy placent à la suite de cette espèce des minéraux mélangés de chaux carbonatée, dans lesquels la magnésie est en quantité prédominante. Nous adopterons cette réunion, et nous donnerons à ces variétés le nom de *calcarifère*.

---

porté à lui donner cette position. (Annales des Mines, 1821, pl. 2, t. IV.)

2. Giobertite calcarifère.

Giobertite calcarifère compacte, vulgairement *conite*.

Texture compacte à grain fin, cassure largement conchoïde, couleur jaunâtre, dureté moyenne.

De la formation des lignites du Mont-Meissner en Hesse.

Giobertite calcarifère pulvérulente.

Ce minéral vient des Indes : il est sous forme d'une poudre blanche, ou de petites masses arrondies, blanchâtres ou jaunâtres. Il ressemble à de la craie ; mais le docteur Thomson y a reconnu :

Carbonate de magnésie........... 72
Carbonate de chaux............. 28 (Phlipps.)

(B.)

MAGNÉSIE HYDRATÉE, ou la BRUCITE. (*Min.*) Ce minéral ressemble tout-à-fait par sa couleur, son éclat nacré, son toucher savonneux et tout son aspect, à du talc. Il a une structure laminaire très-distincte, dont les joints sont parallèles, suivant Haüy, à un prisme droit symétrique ; les lames sont flexibles, mais foiblement, et point élastiques.

Il se laisse rayer par l'ongle comme le talc : sa pesanteur spécifique est de 2,13 ; ses lames, d'abord transparentes, acquièrent bientôt de l'opacité par leur exposition à l'air. Sa couleur est le blanc nacré, tirant sur le vert-pâle.

Il acquiert par le frottement l'électricité vitrée.

La brucite est composée, d'après l'analyse faite par Bruce,

De magnésie pure...................... 70
D'eau................................. 30

et a pour expression M aq. Elle se dissout sans effervescence dans l'acide sulfurique et donne des cristaux de sulfate de magnésie. Elle est absolument infusible par l'action du chalumeau ; mais elle y devient opaque, et perd 30 pour 100 de son poids.

Nous reconnoîtrons deux variétés dans ce minéral : la *brucite laminaire*, qui est celle que nous venons de décrire, et la *brucite amianthoïde* qui se présente sous forme de filamens déliés, flexibles et nacrés, et à laquelle on s'est déjà empressé d'assigner un nom particulier, celui de *némalite*. Elle se rencontre avec la précédente, et présente absolument la même suite de caractères essentiels. Ce minéral a été trouvé, ou plutôt reconnu pour la première fois par Bruce en veines de deux pouces de puissance, dans une roche de serpentine à Hoboken dans le New-Jersey, Etats-Unis d'Amérique ; ces veines traversent la serpentine dans toutes sortes de directions , et sont intimement liées avec la roche ; ce qui indique une formation contemporaine, et non un remplissage postérieur.

Le docteur Hibbert l'a retrouvé depuis à Swinaness dans l'île d'Unst, l'une des Schetland , traversant, également en veines et dans toutes sortes de directions, une roche de serpentine ; elle est accompagnée de chaux carbonatée magrésifère, analysée par M. Fyfe ; elle a présenté absolument la même composition que celle d'Oboken, c'est-à-dire, en faisant abstraction des fractions décimales,

Magnésie..................................... 70
Eau... 50

Enfin il seroit possible que la magnésie pure de Méronitz en Bohême fût un troisième exemple de cette espèce bien déterminée.

Elle demande un nom univoque, et nous ne pouvons en proposer un plus convenable que celui du professeur Bruce qui l'a fait connoître. Ce nom, il est vrai, a déjà été pris et appliqué à une autre espèce ; mais cette espèce avoit déjà reçu le nom de *condrodite* de M. Berzélius, et cette antériorité doit à tous égards être respectée. (B.)

MAGNÉSIE HYDRO-SILICATÉE. (*Min.*) Sous cette expression chimique nous plaçons deux espèces minéralogiques, mal déterminées, il est vrai, mais qu'on ne peut cependant réunir encore en une seule, par les raisons que nous donnerons en leur lieu ; ce sont celles que nous désignons par les noms de Magnésite et de Serpentine. Voyez ces mots. (B.)

MAGNÉSIE MURIATÉE. (*Min.*) Cette combinaison ne s'étant point encore présentée dans la nature, ni à l'état solide, ni même en dissolution, soit pure, soit au moins en quantité dominante dans des eaux minérales, et ne s'étant rencontrée que comme partie accessoire dans ces eaux, dans le nitre naturel et dans les eaux de la mer, ne peut être du domaine de la minéralogie. (B.)

MAGNÉSIE NATIVE. (*Min.*) Ce nom est abandonné : on l'a appliqué, tantôt à la brucite (Magnésie hydratée), tantôt à la giobertite (Magnésie carbonatée). Voyez ces articles. (B.)

MAGNÉSIE NITRATÉE. (*Min.*) Ce que nous venons de dire de la magnésie muriatée, s'applique également à ce sel magnésien que l'analyse seule peut découvrir en petit quantité dans les eaux qui restent après la cristallisation du nitre et du sel marin, et dans les eaux de la mer. (B.)

MAGNÉSIE SILICATÉE. (*Min.*) Deux espèces minéralogiques offrent cette combinaison binaire : il paroît qu'il n'y a que les proportions de ces deux principes qui les distinguent chimiquement. C'est donc ici un exemple frappant de l'inconvénient de vouloir désigner les espèces minérales par des noms chimiques. Ces deux espèces, reconnues par Haüy, l'homme le plus difficile dans l'admission des espèces, sont le *talc* et la *condrodite* : toutes deux, d'après M. Berzélius, sont des *silicates de magnésie*. La condrodite est un silicate simple, le talc est de la magnésie trisilicatée. Nous ferons ici l'histoire de la condrodite, qui n'a pu être faite à son ordre alphabétique. (Voyez au mot Talc celle de ce minéral.)

La Condrodite (1) s'est présentée dans deux endroits placés dans deux continens différens, où on l'a découverte, pour ainsi dire dans le même temps, sous forme de grains cristallisés, de la grosseur d'un pois, jaunâtres, disséminés dans un calcaire spathique; on l'a prise d'abord pour du titane nigrine.

Ces grains ont une structure laminaire distincte, et un triple clivage, qui, combiné avec l'observation de la forme extérieure, conduit à un prisme rectangulaire, oblique, dont la base est inclinée sur un des pans de 112^{d}. Les joints parallèles aux bases sont plus nets que ceux qui sont dans le sens

---

(1) C'est M. Berzélius qui lui a donné, ou du moins qui nous a fait connoître ce nom pour la première fois, en 1819. Depuis cette époque on a voulu le changer pour donner à cette pierre celui de Brucite, en l'honneur du professeur Bruce. Ce savant mérite sans doute qu'on lui dédie une espèce; mais il faut en prendre une qui n'ait point encore de nom minéralogique; c'est ce que nous avons proposé en donnant le nom univoque de Brucite à la magnésie hydratée découverte par ce minéralogiste. On a écrit tantôt chondrodite, et tantôt condrodite; nous avons adopté cette seconde manière comme ayant été admise par Haüy.

des pans. Tels sont les résultats des observations de M. Haüy, résultats que cet exact observateur ne donne que comme des approximations, l'état peu net des cristaux ne lui ayant pas permis d'y apporter une plus grande précision.

La condrodite raie légèrement le verre : sa pesanteur spécifique est de 3,14 à 3,20 ; elle est translucide.

Elle noircit par l'action du feu, ce qu'il ne faut attribuer, suivant M. Berzélius, ni au fer, ni au manganèse, ni au titane, mais à une substance combustible que renferment presque tous les silicates de magnésie ; elle ne donne pas d'eau par cette action, elle est presque infusible au chalumeau, et lorsqu'on parvient à fondre les arêtes aiguës des fragmens, on obtient un émail d'un blanc jaunâtre ; cet effet est étranger à la composition essentielle de cette espèce que M. Berzélius regarde, d'après l'analyse faite par M. d'Ohsson, comme un silicate pur de magnésie.

On a trouvé dans celle des Etats-Unis d'Amérique de l'acide fluorique, de la silice, de l'alumine, de la chaux, et on en a fait une espèce particulière sous le nom de MACLUREITE, mais il paroit qu'on a reconnu que ces corps n'y étoient qu'accidentels.

Les variétés que présente cette espèce sont peu nombreuses.

Les cristaux de condrodite des Etats-Unis sont des prismes hexaèdres terminés par des pyramides hexaèdres ; mais ce minéral se présente encore plus ordinairement sous forme de grains jaunâtres. On l'a trouvé en Europe, en Finlande, dans un calcaire saccaroïde, associé avec la pargasite et du mica ; en Suède, à Aker, province de Sudermanie, dans un calcaire lamellaire d'un blanc un peu grisâtre.

En Amérique septentrionale, le docteur Langstaff l'a trouvé à Sparta dans le New-Jersey, dans un calcaire blanc lamellaire, qui gît sur le gneiss, associé avec du graphite, du mica, du phosphorite, etc. On l'a encore rencontré à Warvick dans le pays d'Orange, Etats de New-Yorck, toujours dans un calcaire semblable à celui des lieux précédens. Enfin on dit qu'on l'a reconnu aussi à Sing-Sing. (B.)

MAGNÉSIE SULFATÉE (*Min.*) : vulgairement SEL D'EPSUM, SEL D'ANGLETERRE, SEL AMER, *Bittersalz*, Wern. — Nous lui donnons le nom univoque d'EPSOMITE.

Lorsque ce sel est pur, il se présente en aiguilles ou en cristaux sans couleur et limpides, dont la forme est celle d'un prisme à quatre, six ou huit pans terminés par des sommets à deux faces culminantes, reposant sur les pans du prisme, et accompagnées parfois de quelques facettes additionnelles.

La magnésie sulfatée s'effleurit à l'air et perd sa transparence avec d'autant plus de facilité qu'elle est en plus gros cristaux ; les aiguilles capillaires résistent plus long-temps et semblent tenir davantage à leur eau de cristallisation. Ce sel se dissout aisément dans deux fois son poids d'eau froide, et dans la moitié seulement de son poids d'eau chaude. Sa saveur est excessivement amère, sa réfraction est double, et il est composé, d'après Klaproth, de 17 de magnésie, 29,44 d'acide sulfurique, et de 33,54 d'eau de cristallisation sur 100 parties.

Il n'est point aisé de distinguer la magnésie sulfatée lapillaire, *sel d'Epsum*, d'avec la soude sulfatée, *sel de Glauber*, également à l'état d'efflorescence naturelle. L'aspect est le même, et la saveur est tellement déguisée par les autres sels qui accompagnent ordinairement ceux-ci, qu'il faut avoir recours à l'essai suivant : si l'on verse une dissolution de soude ou de potasse dans une dissolution de sulfate de magnésie, on obtient un précipité blanc très-abondant qui est de la magnésie pure ; si l'on verse la même lessive alkaline dans une dissolution de sulfate de soude, il n'y aura aucun précipité ; ce moyen est certain et décisif. On remarque aussi que les cristaux de magnésie s'effleurissent plus lentement que ceux de sulfate de soude, qui tombent en poussière au bout de quelques jours.

La magnésie sulfatée n'est point un sel très-répandu dans la nature, si on le compare sous ce rapport avec la soude muriatée ou même avec la potasse nitratée. Cependant, quoiqu'il ne forme point de masses solides et qu'il se trouve seulement en efflorescence et en dissolution, il existe des terrains qui en sont tellement imprégnés, qu'ils s'effleurit de toutes parts à leur surface.

Patrin en a vu la terre couverte en Sibérie dans une infinité d'endroits et avec une telle abondance qu'il lui sembloit marcher dans la neige : ce sont les expressions de ce voyageur naturaliste. C'est en été surtout, lors des grandes chaleurs, que ce sel se montre à la surface des roches ou des terrains qui le récèlent tout formé.

Les terrains magnésiens sont assez variés. Les uns contiennent la magnésie seulement, les autres la magnésie sulfatée toute formée, et enfin d'autres encore contiennent la magnésie d'une part, et de l'autre, les pyrites qui, en se décomposant, fournissent l'acide. Nous ne signalerons ici que les roches qui sont exploitées pour l'extraction de ce sel, renvoyant aux autres espèces du genre, les *magnésites* et leurs nombreuses variétés.

Certaines serpentines ou ophiolithes pyriteux, tels que ceux du Monte-Ramazzo dans les Apennins de la Ligurie, n'ont besoin que d'un léger grillage pour donner ensuite par la lessivation des quantités très-considérables de ce sel précieux à l'art de guérir. Ici le grillage décompose les pyrites; le soufre, en passant à l'état d'acide sulfureux, se porte sur la magnésie contenue dans la roche, et donne naissance au sel qui nous occupe. Je reviendrai bientôt sur les détails de cette fabrication.

Quelques schistes de transition, et entre autres ceux des environs de Sallanche et d'Ery, en Savoie, produisent ce sel spontanément et sans préparation quelconque. S'ils ne le contiennent pas tout formé, il faut attribuer sa formation à la décomposition d'un fer sulfuré microscopique dont ces schistes sont imprégnés, mais qui du moins n'est pas sensible à l'œil. Tingry de Genève fut le premier qui fit connoître ce singulier gîte.

Des bassins houillers tout entiers produisent ce sel spontanément ou à la suite d'un simple grillage; non seulement toutes les roches qui alternent avec la houille, mais la houille elle-même en est pénétrée : dans ce cas particulier le sulfate de magnésie remplace le sulfate de fer si répandu ordinairement dans ces sortes de terrains. M. Duhamel avoit déjà remarqué ce fait dans les environs de Sarrebruck, et particulièrement à Saint-Imbert, où il existe une manufacture de ce sel. Je puis assurer à mon tour que tout le bassin houiller de la Vizère est magnésien. Je ferai ressortir ce fait quand je publierai le travail que je prépare sur cette contrée encore peu connue. Je ferai remarquer que la magnésie a été présente à la formation des schistes primitifs, ou réputés tels, sur lesquels le terrain houiller est venu se juxtaposer ; qu'elle existoit dans les eaux qui ont déposé les psammites, les argiles, les schistes impressionnés qui accompagnent la houille, qui se couvre elle-même d'efflorescence de magnésie sulfatée, et qu'enfin les différens calcaires marneux qui sont venus recouvrir cette formation, sont également magnésiens.

Les solfatares et le voisinage des cratères fournissent aussi quelques parcelles de magnésie sulfatée ; mais, dans ces vastes laboratoires, on ne peut considérer ce produit que comme accidentel et comme un résultat fortuit des combinaisons et des décompositions sans nombre qui s'y opèrent journellement.

Quant à la magnésie sulfatée des sources et des lacs, il est évident qu'elle provient des terrains qui sont baignés ou lavés par ces courans et ces amas d'eau. Parmi les fontaines qui fournissent ce sel et qui en contiennent assez pour être purgatives, on doit citer celle d'Epsum dans le comté de Surrey, en Angleterre, puisque pendant assez long-temps on en a retiré toute la magnésie du commerce, et qu'elle en a même conservé le nom. Les fontaines de Sedlitz et d'Egra en Bohême en fournissent aussi, de même qu'un assez grand nombre de lacs d'Asie et plusieurs sources salées ; les eaux de la mer elle-même n'en sont point entièrement dépourvues, et l'on traite toutes ces eaux par évaporation.

Le traitement des roches dont on peut extraire la magnésie sulfatée varie avec ces roches elles-mêmes. En effet, on conçoit que celles qui contiennent ce sel tout formé, et qui s'en couvrent annuellement, particulièrement en été, n'exigent qu'un simple lavage ; quant à celles qui contiennent la magnésie d'une part et les pyrites de l'autre, il faut les griller quoiqu'elles effleurissent souvent spontanément, parce que l'action du feu hâte infiniment la décomposition des pyrites, et par suite la formation du sulfate. Dans tous les cas, il faut modérer l'action et la durée du feu, afin d'éviter la fusion des roches et la décomposition du sel. Il arrive souvent que la lessive provenant du traitement des roches magnésiennes pyriteuses renferme du sulfate de fer : or, pour l'en dégager et

3.

pour obtenir notre sulfate de magnésie pur, on décompose le sulfate de fer par un lait de chaux; et, quand on peut se servir pour cette opération de chaux magnésienne, on profite de cette magnésie étrangère qui augmente d'autant le produit du minerai pyriteux : tel est le procédé suivi dans la grande manufacture du Monte-Ramazzo, cité plus haut. L'on a même traité séparément certains calcaires magnésiens pour en obtenir, soit la magnésie sulfatée, soit par suite la magnésie pure; c'est ainsi que M. Berard a opéré sur la terre de Salinelle, et M. W. Henry sur les calcaires anglois qui sont riches en magnésie.

Le sulfate de magnésie est un excellent purgatif; il est infiniment plus doux que le sulfate de soude qu'on lui substitue souvent dans les campagnes, par économie. On ne l'emploie cependant qu'à la dose de trois ou quatre gros. Il sert à préparer la magnésie pure qui, comme on sait, est employée en médecine pour absorber les aigreurs des organes digestifs. (P. Brard.)

MAGNÉSITE (1). (*Min.*) Ce minéral ne s'est encore offert qu'à l'état compacte; il ne présente donc aucun indice de forme ni même de clivage. Son aspect est terne, sa texture

---

(1) Avant qu'on eût reconnu le rôle que la silice joue dans les combinaisons où elle remplit les fonctions d'acide; avant qu'on eût reconnu par de nombreuses analyses qu'il y avoit des combinaisons constantes de magnésie et d'acide carbonique, et de magnésie et de silice sans acide carbonique, on avoit pu regarder la silice comme un corps mélangé à la magnésie, et l'acide carbonique presque comme un corps accidentel; dans cette incertitude, j'avois dû réunir sous le nom de MAGNÉSITE tous ces minéraux qui, ayant cette terre pour base, n'étoient cependant ni du talc ni de la serpentine. Les connoissances acquises depuis cette époque donnent des moyens précis de séparer ces minéraux en plusieurs espèces, ainsi que nous venons de le faire. Il ne reste plus dans l'espèce magnésite que les combinaisons de cette terre avec de la silice et de l'eau, si même toutefois ce dernier corps y est principe essentiel.

J'avois ébauché cette distinction dans ma notice sur la magnésite du bassin de Paris (Ann. des Mines, 1822, pag. 29), en donnant à la magnésie carbonatée ou giobertite le nom de magnésite effervescente, et à l'espèce dont il s'agit ici, celui de magnésite plastique. Les variétés et les exemples que je citois étoient rapportés à chaque espèce, comme on le voit dans cet article.

est fine, serrée; il est peu dur, se laissant entamer aisément
avec le couteau; mais ses molécules ou sa poussière, sont durs
au point de rayer ou plutôt d'user le fer par le frottement.

Sa pesanteur spécifique varie de 1,27 à 1,60.

Il est opaque, ou tout au plus foiblement translucide, quand
il est humecté. Sa couleur ordinaire est le blanc mat, peu éclatant, tirant sur le jaunâtre, le grisâtre ou le rosâtre.

La magnésite a de la tenacité, sa cassure est raboteuse, quelquefois imparfaitement conchoïde.

Dans l'eau, elle se pénètre de ce fluide, se gonfle un peu,
se ramollit; si on la triture ainsi humectée, elle donne une
pâte fine, comme gélatineuse, et semblable à celle que forme
la fécule avec de l'eau bouillante, mais courte, c'est-à-dire
qu'on ne peut l'étendre sans la déchirer.

La magnésite est essentiellement composée de magnésie, de
silice et d'eau, dans les rapports pondéraux d'environ 5,10,4.

Il n'y a point d'acide carbonique, aussi ne fait-elle aucune
effervescence avec les acides, lorsqu'on a soin de la prendre
exempte de tout mélange de chaux carbonatée, et elle se distingue ainsi très-aisément de la giobertite. Elle donne par l'acide
sulfurique du sulfate de magnésie, et se colore en rouge par l'action de la dissolution de cobalt. Elle est absolument infusible
au chalumeau, et prend par l'action d'une haute température
une retraite ou diminution de volume très-sensible, en acqué-
rant beaucoup de dureté.

Nous ne pouvons établir encore dans cette espèce d'autres
variétés que celles qui résultent des divers lieux où on l'a
observée.

1. *Magnésite écume de mer* (1).

Elle est blanchâtre, avec une nuance jaunâtre ou rosâtre,
quelquefois assez légère pour surnager momentanément, souvent poreuse et cariée comme un tuf.

Elle est composée :	Klaproth.	Berthier.
Magnésie......................	17	25
Silice........................	50	50
Eau..........................	25	25
Chaux, acide carbonique, etc...	5	«

(1) Meerschaum. — Kefferil ou Killkeffi, Cronstedt.

Elle appartient principalement à l'Asie mineure, et s'est trouvée dans plusieurs lieux de cette contrée, notamment en Anatolie, à Eski-schehir ou Cheir, qui passe pour être l'ancienne Laodicée (D.ʳ Georgiade), et à Brusa ou Pruse au pied du mont Olympe, à Kiltschik à deux lieues de Konie, à Sébastopol et à Kaffa en Crimée, près la ville d'Egribos dans l'île de Négrepont. Elle se présente, dit-on, en masses ou rognons disséminés ou disposés en couches, à peu de profondeur, dans un calcaire compacte gris, et accompagnée de silex pyromaque. Elle est grasse et assez douce au toucher en sortant de la carrière, mais elle durcit et devient plus blanche par son exposition à l'air.

C'est avec cette pierre qu'on fait des pipes si recherchées dans l'Orient, et même dans une grande partie de l'Europe, sous le nom de pipes d'écume de mer. Il y a encore beaucoup d'incertitude sur le procédé qu'on suit pour les fabriquer : on assure généralement qu'il faut travailler cette terre, soit pour la pétrir, soit pour la tailler, tandis qu'elle est encore molle et plus susceptible de se laisser pénétrer par l'eau. On prétend qu'une fois desséchée, elle ne prend plus de liant avec l'eau. On moule cette pâte, et on cuit très-légèrement les pipes et les autres vases que l'on en fabrique (D.ʳ Reineggs). Il paroit aussi qu'on en fabrique des pipes en tournant ses masses simplement sechées, puisqu'on assure (M. Brenner) qu'on l'expédie de Pruse en grosses masses simplement forées. Cette exploitation est assez active pour employer six à sept cents ouvriers; elle produit à la ville d'Eski-schehir un revenu annuel de 350,000 fr.

De Born qui avoit déjà reconnu, d'après les analyses de Crell, la composition de ce minéral, en cite une variété de Carinthie qui est un peu moins compacte que celle de l'Asie mineure.

2. *Magnésite de Madrid.*

Elle est d'un blanc un peu grisàtre, homogène, solide et assez légère, lorsqu'elle est parfaitement sèche, pour surnager. Sa cassure est raboteuse et son aspect terne et terreux. Lorsqu'elle est nouvellement extraite de la carrière, ou qu'elle a été humectée, elle se laisse facilement couper. Elle a d'ailleurs tous les autres caractères des magnésites, et prend au feu des fours de porcelaine une retraite de quatre dixièmes.

M. Berthier qui l'a analysée, y a déterminé les principes
suivans :

> Magnésie........................ 24
> Silice.......................... 54
> Eau........................... 20
> Alumine....................... 1

On trouve cette magnésite dans la colline de Vallecas près
Madrid, sur les bords du Mançanarès, en face d'un château du
roi; et à Cabanas, à neuf lieues au nord de Madrid.

Elle forme des couches assez puissantes qui renferment des
rognons de silex pyromaque, disséminés, et qui alternent avec
des couches d'argile verdâtre, de magnésite impure et de silex
résinite; le tout repose sur un terrain gypseux dont l'époque
de formation n'est pas encore déterminée (1). On n'y a reconnu
aucun débris organique.

Cette magnésite, comme la giobertite de Turin, a été employée dans la fabrication de la porcelaine de Madrid, remplaçant le kaolin comme base plastique et infusible de cette espèce
de poterie. Il paroit que cet usage de la magnésite a été plus
répandu qu'on ne le croyoit, puisqu'on nous a fait remarquer
(Dict. d'Hist. nat., t. 18, p. 382) que l'on fait de la porcelaine dans l'île de Samos, cette île si célèbre par ses fabriques
de poterie, avec la magnésite écume de mer qu'on y trouve.

La magnésite de Vallecas près Madrid est, dit Linck, assez
abondante et assez solide pour être employée dans les constructions des bâtimens voisins de ce lieu.

3. *Magnésite de Salinelle.*

Cette variété a une structure schistoïde avec une couleur
grisâtre nuancée de rose; elle est tenace, se délaie difficilement dans l'eau, et est composée d'après l'analyse récente de
M. Berthier :

> De magnésie........................ 20
> De silice 51
> D'eau........................... 22
> De corps étrangers, alumine, fer, sable. 7

---

(1) Voyez, pour plus de détail, la description de cette colline par
M. de Rivero, et la coupe idéale qui y est jointe, dans ma Notice sur la
magnésite du bassin de Paris. Ann. des Mines, 1822, pag. 304.

C'est M. Berard de Montpellier qui a fait connoître le premier la nature de ce minéral, et c'est M. Marcel de Serre qui a fait connoître son gissement.

Elle se trouve à Salinelle près Sommière, dans le département du Gard, entre Alais et Montpellier; elle est disposée en couches de deux décimètres environ de puissance dans un terrain lacustre, composé de couches de calcaire marneux, de calcaire compacte très-blanc, de marne argileuse, schistoïde, renfermant des coquilles d'eau douce et accompagnée de silex cornés en nodules.

On l'emploie dans le lieu comme pierre à décrasser, et on l'y connoit sous ce nom; elle se vend à la carrière 3 fr. le quintal.

4. *Magnésite parisienne.*

Ce n'est que depuis peu d'années qu'on a reconnu l'existence suivie de la magnésite dans différens lieux des terrains de Paris. Elle n'est pas toujours pure, mais en n'ayant égard qu'aux lits qui présentent cette qualité, on y reconnoît tous les caractères de la magnésite.

Elle est tendre, douce au toucher, sans cependant être onctueuse. Néanmoins sa poussière est assez dure. Elle se pénètre d'eau très-facilement, gonfle beaucoup et devient un peu translucide. Elle est absolument infusible dans l'état de pureté, et devient très-dure; sa couleur ordinaire est le gris pâle, quelquefois le blanchâtre avec une nuance rosâtre plus ou moins sensible; elle perd ses couleurs au feu.

M. Berthier l'a trouvée composée :

De magnésie...................... 24
De silice.......................... 54
D'eau 20
D'alumine......................... 1,4

Le lieu où elle se présente en quantité notable et avec un assez grand degré de pureté est Coulommiers, à douze lieues à l'est de Paris. On l'a trouvée encore à Crecy, à dix lieues de Paris dans la même direction, puis à Saint-Ouen tout près de Paris sur le bord de la Seine et au pied de Montmartre: mais ici elle est moins pure et moins abondante.

Dans tous ces lieux la magnésite est en lits ordinairement

assez minces, souvent même interrompus, dans un terrain composé de calcaire marneux compacte, de marnes calcaires et argileuses, de silex cornés, résinites et pyromaques : elle est accompagnée de débris organiques et notamment de coquilles qui placent ce terrain dans la formation d'eau douce ou lacustre, inférieur au gypse à ossemens ou de Montmartre.

J'ai décrit et figuré sa disposition dans ce terrain, et ce terrain lui-même dans la notice sur la magnésite du terrain de daris que j'ai déjà citée.

Ce sont les seuls lieux dans lesquels on ait reconnu jusqu'à présent la magnésite assez bien caractérisée pour être placée dans l'espèce déterminée chimiquement.

On appellera de nouveau l'attention des naturalistes sur l'analogie remarquable que présentent ces différens exemples de magnésite pris dans des lieux si éloignés les uns des autres. On verra que, quoique ces minéraux soient opaques, d'aspect terreux, ils ne présentent ni l'apparence cristalline, ni la transparence, ni la densité, ni même l'homogénéité de texture d'une véritable espèce, d'une réelle combinaison à proportions déterminées; qu'ils ont tous offert dans leur composition les mêmes principes à très-peu près dans les mêmes proportions; qu'en se déposant à la surface du globe, ils ont été accompagnés des mêmes circonstances géologiques, puisqu'on les voit constamment associés avec des calcaires marneux, des marnes argileuses, des silex cornés et des silex résinites; que ceux dont on connoît exactement le gissement appartiennent aux sédimens lacustres ou d'eau douce qui font partie des lits moyens du terrain de sédiment supérieur, c'est-à-dire postérieur à la craie.

La circonstance chimique, qui les sépare comme espèce minéralogique d'une autre pierre magnésienne (de la giobertite), paroît n'avoir eu aucune influence sur les circonstances géologiques que nous venons de rappeler, puisqu'on trouve cette pierre magnésienne, qui ne diffère de la magnésite que par la présence de l'acide carbonique, associée comme cette dernière avec du calcaire et des silex de toutes les variétés. Les époques de formation paroissent seules différentes : mais on ne connoît pas encore assez bien ni les terrains dans lesquels se sont trouvées les magnésites et toutes les giobertites citées, ni un assez grand nombre d'exemples de ces roches pour assurer qu'il ne se trouvera pas de magnésie carbonatée dans les formations lacustres des terrains de sédiment supérieurs, ni de magnésie hydrosilicatée sans acide carbonique dans des terrains antérieurs à ceux-ci, et analogues à ceux du Piémont, de la Moravie, de la Styrie, de la Silésie, dans lesquels sont placés tous les exemples de giobertite que nous avons eu à citer. (B.)

MAGNÉSIUM. (*Chim.*) Métal qui produit la magnésie par sa combinaison avec l'oxigène.

On a obtenu le magnésium par deux procédés. Le premier consiste à soumettre à l'action de la pile un mélange de 3 p. de magnésie humide et 1 p. de péroxide de mercure. (Voyez pour le détail du procédé, Barium, tome 2, Suppl., p. 18.) Le second procédé consiste à faire passer du potassium en vapeur, sur de la magnésie chauffée au rouge blanc, dans un tube de porcelaine dont on a préalablement expulsé l'oxigène atmosphérique : le potassium s'oxide aux dépens de la magnésie. On introduit ensuite du mercure dans le tube; on fait chauffer légèrement, afin d'unir le mercure au magnésium. En distillant l'amalgame, sans le contact de l'air, dans une petite cornue de verre, le magnésium reste fixe. M. H. Davy obtint par ce procédé le magnésium sous la forme d'un enduit noir.

Ce métal est plus dense que l'eau. Lorsqu'on le chauffe, il brûle avec une flamme rouge et se convertit en magnésie.

Il se change pareillement en magnésie lorsqu'on le met dans l'eau froide. En ajoutant à ce liquide de l'acide hydrochlorique, la décomposition de l'eau est accélérée, et il se forme de l'hydrochlorate de magnésie.

Oxide de magnésium. On ne connoît qu'une seule combinaison de magnésium avec l'oxigène, c'est la magnésie.

Suivant M. Berzélius, elle est formée de

Oxigène...... 38,71 63,159
Magnésium... 61,29 100

Pour préparer la magnésie, on prend une dissolution de sulfate de magnésie pur très-étendue d'eau, on la précipite par le sous-carbonate de potasse ou de soude. Quand le sous-carbonate de magnésie est déposé, on décante la liqueur surnageante, et on le lave à l'eau bouillante à plusieurs reprises, dans le flacon où on l'a précipité; puis on le verse sur un filtre, on passe de l'eau bouillante dessus, on le fait sécher; enfin on le chauffe au rouge dans un creuset d'argent : il reste de la magnésie à l'état de pureté.

La magnésie a tous les caractères d'une base salifiable.

Elle est blanche, insipide ou presque insipide. Sa densité est de 2,3, suivant Kirwan.

Elle n'est fusible qu'autant qu'elle est exposée au feu électrique d'une forte batterie, ou dans la flamme du *chalumeau de Newman.*

Elle est légèrement soluble dans l'eau, suivant M. Fyfe; à 15^d, 5, l'eau dissout $\frac{1}{5760}$, et à 100 $\frac{1}{30000}$ seulement.

Quand on précipite la magnésie d'une de ses solutions salines au moyen de la potasse ou de la soude, elle retient de l'eau en combinaison.

Suivant M. Berzélius, cet hydrate est formé de

Magnésie.	69,68	100 qui contient d'oxigène	38,71
Eau.....	30,32	43,5·3..................	38,683

Cet hydrate est décomposé complètement à la chaleur rouge cerise.

Il est légèrement soluble dans l'eau. Cette solution verdit la teinture de violette, et fait passer l'hématine au pourpre.

La magnésie est décomposée par le chlore à une chaleur rouge.

L'iode, le soufre et le phosphore paroissent être sans action sur la magnésie pure, lors même que la température est élevée.

L'iode, que l'on met en contact avec la magnésie et l'eau, décompose ce liquide; il se produit des acides hydriodique et iodique qui neutralisent la magnésie.

La magnésie s'unit à tous les acides. Quoiqu'elle les neutralise très-bien, cependant elle n'opère la saponification que très-difficilement.

La magnésie est employée en médecine pour absorber les acides des premières voies; en chimie on s'en sert dans l'analyse végétale pour séparer les alcalis végétaux des acides auxquels ils sont unis.

Nos premières connoissances sur cette base salifiable ne remontent qu'au commencement du dix-huitième siècle , époque où un chanoine régulier la mit dans le commerce comme une panacée , sous le nom de *magnésie blanche*, ou de *poudre du comte de Palme*. En 1707, M. B. Valentini dit qu'on pouvoit la préparer en calcinant les eaux-mères du nitre. En 1709, J. H. Slevogt prescrivit de la préparer par précipitation. Lancisi, en 1717, et F. Hoffman, en 1722, l'examinèrent; mais ce ne fut que par les travaux de Black, en 1755, et ceux de Margraff, en 1759, que le rang de la magnésie fut fixé comme espèce particulière. Jusque là on l'avoit généralement confondue avec la chaux, quoique Hoffman eût déjà remarqué la différence qui existe entre le sulfate de cette base et le sulfate de magnésie.

PHTORURE DE MAGNÉSIUM. (Voyez tom. XXII, p. 267.)

CHLORURE DE MAGNÉSIUM. Ce composé s'obtient en faisant passer du chlore sur de la magnésie rouge de feu. Il est fusible, indécomposable par la chaleur, très-soluble dans l'eau, mais alors il se change en HYDROCHLORATE DE MAGNÉSIE. (Voyez ce mot.)

IODURE DE MAGNÉSIUM. Inconnu.

SULFURE DE MAGNÉSIUM. Inconnu. (CH.)

MAGNÉTISME. (*Phys.*) C'est par ce mot, dérivé du nom grec de l'aimant , qu'on désigne la collection des phénomènes que présente ce corps, décrit à l'article FER (t. XVI, p. 390), et ceux qui en ont acquis accidentellement les propriétés. La principale et la première connue est d'attirer le fer avec beaucoup d'énergie, de manière qu'ils adhèrent assez fortement l'un à l'autre. Par son intensité, et parce qu'elle se manifeste sans aucune opération préliminaire, cette propriété parut bien plus admirable aux anciens que les attractions électriques exercées par l'ambre et par le soufre. (Voyez ELECTRICITÉ.)

Aristote dit que Thalès attribuoit une âme à la pierre d'aimant (*de Animâ*, lib. I, c. 2); Platon (dialogue d'*Ion*); Lucrèce (liv. 6, v. 909, 1044, 1062), et Pline, dans son Histoire naturelle (liv. 34, chap. 14, liv. 36, ch. 16), en parlent avec une sorte d'enthousiasme. Ils savoient que le fer en contact avec l'aimant, en partageoit la propriété attractive, car ils parlent d'une chaîne formée d'anneaux de fer, retenus l'un par l'autre, quoique le premier seul touchât à l'aimant, et qui peuvent être agités par le vent sans se détacher.

En soumettant de la limaille de fer à l'action d'un aimant, les parcelles de cette poussière ne se distribuent pas également sur sa surface ; elles s'accumulent principalement vers deux points distincts qu'on a nommés *pôles*, et qui sont vers les extrémités des barreaux ou des aiguilles d'acier qu'on a rendus magnétiques, en les frottant contre un aimant. Ces pôles produisent des effets contraires comme les deux sortes d'électricité. Quand les barreaux ou les aiguilles sont suspendus de manière à pouvoir tourner librement, ou qu'on les place sur des morceaux de liége pour les faire flotter sur l'eau, et qu'on leur présente ensuite un aimant par l'un de ses pôles, il attire l'un des pôles du barreau, et repousse constamment l'autre qui est attiré par le second pôle de l'aimant.

En marquant ces deux points d'un signe particulier pour les reconnoître, on s'aperçoit que dans un même temps et dans un même lieu, ils se tournent toujours vers les mêmes points de l'horizon, l'un situé dans la partie du nord, et l'autre dans celle du midi ; cette seconde propriété de l'aimant est très-importante, puisqu'elle a donné lieu à l'invention de la boussole, si utile dans la navigation, et dont nous parlerons dans la suite. Pour le moment nous nous bornerons à en tirer la désignation des pôles de l'aimant, en appelant *pôle austral* celui qui se tourne constamment du côté du nord, et l'autre *pôle boréal*, afin d'assimiler les circonstances de ce phénomène à celles de l'action réciproque des aimans qui s'attirent par les pôles de dénominations contraires, et se repoussent par ceux de même dénomination ; mais nous ferons observer que ces désignations usitées maintenant par plusieurs physiciens, sont inverses de celles qui étoient autrefois généralement en usage.

On a d'abord remarqué que l'attraction et la répulsion magnétiques n'étoient pas arrêtées par certains corps, comme le sont les phénomènes électriques analogues : l'action de l'aimant sur le fer se transmet à travers tous les corps, et n'en reçoit d'autre affoiblissement que celui qui est dû à la distance, et que Coulomb a prouvé être en raison du carré de cette distance, loi qui a lieu également pour les attractions électriques, de même que pour celle des corps célestes.

De l'Aimantation.

C'est d'acier et non de fer que sont les barreaux et les aiguilles qui jouissent d'une manière durable des forces magnétiques; le fer doux les acquiert bien, lorsqu'il est en contact avec les corps qui en sont doués, mais il perd ces forces presque aussitôt qu'il est isolé : au contraire l'acier, qui les conserve beaucoup mieux, ne peut les acquérir, du moins avec quelque énergie, que par des procédés particuliers qui portent le nom d'*aimantation*. Le premier de ces procédés, ou la *simple touche*, consiste à frotter avec l'un des pôles d'un aimant, et en allant toujours dans le même sens, le barreau ou l'aiguille formés d'acier trempé ; et pour cela on écarte l'un de ces corps de l'autre, pour recommencer chaque fois le mouvement par la même extrémité. Celle où le mouvement se termine sera un pôle nord ; si le barreau a été frotté avec le pôle sud de l'aimant, et *vice versâ*.

Dans l'aimantation des aiguilles que la chape par laquelle elles doivent être posées sur leur pivot, divise en deux parties égales, on frotte l'une des moitiés avec l'un des pôles de l'aimant, et l'autre moitié avec le pôle opposé, et en allant dans le sens contraire.

On obtient une force magnétique beaucoup plus grande en frottant à la fois la même aiguille ou le même barreau avec deux aimans appliqués par des pôles de dénomination contraire : ce procédé, qu'on appelle la *double touche*, a subi diverses modifications trop minutieuses pour être indiquées ici ; nous nous bornerons à décrire une opération au moyen de laquelle on peut se procurer des barreaux aimantés d'une grande force, lorsqu'on en possède déjà deux qui ont reçu un commencement de magnétisme, par la méthode du simple contact décrit en premier lieu, ou autrement. Ayant placé deux barreaux non encore aimantés, et de dimensions égales, dans une situation parallèle, on joint leurs extrémités par deux petits morceaux de fer doux qui s'y ajustent bien par leur épaisseur. On promène ensuite les deux barreaux foiblement aimantés sur l'un des précédens, en partant de son milieu, et frottant de chaque côté avec des pôles de dénominations contraires. Le barreau frotté acquiert ainsi deux pôles, et communique en même temps au second barreau aimanté, qui lui est joint par les morceaux de fer doux, un commencement de magnétisme; mais les pôles de ce dernier sont en sens inverse de ceux de l'autre, qu'on retourne sans changer la situation de ses pôles, pour le frotter sur la seconde face comme sur la première. On opère ensuite de même sur le second barreau, en ayant égard à la situation de ses pôles, puis on enlève ces barreaux qui sont maintenant plus fortement aimantés que ceux avec lesquels ils ont été frottés, on met ces derniers à leur place, en observant de faire correspondre leurs pôles opposés, et on achève l'opération comme elle a été commencée. Quand on ne veut aimanter qu'un seul barreau, on facilite beaucoup la communication de la force magnétique, en le plaçant entre deux aimans dont il joint les pôles opposés.

Ce fait résulte de l'influence que la liaison des pôles d'un aimant a sur la propagation et la conservation de la force magnétique, et il a conduit à revêtir les *aimans naturels* (ou pierres d'aimant) d'un entourage de fer doux, nommé *armure*, dans lequel deux boutons saillans, ou *jambes*, sont en contact d'un côté avec les pôles de l'aimant, et de l'autre avec un morceau de fer doux portant un crochet auquel on attache un poids aussi fort que le peut supporter l'aimant. Il faut remarquer que lorsqu'on charge ainsi un aimant pour la première fois, il ne porte pas tout le poids qu'il pourra soutenir dans la suite : ce poids doit être augmenté graduellement jusqu'à un certain terme; et quand on y est arrivé, il ne faut pas le dépasser, parce que la chute ou la séparation violente du morceau de fer doux diminueroit la force de l'aimant.

Tout barreau aimanté, jouissant des mêmes propriétés qu'un aimant naturel, se nomme *aimant artificiel;* mais, pour en augmenter la force, on en réunit un nombre plus ou moins grand, et on leur donne des formes diverses. On en rencontre souvent qui sont en fer à cheval, dont les deux extrémités assez rapprochées forment les pôles.

La mesure naturelle de la force des aimans se tire du rapport de leur poids à celui qu'ils peuvent porter ; des aimans artificiels du poids de 10 kilogrammes (20 livres), exécutés sous la direction de Coulomb, portoient 5o kilogrammes (1oo livres environ) : la charge étoit donc quintuple du poids de l'aimant. De plus petits paroissent proportionnellement plus forts; car Ingenhouz en cite de tels qui portoient plus de cent fois leur poids. La sphère d'activité des aimans a une étendue d'autant plus grande, qu'ils ont plus de force; on a vu un aimant pesant 3o kilogrammes (6o livres) exercer encore une action sensible à 3 mètres (neuf pieds) de distance.

La distribution du magnétisme dans un aimant est analogue à celle de l'électricité à la surface des corps; Coulomb les a déterminées toutes deux par les mêmes moyens. Il a reconnu que l'intensité des forces magnétiques étant à son maximum vers les extrémités des barreaux ou des aiguilles aimantés, décroissoit rapidement dans les points intermédiaires, et devenoit presque nulle dans une certaine étendue de chaque côté du milieu. On peut reconnoître ce fait d'une manière fort simple, en approchant d'une aiguille suspendue horizontalement, un barreau aimanté tenu dans une situation verticale; car si on le fait monter ou descendre dans cette situation, on verra que ses points n'agissent pas tous également sur l'aiguille à mesure qu'ils se présentent à sa proximité, et que la plus forte tendance a lieu vers un point qui s'éloigne peu de l'extrémité du barreau; ce seroit exactement l'extrémité, si le barreau étoit absolument linéaire. Ce fait indiqué par la marche du phénomène à mesure qu'on employoit un barreau plus étroit et plus mince, a été vérifié par M. Becquerel sur un fil d'acier qui n'avoit qu'un 8o.ᵉ de millimètre d'épaisseur. (*Annales de Chimie et de Physique*, tom. XXII, pag. 113.)

En général l'aimantation ne donne aux barreaux aimantés que deux pôles placés, comme nous venons de le dire, vers les extrémités; mais il y a des circonstances où ils en présentent quatre, dont deux plus rapprochés du milieu du barreau; et l'ordre étant toujours alternatif, de manière que deux pôles qui se suivent immédiatement sont de dénominations contraires. Les pôles intermédiaires sont désignés sous le nom de *points conséquens*. Enfin qu'on retranche d'un barreau aimanté une portion aussi petite que l'on voudra, elle acquerra par sa séparation un second pôle, et deviendra un aimant complet, en sorte qu'il semble qu'on doit regarder un barreau aimanté comme un assemblage de petits aimans contigus, se joignant par des pôles de dénominations contraires, où les forces magnétiques se contrebalancent, ou se neutralisent ainsi que le font les deux électricités, lorsqu'on met en contact les conducteurs qui en sont chargés.

Jusqu'ici nous n'avons encore parlé que du magnétisme dérivé de la mine de fer nommée aimant; mais il y a encore d'autres causes naturelles qui mettent le fer dans cet état. On a remarqué que des verges de ce métal, érigées verticalement comme les tiges de girouettes, ou mieux encore des barres placées pendant un certain temps dans la direction que prendroit un barreau aimanté, suspendu librement par son centre de gravité, acquéroient un magnétisme sensible (1). Il en est de même de l'enclume des forgerons, des outils d'acier qui servent à couper ou percer le fer, surtout lorsqu'ils s'échauffent, de ceux avec lesquels on attise le feu; et l'on a établi sur ce fait un procédé pour se procurer des barreaux magnétiques sans le secours d'aucun aimant naturel.

On place une barre de fer d'environ deux mètres de longueur (cinq à six pieds) dans la direction que prendroit un barreau aimanté, librement suspendu, et qui est toujours à peu près connue dans les régions où nos sciences ont pénétré : au milieu de cette barre on attache avec des cordons un petit barreau d'acier de vingt-cinq centimètres (huit à neuf pouces) de longueur; on frotte ensuite jusqu'à deux et trois cents fois la grande barre, toujours dans le même sens, avec un morceau de fer doux, ou mieux encore avec un outil de l'espèce de ceux qui ont acquis par l'usage un commencement de magnétisme, et qu'on tient presque couché sur la barre, en l'appuyant avec assez de force; puis on détache le barreau d'acier pour placer dessus la face qui étoit dessous, et on recommence de la même manière le frottement de la grande barre. Après cette opération, le barreau d'acier est assez aimanté pour communiquer la force magnétique par les méthodes du simple et du double contact, indiquées précédemment.

La percussion réitérée produit quelquefois l'aimantation, et l'anéantit dans d'autres circonstances. Par exemple, si l'on frappe légèrement avec un marteau l'extrémité supérieure

---

(1) Direction qui est fort inclinée à l'horizon dans nos régions septentrionales.

d'une verge de fer dur, longue d'environ un mètre (deux à trois pieds), et érigée verticalement, elle s'aimante, et acquiert un pôle ; mais si on la place dans une situation inverse, et qu'on frappe de même sur l'autre extrémité qui occupe maintenant la partie supérieure, la verge perd d'abord sa force magnétique ; puis, si l'on continue à la frapper, elle en acquiert une nouvelle dans laquelle les pôles sont inverses de ce qu'ils étoient dans l'état précédent.

Enfin la torsion seule suffit aussi pour faire acquérir aux fils de fer minces un commencement d'aimantation. Coulomb a reconnu par l'expérience que l'écrouissement donné au fer par la torsion, le rendoit susceptible de retenir la force magnétique presque aussi bien que l'acier. Cette remarque peut être utile si l'on vient à bout de donner au fer un état chimique constant, ce qui paroît plus facile que pour l'acier qui est un composé de fer et de carbone.

Le fer n'est pas le seul corps qui puisse acquérir les forces magnétiques ; le nickel et le cobalt jouissent aussi de cette propriété, mais à un dégré plus foible. Lorsque ces métaux sont bien épurés, ils sont attirables à l'aimant, susceptibles d'être aimantés, et se dirigent ensuite comme les aiguilles d'acier.

En plaçant entre des barreaux aimantés, des aiguilles de quinze millimètres (six à sept lignes) de longueur, librement suspendues, et faites avec toutes sortes de matières, du bois même, Coulomb remarqua qu'elles prenoient exactement la direction des barreaux, et qu'elles y revenoient quand on les en avoit écartées. (*Journal de Physique*, floréal an X, pag. 367.) Mais cette expérience qui sembloit indiquer que tous les corps obéissoient à l'action magnétique soit par leur propre nature, soit parce qu'ils contenoient des quantités de fer inappréciables aux moyens chimiques, n'a pas réussi aux physiciens qui ont essayé de la répéter.

De la déclinaison et de l'inclinaison de l'aiguille aimantée.

La date à laquelle remonte l'emploi que les marins ont fait de l'aiguille aimantée, n'est pas précisément connue, quoiqu'on ait sur ce sujet beaucoup de recherches et de dissertations savantes. Il en est parlé dès le treizième siècle dans les poésies françoises de Guillaume de Loris ; on élève aussi des

réclamations en faveur de la ville d'Amalfi , célèbre par son
commerce dans le moyen âge ; et les premiers Européens qui
sont arrivés à la Chine , y ont trouvé l'usage de l'aiguille aimantée ; mais, pour porter quelque exactitude dans cette discussion, il faut distinguer de la simple connoissance de la direction de l'aiguille aimantée, connoissance qui doit remonter
fort haut, les divers changemens et améliorations qu'ont su-
bis dans leur forme l'aiguille aimantée et la boîte qui la contient, ce qui constitue l'instrument appelé *boussole* ou *compas
de mer* : on sent bien que tous ces détails sont étrangers au
sujet de cet article. Nous ne devons parler ici de la boussole
que pour dire que son usage journalier a bientôt fait recon-
noitre que la direction de l'aiguille aimantée n'étoit ni toujours , ni partout exactement nord et sud, mais qu'elle change
avec le lieu et le temps , et qu'en conséquence on s'est attaché
principalement dans les voyages sur mer, à déterminer de combien cette direction s'écartoit de la ligne méridienne (voyez
Méridien), c'est-à-dire la *déclinaison de l'aiguille aimantée*, ou
la *variation de la boussole* (1).

Les premières observations faites sur cette déclinaison étoient
assez grossières , et se sont perdues en partie ; ce n'est que fort
tard qu'on a commencé à les recueillir avec soin , qu'on en a
discuté l'exactitude , et qu'on s'est occupé à perfectionner la
suspension de l'aiguille , afin que, n'étant plus retenue par un
frottement trop considérable , elle devienne sensible aux plus
petits changemens dans la direction de la force magnétique ;
on a aussi augmenté ses dimensions, et varié la forme totale
de l'instrument pour rendre plus précise la mesure des angles,
et par là on est parvenu à saisir les variations que subissoit la
direction de l'aiguille aimantée, dans un même lieu, non
seulement d'une année à l'autre , mais encore les petites oscillations qu'elle exécute dans la durée d'un jour.

La première opération qu'on a effectuée sur l'ensemble des
déclinaisons observées par les navigateurs, a été de placer
sur une carte générale du globe les points où elles ont été

---

(1) On paroit s'accorder à présent à nommer Déclinaison la déviation
de l'aiguille aimantée, par rapport à la méridienne, et à réserver le
mot Variation pour les changemens que subit la déclinaison

faites, et de joindre par des lignes tous ceux dans lesquels on a trouvé la même déclinaison. Il en est résulté des courbes très-irrégulières, mais dont la direction s'approche plus souvent du sens des méridiens que du sens perpendiculaire, et parmi lesquelles on a remarqué principalement celles qui passent par tous les points où l'aiguille, se dirigeant exactement selon la ligne méridienne, n'éprouve aucune déclinaison. On leur a donné le nom de *bandes sans déclinaison*. On n'en connoît jusqu'à présent que trois; on pourroit en porter le nombre à quatre, parce que l'une de ces bandes se bifurque, et que d'ailleurs, par une discussion approfondie de ce sujet, M. de Humboldt a montré que ces lignes devoient être en nombre pair; mais je n'entreprendrai point de les décrire ici. C'est sur les cartes dressées par les physiciens ou les marins qu'il faut en suivre le cours, et comparer ces cartes entre elles en partant de la plus ancienne, construite par Halley en 1700, pour apprécier les changemens relatifs au temps. On y verra que le *méridien magnétique*, c'est ainsi qu'on nomme la direction de l'aiguille aimantée, varie inégalement dans les différens points où il a été observé. Ainsi la déclinaison n'a point varié sensiblement depuis cent quarante ans à la Nouvelle-Hollande, tandis qu'à Paris où elle étoit nulle en 1664, elle s'est élevée depuis jusqu'à vingt-deux degrés du côté de l'ouest, en 1802 : elle paroît maintenant à peu près stationnaire dans ce dernier point, et semble prête à diminuer par le retour de l'aiguille vers la ligne méridienne. Ce changement s'est opéré en cent trente-huit ans; mais une table fort étendue, dressée par Vanswinden, physicien hollandois, a fait remarquer trois points dans lesquels le changement a été plus rapide que dans tous les autres.

Il s'y est élevé jusqu'à 10, 11, et même jusqu'à près de 12 degrés de 1700 à 1756. Voici l'indication de ces points, ou plutôt de ces parages : l'un est situé dans l'hémisphère méridional entre 10 et 15 degrés de latitude, 82 et 87 de longitude comptée de l'Ile-de-Fer; un autre s'étend depuis 5 degrés de latitude septentrionale, jusqu'à 25 de latitude méridionale, entre 15 et 20 degrés de longitude; et le troisième, placé vers 50 degrés de latitude septentrionale, s'étend depuis 17 degrés à l'orient du premier méridien, jusqu'à 10 degrés à l'occident.

Ces points se présentent comme des espèces de centres, à partir desquels les changemens de déclinaison décroissent continuellement jusqu'aux points où le méridien magnétique a le moins varié de position.

Les plus grandes déclinaisons observées jusqu'ici l'ont été à des latitudes assez élevées : d'abord Cook, dans l'hémisphère austral, près du 61.ᵉ degré de latitude et du 113.ᵉ degré de longitude à l'orient du méridien de l'Ile-de-Fer, a trouvé une déclinaison de 43° 6′ à l'ouest. Dans l'hémisphère nord au 70.ᵉ degré de latitude, et à 147° de longitude occidentale, le même navigateur n'a trouvé la déclinaison que de 35° 37′ à l'est. Depuis, les navigateurs anglois ont trouvé en 1818, dans la baie de Baffin, par 75° 5′ de latitude, 42° 42′ de longitude occidentale, une déclinaison de 87° degrés. (*Annales de Chimie et de Physique*, tom. IX, pag. 215.)

Lorsque la perfection donnée aux instrumens de physique et d'astronomie pendant la dernière moitié du siècle passé, eut été appliquée à la boussole, sa sensibilité et sa précision firent bientôt découvrir dans l'aiguille aimantée de petits mouvemens qui s'accomplissoient dans la durée du jour. Ils ont été observés en premier lieu par Vanswinden ; et M. Cassini qui les a suivis avec beaucoup de soin à Paris pendant huit ans, a reconnu que vers huit heures du matin, l'aiguille aimantée, qui étoit restée stationnaire pendant toute la nuit, commençoit à s'éloigner du méridien, et qu'elle parvenoit au maximum de son écart diurne, entre midi et trois heures ; qu'ensuite elle se rapprochoit du méridien jusqu'à huit heures du soir. Si cette oscillation est moindre que celle du matin, la déclinaison s'accroît d'un jour à l'autre, elle diminue dans le cas contraire.

Les plus grandes variations diurnes étoient de 13′ à 16′ ; elles avoient lieu dans les mois d'avril, mai, juin et juillet ; les plus petites n'alloient qu'à 8′ ou 10′, et occupoient le reste de l'année. Comparant ensuite les positions de l'aiguille à des jours différens, mais aux mêmes heures, c'est-à-dire dans les mêmes points de la période diurne, afin de déterminer le mouvement mensuel, l'on trouve que la déclinaison est décroissante de l'équinoxe du printemps au solstice d'été, et croissante dans le reste de l'année. M. Arago continue avec le plus grand

soin ce genre d'observations, qui devient d'autant plus intéressant que l'aiguille aimantée paroît avoir atteint maintenant
à Paris sa plus grande déclinaison occidentale, et semble tendre
à se rapprocher de la méridienne.

Ainsi qu'on l'a vu (pag. 49), un barreau aimanté, suspendu librement par son centre de gravité, prend dans le plus
grand nombre des régions de la terre une situation inclinée à
l'horizon; et ce n'est qu'en amincissant l'une des deux moitiés
de l'aiguille d'une boussole, qu'on la fait tenir en équilibre par
rapport à l'horizon, ou en rendant plus pesante que l'autre
celle des deux moitiés que la force magnétique tend à élever.

Quand on veut connoître l'angle que l'aiguille fait naturellement avec l'horizon, c'est-à-dire son inclinaison sur ce
plan, il faut alors que l'aiguille tourne sur un axe horizontal,
et qu'elle soit dirigée exactement dans le plan vertical passant
par le méridien magnétique, ce qu'on peut obtenir en posant
sur une boussole horizontale le châssis qui porte l'aiguille dont
on veut déterminer l'inclinaison.

Les observations de ce genre, plus difficiles à faire que celles
de la déclinaison, ne sont pas encore très-multipliées; mais
on les a déjà tracées sur les cartes où elles ont donné aussi des
courbes fort irrégulières; celle qui joint tous les points où,
l'aiguille prenant une situation horizontale, l'inclinaison est
nulle, se nomme *équateur magnétique*.

En ne considérant d'abord que les observations faites dans
l'Océan atlantique, la mer des Indes et la partie du grand
Océan (ou mer du Sud), qui baigne les côtes occidentales de
l'Amérique méridionale, on avoit cru que l'équateur magnétique étoit un grand cercle incliné à l'équateur terrestre qu'il
rencontroit en deux points éloignés de 180°; mais cette régularité a été démentie en 1777 par les observations de Cook
et de Bayly, qui ont indiqué une troisième rencontre des deux
équateurs, et qui ont fait penser qu'il pourroit y en avoir
quatre, ce qui donneroit à l'équateur magnétique une forme
sinueuse, très-différente de celle d'un cercle qu'on lui avoit
supposée en premier lieu. Le fait a été constaté par les observations de M. le capitaine de vaisseau Freycinet, dans son
Voyage autour du monde, pendant les années 1817-1821.
(*Annales de Chimie et de Physique*, tom. XVI, pag. 406.) Le point

où l'équateur magnétique paroit s'éloigner le plus de l'équateur terrestre, est vers le 28.e degré de longitude occidentale, où il s'abaisse au-delà du 14.e degré de latitude sud.

L'inclinaison change aussi suivant les lieux et le temps, mais ses variations sont bien moins sensibles que celles de la déclinaison. En 1775 l'inclinaison étoit à Londres de 71° 3o′, et en 18o5 de 7o° 21′, sensiblement la même qu'à Paris. Les plus grandes inclinaisons qu'on ait observées jusqu'à présent, sont celle de 82°, trouvée en 1773 par Phipps, dans la mer glaciale près du Spitzberg, à 79° 5o′ de latitude septentrionale, et celle de 84° 25′, observée dans la baie de Baffin, en 1818, par les navigateurs anglois, à 75° 5′ de latitude, et 42 de longitude occidentale de l'Ile-de-Fer.

L'élévation de l'aiguille aimantée à mesure qu'on s'éloigne de l'équateur magnétique dans chacun des hémisphères, semble indiquer que la force magnétique est distribuée dans le globe terrestre comme elle le seroit dans un aimant; qu'il y a deux points qui exercent des actions analogues à celles des pôles du barreau aimanté; qu'à ces deux points l'aiguille prendroit nécessairement une situation verticale, et que sa situation inclinée résulte du balancement de l'action de chacun de ces points sur l'aiguille, suivant sa position, relativement à ces mêmes points. Le pôle magnétique boréal paroit avoir été dépassé par le capitaine Parry, dans son voyage à la baie de Baffin, en 1819; car, étant parvenu à une latitude de 74° 45′, et au-delà du 82.e degré de longitude occidentale de l'Ile-de-Fer, la fleur de lis qui marque le pôle sud de l'aiguille aimantée, et qui est toujours du côté du nord, se tourna vers le sud, ce qui prouvoit que le navire étoit alors au nord du pôle magnétique boréal. (*Annales de Chimie et de Physique*, tom. xv, pag. 435.)

La précision qu'on met aujourd'hui dans les observations ne permet plus de se borner simplement à écarter le plus possible le fer des lieux où sont établies les boussoles; la quantité de ce métal, qui entre nécessairement soit dans la coque du navire, soit dans son chargement, exerce une attraction qui, se combinant avec la force magnétique du globe, fait dévier l'aiguille aimantée plus ou moins, selon que les directions respectives de ces forces font entre elles deux angles plus ou moin grands. Ainsi, en observant par rapport à un point fixe la direction de l'aiguille aimantée dans plusieurs positions de la quille du vaisseau par rapport au méridien magnétique, on trouve des différences à l'aide desquelles on détermine, dans chacune de ces positions, l'influence de l'action magnétique du vaisseau sur la déclinaison de l'aiguille. Cette correction, proposée pour la première fois par le célèbre navigateur Flinders, paroît varier avec des circonstances qui ne sont pas encore bien connues.

De la mesure des forces magnétiques.

C'est d'abord par le poids dont ils peuvent rester chargés qu'on a mesuré les forces des aimans naturels et artificiels ; mais la balance de torsion, inventée par Coulomb, au moyen de laquelle on apprécie de très-petites forces (voyez tom. XIV, pag. 302), lui a fourni le moyen de déterminer avec plus d'exactitude l'énergie des attractions et des répulsions qu'exercent les corps aimantés. La comparaison des forces nécessaires pour retenir hors du méridien magnétique diverses aiguilles, a fait connoître les forces respectives qu'elles ont acquises par l'aimantation, et le terme auquel chaque procédé peut les porter. Toutes ces recherches, aussi neuves que délicates, ont fait le sujet de divers Mémoires, que Coulomb a publiés dans ceux de l'Académie des Sciences (année 1789) et de la Classe des Sciences mathématiques et physiques de l'Institut (t. III).

Bientôt, en cherchant à déterminer d'une manière plus sûre l'inclinaison de l'aiguille aimantée, il a montré qu'on pouvoit employer les oscillations que les aiguilles, ou des barreaux minces, suspendus librement, effectuent de chaque côté du méridien magnétique, comme on se sert des oscillations des pendules pour mesurer la gravité. En effet, la situation que prend un corps aimanté étant déterminée par la résultante des actions qu'exercent sur chacun de ses points les forces magnétiques du globe terrestre, lesquelles, rapportées aux pôles magnétiques, et en ayant égard à la petitesse des dimensions des aiguilles ou des barreaux, peuvent être regardées comme sensiblement parallèles, on applique aux oscillations qu'elles excitent les principes qui servent à déterminer celles qui sont dues à la pesanteur. Pour cela, on commence par suspendre, dans une situation horizontale, le barreau aimanté, et on observe le nombre d'oscillations qu'il accomplit autour du méridien magnétique dans un temps donné, d'où l'on conclut l'intensité de la force directrice qui agit dans le plan horizontal; ensuite on place le barreau sur un axe horizontal, en forme de couteau, répondant à son centre de gravité, de manière qu'il y seroit en équilibre si, n'étant pas aimanté, il n'obéissoit qu'à la pesanteur; mais, pour le retenir dans la situation horizontale, on ajoute, du côté où il tend à s'élever, un petit poids qui donne la mesure de l'intensité de la force agissant dans le plan vertical du méridien magnétique. Composant enfin en une seule, suivant les lois de la mécanique, la force horizontale et la force verticale, évaluées séparément, on obtient la résultante, qui marque le direction que prendroit le barreau s'il étoit parfaitement libre, et par conséquent l'inclinaison cherchée.

Ce procédé a fait naître tout de suite l'idée de comparer les forces magnétiques dans des lieux et dans des temps différens, pour connoître si leur intensité ne change pas aussi bien que leur direction. M. de Humboldt a trouvé que l'aiguille qui faisoit à Paris 245 oscillations en dix minutes, n'en faisoit plus que 211 au Pérou, dans le même temps; et la même aiguille, rapportée à Paris, a repris sa marche première; ainsi, la force magnétique s'est trouvée moins intense au Pérou qu'en France. Dans un ballon, M. Gay-Lussac, parvenu à la hauteur de plus de 7000 mètres (3600 toises), n'a point observé de changement sensible dans les oscillations de l'aiguille aimantée qu'il avoit emportée avec lui : ainsi, jusqu'à cette hauteur, au moins, la force magnétique terrestre peut être regardée comme constante.

En observant dans le même lieu, à des intervalles de temps éloignés, les oscillations d'aiguilles de dimensions égales, d'acier identique, s'il est possible, aimantées par le même procédé, et à saturation, c'est-à-dire que l'énergie communiquée à l'aiguille ait atteint son terme, on pourra reconnoître si, dans un même lieu, la force magnétique varie avec le temps.

Il étoit essentiel aussi de s'assurer si les aiguilles des boussoles embarquées sur les vaisseaux, conservent long-temps au même degré d'intensité leur force directrice; et déjà le voyage de découverte fait de 1817 à 1821, par M. le capitaine de vaisseau Freycinet, a donné sur ce sujet un résultat très-satisfaisant. Deux aiguilles qui, lors du départ, employoient à faire 100 oscillations, l'une 16′ 53″, l'autre 17′ 5″, en accomplissoient encore dans ces temps respectifs, la première 97, et la seconde 98 ; ce qui n'annonce qu'un très-petit affoiblissement dans les forces directrices qui leur avoient été communiquées d'abord. (*Annales de Chimie et de Physique*, tom. xiv, pag. 403.)

Cependant il n'arrive pas toujours que les aiguilles conservent ainsi leur force ; elles sont quelquefois sujettes à des changemens brusques de direction, que les marins nomment *affollement*. Les orages et les aurores boréales paroissent imprimer à l'aiguille aimantée des agitations irrégulières qu'on attribuoit à des circonstances électriques unies à ces phénomènes ; car on avoit appris que la décharge d'une bouteille de Leyde peut donner des pôles à un barreau d'acier, quelquefois aussi changer ceux dont il jouit, ou détruire son magnétisme ; mais, outre ces phénomènes isolés, on en a découvert d'autres qui établissent une liaison très-étroite entre l'électricité et le magnétisme.

Des phénomènes électro-magnétiques.

En 1820, M. Oersted, professeur de physique à Copenhague, annonça qu'un fil métallique, faisant communiquer les deux pôles d'une pile électrique (voyez au mot Électricité, tom. xiv, pag. 318), agit sur l'aiguille aimantée en la déviant de sa direction, et voici comment. Ayant pris ce fil assez flexible et assez long pour qu'on puisse le diriger à volonté sans remuer la pile, si on le rend horizontal dans une certaine longueur de son cours, qu'on le place au-dessus et parallèlement à une aiguille de boussole librement suspendue, cette aiguille « se mouvra de manière que sous la partie « du fil qui est la plus rapprochée du pôle *négatif* (1) de « l'appareil, elle déclinera vers l'ouest. Si le fil n'est pas à

---

(1) C'est celui qui est nommé Pôle cuivre dans l'article cité, et où l'électricité est résineuse. Il paroît que maintenant les physiciens ont abandonné les épithètes de Vitrée et de Résineuse pour retourner à celles de Positive et de Négative ; de cette manière, le pôle cuivre est Négatif, et le pôle zinc est Positif.

« plus de trois quarts de pouce (environ deux centimètres),
« la déclinaison de celle-ci fait un angle d'environ 45 degrés.
« Si on augmente la distance, l'angle décroît à proportion.
« D'ailleurs la quantité absolue de cette déviation varie selon
« que l'appareil est plus ou moins puissant. » (*Annales de
Chymie et de Physique*, tom. xiv, pag. 420.)

Qu'on passe le fil d'un côté à l'autre par rapport à l'aiguille, de l'est à l'ouest, ou *vice versâ*, pourvu qu'il demeure
toujours supérieur au plan horizontal dans lequel se trouve
l'aiguille, il n'y aura d'autre changement que celui qu'appor-
teroit dans la grandeur de la déviation, un changement dans
la distance; mais si on place le fil au-dessous du plan horizontal dans lequel est située l'aiguille, la déviation aura lieu
dans un sens inverse, « c'est-à-dire que le pôle de l'aiguille,
« sous lequel se trouve la partie du fil conjonctif (c'est la dé-
« nomination dont se sert M. Oersted) qui reçoit l'électri-
« cité négative de l'appareil, décline vers l'orient. »

Lorsque ce fil est dans le même plan horizontal que l'aiguille, il ne la fait plus décliner; mais il l'incline dans un plan
vertical, quoiqu'elle soit préparée pour rester horizontale
dans les actions combinées de la pesanteur et du magnétisme.
(Voyez page 54). « Le pôle près duquel l'action négative de
« la pile s'exerce sur le fil, s'abaisse quand le fil est situé du
« côté occidental, et s'élève quand il est du côté oriental. »
M. Oersted a encore varié de plusieurs manières la position
du fil conjonctif, par rapport à l'aiguille, et s'est assuré par
ce moyen qu'il émane du fil conjonctif une force qui a autour
de ce fil une sphère d'activité assez étendue, et qui agit en
tournoyant; c'est-à-dire comme le feroit un courant circulaire situé dans un plan perpendiculaire à la direction du
fil. En considérant un tel état de choses, il n'est pas difficile
de voir qu'au point le plus élevé et le plus bas de ce cercle,
les directions du mouvement sont horizontales, mais en sens
inverse, tandis qu'aux deux extrémités du diamètre horizontal, ces directions sont verticales, mais toujours opposées
entre elles.

J'ai décrit ces premiers faits avec quelque étendue, parce
que si d'un côté ils ont attiré l'attention sur cette nouvelle
branche de phénomènes, de l'autre ils sont les plus aisés à conce-

voir sans figure, tandis que toutes les autres expériences ima-
ginées et exécutées par M. Ampère et par les physiciens qui l'ont
suivi dans cette carrière, tiennent à des appareils plus compliqués, et dont il n'est pas facile de se faire une idée quand on n'en
a pas vu de semblables. Je me bornerai donc à énoncer les
principaux résultats de ces expériences, renvoyant pour les
détails au résumé qui se trouve dans le *Supplément à la traduction françoise de la Chimie de Thomson*, pag. 168, et au *Recueil d'observations électro-dynamiques*, publié par M. Ampère.

Dans les expériences précédentes, c'est l'aiguille qui a mar-
ché sous l'influence du fil conjonctif; mais si on rendoit l'aiguille fixe et le fil mobile, en le suspendant par ses extrémités,
il s'éloigneroit ou s'approcheroit de l'aiguille, ainsi que l'exige
cette influence qui, comme on le voit, est réciproque.

L'action magnétique du globe terrestre agira seule, sans
le concours d'une aiguille ou barreau aimanté, sur le fil, s'il
est suffisamment libre et convenablement disposé.

M. Ampère a trouvé que deux fils conjonctifs, placés dans
des directions parallèles, s'attirent ou se repoussent selon
que leurs forces considérées comme révolutives, sont dans
le même sens, ou en sens contraire. Afin de faire concourir les
actions de ces forces, M. Ampère a imaginé de replier en spirale un fil conjonctif, et alors ce fil a aimanté en peu d'instans
des fils d'acier placés dans son intérieur, ce qui n'avoit pas
lieu à l'extérieur. M. Davy a opéré le même effet sur de petites aiguilles d'acier, en les frottant transversalement sur un
fil conjonctif qui n'étoit pas roulé en spirale.

M. Arago a produit aussi l'aimantation d'aiguilles d'acier,
placées dans un fil métallique roulé en spirale, en substituant
à l'action de la pile voltaïque une suite de petites étincelles
tirées d'une machine électrique ordinaire.

Cette dernière expérience, ne laissant aucun doute sur l'i-
dentité de l'action de la pile, et de celle de l'électricité tirée
du frottement, permet d'employer l'aiguille aimantée pour
reconnoître les électricités qui ne paroissent pas encore appréciables par d'autres moyens. C'est ainsi que M. Seebeck a
reconnu qu'une distribution inégale de température dans un
anneau ou circuit composé de deux portions de métaux divers soudés ensemble, suffit pour y exciter un courant élec-

trique. Si, par exemple, l'une des portions est de cuivre, et l'autre de bismuth, qu'on chauffe l'anneau à l'un des endroits où se touchent les deux métaux, « l'électricité positive pren- « dra, dans la partie qui n'est pas échauffée, la direction du « cuivre vers le bismuth; » mais ce courant ne pourra être reconnu que par l'aiguille aimantée.

On peut aussi en établir un quand le circuit n'est composé que d'un seul métal, si l'on n'en chauffe qu'une partie; mais, pour bien réussir, il faut que ce métal ait une texture cristalline, ou bien qu'il soit dans deux états différens, comme deux morceaux réunis, l'un d'acier doux et l'autre d'acier trempé. (*Annales de Chimie et de Physique*, tom. XXII, pag. 199.) (1).

Enfin on a cherché quel pouvoit être l'effet d'une haute température sur les corps aimantés, et M. Barlow, professeur à l'Ecole militaire de Woolwich, a trouvé que le barreau de fer chauffé à blanc n'exerçoit aucune action sensible sur l'aiguille aimantée, mais qu'il n'en étoit plus ainsi à la chaleur rouge de sang. Le barreau exerçoit alors une force très-considérable, qui varioit ensuite à raison de ses degrés successifs de refroidissement, et des positions qu'on lui donnoit. (*Annales de Chimie et de Physique*, tome XX, pag. 107 et 427.)

Résumé.

Ce sont des attractions et des répulsions qui constituent entièrement les phénomènes magnétiques. Ils diffèrent des phénomènes électriques analogues, en ce qu'ils ne s'étendent qu'à une classe de corps, et qu'ils ont en général plus de permanence; mais, sous les autres rapports, leur ressemblance

---

(1) A ce nouveau moyen de produire de l'électricité, qui n'étoit pas connu lors de la rédaction de l'article ELECTRICITÉ de ce Dictionnaire, nous ajouterons le suivant, qui a été omis comme ne reposant alors que sur des conjectures, et que M. Becquerel a constaté depuis. Coulomb pensoit que la pression pouvoit développer de l'électricité; une expérience de M. Libes rendoit cette opinion très-probable; enfin M. Becquerel a électrisé de petits disques de diverses substances tenus par des manches isolans, en les pressant l'un contre l'autre, et les séparant ensuite : un disque de liége pressé contre un autre de caoutchouc (gomme élastique), par exemple, manifestent à leur séparation, le premier l'électricité résineuse, et le second l'électricité vitrée.

est telle que Coulomb proposoit d'expliquer les seconds aussi bien que les premiers, par deux fluides qui, réunis, neutralisent leurs effets respectifs, mais les manifestent lorsqu'ils sont séparés.

Il pensoit que c'étoit l'adhérence de ces fluides à l'acier qui les maintenoit dans l'état de séparation. Il falloit aussi que les procédés d'aimantation eussent la propriété de disposer d'une manière particulière les molécules ou les pores de l'acier, pour que ces fluides y circulassent, ou y tinssent d'une manière différente que dans le fer doux. Quant à la déclinaison et à l'inclinaison de l'aiguille aimantée, on l'expliquoit en concevant dans l'intérieur de la terre des centres de forces magnétiques dont les attractions combinées, suivant leurs distances et leurs positions, avec celle de l'aiguille, déterminoient sa direction. On a cherché, d'après cette idée, à lier par des formules mathématiques l'ensemble des déclinaisons et des inclinaisons observées; mais aucune de ces formules n'ayant pleinement satisfait à la question, nous n'en parlerons point ici.

Enfin les phénomènes *électro-magnétiques*, récemment découverts, ayant rendu très-probable une grande similitude entre les deux agens, les physiciens dirigent maintenant tous leurs efforts sur la recherche des propriétés des courans électriques. C'est même par ce qu'ils connoissent de ceux-ci qu'ils commencent l'exposition de cette nouvelle branche de la physique, ne regardant plus ceux qui se sont offerts à M. Oersted que comme des conséquences des autres. L'application du calcul et des principes de mécanique à la détermination des lois de ce genre de mouvement, fait une partie notable des Mémoires que j'ai cités, et de plusieurs autres qu'on trouvera dans les *Annales de Chimie et de Physique*. (L. C.)

MAGNÉTISME DES MINÉRAUX. (*Min.*) Le magnétisme, considéré comme simple caractère minéralogique, nous présente cependant encore une suite de phénomènes d'autant plus remarquables qu'ils se rattachent tous à la grande théorie de ce fluide dont la source appartient essentiellement et exclusivement au domaine du règne minéral; tout porte à croire en effet que le premier signe en fut observé dans le minerai qui jouit naturellement de la faculté d'attirer le fer, de communiquer à celui-ci la propriété d'en attirer d'autre , et de le retenir attaché plus ou moins fortement à sa surface.

Bientôt après, sans doute , on observa que le même minerai (fer oxidulé aimantaire) , librement suspendu dans l'espace , se dirigeoit constamment dans la ligne nord et sud, et qu'il communiquoit aussi cette importante propriété au fer métallique qui s'attachoit à sa surface ; de là l'origine de la boussole, la découverte d'un nouveau monde, la rupture de l'équilibre politique et commercial, et toutes les conséquences qui s'ensuivirent.

La propriété magnétique des minéraux se manifeste de deux manières : par des attractions sur l'un et l'autre pôle de l'aiguille aimantée, ou par des attractions et des répulsions alternatives sur l'un ou l'autre pôle du même instrument. Nous allons examiner chacun de ces degrés du magnétisme, en nous bornant à leurs rapports directs avec les minéraux, laissant à la partie physique tout ce qui tient à la théorie et tout ce qui a trait aux belles découvertes de MM. Oersted et Ampère, sur l'analogie du magnétisme avec les deux électricités.

Tous les minéraux qui agissent sur l'aiguille aimantée contiennent des molécules ferrugineuses plus ou moins abondantes ; car nous faisons abstraction , pour l'instant, du cobalt et du nickel, qui jouissent aussi de la propriété magnétique : mais ces molécules de fer sont quelquefois tellement oxidées, ou tellement disséminées dans la masse de certains minéraux, que leur effet magnétique est nul, ou à peu près tel. Dans les pierres précieuses, par exemple , dont la plupart sont colorées par le fer, ainsi que le prouve l'analyse chimique, il est excessivement rare de pouvoir y découvrir le plus léger signe de magnétisme : on n'y parvient même que par un procédé particulier que l'on doit au célèbre Haüy, et qui fut, pour ainsi dire, la dernière étincelle de son profond génie.

Voici donc en quoi consiste la manière d'essayer les minéraux, par la *méthode du double magnétisme*, ainsi que la nomma son savant auteur.

Si l'on approche d'une aiguille aimantée, librement suspendue sur son pivot, un barreau également aimanté, de manière à ce qu'il commence à attirer l'une des extrémités

de l'aiguille, et à la faire dévier de sa direction ordinaire, on
conçoit qu'il suffiroit de l'approcher un peu davantage pour
que l'aiguille prît une situation opposée à celle qui lui est naturelle. Maintenant, si l'on suppose que l'aiguille ait déjà effec-
tué moitié de cette révolution, c'est-à-dire, que son extrémité
nord regarde l'ouest, et son extrémité sud regarde l'est, il
suffira d'une très-petite quantité de fer pour que l'aiguille
achève de changer sa direction bout pour bout. Or, l'appareil étant ainsi disposé, si l'on vient à approcher un minéral très-peu chargé de fer de l'extrémité de l'aiguille qui
tend à se porter vers le barreau, la foible énergie de cette
substance suffira quelquefois pour achever ce qui est commencé ; l'aiguille décrira une nouvelle portion de sa révolution, et viendra se placer sur le prolongement de la ligne magnétique, mais dans une situation renversée, c'est-à-dire, que
son extrémité nord regardera le sud, par suite de l'action du
barreau. Voilà ce qui arrive, quand on éprouve, à l'aide de
cette méthode, la plupart des variétés de grenats, les péridots
et l'essonite ; mais cette expérience ne réussit pas toujours ; elle
exige beaucoup d'habitude et des aiguilles très-mobiles.

Les minéraux qui agissent directement et par attraction
simple sur les aiguilles et les barreaux aimantés sont les plus
nombreux et les plus aisés à éprouver, puisqu'il suffit de les
approcher d'une de leurs extrémités pour leur imprimer un
mouvement de rotation partiel ou complet. En effet, les uns
ne sont point assez vigoureux pour contraindre l'aiguille à les
suivre au-delà de certaines limites : la force qui détermine
l'instrument à se diriger suivant la ligne N. et S. ne leur permet
qu'un succès passager ; les autres, au contraire, triomphent
complètement, et contraignent le barreau mobile à les accompagner dans le circuit complet de la révolution, soit dans un
sens, soit dans un autre.

Un grand nombre de roches sont au rang des corps qui ne
dérangent que momentanément l'aiguille de sa direction habituelle, tandis que la plupart des minerais de fer naturels ou
grillés lui font opérer des révolutions complètes. Le grillage
ou la torréfaction n'ont d'autre effet, dans cette circonstance,
que de changer le degré d'oxidation du fer contenu dans les
minéraux. L'on juge donc de la plus ou moins grande énergie

du magnétisme de cette classe de minéraux par la distance à laquelle ils commencent à agir, par la portion plus ou moins grande de l'arc de cercle que l'aiguille décrit, du moment où elle se dérange jusqu'à celui où elle cesse d'obéir à l'influence du minéral en épreuve. Enfin, il arrive souvent que les minéraux qui exercent une influence absolue sur l'aiguille ont également la propriété de s'attacher à ses extrémités, à la manière de la limaille de fer, quand on les a réduits en parcelles, ou quand ils sont naturellement à l'état pulvérulent.

Haüy, à qui la Nature en imposoit difficilement, soupçonna que la plupart de ces minéraux, qui n'agissent ordinairement que par de simples attractions, devoient néanmoins posséder deux pôles distincts. « J'ai entrepris, dit-il, de faire des expé-
« riences pour éclaircir ce point de physique ; mais j'ai con-
« sidéré d'abord que si j'employois un barreau d'une certaine
« force, comme on le fait communément pour éprouver le
« magnétisme des mines de fer, il pourroit arriver que des
« corps qui ne seroient que de foibles aimans, attirassent
« indifféremment les deux pôles du barreau ; la force de
« celui-ci pourroit détruire le magnétisme de l'autre, et de
« plus, le faire passer à l'état contraire, ce qui changeroit
« la répulsion en attraction. Je pris donc une aiguille qui
« n'avoit qu'un assez léger degré de vertu, semblable à celles
« dont on garnit les petites boussoles à cadran. Dès cet ins-
« tant, tout devint aimant entre mes mains. Les cristaux de
« fer de l'île d'Elbe, ceux du Dauphiné, de Framont, de l'île
« de Corse, etc. repoussoient un des pôles de la petite aiguille
« par le même point qui attiroit le pôle opposé, etc. Il me vint
« en idée qu'il pourroit se faire qu'un cristal à l'état d'aimant
« parût, en conséquence même de cet état, n'avoir aucune
« action sur un autre aimant. Pour vérifier cette conjecture,
« je substituai à l'aiguille le barreau dont on se sert ordinai-
« rement, et je présentai à l'un de ses pôles un cristal de l'île
« d'Elbe par le pôle de même nom. Le barreau n'ayant à peu
« près que la force nécessaire pour détruire le magnétisme du
« pôle qu'on lui présentoit, il n'y eut ni attraction, ni répul-
« sion sensibles de ce côté, tandis que le même pôle du cristal
« présenté à l'autre pôle du barreau, faisoit mouvoir celui-ci. »
Voici donc une troisième série de minéraux qui n'offrent

28.   5

que des attractions simples, quand on les éprouve avec des barreaux puissans, et qui décèlent leur propriété aimantaire, quand on ne les met aux prises qu'avec des aiguilles foiblement aimantées. Telles sont, comme on l'a déjà dit, les différentes variétés du fer oligiste, etc.

Le quatrième degré du magnétisme des minéraux se trouve parmi ceux qui attirent et qui repoussent le même pôle d'une aiguille ou d'un barreau vigoureusement aimanté, c'est-à-dire, dont certaines parties attirent ou repoussent constamment le pôle nord, tandis que d'autres points diamétralement opposés agissent dans l'un ou l'autre sens sur le pôle sud. Ce sont ces minéraux qui portent le surnom de *magnétiques*, et qui se distinguent de la cinquième et dernière série, en ce qu'ils n'agissent point sur le fer non aimanté, et qu'ils ne lui communiquent par conséquent aucune propriété. Tels sont les pyrites magnétiques, quelques roches, un assez grand nombre de basaltes et de roches cornéennes.

Enfin le cinquième et dernier degré du magnétisme des minéraux se rencontre surtout dans le minerai de fer que l'on nomme *aimant* par excellence. C'est notre fer oxidulé aimantaire, qui se distingue par la propriété dont il jouit exclusivement d'attirer les parcelles de fer, de les retenir attachées à sa surface, de s'en hérisser particulièrement sur les pointes qui répondent à ses pôles, et d'agir par des attractions et des répulsions alternatives, quand on l'approche d'un barreau fortement aimanté. Le fer oxidulé aimantaire jouit non seulement de la propriété de se diriger dans le sens du méridien magnétique, quand il peut se mouvoir librement, mais encore il transmet cette propriété au fer et à l'acier qui s'attachent à sa surface. Cette force d'adhésion qui réunit le fer métallique à un morceau d'aimant naturel est plus ou moins énergique, mais on peut l'augmenter du double ou du triple, en taillant l'échantillon d'une manière convenable, en l'entourant d'une armure de fer, et en augmentant journellement le poids qu'il étoit susceptible de porter le jour où il fut armé pour la première fois.

Je terminerai cet article entièrement minéralogique par le tableau des substances qui jouissent de cette propriété à un plus ou moins haut degré d'énergie.

Tableau des différens degrés d'énergie du magnétisme des minéraux.

§ I.

Attractions foibles sur l'aiguille aimantée. par la méthode du double magnétisme.

L'essonite.
Le péridot.
Les grenats.

§ II.

Attractions sur l'aiguille aimantée ordinaire.

Quelques roches.
Beaucoup de laves.
La plupart des minerais de fer oxidé, carbonaté et hydraté naturels ou grillés.
Le fer sulfuré magnétique.
Le fer titané.

§ III.

Attractions et répulsions alternatives sur les aiguilles très-foiblement aimantées.

Le fer oligiste spéculaire.
Le fer oxidulé magnétique.

§ IV.

Attractions et répulsions alternatives sur les barreaux aimantés.

Quelques roches.
Beaucoup de laves.
Le cobalt métallique.
Le nickel métallique.
Le fer natif météorique.

§ V.

Attractions et répulsions alternatives sur les barreaux vigou-reusement aimantés ; adhérence plus ou moins forte avec le fer non aimanté.

Le fer oxidulé aimantaire.
Le fer métallique aimanté.
L'acier aimanté.

J'aurois pu sous-diviser encore cette espèce de récapitulation des minéraux magnétiques, en séparant, par exemple, ceux qui ne font que déranger l'aiguille de sa position naturelle; mais j'ai indiqué ce fait dans le courant de cet article, et j'ai cru au moins inutile de le faire figurer ici de nouveau. (P. Brard.)

MAGNIFIQUE (*Ornith.*), nom d'une espèce d'oiseau de paradis ou paradisier, *paradisea magnifica*, Linn., samalic magnifique de M. Vieillot. (Ch. D.)

MAGNOLIA. (*Bot.*) Voyez Magnolier. (Lem.)

MAGNOLIACÉES. (*Bot.*) Cette famille de plantes tire son nom du *magnolia*, un de ses genres principaux, et le plus nombreux en espèces. Dans la méthode fondée sur les affinités, elle fait partie des hypopétalées ou dicotylédones-polypétales à pétales et étamines insérés au support du pistil. Aux caractères précédens, elle réunit ceux qui suivent :

Un calice composé de trois à six pièces ou sépales qui tombent promptement; six à trente pétales disposés sur plusieurs rangs de trois chacun; étamines nombreuses; filets distincts; anthères appliquées contre leur sommet ; pistil composé de plusieurs ovaires distincts ou réunis, munis chacun d'un style court et d'un stigmate simple, qui deviennent autant de fruits également distincts ou réunis, uniloculaires, mono ou polyspermes, tantôt un peu charnus et indéhiscens, tantôt, et plus souvent, capsulaires, s'ouvrant en deux valves, ou par une simple fente; graines souvent recouvertes d'une enveloppe osseuse ou crustacée, attachées à l'angle intérieur de leur loge ; embryon petit, droit, placé à l'ombilic d'un périsperme grand et charnu.

Arbres ou arbrisseaux à feuilles alternes, simples et ordinairement entières dans leur contour; les jeunes feuilles entourées, avant leur développement, par deux grandes stipules contournées, qui présentent, comme dans les figuiers, la forme d'une corne terminant chaque rameau, et qui tombent bientôt, laissant autour de ce rameau une impression circulaire; fleurs terminales ou axillaires, souvent grandes, d'une belle apparence et très-odorantes.

Cette famille très-naturelle a été établie par nous, dans notre *Genera plantarum*, et nous y avions rapporté les genres *Drymis*, *Illicium*, *Michelia*, *Magnolia*, *Talauma*, *Liriodendrum* et *Mayna*, auxquels MM. Rob. Brown et Decandolle ont ajouté le *Tasmannia*. On doit en éloigner l'*Euryandra*, que nous y avions placé, d'après une description incomplète, et qui maintenant mieux connu est réuni au *Tetracera*, dans une famille voisine.

À la suite des magnoliacées, nous avions mis plusieurs genres, non comme appartenant à cet ordre, mais comme ayant avec lui quelque affinité, lesquels sont maintenant répartis dans trois familles nouvelles. Tels sont le *dillenia* et le *curatella*, qui sont le type de la nouvelle famille des Dilléniacées (voyez ce mot), laquelle reste voisine des magnoliacées. Tels sont encore les genres *Ochna* et *Quassia*, sur lesquels sont principalement fondées les familles des ochnacées et des simarubées, qui feront dans la suite l'objet de notre examen.

Nous terminerons cet article en adoptant le changement proposé et exécuté par M. Decandolle, qui a transporté les dilléniacées et les magnoliacées, avec quelques autres familles à pistil polygyne, à la suite des renonculacées. Il a ainsi rétabli la transition plus naturelle des malvacées aux hermanniées et aux tiliacées, auparavant interrompue par l'interposition de ces familles. (J.)

MAGNOLIER, *Magnolia*. (*Bot.*) Genre de plantes dicotylédones, à fleurs complètes, polypétalées, de la famille des *magnoliacées*, de la *polyandrie polygynie* de Linnæus, offrant pour caractères essentiels : Un calice caduc, à trois folioles; environ neuf pétales; étamines en nombre indéfini, attachées sur le réceptacle; les anthères attachées le long des bords des filets; des ovaires nombreux, adhérens à un axe commun, surmontés chacun d'un style très-court, auxquels succèdent autant de capsules bivalves, monospermes, très-rapprochées et disposées en cône; les semences recouvertes d'un arille, suspendues à un filet à l'époque de la maturité.

Ce beau genre renferme des arbres et arbrisseaux d'ornement, que l'on est parvenu à naturaliser en partie dans les jardins, où ils produisent un très-bel effet par l'élégance de leur port, par la forme et la grandeur de leurs feuilles, par l'odeur suave qu'exhalent leurs grandes et belles fleurs, et les brillantes couleurs qui les décorent. Leur bois est plus ou moins aromatique; leurs feuilles alternes, pétiolées; certaines espèces les conservent toute l'année, d'autres les perdent aux approches

de l'hiver, elles sont accompagnées de deux stipules caduques; les bourgeons sont terminés en pointes comme dans
les figuiers, et les fleurs sont solitaires à l'extrémité des rameaux, les unes blanches ou jaunes, d'autres bleuâtres, ou
quelquefois teintes de couleur pourpre. Ce genre a été consacré par Linnæus à la mémoire de Pierre Magnol, célèbre
botaniste françois du dix-septième siècle.

Les magnoliers se perpétuent de graines semées dans des
terrines sur couches ou sous châssis; mais comme ils produisent
rarement de bonnes graines en Europe, on préfère de les mul-
tiplier de marcottes que l'on forme en couvrant de terre les
branches inférieures, ou bien en les faisant passer à travers
des vases remplis de terreau, ou même en couchant l'arbre
horizontalement. Ces arbres ne réusissent bien que dans les
terrains argilleux mélangés d'un peu de terre de bruyère; ils
craignent la grande ardeur du soleil, et supportent assez bien
le froid. Les magnoliers que nous connoissons nous viennent,
les uns de l'Amérique septentrionale, les autres de la Chine et
des Indes.

Magnolier a grandes fleurs : *Magnolia grandiflora*, Linn.,
Lamck., *Ill. gen.*, tab. 490; Gærtn., *de Fruct.*, tab. 70; Trew.,
Ehr., 33; Andrew., *Bot. Rep.*, tab. 518. De tous les arbres
introduits en Europe, et capables de résister à la rigueur de
nos hivers, au moins dans nos départemens méridionaux, il
n'en est pas qu'on puisse comparer au magnolier. L'éclat, la
grandeur, l'odeur agréable de ses fleurs; ses feuilles amples,
toujours vertes; la singulière structure de ses fruits, réunis en un
cône couleur de pourpre, d'où pendent des semences d'un rouge
vif, ces brillans attributs en font le plus bel ornement des antiques forêts de l'Amérique septentrionale, dans lesquelles il
s'élève à plus de quatre-vingts pieds de hauteur. En France ceux
qu'on a pu conserver en pleine terre, ne sont guères parvenus
qu'au tiers de cette grandeur. Tel est ce beau magnolier de
Milleraie, près de Nantes, qui fut apporté des bords du Missi-
sipi en 1752, et dont la hauteur étoit d'environ trente-six
pieds, avant qu'il fût mutilé pendant la guerre de la Vendée.
Il fleurissoit tous les ans, mais il ne donnoit pas de bonnes
graines. Les branches du magnolier forment une tête régulière,
verte, arrondie; ses feuilles sont fermes, épaisses, ovales,

persistantes, longues d'environ un pied, d'un vert luisant en dessus, souvent couvertes en dessus d'un duvet ferrugineux, surtout dans leur jeunesse, depuis le mois de juillet jusqu'à l'arrière-saison. Chaque rameau produit successivement une fleur terminale, assez semblable à celle du nénuphar blanc, composée de neuf pétales d'un blanc pur, et dont l'éclat est encore relevé par le jaune doré d'étamines nombreuses. Elle a près d'un pied de diamètre. Les fruits sont oblongs, teints de pourpre à leur maturité, formés d'un grand nombre de capsules bivalves, monospermes, très-rapprochées, attachées le long d'un axe commun. A l'époque de la maturité les graines sortent des loges, et restent suspendues à de longs filets.

Ce bel arbre croît dans la Floride et dans la Caroline méridionale. Il est assez sensible au froid, tant qu'il n'a pas atteint la hauteur de deux ou trois pieds, mais alors il y résiste beaucoup plus facilement, et l'on a observé qu'en Angleterre, dans le rude hiver de 1740, les individus qui avoient acquis cette taille avoient été à peine endommagés, tandis que dans les mêmes endroits, ceux qui étoient plus jeunes, avoient tous péri, malgré la précaution qu'on avoit eue de les couvrir de paille, et de leur faire des abris. A Paris on tient cet arbre dans la serre d'orangerie pendant l'hiver; mais il peut rester en pleine terre dans le midi de la France, et même dans quelques uns de nos départemens du Nord, où le froid des hivers est moins rigoureux qu'à Paris.

MAGNOLIER PARASOL : *Magnolia umbrella*, Lamck., Encycl. ; *Magnolia tripetala*, Linn.; Catesb., *Carol.*, 2, tab. 61; Mich., *Arbr.*, vol. 3, tab. 5. Cet arbre s'élève à la hauteur de quatre-vingts pieds et plus : on le reconnoît à ses feuilles amples, ramassées aux extrémités des branches, ouvertes en manière d'ombrelle ou de parasol. Ses rameaux sont étalés, les jeunes pousses un peu rouges; les feuilles ovales-alongées, caduques aux approches de l'hiver, longues d'environ quinze pouces, entières, assez minces, glabres en dessus, un peu velues en dessous dans leur jeunesse; les fleurs blanches, de la grandeur de celles du *magnolia grandiflora*, composées de dix à douze pétales, les uns verticaux, les autres abaissés, odorans, oblongs, lancéolés, le calice à trois folioles membraneuses; les fruits sont ovales, de couleur purpurine en vieillissant.

Cet arbre croît dans la Virginie et la Caroline : il n'est point délicat, résiste bien, en pleine terre, au froid de nos hivers, et fructifie dans nos climats. Son bois est mou et spongieux; ses feuilles donnent un ombrage épais, très-agréable; ses fleurs s'épanouissent dans le courant de l'été. Il mérite d'être cultivé et multiplié dans les parcs et les jardins d'agrément.

MAGNOLIER AURICULÉ : *Magnolia auriculata*, Lamck., Encycl.; Mich., *Arbr.*, vol. 3, tab. 6; Andrew., *Bot. Repos.*, tab. 573; *Magnolia auricularis*, Salisb., *Prod.*, tab. 43; *Magnolia Fraseri*, Walt., *Flor. Carol.*, pag. 159. Cet arbre a des rameaux cylindriques, de couleur cendrée, garnis vers leur sommet de feuilles pétiolées, grandes, alongées, rétrécies vers la base, rangées circulairement, glabres, longues de sept à huit pouces, remarquables par deux oreillettes ou appendices prolongés latéralement vers le pétiole; les pétales ovoïdes, longs d'environ quatre pouces; les valves des capsules aiguës, légèrement recourbées à leur sommet. Cet arbre croît sur les montagnes de la Caroline où il fut découvert par Bartram. André Michaux l'a, le premier, introduit en France. Il croît facilement et se soutient en pleine terre.

MAGNOLIER ACUMINÉ : *Magnolia acuminata*, Linn., Catesb.; *Carol.*, 3, tab. 15; Mich., *Arb.*, vol. 3, tab. 3. Cet arbre, dans son pays natal, s'élève à quatre-vingts pieds et plus; son tronc est très-droit, son bois dur, d'un beau grain uni, de couleur orangée. Ses feuilles sont pétiolées, glabres, ovales-oblongues, rétrécies à leurs deux extrémités, un peu cotonneuses en dessous dans leur jeunesse, longues de huit pouces sur cinq de large; ses fleurs terminales, solitaires, inodores, d'une grandeur médiocre, d'un bleu tirant sur le vert, quelquefois blanches. Les capsules sont disposées en cône alongé, et prennent une couleur pourpre en mûrissant; les semences sont d'un rouge écarlate.

Cet arbre croit naturellement dans la Pensylvanie et les forêts de New-York. Il fut découvert par Bartram, introduit en Europe par Pierre Collinson en 1736. Son bois, d'un tissu serré, est employé pour plusieurs ouvrages d'ébénisterie et de menuiserie. Il aime l'ombre et le frais; il est peu sensible au froid des hivers; il seroit d'autant plus facile de l'acclimater en Europe, que, dans son pays natal, il habite l'intérieur, où il fait plus froid que le long des côtes.

Magnolier glauque : *Magnolia glauca*, Linn.; Dillen.,
Eltham., tab. 168, fig. 205; Trew., *Ehr.*, tab. 9; Catesb., *Carol.*,
1, tab. 59; Mich., *Amer.*, 3, tab. 2; vulgairement Magnolier
bleu, Magnolier des marais, Arbre de castor. Cette espèce est
un petit arbre fort élégant, qui s'élève à la hauteur de quinze à
vingt pieds; son bois est blanc et spongieux; ses feuilles lisses,
elliptiques, vertes en dessus, d'une couleur glauque, tirant sur
le bleu en dessous; elles tombent à l'approche de l'hiver; les
fleurs s'épanouissent au commencement de l'été; elles sont
blanches, de moyenne grandeur, et répandent un parfum qui
rappelle celui de la vanille et de la fleur d'orange. Les fruits
sont ovales, un peu coniques, longs d'un pouce et plus. Cet
arbre croît dans les terrains bas et humides de la Caroline, de
la Virginie, et autres contrées de l'Amérique septentrionale;
il fut apporté en Europe en 1688 : il s'y propage de graines, et
fructifie assez bien en France. Il faut l'abriter de l'ardeur du
soleil, et le garantir des gelées quand il est jeune. Les feuilles
et le bois ont un goût aromatique; on en fait usage contre les
douleurs de rhumatisme.

Magnolier a grandes feuilles : *Magnolia macrophylla*,
Mich., *Arbr.*, vol. 3, tab. 7; Poir., Encycl. Suppl. Ce magnolier
est remarquable par la grandeur et la beauté de ses feuilles :
elles sont longues de deux pieds et demi, larges de six à huit
pouces, ovales-alongées, mucronées à leur sommet, moins
larges vers leur base, échancrées en cœur, à deux lobes arrondis, vertes et glabres en dessus, d'une belle couleur glauque, et
un peu tomenteuses en dessous, principalement dans leur jeunesse. Les fleurs sont blanches, composées de six pétales; les
extérieurs teints de pourpre à leur base. Cette plante a été découverte par André Michaux, dans la Caroline et sur les bords
du fleuve Tennessée. On la cultive au Jardin du Roi.

Magnolier en cœur : *Magnolia cordata*, Mich., *Arbr. Amer.*,
3, tab. 4. Cet arbre s'élève à la hauteur de quarante à cinquante
pieds : il ressemble beaucoup par son port et par ses fruits au
magnolia acuminata. Son tronc est droit, couvert d'une écorce
profondément gercée; ses feuilles à longs pétioles, ovales, en
cœur, lisses, entières, un peu aiguës, légèrement cotonneuses
en dessous, longues de quatre à six pouces, larges de trois à
cinq. Les fleurs sont jaunes; elles ont environ quatre pouces de

diamètre : il leur succède des cônes cylindriques, longs d'environ trois pouces; les semences sont couleur de rose. Cet arbre dans la Haute-Géorgie, sur les bords de la rivière Savanah.

MAGNOLIER POURPRE : *Magnolia purpurea*, Curtis, *Magaz.*, t. 590; *Magnolia denudata*, Lamck., Encycl.; *Magnolia discolor*, Venten., *Malm.*, tab. 24; *Magnolia obovata*, Will., *Spec.*, 2, pag. 1257; Banck., *Icon. Kæmpf.*, tab. 43. Arbrisseau d'environ six pieds de haut, dont la tige se divise en rameaux étalés, peu nombreux, raboteux, garnis de feuilles ovales, aiguës, un peu prolongées sur le pétiole; leur face inférieure veinée en réseau; elles sont très-caduques, et souvent les rameaux en sont presque entièrement dépourvus. Les fleurs sont grandes, solitaires à l'extrémité des rameaux, composées de six pétales blancs à l'intérieur, teints d'une couleur pourpre extérieurement. Cet arbrisseau croît dans la Chine et au Japon, où il est cultivé pour l'ornement des jardins. Il fleurit au printemps : on l'abrite dans la serre tempérée pendant l'hiver. On pourroit le cultiver en pleine terre dans le midi de la France.

MAGNOLIER YULAN : *Magnolia Yulan*, Desf., *Arbr.*, vol. 2, pag. 6; Poir., Encycl. Supp.; *Magnolia precia*, Duham., *edit. nov.*, 2, pag. 224. Ce bel arbre s'élève à la hauteur de trente à trente-six pieds sur un tronc droit, bien proportionné dans sa longueur, peu garni de rameaux. Ses feuilles sont grandes, pétiolées, ovales, d'un beau vert, longues au moins d'un demi-pied, inégales à leur base, élargies, acuminées à leur sommet; très-caduques. Les fleurs sont très-nombreuses, elles se montrent au retour du printemps, et s'épanouissent presque toutes ensemble un peu avant le développement des feuilles. Elles ont la blancheur du lis et répandent au loin une odeur très-douce. La corolle est composée de cinq à six pétales, entourée d'un calice à quatre folioles concaves, velues extérieurement, terminées en pointe; les étamines sont nombreuses. Le fruit est de forme oblongue; il se courbe en mûrissant, prend une teinte pourpre, et laisse sortir une portion de sphère d'une couleur très-brillante de carmin.

L'yulan est originaire de la Chine; il est fort recherché pour la beauté de ses fleurs, il fut transporté des provinces du Midi dans les jardins de l'empereur à Pékin, où on l'a multiplié de graines et de boutures. Il ne demande, pour toute culture, que d'être planté à l'abri du nord, arrosé au printemps, et couvert lorsqu'il gèle. Les fleuristes de Pekin l'élèvent en caisse et le mettent dans des serres; ils le font fleurir l'hiver, en lui procurant une chaleur artificielle avec des poêles, et les fleurs sont vendues pour orner et parfumer les appartemens. Les Chinois ont fait de l'yulan le symbole de la candeur, et les poëtes l'ont souvent chanté dans leurs vers. Cet arbre est encore fort rare en France. Les jeunes boutons à fleurs sont confits dans le vinaigre. Le fruit, séché et réduit en poudre, est employé comme sternutatoire : on en prend l'infusion dans les maladies catarrhales, pour adoucir la toux et faciliter l'expectoration. (Desfont., *Arbr.*, *l. c.*)

Magnolier a boutons bruns : *Magnolia fuscata*, Andr., *Bot. Repos.*, tab. 229; Curtis, *Bot. Magaz.*, tab. 1008. Arbrisseau élégant dont les rameaux sont étalés, diffus, un peu flexueux, de couleur brune, pubescens dans leur jeunesse, garnis de feuilles alternes, médiocrement pétiolées, ovales-lancéolées, acuminées, vertes en dessus, brunes et tomenteuses en dessous dans leur jeunesse; les bourgeons d'un brun-pourpre; les fleurs très-odorantes, petites, éparses le long des rameaux: les pédoncules courts, épais; les folioles du calice brunes, tomenteuses, caduques; les pétales à peine de la longueur du calice, d'un blanc jaunâtre, verdâtres à leur base, entourés d'un liseré couleur de carmin; les étamines beaucoup plus courtes que la corolle; les filamens rouges; les anthères jaunes, teintes de rouge au sommet. Cette plante croit à la Chine; elle est cultivée en Angleterre. On l'abrite dans l'orangerie pendant l'hiver.

Magnolier nain : *Magnolia pumila*, Vent., *Malm.*, 1, tab. 37; Andrew., *Bot. Repos.*, tab. 226; Desf., *Arbr.*, 2, pag. 6; Curt., *Bot. Magaz.*, tab. 977. Cette espèce s'élève peu; elle offre le port d'un petit arbrisseau rameux, dont les feuilles sont persistantes, elliptiques, aiguës, ondulées, longues d'un demi-pied, veinées en réseau, glabres à leurs deux faces. Les fleurs sont blanches, inclinées vers la terre, larges de deux pouces et plus, la corolle composée de six pétales concaves, épais. Cet arbrisseau est originaire de la Chine; il est encore très-rare en France; il a cependant fleuri à la Malmaison et au Jardin du Roi. Il faut, pendant l'hiver, le tenir dans la serre d'orangerie.

Il faut, d'après Swartz (*Flor. Ind. occid.*, 2, pag. 997.), rapporter aux magnoliers un arbre de l'Amérique méridionale, connu à la Martinique sous le nom de *bois-pin*, et à la Guadeloupe sous celui de *bois-cachiman*, que Plumier cite comme un *magnolia* (Mss., vol. 6, *Icon.*, 90.), et auquel M. de Jussieu a conservé le nom de *talauma*, qu'il porte à Surinam. Cet arbre s'élève à quatre-vingts pieds; il se rapproche par son port du *magnolia grandiflora*. Ses rameaux sont bruns; ses feuilles grandes, ovales, glabres, coriaces; les fleurs grandes, terminales, blanches, odorantes; le calice à trois grandes folioles concaves, glauques en dehors; les pétales au nombre de dix à douze, épais, concaves, obtus; les ovaires nombreux, réunis sur un réceptacle en massue; il leur succède un fruit ovale, composé de capsules uniloculaires, monospermes. Cet arbre croît à la Guadeloupe, à la Martinique, et à l'île de Sainte-Lucie. (Poir.)

MAGOSTAN. (*Bot.*) Le *garcinia* de Linnæus est ainsi nommé par Adanson. C'est le *mangoustana* de Rumph, nommé en françois mangoustan, arbre dont le fruit est un des plus recherchés dans l'Inde. (J.)

MAGOT (*Mamm.*), nom que l'on donne communément à une espèce de macaque sans queue, qui se trouve en Barbarie et à l'extrémité méridionale de la péninsule espagnole. (F. C.)

MAGOUA. (*Ornith.*) Cet oiseau du Brésil, où on le nomme *macuagua*, est le *tetrao major*, Gmel., et le *tinamus brasiliensis*, Lath., que Buffon a figuré dans ses planches enluminées, n.° 476, sous le nom de tinamou de Cayenne. (Ch. D.)

MAGOUDIN. (*Bot.*) M. Bosc dit que ce nom vulgaire est donné au *mimusops*. (J.)

MAGPIE (*Ornith.*), nom anglois de la pie, *corvus pica*, Linn. (Ch. D.)

MAGU. (*Mamm.*) Petiver applique ce nom à un sapajou indéterminé. (F. C.)

MAGUARI. (*Ornith.*) Espèce de cigogne d'Amérique, *ardea maguari*, Linn., qui porte au Paraguay les noms de *baguari*, *mbaguari*, *tuyuyu-guazu*. (Ch. D.)

MAGUEY, METL. (*Bot.*) Noms mexicains d'une espèce de pitte, *agave mexicana*, très-cultivée dans le Mexique, à cause de ses divers usages économiques, très-détaillés par Hernandez. Ses feuilles desséchées peuvent être substituées aux tuiles pour couvrir les maisons. On en tire aussi des fils que l'on tresse de diverses manières. Leurs épines terminales, très-fermes et très-aiguës, sont employées comme des clous, des poinçons, des aiguilles, des pointes de flèche. Si, en enlevant au centre de la touffe des feuilles les jeunes pousses, on forme dans ce point une cavité ou cuvette, il s'y amasse promptement une grande abondance de suc limpide, que l'on enlève et qu'on laisse fermenter. Ce suc devient une liqueur spiritueuse que l'on rend plus ou moins forte et agréable par le mélange d'eau ou de quelques aromates. On peut par la coction l'épaissir en miel et même en sucre. Si l'on dissout ce sucre dans l'eau, exposée ensuite au soleil pendant plusieurs jours, on obtient un bon vinaigre. Ces derniers produits du maguey lui ont fait donner le nom de vigne du Mexique. (J.)

MAHABOTHYA (*Bot.*), nom du *melastoma malabathrica* à Ceilan, cité par Hermann. (J.)

MAHA-CANDALO. (*Bot.*) Voyez CANDALO. (J.)

MAHADYA (*Bot.*), nom sous lequel est connu à Ceilan l'*æschynomene pumila* de Linnæus. (J.)

MAHAGONI. (*Bot.*) C'est sous ce nom que, dans quelques lieux de l'Amérique, on désigne l'acajou meuble, *swietenia*, dont le bois est si recherché pour la fabrication de divers meubles. Adanson l'a adopté pour la nomenclature latine de ce genre. Les autres botanistes se sont contentés d'en faire le nom françois *mahogon*, pour le distinguer du véritable acajou, *cassuvium*. Voyez MAHOGON. (J.)

MAHAHIRI (*Bot.*), nom d'une espèce de souchet, à Ceilan, suivant Hermann. (J.)

MAHAINDI (*Bot.*), nom du palmier-dattier à Ceilan, cité par Hermann. (J.)

MAHAKARABU (*Bot.*), nom de la larmille, *coix*, à Ceilan, suivant Hermann. (J.)

MAHALEB. (*Bot.*) Matthiole, et d'autres anciens, nommoient ainsi un cerisier à grappes, *prunus mahaleb* de Linnæus, maintenant *cerasus mahaleb*, qui est le *macalep* des Arabes suivant Belon; le *macaleb* de Lobel, le *macholebum* de Cordus, et, selon Daléchamps, le *vaccinium* de Pline. C. Bauhin ajoute: Quelques-uns croient que c'est le *lacara* ou *lacaiba* de Théophraste. Sérapion nommoit aussi *mahaleb* le *phyllirea latifolia*. Voyez Cerisier Mahaler, à l'article Cerisier. (J.)

MAHALKIRI. (*Bot.*) Une espèce de panicaut, *eryngium*, est ainsi nommée à Ceilan, suivant Hermann. (J.)

MAHAMADAN. (*Bot.*) L'arbre de Ceilan, que Hermann cite sous ce nom, paroît être une variété du *myrtus zeylanica*, suivant Linnæus. (J.)

MAHAPATIGHAHA (*Bot.*), nom du *cluytia* à Ceilan, suivant Hermann et Linnæus. (J.)

MAHAPENALA (*Bot.*), nom de la corinde, *cardiospermum*, à Ceilan, suivant Hermann. (J.)

MAHAPILÆ, WALDAMINI (*Bot.*), noms sous lesquels est désigné à Ceilan, suivant Hermann, l'*hedysarum umbellatum* de Linnæus. (J.)

MAHARA TOMBOLA. (*Bot.*) Espèce de jambosier, *eugenia*, citée à Ceilan par Hermann. (J.)

MAHARI (*Mamm.*), un des noms arabes de la race des dromadaires, plus particulièrement employée à la course, à cause de la finesse de ses membres et de la légèreté de ses mouvemens. (F. C.)

MAHASWÆNA. (*Bot.*) Voyez Nelam-mari. (J.)

MAHAUWARUPALU. (*Bot.*) Espèce de haricot de Ceilan, mentionnée par Hermann. (J.)

MAHERNE, *Mahernia*. (*Bot.*) Genre de plantes dicotylédones, à fleurs complètes, polypétalées, de la famille des *hermanniées*, de la *pentandrie pentagynie* de Linnæus, offrant pour caractère essentiel : Un calice à cinq divisions ; cinq pétales non roulés à leurs onglets ; cinq étamines ; les filamens dilatés vers leur sommet, monadelphes à leur base ; les anthères presque sagittées, percées de deux trous au sommet ; un ovaire supérieur ; cinq styles connivens : une capsule à cinq valves, à cinq loges, contenant des semences nombreuses.

Ce genre, très-rapproché des *hermannia*, renferme des arbustes assez élégans, à feuilles alternes, plus ou moins découpées, munies de stipules à leur base : les fleurs axillaires, terminales. On en cultive plusieurs espèces dans les jardins de botanique : comme elles donnent rarement de bonnes graines, on les multiplie par boutures, qu'on place au printemps dans des pots sur couche et sous châssis : elles reprennent promptement; on les obtient de graines par le même procédé : elles demandent une terre franche mélangée avec celle de bruyère, peu d'arrosemens, surtout en hiver. Quoique peu sensibles au froid, il faut les abriter pendant l'hiver, dans la serre tempérée, et les changer de pots tous les deux ans : ces arbustes ne sont pas d'une longue durée ; il faut en conséquence en préparer de nouveaux pieds tous les ans, raviver les anciens, quand ils languissent, en les plaçant au printemps sur couche neuve, et sous châssis.

Maherne verticillée : *Mahernia verticillata*, Linn.; Lamck., *Ill. gen.*, tab. 218, fig. 1; Cavan., *Diss.*, 6, tab. 176, fig. 1 : Pluken., *Mant.*, tab. 544, fig. 5; *Hermannia ciliaris*, Linn. fils, *Suppl.*, pag. 302. Arbrisseau d'environ deux pieds de haut, à tige foible; ses rameaux diffus ; ses feuilles courtes, à huit ou dix découpures linéaires, inégales, simples ou pinnatifides, disposées autour de la tige en manière de verticille, parsemées de poils en étoile. Les fleurs sont jaunes, veinées de rouge : les pédoncules soutiennent environ deux fleurs pédicellées, pendantes : le calice est velu, ainsi que les filamens, à leur partie alongée. Le fruit est une capsule ovale, de la grosseur d'un pois. Cette plante croit au cap de Bonne-Espérance. On la cultive au Jardin du Roi.

Maherne hétérophylle; *Mahernia heterophylla*, Cavan., *Diss.*, 6, tab. 178, fig. 1. Sa tige est un peu scabre, légèrement hispide, quelquefois flexueuse ; ses feuilles sont verticillées, au nombre de six à sept à chaque verticille, une d'elles pétiolée, plus grande, ovale-oblongue, incisée : les autres sessiles, linéaires, entières ou trifides au sommet; les stipules linéaires. A l'extrémité des pédoncules existe une bractée amplexicaule, concave, presque en capuchon, à trois découpures, du centre de laquelle partent trois à quatre fleurs pédicellées, à calice tomenteux; les pétales jaunes, un peu crénelés, et filamens velus à leur sommet. Cette plante croit au cap de Bonne-Espérance.

Maherne empennée : *Mahernia pinnata*, Cavan., *Dissert.*, 6, tab. 176, fig. 2; Lamck., *Ill. gen.*, tab. 218, fig. 2. Autre espèce du cap de Bonne-Espérance, distinguée par son feuillage finement et assez élégamment découpé. Les tiges, ligneuses et couchées à leur base, sont longues d'environ un pied, divisées en rameaux grêles, herbacés, ascendans; les fleurs sont geminées, pédicellées, à l'extrémité d'un pédoncule grêle, long d'un pouce et demi; la corolle est d'un très-beau rose; les pétales ovales; les filamens de couleur verte à leur partie supérieure. Cette plante est cultivée dans quelques jardins de botanique.

MAHERNE ÉLÉGANTE : *Mahernia pulchella*, Cavan., *Diss.*, 6, tab. 177, fig. 3; *Hermannia pulchella*, Linn. fils, *Suppl.*, p. 302. Du collet de sa racine, cette plante s'alonge en une souche épaisse, ligneuse, d'où sortent plusieurs tiges droites, courtes, garnies de feuilles oblongues, pinnatifides, à découpures courtes, linéaires, la plupart entières; les fleurs sont petites, rougeâtres et pendantes, géminées sur un pédoncule court, munies d'une bractée à trois divisions. Cette plante croît au cap de Bonne-Espérance.

MAHERNE GLABRE : *Mahernia glabrata*, Cavan., *Diss.*, 6, tab. 200, fig. 1; Jacq., *Hort. Schœnbr.*, 1, tab. 53; *Hermannia glabrata*, Linn. fils, *Suppl.*, pag. 301. Arbuste rameux, dont les tiges sont garnies de feuilles alternes, lancéolées, aiguës, incisées ou grossièrement dentées, glabres, médiocrement pétiolées, munies de deux stipules courtes; les fleurs jaunes, pendantes, géminées, opposées aux feuilles, formant, par leur ensemble, une grappe presque unilatérale : le calice est glabre, campanulé; ses divisions sont aiguës. Cette espèce croit au cap de Bonne-Espérance : on la cultive au Jardin du Roi. Le *mahernia lanceolata*, Cavan., *Diss.*, 6, t. 200, fig. 2, est très-rapproché de l'espèce préeédente; il en diffère par ses feuilles inégalement dentées en scie, à dentelures nombreuses; par ses tiges un peu raboteuses, par les pédoncules beaucoup plus courts.

MAHERNE ODORANTE : *Mahernia odorata*, Andr. , *Bot. Repos.*, tab. 85. Arbrisseau du cap de Bonne-Espérance, dont les rameaux, de couleur purpurine, sont garnis de feuilles glabres, sessiles, étroites, lancéolées, longues d'un ou deux pouces, à peine dentées; les fleurs terminales, ordinairement géminées et pendantes; le calice est court, campanulé; la corolle jaune, exhalant une odeur de vanille; les pétales sont alongés, un peu en cœur; les filamens renflés dans leur milieu; les anthères acuminées; l'ovaire un peu pédicellé.

MAHERNE INCISÉE : *Mahernia incisa*, Curtis, *Magaz.*, tab. 353; Jacq., *Hort. Schœnbr.*, 1. tab. 54. Arbrisseau rameux, haut de deux pieds, couvert de poils fasciculés. Ses feuilles sont éparses, presque sessiles, lancéolées, aiguës, pinnatifides ; les stipules linéaires, ciliées ; les fleurs géminées ou ternées, blanchâtres, inodores ; le calice hérissé, teint de pourpre ; les filamens pileux, ainsi que l'ovaire ; les anthères rapprochées en cône, hastées, à deux lobes. Cette plante croit au cap de Bonne-Espérance.

Cavanilles rapporte au *mahernia pinnata*, l'*hermannia diffusa* de Linn. fils, *Suppl.*, qui est le *mahernia diffusa*, Jacq., *Hort. Schœnbr.*, 2, tab. 201, distingué cependant par sa corolle jaune, par les pétales dont les onglets sont contournés en cornet; les tiges couchées et diffuses. (Poir.)

MAHNENHALS (*Bot.*), c'est-à-dire, *porte-crin*, en allemand. Bridel donne ces noms à son genre *Choetophora* de la famille des mousses. Voyez Porte-crin. (Lem.)

MA-HOAM des Cochinchinois et MA-HOANG des Chinois (*Bot.*), *Equisetum arvense*, Linn., suivant Loureiro. Cette plante cryptogame est aussi indiquée au Japon par Thurberg. Sa racine est astringente, et sa tige diaphorétique. Il paroît par la manière dont Loureiro décrit sa plante qu'il n'a pas connu le véritable *equisetum arvense*, et qu'il a pris pour tel une ou plusieurs espèces différentes; car il lui attribue des fleurs mâles et des fleurs femelles sur des pieds séparés. Les fleurs mâles composées de plusieurs anthères, et les femelles de capsules uniloculaires polyspermes. (Lem.)

MAHOGON, *Swietenia.* (*Bot.*) Genre de plantes dicotylédones, à fleurs complètes, polypétalées, de la famille des *méliacées*, de la *décandrie monogynie* de Linnæus, offrant pour caractère essentiel : Un calice à cinq divisions ; cinq pétales; dix étamines à filamens réunis en tube à leur partie inférieure; un ovaire supérieur, surmonté d'un style court, portant un stigmate en tête. Le fruit est une capsule grande, ovale, ligneuse, à cinq loges, s'ouvrant à sa base en cinq valves; les semences nombreuses, ailées au sommet, imbriquées autour d'un réceptacle central.

Mahogon d'Amérique : *Swietenia mahogoni*, Linn.; Catesb., *Carol.*, 2, tab. 20; Cavan., *Diss.*, 7, tab. 209; vulgairement Acajou a meubles, Bois d'acajou, Mahogoni et Mahagoni. Grand arbre de l'Amérique méridionale, d'un très-beau port, très-rameux. Il a le bois dur, compacte, d'un brun rougeâtre; l'écorce cendrée, parsemée de points tuberculeux; les feuilles nombreuses, alternes, ailées sans impaire, composées de quatorze paires de folioles ovales-lancéolées, obliques, acuminées, très-entières, partagées inégalement par la côte du milieu, un peu courbées en faucille, longues d'un pouce et demi; les pédicelles très-courts; les fleurs blanchâtres, petites, disposées en panicules lâches. Les fruits sont très-durs, ovales, à peu près de la grosseur du poing, de couleur brune ou grisâtre : ils s'ouvrent en cinq valves à leur base, qui s'enlèvent en manière de calotte, et laissent sur le pédoncule des réceptacles pentagones, entourés de semences ailées que les vents agitent, détachent, et dispersent au loin.

Le nom d'*acajou* a été donné à plusieurs plantes très-différentes : à l'*anacardium*, qui produit les noix d'acajou, qui est l'acajou proprement dit (voyez Acajou); au *cedrela*, qui est l'acajou à planches (voyez Cédrel.); au *curatella*, qui est l'acajou bâtard (voyez Curatelle). Celui dont il est ici question est connu, dans son pays natal, sous le nom de *mahogoni*, que nous lui avons conservé en françois; mais il est plus généralement connu dans le commerce, sous celui de *bois d'acajou*. C'est un des meilleurs que l'on connoisse pour tous les ouvrages de charpente, de menuiserie, de tabletterie : on en fabrique des meubles très-élégans; son grain est fin, très-serré : il prend un très-beau poli, et sa couleur est presque inaltérable; il est de très-longue durée. Les Espagnols l'employoient pour la construction de leurs navires, parce qu'il résiste au boulet, dont il reçoit le coup sans se fendre, et que les vers ne l'attaquent pas comme le chêne.

Cet arbre croît fort vite, dit Catesby. Il se plaît sur les montagnes, parmi les rocs, dans les lieux presque absolument dénués de terre, et y acquiert un tronc de quatre pieds et plus de diamètre. Il commence à être rare à Saint-Domingue. L'île de la Tortue en fournit encore beaucoup : on en voit à Cuba et à la Jamaïque de très-grands, dont on fait des planches qui ont quelquefois six pieds de largeur. Les semences germent dans les fentes des rochers; et quand les fibres de leurs racines trouvent une résistance insurmontable, elles rampent à la surface de la pierre, jusqu'à ce qu'elles rencontrent d'autres fentes dans lesquelles elles puissent pénétrer. Les fibres deviennent si grosses et si fortes, que le rocher éclate pour leur ouvrir passage.

Roxburg a fait connoître deux autres espèces de *swietenia*, qu'il a observées sur les côtes du Coromandel : la première, qu'il nomme *swietenia febrifuga*, Roxb., *Plant. Corom.*, 1, tab. 17. Arbre très-rameux, dont les feuilles sont composées de trois à quatre paires de folioles elliptiques, un peu arrondies, glabres, entières, longues de quatre à cinq pouces, échancrées au sommet, inégales à leur base; les fleurs disposées en une panicule terminale, très-ample; le fruit est pyriforme, spongieux en dedans. La seconde espèce est le *swietenia chloroxylon*, Roxb., *Corom.*, 1, tab. 64. Cet arbre est d'une médiocre grandeur. Son tronc soutient une cime ample et large : les folioles sont nombreuses, petites, glabres, elliptiques, obtuses, inégales et échancrées en cœur à leur base; les fleurs forment une panicule composée de petites grappes courtes. Enfin on trouve mentionnée, dans l'Encyclopédie, une espèce du Sénégal, *swietenia senegalensis*, remarquable par ses fleurs qui n'ont que huit étamines, et par ses fruits qui ne s'ouvrent qu'en quatre valves. Ses feuilles sont composées de deux à trois paires de folioles assez grandes, ovales-oblongues, obtuses, acuminées par une pointe mousse, coriaces, d'un vert glauque; les fleurs disposées en panicules lâches; la corolle à quatre pétales; les capsules ligneuses, de la grosseur d'une pomme. (Poir.)

MAHOGONI. (*Bot.*) Voyez Mahogon d'Amérique, à l'article Mahogon. (Lem.)

MAHON. (*Bot.*) On nomme ainsi, dans quelques cantons, le pavot coquelicot. (L. D.)

MAHONIA. (*Bot.*) Genre de plantes dicotylédones, à fleurs complètes, polypétalées, de la famille des *berbéridées*, de l'*hexandrie monogynie* de Linnæus, offrant pour caractère essentiel : Un calice à six folioles inégales; les extérieures plus pétites, munies en dehors de trois écailles; six pétales, pourvus à leur base de glandes nectarifères; six étamines; les filamens chargés de deux dents vers leur sommet; un ovaire supérieur, couronné par un stigmate sessile, orbiculaire; une baie à plusieurs semences.

Mahonia a feuilles de houx : *Mahonia aquifolium*, Nutt., *Amer.*, 1, pag. 212; Dec., *Syst.*, 2, pag. 20; *Berberis aquifolium*, Pursh., *Amer.*, 1, pag. 219, tab. 4. Arbrisseau à rameaux lâches, tombans, sarmenteux, garnis de feuilles alternes, luisantes, persistantes, d'un vert obscur, ailées, à deux ou trois paires de folioles sessiles, opposées, ovales-lancéolées, dentées, sinuées à leurs bords; les fleurs nombreuses, disposées en grappes touffues, redressées, odorantes, d'un jaune doré; le calice à six folioles, muni de trois bractées; les pétales connivens, bifides au sommet; une baie d'un pourpre foncé, à trois loges, à trois semences, couronnée par un stigmate lobé. Cette plante croît sur les rochers, dans l'Amérique septentrionale.

Mahonia fasciculée: *Mahonia fascicularis*, Dec., *Syst.*, 2, pag. 19; *Berberis pinnata*, Lagasc., *Elench. Hort. Madr.*, pag. 614. Cet arbrisseau est très-rameux, et s'élève à la hauteur de six pieds. Ses feuilles sont alternes, à cinq paires de folioles, avec une impaire, ovales-lancéolées, glabres, sinuées et dentées, à dents épineuses; les pétioles dilatés, amplexicaules à leur base les grappes terminales, rapprochées en corymbe, munies de petites bractées membraneuses; le calice est globuleux; ses trois folioles extérieures sont arrondies; les trois intérieures plus longues, ovales-oblongues; le fruit est une baie ovale, presque globuleuse. Cette plante croît dans l'Amérique septentrionale et à la Nouvelle-Espagne. Ses fruits sont d'une saveur assez agréable, un peu acidulés : on les prépare avec du sucre. Cet arbrisseau est très-propre à former des haies, qu'il embellit par ses fleurs nombreuses.

Mahonia nerveuse: *Mahonia nervosa*, Nutt., *Amer.*,1, p. 212; Dec., *Syst.*, *l.c.*; *Berberis nervosa*, Pursh, *Amer.*, 1, pag. 219, tab. 5. Arbrisseau très-rapproché des deux précédens, dont les feuilles sont ailées avec une impaire, composées de cinq à six paires de folioles oblongues, lancéolées, sinuées, dentées en scie, marquées vers leur base d'environ cinq nervures; les dentelures épineuses; les fleurs disposées en grappes terminales, très-serrées, longues d'environ un pouce, munies de bractées courtes, ovales; les pétales entiers. Cette plante croît dans l'Amérique septentrionale, sur les bords de la rivière Columbia.

Mahonia glumacée; *Mahonia glumacea*, Dec., *Syst.*, *l.c.* Arbrisseau de la Nouvelle-Géorgie, dans l'Amérique septentrionale, glabre sur toutes ses parties. Ses feuilles sont composées de six à huit paires de folioles oblongues-lancéolées, obtuses à leur base, acuminées à leur sommet, veinées, réticulées, à dentelures épineuses; les boutons composés d'écailles persistantes; les grappes simples, presque géminées, longues de deux ou trois pouces, munies de quelques bractées ovales, concaves, d'où sortent des pédicelles filiformes; les fleurs de la grandeur de celles de l'épine vinette; les folioles du calice obtuses.

MAHONIA DU NAPAUL; *Mahonia napaulensis*, Dec., *Syst.*, *l. c.* Espèce des Indes orientales, dont les tiges sont glabres, ligneuses; les feuilles rapprochées vers les fleurs, composées de six paires de folioles ovales, lancéolées, acuminées par une épine, glabres, à cinq nervures longues de deux pouces, à dentelures épineuses; les fleurs en quatre ou cinq grappes fasciculées, simples, filiformes, longues de six à sept pouces; munies de bractées ovales, lancéolées, aiguës, de la longueur des pédicelles. Peut-être faudroit-il rapporter à ce genre l'*ilex japonica* de Thunberg, *Flor. Jap.*, 77, et *Icon.*, tab. 22. (POIR.)

MAHOT. (*Bot.*) Ce nom est donné, dans les Antilles, à plusieurs plantes de la famille des Malvacées, dont l'écorce est textile, et particulièrement à quelques espéces de fromager, *bombax*. (J.)

MAHOT COCHON. (*Bot.*) Suivant Aublet, les Créoles de Saint-Domingue nomment ainsi son *ivira pruriens*, qui est le *sterculia crinita* de Cavanilles, dont l'écorce est employée dans cette île pour faire des cordes. C'est à Cayenne l'*ivira* des Garipons, le *touvou-touvou* des Galibis. (J.)

MAHOT DES ANDES. (*Bot.*) M. Richard dit qu'on nomme ainsi à Ceilan l'*hibiscus tiliaceus*. (J.)

MAHOT-PIMENT (*Bot.*), nom du *daphne linifolia* de Swartz, dans les Antilles. (J.)

MAHSENA. (*Ichthyol.*) Nom spécifique d'un poisson rapporté par Forskal, Artedi et Linnæus, au genre des *sciènes*, et par M. de Lacépède à celui des *spares*. Voyez SCIÈNE et SPARE. (H. C.)

MAHU-KALUWA. (*Bot.*) Cette plante de Ceilan paroît être un *kæmpferia*, d'après Linnæus. (J.)

MAHURI, *Mahurea*. (*Bot.*) Genre de plantes dicotylédones, à fleurs complétes, polypétalées, de la famille des *tiliacées?* de la *polyandrie monogynie*, offrant pour caractère essentiel: Un calice à cinq divisions dont deux plus grandes; une corolle à cinq pétales, dont trois plus petits; des étamines nombreuses, attachées sur le réceptacle: un ovaire supérieur; un style; un stigmate trigone; une capsule à trois valves, à trois loges polyspermes.

Mahuri aquatique : *Mahurea palustris*, Aubl., *Guian.*, vol. 1, pag. 558, tab. 222 ; Lamck., *Ill. gen.*, tab. 464 ; *Bonnetia palustris*, Vahl, *Eclog.*, 2, pag. 42 ; Swartz, *Fl. Ind. occid.*, vol. 2, pag. 963. Arbre d'environ quinze pieds de haut ; son bois est blanchâtre, peu compacte : il pousse à son sommet plusieurs branches droites, alongées, chargées de rameaux garnis de feuilles alternes, pétiolées, ovales, entières, lisses, vertes, longues de six à sept pouces, munies à leur base de deux petites stipules ; les fleurs sont disposées en épis terminaux, assez lâches, de couleur purpurine, accompagnées de bractées écailleuses ; le calice a cinq découpures profondes, concaves, ovales, aiguës, dont trois plus petites ; les pétales sont ovales, concaves ; les trois supérieurs relevés, les deux inférieurs plus grands, inclinés, écartés l'un de l'autre ; les étamines plus courtes que les pétales ; les anthères à quatre sillons ; le style est courbé, terminé par un stigmate creux, à trois angles obtus. Le fruit consiste en une capsule sèche, membraneuse, ovale, roussâtre, acuminée par le style persistant ; les semences sont nombreuses, oblongues, noirâtres, couchées les unes sur les autres, recouvertes d'une membrane dorée, attachées à un axe central et trigone. Cet arbre croît dans la Guiane, aux lieux marécageux. (Poir.)

MAHUTES. (*Fauconn.*) Ce nom a été donné par les fauconniers au haut des ailes des oiseaux de proie. (Ch. D.)

MAHWAH (*Bot.*), nom indien du *bassia latifolia* de Willdenow, espèce d'illipé. (J.)

MAHY-KHOWAR. (*Ornith.*) Suivant Kazwini, dans son livre des Merveilles de la Nature, pag. 34 de la traduction de M. Chézy, ce nom persan, qui signifie piscivore, est donné au plongeur qu'on trouve aux environs de Basra, où il habite le bord des eaux, et qui, suivant Richardson et Castel, seroit un héron. (Ch. D.)

MAI (*Bot.*), nom vulgaire de l'aubépin dans le Poitou, suivant M. Desvaux. (J.)

MAIA et MAIAN. (*Ornith.*) Fernandez parle, au chapitre 219 de son Ornithologie mexicaine, sous le nom de *maja*, de petits oiseaux qui volent en troupes, et sont de grands destructeurs de rizières, surtout dans l'île de Cuba. C'est le *fringilla maja* de Linnæus et de Latham. D'un autre côté, on trouve dans les Indes orientales, à Malacca, en Chine, un autre oiseau à peu près de même taille et de mêmes couleurs, qu'Edwards a figuré, pl. 306, et dont les auteurs qu'on vient de citer ont fait leur *loxia maja*. Ces deux espèces ont été représentées dans la planche 119 de Buffon, n.ᵒˢ 1 et 2, avec la dénomination de maïa de la Chine, et de maïa de Cuba, et la figure du premier de ces oiseaux est répétée dans l'ouvrage de M. Vieillot sur les Oiseaux chanteurs de la zone torride, pl. 56. Malgré leur ressemblance, on ne pouvoit guères supposer que de si petits individus, à peine de la grosseur du bengali, eussent traversé les mers qui séparent les deux mondes, et l'on paroit être convenu de consacrer le nom de maïa à l'oiseau d'Amérique, et celui de maïan ou majan à l'oiseau des Indes orientales. Un blanc sale et un brun marron sont les couleurs dominantes de ces deux oiseaux. Voyez, pour le maïan des Indes, le mot Gros-bec, tom. XIX, pag. 482 de ce Dictionnaire. (Ch. D.)

MAIA. (*Crust.*) Genre de crustacés décapodes brachyures. Voyez Malacostracés. (Desm.)

MAIANTHÈME (*Bot.*), *Mayanthemum*, Desfont. Genre de plantes monocotylédones, de la famille des asparaginées, Juss., et de la *tétrandrie monogynie*, Linn.; dont les principaux caractères sont les suivans : Calice nul; corolle monopétale, à quatre divisions très-profondes, ouvertes en étoile; quatre étamines à filamens très-déliés, insérés à la base de la corolle, et terminés par de petites anthères presque globuleuses; un ovaire supère, surmonté d'un style à deux stigmates; une baie globuleuse, partagée en deux loges monospermes. Ce genre est un démembrement du *convallaria*, Linn.; il ne comprend que deux espèces.

Maianthème a deux feuilles, *Mayanthemum bifolium*, Desfont., Ann. Mus., 9, p. 54; *Convallaria bifolia*, Linn., *Spec.*, 452; Flor. Dan., t. 291. Sa racine est vivace et forme une sorte d'axe d'où sortent d'espace en espace des fibres verticillées; elle produit, à l'entrée du printemps, une seule feuille rétrécie à sa base en un pétiole assez long; peu après la tige se développe, s'élève à quatre ou six pouces, et porte deux feuilles alternes, cordiformes, légèrement pubescentes en dessous et rétrécies à leur base en un court pétiole. Les fleurs blanches, petites, à divisions très-ouvertes et presque roulées en dehors, sont disposées en épi lâche au sommet de la tige. Cette plante croît dans les bois des montagnes en France et dans le nord de l'Europe.

Maïanthème du Canada; *Mayanthemum canadense*, Desfont., Ann. Mus., 9, p. 54; *Convallaria bifolia*, Mich., *Flor. Bor. Amer.*, 1, p. 201. Cette espèce ressemble beaucoup à la précédente, et peut-être n'en est-elle qu'une variété; elle s'en distingue par ses feuilles sessiles ou presque sessiles, les unes ovales, les autres alongées, échancrées en cœur à leur base et presque amplexicaules, glabres sur leurs deux faces et non pubescentes en dessous. Elle croît naturellement dans l'Amérique septentrionale. (L. D.)

MAIBA (*Mamm.*), nom malais de l'espèce de Tapir indien dont la découverte est due à MM. Diard et Duvaucel. (Desm.)

MAIÈTE, *Maieta*. (*Bot.*) Genre de plantes dicotylédones, à fleurs complètes, polypétalées, très-rapproché des mélastomes, de la famille des *mélastomées*, de la *décandrie monogynie* de Linnæus, offrant pour caractère essentiel : Un calice à quatre ou cinq divisions, faisant corps avec l'ovaire; quatre ou cinq pétales attachés au calice; huit ou dix étamines; un ovaire surmonté d'un style filiforme. Le fruit est une baie sèche, adhérente en partie ou en totalité avec le calice, à quatre ou cinq loges polyspermes.

Ce genre, d'abord établi par Aublet pour une plante de la Guiane, avoit été ensuite réuni aux mélastomes. Ventenat l'en a depuis séparé, en modifiant le caractère générique, et, l'appliquant à toutes les espèces de mélastomes, dont l'ovaire est adhérent avec le calice, adhérence qui tantôt est entière, tantôt partielle. Je ne citerai ici que les principales espèces. J'avouerai d'ailleurs que les mélastomes, les rhexia, les maïètes forment trois genres difficiles à distinguer, qui ne sont que le démembrement d'un genre très-naturel qui varie dans les divisions des parties de ses fleurs, dans l'adhérence plus ou moins étendue du calice avec l'ovaire; dans le fruit plus ou moins sec ou succulent.

Maïète en anneau; *Maieta annulata*, Vent., Choix des Pl., tab. 32. Arbrisseau découvert par Lahaie, dans l'île de Java, aux lieux humides. Il s'élève à la hauteur de quatre à cinq pieds : sa tige se divise en rameaux opposés, noueux, striés, couverts sur les nœuds d'un duvet pulvérulent, garnis de feuilles opposées, médiocrement pétiolées, glabres, ovales, en cœur, très-aiguës, jaunâtres en dessous, avec un duvet poudreux sur leurs nervures au nombre de cinq. Les pédoncules sont solitaires, axillaires, une fois plus courts que les feuilles, renflés en anneau à leur sommet, soutenant des fleurs presque en ombelle, assez grandes, de couleur violette, qui ont un calice hérissé de poils jaunâtres, à quatre divisions lancéolées; quatre pétales très-ouverts, en ovale renversé; huit étamines; les filamens coudés à leur partie supérieure, munis à leur sommet de deux soies réfléchies; les anthères subulées, percées au sommet; l'ovaire adhérent à la partie inférieure du calice, surmonté d'un disque globuleux et velu, à quatre loges polyspermes.

Maïète ciselée; *Maieta sculpta*, Vent., *l. c.*, tab. 33. Ses tiges, sont ligneuses, hautes de trois ou quatre pieds, très-rameuses: ses rameaux tétragones, rouillés, pubescens; les feuilles pétiolées, ovales, lancéolées, entières, aiguës, longues de deux pouces, un peu ciliées, à trois nervures, pubescentes et rouillées en dessous sur leurs nervures, à facettes bombées et presque quadrangulaires en dessus; les fleurs petites, réunies trois ou quatre dans l'aisselle des feuilles, sur des pédoncules courts, munis de bractées concaves, pubescentes, ont le calice granuleux, à quatre dents; quatre pétales lancéolés; huit étamines presque conniventes. Le fruit est une baie de la grosseur d'un grain de poivre, un peu pubescente, à quatre loges pulpeuses. Cette plante croît à Saint-Domingue, aux lieux secs et arides : elle a été découverte par M. Poiteau.

Maïète en lime: *Maieta lima*, Poir.; *Melastoma lima*, Encycl. Cette plante est ligneuse, toute couverte d'aspérités; ses feuilles sont ovales, aiguës, finement dentées en scie, à cinq nervures, longues de deux pouces : les fleurs axillaires, presque paniculées; les ramifications ternées, soutenant deux ou trois fleurs petites, presque sessiles; les fruits orbiculaires, presque de la grosseur d'un grain de poivre, couronnés par les dents du calice. Cette plante croît à Saint-Domingue.

Maïète argentée: *Maieta argentea*, Vent., *l. c.* Arbrisseau de l'Amérique méridionale, dont les rameaux sont parsemés d'écailles brunes et farineuses, garnis de feuilles oblongues, coriaces, très-entières, obtuses, rétrécies à leur sommet, parsemées en dessous d'écailles farineuses, argentées. Les fleurs sont petites, disposées en une panicule serrée, terminale; elles offrent un calice à cinq dents; la corolle jaune, à cinq pétales; dix étamines; une baie à cinq loges, de la grosseur d'une graine de coriandre.

MAÏÈTE DE LA GUIANE: *Maieta guianensis*, Aubl., *Guian.*, 1, pag. 443, tab. 176; *Melastoma maieta*, Encycl. Arbrisseau à tige grêle, rameuse, haute de deux ou trois pieds, garnie de poils roussâtres et de feuilles ovales, acuminées, denticulées, à peine pétiolées, à cinq nervures, couvertes de poils roussâtres, vésiculeuses à leur base. Les fleurs sont solitaires, axillaires et sessiles, à calice d'un rouge vif, à cinq découpures aiguës, enveloppé par quatre ou cinq écailles; à corolle blanche, à cinq pétales arrondis; à dix étamines à anthères terminées en bec. Le fruit est une baie oblongue, succulente, bonne à manger, d'un beau rouge, à cinq loges; les semences fort menues.

MAÏÈTE A ÉPIS: *Maieta spicata*, Poir.; *Melastoma spicata*, Aubl., *Guian.*, vol. 1, pag. 423, tab. 165. Ses tiges sont droites, ligneuses, un peu rudes, hautes de deux ou trois pieds; les feuilles ovales, oblongues, acuminées, longues de quatre à cinq pouces, tuberculées en dessus; les fleurs purpurines, axillaires, formant des épis paniculés, à calice à cinq dents; à cinq pétales; à dix étamines. Le fruit est une baie velue, roussâtre, succulente, sphérique, de la grosseur d'un petit pois, assez bonne à manger, partagée en cinq loges. Cette plante croît à Cayenne.

MAÏÈTE SUCCULENTE: *Maieta succosa*, Poir.; *Melastoma succosa*, Aubl., *Guian.*, 1, pag. 418, tab. 162. Arbrisseau de dix à douze pieds, dont l'écorce est cendrée, le bois blanc et très-dur, les rameaux tétragones, couverts de poils roussâtres, garnis de feuilles ovales, entières, aiguës, longues de cinq à sept pouces, rudes en dessus, tomenteuses en dessous, à quatre nervures avec des veines transverses et parallèles; de fleurs sessiles, groupées sur les branches ayant le calice charnu, pileux, à cinq divisions; la corolle blanche, à cinq pétales frangés à leurs bords. Le fruit est une baie velue, rougeâtre, de la grosseur de celles du groseiller épineux, à cinq loges : les semences enveloppées d'une substance douce, molle, fondante, rougeâtre. Ces fruits sont d'un bon goût, recherchés par les habitans de la Guiane, où cet arbrisseau croît naturellement. Les créoles les nomment *caca-henriette*.

On fait usage de la décoction des feuilles pour laver les plaies et les ulcères. (Poir.)

MAIEUZE (*Ornith.*), nom de la grosse mésange, ou mésange charbonnière, *parus major*, Linn., en Savoie. (Ch. D.)

MAIGRE. (*Ichthyol.*) Un des noms vulgaires du *fégaro* ou *aigle de mer*. Voyez Sciène. (H. C.)

MAIHARI. (*Mam.*) Voyez Mahari. (Desm.)

MAI-HO. (*Ornith.*) On appelle ainsi, aux îles de la Société, d'après le Vocabulaire qui se trouve au second Voyage de Cook, un petit râle noir, aux yeux rouges. (Ch. D.)

MAIJUME (*Bot.*), nom japonois du fusain ordinaire, *evonymus europæus*, cité par M. Thunberg. (J.)

MAIL. (*Ornith.*) Suivant le P. Paulin de Saint-Barthélemy, tom. I.er de son Voyage aux Indes orientales, pag. 421, on nomme ainsi, en langue malabare, le paon, qui est très-commun dans ce pays. (Ch. D.)

MAIL-ANSCHI (*Bot.*), nom malabare, cité par Rhèede, du *lawsonia spinosa*. (J.)

MAIL-ELOU (*Bot.*), nom malabare, cité par Rhèede, d'un arbrisseau dont Scopoli avoit fait son genre *Wilckea*, qui paroît devoir être réuni au *vitex* dans la famille des verbenacées, et qui a même beaucoup de rapport avec le *vitex trifolia*. (J.)

MAIL-OMBI (*Bot.*), nom malabare, cité par Rhèede, de l'*antidesma sylvestris* de M. Lamarck. (J.)

MAILLE. (*Bot.*) Variété du manioc, ainsi nommée à Cayenne. (J.)

MAILLÉ (*Ichthyol.*), nom spécifique d'un *labre* que nous avons décrit dans ce Dictionnaire, tome xxv, p. 30. (H. C.)

MAILLES. (*Chasse.*) On appelle ainsi les ouvertures qui sont entre les tresses des filets. Il y a des mailles en losange, des mailles carrées, des mailles doubles. — Les taches qui forment des nuances diverses sur le plumage des oiseaux de vol se nomment maillures. — On dit d'un perdreau, qu'il se maille, quand il commence à se couvrir de mouchetures. — Les oiseleurs connoissent, sous le nom de maillé, le perroquet varié, *psittacus accipitrinus*, Lath. (Ch. D.)

MAILLOT, *Pupa*. (*Conchyl.*) Genre de coquilles plutôt que de mollusques, établi par M. de Lamarck pour un assez grand nombre d'espèces d'hélices de Linnæus, de bulimes de Bruguières, et qui, en effet, ont une forme assez particulière pour qu'on les ait distinguées, depuis qu'on s'occupe de coquilles, sous le nom vulgaire de maillot, mais dont l'animal est en tout semblable à celui des hélices. C'est évidemment une section de ce genre qui établit le passage des bulimes aux auricules. Les caractères du genre Maillot sont : Animal comme dans les hélices; les tentacules véritables ou inférieurs étant seulement encore plus courts, et quelquefois presque nuls. Coquille cylindroïde, ou mieux pupiforme, assez épaisse, à tours de spire nombreux; le sommet obtus; ouverture en gueule de four parallèle à l'axe, un peu tombante, à bords presque égaux, séparés aussi par le dernier tour de spire, et réfléchis en dehors. Cette coquille offre en effet une forme qu'on ne voit dans aucune véritable hélice, mais qui se retrouve dans quelques cyclostomes, et surtout dans les clausilies, qui pourroient même très-bien être rangées dans le même genre sans inconvénient: celles-ci ont cependant, en général, une coquille plus alongée. Elles ressemblent surtout aux maillots parce que leur ouverture est souvent rétrécie par des dents plus ou moins lamelleuses, soit sur le bord droit, soit sur le bord gauche, ou columellaire; et par là il y a quelques rapports entre elles et les auricules. Comme nous allons disposer les espèces de maillots d'après l'absence et la place de ces dents, nous croyons devoir entrer d'abord dans quelques détails à leur sujet. Les premières, ou les plus importantes, sont celles qui se trouvent sur le bord columellaire : l'une est postérieure, ou supérieure; c'est ordinairement la plus grosse, mais elle ne se prolonge cependant pas beaucoup dans l'intérieur de la coquille : l'autre est antérieure ou inférieure; elle appartient réellement à la columelle et se tord avec elle; elle est souvent très-peu marquée. Les autres dents appartiennent au péristome; l'une est à gauche, presque contre celle de la columelle; une seconde est tout-à-fait antérieure, et enfin la troisième est au milieu du bord droit; il a en outre quelquefois, entre ces dents principales, de petits plis plus ou moins prononcés qui simulent encore d'autres dents.

On connoît des espèces de maillots dans toutes les parties du monde. Elles sont essentiellement terrestres et vivent dans le gazon, sous les pierres, dans des lieux quelquefois fort exposés au soleil. Les espèces de nos pays sont extrêmement petites, celles des pays chauds sont beaucoup plus grosses. Il faut pour les distinguer avoir égard à l'âge auquel elles sont parvenues : en effet, leur forme générale, et surtout celle de l'ouverture, sont très-différentes : quand elles sont jeunes, la coquille est en général plus conoïde ; l'ouverture est comme carrée par la carène obtuse du dernier tour ; le péristome est tranchant, non rebordé, et les dents, quand il doit y en avoir, sont beaucoup moins prononcées, et quelquefois presque nulles.

A. *Espèces sans plis ni dents.*

Le MAILLOT BOMBÉ : *Pupa sulcata*, Lamck.; *Turbo sulcatus*, Gmel.; Chemn., *Conchyl.*, t. 155, fig. 1531, 1532. Coquille enflée, ovalaire, toute blanche, couverte de stries longitudi-nales-obliques sur tous les tours de spire; le peristome élargi et réfléchi. Des Grandes-Indes.

Le MAILLOT ORIENTAL : *Pupa labrosa*, Lamck.; *Bulimus labrosus*, Oliv., *Voyag.*, pl. 31, fig. 10 ab. Coquille cylindracée ovale, obtuse, glabre, subpellucide, à peine striée, d'un blanc corné. Des environs de Barut, dans le Levant.

Le MAILLOT FASCIOLÉ : *Pupa fasciolata*, Lamck; *Bulimus fasciolatus*, Oliv., *loc. cit.*, planche 17, f. 3. Coquille conico-cylindrique, un peu ombiliquée, glabre, blanche, ornée de bandes longitudinales brunes, nombreuses et plus serrées vers le sommet; ouverture brune; le péristome réfléchi et blanc. Ile de Candie.

Le MAILLOT UNICARÉNÉ ; *Pupa unicarinata*, Lamck. Coquille subcylindrique, conique, aiguë au sommet, subcarénée sur le dernier tour de spire, et marquée de stries longitudinales effacées; couleur, d'un gris blanchâtre ; le péristome mince, réfléchi. De la Guadeloupe.

Le MAILLOT GERMANIQUE ; *Pupa germanica*, Lamck. Coquille courte, un peu renflée, cylindrique, obtuse, striée oblique_ment, blanche : le bord labial subréfléchi : une fente ombilicale bien évidente : longueur, sept lignes. De l'Allemagne, sur les montagnes, dit M. de Lamarck : et cependant M. Pfeiffer ne fait nullement mention de cette espèce, à moins que ce ne soit son *Pupa muscorum*, auquel il ne donne pas de dents.

Le MAILLOT ÉDENTÉ ; *Pupa edentula*, Drap., *Moll.*, pl. 3, fig. 38.

Coquille extrêmement petite, conique-ovale, d'un brun plus ou moins pâle, mince, transparente, finement striée; ouverture demi-circulaire; un ombilic; le péristome simple. La France, dans les haies. Cette petite espèce, dont aucun autre auteur ne parle, pourroit bien être un jeune âge. Elle a quelque chose des bulimes.

Le Maillot fragile : *Pupa fragilis*, Drap., *Moll.*, pl. 4, fig. 4; *Turbo perversus*, Linn., Gmel. Coquille gauche, conique-alongée, assez grêle, à sommet obtus, mince, transparente, d'un brun pâle, marquée de stries très-fines; neuf à dix tours de spire; péristome simple, blanchâtre, avec un sinus à son extrémité postérieure, comme dans les clausilies; et souvent une petite dent blanche au bord antérieur de ce sinus. La France septentrionale. Cette espèce a évidemment des rapports avec les clausilies.

B. *Espèces qui n'ont que le pli columellaire antérieur plus ou moins marqué.*

Le Maillot grisatre : *Pupa uva*, Lamck.; *Turbo uva*, Gmel.; Fav., *Conchyl.*, pl. 65, fig. B, 11. Coquille cylindracée, obtuse, avec des sillons nombreux et longitudinaux sur chaque tour de spire; de couleur grisâtre; le péristome réfléchi, avec le pli antérieur. Des Antilles.

Le Maillot candide; *Pupa candida*, Lamck. Coquille ovale, un peu renflée, subaiguë au sommet, transparente, blanche, et striée très-finement et obliquement; lèvre mince, réfléchie; le pli columellaire antérieur. Patrie?

Le Maillot clavulé; *Pupa clavulata*, Lamck. Coquille courte, obtuse, renflée supérieurement, striée obliquement et de couleur rousse; ouverture étroite; le péristome réfléchi; un seul pli columellaire : longueur, trois lignes un quart. Ile de France.

C. *Espèces qui n'ont que la dent columellaire postérieure.*

Le Maillot fuseau : *Pupa fusus*, Lamck.; *Bulimus fusus*, Brug., *List. Conchyl.*, t. 588, f. 49. Coquille presque cylindrique, alongée, obtuse aux deux extrémités, finement, mais bien évidemment striée dans toute son étendue; de couleur blanche; ouverture avec la dent columellaire postérieure seulement, et le péristome un peu réfléchi : un pouce de long. Les Antilles.

Le Maillot baril : *Pupa dolium*, Drap., *Moll.*, pl. 3, f. 43. Coquille courte, cylindrique, obtuse aux deux extrémités, d'un brun corné ; outre la dent postérieure columellaire deux petits plis pour l'antérieure ; le péristome blanc et réfléchi. Le midi de la France.

Le Maillot barillet ; *Pupa doliolum*, Drap., *Moll.*, pl. 3, f. 41, 42. Coquille fort rapprochée de la précédente, mais un peu plus petite, plus obtuse, à stries plus saillantes ; la fente ombilicale plus oblique. Des mêmes lieux.

M. de Lamarck paroit ne point l'admettre.

Le Maillot ombiliqué ; *Pupa umbilicata*, Drap., *Moll.*, pl. 3, fig. 39 et 40. Coquille fort petite, subcylindrique, de couleur cornée : ouverture demi-ovale ; le péristome réfléchi et blanc ; la dent columellaire postérieure ; l'ombilic ouvert : une ligne de longueur. Dans toute l'Europe, parmi les feuilles mortes.

Le Maillot mousseron : *Pupa muscorum*, Drap., *loc. cit.*, pl. 3, f. 26, 27 ; *Turbo muscorum*, Linn., Gmel. Petite coquille de la grandeur de la précédente, avec laquelle elle se trouve probablement au moins dans toute l'Europe septentrionale, et qui en diffère par sa forme plus alongée, plus cylindrique, obtuse ; sa couleur est assez terne, jaunâtre ; le péristome est réfléchi et blanc, et il y a une fente ombilicale.

Le Maillot unidenté ; *Pupa unidentata*, Pfeiff., *Moll. terr. et fluv. d'Allem.*, pl. 3, f. 19, 20. Coquille d'une à deux lignes de long au plus, cylindrico-elliptique, obtuse ; l'ouverture en gueule de four ; la dent columellaire postérieure.

Le Maillot bordé ; *Pupa marginata*, Drap., *loc. cit.*, pl. 3, f. 37, 38. C'est encore une très-petite coquille comme les deux précédentes, mais qui est plus ovale que le mousseron, beaucoup moins alongée. Son ouverture a, du reste, la même forme ; mais le péristome est non seulement *réfléchi*, mais *rebordé*. M. de Lamarck rapporte cette espèce au maillot mousseron. M. Pfeiffer la distingue très-bien.

Le Maillot bidenté ; *Pupa bidentata*, Pfeiff., *loc. cit.*, pl. 3, fig. 21, 22. Ce n'est, sans doute, qu'une simple variation d'âge de la précédente.

D. *Espèces qui ont les deux dents, ou plis columellaires seulement.*

Le Maillot momie : *Pupa mumia*, Lamck.; *Bulimus mumia*, Brug., *Martin. Conchyl.*, 4. t. 153, f. 1439 ab. Coquille cylindracée, atténuée, obtuse, épaisse, blanche; les sillons longitudinaux des tours de spire obliques; l'ouverture d'un rouge brunâtre. C'est une espèce fort voisine du maillot grisàtre, qui n'en est probablement qu'un jeune âge, et qui vient en effet également des Antilles.

E. *Espèces qui ont, outre les dents ou plis columellaires simples ou non, un plus ou moins grand nombre de dents au bord droit.*

Le Maillot trois dents : *Pupa tridens*, Drap., *loc. cit.*, pl. 3, f. 57; *Turbo tridens*, Brug., Gmel. Coquille oblongue-conique, peu renflée, blanche; trois dents à l'ouverture, la columellaire postérieure, l'antérieure très-avancée, et une petite au milieu du bord droit; le péristome réfléchi. L'Europe septentrionale.

Le Maillot tridenté : *Pupa tridentata*, Lamck.; Gualt., *Test.*, tab. 4, fig. C. Coquille gauche, cylindracée, un peu atténuée en arrière, assez lisse; les stries longitudinales effacées; de couleur blanche en dehors; l'ouverture roussâtre, avec trois dents, dont une seule columellaire; le péristome blanc, réfléchi. Du Levant. Onze lignes de long.

Le Maillot zèbre : *Pupa zebra*, Lamck.; *Bulimus zebra*, Oliv., *loc. cit.*, pl. 17, f. 10 ab. Coquille cylindracée, obtuse, blanche, ornée de lignes longitudinales roussàtres interrompues; l'ouverture à trois dents; le péristome subréfléchi. Du Levant.

Le Maillot pygmée; *Pupa pygmæa*, Drap., *loc. cit.*, pl. 3, f. 50, 51. Coquille extrêmement petite, ovale, obtuse, d'un brun plus ou moins foncé; ouverture presque ronde, garnie de quatre dents, dont les deux columellaires et deux antérieures du bord droit, qui est légérement coudé dans son milieu. Les mousses, en Europe.

Le Maillot quadridenté: *Pupa quadridens*, Drap., *l. c.*, pl. 4, f. 5; *Turbo quadridens*, Gmel. Coquille gauche, cylindracée, assez alongée, lisse, pellucide, de couleur jaunâtre; l'ouverture petite, à bords réfléchis, et garnie de dents; la columellaire postérieure, l'antérieure double, et la médiane du bord droit. En France, sous les mousses : c'est l'Antiparillet de Geoffroy.

Le Maillot tacheté ; *Pupa maculosa*, Lamck. Coquille cylindracée, un peu aiguë en arrière, d'un jaune pâle, marquée de taches fauves, longitudinales, éparses ; ouverture à quatre dents enfoncées ; péristome mince et réfléchi. Ile de Ténériffe.

Le Maillot variable ; *Pupa variabilis*, Drap., *l. c.*, pl. 3, f. 55, 56. Coquille cylindracée, alongée, subaiguë, de couleur variable ; l'ouverture à cinq dents : la columellaire postérieure, trois antérieures et deux latérales sur la lèvre droite qui est blanche et réfléchie. Quatre lignes et demie de long. La France et l'Allemagne.

Le Maillot cendré ; *Pupa cinerea*. Drap., *l. c.*, pl. 3, f. 53, 54 ; l'Antinompareille de Geoffroy. Très-rapprochée de la précédente, dont elle ne diffère guère que parce qu'elle est un peu moins alongée, et qu'elle est de couleur cendrée. La dent columellaire antérieure n'est divisée qu'en deux, en sorte que l'ouverture n'a que cinq dents. En France, sur les rochers, les pierres.

Le Maillot grain ; *Pupa granum*, Drap., *l. c.*, pl. 3, f. 45, 46. Très-petite coquille d'une ligne et demie à peu près, subconique, grise ou brunâtre, finement striée ; l'ouverture à cinq dents : la columellaire postérieure, deux serrées pour l'antérieure et deux également fort rapprochées pour le bord droit. Le midi de la France, dans les haies.

Le Maillot ovulaire : *Pupa ovularis*, Lamck., *Bulimus ovularius*, Oliv., Voyage, pl. 17, f. 12 ab. Coquille ovale, renflée, obtuse, glabre, blanche ; ouverture à six dents ; le péristome réfléchi ; trois lignes de longueur environ. Le Levant.

Le Maillot vertigo : *Pupa vertigo*, Drap., *Moll.*, pl. 3, f. 34, 35 ; *Vertigo pusilla*, Muller. Coquille extrêmement petite, ovale, très-obtuse aux deux extrémités, d'un brun pâle ; ouverture gauche rétrécie par sept dents, dont quatre pour les deux columellaires, et trois pour le bord droit, l'antérieure et les deux médianes. Les lieux humides de l'Europe.

Le Maillot antivertigo ; *Pupa antivertigo*, Drap., *Moll.*, pl. 3, f. 32, 33. De même forme, grosseur et couleur à peu près que la précédente, dont elle a aussi le même nombre

28.

de dents; mais elle est dextre, et le sinus de l'origine du bord droit est encore plus marqué par la rentrée de ce bord.

C'est le *vertigo sexdentata* de Muller et de M. Pfeiffer.

Le MAILLOT FROMENT; *Pupa frumentum*, Drap., *l. c.*, pl. 3, f. 51, 52. Un peu plus pupiforme que la précédente ou plus renflée au milieu, mais du reste fort rapprochée; la bouche garnie de huit dents : la columellaire postérieure simple, l'antérieure double et cinq à la lèvre droite. Le midi de la France, sur les rochers.

Le MAILLOT SEIGLE; *Pupa secale*, Drap., *Moll.*, pl. 3, f. 49, 50. De la forme et de la grosseur de la précédente, dont elle ne me paroît guère différer, que parce que la spire est un peu plus obtuse et plus striée; car le nombre et la disposition des dents de l'ouverture sont à peu près les mêmes. La France et l'Allemagne.

Le MAILLOT POLYODONTE; *Pupa polyodon*, Drap., *Moll.*, pl. 4, f. 1, 4. Coquille cylindracée, renflée au milieu, subaiguë, striée, de couleur de corne; l'ouverture très-rétrécie par les cinq dents principales des espèces précédentes, entre lesquelles en sont encore de beaucoup plus petites, de manière qu'en tout les dents sont quelquefois au nombre de quinze à dix-huit. C'est encore une espèce assez petite, de quatre à cinq lignes de longueur, et qui se trouve dans le midi de la France.

Ce sont ces cinq ou six dernières espèces qui forment le genre GRENAILLE de M. G. Cuvier. (Voyez ce mot.)

M. Say a décrit dans le Journ. de l'Acad. des Sc. nat. de Philadelphie, trois espèces de mollusques qu'il rapporte à ce genre, tout en disant qu'elles pourroient bien devoir être rangées avec celles dont Muller a fait son genre Carychium, ce qui est cependant fort différent; dans celui-ci les yeux sont sessiles, comme dans tous les auriculacés, et dans les maillots ils sont, au contraire, à l'extrémité de longs tentacules, comme dans tous les hélicinés. Ces espèces sont: 1.° *Pupa corticaria*, fig. pl. 4, f. 3, de son article *Conchology*, de l'édition américaine de l'Enc. nat. de Nicholson, sous le nom de *Odonstoma corticaria*; petite coquille d'une ligne au plus de longueur, cylindrique, droite, avec le sommet obtus, l'ouverture suborbiculaire, la lèvre externe réfléchie, une seule dent columellaire postérieure et formant avec l'origine du bord droit un peu réfléchi une sorte de

MAI

sinus : elle est commune sous les écorces; 2.° *Pupa armifera*, un peu plus grande que la précédente ($\frac{3}{10}$ de pouce), plus fusiforme, avec l'ouverture subovale à bord droit réfléchi, mais non épaissi, rétréci par cinq dents à la lèvre externe, et une seule lamelliforme à la columelle. Du pays du Missourri; 3.° *Pupa rupicola*, de la grosseur de la première ($\frac{1}{10}$ de pouce), blanche, amincie jusqu'au sommet qui est obtus, pourvue de deux dents à la lèvre externe, et de trois à l'interne. Très-commune sur les bords de la rivière Saint-Jean dans la Floride orientale.

Les *Pupa vertigo, antivertigo, edentula, pygmæa, muscorum* et *ovularis* entrent dans le genre Vertigo de Muller, qui a été adopté par MM. Férussac père et fils, ainsi que par M. Pfeiffer. (Voyez Vertigo.)

Il me semble aussi qu'il faut rapporter au genre Maillot la singulière coquille dont Denys-de-Monfort a fait un genre, sous le nom de Gibre, le *trochus distortus* de Gmelin, *bulimus lyonetinus* de Bruguières et de M. de Lamarck. Elle en a en effet tous les caractères essentiels. (Voyez le mot Gibbe, en rectifiant ce que nous avons dit de l'habitation de l'espèce qui le forme, d'après Denys-de-Monfort.) Elle n'existe pas à ce qu'il paroit dans l'Amérique méridionale, comme il le prétend, mais dans l'Inde et à l'Ile-de-France. J'en dois en effet un très-bel individu à la générosité de M. le colonel Mathieu, et qui vient de cette dernière localité. La coquille n'est réellement blanche que lorsqu'elle a été privée de son épiderme qui est épais et verdâtre. Plusieurs autres espèces de maillot sont dans le même cas. (De B.)

MAILLOT. (*Foss.*) On a trouvé à l'état fossile des coquilles de ce genre dans les brèches osseuses de Cette, dans celles de Nice et d'Antibes. Elles sont accompagnées dans celles de Cette d'ossemens de rongeurs, de lapins, d'oiseaux, de serpens, et d'hélices. On les trouve dans celles d'Antibes et de Nice avec des os de chevaux et de ruminans, et avec des hélices. Cuv., Rech. sur les oss. foss. des quadrup., tom. IV, 2ᵉ Mém., 1ʳᵉ édition.

M. Coupé a trouvé dans les pierres meulières de la crête septentrionale de la vallée de Milon, sur la petite rivière de Port-Royal, près de Versailles, une espèce de maillot à laquelle M. Brongniart a donné le nom de *pupa Defrancii* (Ann. du Mus. d'Hist. nat., tom. 15 (pl. 22, fig. 19). Cette espèce n'a que cinq tours de spire, et diffère principalement en cela du maillot à trois dents, qui en a de six à sept. Sa bouche est munie d'une dent et d'un pli, ce qui lui donne la figure d'un trèfle. Ces petites coquilles sont changées en silex, et sont accompagnées de planorbes arrondis, de limnées cornés, et de graines cylindroïdes cannelées qui ne se rapportent à aucune des graines connues. (D. F.)

MAIMON, MAIMONET. (*Mamm.*) Noms propres d'une espèce de MACAQUE. Voyez ce mot. On l'a aussi donné arbitrairement à diverses autres espèces de singes. (F. C.)

MAIN. (*Fauconn.*) On appelle ainsi la serre de l'oiseau de vol. (CH. D.)

MAIN DE DIABLE. (*Zoophyt.*) C'est le nom sous lequel on désigne quelquefois les espèces d'alcyons comprimés et digités à leur bord supérieur, ce qui les fait ressembler grossièrement à une main, et les a fait nommer LOBULAIRE par M. Savigny. Voyez ce mot. (DE B.)

MAIN DE GLOIRE. (*Bot.*) Ancien nom vulgaire de la mandragore. (L. D.)

MAIN DE L'HOMME. (*Bot.*) Voyez DIGITAL BLANC. (LEM.)

MAIN DE MARS. (*Bot.*) Ancien nom de la potentille quintefeuille. (L. D.)

MAIN DE MER. (*Zoophyt.*) Ce nom est encore plus communément employé pour désigner les mêmes espèces d'alcyons, que celui de main de diable, et pour la même raison. (DE B.)

MAINATE. (*Ornith.*) Le genre *Gracula* dont cet oiseau faisoit partie sous la dénomination spécifique de *gracula religiosa*, contenoit, dans la dixième édition du *Systema naturæ*, sept espèces, c'est-à-dire, outre celle-ci, les *gracula fœtida, barita, quiscala, cristatella, saularis, atthis*. Linnæus y a ajouté, dans sa douzième édition, le *gracula calva;* mais le *gracula fœtida*, le même que le col-nu, est un cotinga, les *gracula barita* et *quiscala* sont des cassiques, le *gracula cristatella* est un martin, le *gracula saularis*, une piegrièche, et le *gracula atthis* se rapporte, suivant M. Savigny, dans ses Observations sur le Système des oiseaux d'Egypte et de Syrie, pag. 7, au martin-pêcheur ou alcyon commun, *alcedo ispida*. Linn.

Gmelin, Daudin, Latham, ont encore fait des additions à cette nomenclature; et enfin ce genre, si nombreux, a été réduit à la seule espèce appelée *religiosa* d'après une circonstance bien étrangère aux mœurs de l'oiseau, puisque, selon le récit de Bontius, liv. 5, chap. 14 de son Histoire naturelle et médicale de l'Inde, elle n'est relative qu'au scrupule religieux d'une femme musulmane à qui appartenoit l'individu qu'on vouloit dessiner.

Ce genre, auquel M. Cuvier a donné le nom d'*Eulabes*, a pour caractères : un bec robuste et convexe en dessus, dont la mandibule supérieure, un peu arquée, est souvent échancrée vers la pointe, et dont l'inférieure, plus courte, est comprimée latéralement; des proéminences charnues et dénuées de plumes à certains endroits de la tête; des narines latérales oblongues et nues; une langue cartilagineuse et bifide à l'extrémité; des tarses forts et de la longueur du doigt du milieu, auquel le doigt externe est réuni par la base, tandis que le doigt interne est libre; la première rémige presque nulle, et la troisième la plus longue.

Mainate des Indes orientales; *Gracula religiosa*, Linn.; Pl. enl. de Buffon, n.° 268, et pl. noires de Daudin, n.° 20. Cet oiseau, dont Edwards pense que le nom indien est *minor* ou *mino*, et qu'on appelle *maynou* dans les îles de Java et de Sumatra, a dix pouces et demi de longueur, et il est un peu plus gros que le merle commun; son bec, rougeâtre à la base, est jaune, ainsi que les membranes placées dessous et derrière les yeux, d'où elles s'étendent jusque vers l'occiput, sans se rejoindre tout-à-fait. Les plumes de la tête sont courtes, serrées et veloutées, à l'exception d'une bande de plumes longues et étroites qui, partant du front, retombe sur l'espace existant entre les deux membranes. Tout le plumage est d'un noir brillant, à reflets verdâtres ou violets suivant l'incidence des rayons lumineux. Il y a sur le milieu des premières pennes alaires, une tache blanche, qui a été omise dans la planche de Buffon, faite sans doute sur un individu dont les pennes avoient été trop comprimées, et les ailes s'étendent jusqu'aux deux tiers de la queue, qui est composée de douze rectrices égales; l'iris est de couleur de noisette, les pieds sont d'un jaune orangé, et les ongles d'un brun clair.

Edwards a figuré dans le tom. I.er de son Histoire des Oiseaux, pl. 17, deux individus presque entièrement semblables, et dont un, d'une taille double de celle de l'autre, est par lui comparé, pour la grosseur, au choucas. Daudin regarde celui-ci comme une simple différence d'âge ou de sexe; mais une circonstance propre à en faire douter, c'est qu'Edwards, qui avoit vu ce dernier vivant, et qui l'a disséqué après sa mort, a reconnu que c'étoit une femelle.

Au reste, le mainate est, dans les Indes orientales, ce que le moqueur est parmi les oiseaux d'Amérique; il imite parfaitement le langage de l'homme, et aucun oiseau ne retient mieux les sons les plus difficiles. Mauduyt en cite un qui, dans la traversée de Pondichéry à Paris, avoit appris à contrefaire le cri des poulies, et le répétoit encore plus d'un an après son retour.

Ces oiseaux ont, comme les étourneaux, l'habitude de vivre en troupes; ils se nourrissent principalement de fruits, et mangent aussi des insectes, et surtout des larves. En captivité on les nourrit avec de la viande hachée. Les Indiens et les Chinois les recherchent pour leur douceur, leur familiarité et leur talent. (Ch. D.)

MAÏNE, *Mayna*. (*Bot.*) Genre de plantes dicotylédones, à fleurs incomplètes, unisexuelles, de la famille des *magnoliacées*, de la *dioécie polyandrie?* de Linnæus, offrant pour caractère essentiel : Des fleurs unisexuelles (dioïques, selon Aublet), un calice à trois divisions profondes; huit pétales; les étamines nombreuses, attachées au fond de la fleur sur un réceptacle court et conique; les anthères quadrangulaires, à quatre sillons. Le fruit n'a pas été observé.

MAÏNE ODORANTE: *Mayna odorata*, Aubl., *Guian.*, vol. 2, p. 921, tab. 352; Lamck., *Ill. gen.*, tab. 491. Arbrisseau de Cayenne, intéressant par la grande quantité de fleurs dont il se couvre, et par l'odeur suave qu'elles exhalent. Ses racines produisent plusieurs tiges foibles, simples, cassantes, hautes d'environ six pieds, garnies de feuilles alternes, pétiolées, ovales-oblongues, glabres, entières, acuminées, d'un beau vert, longues de dix à douze pouces, à pétiole court, muni de deux petites stipules caduques; de fleurs blanches, odorantes, réunies plusieurs ensemble aux aisselles des feuilles, dans toute la longueur des

tiges, et qui paroissent dioïques, les individus mâles ayant été les
seuls observés. Leur calice est à trois divisions profondes, concaves, arrondies, blanchâtres en dedans; leur corolle plus
courte que le calice, composée de huit pétales étalés, orbiculaires; leurs étamines au nombre de trente environ, à filamens
courts et à anthères s'ouvrant à leur extrémité. (Poir.)

MAINHEN. (*Ornith.*) Ce nom paroît être, dans l'Indostan,
celui d'un martin: mais le nouveau Dictionnaire d'Histoire
naturelle, qui le cite, n'en indique pas l'espèce. (Ch. D.)

MAINOTTES. (*Bot.*) Voyez Manina et Clavaires. (Lem.)

MAINUMBI. (*Ornith.*) Les Guaranis ou naturels du Paraguay
appellent ainsi les oiseaux-mouches et les colibris. (Ch. D.)

MAIPOURI (*Mamm.*), nom du tapir à la Guiane françoise.
(F. C.)

MAIPOURI. (*Ornith.*) L'oiseau connu sous ce nom est une
petite perruche de Cayenne, *psittacus melanocephalus*, Linn.
(Ch. D.)

MAIRANIA. (*Bot.*) Sous ce nom, Necker sépare du genre
Arbousier la busserole, *uva ursi* de Clusius et de Tournefort,
arctostaphylos de Gmelin et d'Adanson, que Linnæus avoit réuni
à ce genre sous le nom d'*arbutus uva ursi*, et qui peut être distingué par l'unité de graine dans chaque loge du fruit. Si on se
décidoit à en faire un genre, le nom *arctostaphylos* devroit être
préféré. (J.)

MAIRE D'AMPLOVA. (*Ichthyol.*) Sur le rivage des Alpes
maritimes, on donne ce nom aux poissons du genre *Serpe*, de
M. Risso. Voyez Scopèle et Serpe. (H. C.)

MAIRERIA. (*Bot.*) Scopoli substitue ce nom à celui de *mou-
roucoa*, un des genres d'Aublet, que Willdenow réunit au liseron sous le nom de *convolvulus macrospermus*, parce que l'unité
de loge et de graine qui forme son seul caractère distinctif,
n'est que le résultat de l'avortement des deux autres loges et
des autres graines, avortement qui a permis à la graine subsis-
tante d'acquérir un plus grand volume. (J.)

MAIS (*Bot.*), *Zea*. Linn. Genre de plantes monocotylédones, de la famille des graminées, Juss., et de la *monoécie
triandrie*, Linn., dont les principaux caractères sont les suivans: Fleurs mâles rassemblées deux à deux dans un calice à
deux valves oblongues, mutiques, chacune d'elles composée

d'une corolle à deux balles oblongues, mutiques, très-minces, un peu plus courtes que le calice, et de trois étamines à filamens capillaires, portant des anthères oblongues, quadrangulaires. Fleurs femelles très-nombreuses, portées sur un axe commun, alongé, cylindrique, enveloppé par plusieurs gaînes membraneuses et foliacées : chacune d'elles est formée d'un calice à deux valves persistantes, arrondies, épaisses, fort courtes; d'une corolle de deux balles courtes, membraneuses, persistantes, et d'un ovaire supère, surmonté d'un style filiforme très-long, pubescent dans sa partie supérieure, et terminé par un stigmate simple; chaque ovaire devient une graine dure, arrondie, à moitié enchâssée, ainsi que ses semblables qui sont disposées sur plusieurs rangs, dans les cellules ou alvéoles creusées à la superficie de l'axe commun.

Les maïs sont des plantes herbacées, annuelles. On en connoît trois espèces, toutes exotiques, et dont la suivante est surtout intéressante par son utilité dans l'économie rurale et domestique.

Maïs cultivé; vulgairement Blé d'Espagne, Blé d'Inde, Blé de Turquie : *Zea mais*, Linn., *Spec.*, 1133; Blackw., *Herb.*, t. 547. Sa racine est fibreuse, blanchâtre; elle donne naissance à une ou plusieurs tiges presque cylindriques, légèrement comprimées, articulées, hautes de quatre à cinq pieds. Ses feuilles sont alternes, sessiles, engaînantes à leur base, linéaires-lancéolées, longues d'un pied à un pied et demi, d'un vert clair, ciliées en leurs bords et légèrement pubescentes en dessus. Les fleurs mâles sont d'un blanc verdâtre, ou quelquefois légèrement purpurines, disposées en grand nombre au sommet de la tige sur plusieurs épis dont l'ensemble forme une panicule longue de huit pouces à un pied. Les fleurs femelles sont très-nombreuses, sessiles et disposées, dans les aisselles des feuilles supérieures, sur un axe commun enveloppé de gaînes foliacées qui les cachent en entier, les styles étant seuls saillans, et formant comme une touffe de longs filamens. Les graines sont arrondies, anguleuses, de la grosseur d'un pois ordinaire, communément d'un beau jaune d'or, disposées longitudinalement sur huit à dix rangs ou quelquefois plus, serrés les unes contre les autres, et à moitié enfoncées dans des alvéoles creusées sur la surface du réceptacle commun.

Cette plante est originaire de l'Amérique, où il paroît qu'elle étoit déjà très-anciennement cultivée lors de la découverte du Nouveau-Monde. Quelques auteurs ont voulu essayer de prouver que le maïs étoit au contraire originaire de l'Inde, d'où il avoit été transporté en Turquie, puis en Afrique, et enfin dans les deux Amériques. Cette opinion a surtout été soutenue par Amoureux, dans un Mémoire sur le Maïs qui concourut avec celui de Parmentier, couronné en 1784 par l'Académie de Bordeaux. Mais Parmentier nous paroît avoir réfuté complètement cette opinion. « Quelles que soient les raisons, dit ce célèbre agronome, sur lesquelles se sont fondés des auteurs, d'ailleurs recommandables, pour essayer de prouver que le maïs n'est pas originaire de l'Amérique ; cette plante a des caractères trop frappans pour la méconnoître. Varron, Columelle, Pline, Palladius, Dioscoride, Théophraste, Galien, tous ceux, en un mot, qui ont traité de l'économie rurale ou des végétaux nourrissans ou médicamenteux, gardent le plus profond silence sur le maïs. Il n'en est fait non plus aucune mention dans les relations des voyageurs qui ont été en Asie ou en Afrique avant la découverte de Christophe Colomb ; cependant ils donnent les détails les plus circonstanciés des productions particulières aux contrées qu'ils ont parcourues. Les premiers auteurs qui en aient parlé ne remontent guère au-delà du quinzième siècle, et c'est aux Espagnols que nous devons la première description exacte que nous possédions de ce grain. »

« On cultive le maïs en France depuis long-temps, dit encore Parmentier ; il y étoit connu dès le règne de Henri II ; la Maison Rustique de Charles Etienne et Jean Liébaut en donne l'assurance. On peut soupçonner, par un passage du Théâtre d'Agriculture d'Olivier de Serres, que, dans quelques contrées de la France, il faisoit partie des récoltes ordinaires vers la fin du seizième siècle. »

Comme toutes les plantes qui sont depuis long-temps cultivées, le maïs a éprouvé sous la main de l'homme, en passant dans différens climats, et en changeant de sol, beaucoup de modifications, et il présente aujourd'hui un grand nombre de

variétés qui diffèrent entre elles par la grandeur, par la durée, par le nombre, la grosseur et la couleur des graines,
par la forme des épis, etc. En effet, on trouve des variétés
plus ou moins élevées ; il y en a qui ont besoin de cinq mois
pour parcourir toutes les phases de leur végétation, tandis
qu'il ne faut qu'à peine la moitié de ce temps à d'autres pour
parvenir à leur parfaite maturité. On en distingue à grains
violets, purpurins ou noirâtres, plus ou moins foncés ; d'autres
sont tout-à-fait blancs, ou d'un jaune pâle ; il en est à grains
bigarrés d'une ou plusieurs couleurs ; quelquefois des grains
de diverses couleurs se trouvent rassemblés sur le même épi ;
ces grains sont d'ailleurs plus ou moins gros, plus ou moins
nombreux ; on en a compté jusqu'à sept cents sur un seul épi ;
ils sont aussi disposés par rangées dont le nombre peut varier
depuis huit jusqu'à seize ; les épis sont quelquefois rameux ;
enfin il n'est pas rare de voir des fleurs femelles entremêlées
dans les panicules de fleurs mâles, ou de trouver quelques
fleurs mâles placées à la partie supérieure des épis femelles.

Parmi les nombreuses variétés de cette espèce, le maïs blanc
paroît devoir mériter l'attention des cultivateurs. Son épi est
plus long, plus gros, et ses graines plus larges et moins épaisses
sont disposées sur huit rangées. Ces grains fournissent un tiers
de farine plus que le maïs jaune ordinaire, et ils mûrissent
douze à quinze jours plus tôt. Les variétés précoces doivent
aussi attirer l'attention des cultivateurs, soit parce qu'elles
pourroient produire dans les terrains où l'espèce commune
ne parvient pas à maturité, soit parce qu'on feroit avanta-
geusement succéder leur culture à certaines cultures hâtives,
soit encore parce qu'il seroit peut-être possible d'en obtenir
annuellement deux récoltes dans nos départemens du Midi,
ainsi que cela a lieu dans plusieurs parties de l'Amérique. Les
maïs précoces sont le maïs à poulet, et celui qu'on appelle
maïs de deux mois ou quarantin, parce qu'à Saint-Domingue
il ne lui faut réellement que quarante jours pour parvenir à
sa maturité. Le maïs à poulet peut accomplir le cercle de sa
végétation en deux mois dans le climat de Paris ; il y en a à
grains jaunes et à grains blancs, et il est moitié plus petit dans
toutes ses parties que le maïs ordinaire ; le peu de grosseur
de ses grains permet de le donner à toute espèce de volaille.

Le quarantin est un peu plus gros, et mûrit quinze jours plus tard que le maïs à poulet. Ils s'accommodent tous les deux d'une terre moins substantielle que les autres variétés; et d'ailleurs plus celles-ci sont fortes et productives, plus en général elles sont tardives.

Le maïs peut venir dans toute espèce de terre, pourvu qu'elle soit profonde, bien labourée et suffisamment amendée; cependant il réussit mieux dans un sol léger et un peu humide que dans tout autre. Sa culture épuise promptement le terrain, c'est pourquoi il est bon de ne le resemer que tous les cinq à six ans dans le même champ. C'est à la suite du défoncement des prairies artificielles, ou après la culture des plantes qui exigent des binages d'été qu'il est le plus avantageux de le semer; et il est reconnu qu'on ne doit le faire précéder ni suivre la récolte d'autres céréales.

On donne ordinairement deux labours aux terres qu'on destine au maïs : l'un avant ou pendant l'hiver, l'autre au printemps, peu avant de répandre les graines; et c'est en faisant le dernier labour qu'on amende le terrain avec du fumier autant que possible bien consommé. Les graines doivent toujours être choisies les meilleures et les plus belles qu'il est possible, et à cet effet il faut avoir soin, lors de la récolte, de réserver les épis les plus gros et les plus sains, et de les conserver entiers dans un lieu sec, pour ne les égrener qu'au moment de faire les semailles, en ayant soin de mettre de côté les graines des extrémités qui sont toujours moins parfaites.

Comme le maïs craint beaucoup les gelées dans sa jeunesse, il faut attendre que celles-ci ne soient plus à redouter pour le confier à la terre. Dans le midi de la France on commence à le semer dans les premiers jours d'avril, et on continue pendant le reste du mois; dans les pays qui sont plus au nord, il est prudent d'attendre les premiers jours de mai. Les cantons dans lesquels le maïs réussit le mieux en France, sont tous au midi d'une ligne tirée de Bordeaux à Strasbourg.

Il y a, selon les pays, différentes manières de semer le maïs. La première et la plus facile à pratiquer consiste à faire suivre la charrue par le semeur, muni d'un panier rempli de graines; il en prend quatre à cinq qu'il répand dans un intervalle de trois à quatre pieds dans chaque sillon tracé par la charrue, et les semences se trouvent tout naturellement recouvertes, en pratiquant le rayon en retour. Dans la seconde méthode on trace des sillons de deux pouces de profondeur ou environ, à un pied et demi de distance les uns des autres; et lorsque tout le champ est ainsi labouré selon la longueur, on pratique d'autres sillons en travers, à la même distance que les premiers, et de manière qu'ils les coupent à angle droit; et lorsque cela est fait, on place deux graines de maïs à chacun des quatre coins formés par tous les carrés, et on les recouvre d'environ un pouce de terre. Suivant une troisième manière on sème le maïs à la volée, assez clair, et on l'enterre à la herse; mais ce moyen a le double inconvénient de ne pas espacer également les grains, et de n'en pas enterrer beaucoup assez profondément. Dans une quatrième pratique, on fait avec la houe de petites fosses de trois pieds de largeur et en quinconce; on met dans chacune quatre à cinq grains qu'on recouvre avec la terre, qu'on retire de la fosse suivante. Une cinquième manière qui est la meilleure, mais la moins en usage, parce qu'elle est la plus longue et la plus dispendieuse, consiste à semer le maïs au cordeau, en faisant avec le plantoir des trous à deux pieds l'un de l'autre pour chaque grain, et en le recouvrant tout de suite. Quelle que soit d'ailleurs la pratique qu'on suive, le maïs n'a pas besoin d'être enterré profondément; dans les terres fortes il lui suffit d'être recouvert d'un pouce, et d'un pouce et demi dans les terres légères.

Le maïs, après qu'il est semé, se montre d'autant plus promptement hors de terre, qu'il fait plus chaud et que la terre est plus humide; et lorsque sa graine a été trempée dans l'eau avant le semis, il ne faut souvent que cinq à six jours pour que la jeune plante commence à pousser. Jusqu'à ce qu'elle ait trois à quatre pouces, il n'y a rien à lui faire; mais lorsqu'elle a déjà cette hauteur, il faut éclaircir le plant en arrachant les tiges les plus foibles parmi celles qui ne sont pas à un pied et demi ou deux pieds de distance; et à la même époque on donne le premier binage qui doit être peu profond, et pour lequel il faut, autant que possible, choisir un temps humide, ou celui après la pluie.

Lorsque le maïs a acquis un pied ou un peu plus de hauteur, on pratique un second binage, et on rapproche en même temps une certaine quantité de terre de chaque pied, ce qu'on appelle *chausser* ou *butter* la plante, et ce qui a pour but de lui faire produire de ses articulations inférieures de nouvelles racines par lesquelles une plus grande quantité de sucs nourriciers seront portés dans les tiges. Ces buttes ne doivent pas être terminées en pain de sucre, ce qui auroit l'inconvénient d'en écarter les eaux des pluies; mais, afin que celles-ci soient retenues et pénètrent facilement jusqu'aux racines, les buttes doivent être aplaties, et mieux encore un peu creusées autour de chaque tige. On exécute un troisième binage lorsque les fleurs sont sur le point de se développer; il n'a pas besoin d'être aussi profond que le précédent; il suffit de gratter la terre pour détruire les mauvaises herbes, et d'élever jusqu'à six ou huit pouces les buttes déjà faites autour de chaque pied. Il est bon, en faisant le second et le troisième binage, de casser et d'enlever toutes les pousses latérales qui pourroient s'être développées sur les pieds, parce qu'elles absorberoient la séve et empêcheroient la formation des épis, ou en diminueroient le volume. On se dispense généralement de pratiquer un quatrième binage; cependant il ne peut qu'être utile pour faire grossir le grain.

Dans beaucoup de cantons, lorsque la floraison est terminée, on coupe les sommités des tiges de maïs pour les donner en vert aux bestiaux; on arrache aussi une grande partie des feuilles pour le même objet; mais cette dernière opération doit être retardée, et ne se faire que peu de temps avant la maturation parfaite des épis; autrement, elle seroit nuisible, parce que l'influence que les feuilles exercent sur la végétation de la plante est encore nécessaire.

On reconnoit la maturité du maïs à la dessiccation de la plus grande partie de ses feuilles, au déchirement d'une partie des enveloppes de l'épi, et enfin à la couleur et à la dureté du grain; mais il y a presque toujours de l'avantage à laisser l'épi le plus long-temps possible sur pied, parce que le grain se perfectionne encore. La maturité a généralement lieu quatre mois après les semailles; lorsqu'on la juge arrivée au degré convenable, on cueille les épis à la main, en cassant leur pédicule, et on les transporte à la maison, où on les étend dans un endroit abrité pour les faire complétement sécher. Il faut avoir le soin de les remuer assez souvent pour empêcher leurs enveloppes de moisir, ce qui communiqueroit un mauvais goût au grain, et en altéreroit la qualité. Lorsque les enveloppes sont parfaitement desséchées, on les enlève pour les donner aux bestiaux, et les épis garnis de leurs grains sont portés dans des greniers ou hangars, pour y être gardés jusqu'à ce qu'on veuille en faire usage; car le maïs se conserve beaucoup mieux ainsi, que lorsqu'il a été égrené.

Lorsque les épis de maïs sont rentrés, il faut faire arracher les tiges et les feuilles qui sont restées dans le champ, parce que si on les y laissoit trop long-temps, elles ne seroient plus propres aux divers emplois qu'on en peut faire. Les feuilles qui ne sont pas trop desséchées, peuvent être données aux bestiaux; autrement, on en fait de la litière. Les tiges et les axes des épis dépouillés de leurs grains servent à brûler: le feu qu'ils donnent est très-peu ardent; mais les cendres fournissent assez de potasse. Les Américains divisent les tiges en éclats pour en faire des paniers de diverses formes.

Quand on veut conserver le grain du maïs, on le détache de son axe, ce qu'on appelle égrener. Cette opération se fait le plus souvent avec la main; mais on peut l'accélérer en frappant les épis avec le fléau, avec un bâton, ou en marchant dessus avec des sabots. Lorsque le maïs est égrené, on le vanne pour le débarrasser des corps étrangers qui y sont mêlés, et on le met au grenier en tas, ou dans des tonneaux défoncés, ou enfin dans des sacs. Le maïs est sujet à être attaqué par les mêmes insectes que le froment, et il faut employer les mêmes précautions pour l'en préserver.

La graine de maïs ne peut être réduite en farine que lorsqu'elle est parfaitement sèche; le plus ordinairement on la concasse plutôt qu'on ne la moud pour l'usage des habitans des campagnes; mais les personnes des villes, qui veulent en faire des bouillies, gâteaux ou autres mets, la font passer une seconde fois au moulin, après en avoir séparé le son. La farine du maïs ne peut se conserver au-delà d'une année; le défaut de gluten dans cette farine, qui n'est jamais très fine, l'empêche d'être propre à la fabrication du pain, à moins qu'on n'y ajoute moitié ou au moins un tiers de farine de froment; à l'aide de ce mélange, on peut en confectionner un pain agréable au goût et très-sain ; mais le plus ordinairement ce n'est point de cette manière que la farine de maïs est employée : on en fait des bouillies et des espèces de gâteaux qu'on prépare de beaucoup de manières différentes, selon les pays, et qui forment un aliment solide et sain.

Le maïs est après le riz et le froment, la plus utile des graminées, et elle est aussi une des plus généralement cultivées. Une grande partie des peuples d'Asie, d'Afrique et d'Amérique en font leur nourriture. Sa culture et son usage sont également répandus dans plusieurs contrées de l'Europe méridionale, en Espagne, en Italie ; et les habitans des campagnes en vivent presque exclusivement dans plusieurs provinces de France, comme dans la Guienne, la Gascogne, le Périgord, les Landes, la Bourgogne, etc.

Au rapport d'Olivier, les habitans de l'île de Candie mangent les épis de maïs encore verts et crus. Dans plusieurs endroits on fait confire au vinaigre, à la manière des cornichons, ces épis non encore fécondés : et dans les environs de Paris on cultive une certaine quantité de cette plante rien que pour ce rapport.

Dans les pays où le maïs est abondamment cultivé, on pourroit, suivant Parmentier, employer ses graines en place d'orge pour la préparation de la bière. Les Américains savent, après les avoir pilées, les faire macérer dans l'eau pour en retirer une liqueur vineuse qui enivre, et dont on pourroit extraire une sorte d'alcool, en la soumettant à la distillation.

Non seulement le maïs est un aliment important pour l'homme, mais encore c'est une très-bonne nourriture pour les animaux domestiques qui tous l'aiment beaucoup. En Amérique on le donne ordinairement aux chevaux en place d'avoine. Il engraisse promptement les bœufs, les cochons, les dindes, les poules, les oies, etc., surtout quand on leur en donne la farine délayée avec de l'eau chaude. La chair des porcs et des volailles engraissés de cette manière est d'un meilleur goût. Les pigeons de volière, qu'on en nourrit, ont une chair blanche, tendre, et leur graisse est ferme et savoureuse. Les graines de maïs, jetées dans un vivier, rendent de même plus savoureux les poissons qui les mangent. En les faisant tremper dans l'eau pendant un jour avant de les donner aux bestiaux, on éviteroit l'inconvénient qu'elles ont de leur user les dents par leur dureté.

Comme les tiges de la plupart de la famille des graminées, celles du maïs contiennent du sucre, et l'on a essayé d'en extraire cette substance, lorsque, il y a quelques années, elle étoit parvenue à un prix si élevé; mais elle n'y est pas en assez grande quantité en Europe, pour que cette opération puisse présenter quelque avantage ; et si , dans les essais qui ont été faits, soit en France, soit en Italie, on est véritablement parvenu à retirer du sucre de la tige du maïs, les dépenses ont toujours été beaucoup plus considérables que les produits. Il n'y a que dans les pays chauds où cela soit praticable; et, selon M. de Humboldt, on prépare au Mexique et dans les contrées voisines, du sucre avec les tiges de cette plante.

Quelques auteurs de matière médicale ont dit que les graines de maïs étoient légèrement apéritives et diurétiques; mais elles ne sont guères en usage sous ce rapport. Dans les pays où elles sont communes, on s'en sert quelquefois pour préparer, comme nous faisons avec l'orge, une tisane douce et tempérante qui convient principalement dans les maladies inflammatoires. Réduites en farine, on peut les employer à faire des cataplasmes émolliens et maturatifs; la grande quantité d'eau qu'elles absorbent, et l'onctuosité de la bouillie qu'elles forment, les rendent très-propres à cet usage. Mais c'est bien moins par son emploi en médecine que par le nombre et l'importance de ses usages économiques, que la graminée qui nous occupe est recommandable.

Le maïs coupé en vert forme un fourrage abondant et très-substantiel pour tous les bestiaux, et principalement pour les vaches; aussi on en sème dans plusieurs pays uniquement pour cet objet. On fait ordinairement succéder cette culture à une autre culture précoce. C'est surtout dans des champs qui ont porté de l'orge, ou une autre récolte hâtive, qu'il est avantageux de semer du maïs pour fourrage, parce qu'on retire par ce moyen deux récoltes dans une année. Dans le midi de la France, en semant vers le 15 juillet, on peut faire la récolte du fourrage à la fin d'août ou au commencement de septembre, parce qu'il ne faut que six semaines pour faire arriver le maïs à la hauteur convenable. Le semis de maïs pour fourrage se fait à la volée sur un seul labour, et on emploie huit à neuf boisseaux de graines par arpent. Il faut semer par un temps pluvieux : si on le faisoit par la sécheresse, on risqueroit de perdre sa graine. On coupe ordinairement les tiges au moment où les panicules de fleurs mâles commencent à se montrer. Le maïs ainsi coupé se dessèche comme le foin : mais il faut beaucoup plus de temps pour en opérer la parfaite dessiccation. Ce fourrage se conserve bon pendant deux à trois ans. (L. D.)

MAIS DE GUINÉE, *Maiz de Guineœ.* (*Bot.*) Nom espagnol du *milium nigricans* de la Flore du Pérou. De ses graines rôties, nommées dans le pays *camcha*, on retire une farine très-blanche dont on fait la boisson dite *ullpu* et l'aliment *mazœmorra.*

Les habitans de la province de Jaen de Bracamoros, dans l'Amérique méridionale, donnent aussi le même nom au sorgho, *holcus sorghum* de Linnæus, qui est le *sorghum vulgare* de M. Persoon, et l'*andropogon sorghum* de M. Kunth. (J.)

MAISDIEB. (*Ornith.*) Nom allemand de la pie de la Jamaïque, *pica jamaicensis*, Briss., et *gracula quiscala*, Linn. (Ch. D.)

MAISINGOU. (*Bot.*) Voyez Mouringou. (J.)

MAÏT-SOU. (*Ornith.*) Le pigeon ainsi nommé est le *founingo maïtsou* de Madagascar, *columba australis*, Lath., et *colombar maïtsou* de M. Temminck. (Ch. D.)

MAÏZI. (*Ornith.*) Séba indique par ce nom, avec l'addition de *miacatotoll*, un petit oiseau qu'il donne comme venant du Brésil, et ayant le fond du plumage noirâtre, les ailes d'un bleu turquin, la tête d'un rouge de sang, avec un collier d'un jaune doré, et le bec ainsi que les pieds jaunâtres; mais le mot *maizi* est le nom d'une plante, le maïs, et le surnom de *miacatotoll* est mexicain et non brésilien; or Fernandez, dans son Ornithologie du Mexique, décrit, au chap. 77, sous ce titre de *Miacatotoll, seu ave germinis maizii*, un oiseau aussi fort petit, qui a l'habitude de se poser sur les tiges du maïs, et dont le corps est noir avec quelques plumes blanchâtres, le

28.

ventre pâle, les ailes et la queue cendrées en dessous. On peut induire de ce rapprochement que Séba a parlé, sous un faux nom, d'un individu différent de l'oiseau de maïs de Fernandez, et que la dénomination de miacatototl n'appartient qu'à ce dernier, dont Latham a fait un manakin, sous le nom de *pipra miacatototl.* Quant au *pipra torquata,* Linn. et Lath., il conviendroit peut-être d'examiner de nouveau si l'oiseau de Séba, auquel il se rapporte, existe réellement comme espèce distincte, et ensuite s'il doit être rangé parmi les manakins. (Ch. **D.**)

MAIZILLO. (*Bot.*) Nom donné, dans le Pérou, au *paspalum purpureum* de la Flore de ce pays, dont Cavanilles faisoit un *milium.* C'est un fourrage excellent aux environs de Lima, et qui donne trois récoltes dans l'année. (J.)

MAJA. (*Ornith.*) Voyez Maïa. (Ch. **D.**)

MAJAGUA (*Bot.*), nom caraïbe de l'*helicteres baruensis* de Jacquin. (J.)

MAJAGUÉ. (*Ornith.*) Pison décrit sous ce nom, liv. 3, p. 83, un oiseau aquatique, dont la taille est par lui comparée à celle de l'oie, dont le bec est crochu à la pointe, dont le cou, assez long, se courbe comme celui des cygnes, dont le plumage est noirâtre, qui nage et plonge avec facilité, qui vit de poissons, que l'on voit en mer vers l'embouchure des fleuves, et qui niche près du rivage. On a lieu d'être surpris de ce que, sur cette description, et en examinant la planche dont elle est accompagnée, Brisson, tom. 6, p. 138, Buffon, tom. 9, in-4°, p. 337, et d'autres naturalistes, au lieu de rapporter cet oiseau à la famille des pétrels, n'y ont pas reconnu le cormoran, *pelecanus carbo,* Linn. (Ch. **D.**)

MAJAN. (*Ornith.*) Voyez Maïa. (Ch. **D.**)

MAJANA. (*Bot.*) Rumph désigne sous ce nom indien un basilic, *ocimum scutellarioides,* et son *mentha fœtida.* (J.)

MAJANTHÈME. (*Bot.*) Voyez Maïanthème. (Lem.)

MAJAT. (*Conchyl.*) Adanson (Sénég., p. 65, pl. 5) appelle ainsi une espèce fort commune de cyprée ou porcelaine que les auteurs systématiques nomment *cypræa stercoraria.* C'est la porcelaine livide de M. de Lamarck. (De B.)

MAJAUFES. (*Bot.*) Nom sous lequel M. Duchesne cite quelques espèces de fraisier, particulièrement ses *fragaria bifera* et *dubia*, qui font partie de sa section des fraisiers à ovaires gros et rares, et à longues étamines. (J.)

MAJEGO, MAJEG. (*Mamm.*). noms que les Lapons donnent au castor. (F. C.)

MAJELE. (*Bot.*) Cordus cite, sous ce nom, le *primula farinosa*. (J.)

MAJET. (*Bot.*) Voyez MAÏÈTE. (LEM.)

MAJORANA. (*Bot.*) Espèce du genre Origan. *Origanum majorana* ou *marjolemi*, qui formoit le genre *Majorana* de Tournefort, que Mœnch a rétabli pour y placer les espèces d'origans à fleurs en épis carrés et à calice fendu en dessus. (LEM.)

MAK. (*Entom.*) Nom donné à Cayenne et à la Guiane à une espèce du genre Cousin, indiquée par Barrère dans son Histoire de la France équinoxiale. Tout ce qu'en disent les auteurs qui ont copié Barrère, est très-vague. (C. D.)

MAKAIRA. (*Ichthyol.*) Nom spécifique d'un poisson du genre ESPADON. Voyez ce mot. (H. C.)

MAKAJASI, KOSORINNA (*Bot.*), noms japonois du *pieris japonica* de M. Thunberg. (J.)

MAKAKOUAN. (*Mamm.*) Nom d'un petit carnassier de la Guiane françoise, qui est, dit-on, de la grandeur du chat domestique, à pelage grisâtre, et qui pénètre dans les terriers pour dévorer les animaux qui s'y retirent. C'est tout ce qu'on en connoît. (F. C.)

MAKAQUE. (*Mamm.*) Voyez MACAQUE. (F. C.)

MAKAREKAU. (*Bot.*) L'arbre de ce nom, qui croît dans les Indes, et dont il est fait mention dans le Recueil des Voyages, est très-élevé, et porté sur plusieurs racines qui sortent de terre et forment à sa base des espèces d'arcades. Lorsque les Indiens, surtout aux Maldives, coupent quelques unes de ces racines, il en repousse promptement de nouvelles. Les feuilles ont une aune et demie de longueur. Les fleurs, longues d'un pied, grosses et blanches, répandent une odeur très-douce. Le fruit, de la grosseur d'une citrouille, couvert d'une écorce dure, est rempli d'amandes bonnes à manger. Plusieurs de ces caractères, pris séparément, appartiennent à des arbres connus, mais nous ne pouvons déterminer le genre de celui qui les réunit tous. (J.)

MAKARSCHENA (*Bot.*) Au Kamtschatka on donne ce nom à la racine d'angélique. Cette racine s'y mange. (Lem.)

MAKAVOUANNE. (*Ornith.*) L'oiseau ainsi appelé par les naturels de la Guiane est la perriche-ara de Buffon, l'ara macavouanne de M. Levaillant, *psittacus macawuanna*, Gmel. (Cn. D.)

MAKELAN. (*Bot.*) Voyez Machilus. (J.)

MAKI, FON-MAKI, SIN (*Bot.*), noms japonois cités par Kæmpfer, d'un if, *taxus mœcrophylla* de M. Thunberg. (J.)

MAKIS ou LÉMURIENS (*Mamm.*), *Lemures*, Desm. ; *Strepsirrhini*, Geoffr. ; *Prosimii et Macrotarsi*, Illig. Seconde famille des mammifères de l'ordre des quadrumanes, formant le passage des singes des deux continens, qui composent la première famille de cet ordre, aux insectivores qui commencent la série des quadrupèdes carnassiers.

Les lémuriens ont tous la tête plus ou moins prolongée, et le museau pointu et terminé par des narines sinueuses ; les yeux plus ou moins grands, très-rapprochés et contenus dans des fosses orbitaires à bords complets, séparées presque entièrement des fosses temporales ; la bouche garnie des trois sortes de dents, dont les incisives varient en nombre de quatre à six, et dont les molaires ont leur couronne munie tantôt de tubercules mousses, tantôt de pointes triangulaires aiguës ; les quatre extrémités terminées par des mains à pouce séparé, mais dont les autres doigts ne peuvent guère agir que simultanément ; les ongles des pouces aplatis ; ceux des doigts en gouttière et non crochus, si l'on en excepte cependant l'ongle du premier et quelquefois celui du second doigt du pied de derrière, dont la forme est comprimée, arquée, aiguë à l'extrémité, et dont la direction est presque verticale ; deux ou quatre mamelles placées sur la poitrine ; le pénis détaché du ventre ; le corps couvert de poils laineux.

Ces quadrumanes sont de moyenne ou de petite taille, et les formes de la plupart d'entre eux sont en général légères. Ils ressemblent plutôt aux singes par leur corps et par leurs extrémités, que par leur tête, qui a plus d'analogie avec celle des carnassiers insectivores, à cause de son prolongement en un museau pointu. Tous ont des clavicules complètes ; quelques uns ont les os du métatarse prodigieusement alongés, et ne sont pas pour cela des animaux sauteurs; la queue manque chez plusieurs, tandis que dans les autres elle est le plus souvent très-longue, couverte de poils et non prenante; les fesses ne sont jamais calleuses; la bouche est toujours dépourvue d'abajoues, etc.

Parmi ces animaux, les uns sont diurnes, et les autres nocturnes: les uns ont beaucoup d'agilité, et les autres ont des mouvemens très-lents. La plupart, ceux qui ont des molaires munies de tubercules mousses, vivent de fruits, tandis que ceux qui ont les mêmes dents garnies de pointes aiguës, ne se nourrissent que d'insectes qu'ils attrapent avec les mains de leurs extrémités antérieures. En général leur caractère est fort doux, et ils montrent moins de lubricité que les singes, mais sont encore très-ardens en amour.

Tous sont originaires des contrées les plus chaudes de l'ancien continent, telles que Madagascar, le Sénégal et Ceilan. Madagascar semble en quelque sorte être le chef-lieu de leur famille, comme la Nouvelle-Hollande est celui des animaux de la famille des marsupiaux herbivores.

Le nom de *lemur* a été adopté par Linnæus pour réunir la plupart des animaux qui se rapportent aux genres que nous admettons dans cette famille, mais il a été aussi employé par d'autres auteurs pour désigner des espèces, tantôt très-différentes par leur organisation, et qui doivent en être éloignées, et tantôt trop incomplètement indiquées, pour pouvoir entrer dans aucune classification, jusqu'à ce qu'on ait acquis de nouveaux renseignemens à leur égard.

Ainsi le *lemur volans* de Pallas est devenu le type du genre GALÉOPITHÈQUE (voyez ce mot), qui fait le passage des lémuriens aux cheïroptères, mais qui, suivant nous, est encore bien plus rapproché des premiers que des derniers. Le *lemur psylodactylus* de Schreber, ou *aye-aye* de Sonnerat, distingué aussi comme appartenant à un genre particulier, celui que M. Cuvier a nommé *cheiromys*, appartient à l'ordre des quadrumanes, selon M. Blainville, et forme, suivant M. Geoffroy, le premier chaînon d'un groupe qui lie les lémuriens aux rongeurs. Le *lemur flavus* de la Jamaïque, d'Erxleben, ne paroît être que le kinkajou; et le *lemur leucopsis* d'Hermann, Obs. Zool., est le même animal que le sagouin saïmiri. Enfin on ne sauroit

placer dans aucun groupe admis le *lemur bicolor* de Miller, de
Pennant et de Shaw , qui est représenté avec un *facies* général
de maki, mais avec une tête plus courte et plus ronde que
celle de ces animaux, et qui, suivant la même figure, n'auroit
que quatre doigts sans pouce aux pieds de derrière , sa couleur étant d'un gris noirâtre en dessus, et blanchâtre en dessous, avec une tache frontale cordiforme d'un blanc sale. La
supposition que cet animal est originaire de l'Amérique méridionale contribue aussi à faire éloigner l'idée qu'il puisse appartenir à la famille des makis ou des lémuriens.

Les genres qui divisent cette famille portent les noms de
Indri, Maki, Loris, Nycticèbe, Galago et Tarsier. Deux d'entre
eux ont été décrits dans ce Dictionnaire, ceux des *galagos* et
des *loris*. Nous traiterons dans cet article, non seulement du
genre *Maki*, proprement dit , mais encore du genre *Indri*,
qui n'a été qu'indiqué à son ordre alphabétique, et nous
renverrons à leurs lettres respectives les articles Nycticèbe
et Tarsier. (Voyez ces mots.)

Genre Maki. *Lemur.*

Le nom latin de *Lemur* a été appliqué à ce genre par tous les
naturalistes nomenclateurs, si l'on en excepte Brisson et Storr,
qui lui donnoient celui de *prosimia* , et Klein qui lui avoit
faussement appliqué la dénomination de *cebus* (κεϐος), qui paroît avoir été chez les Grecs celle des singes à longue queue
de l'ancien continent.

Les makis ont tous quatre incisives supérieures , six inférieures, quatre canines, six molaires supérieures de chaque
côté, et seulement cinq inférieures; ce qui fait trente-six dents
en totalité.

Les deux incisives intermédiaires supérieures sont très-
écartées entre elles, plus petites que les latérales, et terminées
par une ligne droite transversale ; les latérales sont cou-
pées obliquement d'arrière en avant, et ces dents sont placées
presque l'une devant l'autre, la seconde étant presque entièrement cachée par le bord antérieur de la canine. Les quatre
incisives intermédiaires inférieures sont très-minces , très-
longues, couchées en avant, et rapprochées de manière à figurer les dents d'un peigne ; les latérales sont plus grandes, cou-

pées obliquement du côté de la canine, et couchées en avant comme les autres.

Les canines supérieures sont minces, larges, arquées, tranchantes en avant et en arrière, aplaties à la face externe, et renforcées à la face interne par une saillie qui les rend triangulaires; les inférieures qui se croisent en arrière (1) avec les supérieures, et non en avant, comme cela a lieu chez tous les autres mammifères pourvus de cette sorte de dents, sont assez petites, triangulaires, et semblables à de fausses molaires.

Trois fausses molaires suivent la canine supérieure après un intervalle vide; elles présentent toutes une pointe assez aiguë, triangulaire, garnie à sa base, du côté interne, d'une légère saillie dans la première, d'une saillie plus grande, étendue en forme de talon dans la seconde, et d'un large talon qui devient un tubercule dans la troisième. Des trois vraies molaires qui viennent après, la première est la plus grande; elle présente à son bord externe deux tubercules assez grands, deux plus petits sur son bord interne, et deux dans son milieu; la seconde a deux tubercules à son bord externe, et un seul antérieur à la face interne; la troisième, beaucoup plus petite, a deux tubercules au bord externe, et une crête saillante sur son bord interne.

La mâchoire inférieure n'a que deux fausses molaires aussi de forme triangulaire, dont la dernière est la plus épaisse; les trois vraies molaires vont, en diminuant de grandeur, de la première à la dernière; leur partie antérieure a deux pointes formées par un léger sillon qui partage longitudinalement la couronne en deux parties, l'une de ces pointes se trouvant ainsi au bord externe, et l'autre au bord interne; un second tubercule existe aussi sur la face externe, mais postérieurement, et n'est séparé du premier que par une dépression circulaire de ce bord, devenu tranchant dans cet intervalle.

Le corps des makis est svelte; leur tête longue, triangulaire, à museau très-pointu; leurs membres sont bien proportionnés,

______

(1) M. Geoffroy explique cette anomalie, en considérant comme vraies canines, les deux incisives inférieures externes; et en regardant la canine inférieure comme n'étant que la première molaire

leurs mains et leurs pieds presque aussi bien organisés pour la préhension que ceux des singes. Le quatrième doigt des pieds de derrière est le plus long de tous, et le second (c'est-à-dire le premier après le pouce) est le seul qui soit pourvu d'un ongle subulé et relevé ; tous les autres ongles sont en gouttière, et ceux des pouces plats ; les yeux sont médiocrement ouverts, à pupille ronde, avec l'iris d'une belle couleur orangée ; les narines sont terminales, sinueuses et placées dans un petit mufle, dont la ligne moyenne est marquée d'un sillon ; les oreilles sont courtes, arrondies et velues ; les soies des moustaches assez foibles et peu longues ; la poitrine porte deux mamelles ; la queue est plus longue que le corps, ronde, poilue, très-mobile. Le gland du mâle s'élargit depuis sa base jusque près de la pointe qui est formée par l'extrémité de l'os de la verge, et sa surface est couverte de papilles cornées, dont la pointe est dirigée en arrière ; le poil dont le corps est couvert est doux et laineux.

Le squelette des makis a la plus grande analogie avec celui des singes, surtout en ce qui concerne les extrémités, dont tous les mouvemens sont aussi libres que ceux dont jouissent ces animaux ; les parties molles diffèrent aussi assez peu ; le foie n'a que deux grands lobes et un petit ; l'estomac, approchant de la forme sphéroïdale, a ses deux issues, le cardia et le pylore, très-rapprochées l'une de l'autre.

On rapporte que dans leur pays natal, les makis vivent en troupes sur les arbres, où ils se nourrissent de fruits. En captivité ces animaux font preuve d'une grande agilité, et se comportent à peu près comme les singes, mais leur caractère est beaucoup moins impétueux, et même est empreint d'une sorte de timidité. Les mâles sont ardens en amour, et les femelles portent environ quatre mois leurs petits, qui naissent ordinairement au nombre de deux, et tettent pendant six mois.

Les makis sont très-frileux, et s'exposent, autant qu'ils le peuvent, aux rayons du soleil, ou à la chaleur du feu. Pour dormir, ils se placent dans des lieux d'un difficile accès ; et, lorsqu'ils sont accouplés par paire, ils se rapprochent ventre contre ventre, s'enlacent avec leurs bras et leur queue, et dirigent leurs têtes de façon que chacun d'eux peut apercevoir ce qui se passe derrière le dos de l'autre.

On les nourrit de fruits, de carottes et de quelques autres racines, et l'on y joint même de la chair cuite et du poisson cru, qu'ils ne dédaignent pas : ils mangent aussi des insectes. Ils ont grand soin d'entretenir la propreté de leur robe et de leur queue, qu'ils tiennent le plus souvent relevée lorsqu'ils marchent à terre, et au contraire qu'ils laissent pendre toute droite lorsqu'ils sont placés sur un point élevé.

Le genre entier des makis, composé d'un assez grand nombre d'espèces, est confiné à Madagascar et dans quelques petites îles très-rapprochées de cette terre, telles que celle d'Anjouan, par exemple.

Le Maki Vari : *Lemur Macaco*, Linn., Gmel.; Vari, Buff., Hist. Nat., tome 13, pl. 27 (le mâle); Vari et Vari a ceinture, Geoffr., Magas. Encyclop., tome 1, et Ann. du Mus., tom. 19, spec. I. Il est de la taille d'un gros chat, la longueur de sa tête et de son corps réunis étant d'un pied huit pouces environ. Sa tête seule a trois pouces quatre lignes; son avant-bras, quatre pouces; sa main, trois pouces; sa jambe, cinq pouces dix lignes; son pied, quatre pouces trois lignes, et sa queue, un pied cinq pouces, sans compter les poils qui la dépassent de près de deux pouces. Son pelage laineux est très-fourni et comme floconneux, ce qui fait paroître son corps plus gros qu'il n'est réellement. Le mâle adulte a les côtés du nez, les coins de la bouche, les oreilles, le dessus du cou, le dos, les flancs, de couleur blanche, avec le dessus de la tête, le ventre, la face externe des avant-bras et des cuisses, et la queue, noirs. La femelle a la tête toute noire, à l'exception d'une bande blanche qui part au-dessus de l'oreille qu'elle comprend, ainsi que les grands poils de la collerette, pour se réunir au blanc du dessous du cou; le dos noir, à l'exception d'une ligne transversale blanche, qui passe d'une aisselle à l'autre par-dessus les épaules, et qui est un peu élargie dans son milieu; le ventre, les mains, la face externe des bras et des cuisses, et la queue, noirs. Dans de jeunes individus nouvellement nés, le museau nous a paru court, le poil ras, le pelage marqué de gris, où les adultes ont du noir.

Une variété de cette espèce que nous avons vue dans le cabinet d'histoire naturelle de Brest, avoit toutes les parties noires du pelage des varis ordinaires, remplacées par du gris brun.

Flaccourt, dans sa Description de Madagascar, désigne en général par le nom de *vari* tous les makis dont cette île abonde. L'animal que nous venons de décrire porte spécialement celui de *vari cossi* dans le canton de cette île, appelé canton de Mangabey, où il a été plus particulièrement observé. Les différens voyageurs lui attribuent des mœurs sauvages et furibondes, que nous ne lui reconnoissons en aucune manière dans l'état de captivité : on dit qu'il fait retentir les forêts de cris très-élevés et aussi très-perçans, etc.

Le Maki rouge : *Lemur ruber*, Péron et Lesueur; Geoffr., Ann. Mus., tome 19, page 159; Maki roux, Frédér. Cuv., Mamm. lithogr., 15ᵉ Livr. Il est de la taille du précédent, et a les mêmes formes, mais il en diffère légèrement par la proportion de sa queue qui a un peu plus de longueur que le corps et la tête réunis. Le poil est fourni et très-laineux, ce qui rend le corps très-épais en apparence; la tête est garnie de longs poils autour des oreilles. Le pelage est d'un roux marron très-vif; les mains, les pieds et la queue, qui est cylindrique et grosse, sont d'un noir très-foncé, ainsi que le ventre et la face interne des quatre membres; la peau de la face et celle des quatre mains sont d'un roux foncé; les yeux sont fauves; le sommet de la tête est d'une teinte plus foncée que le dessus du dos; les poils des joues et des oreilles sont d'un marron moins intense que ceux des parties environnantes; une tache d'un blanc jaunâtre est située sur le cou et sur la nuque; les poils de la collerette sont d'une couleur marron, plus claire que celle des flancs; une tache blanche transversale se remarque sur chacun des pieds de derrière.

Le premier maki rouge dont on ait possédé la dépouille dans le Muséum d'Histoire naturelle de Paris, a été rapporté par MM. Péron et Lesueur; mais son espèce avoit été reconnue précédemment à Madagascar par Commerson, qui en avoit laissé un dessin dans ses papiers. M. Frédéric Cuvier a eu l'occasion plus récente d'en décrire une femelle et de la faire figurer.

Le Maki Mococo : *Lemur Catta*; Mococo, Buff., Hist. Nat., tom. 13, pl. 22; *Lemur Catta*, Linn., Gmel.; Mococo, Geoff., Ménag. nat., fig.; Fréd. Cuv., Mamm. lithogr. Sa longueur totale mesurée depuis le bout du nez jusqu'à la base de la queue, est de quinze pouces environ, et la queue a dix-huit pouces. Son pelage est d'un cendré roussâtre sur le dos, d'un cendré clair sur les flancs, blanc sous le cou, la gorge, le ventre et sur la face interne des membres. Le bout du museau, le tour des yeux et l'occiput sont noirs, le front et les oreilles blancs, et les joues cendrées; l'iris est brun; le dessus des bras est cendré, et un liséré noir entoure la gorge, en se continuant sur les épaules. La queue est alternativement colorée dans toute sa longueur d'anneaux blancs et noirs, au nombre de trente environ. La partie nue de la paume de la main s'étend par une ligne étroite cachée sous le poil jusqu'au milieu du bras. Les oreilles sont assez grandes et pointues.

Ce maki, fréquemment apporté de Madagascar en Europe, est, avec le précédent, l'un des plus remarquables par la beauté de son pelage. Il est fort agile, et grimpe avec la plus grande légèreté sur les points du plus difficile accès. Son caractère est très-doux et fort curieux, et il montre quelque affection pour les personnes qui ont soin de lui. Avant de dormir il se livre à un exercice violent qu'il prolonge assez long-temps, comme pour se fatiguer; ensuite il choisit un endroit fort élevé, et s'y accroupit en inclinant son museau sur sa poitrine, et s'enveloppant de sa longue queue.

Dans leur pays natal, selon Flaccourt, ils errent dans les forêts, par troupes composées de trente à quarante individus.

Le Maki noir : *Lemur niger*, a seulement été vu et décrit par Edwards, *Gleanures*, tome 3, pl. 217, et M. Geoffroy l'a admis dans la série des espèces de ce genre. Il est de la taille du précédent, c'est-à-dire qu'il est à peu près grand comme un chat. Son pelage est d'un très-beau noir de jais sur toutes les parties du corps, et formé de poils assez longs, médiocrement épais et fort doux. L'iris de ses yeux est d'un orangé vif tirant sur le rouge, et la prunelle est noire. Le bout du nez et les parties nues des extrémités sont aussi d'un noir foncé. Il est de Madagascar.

Le Maki a front blanc : *Lemur albifrons*; le Maki a front blanc, Geoffr., Magas. Encycl., tom. 1, pag. 20 (mâle); ejusd., Ann. du Mus., tom. 19, pag. 160: Audebert, Hist. Nat. des Makis, pl. 3; Fréd. Cuv., Mamm. lithogr. (mâle): Maki d'Anjouan, Geoffr., Ann. du Mus., tom. 19, pag. 161 (femelle);

Maki aux pieds fauves , Briss., Regn. Anim., pag. 221, sp. 3 ? M. Geoffroy avoit d'abord considéré le mâle et la femelle de cette espèce, comme appartenant à deux espèces différentes; et c'est à M. Frédéric Cuvier qu'on doit leur réunion. En effet ce naturaliste a vu s'accoupler, dans la ménagérie du Muséum, un maki mâle à front blanc, avec un maki femelle d'Anjouan, et résulter de leur union, après quatre mois de gestation, des petits qui naquirent de la grosseur d'un rat, et qui furent en état de manger seuls à six semaines.

Ce maki à front blanc est de la taille des précédens; le mâle a toutes les parties supérieures du corps, la face externe des membres et le premier tiers de la queue, d'un brun marron doré, lorsque la lumière arrive obliquement; les parties inférieures et la face interne des membres d'un gris brun olivâtre; les deux derniers tiers de la queue noirs; la partie antérieure de la tête, jusqu'aux oreilles, ainsi que les côtés des joues et le dessous de la mâchoire inférieure blancs; la face et la paume des quatre mains d'un noir violâtre; l'iris de couleur orangée, etc.

La femelle ne diffère du mâle pour les couleurs, qu'en ce que les parties qui sont blanches chez celui-ci , sont chez elle d'un gris foncé. Le reste du pelage est également d'un marron doré, mais un peu plus jaune, avec les épaules plus grises.

Le Maki mongous : *Lemur Mongoz;* Mongous , Buff. , Hist. Nat., tome 13, pl. 26; Edwards, *Gleanures*, tom. 3, pl. 216; *Lemur Mongoz*, Linn., Gmel., Schreb., Geoffr. Le nom de mongous a été généralement donné à toutes les espèces de makis dont le pelage est brun , ou varié de brun et de fauve, et n'offre point de grandes taches de couleur déterminée , comme celui du vari et celui du maki rouge , ou des anneaux sur la queue, comme celui du mococo. M. Geoffroy, ayant cru devoir distinguer comme espèces particulières tous ceux de ces makis dont les descriptions faites par divers auteurs, offrent des différences appréciables, a réservé le nom de *Mongous* à l'animal que Buffon appelle ainsi , bien qu'il ne soit pas certain qu'il lui appartienne plutôt qu'aux autres.

En général ces espèces, si ce sont de véritables espèces , ont les plus grands rapports entre elles, et sont fort difficiles à distinguer par des notes caractéristiques précises. Il se pourroit même, ainsi que M. Fréd. Cuvier l'a reconnu pour le maki à front blanc et le maki d'Anjouan, qu'il n'existât entre elles que des différences de sexes.

Quoi qu'il en soit, nous allons toujours les faire connoître telles que M. Geoffroy les a distinguées, en commençant par l'espèce à laquelle Buffon a donné le nom particulier de Mongous. Sa taille est celle du mococo auquel il ressemble beaucoup par les formes, si ce n'est qu'il a les oreilles plus courtes, les yeux moins saillans et le museau plus long et plus gros. La couleur du museau et du tour des yeux est noirâtre. Les poils du corps sont laineux, assez longs surtout autour des oreilles, d'un cendré jaunâtre sur les parties supérieures et latérales; chacun d'eux étant cendré dans la plus grande partie de sa longueur, et ayant sa pointe fauve; une tache noiratre se voit sur le sommet de la tête; les pieds de derrière sont plus fauves que le reste du pelage; la gorge, le dessous du cou, la poitrine, le ventre, les aisselles, les aines et la face interne des quatre jambes sont d'un blanc sale mêlé d'une teinte de fauve plus ou moins foncée dans différens endroits; la queue est longue et de la couleur du corps; l'iris est rougeâtre; la peau nue des pieds et des mains est de couleur brune. (Extrait de la Description de Daubenton.)

L'individu qui a servi à cette description étoit d'un naturel moins timide que celui du mococo; il mordoit cruellement les personnes qui le contrarioient; il étoit très-lascif, et, manquant de femelles, il cherchoit à se satisfaire avec des chattes; il faisoit entendre continuellement un petit grognement bas; mais lorsqu'il s'ennuyoit et qu'on le laissoit seul, sa voix prenoit de l'éclat, et ressembloit absolument au coassement des grenouilles. Comme la plupart des singes il s'occupoit, dans son désœuvrement, à ronger le bout de sa queue.

Le maki d'Edwards qu'on rapporte à cette espèce, étoit d'un brun foncé en dessus, blanc en dessous, et l'extrémité de ses pieds étoit d'un cendré clair. Il mangeoit des poissons qu'on lui donnoit vivans, et guettoit les oiseaux, comme le font les chats; du reste le fond de sa nourriture étoit végétal, ainsi que celui des autres animaux du même genre.

Le MAKI BRUN: *Lemur fulvus*, distingué par Buffon lui-même de son Mongous, sous le nom de *grand Mongous*. Hist. Nat..

Suppl., tom. 7, pl. 33, a été décrit depuis sous la dénomination que nous adoptons, par M. Geoffroy, dans l'ouvrage intitulé Ménagerie nationale. Il est d'un tiers plus grand que le mongous, et particuliérement remarquable par son chanfrein élevé et busqué, la couleur brune des parties supérieures de son pelage, et la teinte grise des inférieures.

Selon Buffon, sa tête est plus arrondie et son museau est plus fin que dans le mongous; sa queue, moins touffue et plus laineuse, diminue de grosseur vers son extrémité; son poil est brun en dessus, cendré en dessous; sa croupe et ses jambes sont lavées d'olivâtre, parce que les poils qui recouvrent ces parties sont fauves à leur pointe; sa tête est presque entièrement noire; l'iris de ses yeux d'un jaune orange très-vif, etc.

Le Maki aux pieds blancs; *Lemur albimanus* de Brisson, Regn. Anim., pag. 221, auquel M. Geoffroy rapporte le *maki* figuré pl. 1 par Audebert, dans son Histoire naturelle des Makis, est de la taille du mococo. Son museau est noirâtre; les poils de ses joues sont d'un gris jaunâtre, et ceux des tempes et de la gorge, ferrugineux. Le sommet de sa tête, le dessus de son corps et la face externe de ses membres sont couverts de poils gris-brun foncé, un peu frisés. Sa poitrine, son ventre et la face interne de ses quatre pattes sont d'un gris-brun plus clair; ses mains et ses pieds sont revêtus de poils blanchâtres jusqu'aux ongles. Sa queue est touffue et grise.

L'individu que Brisson a décrit, et que M. Geoffroy rapporte à cette espéce, avoit le nez, la gorge et les quatre pieds blancs, avec le ventre d'un blanc sale.

Le Maki a fraise de M. Geoffroy, décrit et figuré sous le nom de Mongous, par M. Fréd. Cuvier, Mamm. lithogr., 2ᵉ Livr., nous paroît constituer une espéce plus certaine que celles des deux précédens. Il se rapproche beaucoup du mongous. Le dessus de la tête est noirâtre; le front d'un noir varié de gris; le bas des joues garni de poils un peu plus longs que les autres, disposés en bandes obliques comme des favoris, et d'une belle couleur rousse orangée. Le dessous du cou est couvert de poils roussâtres qui se joignent aux favoris orangés, et complètent ainsi une sorte de fraise. Le derrière de la tête, le dessus du cou et du dos, les flancs, la face externe des membres sont d'un brun lavé de roux; le bord externe de la main et de son

petit doigt porte de petits poils courts, dirigés vers l'extérieur, et tous parallèles les uns aux autres, d'un roux orangé
aussi vif que celui des favoris; le dessous du corps et la face
interne des membres sont d'un fauve pâle; le bout du menton
est blanchâtre; la queue, plus longue que le corps, est d'un
brun foncé, surtout vers l'extrémité, où les poils sont un peu
plus grands que ceux de la base.

La femelle, plus petite que le mâle, a le sommet de la tête
gris, le pelage plus jaunâtre, et la taille un peu moindre.

Le Maki roux : *Lemur rufus;* Maki roux d'Audebert, Hist.
nat. des Makis, pl. 2; Geoffr., Ann. Mus. d'Hist. nat., tom. 19,
pag. 160. Il diffère peu du maki aux pieds blancs, et du maki
à front blanc femelle; cependant ses oreilles paroissent un peu
plus courtes que celles de ces deux animaux, et sa queue est
garnie de poils moins longs que ceux qui revêtent la leur.
Son pelage est d'un roux doré en dessus, blanc jaunâtre en
dessous; le tour de sa face est blanc, excepté au front; une
bande noire s'étend depuis le front jusqu'à l'occiput.

Le Maki a front noir; *Lemur nigrifrons.* M. Geoffroy, qui
a établi cette espèce, Ann. du Mus., tom. 19, lui rapporte
le *Lemur simiasciurus* de Petiver, figuré aussi par Schreber, tab. 42, et le maki, n.° 1 de Brisson, Regn. Anim.,
pag. 220. Il est de la taille des autres makis, et ressemble encore beaucoup à la femelle du maki à front blanc. Il est caractérisé par la couleur brun noir de ses joues et de son front
qui s'éclaircit progressivement jusque vers le bout du museau
qui est blanchâtre. Le dessus de sa tête et de son cou, ses
épaules et la face externe des bras sont d'un gris de plomb
légèrement varié de blanchâtre, ce qui est dû aux anneaux
des poils de ces différentes parties; le dessus du dos, les flancs,
les cuisses et la face externe des jambes sont d'un gris brun
assez uniforme; la queue est d'un gris un peu clair à la base,
et passe au gris noirâtre vers son extrémité; le dessous du cou
et de la gorge sont d'un blanc sale; les pieds et les mains sont
couverts de poils courts d'un gris cendré, etc.

Ce maki, ainsi que tous les précédens, est de Madagascar,
et l'on en voit des dépouilles dans les galeries du Muséum
d'Histoire naturelle de Paris.

Le Maki gris : *Lemur cinereus.* Geoffr., Magas. Encyclop.;

PETIT MAKI de Buff., Suppl., tom. 7. pl. 84 ; le GRISET, Audebert, Hist. nat. des Makis, pl. 7.

Cet animal, dont nous n'avons connu pendant long-temps qu'une seule dépouille conservée dans la collection du Muséum d'Histoire naturelle de Paris, a le corps long d'environ dix pouces, mesuré depuis le bout du nez jusqu'à l'origine de la queue. Le dessus de son dos, la face externe de ses membres, sa tête et sa queue sont d'un gris légèrement glacé de fauve ; ses joues d'un gris moins foncé que celui du front ; son menton, sa poitrine et la face interne de ses membres d'un blanc sale. Les poils de sa queue sont peu longs et d'un gris uniforme.

Il constitue une espèce que nous avions d'abord jugée douteuse, parce que nous n'avions pu examiner que l'individu d'après lequel notre description a été faite, et que cet individu paroissoit fort jeune. Depuis nous avons vu un adulte qui présente la même taille et les mêmes caractères.

Ici se termine l'énumération des espèces du genre des makis, proprement dits. Il nous reste seulement à ajouter que M. Frédéric Cuvier, en décrivant le galago de Madagascar sous le nom de maki nain, fait remarquer que ce petit quadrumane se rapporte, par l'ensemble de ses caractères, au genre dont nous traitons dans cet article, quoique son museau court, sa tête ronde, sa vie tout-à-fait nocturne annoncent un naturel un peu différent de celui des animaux qu'il comprend ; il ajoute cependant qu'il lui paroît que ce maki nain doit former dans ce genre le type d'un petit groupe auquel se réuniront sans doute un jour d'autres espèces. (Voyez GALAGO.)

Genre INDRI.

Le genre Indri, *Indris*, dont l'établissement a été proposé par M. de Lacépède, renferme deux espèces qui ont été d'abord décrites par le voyageur Sonnerat. Gmelin les a placées dans le genre *Lemur ;* et Illiger, en adoptant le genre Indri, en a changé arbitrairement le nom contre celui de *Lichanotus.*

Les indris sont très-rapprochés des makis par leurs formes générales ; mais ils en diffèrent par le nombre de leurs incisives, qui est chez eux de quatre à chaque mâchoire, tandis que les makis en ont quatre en haut et six en bas.

Les incisives supérieures sont réunies par paires; les inférieures externes sont plus larges que les internes, et toutes les quatre, contiguës entre elles, sont dans une position horizontale. Les canines sont assez saillantes : les supérieures sont très-courbées et tout-à-fait semblables à deux fausses molaires qui se trouvent immédiatement à côté d'elles, et qui n'ont qu'une seule pointe; les inférieures sont petites et semblables à une fausse molaire qui les suit, laquelle n'a aussi qu'une seule pointe, et est beaucoup plus large d'arrière en avant, qu'épaisse du bord interne au bord externe.

Quant aux molaires, M. Frédéric Cuvier n'a décrit dans son ouvrage sur les dents des mammiferes, que les deux fausses molaires supérieures, et la fausse molaire inférieure dont il vient d'être fait mention, et il ajoute qu'il n'a pu voir les autres. Cependant Illiger porte le nombre total des molaires à cinq pour chaque côté des deux mâchoires; et M. de Blainville (article DENTS du Dict. de Deterville) dit positivement qu'il y a cinq molaires supérieures à tubercules mousses, dont les deux premières (ou fausses molaires) sont triangulaires, comprimées et pointues, et que les cinq molaires inférieures sont à peu près semblables à celles d'en haut. Dans la mammalogie de l'Encyclopédie, nous avons adopté cette dernière description qui donne aux indris un nombre total de trente-deux dents, tandis que les makis, proprement dits, en ont trente-six.

La tête est assez petite, le museau pointu, la face plus ou moins alongée et triangulaire; les oreilles sont plus courtes que celles des makis; les membres postérieurs assez longs, et le premier doigt seulement après le pouce est pourvu d'un ongle subulé; les mamelles sont au nombre de deux; la queue très-longue dans une des espèces, est au contraire fort courte dans une autre.

L'INDRI A QUEUE COURTE, *Indris brevicaudatus*, est la seule espèce qu'on connoisse bien, et dont on possède une dépouille dans la collection du Muséum d'Histoire naturelle de Paris. Il a été découvert par Sonnerat dans l'île de Madagascar. (Voyag., pl. 88), et depuis il a été placé dans le genre des

28.

makis par Gmelin, sous le nom de *lemur indri*, et figuré de nouveau par Audebert (Hist. nat. des Makis). C'est un animal haut de trois pieds environ, lorsqu'il est dressé sur ses pieds de derrière. Sa tête a cinq pouces de longueur, son corps un pied huit pouces, et sa queue guère plus d'un pouce.

Sa tête est plus alongée que celle de l'espèce suivante, du moins si l'on s'en rapporte à la figure de cette dernière. Son pelage est noir sur les parties supérieures et latérales du corps et de la tête. Le museau, le bas-ventre, le derrière des cuisses et le dessous des bras sont grisàtres. La région des lombes est blanche et recouverte d'un poil tout-à-fait semblable à de la laine, tandis que celui des autres parties du corps est soyeux et très-fourni.

Le naturel de cet animal est très-doux. Les Nègres de la partie sud de Madagascar le dressent pour la chasse. Son cri est semblable à celui d'un enfant qui pleure.

L'Indri à longue queue, *Indris longicaudatus*, n'est connu que par la figure et par la description que Sonnerat (Voyag. 2, pag. 142, pl. 89), en a données sous le nom de *maki à bourre*. Gmelin en a fait son *lemur laniger*; et M. de Lacépède l'a placé dans le septième volume des Supplémens à l'Histoire naturelle de Buffon, sous la dénomination de *maki fauve*.

Sa tête a deux pouces trois lignes depuis le bout du museau jusqu'à l'occiput, son corps onze pouces six lignes, et sa queue est au moins aussi longue que ces deux parties réunies. Son corps est en apparence large et gros, ce qui est dû à l'épaisseur du poil; sa tête est plus courte que celle de la première espèce, son front très-large; ses yeux sont fort gros; ses pieds de derrière ont le pouce large et plat, et réuni au premier doigt par une membrane noirâtre. Les poils sont doux et laineux, partagés en flocons; leur couleur générale est le fauve, tant sur la tête que sur le corps; cependant le dessous du cou, la gorge, la poitrine, le ventre, la face interne des quatre membres sont d'un blanc tirant sur le fauve; les lombes vers la base de la queue sont blanches; le bout du museau est couvert d'une tache noire qui se prolonge en pointe sur le front; les pieds sont couverts de poils fauves, mêlés de poils cendrés; les doigts et les ongles sont noirs.

Cet animal de Madagascar, dont les habitudes sont inconnues, pourroit bien appartenir à un groupe particulier. C'est au reste ce que l'on ne pourra décider que lorsqu'on aura recueilli ses dépouilles, et surtout lorsqu'on en aura étudié le système dentaire. (Desm.)

MAKOLAGWA (*Ornith.*), nom polonois de la linotte commune, *fringilla linota*, Linn. (Cn. D.)

MAKOUSIONE. (*Ornith.*) L'oiseau que les Knisteneaux, selon Makensie, tom. I.er de ses Voyages dans l'intérieur de l'Amérique septentrionale, p. 264, appellent ainsi, est l'aigle pygargue, *falco leucocephalus, canadensis, albicaudus* et *albicilla*. Linn. (Cn. D.)

MAKR (*Bot.*), nom égyptien d'une herniole, *herniaria lenticulata* de Forskal. (J.)

MAKULU (*Bot.*), nom que porte dans l'île de Ceilan, suivant Hermann, l'arbre dont Gærtner a fait son genre *Hydnocarpus*, adopté par Vahl, non encore rapporté à une famille connue. (J.)

MAL (*Ichthyol.*), nom que les Suédois donnent au *silurus glanis* de Linnæus. Voyez Silure. (H. C.)

MALABATHRUM. (*Bot.*) Voyez Cadegi indi. (J.)

MALABATHU. (*Bot.*) Le *solanum indicum*, espèce de morelle, est ainsi nommé à Ceilan. (J.)

MALACCA. (*Bot.*) Ce nom malabare est donné, suivant Rhéede, à deux arbres de la famille des myrtées. L'un est le *malacca-pela* ou goyavier, *psidium pomiferum;* l'autre est le *malacca-schambu* ou jambosier, *eugenia jambos*. (J.)

MALACENTOMOZOAIRES, ou par contraction MALENTOZOAIRES, *Malentozoaria*. Dénomination composée, qui signifie animaux mous articulés, que M. de Blainville emploie pour désigner un groupe d'animaux intermédiaire au type des animaux mollusques (malacozoaires), et à celui des animaux articulés (entomozoaires). et qui ne peut, quelque caractère qu'on emploie pour les définir, entrer dans l'un ni dans l'autre de ces types sans en altérer la précision. C'est pour lui un de ces sous-types que l'art de la méthode est obligé de former dans la série, pour rendre celle-là à la fois plus rigoureuse et plus facile d'application. Il correspond en grande partie à la division que Linnæus faisoit dans sa classe des vers mollusques testacés, sous le nom de multivalves, en en retranchant les pholades et les tarets. Les zoologistes modernes qui ont abandonné le système de Linnæus n'ont pas cru devoir l'admettre, parce qu'ils ont pensé, avec Adanson et plusieurs autres naturalistes anciens, que les oscabrions, qui font partie du sous-type des malentozoaires, sont des animaux voisins des phyllidies, ce qui paroît être erroné, comme nous le montrerons en parlant des oscabrions. Les caractères de ce sous-type peuvent être exprimés ainsi : Corps de forme très-différente dans les deux classes qui le composent, mais évidemment articulé dans le tronc ou dans les appendices qui s'y peuvent joindre ; la peau ou le manteau recouvert par une coquille de forme également variable, mais toujours composée de plusieurs pièces ou valves, libres ou réunies, disposées à la suite les unes des autres dans une direction longitudinale ou plus ou moins circulaire ; la tête non distincte, sans yeux ni appendices tentaculaires ; la bouche à l'une des extrémités de la ligne médiane et l'anus à l'autre ; les organes de la respiration aquatiques et formés par de petites branchies pyramidales ; l'appareil de la génération consistant en un sexe femelle seulement, ce qui constitue l'hermaphrodisme suffisant. M. de Blainville établit dans ce sous-type deux classes bien distinctes : l'une qui renferme les oscabrions sous le nom de Polyplaxiphores, et l'autre les balanes et les anatifes sous celui de Nématopodes. Voyez ces différens mots. (De B.)

MALACHIE, *Malachius.* (*Entom.*) C'est le nom sous lequel Fabricius a désigné un genre d'insectes coléoptères pentamérés, à élytres molles, à corselet plat, carré, à antennes à demi dentées, qui font sortir des bords de ce corselet et de l'abdomen des vésicules charnues et molles, diversement colorées ; ce qui leur a fait donner plus particulièrement le nom qui sert à les distinguer, et qui est dérivé du mot grec μαλακος, qui signifie mol, comme l'indique en outre le nom de la famille dans laquelle ce genre se trouve rangé, qui est celle des apalytres ou mollipennes.

Linnæus avoit placé ces insectes avec les cantharides, Geoffroy avec ses cicindèles, qui sont les téléphores de Degéer, mais que l'historien des insectes des environs de Paris nommoit les *cicindèles à cocardes.*

Nous avons indiqué dans les premières lignes de cet article

les caractéres essentiels du genre Malachie, qui résident dans les vésicules charnues et rétractiles, dans la forme des antennes, qui sont à demi dentées et dans la figure du corselet.

En effet, les *lampyres* qui appartiennent à la même famille, ont le corselet demi-circulaire, couvrant la tête. Dans les *cyphons* et les *téléphores*, les antennes sont simples, non dentées, et elles sont tout-à-fait en scie ou en peigne dans les *driles*, les *mélyres*, les *omalises* et les *lyques*.

On a rapporté des malachies de toutes les parties du monde. Celles d'Europe sont beaucoup plus connues et en grand nombre. En général, ce sont de petits insectes très-mous, très-actifs, qu'on observe sur les fleurs dans l'état parfait, quoiqu'ils semblent se nourrir d'insectes, de pucerons et autres petites espéces de larves. On ne connoît pas leurs larves. On croit cependant qu'elles se développent dans le bois, car on trouve ces insectes dans un état plus frais, et qui paroît indiquer l'état récent de leur métamorphose, dans les lieux où il y a beaucoup de bois rassemblés ou des troncs d'arbres. Le port de ces insectes est fort remarquable : leur tête est large, souvent plus que le corselet; les yeux sont saillans, arrondis; leurs antennes, rapprochées à la base, sont dirigées en avant, dentelées en dedans, et cependant en soie; le corselet, aussi large que les élytres, est déprimé, rebordé, aussi étendu en longueur qu'en largeur; les élytres sont flexibles, souvent plus courtes que l'abdomen, dont les segmens sont plissés comme dans les téléphores. Nous avons fait représenter l'une des espéces sous le n.º 7 de la planche 9, qui a paru dans la première livraison de l'atlas de ce Dictionnaire.

Les principales espéces du genre Malachie sont les suivantes :

1. Malachie cuivreuse, *Malachius œneus.*

C'est la cicindèle bedeau de Geoffroy, n.º 7, pag. 174, du tom. I.

Caract. Verte, cuivreuse; les élytres sont rouges en dehors, mais leur base et la suture sont du reste de la couleur du corps; la bouche est jaune, ainsi que la base des antennes.

2. Malachie deux pustules, *Malachius bipustulatus.*

C'est celle dont nous avons donné la figure indiquée plus haut, que Geoffroy nommoit cicindèle verte, à points rouges.

Caract. D'un vert cuivreux ; l'extrémité libre des élytres est rouge ; le dessus du ventre, caché par les élytres, est rouge, ce qui devient évident lorsque l'insecte vole. Il y a une variété qui n'a point les taches rouges, qu'Olivier a nommée *malachius viridis*, et qu'il a figurée.

3. Malachie rousse, *Malachius rufus.*

Caract. Verte, cuivreuse, avec la bouche, le tour du corselet et les élytres rouges.

4. Malachie marginelle, *Malachius marginellus.*

C'est la cicindèle verte, à points jaunes, de Geoffroy.

Caract. D'un vert cuivreux, à bords du corselet et à pointes des élytres d'un rouge jaunâtre.

5. Malachie a bandes, *Malachius fasciatus.*

C'est la cicindèle à bandes rouges de Geoffroy, tom. 1, pag. 177, n.° 12.

Caract. Elytres noires avec deux bandes transversales rouges, l'une à la base, l'autre à la pointe.

6. Malachie chevalière, *Malachius equestris.*

Caract. D'un vert cuivreux ; élytres rouges, avec une bande transversale d'un vert cuivreux.

Il y a un très-grand nombre d'autres petites espèces aux environs de Paris. (C. D.)

MALACHITE. (*Min.*) Voyez Cuivre carbonaté malachite, tom. XII, p. 169. (B.)

MALACHODENDRUM. (*Bot.*) Le genre que Mitchell avoit fait sous ce nom, a été réuni par Linnæus à son *stewartia*, qui est placé dans les tiliacées ; mais ayant plus d'affinité avec les malvacées, il a été rétabli par Cavanilles. Voyez ci-après Malachodre. (J.)

MALACHODRE, *Malachodendrum.* (*Bot.*) Genre de plantes dicotylédones, à fleurs complètes, polypétalées, de la famille des *malvacées*, de la *monadelphie polyandrie* de Linnæus, offrant pour caractère essentiel : Un calice simple, à cinq divisions profondes ; cinq pétales ; des étamines nombreuses, réunies à leur base en un seul corps ; un ovaire supérieur, à cinq sillons, surmonté de cinq styles ; cinq capsules rapprochées, bivalves, uniloculaires ; une semence dans chaque loge.

Ce genre, renfermé d'abord dans les *stewartia*, en a été séparé à cause de ses styles au nombre de cinq : il n'en existe qu'un seul dans les *stewartia*, qu'on pourroit cependant, d'après le nombre des capsules, considérer comme cinq styles connivens. Dès lors, la séparation de ces deux genres, fondée sur un caractère minutieux, ne pourroit être conservée.

MALACHODRE OVALE: *Malachodendrum ovatum*, Cavan., *Diss.*, 5, tab. 138, fig. 2; Lamck., *Ill. gen.*, tab. 595; *Stewartia malachodendrum*, Linn.; *Stewartia pentagyna*, Lhérit., *Fasc.*, 6, pag. 155, tab. 74. Arbrisseau fort élégant, remarquable par la beauté et la grandeur de ses fleurs. Il s'élève à la hauteur de six pieds et plus, et se divise en rameaux grisâtres, un peu ferrugineux, garnis de feuilles assez grandes, alternes, pétiolées, ovales, acuminées, dentées en scie, un peu pileuses dans leur jeunesse. Les fleurs sont grandes, odorantes, jaunes ou blanchâtres, solitaires, presque sessiles, axillaires, de trois à quatre pouces de diamètre; leur calice est velu, persistant, à cinq, quelquefois six divisions lancéolées, aiguës; leur corolle offre cinq, six, et même huit pétales ovales, obtus, un peu frangés à leurs bords; les étamines sont une fois plus courtes que la corolle; les anthères presque réniformes, à deux lobes: l'ovaire est velu, en forme de poire; les styles sont de la longueur des étamines; les stigmates globuleux. Le fruit consiste en cinq capsules ovales, acuminées, rapprochées les unes des autres; les semences sont ovales, trièdres.

Cette plante croit dans l'Amérique septentrionale, la Caroline, la Virginie, etc.: on la cultive au Jardin du Roi: elle mérite de l'être comme fleur d'ornement. On la multiplie de marcottes qui ne prennent racine qu'au bout d'un ou de deux ans, ou de graines tirées de son pays natal, et qu'il faut semer sur couche et sous châssis, dans une terre de bruyère, mêlée de terre franche. On peut la tenir en pleine terre, contre un mur exposé au midi; on doit rentrer les pots dans la serre tempérée, quand les arbrisseaux sont jeunes: ils exigent de fréquens arrosemens, excepté pendant l'hiver, dont l'humidité leur est très-nuisible. (POIR.)

MALACHRE, *Malachra*. (*Bot.*) Genre de plantes dicotyledones, à fleurs complètes, polypétalées, de la famille des malvacées, de la *monadelphie polyandrie*, offrant pour caractère essentiel: Un involucre universel, à trois ou à plusieurs folioles; un calice à cinq divisions, entouré d'un second calice à huit ou dix folioles ; cinq pétales ; des étamines nombreuses, réunies en un seul paquet ; un ovaire supérieur ; un style divisé au sommet en dix parties ; cinq capsules monospermes, placées autour d'un réceptacle central.

MALACHRE EN TÊTE : *Malachra capitata.* Linn. ; Lamck., *Ill. gen.*, tab. 581, fig. 1 ; Cavan., *Diss.*, 2, tab. 33, fig. 1, et *Var.*, fig. 2. Cette plante est couverte, sur toutes ses parties, de poils en étoile, un peu roides. Sa tige est herbacée, épaisse, un peu rameuse, haute d'environ deux pieds, garnie de feuilles alternes, pétiolées, presque orbiculaires, à cinq angles, longues d'environ trois pouces, munies de stipules presque subulées ; les fleurs sont jaunes, sessiles, réunies sur des pédoncules axillaires, solitaires ou géminées, entourées d'un involucre à trois folioles subulées et pileuses ; le calice propre a cinq divisions aiguës ; la corolle est au moins une fois aussi longue que le calice ; les stigmates sont velus et globuleux ; les fruits orbiculaires, à cinq petites capsules triangulaires, monospermes. Cette plante croît aux lieux humides et marécageux dans les Antilles ; on la cultive au Jardin du Roi.

MALACHRE RAYONNÉE : *Malachra radiata*, Cavan., *Diss.*, 2, tab. 33, fig. 3 ; Lamck., *Ill. gen.*, tab. 581, fig. 2. Sa racine est fusiforme ; sa tige haute de six pieds, couverte, ainsi que toutes les autres parties de la plante, de poils piquans et roussâtres ; les feuilles sont palmées, à cinq lobes incisés et dentés ; les pédoncules axillaires, supportant des fleurs entourées d'un involucre à cinq ou six folioles dentées, inégales, presque à trois lobes ; le calice a ses divisions ovales, aiguës ; la corolle est purpurine, à pétales arrondis, un peu crénelés ; le fruit orbiculaire ; les semences sont noirâtres. Cette plante croit à Saint-Domingue, dans les lieux marécageux.

MALACHRE A FEUILLES D'ALCÉE ; *Malachra alceæfolia*, Jacq., *Icon. rar.*, vol. 2, et *Collect.*, 2, pag. 350. Cette espèce, originaire de l'Amérique méridionale, répand une odeur de concombre. Sa tige est herbacée, haute de six pieds, parsemée de poils roides et blanchâtres ; ses feuilles sont grandes, assez semblables à celles du figuier, à cinq lobes inégaux, en cœur à leur base ; ses pédoncules axillaires, solitaires ou géminés, plus courts que les pétioles ; ses fleurs jaunes, presque sessiles, à folioles de l'involucre commun ovales, en cœur, les extérieures à trois lobes ; la corolle est jaune ; les pétales sont obtus ; le tube des étamines est velu à sa base.

Malachre rayée; *Malachra fasciata*, Jacq., *Icon. rar.*, vol. 2, et *Collect.*, vol. 2, pag. 552. Ses tiges sont hautes de six pieds, hérissées de poils roides, piquans, marquées de raies vertes ; les feuilles inférieures arrondies, à cinq lobes courts, obtus ; les supérieures ovales, trilobées ; les stipules sétacées; les involucres trifides ; la corolle est couleur de rose en dehors, striée de pourpre, un peu velue, plus pâle en dedans ; les fruits sont glabres, grisâtres, composés de cinq capsules. Cette plante croit aux environs de Caracas, dans l'Amérique méridionale.

Malachre a trois lobes : *Malachra triloba*, Poir., Encycl. Suppl. ; Desf., Catal. Ses tiges sont cannelées, droites, herbacées, hérissées de poils roides, garnies de feuilles presque rondes, les unes entières, d'autres partagées en trois lobes, un peu rudes au toucher, à crénelures courtes, obtuses; ses pédoncules pileux, axillaires, plus longs que les pétioles, soutenant deux ou trois fleurs entourées d'un involucre commun, à trois folioles concaves, presque glabres, un peu crénelées ; le calice est petit, pileux, campanulé, à cinq lobes courts, obtus, entourés de folioles subulées et velues; la corolle petite, blanchâtre. Cette plante est cultivée au Jardin du Roi.

Malachre ciliée : *Malachra ciliata*, Poir., Encycl. Suppl. Espèce découverte par Riedlé, à Porto-Ricco. Ses tiges sont pubescentes, un peu tétragones, garnies de feuilles minces, glabres, entières, ovales, longues de deux ou trois pouces, à crénelures inégales ; les inférieures à trois lobes peu marqués : les supérieures pileuses : les pétioles sont pubescens, les fleurs axillaires, presque sessiles, réunies dans un involucre à trois grandes folioles rayées, élargies, munies à leurs bords, ainsi que le calice extérieur, de longs cils roides, nombreux, un peu jaunâtres; la corolle est blanchâtre, petite, obtuse; les capsules sont petites, brunes, coniques. (Poir.)

MALACOCISSUS. (*Bot.*) Nom ancien donné à des plantes différentes. Daléchamps l'appliquoit au lierre terrestre, *glecoma*, ainsi qu'au souci de marais, *caltha*, qu'il nomme *malacocissus major*. La petite éclaire, *ficaria*, est le *malacocissus minor* de Fusch. Suivant C. Bauhin, le *malacocissus Damocratis* est, d'après l'interprétation de Gesner, le taminier, *tamnus*, d'après celle d'Anguillara, le grand liseron, *convolvulus sepium.* (J.)

MALACODERMES (*Entom.*), nom indiqué, puis abandonné par M. Latreille, qui s'en étoit servi pour désigner une famille qui correspond à celle que nous avons nommée des coléoptères *apalytres*, qui signifie la même chose; élytres molles. (C. D.)

MALACOIDES. (*Bot.*) Le genre de malvacée, ainsi nommé par Tournefort et par Adanson, est maintenant le *malope* de Linnæus. (J.)

MALACOLITHE (*Min.*) d'Abildgaard, *sahlite* de Dandrada. Ce minéral est regardé par M. Haüy et par son école comme une variété de Pyroxène. Voyez ce mot, où la valeur de ce rapprochement sera discutée. (B.)

MALACOPTÉRYGIENS, *Malacopterygii.* (*Ichthyol.*) Rai et Artédi, les premiers, ont eu l'idée de tirer les caractères primitifs de classification des poissons à squelette osseux, de la nature des premiers rayons des nageoires dorsale et anale, et de partager ces animaux en malacoptérygiens, dont tous les rayons sont mous, excepté quelquefois le premier de la dorsale et des pectorales, et en acanthoptérygiens, qui ont toujours la première portion de la dorsale, ou la première dorsale, quand il y en a deux, soutenues par des rayons épineux, et où l'anale en a aussi quelques uns, tandis que les catopes en offrent au moins chacun un.

M. Cuvier, qui admet cette division fondamentale, partage, d'après la position ou l'absence des catopes, les poissons malacoptérygiens en trois ordres qui sont les *abdominaux*, les *subbrachiens* et les *apodes*, suivant que les catopes sont placés en arrière de l'abdomen ou sous les os de l'épaule, ou qu'ils manquent tout-à-fait.

Chacun de ces ordres comprend quelques familles naturelles; le premier surtout est fort nombreux, et renferme la plupart des poissons d'eau douce. Voyez Ichthyologie et Poissons. (H. C.)

MALA COSTRACA, ou MALA COSTRACITE. (*Foss.*) Luid a donné ces noms aux empreintes d'écrevisses ou de serres d'écrevisses fossiles. Luid, Lithop. Brit., page 61. (D. F.)

MALACOSTRACÉS, *Malacostraca.* (*Crust.*) Le nom de μαλακοςρακος (*molli crustâ obtectus*) étoit donné par les Grecs, dès les temps d'Hippocrate, d'Aristote et d'Athénée, aux animaux marins dépourvus de sang, dont l'enveloppe extérieure beaucoup moins solide que le têt des mollusques à coquille, l'est bien davantage que la peau des mollusques nus. Chez les Romains, cette désignation fut remplacée par celles de *Crustata* et de *Crustacea*, d'où nous avons tiré le mot CRUSTACÉS, que nous employons pour désigner une classe d'animaux invertébrés, articulés, pourvus de membres ambulatoires ou natatoires, ayant des organes de circulation distincts, et respirant par des branchies ; animaux dont on peut citer comme exemples principaux, les crabes, les écrevisses, les pagures, les crevettes, les squilles, les cloportes marins ou terrestres, et une foule de petits êtres découverts et observés depuis l'invention du microscope, et qui ont été appelés monocles ou binocles.

Quoique le nom de *crustacés* soit devenu d'un usage général, on peut considérer celui de *malacostracés* comme en étant le synonyme, bien que plusieurs auteurs récens se soient servis de ce dernier pour indiquer une seule partie de la classe dans laquelle ils comprennent les êtres dont il s'agit, et qu'ils aient réservé celui d'*entomostracés* pour l'autre partie.

Chargé depuis assez peu de temps de décrire les CRUSTACÉS dans ce Dictionnaire, je me suis trouvé particulièrement engagé à adopter l'emploi du mot *malacostracés*, par les motifs suivans :

1.º Je devois rédiger un grand article d'ensemble, dans lequel tous les caractères importans des animaux de cette classe, les différens détails de leur organisation et les particularités de leurs diverses fonctions fussent exposés avec quelques développemens : mais le mot *crustacés*, où ces documens auroient dû naturellement se trouver, étant déjà publié par M. le docteur Elfort Leach, et ne renfermant qu'un tableau à peine ébauché des différentes méthodes de classification proposées pour ces animaux, il devenoit nécessaire que je cherchasse un nom d'une acception très-générale pour rattacher tout ce qui restoit d'important à faire connoître sous les autres rapports : or, le mot *malacostracés* étoit le seul qui pût remplir cette vue.

2.º Le Dictionnaire présentoit entre la lettre G et la lettre M, dans les volumes mis au jour depuis le commencement de la maladie dont M. Leach est encore malheureusement atteint, des lacunes très-nombreuses; car la plupart des genres de crustacés qui devoient y prendre rang n'avoient pas été traités: l'article *malacostracés*, ce nom étant pris dans son acception la plus étendue, me fournissoit encore le moyen de remédier à cette imperfection, en y insérant le cadre général de la méthode que M. Leach a publiée dans les Transactions de la Société Linnéenne de Londres, en passant en revue la série complète des genres qu'il a admis, en décrivant ceux qu'il n'a pu décrire, et en renvoyant aux articles qu'il a rédigés.

Selon le plan adopté par le plus grand nombre des auteurs de ce Dictionnaire, les différens genres auroient dû être traités séparément et placés dans l'ordre alphabétique; mais M. Leach a préféré de donner l'histoire de chaque famille à part, en y rapportant les caractères des genres et des principales espèces qu'il y comprenoit. Dans un seul article, il a indiqué très-rapidement les principaux traits des entomostracés, et dans deux autres il a longuement développé ceux des crustacés des familles qu'il nomme galatéadées et cymothoadées.

Comme il n'a fait connoître nulle part le nombre et les caractères des groupes qu'il se proposoit d'admettre dans le travail qu'il destinoit à cet ouvrage, il m'a été interdit d'adopter sa division par familles pour en faire autant d'articles séparés; d'ailleurs les noms de beaucoup d'entre elles se trouvoient passés, et il devenoit impossible de les rattacher à leurs lettres respectives.

D'un autre côté, ayant adopté pour les genres qui auroient dû être disséminés dans les premiers volumes de cet ouvrage, le parti de les réunir en masse dans l'article Malacostracés, j'ai craint d'introduire une disparate trop forte, en plaçant dans leur ordre alphabétique ceux qui devoient entrer dans les derniers volumes; j'ai, en conséquence, décrit sous ce nom commun tous les genres de crustacés, sans exception, dont M. Leach n'a point fait mention.

J'ai suivi la méthode de ce zoologiste, non qu'elle me parût la meilleure et la plus naturelle, mais uniquement parce qu'elle étoit déjà employée dans cet ouvrage. Mon but a été d'éviter la confusion qui pouvoit résulter de l'introduction, pour les articles qui restoient à publier, d'une classification différente de celle qui avoit servi pour les articles déjà faits.

Si dès l'origine j'eusse été chargé de ce travail, il n'est pas douteux que je ne me fusse attaché à suivre la méthode créée par M. Latreille (dans le 3.ᵉ volume du Règne Animal de M. Cuvier), laquelle est à la fois très-naturelle et très-comparative, et n'admet qu'un nombre convenable de divisions, de subdivisions et de genres; mais en renonçant à son emploi par les motifs que j'ai fait connoître ci-dessus, je me suis réservé d'en donner un tableau très-détaillé, dans lequel je mettrai en concordance le système de M. Leach; de façon que ce tableau pourra servir, dans la détermination, à conduire aux genres du naturaliste anglois, par des embranchemens plus faciles à saisir que ceux qu'il a indiqués lui-même.

Quelques entomostracés sur lesquels M. Duméril avoit composé plusieurs articles, ayant été depuis leur publication dans le Dictionnaire l'objet de travaux spéciaux très-étendus qui les ont mieux fait connoître, j'ai dû revenir sur leurs descriptions pour donner une idée exacte de l'état présent de la science à leur égard.

Il résulte de ce que je viens d'exposer, que l'article *malacostracés*, qui auroit dû être borné aux quinze premières lignes qui le commencent, sera très-volumineux, puisqu'il renfermera à peu près tout ce qui devroit être répandu sur l'histoire des crustacés dans près de deux cents articles isolés. Cependant il occupera moins de place que n'en prendroit la totalité de ces articles, parce que son mode de rédaction permettra de ne pas répéter les caractères communs aux genres les plus voisins, et de n'indiquer le plus souvent que les différences qui existent entre eux.

Du rang que les crustacés paroissent devoir occuper dans l'échelle des êtres.

Les Grecs, les Latins et les premiers naturalistes modernes rangeoient les crustacés entre les poissons et les mollusques. et Linnæus les plaçoit avec les insectes aptères, parmi lesquels il comprenoit aussi les araignées. Brisson, le premier, en avoit formé une classe distincte. Fabricius, M. Latreille. dans son premier ouvrage (Précis des Caractères génériques des Insectes), et M. Cuvier (dans son Tableau élémentaire de l'Histoire naturelle) réunissoient encore les insectes aux crustacés; mais M. de Lamarck, dans la première édition de ses Animaux sans vertèbres, adopta la division créée par Brisson, et forma de plus la classe des arachnides. Depuis cette époque, celle des crustacés a été admise par tous les zoologistes.

Lorsque M. Cuvier (Annales du Muséum) publia sa division du règne animal en quatre embranchemens, il plaça les crustacés dans le troisième, celui des animaux articulés qui comprend aussi, avant eux, les annélides, et après eux, les arachnides et les insectes.

Mais M. de Blainville, revenant aux idées des anciens sur le rang que doivent occuper les crustacés, a proposé assez récemment de les faire suivre par les mollusques et les vers, en les plaçant après les insectes et les arachnides qui eux-mêmes suivent les poissons.

Les crustacés, considérés sous les divers rapports que présente leur organisation, doivent incontestablement occuper un rang très-élevé parmi les animaux invertébrés et pourvus de membres articulés. On ne peut les éloigner des arachnides et des insectes, dont le corps est symétrique comme le leur, et entouré d'une peau cornée, solide et résistante, qui remplit les fonctions du squelette des animaux des classes supérieures; dont les membres sont, comme les leurs, composés de plusieurs pièces distinctes ; dont les yeux sont toujours apparens ; dont la génération est bisexuelle, etc.

Ils sont plus distans des animaux de la classe des annélides de M. de Lamarck, dont le corps est dépourvu de véritables membres, dont les yeux manquent ordinairement, et dont la génération est souvent hermaphrodite. Ceux-ci inférieurs également aux arachnides et aux insectes, paroissent avoir des rapports bien plus marqués avec les vers, soit intestinaux, soit épizoaires, que l'on a nommés cavitaires.

Relativement aux mollusques, les crustacés semblent devoir prendre place après certains d'entre eux, tels que les céphalopodes, tandis qu'ils sont supérieurs aux autres. tels que les gastéropodes, et surtout que les acéphales, qui par certaines nuances présentent des passages évidens aux animaux composés des dernières classes. Néanmoins. les mollusques des différens ordres ayant entre eux des rapports bien constatés, on ne pourroit couper leur série en deux parties, pour intercaler entre elles les animaux articulés, et conséquemment les crustacés. Il faut donc se résoudre, ou à transporter, après ces derniers, la classe entière des mollusques, comme le faisoient les anciens naturalistes, ou à laisser cette classe en avant de la leur, ainsi que les zoologistes les plus récens l'ont admis. Ce dernier parti est celui pour lequel nous penchons d'après la considération des rapports qui lient, ainsi que M. Latreille l'a démontré dans un Mémoire lu dernièrement à la Société d'Histoire naturelle de Paris, les poissons aux mollusques céphalopodes.

Quelque peine que l'on prenne d'ailleurs, il sera toujours impossible de placer les crustacés, de manière à ne blesser aucune de leurs affinités avec les animaux des autres classes : cela ne seroit praticable que si les êtres de la nature formoient, comme on l'a prétendu long-temps, une seule chaine sans interruptions ou embranchemens, et non, ainsi qu'on le reconnoit aujourd'hui, différens groupes qui se lient tous les uns avec les autres par des rameaux lateraux plus ou moins compliqués, de façon à composer par leur ensemble une sorte de réseau ou de lacis.

Il existe en effet, entre la classe des crustacés et les autres, surtout celles des insectes et des arachnides, des transitions plus ou moins marquées, et ce sont particulièrement les genres des familles des cloportides, des asellotes, des myriapodes (scolopendre et iule) et des pycnogonides (*pycnogonum* et *nymphon*), qui forment ces passages. Ces genres ont été alternativement placés par les différens auteurs dans l'une ou l'autre de ces classes d'animaux invertébrés. Ils forment leurs véritables points de contact.

Néanmoins ces classes sont fort distinctes, et nous croyons utile de donner ici leurs caractères comparatifs.

Les Insectes respirent par des trachées aériennes internes, dont les issues nommées *stigmates* sont toujours placées sur les côtés du corps dans les individus parfaits : leur système circulatoire consiste dans un canal dorsal divisé en un certain nombre de renflemens, et qui ne communique avec aucun vaisseau connu : leurs membres destinés à la marche ou à la natation sont (la famille des myriapodes exceptée, si on la place parmi les insectes) au nombre de six : la plupart d'entre eux sont pourvus de deux ou de quatre ailes ; leur tête, toujours distincte du tronc, a constamment deux yeux composés, sessiles et quelquefois deux ou trois petits yeux lisses et toujours deux antennes ; leurs organes extérieurs de la génération sont simples et ordinairement placés à l'extrémité du corps ; le plus grand nombre d'entre eux (les aptères exceptés) subissent des métamorphoses plus ou moins complètes.

Les Arachnides ont pour organes respiratoires, ou des trachées, ou des cavités qui tiennent lieu de poumons, dont les ouvertures ou stigmates sont situés sous le ventre ; leur cœur est placé près du dos et pourvu de vaisseaux évidens ; le nombre de leurs pieds est généralement de huit (quelquefois de six) ; aucune n'a d'ailes ; leur tête est confondue avec le tronc ; leurs yeux toujours simples et variant pour le nombre et la situation, sont quelquefois imperceptibles ou nuls ; leur tête n'a point d'antennes ; les organes de la génération sont tantôt simples, tantôt doubles, et dans ce dernier cas ceux des mâles sont placés dans les palpes et ceux des femelles à la base du ventre ; elles ne subissent pas de métamorphoses, etc.

Les Crustacés, outre leurs caractères communs aux deux autres classes voisines, qui consistent à être des *animaux sans vertèbres et à sang blanc ; ayant le corps divisé en segmens plus ou moins nombreux, revétu d'une enveloppe crustacée ou cornée, muni de membres articulés*, présentent encore les suivans : *respirant par des branchies ou par des lames branchiales ordinairement annexées à leurs pieds ou à leurs mâchoires ; ayant un cœur distinct, pourvu de vaisseaux apparens ; munis de pieds dont le nombre est le plus souvent de cinq ou de sept paires, et n'ayant jamais d'ailes ; leur tète étant tantôt confondue avec le tronc, tantôt distincte, portant ordinairement quatre ou deux antennes et deux yeux souvent pédonculés, mobiles et composés ; ayant des organes de génération doubles, placés tantôt à la base des pattes, tantôt à l'extrémité du corps.*

Comme tous les animaux invertébrés mâcheurs, ils ont leurs mandibules et leurs mâchoires placées sur les côtés de la tête, et se mouvant latéralement. Ces dernières pièces étant en nombre plus ou moins grand, se modifient quelquefois dans leurs formes et leurs dimensions, de façon à ressembler à des pieds et à en remplir les fonctions. Leurs pieds sont ambulatoires ou natatoires, la plupart d'entre eux vivant dans les eaux, ou au voisinage des eaux.

De la forme générale et de la structure des crustacés.

Le corps de tous les insectes (celui des myriapodes excepté) est constamment divisé en trois parties bien apparentes, la tête, le thorax ou corselet, et l'abdomen. Il n'en est pas ainsi dans les crustacés.

Le plus souvent la tête de ces animaux n'est pas distincte, et l'on ne reconnoît sa position que par l'existence des antennes, des yeux et de l'ouverture de la bouche; elle se trouve intimement confondue avec la partie la plus considérable du corps, celle qui renferme les principaux viscères, qui donne attache aux pattes, et qui par ces fonctions a de l'analogie avec le corselet des insectes : la partie postérieure de ce corps, divisée en anneaux ou segmens complétement isolés, vient à la suite, ne renferme que l'extrémité postérieure du canal intestinal, et ne porte point de vrais pieds. Telle est l'organisation des crabes et des écrevisses, ou, pour parler plus généralement, celle des crustacés décapodes brachyures, et macroures.

Dans d'autres crustacés, la tête est bien détachée, mais il n'y a pas de thorax, et le corps se trouve dans toute son étendue partagé en segmens ou anneaux assez semblables entre eux, dont le nombre qui n'est jamais moindre de douze, est quelquefois beaucoup plus considérable. C'est ce qu'on observe chez les squilles, les aselles, les branchipes, etc.

Chez quelques crustacés voisins des squilles, la tête est distincte; mais les premiers anneaux du corps sont réunis en dessus de façon à former sur le commencement de celui-ci un bouclier peu étendu.

Dans quelques autres (les limules), la division du corps en segmens n'est apparente qu'en dessous, tandis qu'en dessus la tête présente un vaste bouclier, et que le tronc et l'abdomen se trouvent confondus et couverts par une seconde grande plaque que termine un long appendice ensiforme.

Enfin, dans certains animaux de cette classe, tels que les cypris, les daphnies, etc., la tête est plus ou moins distincte, et le corps, qui n'est point divisé nettement en tronc et en abdomen, ne laisse voir aucune trace de segmens, et se trouve compris dans un têt bivalve, formé par une expansion endurcie de la peau du dos.

Dans plusieurs cas on observe que les anneaux du corps sont composés de quatre pièces distinctes, une supérieure, une inférieure et deux latérales. Souvent les six premiers anneaux n'ont qu'une pièce supérieure commune à tous, laquelle est très-vaste, lie toutes les autres, devient en quelque sorte la clef de la voûte qu'elles forment, protége les viscères placés sous cette voûte, et prend le nom de têt ou de *carapace*.

La Tête, lorsqu'elle est distincte, ou la partie antérieure du tronc lorsqu'elle est confondue avec lui, présente diverses parties dont l'existence est ordinairement constante, savoir, les antennes, les yeux et la bouche.

Les Antennes sont des appendices composés d'articulations plus ou moins nombreuses, placés à la partie antérieure de la tête, mobiles, et n'ayant aucun rapport avec les parties de la bouche.

Elles sont au nombre de quatre dans le plus grand nombre des crustacés, tels que les crabes, les écrevisses, les cloportes, etc. Mais on n'en trouve que deux dans certains genres, et même elles manquent tout-à-fait dans plusieurs, tels que ceux des limules, des bopyres, etc.

Lorsqu'il en existe quatre, elles sont situées, ou sur une même ligne horizontale, ou par paires, les unes au-dessus des autres: on les distingue, selon leur position relative, en antennes supérieures et inférieures, en antennes mitoyennes ou intermédiaires, et en antennes extérieures ou latérales. Ces dernières sont insérées, tantôt en dehors, tantôt en dedans des yeux, et quelquefois en dessous. Les intermédiaires sont placées chez les crustacés brachyures, dans deux petites fossettes creusées à la partie antérieure et inférieure du têt.

Leur forme générale est celle d'une soie, c'est-à-dire qu'elles sont longuement coniques, ou qu'elles diminuent insensiblement de grosseur depuis leur base qui est ronde jusqu'à leur extrémité. Elles sont composées de petits cylindres creux de matière cornée-calcaire, ou d'articles surajoutés les uns aux autres, et dont la cavité renferme des muscles, des nerfs, et sans doute des ramifications du système circulatoire.

Chaque antenne a son pédoncule et son filet. Le pédoncule

est formé des trois ou quatre premiers articles beaucoup plus gros que les autres, variant dans leur forme et leur longueur, donnant souvent attache à des feuilles appendiculaires en forme d'écailles dentelées, etc. Le filet est simple, double ou triple, et se compose d'un nombre variable, mais souvent d'une multitude de petits articles qui diminuent progressivement de grandeur depuis la base jusqu'à l'extrême pointe. Les antennes extérieures ont toujours leur filet simple, et les intermédiaires au contraire l'ont souvent double ou triple. Quelquefois néanmoins ils sont tous simples et très-petits.

Les antennes prennent dans certains genres des formes anomales qui les assimilent à des organes de locomotion, ainsi que cela se voit dans les daphnies, les lyncées et les polyphèmes. D'autres fois leur pédoncule seul subsiste et se transforme en lames très-larges et crénelées sur leurs bords, comme on le remarque dans les antennes extérieures des scyllares. Elles sont ordinairement glabres, mais quelquefois leurs articles sont pourvus de cils ou de petits poils, tantôt disposés irrégulièrement, comme dans les maias, les inachus, etc., tantôt rangés sur deux lignes longitudinales opposées, ainsi qu'on l'observe dans les corystes, les thia, etc. Quelquefois aussi les soies sont terminales, et forment une sorte de houppe à leur extrémité (cypris. cythérées). Leur pédoncule est rarement épineux.

La base des antennes extérieures des crustacés pourvus de dix pieds, tels que les écrevisses et les crabes, présente un petit corps arrondi, ou presque triangulaire, pierreux dans ceux à queue courte, un peu membraneux dans ceux à queue longue, qui ferme l'issue extérieure d'une cavité traversant de part en part le têt ou l'écaille de ces animaux, et qu'on a reconnu être l'organe de l'ouïe. Baster dit avoir observé sur les antennes du homard une suite de petits trous dont on ignore l'usage.

Les dimensions des antennes sont très-variables: tantôt elles sont toutes courtes, mais les intermédiaires surtout, comme on le voit chez les crustacés décapodes brachyures; tantôt elles sont toutes très-longues, mais les extérieures surtout, telles que celles des crustacés décapodes macroures, et même les externes prennent quelquefois un énorme déve-

loppement, ainsi qu'on le remarque dans le genre des langoustes.

Les Yeux sont ordinairement au nombre de deux, plus ou
moins distans l'un de l'autre; mais dans quelques crustacés
(les cyames) on en trouve quatre. Dans beaucoup d'entomostracés, ils se touchent, ou bien il n'y en a réellement
qu'un seul. Dans le bopyre femelle et quelques animaux voisins des caliges, on ne les aperçoit pas.

Lorsqu'ils existent, ils sont situés ordinairement à l'avant
de la tête, mais quelquefois ils sont latéraux, et dans certains genres (Limule, Apus), ils sont tout-à-fait placés en dessus du têt.

Le plus souvent ils sont extérieurs; mais, dans quelques entomostracés à coquille et à corps très-transparens, ils sont
placés au milieu même de la partie qu'on peut considérer
comme la tête, laquelle est située elle-même entre les valves
du têt.

On les distingue en yeux composés et yeux simples. Les
premiers présentent à leur surface des facettes nombreuses
ou des globules transparens, qui paroissent indiquer l'existence d'autant d'yeux particuliers; les autres sont lisses. Les
yeux composés existent seuls dans les crustacés décapodes,
brachyures et macroures, dans les stomapodes, dans la plupart des crustacés à yeux sessiles et des entomostracés. Ce n'est
que dans ces deux dernières divisions que quelques genres
offrent des yeux lisses, tantôt au nombre de deux, conjointement avec les yeux composés, comme dans les cyames; tantôt au nombre de trois conjointement aussi avec les yeux à
facettes, comme dans les limules; d'autres fois, comme chez
les apus, ils existent seuls, et l'on en compte deux gros et un
petit: enfin, chez d'autres entomostracés, les branchipes, les
deux yeux lisses n'existent que dans la jeunesse de l'animal,
et ils sont remplacés plus tard par des yeux composés.

Les yeux lisses sont toujours sessiles; les yeux composés au
contraire sont souvent pédonculés et mobiles, et ce caractère
est totalement particulier à la classe des crustacés. Le pédoncule de ces yeux est ordinairement formé d'une seule pièce
cylindrique, et rarement de deux. Une fossette quelquefois très-profonde, placée plus ou moins en avant et plus ou

moins près de sa correspondante, loge ce pédoncule, qui est tantôt court et plus gros que l'œil proprement dit qu'il supporte, quelquefois long ou très-long, et plus petit que le diamètre de ce même œil. Dans quelques genres de brachyures, les pédoncules des yeux, très-longs, sont insérés aux côtés d'une avance du milieu du bord antérieur du têt, et placés dans une rainure qui suit transversalement ce bord ; c'est ce qui a lieu particulièrement dans les genres Gonoplace, Gélasime et Podophthalme. Ces mêmes pédoncules dépassent quelquefois les yeux qui alors semblent annexés à l'une de leurs faces, et se terminent, soit en pointe, soit par une touffe de cils ou de poils.

Les branchipes ont des yeux pédonculés, mais non placés dans une fossette particulière.

La forme des yeux composés pédonculés est généralement globuleuse et un peu irrégulière ; celle des yeux composés sessiles est légèrement convexe, ordinairement ronde, mais quelquefois échancrée en croissant. Les yeux lisses sont ronds et ovales, médiocrement saillans. Les premiers sont de couleur brune, verte ou bleue, et les derniers sont noirs ou bruns.

La Bouche des crustacés est toujours située à la partie antérieure et inférieure de la tête, ou de la région du corps qui la remplace. Les parties principales qui la forment, destinées le plus souvent à broyer et déchirer les corps dont ces animaux se nourrissent, sont en nombre pair, et placées latéralement comme celles qui composent la bouche des insectes mâcheurs. Quelquefois néanmoins ces parties réunies à d'autres qu'on peut appeler des lèvres, sont modifiées de façon à former une sorte de bec ou de suçoir, dont l'usage est de pomper les liquides dont l'animal qui en est pourvu se nourrit.

Dans les crustacés ordinaires ou malacostracés, les parties de la bouche présentent des variations assez fréquentes quant à leurs dimensions et à leurs formes, de telle façon que les plus extérieures d'entre elles sont quelquefois semblables à des pattes, et qu'elles en remplissent les fonctions. Dans les entomostracés, ces pièces moins nombreuses offrent aussi des modifications telles qu'il est presque impossible de les décrire d'une manière générale.

Cette irrégularité nous engage à donner ici quelques détails sur la composition de la bouche des différens ordres de la classe des crustacés.

En général les pièces qui la forment sont attachées sur les bords d'une échancrure que le têt présente en dessous, laquelle a reçu le nom d'*ouverture buccale*, et affecte tantôt la figure d'un quadrilatère régulier, tantôt celle d'un trapèze ou d'un triangle. Cette ouverture n'est distincte que dans les espèces qui sont pourvues d'un têt calcaire plus ou moins solide.

Les crustacés à dix pieds et à courte queue, tels que les crabes, sont pourvus, 1.° d'une lèvre supérieure transversale, articulée, avec le bord antérieur de l'ouverture buccale; 2.° d'une paire de mandibules ou pièces latérales épaisses, solides, comprimées et tranchantes intérieurement, portant sur leur dos et près de leur point d'articulation, un appendice ou palpe formé de trois articles; ces mandibules étant placées antérieurement et en dessous de toutes les autres pièces paires; 3.° d'une langue mince, lamelleuse et bifide, placée contre la base postérieure des mandibules; 4.° d'une première paire de mâchoires, membraneuses, lobées profondément et ciliées sur leurs bords, sans palpes, appliquées sur la face inférieure des mandibules; étant en général très-semblables aux mâchoires les plus communes dans les insectes hexapodes; 5.° d'une seconde paire de mâchoires sans palpes, appliquée sur la première, également membraneuse, découpée et ciliée; 6.° d'une troisième paire de mâchoires membraneuses (première paire de mâchoires auxiliaires, Savigny; pieds-mâchoires internes, Nob.), pourvues en dehors d'un palpe (palpe flagelliforme, Fabricius), formé d'un long pédoncule qui porte à son extrémité une petite tige arquée, sétacée et multiarticulée; 7.° d'une quatrième paire de mâchoires (seconde paire de mâchoires auxiliaires, Savigny; pieds-mâchoires intermédiaires, Nob.), formées d'une tige assez étroite, comprimée, non membraneuse, divisée comme les pieds en six articles, et d'un palpe extérieur flagelliforme, analogue à celui des mâchoires précédentes, mais plus distinct; 8.° d'une dernière paire de pièces (mâchoires extérieures, Fabr.; pieds-mâchoires extérieurs, Latr.; pédipalpes, Leach), composées, comme les précédentes, de deux parties ou tiges; l'intérieure crustacée, comprimée, est divisée en six articles dont le second et le troisième sont beaucoup plus grands que les autres, et les derniers petits; l'extérieure est en forme de palpe semblable à ceux des deux paires de mâchoires qui sont situées avant celles-ci. (Voyez pl. 2.)

M. Savigny regarde ces trois paires de mâchoires extérieures comme n'étant que des pieds modifiés de façon à servir à la manducation, et il se fonde sur ce que le palpe dont elles sont pourvues est analogue aux filets qu'on remarque dans les pattes antérieures de plusieurs entomostracés; sur ce que les deux extérieures sont articulées comme les pattes proprement dites, et composées en général du même nombre de pièces; sur ce qu'à leur base elles servent de point d'attache à des branchies comme les pattes ordinaires, etc. Selon cet habile naturaliste, tous les crustacés véritables auroient seize pattes et ne différeroient entre eux que par le nombre de ces pattes qui se trouveroient converties en mâchoires auxiliaires. Il y en auroit six dans les crabes et les autres crustacés décapodes; il y en auroit deux seulement dans les cloportes, les aselles, les bopyres, les crevettes, les branchipes, etc. D'après cela il résulteroit que pour connoître le nombre des mâchoires d'un crustacé, il suffiroit de compter ses pattes.

Dans les crabes, les pieds-mâchoires extérieurs ou troisièmes mâchoires auxiliaires de M. Savigny sont toujours très-apparens. Ils ferment la bouche en dessous, et couvrent tout l'espace compris par la cavité buccale. La seconde pièce de leur tige interne, la plus grande de toutes, s'applique assez ordinairement par son bord intérieur, contre le bord correspondant de la même pièce dans le pied-mâchoire opposé; mais quelquefois ces pièces sont écartées et laissent un intervalle triangulaire entre elles. La troisième pièce est plus petite, et de forme tantôt carrée, tantôt triangulaire, trapézoïdale ou oblongue, et sa pointe ou son bord interne présentent une échancrure pour l'articulation du quatrième article, qui lui-même donne attache aux deux derniers.

Le second, et surtout le troisième article des pieds-mâchoires extérieurs, sont ceux qui offrent le plus de modifications dans leurs formes, et qui servent le plus ordinairement pour caractériser les genres de crustacés décapodes brachyures,

Tous les auteurs nomment premier article celui que, d'après M. Savigny, nous considérons comme le second; et second celui que nous appelons le troisième. Cette différence dans la manière de compter ces articles vient de ce que le premier, ou celui qui est à la base de la division interne des pieds-mâchoires extérieurs étant fort petit et souvent soudé avec le second, a échappé à l'attention des premiers observateurs.

Dans les décapodes à longue queue, ou les écrevisses, les mandibules et les deux vraies paires de mâchoires membraneuses et lobées, diffèrent assez peu des mêmes parties dans les crabes; mais les pieds-mâchoires, et surtout ceux de la paire extérieure, sont alongés, prismatiques, forts; les derniers articles en sont presque aussi gros que le second et le troisième, et ces pièces ont une analogie incontestable avec les pieds ambulatoires.

Dans les pasiphaés et les mysis, ils servent visiblement à la locomotion.

Les squilles de l'ordre des stomapodes, crustacés très-anomaux dans leur organisation, sont pourvus d'une grande lèvre supérieure conique; de deux très-fortes mandibules dentées et palpigères; d'une languette formée de deux pièces comprimées, placées une de chaque côté et faisant l'office de mâchoires; d'une première paire de mâchoires membraneuses, composées de deux pièces et portant en dehors un petit appendice palpiforme; d'une seconde paire de mâchoires foliacées, triangulaires, formées de quatre pièces et recouvrant comme une lèvre, mais longitudinalement, toutes les parties de la bouche dont il vient d'être fait mention. Ensuite viennent huit paires d'appendices ou de membres auxquels il est difficile d'assigner des noms précis, et dont cinq entourent la bouche. M. Savigny considère néanmoins comme mâchoires auxiliaires les deux premiers de ces appendices qui sont grêles et sans palpes, et il regarde comme étant des pattes, les quatorze autres, dont les deux antérieurs très-grands sont en forme de serre ou de pince à genou, très-analogues aux deux pattes antérieures des insectes orthoptères connus sous le nom de mantes.

Les crustacés à yeux sessiles, amphipodes et isopodes en général, ont en outre de leur lèvre supérieure, de leurs mandibules palpigères, de leur langue cartilagineuse bifide et de leurs deux paires de mâchoires à deux lames et sans palpes, une lèvre inférieure qui résulte de la réunion de deux pieds-mâchoires ou mâchoires auxiliaires. Au-delà existent quatorze pattes proprement dites. Les bopyres ont une bouche dont les parties principales sont indistinctes, mais dont l'orifice est recouvert par deux pièces antérieures, membraneuses, un peu convexes, en dessous desquelles sont deux appendices, mous, comprimés, placés de chaque côté, comme le sont les mâchoires dans les autres crustacés. Les cyames ont les mêmes parties qui composent la bouche des amphipodes, mais beaucoup plus petites et autrement disposées.

Parmi les entomostracés, les limules sont aussi anomaux que les squilles, parmi les malacostracés. Le pharynx se trouve placé au milieu de dix appendices en forme de pattes ou de serres; les hanches de ces appendices situées sur les côtés de l'ouverture œsophagienne sont épineuses et servent de mâchoires pour la trituration des alimens. En avant sont deux appendices (mandibules succédanées , Savigny ; palpes , Cuvier) aussi en forme de pinces, mais beaucoup plus petits que les autres, et annexés aux côtés d'une pièce lancéolée, aplatie, qui est composée de leurs hanches réunies, et que M. Savigny considère comme remplissant les fonctions d'une lèvre supérieure; le bord postérieur du pharynx offre une pièce aussi aplatie, mais bifide, et qu'on peut regarder comme la lèvre inférieure, formée de la réunion des hanches d'une paire de pattes qui ne se développe pas. Il n'y a ni vraies mandibules ni antennes.

Les apus ont une bouche qui ressemble davantage à celle des crustacés proprement dits : on y trouve une lèvre supérieure, deux grandes mandibules, deux paires de mâchoires et une languette. Les caliges et quelques entomostracés de genres voisins, sont pourvus d'un bec ou suçoir formé de la réunion de deux lèvres et de deux très-petites mandibules; et chez plusieurs de ceux-ci (les cécrops), M. Latreille a reconnu outre le bec trois paires de pieds-mâchoires, ou bien (chez les dichelstins) deux serres frontales et des palpes annexés au bec.

Enfin, les derniers animaux de cette classe ont tantôt comme les cyclopes et les daphnies, des mandibules, suivies de pièces qu'on a comparées à des mâchoires, tantôt comme les cyles cypris, les mêmes parties, et en outre, une grande lèvre inférieure; enfin, comme chez les branchipes, quelquefois leur bouche est composée d'une papille en forme de bec, et de quatre autres pièces latérales.

Outre la bouche, les yeux et les antennes, la tête de plusieurs crustacés ou la portion du têt général qui la représente, se trouve souvent pourvue de certains prolongemens, auxquels on a donné différens noms. Ainsi, dans beaucoup de crustacés décapodes, brachyures et macroures, la partie de la carapace qui est située entre les yeux s'avance plus ou moins, et prend le nom de *rostre*. Ce rostre est plus ou moins grand, tantôt très-long et conique comme dans les leptopodies, tantôt très-long, conique et bifurqué comme dans les macropodies, ou bien court et bifurqué tel que celui des maias; d'autres fois, comme celui des palæmons et des penées il est très-comprimé, fort long, et denté en scie sur les deux bords; ou comme celui des écrevisses et des langoustes, court et très-épineux.

Dans les ancées, la tête des mâles est pourvue de deux grandes avances qui ressemblent beaucoup à des mandibules, mais qui n'en remplissent pas les fonctions, et la tête du branchipe mâle a aussi deux grands appendices mobiles, dont la forme est celle des mandibules du lucane cerf-volant, et qui sont destinés à saisir la femelle pour l'accouplement, concurremment avec deux productions molles, contournées en spirale, en forme de trompe, lesquelles sont situées entre eux et un peu au-dessous; les premiers de ces appendices se trouvent aussi chez les femelles, mais sont beaucoup plus simples et moins volumineux, et les autres n'existent pas.

Lorsque le bord antérieur de la tête ne se prolonge pas pour former un rostre, l'intervalle qui sépare les yeux prend le nom de *front*, et quelquefois de *chaperon*. Le front est surtout remarquable chez les crabes et autres crustacés décapodes brachyures où il est tantôt droit ou arqué, tantôt entier, lobé, échancré ou denté. Il se termine le plus souvent sur les côtés, au bord interne de chaque *orbite* ou cavité destinée à loger l'œil; mais dans certains cas il s'étend jusqu'aux angles antérieurs du têt, lorsque les yeux longuement pédonculés sont placés dans une rainure, qui de chaque côté suit son bord en dessous. Alors son milieu, ainsi que cela existe chez les gonoplaces, les gélasimes et les ocypodes, présente en avant une petite avance comparable pour la forme au chaperon de quelques insectes coléoptères du genre Goliath.

Le Corps se compose chez les crustacés, ainsi que nous l'avons dit, d'une partie antérieure (le corps proprement dit) renfermant les viscères et donnant attache aux pattes ambulatoires, et d'une partie postérieure (l'abdomen ou la queue) plus ou moins prolongée, ne contenant que l'extrémité du canal intestinal, quelquefois les organes de la génération, et supportant dans certains cas des organes respiratoires en forme de pattes.

Le corps, tantôt réuni à la tête, tantôt séparé, est assez constamment divisé en segmens transversaux sur sa face inférieure; mais la supérieure est très-souvent formée d'une seule pièce qui porte le nom de têt ou de carapace.

Cette *Carapace* compose le vaste bouclier qui recouvre en entier le corps des crabes, sous lequel l'abdomen se trouve appliqué. Elle est solidement fixée par deux points de son milieu, à des appendices des pièces inférieures ou sternales qui en même temps la soutiennent comme des piliers, en remplissant une fonction analogue à celle des piliers qu'on place entre les tables supérieure et inférieure des instrumens à cordes, et qu'on appelle l'âme : toute sa partie inférieure et antérieure est solidement articulée avec les pièces de la bouche et les premiers segmens de la face inférieure du corps; mais sur les côtés il y a solution de continuité de façon à laisser pénétrer l'eau par deux fentes dans les cavités où sont placées les branchies. Ses formes générales sont très-variables selon les genres. Sa surface est plus ou moins bombée ou arquée d'avant en arrière, ou d'un côté à l'autre, et quelquefois elle est presque plane. Ses contours prennent les noms, 1.° de bord antérieur ou inter-oculaire, ou de front, pour la partie comprise entre les yeux; 2.° de bords latéro-antérieurs pour celle qui existe de chaque côté entre l'œil et une saillie du têt appelée angle latéral; 3.° de bords latéraux, lorsque cet angle n'existe pas, ou lorsque étant placé très en avant, les deux côtés de la carapace sont à peu près droits et parallèles entre eux; 4.° de bords latéro-postérieurs pour la portion qui s'étend de chaque côté entre l'angle latéral et le commencement du bord postérieur; et 5.º de bord postérieur pour la terminaison de ce têt en arrière, par une ligne transversale, parallèle aux bords des segmens qui divisent l'abdomen en dessus; ce bord étant intimement articulé avec le premier de ces segmens.

Chacun de ces bords présente dans diverses espèces, des dentelures plus ou moins distinctes, des échancrures, des plis, des épines, etc. Les angles latéraux sont aussi plus ou moins prolongés et dirigés dans divers sens; quelquefois ils se changent en une très-longue pointe comprimée et très-aiguë, et dans plusieurs crustacés à corps globuleux, ils disparoissent tout-à-fait.

De l'ensemble du contour de la carapace des crustacés à courte queue, appelés vulgairement crabes, il résulte que cette carapace est orbiculaire, lorsque tous ses bords concourent par leur direction à former ensemble un cercle plus ou moins parfait, et que les angles latéraux ont disparu, ainsi que cela est dans les thies et les atélécycles; qu'elle est ovalaire-transverse, lorsque les mêmes circonstances existant, son diamètre transversal est plus considérable que le longitudinal, ainsi qu'on le remarque dans plusieurs espèces du genre Cancer proprement dit; qu'elle est ovalaire-longitudinale, quand le diamètre longitudinal l'emporte sur le transversal (corystes); qu'elle est semi-orbiculaire, lorsque, comme chez les portunes et les carcins, les bords antérieur et latéro-antérieurs composent ensemble un arc de cercle, que les angles latéraux sont un peu marqués, et que les bords latéro-postérieurs tendent à se rejoindre en arrière; qu'elle est transversale, lorsque comme dans les lupées les angles latéraux, situés à peu près vers la moitié de la ligne moyenne du corps, sont extrêmement prolongés de chaque côté, ou que comme dans les ixies, les côtés du têt sont dilatés en forme de cônes ou de cylindres. Elle est carrée dans les grapses qui ont les yeux placés dans les angles antérieurs; trapézoïdale dans les gonoplaces et les ocypodes dont le bord antérieur, parallèle au postérieur, est plus large que lui, et dont les bords latéraux sont obliques en se rapprochant en arrière; elle est aussi trapézoïdale dans les dorippes, si ce n'est que chez eux le petit côté du trapèze est en avant, et le plus large en ar-

rière; elle est triangulaire dans les inachus, les maias, etc.,
dont la partie postérieure est très-renflée, et l'antérieure
avancée en pointe avec les bords latéraux obliques d'arrière
en avant; elle est cordiforme tronquée, dans les gécarcins et
les ucas de M. Latreille, qui ont les côtés antérieurs du têt
bombés, et le bord postérieur tronqué, etc.

Sa surface supérieure est tantôt lisse, plus ou moins polie,
tantôt finement chagrinée, ou bien granuleuse, rugueuse,
verruqueuse, épineuse, bosselée ou lobée, selon que les irrégularités qu'on y remarque ont plus ou moins de volume.
On y trouve quelquefois des rides transversales, ou des sillons
obliques : les épines qu'elle supporte sont simples ou bifur-
quées; tantôt distribuées assez également, tantôt réunies par
faisceaux. Les cils ou poils qu'on y voit quelquefois sont plus
ou moins gros, et affectent la même disposition que les épines.

Quelques soient les irrégularités qu'on observe sur la surface de la carapace des crabes, leur disposition, ainsi que je
l'ai reconnu (1), est constante et soumise à quelques lois qui
ne sont jamais contrariées. Les masses qu'elles forment, ou les
saillies qu'elles constituent correspondent exactement avec la
disposition des viscères qui sont situés au-dessous, et les limites de ces masses sont marquées par des lignes enfoncées,
plus ou moins senties. Je leur ai donné le nom général de régions; et, afin de les distinguer entre elles, j'ai ajouté pour
chacune une désignation particulière qui indique l'organe
qu'elle recouvre.

Ainsi je nomme *région stomacale* un espace situé antérieurement sur la ligne médiane, lequel recouvre l'estomac (voyez pl. 1, fig. 1. 1); *région génitale*, un autre espace
moins étendu (fig. 1. 2). qui est aussi placé sur la ligne médiane,
mais derrière le premier, et qui correspond au point où sont
rassemblés en dessous les organes préparateurs de la génération, soit du mâle, soit de la femelle; *région cordiale* (fig. 1. 3).
l'espace occupé par le cœur derrière la région génitale; *régions branchiales* (fig. 1. 5. 5), des surfaces plus grandes que les
autres, placées une de chaque côté des régions moyennes, et
qui protègent les branchies : enfin, *régions hépatiques anté-*

---

(1) Histoire Naturelle des Crustacés fossiles, pag. 73.

rieures (fig. 1. 6. 6), celles qu'on voit en avant des branchiales, de chaque côté de la stomacale, et *région hépatique posté-rieure* (fig. 1. 4. 4), une dernière qui avoisine le milieu du bord postérieur du têt ; sous lesquelles se montre le foie, viscère très-considérable chez les crustacés brachyures, et qui s'étend sur toute la surface inférieure de leur corps.

Ces régions varient en étendue dans les divers genres de crustacés de cet ordre. Ainsi les leucosies, les dromies, les pinnothères et les corystes les ont pour la plupart à peine distinctes, tandis que les parthenopes, les inachus, les dorippes, beaucoup de crabes proprement dits, les myctires, etc., les ont au contraire très-prononcées. Quelques crabes, tous les portunes, les ocypodes, les gonoplaces, etc., tiennent à peu près le milieu entre tous, sous ce rapport. La stomacale est ordinairement très-développée dans le plus grand nombre de ces crustacés, et située sur la même ligne transversale que les régions hépatiques antérieures ; mais dans quelques genres, comme les inachus, les maias, les macropodies, les leptopodies, les dorippes, etc., elle fait saillie en avant, et contribue à donner au corps une forme triangulaire. La **région** génitale est en général assez distincte, et se prolonge presque toujours sur le centre de la région stomacale, en formant une sorte de pointe qui paroît diviser celle-ci en deux parties. La région du cœur est constamment apparente, et toujours située à la même place, c'est-à-dire un peu en arrière du centre de la carapace, et ce n'est que dans les dorippes où elle confine au bord postérieur de cette même carapace, en faisant disparoître la région hépatique postérieure. Les régions branchiales au contraire varient beaucoup : elles n'ont rien de bien remarquable dans les crabes et les portunes, tandis qu'elles sont très-saillantes et bombées chez les dorippes, les inachus, les maias, etc. Dans les deux derniers de ces genres, elles sont même tellement renflées qu'elles se touchent en arrière, et prennent à leur tour la place de la région hépatique postérieure. Dans les ocypodes, les gélasimes, etc., elles sont planes en dessus, et indiquent sur les côtés une partie de la forme carrée de ces crustacés. Affectant la même figure dans les grapses, elles présentent chez plusieurs de ceux-ci, à leur surface, des lignes saillantes obliques qui paroissent correspondre aux faisceaux de branchies qui sont situés au-dessous. Dans la plupart des crustacés dont les angles latéraux de la carapace sont très-marqués (les portunes, les podophthalmes, et surtout les lupées), il en part une ligne transverse saillante qui dessine le bord antérieur de ces régions branchiales. Les gécarcins ou tourlouroux, dont le têt est en cœur et largement tronqué en arrière, ont les régions branchiales si bombées en avant, qu'elles envahissent la place des régions hépatiques antérieures. Enfin, dans le genre Ixa, démembré des leucosies par M. Leach, elles forment de chaque côté du corps un long prolongement cylindrique ou conique.

Quant aux régions hépatiques, recouvrant des organes inertes de leur nature, elles ne forment jamais de saillies très-marquées : on les distingue même des autres régions par leur aplatissement. Les deux antérieures sont ordinairement bien apparentes chez les crustacés brachyures, dont la carapace est carrée ou semi-circulaire, tandis qu'elles sont presque effacées chez ceux, dont la forme est triangulaire. La postérieure suit à peu près les mêmes lois.

Les crustacés macroures ont aussi une carapace : celle-ci est ordinairement demi-cylindrique, comme on le voit dans les écrevisses, les langoustes, les palæmons, etc.; néanmoins, elle est aussi quelquefois plus ou moins aplatie, comme dans les scyllares, les ibacus et les éryons. Souvent cette carapace est pourvue (pl. 1, fig. 5), dans sa surface supérieure, d'une ligne transversale enfoncée, arquée en arrière, et qui semble indiquer la séparation d'une tête et d'un corselet. Sur le milieu et en arrière de cette ligne, sont deux autres sillons parallèles l'un à l'autre, longitudinaux, et un peu écartés entre eux. Ce que l'on considère comme étant la tête (fig. 5. 1), renferme non seulement cette partie, mais encore les régions stomacale et hépatique antérieures. Entre les deux sillons postérieurs se trouvent confondues, plus ou moins, les régions génitale (fig. 5, 2), cordiale (fig. 5, 5) et hépatique postérieure (fig. 5. 4) : enfin, de chaque côté de ces sillons longitudinaux, et en arrière de la ligne enfoncée transverse, sont situées les régions branchiales (fig. 3, 5, 5).

Dans les écrevisses et les homards, les régions hépatiques antérieures sont confondues avec la stomacale, et les trois régions médianes qui viennent après cette dernière, le sont également entre elles. Les galathées ont une région stomacale, une cordiale, deux branchiales, et de plus deux régions hépatiques tout-à-fait latérales, comme chez les crabes. Les scyllares ont la région stomacale triangulaire et très-large en avant, deux petites hépatiques latérales, une génitale très-bombée et épineuse, et deux branchiales étroites. Les langoustes ont leur têt plus compliqué ; la région génitale y est plus indiquée, et dans quelques espèces les branchiales forment de chaque côté une saillie très-remarquable. Le têt mou, et en apparence déformé, des pagures, présente des régions stomacale et hépatique antérieures, séparées de la cordiale et des branchiales par un sillon transverse, comme dans les écrevisses et les homards.

Ces diverses régions ne sont plus distinctes dans les crustacés macroures dont le têt très-mince et flexible conserve l'apparence cornée, tels que les palæmons, les pénées, les crangons, les nikas, etc., ce qui rend ceux-ci plus difficiles à caractériser.

Quant aux squilles, leur carapace n'est qu'une sorte de bouclier très-mince, dont le milieu recouvre la partie de la tête, sous laquelle se trouvent la bouche et les dix pieds qui l'entourent. Ce milieu est séparé des côtés par deux sillons longitudinaux et parallèles entre eux, et les côtés ne sont que deux ailes qui recouvrent la base des pattes. Dans les phyllosomes, le disque transparent qui forme la tête, peut être comparé à la carapace des squilles ; dans les érichtes, ce têt a plus de rapport avec celui des crustacés décapodes, en ce qu'il est commun à plusieurs anneaux du corps, et qu'il en forme le dessus ; enfin, dans les alimes, le têt ne diffère pas de celui des squilles.

La carapace manque dans tous les crustacés isopodes et amphipodes, et ce n'est que dans la sous-classe des entomostracés qu'on retrouve cette partie. Les limules ont le corps formé en dessus de deux grandes pièces : la première, demi-circulaire, rebordée et épaisse en avant, est tronquée postérieurement, et terminée de chaque côté et en arrière par deux angles aigus ; la seconde est trapézoïdale, articulée en avant avec l'antérieure, et en arrière avec une longue pointe ; ses côtés

sont obliques et dentelés. Ces deux portions de têt sont formées de deux tables très-minces, ayant du vide entre elles, et
n'ont qu'une apparence de solidité. Les yeux sont placés sur
la partie supérieure de la première, à la base de deux saillies qui se prolongent en forme de collines d'avant en arrière.
En dessous tous les segmens du corps sont joints intimement
aux deux parties de ce têt. Dans les caliges, tout le devant du
corps et les organes locomotiles antérieurs sont recouverts
par une sorte de bouclier ovale, lisse, déprimé et fixé par
tous ses bords. Chez les apus, l'enveloppe molle et presque
membraneuse de la partie antérieure du corps ou de la tête,
et qui porte les yeux en dessus, se double vers le haut du dos,
et forme un grand bouclier ou manteau ovale, caréné dans
son milieu, tronqué en arrière, qui n'adhère au corps qu'en
avant, mais qui le protège. Chez les daphnies, les lyncées,
les cypris, les cythérées et les limnadies, ce même manteau,
s'agrandit et prend plus de solidité ; sa carêne médiane devient
une charnière, ses côtés se changent en valves analogues par
leur usage à celles des coquilles des mollusques acéphales ; et
des muscles, qui appartiennent à la région dorsale de l'animal,
font ouvrir ou fermer ces valves à sa volonté.

Le corps des crustacés pourvus de carapace, et notamment
celui des décapodes, est formé au-dessous de ce têt de
segmens bien distincts, et ces segmens eux-mêmes se composent de plusieurs pièces.

Le dessous du corps dans les crustacés décapodes brachyures
présente une surface plus ou moins vaste, comparable au
plastron des tortues. Son milieu est creusé d'une gouttière ou
sillon plus ou moins large, plus ou moins prolongé en avant,
mais en général d'une plus grande étendue chez les femelles
que dans les mâles.

Cette surface inférieure du plastron est composée de deux
ordres de pièces. Les unes médianes et beaucoup plus grandes
que les autres, peuvent être désignées sous le nom de *pièces
sternales*, et les latérales sous celui de *pièces latéro-sternales*.

C'est entre l'ensemble de ces pièces et les bords latéraux et
inférieurs de la carapace que sont situées les pattes.

La première pièce sternale est très-grande : son bord antérieur termine en arrière la cavité buccale, et donne attache

28.   11

à la paire la plus extérieure des pieds-mâchoires ; son bord postérieur est enfoncé dans le milieu, et présente ordinairement la terminaison du sillon médian du plastron ; ses bords latéraux servent à l'articulation des pieds de la première paire, ou des pinces ; deux lignes transverses plus ou moins enfoncées indiquent qu'elle est composée elle-même de trois pièces soudées entre elles.

La seconde et la troisième pièces sont étroites, fort étendues sur les côtés, et par conséquent transversales : leur bord latéral est tantôt arrondi ou anguleux, tantôt porté en avant ou dirigé en arrière, et la dernière présente deux ouvertures chez les femelles, qui sont celles des organes de la génération. La quatrième a la même forme, mais a plus de largeur ; et la dernière ou cinquième, tout-à-fait postérieure, est plus étroite que les autres : elle termine le corps en arrière, et sert, conjointement avec le bord postérieur de la carapace, à l'articulation du premier segment de l'abdomen ou de la queue.

Sur chacun des bords latéraux de ces pièces s'articule une des pattes des quatre dernières paires, et à la base de celles-ci sont les petites pièces latéro-sternales, qui sont appliquées contre les extrémités des sternales, et placées dans les angles rentrans qu'elles laissent entre elles.

La forme des pièces latéro-sternales est très-variable selon les genres, et ces pièces diffèrent entre elles dans la même espèce selon leur position.

Souvent toutes les pièces du plastron sont peu distinctes, surtout dans les mâles, et semblent n'en former qu'une seule. Dans quelques crustacés le plastron est en entier concave, avec ses bords relevés, et forme comme le fond d'une boîte dont l'abdomen ou la queue peut être considéré comme le couvercle : cette conformation est surtout remarquable chez les leucosies femelles. Dans quelques autres, les dorippes, le sillon médian du plastron est tout-à-fait postérieur, et n'atteint en avant que la seconde pièce sternale (1).

Les crustacés à longue queue, tels que les écrevisses, les

-----

(1) Les mêmes dorippes sont pourvus de deux grandes ouvertures ovales, obliques, ciliées sur leurs contours, placées une de chaque côté sur le rebord inférieur et latéral du têt, vers la base et en dehors de l'ar-

langoustes, etc., ont la même disposition de pièces sternales
et latéro-sternales; mais toutes ces pièces sont bien moins développées et bien moins distinctes, surtout les médianes; et
le sillon du milieu (destiné à loger la queue chez les crabes)
n'est plus apparent. Quelquefois la dernière pièce sternale est
isolée des autres et mobile.

Les squilles ont le dessous du corps divisé comme le dessus :
chez elles la queue n'est distincte que parce que les segmens
qui la composent n'ont point de pieds propres à la marche ;
mais il n'en est pas de même des aselles et des cymothoés.
Dans beaucoup d'entre eux les segmens qui appartiennent au
corps ont sur chaque côté une pièce additionnelle qu'on peut
comparer aux pièces latéro-sternales des crabes et des écrevisses, et qui forme sur le bord de ces segmens, tantôt un
appendice solide, triangulaire et aigu, tantôt une lame
mince et arrondie dans ses contours.

Quelquefois ces pièces ne sont qu'indiquées par un sillon
longitudinal qu'on voit en dessus des segmens du corps de
chaque côté, et ces deux sillons paroissent les diviser en trois
parties, ainsi que le sont ceux des animaux fossiles qui ont reçu
le nom de trilobites. Ces derniers ont même été rapportés à
la classe des crustacés, principalement à cause de cette division, et on les a surtout comparés aux ligies.

Parmi les entomostracés, les uns, comme les apus et les
branchipes, ont le corps annelé en dessous ainsi qu'en dessus,
et ne montrent aucune trace de pièces latéro-sternales, tandis
que d'autres, comme les daphnies et les cypris, n'ont aucun
indice de divisions, tant sur le dos que sur le ventre, ou plutôt sur la poitrine.

Le nom de Queue ou d'Abdomen est réservé, ainsi que nous
l'avons dit, à la partie terminale du corps, qui ne renferme principalement que l'extrémité postérieure de l'intestin : elle porte
l'anus à sa face inférieure; quelquefois elle donne attache sur
la même face à des pattes branchiales; chez quelques crustacés

---

ticulation du pied-machoire extérieur. Elles communiquent avec les
cavités branchiales, et paroissent destinées à donner passage à l'eau, qui
y entre ou qui en sort. Je n'ai rien vu de semblable dans les autres crustacés à courte queue.

elle contient des organes de génération ; enfin dans beaucoup d'entre eux elle est pourvue à son extrémité d'appendices différemment conformés, et qui servent ordinairement à la natation.

Dans les crustacés à dix pieds et à courte queue, cette partie est ordinairement petite et composée de sept segmens au plus, et de quatre au moins. Ces segmens sont comprimés, tranchans sur leurs bords, et formés de deux pièces ou tablettes, une supérieure et une inférieure. Ils varient en nombre, en longueur, et en largeur, selon les genres, les espèces, et même les sexes, mais sont toujours beaucoup plus larges dans les femelles que dans les mâles.

La queue dans ces mêmes crustacés est assez constamment repliée sous le corps, et recouvre le sillon, ou la gouttière longitudinale du sternum. Elle forme avec ce sillon une sorte de boîte, ainsi que nous l'avons dit plus haut, où les œufs des femelles sont placés vers le temps de la ponte. La queue entière des mâles se loge dans le sillon. Dans les deux sexes, son dernier segment est arrondi ou triangulaire, et ne donne attache à aucune lame crustacée et mobile, pouvant servir de nageoire.

Quelques genres, les albunées, les hippes, faisant le passage des crustacés brachyures aux crustacés macroures, ont la queue assez petite, étendue, et terminée par des appendices natatoires presque rudimentaires.

Quant aux crustacés macroures, ils ont reçu ce dernier nom à cause de l'étendue de leur queue. Elle est tantôt molle, et presque sans anneaux distincts, comme dans les pagures, et tantôt au contraire fort solide, et très-musculeuse, comme dans les écrevisses, les homards, les langoustes, et les palæmons.

Celle des pagures est toujours placée par ces animaux dans des cavités de coquilles univalves, afin de la préserver des atteintes extérieures, et la forme spirale de ces cavités lui ôte sa symétrie en la contournant comme elle : les appendices terminaux qu'on y remarque sont transformés en crochets, pour la fixer dans sa demeure. Celle des autres macroures toujours deux fois aussi longue que le corps, est d'abord étendue dans la direction de celui-ci, et infléchie en dessous à son extrémité qui est pourvue de cinq lames natatoires, simples ou doubles, étalées en éventail, et qui, agissant simultanément, font l'office de nageoire. Le nombre des segmens de cette queue est de six. Leur face supérieure est bombée, demi-cylindrique ou demi-elliptique, et l'inférieure est presque plane. Leur étendue d'avant en arrière est bien plus considérable en dessus qu'en dessous; et en général, ils diminuent de grosseur depuis le premier après le corps jusqu'au dernier. Leurs bords latéraux sont tantôt anguleux, tantôt arrondis. Dans certains genres, ils sont tous semblables entre eux par leurs formes; mais dans beaucoup (les palæmons, les penées) on remarque que le second a ses côtés considérablement plus développés que son centre, et qu'ils recouvrent en forme de lobes le segment qui le précède et celui qui le suit.

Ces segmens abdominaux sont pourvus de chaque côté d'un petit appendice assez simple, que l'on a nommé fausse patte, et dont l'usage, dans les femelles, est de servir de points d'attache aux œufs.

Dans les squilles, les six anneaux antérieurs de la queue sont déprimés, plus longs et plus larges que ceux qui forment le corps proprement dit; les cinq premiers portent, de chaque côté, des pattes courtes, comprimées, à articles lamelliformes, et qui supportent des branchies; le sixième donne attache à droite et à gauche, à une nageoire composée de plusieurs lames assez compliquées; et entre ces nageoires se trouve un article terminal (le septième) large, aplati, en forme de bouclier, caréné sur sa face supérieure, plus ou moins dentelé et épineux sur ses bords, et portant l'anus en dessous.

Les autres stomapodes ont une queue assez analogue à celle-ci quant à sa composition, mais dont les dimensions sont infiniment plus petites, relativement au volume du corps.

La queue dans les cymothoés, les aselles, les armadilles, etc., est courte et composée de cinq à six articles dépourvus de pièces latérales, dont le dessous porte des branchies en forme de lames, et dont les premiers sont les plus étroits. Le dernier, ordinairement plus large que les autres, est pourvu de deux ou de quatre appendices dont la forme varie, étant coniques, simples ou bifurqués, ou bien comprimés; tantôt composés d'un ou de deux articles, tantôt de trois, etc. Dans les chevrolles la queue est très-courte ou nulle; dans les bopyres elle est rejetée à droite ou à gauche; dans les nébalies, les branchipes et les apus, sa forme est conique, ses anneaux sont plus ou moins nombreux, et son dernier article porte tantôt deux longs filets sétacés, tantôt deux lames lancéolées et ciliées sur leurs bords; et quelquefois, outre les deux filets, il existe entre eux une petite feuille assez courte et tronquée au bout.

Dans les limules, le corps proprement dit et la queue ou l'abdomen se trouvent confondus sous le second bouclier de la carapace qui porte sur sa face inférieure des lames arrondies superposées, entre lesquelles sont situées les branchies. Le long appendice en forme d'épée qui termine l'animal peut être considéré comme un appendice unique de la queue.

Enfin, chez les daphnies et les cypris, l'extrémité postérieure du corps qui se recourbe en dessous, et qui porte deux soies, est la véritable queue de ces animaux.

Les MEMBRES chez les crustacés sont des pieds, propres à la locomotion ou à la natation. Leur nombre, leur disposition, et surtout leurs fonctions varient beaucoup, car dans certains cas quelques uns de ces pieds se changent en organes de manducation, et dans d'autres en organes respiratoires.

Les pieds proprement dits sont toujours plus grands, plus solides et moins variables dans leurs formes, que les autres, et surtout que les pieds branchiaux.

Les crabes, les écrevisses, et généralement tous les crustacés brachyures et macroures, ont été réunis sous le nom de décapodes, parce qu'ils ont dix pieds.

Ces pieds qu'on peut considérer comme les pieds normaux des crustacés, sont constamment formés de six pièces ou articles. Les uns sont désignés sous les noms de *serres* ou de *pinces*, et les autres sont appelés *pattes simples*.

Une patte simple est formée, 1.° d'une *hanche*, ou première pièce courte, échancrée en dessous, et insérée aux côtés du corps, entre les plaques latéro-sternales, de façon néanmoins que son axe se trouve correspondre à peu près au milieu d'une des ailes des plaques sternales; 2.° d'une pièce également courte, articulée avec la première, qui peut recevoir le nom de *trochanter*, par comparaison avec celle qu'on a ainsi appelée dans les pattes des insectes coléoptères carnassiers; 3.° d'une pièce, ordinairement la plus longue de toutes, qui seroit la *cuisse*;

4.° d'un article beaucoup plus court que le précédent, mais aussi long à lui seul que les deux premiers réunis, et qu'on devroit à cause de sa position nommer la *jambe*; 5.° d'un article plus long que la jambe, qui peut prendre la désignation de *métatarse*, et 6.° d'un dernier qu'on nommera *tarse*, ou article tarsien. Ce dernier a été quelquefois appelé *ongle*; mais ce nom peut être réservé pour le cas où son extrémité, devenue acérée et d'une substance plus dure et plus transparente que son corps, ressemble véritablement à un ongle.

Les pinces ne diffèrent des pattes simples, dans leur composition, qu'en ce que leur pénultième article est plus renflé que les précédens, se prolonge en dessous du dernier en avant, et forme ainsi un *doigt immobile*, et que ce dernier article, correspondant par sa longueur à cet appendice, est articulé en dessus, de façon à se mouvoir de haut en bas sur lui pour former la pince. On lui a donné le nom de *pouce* ou de *doigt mobile*, de même qu'on a nommé *main* l'ensemble de ces deux articles, *carpe* l'article qui les precède ou le quatrième, et *bras* celui qui vient avant le carpe, c'est-à-dire le troisième.

Les pinces, dans les crustacés décapodes brachyures, sont toujours au nombre de deux, et appartiennent à la paire antérieure de pattes (si ce n'est dans le genre l'actole, où les deux premières paires sont simples et les deux dernières terminées par de petites serres). Elles sont ordinairement plus grandes, mais surtout plus grosses que les pattes proprement dites; néanmoins, celles-ci les dépassent quelquefois beaucoup en longueur. Dans un grand nombre de genres elles sont égales entre elles, dans quelques uns il y en a constamment une qui est plus grosse que l'autre, et dans certaines espèces c'est toujours la même serre qui l'emporte en volume sur sa correspondante. Quelquefois elles sont démesurément grêles et longues, et d'autres fois très-courtes et comme cachées. Leur main est ou cylindrique, ou renflée, ou plus ou moins comprimée, et quelquefois son bord supérieur se change en une lame assez mince, ou crête, plus ou moins découpée et dentelée dans son contour. Leurs différentes parties sont, selon les espèces, lisses, granuleuses, verruqueuses, épineuses, velues, glabres, etc. Les deux doigts sont plus ou moins forts, tantôt parallèles entre eux, tantôt arqués, infléchis en dedans ou en dehors, etc. Leur bord interne est garni souvent de granulations ou de protubérances plus ou moins marquées, et qui ont quelquefois reçu le nom de *dents* à cause de leur forme.

Les pattes proprement dites ne diffèrent entre elles que par leur longueur, leur position et la forme de leur article tarsien. En général elles décroissent de grandeur, par paire, à partir des deux premières, après les pinces jusqu'aux deux dernières inclusivement ; mais, dans quelques genres, ce sont les secondes ou les troisièmes qui dépassent les autres. Les crabes, bons nageurs, les ont toutes plus grandes que ceux qui viennent fréquemment à terre, et dans une direction plus horizontale. Quelques crustacés ont celles de la dernière ou des deux dernières paires, beaucoup plus courtes que les autres, comme atrophiées et placées dans une position telle, qu'elles remontent sur le dos ; cette disposition étant surtout remarquable chez les dromies, qui portent des alcyons fixés sur leur têt à l'aide de ces pattes. Dans les lithodes les deux dernières pattes sont si courtes et si frêles qu'on a peine à les trouver, et elles ne sont point relevées sur le dos.

Les crabes terrestres et ceux qui fréquentent les rivages, ont tous le dernier article de leurs pattes peu arqué, conique et robuste. Ceux qui nagent plus souvent qu'ils ne marchent ont cet article, surtout aux pattes de la dernière paire, très-déprimé, ovalaire et cilié sur ses bords ; les articles précédens participent un peu de cette disposition, et dans un genre, tous les pieds, à l'exception des pinces, sont ainsi conformés.

Chez les crustacés macroures, les pieds ont beaucoup de ressemblance avec ceux des brachyures ; mais on remarque qu'ils sont en général plus alongés. Ordinairement la première paire, plus forte que les autres, est terminée en pince ; mais quelquefois c'est la seconde seulement qui est en pince et qui l'emporte en dimension. Tantôt la première paire seulement est chelifère, tantôt ce sont les deux ou les trois antérieures. Quelques macroures (comme les langoustes) n'ont point de pinces du tout ; d'autres ont une de leurs pattes antérieures en pince, et la patte correspondante de la même paire simple ; les mêmes ont l'article appelé le carpe, c'est-à-dire le quatrième de leur pince, très-alongé et multiarticulé. Dans quelques genres les pinces affectent une forme que l'on trouve ensuite fréquemment dans la série des crustacés amphipodes : leur main se renfle considérablement, leur pouce immobile se raccourcit presque jusqu'à disparoître, et le doigt mobile, crochu et arqué, s'appuie contre le corps de l'avant-dernier article. Certains crustacés ont les pinces très-aplaties, avec les doigts comme foliacés, ciliés et presque immobiles; d'autres ont les pieds-mâchoires extérieurs tellement semblables à des pieds ordinaires, qu'ils en remplissent les fonctions, et que l'on peut dire qu'ils ont douze pieds.

Les pieds sont disposés dans les décapodes, tantôt sur deux lignes parallèles, tantôt sur deux arcs latéraux dont les concavités se regardent, tantôt sur deux lignes obliques qui tendent à se réunir en avant. On conçoit que ces différences tiennent à celles qui existent dans la conformation et l'étendue des diverses pièces qui composent la face inférieure du corps.

Outre leurs vraies pattes, les mêmes crustacés ont sous la queue cinq paires de *fausses pattes*, ou petits appendices terminés chacun, selon les genres, par deux lames ou deux filets. et ces appendices sont annexés aux cinq premiers anneaux de la queue.

Les crustacés du genre des squilles ont reçu le nom de stomapodes de la disposition des pieds ou des appendices qu'on a regardés comme tels, qui entourent la bouche. Nous avons déjà vu en décrivant les parties de la bouche, qu'on est très-embarrassé pour désigner convenablement ces appendices que plusieurs naturalistes considèrent comme des pieds, tandis que d'autres les regardent comme des dépendances de la bouche. Quoi qu'il en soit, ils présentent le même nombre d'articles que les pieds ordinaires des crustacés décapodes. Les premiers sont longs, grêles et terminés par une petite serre à doigt immobile nul et à doigt mobile crochu. Les seconds, ceux qu'on nomme vulgairement les serres, sont les plus grands de tous ; leur troisième article ou le bras est long ; le quatrième ou le carpe court ; le cinquième ou l'équivalent de la main très-long, et le sixième ou tarse attaché au bout de celui-ci, se replie en dessus, forme la pince, et s'applique sur sa face supérieure (souvent son bord est garni de pointes qui entrent dans des cavités correspondantes, situées dans un sillon du bord supérieur de la main). Les six pattes suivantes sont moyennes. en pinces à crochet et non à deux doigts distincts : ce sont les dernières qui entourent la bouche. Les second, troisième et quatrième segmens du corps sont pourvus de trois paires de pattes d'une forme particulière, qui les rapproche un peu des fausses pattes des crustacés macroures : leur tige principale se compose de quatre pièces, dont la première est la plus courte, la troisième la plus longue, et la dernière moyenne, comprimée et épineuse ; à cette tige est annexé, vers le point d'articulation de la seconde pièce avec la troisième, un article très-mince, linéaire, qui est couché parallèlement à cette dernière. Quant aux pattes branchiales, au nombre de dix, elles sont placées sous les cinq segmens de la queue, qui suivent les segmens pourvus des dernières pattes dont nous venons de faire mention : elles sont fort compliquées ; chacune se composant d'un pédoncule très-large, donnant attache à deux tiges, dont l'interne est formée de deux articles à bords très-dilatés en forme de feuilles ciliées sur leurs bords, et l'externe consistant en un article baséal, qui donne attache lui-même à deux branches de quatre articles, également dilatés, amincis et ciliés.

Dans les phyllosomes, l'anomalie des pieds est aussi forte que dans les squilles. Outre les petits pieds ou pieds-mâchoires qui entourent la bouche, il en existe six paires, dont les cinq premières sont beaucoup plus grandes que la sixième ; leur forme est alongée, et plusieurs d'entre elles, les antérieures, ont à l'extrémité de leur troisième article, un petit appendice multiarticulé qui ressemble à un palpe.

Les crustacés isopodes et amphipodes offrent une si grande variété dans le nombre, la forme, la disposition et les dimensions de leurs pieds que pour faire connoître ces différences, il seroit nécessaire de passer en revue un à un leurs divers genres. L'impossibilité où nous sommes de donner ici ces développemens, nous force à renvoyer nos lecteurs à la description de ces genres, que nous donnerons ci-après. Nous nous bornerons quant à présent aux généralités suivantes :

Ces pattes sont généralement au nombre de quatorze ; mais quelquefois il y en a moins, lorsque certaines d'entre elles, placées tantôt en avant, tantôt au milieu de leur série, viennent à manquer, ou sont remplacées par des rudimens ou des organes particuliers qu'on a considérés comme servant à la respiration (les cyames, les chevrolles, les protons). Dans les uns elles sont fort courtes (cymothoés et bopyres). Dans d'autres au contraire elles sont très-longues et très-grêles (chevrolles; protons). Le plus grand nombre les ont de longueur moyenne, mais il arrive que dans ceux-ci, tantôt les pattes sont toutes égales, tantôt les antérieures sont plus grandes que les postérieures, ou bien ce sont ces dernières qui l'emportent sur les premières. Souvent ces pattes affectent des directions différentes, ainsi que cela est dans les amphipodes dont les antérieures se portent en avant, et les postérieures, à la fois en arrière et en haut. Ces pattes sont le plus ordinairement terminées par un petit crochet simple; mais quelques unes d'entre elles, ayant l'avant-dernier article grand et comprimé, et le dernier petit, crochu et couché sur celui-ci, sont transformées en pinces à genou. Il y a aussi quelquefois de véritables serres à doigts opposés, comme chez les crabes. Les combinaisons des pieds à pinces et des pieds simples sont assez variées; tantôt il n'y a que la première qui soit en pince, et souvent la seconde présente le même caractère; dans certains crustacés les premières paires sont simples et la cinquième est didactyle. Enfin les pinces ont tantôt le pouce formé comme à l'ordinaire d'une seule pièce, et tantôt il en présente deux. Dans les cloportes et genres voisins les pieds affectent une singulière disposition; attachés sur les bords des segmens du corps, leurs premiers articles se portent en dedans et les derniers en dehors, de façon que leur ensemble présente pour le milieu de chaque patte un angle rentrant situé sous la ligne moyenne du corps, tandis que les deux extrémités en sont placées en dehors. Les pieds des cymothoés et des bopyres sont en général transformés en petits crochets arqués, très-acérés, et qui servent à ces animaux parasites à se fixer sur la peau ou les différens tissus des poissons et des crustacés aux dépens desquels ils vivent, etc.

Dans la sous-classe des entomostracés, on observe aussi de nombreuses modifications dans la forme des pattes. Les appendices qui entourent la bouche des limules (que M. Savigny nomme mâchoires, et que la plupart des entomologistes appellent pattes), sont grands et tous terminés par une petite pince à doigts alongés, droits et parallèles entre eux; chacun d'eux est attaché à une pièce mobile épineuse qu'on a nommée la hanche et qui fait l'office de mandibule ou de mâchoire, et sa composition est d'ailleurs fort semblable à celle des pieds ordinaires des crustacés décapodes brachyures, ou macroures, quant au nombre des articles et à leur disposition. On compte dix de ces appendices qui vont en grossissant depuis la première paire jusqu'à la cinquième, et celle-ci est d'ailleurs remarquable en ce qu'elle a deux divisions, une extérieure simple, courte (comparable selon M. Savigny aux palpes flabelliformes des pieds-mâchoires des crabes, quoiqu'elle ne porte point de filet articulé), et une intérieure conformée généralement comme les pattes des quatre premières paires, mais dont le quatrième article, au lieu de se prolonger pour former le doigt immobile de la pince, soutient quatre digitations mobiles, et dont le tarse lui-même est terminé par deux autres petites digitations.

Les caliges n'ont que de petits pieds courts, arqués en forme de crochets, servant comme ceux des cymothoés à les fixer sur les ouïes ou sur les parties charnues des poissons aux dépens desquels ils vivent. Les argules ont trois sortes de pieds; les deux premiers en ventouses rondes et larges, les seconds propres à la préhension avec deux crochets, et les autres, au nombre de huit, mous, charnus et terminés par une nageoire formée de deux feuillets. Les cypris, les cythérées, les cyclopes sont pourvus de pattes dont le nombre varie de quatre à huit, et qui toutes sont formées de plusieurs articles courts, garnis de poils.

Enfin on a réservé les noms de branchiopodes, de gymnobranches et de phyllopes à des entomostracés, dont les pieds sont à la fois des organes du mouvement et des organes respiratoires. Les apus, les limnadies et les branchipes qui offrent ce mode de conformation, ont souvent un grand nombre de ces pieds-branchies (on en compte soixante paires au moins dans les apus, onze paires dans les branchipes, et vingt-deux paires dans les limnadies). Ils sont tous composés de plusieurs lames minces et molles, diversement configurées, articulées entre elles, et dont une au moins a ses bords garnis de cils nombreux. Dans les apus les premiers de ces pieds ont quatre filets articulés, dont les deux supérieurs, plus longs que les inférieurs, imitent des antennes; tous les autres ont en dessous près de leur base un sac ovalaire vésiculeux, et ceux de la onzième paire supportent une capsule à deux valves qui renferme des œufs. Les pieds des branchipes tous semblables entre eux sont composés de quatre articles dont les trois derniers sont en forme de lames ovales et ciliées sur leurs bords. Tous ceux des limnadies, également uniformes, sont bifides, avec leur division externe simple et ciliée sur son bord extérieur, et la division interne quadriarticulée et fortement ciliée en dedans.

Fonctions des crustacés.

Les crustacés ont, comme les insectes, leurs fonctions bien distinctes; aussi doivent-ils, comme ces animaux, occuper un rang élevé dans la série des êtres. Pourvus de membres articulés, ils sont évidemment, sous le rapport de la faculté locomotile, supérieurs aux mollusques et aux annélides, ainsi qu'aux animaux rayonnés et infusoires. Ils peuvent marcher ou nager, mais ils sont privés de la faculté de s'élever dans l'air, et en cela les insectes sont au-dessus d'eux. Tous ont un système nerveux, dont les premiers centres et les premières ramifications sont très-faciles à observer; l'organe de la vue ne leur manque presque jamais; dans quelques uns l'organe de l'ouïe a été découvert, et tout prouve d'ailleurs que ceux du goût et de l'odorat existent chez eux comme chez les insectes, quoique leurs siéges n'aient pas encore été reconnus : en cela il est certain que les crustacés ont la priorité sur beaucoup de mollusques, sur les annélides et sur tous les animaux qui ont été placés à la suite des articulés.

Les arachnides avec lesquelles ils ont le plus de ressemblance, puisqu'ils possèdent au même degré d'énergie les deux premières fonctions animales dont il vient d'être fait mention : les arachnides ont encore avec les crustacés un rapport de plus, c'est celui qui résulte de la présence d'un cœur ou centre de circulation communiquant avec un ensemble de vaisseaux destinés à charrier le fluide nourricier ou la lymphe dans les diverses parties du corps. Les insectes dont le canal dorsal, qui remplace le cœur, n'a point de liaison apparente avec un système circulatoire, semblent, sous ce rapport, beaucoup moins parfaits que les crustacés : chez eux l'air vient chercher, au moyen de trachées innombrables, les fluides dans toutes les parties du corps pour leur faire subir les modifications chimiques, nécessaires à l'entretien de la vie; tandis que dans les crustacés les organes respiratoires, qui consistent en branchies ou en sacs aériens, ont une place fixe, et que la lymphe y est amenée par l'action de la circulation. Enfin les organes de nutrition et de la génération ont dans ces animaux tout le degré de développement qu'on reconnoît dans ceux des insectes et des arachnides.

Les organes de la Locomotion, chez les crustacés, consistent, 1.° en organes passifs remplissant les fonctions du squelette des animaux vertébrés, et se composant principalement de la peau extérieure qui est endurcie et divisée en segmens ou portions de segmens plus ou moins compliquées, pour le corps et les membres, mais toujours symétriques; 2.° en organes actifs, mous, fibreux, ou muscles contractiles par l'effet de l'incitation du système nerveux.

Les pièces solides sont articulées entre elles, sans mouvement ou avec mouvement. Celles qui sont dans le premier cas, telles que les plaques du plastron des crabes et des écrevisses, sont distinctes seulement par des sutures droites : celles qui sont dans le second, se meuvent ordinairement l'une sur l'autre par une articulation en ginglyme ou à charnière, et quelquefois par une articulation en genou. Les parties mobiles des crustacés sont celles dont nous avons donné ci-dessus la description, en traitant des antennes, des parties de la bouche, des pédoncules des yeux, de la tête lorsqu'elle est distincte du corps, des segmens qui composent celui-ci ainsi que la queue, des membres de toutes sortes, des appendices natatoires, etc. Nous ne reviendrons pas ici sur leur distinction.

Les muscles chez les crustacés, comme chez les insectes, sont formés de fibres non adhérentes entre elles, non réunies par un tissu cellulaire et non enveloppées d'aponévroses. Ces muscles sont nombreux et placés toujours au-dessous ou au dedans des parties solides, et disposés de façon que chaque articulation en ginglyme, a son fléchisseur et son extenseur.

Il n'entre point dans notre plan de décrire avec détail les muscles des crustacés: aussi renvoyons-nous, pour cet objet, aux ouvrages qui traitent spécialement de l'anatomie de ces animaux; nous nous bornerons seulement à dire que ceux de la base des pattes des crustacés décapodes brachyures sont très-puissans et placés dans des sortes de loges que forment sous le têt des cloisons verticales, solides, qui séparent les différentes pièces du plastron; que ceux de la queue des décapodes macroures, arrivés au maximum de développement, sont très-compliqués et forment une masse dorsale assez mince, et une masse ventrale très-épaisse, toutes deux composées de trois ordres de fibres bien marquées; enfin que dans certains petits entomostracés, des muscles particuliers qui n'existent point dans d'autres sont destinés à fixer l'animal à sa coquille, et à faire ouvrir ou fermer, selon sa volonté, les valves de celle-ci.

Sensibilité. Les crustacés ont un système nerveux très-semblable à celui des insectes et des arachnides.

Il consiste principalement dans un cerveau placé en avant et au-dessus du tube intestinal et dans une moelle alongée, composée d'un double cordon noueux placé à la face inférieure du corps, tantôt, comme chez les crustacés décapodes macroures, s'étendant dans toute la longueur de ce corps, tantôt, comme dans les brachyures, formant vers le milieu de sa face inférieure un cercle médullaire d'où les nerfs partent en rayonnant.

« Le cerveau (1) dans les animaux de ces deux familles », est placé à l'extrémité antérieure du corps. Sa masse est plus large que longue, et sa face supérieure est divisée en quatre lobes arrondis; les lobes moyens fournissent chacun de leur bord antérieur un nerf qui est le nerf optique et qui se porte directement dans le pédoncule de l'œil. Ce nerf s'y divise en une multitude de filets dont chacun se rend à l'un des yeux particuliers qui forment l'ensemble des yeux composés. De la face inférieure du cerveau naissent quatre autres nerfs qui vont aux antennes et qui donnent quelques filets aux parties voisines. De son bord postérieur naissent deux cordons nerveux fort alongés, qui comprennent l'œsophage entre eux pour se réunir en dessous dans un renflement ou ganglion médian, et qui donnent chacun vers le milieu de sa longueur, un gros nerf qui se rend aux mandibules et à leurs muscles. Le ganglion inférieur à l'œsophage fournit les nerfs qui se portent aux mâchoires et aux pieds-mâchoires.

---

(1) Nous empruntons cette description du système nerveux des crustacés, au Traité d'Anatomie comparée de M. Cuvier, tom. II, pag. 314.

« Dans les écrevisses et autres crustacés décapodes macroures, les deux cordons restent rapprochés dans toute la longueur du corps, et y forment cinq ganglions successifs, placés entre les articulations des cinq paires de pattes. Chaque patte reçoit un nerf du ganglion qui lui correspond, et ce nerf pénétre jusqu'à son extrémité : c'est celui de la serre qui est le plus gros. Les cordons médullaires arrivés dans la queue, s'y unissent si intimement, qu'il n'est plus possible de les distinguer; ils y forment six ganglions dont les cinq premiers fournissent chacun deux paires de nerfs. Le dernier en produit quatre qui se distribuent en rayons aux nageoires écailleuses qui terminent la queue. » Dans les crabes, toute la partie antérieure du système nerveux est la même, mais les deux cordons œsophagiens se réunissent bien plus en arrière que dans les écrevisses. « Ils le sont dans le milieu du thorax, et là commence une moelle médullaire figurée en anneau ovale, évidée dans son milieu et huit fois plus grande que le cerveau. C'est du pourtour de cet anneau que naissent les nerfs qui vont aux diverses parties; il fournit six nerfs de chaque côté pour les mâchoires et les cinq pattes, et il y en a un onzième ou impair qui vient de la partie postérieure, et se rend dans la queue. Il représente pour ainsi dire le cordon noueux ordinaire; mais ses ganglions, s'il en a, ne sont point visibles. Dans les pagures, le cordon nerveux est longitudinal comme dans les écrevisses; mais les ganglions de la partie correspondante à la queue, sont moins nombreux. Dans les squilles, il y a dix ganglions sans compter le cerveau : celui qui est à la réunion des deux cordons qui ont formé le collier, donne aux deux grandes serres et aux trois paires de pattes qui les suivent immédiatement, et qui, dans ces animaux, sont presque rangées sur une ligne transversale : aussi ce ganglion est-il le plus long de tous. Chacune des trois paires suivantes a son ganglion particulier. Il y en a ensuite six dans la longueur de la queue qui distribuent leurs filets aux muscles épais de cette partie. Le cerveau donne immédiatement quatre troncs de chaque côté; savoir : l'optique, ceux des antennes et le cordon qui forme le collier; et comme les antennes se trouvent ici plus en arrière que le cerveau, leurs nerfs se dirigent en arrière pour s'y rendre. »

« Dans le cloporte, les deux cordons qui composent la partie moyenne du système nerveux ne sont pas entièrement rapprochés. On les distingue bien dans toute leur étendue. Il y a neuf ganglions sans compter le cerveau; mais les deux premiers et les deux derniers sont si rapprochés, qu'on pourroit les réduire à sept. »

Dans les entomostracés, le cerveau est souvent la seule partie qu'on puisse voir. Celui des apus est un petit globule transparent, situé sous l'intervalle des yeux. Le cordon médullaire est double et a un renflement à chacune des nombreuses articulations du corps; mais le tout est si mince et si transparent, qu'on a peine à s'assurer de la véritable nature de cet organe. Les daphnies et les branchipes ont le cerveau apparent ainsi que les nerfs optiques dont on peut même observer les divisions.

Vue. Parmi les crustacés on pourroit sans doute distinguer plusieurs degrés relativement à la perfection de la vision. Certains d'entre eux, comme les crabes, et surtout les crabes terrestres, paroissent distinguer les objets à une distance assez grande, tandis que d'autres semblent ne voir que de très-près : enfin quelques uns sont absolument privés d'yeux.

Les yeux de ces animaux sont, ainsi que nous l'avons dit, de deux sortes : les uns simples et les autres composés, et nous avons indiqué leur situation, leur nombre, leur combinaison entre eux, etc. Nous ne reviendrons pas ici sur ces objets, et nous nous bornerons seulement à faire connoître leur composition.

La petitesse des yeux simples ou stemmates n'a pas encore permis de les analyser anatomiquement d'une manière suffisante.

Quant aux yeux composés, ils sont mieux connus. Leur extérieur est ordinairement, ainsi que nous l'avons dit, divisé en une multitude de petites facettes hexagonales, légèrement bombées, et qui sont autant de petites cornées particulières, dont la substance est très-transparente, et a plus d'épaisseur au milieu qu'aux bords. Leur surface interne est revêtue dans les yeux de la langouste, que, d'après M. de Blainville (1), nous prendrons pour exemple, « d'une espèce de *pigmentum* ou de membrane noire vasculaire, qu'il faut regarder comme une vé-

____

(1) Principes d'Anatom., tom. 1, pag. 435.

28.

ritable choroïde. En effet elle est évidemment percée au milieu de chaque petite cornée par un petit orifice qui doit être l'analogue de la pupille. De cet orifice part une petite production membraneuse en forme de tube extrêmement court qui s'applique sur un mamelon correspondant d'une masse considérable subgélatineuse, translucide, et qui est indubitablement l'analogue du cristallin ou de l'humeur vitrée. » M. de Blainville n'a pu s'assurer si cette masse est partagée en autant de parties qu'il y a de petits tubes, par le prolongement de leur enveloppe très-transparente ; mais il a bien reconnu que cette masse d'humeur vitrée, convexe d'un côté et concave de l'autre, s'applique sur un gros ganglion ou renflement de l'extrémité du nerf optique, lequel ganglion lui a paru aussi offrir à sa surface autant de petites alvéoles, qu'il y a de petits tubes oculaires.

M. Cuvier n'a pas trouvé dans les yeux de l'écrevisse tous les détails d'organisation que M. de Blainville annonce avoir observés dans la langouste. Selon lui « le nerf optique traverse le pédoncule oculaire par un canal cylindrique qui en occupe l'axe. Arrivé au centre de la convexité de l'œil, il forme un petit bouton d'où partent en tous sens des filets très-fins, qui rencontrent à quelque distance la membrane choroïde qui est à peu près concentrique à la cornée, et qui enveloppe cette brosse sphérique de l'extrémité du nerf, comme le feroit un capuchon. Toute la distance entre cette choroïde et la cornée est occupée comme dans les insectes par des filets blanchâtres, serrés, qui se rendent perpendiculairement de l'une à l'autre, et dont l'extrémité qui touche à la cornée est également enduite d'un vernis noir. Ces filets sont la continuation de ceux qu'a produits le bouton qui termine le nerf optique, et qui ont percé la choroïde. »

Les yeux des cloportes, des crevettes et autres isopodes ou amphipodes, n'ont pas été examinés ; mais ceux de certains entomostracés, tels que les daphnies et les branchipes, l'ont été par des observateurs exercés. Les daphnies, dans le premier moment de leur développement, paroissent avoir deux yeux distincts : mais, lorsqu'elles sont plus âgées, ces deux yeux se confondent en un seul. Swammerdam et Leuwenhoek regardent comme double l'œil unique de ces animaux à l'état adulte, tandis que Geoffroy, **Degéer**, **Jurine** et M. Straus, le considèrent comme simple. « Placé à la partie la plus antérieure de la tête, dit ce dernier naturaliste (1), cet œil unique est recouvert par l'enveloppe générale, qui ne prend aucune modification à cet endroit. Sa forme est celle d'une sphère mobile sur son centre dans toutes les directions. Sa surface est garnie d'une vingtaine de cristallins (*aréoles*, Jurine), parfaitement limpides, placés à de petites distances les uns des autres, et s'élevant en demi-sphère sur un fond noir qui forme la masse de l'œil; mais, étant isolés, ces cristallins se présentent sous une forme de poire, étant dans leur situation naturelle enchâssés par leur petite extrémité dans le globe de l'œil, jusqu'au delà de la moitié de leur hauteur. La consistance de ces cristallins est celle de la corne fortement ramollie, s'écrasant facilement sous une foible pression. Leur surface est parfaitement unie, et ne laisse apercevoir aucun indice d'adhérence. La partie noire, lorsqu'on la divise, se présente sous la forme d'un amas de petits grains d'un brun noirâtre comme coagulés, liés par une substance filamenteuse (dont M. Straus n'a pu déterminer la nature). Tout cet ensemble est enveloppé par une membrane sphéroïdale, parfaitement transparente, s'appliquant immédiatement sur les cristallins, mais sans se mouler sur eux. Le ganglion terminal du nerf optique présente comme celui des crustacés décapodes un faisceau de petits nerfs, dont le nombre paroît égal à celui des cristallins. Ces cristallins, étant dirigés dans tous les sens, forment par leur réunion un œil composé semblable à peu près à celui des insectes, et paroissent former chacun, avec la partie du globe de l'œil qui s'y rapporte, un œil simple, indépendant des autres. L'enveloppe sphéroïdale générale peut être considérée comme étant une cornée commune à tous ces yeux simples. » M. Straus présume que chacun de ces yeux simples est pourvu d'une rétine ou d'une choroïde.

Ce même système d'organe se trouve encore dans les lyncées. les polyphèmes et les branchipes; mais dans ces derniers, l'œil composé est pédonculé et sa cornée générale est extérieure, au lieu d'être renfermée dans la tête.

---

(1) Mém. de Mus. d'Hist. nat., tom. 5, pag. 393.

Les yeux de plusieurs entomostracés sont mus par quatre muscles, qui, en agissant par paires ou isolément, les portent dans des directions très-variées.

Ouïe. Il est certain que beaucoup de crustacés entendent; car le bruit produit une impression sensible sur eux. Néanmoins il est probable que ce sens est très-oblitéré chez la plupart des entomostracés, et que chez les cloportes il se trouve au même degré que dans les insectes. Ce n'est que dans les crustacés décapodes macroures qu'on a découvert d'une manière à peu près certaine l'organe de l'ouïe. Situé dans le têt, à la partie inférieure du premier article des antennes extérieures, il consiste, dans les écrevisses et les squilles, en une cavité percée dans l'épaisseur de ce têt, et renfermant un petit sac ou vestibule ovale, formé par une membrane mince, de couleur blanche et remplie d'un fluide aqueux, dans lequel pénètre un nerf optique extrêmement fin. Son orifice extérieur est appliqué contre une membrane ronde, épaisse, blanche, qui bouche une ouverture de même forme, percée à la partie postérieure d'un tubercule de l'enveloppe crustacée, et qui est une sorte de tympan.

Dans les crabes et autres crustacés brachyures, on trouve à la base des antennes extérieures la même cavité du têt; mais sa saillie extérieure est ou bien moins apparente, ou même nulle.

Cette saillie, lorsqu'elle existe, est tout-à-fait pierreuse, et n'a point d'ouverture postérieure munie d'une membrane analogue au tympan.

Odorat. Ce sens, très-fin dans les crustacés décapodes, paroît encore assez délicat dans plusieurs isopodes. Son siège n'est pas plus connu chez ces animaux que chez les insectes, et l'on s'est servi des mêmes motifs pour avancer qu'il doit résider dans les antennes; c'est-à-dire qu'on a remarqué que la première paire de nerfs se rend dans ces appendices, comme la première paire de nerfs se porte dans les organes bien connus de l'olfaction dans les animaux vertébrés, et l'on a conclu l'analogie de fonction, de l'analogie de position.

Cette question reste encore néanmoins totalement irrésolue; car, si les antennes sont les organes de l'odorat dans les insectes et les crustacés, où sont ceux des arachnides qui n'ont point d'antennes, et qui cependant perçoivent aussi bien qu'eux les émanations odorantes ?

M. Duméril, adoptant la conjecture de Baster, a cherché à démontrer que le siége de l'odorat dans les insectes devoit se trouver dans les points par lesquels l'air nécessaire pour la respiration étoit introduit dans le corps, c'est-à-dire vers l'entrée des stigmates ; mais où seroit placé ce siége dans les crustacés qui respirent par des branchies ?

M. Cuvier, dans ses Leçons d'Anatomie comparée, paroissant goûter le système de Baster et de M. Duméril relativement à la position des organes de l'odorat dans les insectes, ne dit rien de particulier aux crustacés. M. de Blainville, dans son dernier ouvrage, adopte comme la plus probable, l'opinion que les antennes sont le siége de l'odorat dans tous les animaux articulés, parce que, dit-il, elle se trouve d'accord avec plusieurs considérations *à priori*, et surtout avec la spécialité du système nerveux qu'il croit d'autant plus nécessaire que la fonction sensoriale l'est davantage elle-même. Il pense que dans les animaux invertébrés l'appareil de l'olfaction présente avec ce qui a lieu dans les animaux vertébrés, cette différence, que la peau plus ou moins modifiée ne tapisse plus une cavité, une poche, logée dans le tissu même de la tête ; mais qu'elle revêt l'extrémité d'appendices qui peuvent saillir plus ou moins au devant de l'animal, tels que des antennes et des tentacules.

Des quatre antennes qui existent chez les crustacés, M. de Blainville paroit croire que le siége de l'olfaction réside plutôt dans les deux intermédiaires que dans les deux extérieures.

Goût. Il n'est pas douteux que ce sens existe dans les crustacés, et il paroit vraisemblable que son siége est placé au commencement du canal intestinal, car on voit se rendre à cette partie quelques uns des filets nerveux que fournissent les deux cordons qui entourent l'œsophage. Néanmoins on pourroit aussi le supposer dans les palpes flagelliformes qui sont annexés au dos des pieds-mâchoires, ainsi qu'on l'a admis pendant long-temps dans les palpes maxillaires et labiaux des insectes ; mais ces palpes des crustacés ne sont nullement conformés pour percevoir les saveurs, et ce ne sont pas même des organes du tact ; on ne doit les considérer que comme de véritables appendices de locomotion un peu modifiés, et qui tout au plus servent à diriger la proie vers les mâchoires.

Toucher. Le toucher semble être très-obtus dans la plupart des animaux de cette classe. Le nom de crustacés qu'on leur a donné indique assez que leur peau, siége ordinaire de ce sens, est endurcie et changée en une véritable croûte solide. Aucun de leurs appendices, c'est-à-dire, les palpes, les antennes, les pieds, ne paroît modifié pour le tact.

Il y a néanmoins quelques nuances qu'on pourroit admettre entre les divers crustacés, en raison de la solidité plus ou moins grande de leur têt : ainsi les crustacés décapodes brachyures et une partie des macroures ont leur enveloppe généralement plus épaisse, plus calcaire et plus solide que tous les autres ; après eux viennent certains décapodes macroures comme les palæmons, les penées, etc., et les stomapodes dont le têt est flexible, corné, demi-transparent ; enfin les entomostracés des genres Apus et Branchipe, les plus mous de tous ces animaux, qui ont une peau si fine qu'elle peut être dans toutes les parties du corps un organe de tact assez délicat. Les branchipes mâles ont à la tête deux organes mous susceptibles de se rouler en spirale, comme une sorte de trompe, et qui peuvent être doués d'une grande sensibilité.

A une certaine époque de l'année, les crustacés, même les plus durs, perdent leur vieille enveloppe, et se trouvent revêtus d'un têt nouveau très-mince et très-flexible. Alors leur sensibilité est très-grande ; et, de crainte d'être blessés par les attouchemens des corps extérieurs, ils restent cachés dans des creux de rochers jusqu'à ce que leur peau nouvelle ait acquis une consistance suffisante pour les mettre à l'abri de ces accidens.

Plusieurs crustacés, tels que les pagures, ont dans tous les temps la partie postérieure de leur corps molle et sensible, aussi la tiennent-ils toujours renfermée dans la cavité de quelques coquilles abandonnées par les mollusques qui les ont formées.

La peau dans les crustacés se compose de plusieurs couches superposées, ainsi que M. de Blainville l'a reconnu. Dans la langouste, il y a distingué 1.º une première couche interne plus fibreuse que les autres, translucide, évidemment vivante, formant la lame intérieure des parties qui ne s'encroûtent pas ; 2.º une seconde couche plus cartilagineuse, de couleur opaline, un peu plus épaisse et appartenant encore aux parties membraneuses; 3.º une troisième couche encore plus épaisse, à tissu moins serré, dans laquelle se déposent les molécules calcaires qui donnent la solidité au têt; 4.º une dernière tout-à-fait extérieure, composée de matière colorante ou de *pigmentum* et d'une couche épidermique.

Selon le même anatomiste, les trois dernières couches du derme pénètrent dans les tubercules du têt, et surtout dans les piquans, jusqu'à une certaine distance de la pointe, où la troisième s'arrête, et alors on voit la substance épidermique plus forte et plus dure. Dans les antennes, la première couche est beaucoup plus mince; la seconde est au contraire bien plus épaisse, la troisième est également assez épaisse, et la quatrième l'est davantage dans la partie inférieure de l'antenne où elle forme presque une membrane. Dans les crustacés, la membrane calcifère, et cela se voit surtout dans les pagures, est véritablement indépendante de la peau; c'est une partie même du derme qui s'encroûte, qui est susceptible de renouvellement, et qui entraîne avec elle la couche tout-à-fait externe qui comprend la matière colorante. Lorsque ce derme endurci est tombé, il se sépare du derme persistant et tendre, une nouvelle couche qui s'encroûte de même et tombe. C'est dans le temps où l'ensemble de la peau est encore mou, que se dessinent dans la carapace des crabes, les différentes régions plus ou moins saillantes dont nous avons ci-dessus donné la description, et qui sont correspondantes aux viscères sous-jacens.

On a donné le nom de *mues* à ce renouvellement du têt des crustacés. Ces mues sont plus ou moins fréquentes selon l'âge des animaux, et le degré d'accroissement plus ou moins rapide qu'ils prennent.

Dans les crustacés décapodes, la mue a lieu tous les ans vers le milieu du printemps. Réaumur a étudié celle des écrevisses de rivières, et c'est à lui qu'on doit tout ce que l'on sait sur la manière dont cette opération a lieu. Lorsque les écrevisses veulent changer de peau, elles frottent leurs pattes les unes contre les autres, et se donnent de grands mouvemens. Plus tard elles gonflent leur corps d'une manière sensible, et le premier segment de la queue paroit plus écarté qu'à l'ordinaire du bord postérieur de la carapace; la membrane qui les unit se brise, et le corps, avec sa nouvelle peau, paroît. Après un repos, ces crustacés s'agitent de nouveau ; ils se gonflent et se soulèvent plus qu'ils ne l'ont fait d'abord ; la carapace s'élève, se détache, et ne reste plus adhérente que vers la bouche ; bientôt après les yeux sont dégagés de leur vieille peau qui reste fixée à l'ancien têt, puis les antennes ainsi que les parties de la bouche, et ensuite la carapace est presque totalement séparée. Enfin, après divers mouvemens réitérés, les écrevisses dépouillent leurs pinces et leurs pattes dans un ordre indéterminé ; puis elles quittent tout-à-fait leur carapace ; et, étendant brusquement leur queue, elles se dégagent de toute l'ancienne enveloppe de celle-ci.

Après la mue, les écrevisses sont très-molles, et restent dans un état de prostration de forces qui dure plusieurs jours, jusqu'à ce que la partie la plus extérieure du derme se remplisse de molécules calcaires qui lui redonnent de la solidité.

Dans les entomostracés, dont la croissance est beaucoup plus rapide que celle des crustacés proprement dits, et pour lesquels la durée de la vie est très-courte, les mues sont très-rapprochées. Ainsi M. de Jurine, ayant observé des daphnies depuis le moment de leur naissance jusqu'à celui de leur première ponte, dans un intervalle de dix-sept jours, a compté huit mues, qui étoient à peu près à deux jours d'intervalle entre elles, et il n'a pas suivi ces mues au-delà, parce qu'elles se succèdent de la même manière, en été, jusqu'à la mort de l'animal..En hiver les mues sont bien retardées, et il n'est pas rare de les attendre pendant huit ou dix jours.

Les cypris, les apus, les branchipes, les lyncées, les limnadies, les polyphèmes ont des mues aussi très-fréquentes.

Dans tous les crustacés et entomostracés, |on remarque que la vieille peau se compose de toutes les parties principales et accessoires qui appartenoient à l'animal, et que souvent chaque épine ou chaque poil y est vide, et recouvre une autre épine ou un autre poil. L'analyse chimique de ce vieux têt démontre qu'il est formé de chaux carbonatée et de chaux phosphatée unie à la gélatine en diverses proportions, qui sont relatives en général à la solidité de ce têt.

Nutrition. La plupart des crustacés se nourrissent de matières solides, et ordinairement de matières animales. plus ou moins en état de décomposition. Il en est cependant quelques uns qui vivent de liquides qu'ils sucent, sur les animaux auxquels ils sont fixés.

Les premiers sont tous pourvus d'une bouche plus ou moins compliquée et composée, ainsi que nous l'avons vu (pag. 149), d'une lèvre supérieure médiane, sans lèvre inférieure proprement dite, et d'un nombre variable d'organes broyeurs ou masticateurs, se mouvant latéralement, et destinés à la trituration des alimens. Les autres ont plusieurs parties réunies de façon à former une sorte de bec ou de suçoir.

Ayant décrit les organes buccaux avec quelque détail, en traitant de la structure extérieure des crustacés, nous nous dispenserons d'en parler de nouveau. Nous nous occuperons seulement ici des organes de la nutrition proprement dits.

Le canal intestinal est généralement court et droit, et il présente souvent dans son trajet une dilatation remarquable, qui est l'estomac; mais aussi quelquefois cet estomac n'est apparent que par un léger renflement de ce canal.

L'œsophage est court : l'estomac varie, ainsi que nous venons de le dire, dans son étendue et dans ses formes.

Celui des crustacés décapodes brachyures, ou macroures (pl. 1, fig. 2 et 4), placé au-dessus et un peu en avant de la bouche, occupe sous la partie antérieure de la carapace un espace considérable. Il est très-vaste, membraneux, et ses parois sont soutenues par des arceaux cartilagineux, assez compliqués, qui les tiennent écartées, même lorsqu'il ne renferme rien. Sa figure est celle d'un trapèze dont les angles sont arrondis en forme de lobes, et dont les deux grands sont antérieurs (fig. 2, a). « Dans le milieu de la paroi supérieure, dit M. Cuvier (Anat. comp., tom. 4, pag. 126), se trouve une arête cartilagineuse transverse, qui porte en dedans une première dent, ou plaque osseuse, oblongue, collée à sa face interne, se dirigeant vers le pylore, et se terminant en arrière par un tubercule. Sur cette extrémité postérieure s'articule une seconde arête dirigée en arrière, bifurquée en Y, et sur chacune des branches latérales de celle-ci, s'en articule une autre qui revient en avant et en dehors gagner l'extrémité latérale de la première arête. C'est sur ces deux arêtes latérales que sont portées les plus grandes dents pyloriques : elles sont

solides, oblongues, ont une couronne plate, sillonnée en travers, et dont les inégalités et les sillons varient selon les espèces.
Du point de réunion de l'arête transverse et de la latérale de
chaque côté, en part une autre latérale qui va plus bas que
la première, et porte à son extrémité une dent latérale plus
petite que la précédente, placée un peu en avant et au-dessous de son extrémité antérieure, et hérissée de trois ou de
cinq petites pointes aiguës et recourbées. » Ces deux petites
dents, selon M. Cuvier, saisissent la nourriture qui vient de
la bouche, et la portent entre les deux grandes dents à couronne plate, qui la broient entre elles et contre la première
plaque impaire dont il a été fait mention. Près du pylore une
saillie charnue et ovale se trouve en arrière des grosses dents,
dans l'intervalle qui les sépare, et le pylore lui-même est partagé en deux demi-canaux, par une crête moyenne. L'estomac
a ses muscles propres, et aussi des muscles extrinsèques (fig. 2, ii)
qui s'attachent aux parties voisines du thorax, et qui servent
avec les premiers à mouvoir l'appareil des cinq dents qui garnissent le pylore.

A l'époque où les écrevisses sont prêtes à muer, on trouve
appliquée en dedans de l'estomac et de chaque côté une pierre
calcaire ronde, aplatie, blanche, à couches concentriques.
Ces pierres paroissent destinées à fournir la matière, ou
une partie de la matière calcaire du nouveau têt; car elles
diminuent de grosseur dès le lendemain de la mue, et se
fondent totalement à mesure que l'enveloppe nouvelle prend
de la consistance. Il y a lieu de croire que ces corps, qu'on
désigne vulgairement sous le nom d'*yeux d'écrevisses*, et auxquels on a attribué des propriétés imaginaires, se retrouvent
dans tous les crustacés proprement dits, et notamment dans
ceux qui ont le têt très-solide.

Dans les squilles, l'estomac est petit, en prisme triangulaire,
membraneux et garni, de chaque côté de son extrémité postérieure, d'une rangée de petites dents pointues.

Les cloportes ont la partie antérieure de leur canal seulement
un peu plus grosse que le reste, et ce renflement représente
l'estomac.

Chez les daphnies, la portion du canal intestinal, à laquelle
on peut donner le nom d'estomac, est aussi simplement plus ren-

flée, et d'un diamètre plus considérable que le reste du tube.
Son pylore n'est pas distinct, et le cardia seul est bien apparent par la différence de volume de l'œsophage. Deux vaisseaux aveugles, assez courts et gros, qui aboutissent à cet
estomac, ont été considérés par quelques naturalistes comme
étant des cœcums, et par d'autres comme remplaçant le foie.

A la suite de l'estomac, le canal intestinal va assez directement se rendre à l'anus, après avoir suivi le mouvement
général du corps. Son diamètre, à peu près égal dans toute
sa longueur, est quelquefois très-peu considérable. Tantôt,
comme dans les crustacés décapodes, il présente vers son milieu un bourrelet, en dedans duquel est une forte valvule,
et d'où part un très-long cœcum; tantôt, comme dans les entomostracés, il n'a aucune trace de ces parties. Enfin sa terminaison est toujours située sur la face inférieure du dernier
segment de la queue ou de l'abdomen.

Le foie est un organe très-volumineux, surtout à certaines
époques de l'année, dans les crabes, les écrevisses et autres
crustacés décapodes. Il est situé à la face inférieure du corps,
c'est-à-dire en dessous de l'estomac, du cœur et des organes
préparateurs de la génération, et dans les pagures il remplit
de plus toute la base de la queue. Sa forme générale est in-
déterminée, car il n'est pas compris dans une enveloppe membraneuse propre, telle qu'en ont les glandes conglomérées
des animaux vertébrés. Il se compose d'une multitude innombrable de petits cœcums entremêlés, de couleur jaune, dont les
parois paroissent spongieuses, et qui contiennent une humeur
(la bile) brune et amère. Leur communication avec le canal
intestinal par des vaisseaux hépatiques, n'a pas encore été indiquée; mais il y a lieu de croire qu'elle existe, non loin de
l'estomac, si ce n'est dans l'estomac même. Ce foie est ce que
l'on nomme vulgairement la farce dans les crabes et les écrevisses.

Dans les squilles, le foie, solide et très-semblable à une
glande conglomérée, est divisé par lobes, et ces lobes sont
rangés des deux côtés de toute la longueur du canal intestinal.

Dans les limules, le foie verse la bile dans l'intestin par deux
canaux de chaque côté.

Dans les cloportes, on remarque seulement tout près de

l'œsophage quatre gros vaisseaux aveugles, flottans, ondulés, de couleur jaune, tout-à-fait semblables aux vaisseaux considérés comme hépatiques dans les insectes.

Enfin, dans les entomostracés, on ne pourroit admettre comme organes analogues au foie que les deux petits vaisseaux qui aboutissent à la partie antérieure de l'estomac des daphnies, et dont nous avons fait mention ci-dessus.

On ne connoît aucun organe analogue au pancréas dans les crustacés. Il seroit néanmoins possible que ce viscère se trouvât remplacé par le cœcum dont nous avons parlé plus haut, qui n'admet pas d'alimens en digestion dans son intérieur, et qui pourroit être une glande destinée à verser une liqueur particulière dans le canal intestinal.

Il n'y a point de péritoine; l'estomac est maintenu, ainsi que nous l'avons vu, par des muscles particuliers; mais le canal intestinal ne l'est que par les vaisseaux et par la compression des parties environnantes.

Circulation. Les crustacés diffèrent éminemment des insectes, parce qu'ils sont pourvus d'un cœur et de vaisseaux qui manquent chez ces derniers, où l'on a observé seulement un long canal dorsal, sans issues connues, et rempli d'un fluide limpide.

Le cœur est placé, dans les crustacés décapodes, à peu près vers le milieu du corps proprement dit, en arrière de l'estomac, et d'une partie des organes préparateurs de la génération, et entre les branchies. Il est logé dans une sorte de cavité, entourée par les cloisons solides auxquelles sont attachés les muscles de la base des pattes, et dont l'ensemble forme deux arcs-boutans, l'un à droite, l'autre à gauche, qui soutiennent le dessus du têt dans les points où l'on voit en dehors deux petites impressions longitudinales sur celui-ci. Sa forme est ovale, un peu déprimée, sa couleur est blanchâtre, et ses parois demi-transparentes ont assez d'épaisseur. Ses mouvemens de dilatation et de contraction sont très-sensibles, et en général assez lents. Il n'a point d'oreillettes, et l'on ne trouve point de valvules dans son intérieur.

Ce cœur, par ses contractions, distribue la lymphe aux branchies à l'aide d'autant de vaisseaux qu'il y a de paquets de lames branchiales, et ces vaisseaux partent tous, d'un ou de deux troncs principaux. La lymphe qui a respiré sort des branchies par un nombre égal de vaisseaux qui vont se réunir dans un canal ventral situé au-dessous de l'intestin, et ce canal la distribue à tout le corps d'où elle revient au cœur, par une grosse veine cav.

Ainsi la circulation est double, le cœur devant être considéré comme le ventricule pulmonaire, et le canal ventral, comme le ventricule aortique.

Dans les squilles, le cœur s'alonge en un gros vaisseau fibreux qui règne non seulement dans le dos, mais encore tout le long de la partie supérieure de la queue.

Celui des petits entomostracés, tels que les daphnies, les lyncées, les limnadies, est petit, globuleux, situé près du dos en dessus du canal intestinal, et l'on voit très-bien ses contractions.

Dans le limule, c'est un gros vaisseau garni en dedans de colonnes charnues, régnant le long du dos, et donnant, comme celui des squilles, des branches des deux côtés.

Enfin, chez les branchipes, on voit depuis la tête jusque près de la fin de l'avant-dernier article de la queue un organe brillant, parfaitement diaphane, qui se compose d'une suite d'utricules en nombre correspondant à celui des anneaux du corps (18 ou 19), lesquels se rétrécissent et s'élargissent successivement avec beaucoup de vitesse par des mouvemens qu'on peut comparer à ceux de systole et de diastole. Cet organe est fort comparable au vaisseau dorsal des insectes.

Respiration. La respiration est une fonction très-active chez les crustacés : aussi beaucoup d'entre eux présentent-ils une rapidité de mouvement remarquable. Les organes en sont volumineux et de deux espèces, des branchies ou des lames branchiales, et des sortes de sacs aériens.

Les branchies sont tantôt cachées, tantôt visibles : souvent elles sont situées sur les côtés du corps, mais souvent aussi sur l'extrémité postérieure de sa face inférieure. Presque constamment elles sont annexées à la base des pattes ambulatoires, ou à celle des parties de la bouche les plus extérieures ; mais aussi, dans plusieurs cas, elles constituent à elles seules des pattes qui servent en même temps à la locomotion et à la respiration.

Dans les crustacés décapodes brachyures, elles sont placées à la racine des pieds, sous le rebord latéral et inférieur de la carapace; elles reposent sur deux tables solides, obliques, de l'intérieur du corps, qui servent à fermer supérieurement les loges où sont fixés les premiers muscles des pattes. L'eau peut pénétrer jusqu'à elles par une fente qui se trouve en arrière de ce bord de la carapace, et sortir par une ouverture antérieure située près de la bouche. Dans un genre, celui des dorippes, cette ouverture antérieure, percée dans le corps même de la carapace, est très-remarquable. Ces branchies ont chacune la forme d'une pyramide triangulaire, alongée, attachée par sa base seulement, et dont la pointe est dirigée en haut et en dedans. Elles se composent d'une tige de nature cartilagineuse, supportant de nombreuses lames molles et membraneuses, séparées en deux masses longitudinales, par un sillon médian, et empilées les unes sur les autres perpendiculairement à l'axe de la tige qui les soutient. Dans le sillon se trouvent deux gros vaisseaux, l'un veineux, l'autre artériel, qui distribuent leurs branches à l'infini sur la surface des lames membraneuses et doubles des branchies, de manière à ce que la lymphe y reçoive l'impression de l'air respirable mêlé dans l'eau.

Ces branchies sont au nombre de sept de chaque côté, cinq dépendant des pattes proprement dites, et deux des premier et second pieds-mâchoires. Elles sont continuellement frottées par deux longues lames minces, cartilagineuses et flexibles, attachées près de la base des mâchoires, l'une en dessus, l'autre en dessous de ces organes, et qui paroissent avoir pour fonction, ainsi que M. Cuvier le présume, d'exprimer l'eau qui a servi à la respiration, des intervalles des feuillets des branchies, afin d'en laisser rentrer de nouvelle.

Les branchies des crustacés décapodes macroures diffèrent de celles des crustacés brachyures, en ce que les feuillets ou lames respiratoires sont remplacés par des filamens cylindriques assez courts et disposés en houppes, lesquels ont chacun une veine et une artère. Elles sont aussi bien plus nombreuses, puisqu'on en compte vingt-deux de chaque côté, divisées en cinq groupes principaux de quatre chacun, correspondant à la base des quatre premières pattes et des pieds-mâchoires extérieurs : de plus une branchie isolée se trouve placée tout-à-fait en avant, et fixée au second pied-mâchoire, tandis qu'une autre aussi isolée correspond à la dernière ou cinquième patte. Ces branchies sont comprimées par des lames alongées cartilagineuses, mobiles, attachées chacune à la base de chaque patte, de façon à en exprimer l'eau. Ces lames séparent les groupes de branchies ; et, dans chaque groupe, il y a une de ces branchies, la plus extérieure, qui est fixée à la base de la lame, et mobile comme elle; les autres étant adhérentes au corps même, et n'ayant pas de mouvement propre. Deux pareilles lames, sans branchies à leur base, sont attachées au pied-mâchoire le plus antérieur, et à la dernière mâchoire proprement dite.

Le têt de ces crustacés offre aussi une ouverture antérieure, au-dessous de son bord, et de chaque côté de la bouche, pour la sortie de l'eau.

Dans les squilles les branchies sont visibles, et peuvent servir au mouvement. Elles sont situées sous le corps et en arrière, au nombre de cinq paires annexées à des nageoires courtes, divisées en deux lobes et formées de lames membraneuses ciliées sur leurs bords. C'est à la racine du lobe extérieur de ces nageoires, et à son bord interne que tient la branchie qui est très-compliquée, mais qui ressemble au premier aperçu à un gros pinceau. M. Cuvier qui a le premier bien observé cet organe, le décrit ainsi (1) : « La branchie est formée d'abord d'un pédoncule conique composé de deux vaisseaux. Il en part une rangée de tubes cylindriques qui vont en décroissant de la base de ce pédoncule à sa pointe, et ressemblent à un jeu d'orgue; chacun d'eux se courbe, et forme une longue queue conique et flexible, qui porte elle-même une rangée très-nombreuse de longs filamens flottans comme des cordes de fouet; chaque filament contient deux vaisseaux, chaque queue et chaque tube aussi, tout comme le pédoncule général. Ces branchies flottent dans l'eau, se meuvent comme les nageoires, et sont même battues entre les deux lobes de celles-ci. »

Les crustacés amphipodes (les crevettes) sont pourvus d'appendices vésiculeux placés à la base intérieure des pieds, à l'exception de celle de la paire antérieure, et qu'on a consi-

____

(1) ANAT. COMP., tom. 4, pag. 435.

dérés comme des branchies. Parmi les isopodes, les uns, tels que les leptomères, les protons, les chevrolles et les cyames, n'ont pour organes respiratoires apparens, ou présumés tels, que des corps vésiculaires très-mous, tantôt au nombre de six, et situés de chaque côté sur les second, troisième et quatrième segmens, à la base extérieure des pieds qui y sont attachés; tantôt au nombre de quatre, et annexés à autant de pattes vraies ou fausses du second et du troisième segment, ou à leur place, si ces segmens sont absolument dépourvus d'organes locomotiles. Les autres, tels que les typhis, les ancées, les pranizes, les apseudes et les jones, ont des branchies sous la queue, toujours nues, et en forme de tiges plus ou moins compliquées. D'autres enfin, tels que les cymothoés, les aselles, les cloportes, etc., ont des branchies sous la queue, soit libres et en forme d'écailles vasculaires ou de bourses membraneuses, tantôt nues, tantôt recouvertes par des lames; soit renfermées dans des écailles à recouvrement : parmi ceux-ci se trouvent les crustacés qui ne peuvent respirer que l'air en nature. Ces différences dans le mode de respiration ont fourni à M. Latreille les motifs de la division qu'il a faite des isopodes en trois sections, celles des cystibranches ou læmodipodes, des phytibranches et des ptérygibranches.

La sous-classe des entomostracés présente des variations très-nombreuses sous le rapport des organes respiratoires. Les limules ont sous la seconde partie de leur têt, cinq grandes lames transverses ou pieds-nageoires unis par leur base, et portant à leur face postérieure un grand nombre de feuillets fins, empilés, qui sont les branchies. De pareilles lames se remarquent sous la seconde partie du corps des caliges, et vraisemblablement recouvrent aussi des feuillets branchiaux. Les daphnies ont leurs dix pattes composées de plusieurs articles raccourcis, et les huit dernières sont pourvues, parmi ces articles, d'une lame membraneuse, ciliée sur ses bords, et qui sert à la respiration. Dans les cypris on a cru long temps que les organes de cette fonction résidoient dans les soies qui terminent les antennes et les pattes; mais M. Straus a prouvé qu'ils étoient en forme de lames pectinées, annexées à la base des deux paires de mâchoires. Enfin, dans les apus, les branchipes et les limnadies, ils consistent dans plusieurs des feuillets membraneux, dont l'ensemble compose les pattes natatoires

de ces animaux. Le nom de branchiopodes qui leur a été particulièrement attribué, est tiré de l'alliance qu'on a remarquée
chez eux des organes du mouvement et des organes de la respiration.

GÉNÉRATION. Dans le plus grand nombre des crustacés, la génération est bien connue, et l'on sait que les sexes sont distincts ;
mais dans quelques uns on n'a pu encore découvrir le sexe
mâle : tous les individus qu'on a observés parmi ces derniers,
pondent des œufs d'où proviennent des animaux semblables
à eux, et qui pondent également, sans accouplement préalable.

Des organes de la génération. Les crustacés décapodes brachyures et macroures, les stomapodes, les isopodes et les amphipodes, sont ceux dont les sexes sont bien connus, et chez
lesquels, à cause de leur taille, on en a bien pu étudier les
organes.

Dans les crabes, les écrevisses et les crustacés des deux familles où ces animaux sont rangés, on distingue très-bien les
parties extérieures de la génération, et l'on trouve sans peine
dans l'intérieur du corps les organes préparateurs de cette
fonction. Ces derniers se voient lorsque l'on a enlevé la carapace, sur les côtés et en avant du cœur, et ils sont surtout
apparens à l'époque de l'accouplement ou à celle de la ponte.

Les mâles ont deux verges, qui sortent tout-à-fait à l'arrière
du thorax, ou du corps proprement dit. derrière la cinquième
paire de pieds. Elles sont protégées, chacune, par une pièce
cornée, pointue, tubuleuse, fendue en long, dans le canal
de laquelle elles se trouvent ; et cette pièce sert à leur introduction dans les vulves de la femelle. A la base de chacune de
ces verges vient aboutir un canal déférent, très-sinueux, dont
l'autre extrémité, plus fine que celle-ci, est tellement entortillée qu'elle a l'apparence d'une glande conglomérée. C'est
la masse formée par cette extrémité qui est placée aux environs et en avant du cœur, à côté de la masse correspondante, à laquelle néanmoins elle n'est pas adhérente. Les écrevisses diffèrent des crabes en ce que cette masse a l'apparence
d'un testicule glanduleux, blanchâtre, à six lobes, et ne paroit
pas composée d'un seul filet, mince et très-entortillé, telle
qu'elle est dans ces derniers crustacés.

Les deux vulves des femelles sont situées, dans les crustacés brachyures femelles, sur la troisième pièce sternale ou celle qui correspond aux pieds de la troisième paire, et dans les crustacés macroures, on les trouve à la base même des pattes de la troisième paire, sur la face inférieure du premier article de ces pattes. A ces vulves aboutissent des canaux ou *oviductus*, peu longs, et contournés, qui, dans leur extrémité opposée, sont enroulés comme les canaux déférens des mâles, et constituent les ovaires, lesquels forment deux masses et sont situés aux environs et en avant du cœur.

Certains individus du genre des squilles, qu'on présume être des mâles, ont près de l'origine interne de chacune des deux dernières pattes ambulatoires, un petit appendice crustacé, filiforme, arqué, non articulé, que l'on présume être une dépendance de l'organe copulateur du mâle.

D'après la disposition des parties externes de la génération, dans les crustacés, dont il vient d'être fait mention, on conçoit que l'accouplement entre ces animaux doit avoir lieu ventre à ventre, et c'est ce que l'on observe en effet.

Les amphipodes, dont les organes de la génération ne sont pas bien connus, s'accouplent à la manière des insectes, le mâle étant placé sur le dos de la femelle. Quelques isopodes, chez lesquels on a pu observer les organes sexuels du mâle, les ont doubles et placés sous les premiers feuillets de la queue, où ils s'annoncent par des filets et des crochets.

Les entomostracés sont les seuls animaux de cette classe parmi lesquels on en trouve dont les sexes ne sont pas distincts. Dans les limules néanmoins ils sont encore séparés: car une grande partie du têt de ces animaux est remplie chez les uns par des ovaires, et chez les autres par des organes qu'on peut comparer aux canaux déférens, et aux testicules des crabes et des écrevisses. Les argules mâles, selon l'observation de M. Jurine fils, ont deux verges, situées chacune sur le bord antérieur du premier article des pattes natatoires de la quatrième paire, et pourvues à leur base d'une petite vésicule, qui paroit contenir le fluide fécondant, et remplir conséquemment la fonction d'un canal déférent ou d'une vésicule séminale: l'organe de la femelle est unique, placé entre les pattes de la dernière paire, et communique avec une matrice située dans l'abdomen au-dessus du canal alimentaire, par l'intermédiaire d'un oviductus très-court et droit. Dans ces animaux l'accouplement se fait par l'introduction de l'un ou l'autre pénis du mâle, et quelquefois des deux, mais successivement.

Les caliges ont à la partie postérieure de leur corps deux filets cylindriques plus ou moins longs, divisés en une multitude de petites articulations, et qu'on a considérés comme des ovaires extérieurs (mais quelquefois aussi comme des organes respiratoires). Les branchipes ont des sexes séparés, et dans leur genre, les mâles sont faciles à distinguer des femelles par les serres en forme de pinces et les tentacules préhensiles dont leur tête est munie, et qui ont pour fonction de servir à fixer la femelle dans l'accouplement : chez ces crustacés les parties extérieures de la génération du mâle et l'organe de la ponte de la femelle, placés immédiatement au-dessous du corps, sont soutenus par le premier et le second anneau de la queue : ils sont très-apparens, et encore plus chez la femelle que chez le mâle. C'est dans les deux sexes un corps conoïde qui s'avance en dehors ; celui du mâle est obtus et paroit double et bifide ; celui de la femelle s'ouvre par la pointe, et, chez elle, cet organe est celui de la ponte, et non celui de l'accouplement. La vraie vulve, destinée à recevoir l'organe du mâle, est située tout-à-fait à l'extrémité de la queue, et elle communique avec deux sacs en forme d'intestins, longs, étroits, sinueux, qui remontent dans la queue jusqu'au premier anneau, point où se trouve le corps conoïde extérieur, servant à la ponte. Ces canaux sont les ovaires, et le corps dont il vient d'être parlé est une matrice extérieure où les œufs sont déposés, et augmentent de volume avant d'être pondus. Souvent très-gonflée par les œufs, cette matrice a l'apparence d'un sac membraneux, vert, qui pend sous le corps de l'animal. Les organes préparateurs mâles consistent en deux grands sacs ou tubes recourbés, irréguliers, intestiniformes, dont les parties antérieures, qui sont les plus amples, occupent, repliées sur elles-mêmes, le milieu de l'organe extérieur, et dont les parties postérieures, régnant le long de la queue, vont se terminer en arrière à l'avant-dernier anneau. Dans l'accouplement le mâle, nageant au-dessus de la femelle, la saisit avec les pinces qui garnissent sa tête, et la force à replier sa queue en dessus, jusqu'à ce que sa vulve se trouve placée vis-à-vis du pénis, dont l'intromission a lieu alors.

Tous les individus dans le genre des apus semblent conformés de la même façon, et paroissent femelles, s'ils ne sont hermaphrodites. On ne les a jamais trouvés accouplés : tous portent sur chacun des pieds de la onzième paire une capsule à deux valves, renfermant les œufs qui sont d'un beau rouge. Les limnadies paroissent offrir le même mode de génération.

Dans les daphnies il y a des femelles et des mâles : mais ceux-ci sont infiniment plus rares, et ne paroissent exister, comme les mâles des pucerons, qu'à une certaine époque de l'année : un accouplement dans ces entomostracés suffit, encore comme chez les pucerons, pour la création de sept à huit générations de femelles qui se développent successivement. Les organes de la génération dans la femelle consistent en deux ovaires dont la forme est celle de vaisseaux, et qui s'étendent de chaque côté de l'abdomen depuis le premier segment jusqu'au sixième, où ils s'ouvrent séparément sur le dos de l'animal, dans un espace vide que les valves de la coquille ménagent, lequel a été considéré comme une matrice, et dont la fonction est de conserver les œufs après la ponte jusqu'à l'entier développement des petits. Les organes d'accouplement du mâle ne sont point connus, et, suivant l'observation de M. Straus, il paroît qu'ils n'existent pas. La liqueur séminale seroit seulement lancée dans l'intervalle qui sépare la coquille du dos de la femelle, et iroit ainsi retrouver les issues des ovaires, placées très-haut sur ce dos. Quoi qu'il en soit, les mâles dans ces entomostracés sont faciles à distinguer à leurs grandes antennes, et on les voit quelquefois accrochés aux femelles, à l'aide de certains crochets de leurs pattes antérieures, qu'on a regardés long-temps comme étant leurs organes de reproduction.

Les mâles des cypris ne sont pas connus, et Ledermuller est le seul observateur qui ait fait mention de l'accouplement de ces animaux. Tous ceux que M. Straus a soumis à la lentille du microscope étoient femelles. Leurs ovaires sont très-considérables, en forme de deux gros vaisseaux simples, coniques, terminés en cul-de-sac à leur extrémité, placés extérieurement sur les côtés de la partie postérieure du corps, et s'ouvrant l'un à côté de l'autre dans la partie antérieure de l'abdomen, où ils communiquent avec le canal formé par la queue. Les cypris sont-elles hermaphrodites et obligées à une fécondation réciproque? ou bien les mâles ne se trouvent-ils qu'à une certaine époque de l'année? c'est ce qu'il est impossible d'affirmer dans l'état actuel de nos connoissances. Si cependant ces animaux étoient hermaphrodites, M. Straus pense qu'on pourroit considérer chez eux, comme organes préparateurs mâles, deux vaisseaux aveugles très-courts, remplis d'une substance gélatineuse, et qui sont situés au-dessus des mandibules; mais, d'une autre part, ces mêmes vaisseaux pourroient aussi être pris pour des glandes salivaires, s'ils communiquoient avec l'œsophage, comme M. Straus le soupçonne.

Enfin, dans les cyclopes, les sexes sont séparés, et l'on voit au temps de la ponte chez les femelles deux sacs vésiculeux ou ovaires extérieurs, situés à la base de la queue, et qui sont en tout analogues à celui que l'on trouve unique chez les femelles de branchipes. Dans l'intérieur du corps est de chaque côté du canal intestinal un ovaire en forme de vaisseau, semblable à ceux des daphnies, et qui communique avec les ovaires extérieurs. Chez les mâles le second anneau de la queue porte en dessous deux corps ovales, assez éloignés l'un de l'autre, et qui paroissent donner naissance à deux petits organes, que M. de Jurine père présume être ceux de la génération. Chacun d'eux est composé de trois anneaux qui diminuent de grosseur; le second fournit deux à trois filets, et le troisième se termine en pointe.

Des produits de la génération. Les crustacés sont ovipares, ou ovovivipares. Les œufs qu'ils pondent ont une enveloppe cornée, assez solide, et ordinairement transparente, à travers laquelle on peut quelquefois apercevoir le germe. Ces œufs, sécrétés dans un conduit aveugle qui prend dans son fond le nom d'ovaire, et, dans sa portion la plus externe, celui d'oviductus, sont petits, souvent très-nombreux, de forme sphérique ou ovale, et présentent, selon les espèces, des couleurs très-variées.

Après leur sortie du corps, ils sont ordinairement portés pendant un temps plus ou moins long par les femelles, tantôt

sous leur queue, attachés par des filamens résultans du dessé-
chement de la viscosité qui les enduit, à des appendices particuliers qui ont reçu le nom de fausses pattes, comme cela a
lieu chez les crabes et les écrevisses; tantôt entre les feuillets,
à la base desquels sont fixées les branchies comme dans certains isopodes; tantôt enfin dans une enveloppe membraneuse
extérieure, formant un ovaire ou une matrice externe, comme
chez les cyclopes et les branchipes, ou dans une cavité dorsale
comme chez les daphnies et les lyncées.

Dans certains genres ils éclosent encore contenus dans le
corps de l'animal, ou dans la cavité dorsale de dépôt dont il
vient d'être fait mention, ainsi qu'on le remarque chez les argules et les daphnies, qui, à cause de cela, sont distingués
des autres crustacés comme étant ovovivipares.

Les petits qui sortent des œufs sont dans la généralité des crustacés, semblables en tout à leurs parens; mais quelquefois ils
en diffèrent tellement, qu'ils ont été d'abord considérés comme
appartenant à des genres particuliers, ainsi qu'on l'observe
dans les cyclopes, dont les petits, à différens âges, ont été nommés
amymones et nauplies, dans les argules et dans les branchipes.

Ces œufs, dans une même espèce, sont quelquefois de deux
sortes, selon les saisons. Ainsi les œufs ordinaires des daphnies
sont abondans et nus, tandis que ceux qui doivent passer
l'hiver au fond de la vase sont expulsés au nombre de deux,
chacun renfermé dans une capsule à double enveloppe, et
entourés en sus de la dépouille membraneuse de la cavité
dorsale où ils ont été déposés d'abord; cavité dont la paroi,
s'épaississant et s'obscurcissant alors, a paru à quelques observateurs atteinte d'une maladie particulière qu'ils ont désignée sous les noms d'*ephippium* ou de *selle*.

Le développement des œufs est plus ou moins prompt, selon la durée de la vie des espèces auxquelles ils appartiennent,
et la rapidité de leur propagation. Nous venons de voir que
dans certains genres ils éclosent dans le corps même de la
mère; dans d'autres ils paroissent grossir après la ponte, avant
de donner naissance aux petits, et restent dans cet état plusieurs jours. Enfin il en est, tels que ceux des apus, qui semblent
pouvoir se conserver desséchés pendant de longues années,
sans que le germe qu'ils renferment éprouve d'altération : car,

sans cette supposition, on ne pourroit, à moins qu'on n'ait recours à la théorie de la génération spontanée, expliquer l'apparition subite, et par myriades, après de fortes pluies, de
ces crustacés aquatiques, mollasses, dépourvus de tout moyen
de transport, dans des lieux où, de mémoire d'homme, on
n'en avoit remarqué.

Reproduction des membres. Les écrevisses et les crabes sont
sujets à perdre leurs pattes qui se détachent avec la plus
grande facilité dans les joints des articulations. Peu après l'ar-
rachement du membre une pellicule rougeâtre se forme sur
les chairs mises à nu; quelques jours plus tard, cette pellicule
prend une surface un peu convexe, s'alonge, devient conique,
grandit encore, et se fendant, laisse voir un corps mou, qui
est exactement composé des parties qui manquent au membre,
mais à proportion plus petites que celles qui restent. Bientôt
ces parties nouvelles acquièrent de la consistance, et ce n'est
qu'après plusieurs mues qu'elles reprennent leur volume primitif. L'examen le plus attentif n'a pu faire connoitre la prédisposi-
tion des articulations des membres, qui peuvent, ainsi que les
antennes, et les pieds-machoires extérieurs, se reproduire en
tout ou en partie. On a remarqué seulement que cette reproduction n'a pas lieu lorsque le membre est rompu entre deux
jointures, et même l'on a observé que lorsque ce cas arrive, les
crustacés arrachent eux-mêmes, le moignon restant, afin
d'avoir une rupture dans le joint, où la nouvelle partie peut
se former.

Des habitudes naturelles des crustacés.

Distribution géographique. Les animaux de cette classe ne
composent qu'une quantité d'espèces assez bornée: mais les
individus qui se rapportent à chacune d'elles sont très-nombreux. On les rencontre sous toutes les latitudes, mais plus
abondamment néanmoins dans les régions chaudes et tempérées, que dans les régions glaciales, et leurs espèces ne sont pas
indifféremment propres à tous les climats. Ainsi les crustacés
amphipodes et isopodes semblent plus particuliers aux contrées
froides; tandis que les décapodes sont plus communs dans les
pays intertropicaux, et que, dans les zones moyennes, on observe un nombre moyen des espèces de ces différens ordres.

Certains genres, tels que les ocypodes, les gécarcins, les gélasimes, les ucas, les hippes, les limules, les grapses, etc., sont plus méridionaux que les autres, et se retrouvent à peu près sous les mêmes parallèles, sur les rivages américains, asiatiques et africains. D'autres, au contraire, tels que les crabes proprement dits, les portunes et les inachus, occupent plus d'espace, et atteignent jusqu'aux cercles polaires.

Quant aux petits entomostracés, on ne les a encore observés que dans les contrées tempérées; mais il y a lieu de croire, à cause du degré de température nécessaire à leur existence, qu'ils abondent dans les eaux douces des pays chauds; tandis qu'au contraire ils sont fort rares, si même ils n'existent pas dans les pays très-septentrionaux.

Lieux d'habitation. Les crustacés, considérés généralement, ont des lieux d'habitation très-variés. Les plus nombreux sont aquatiques et marins, et quelques genres, tels que ceux des cloportes, des armadilles, des philoscies, etc., sont seuls véritablement terrestres. Certains décapodes brachyures pénètrent fort avant dans les terres, mais sont forcés de se rapprocher de la mer à l'époque de l'accouplement et de la ponte. Quelques autres, comme les telphuses, quoiqu'ayant des formes très-analogues à celles des crabes marins, ne quittent pas les eaux douces, et tous les entomostracés, excepté les limules, les caliges et quelques animaux voisins de ces derniers, sont dans le même cas.

Parmi les espèces marines, la plupart ne quittent pas les rivages; tandis que d'autres sont pélagiques, vivent dans la haute mer, et n'ont pour se reposer que les bancs flottans de varecs si abondans entre les tropiques. Les crustacés littoraux ne se tiennent d'ailleurs pas tous dans des localités semblables. Les uns, comme les dorippes et certains inachus, résident à des profondeurs de deux à quatre cents pieds, tandis que d'autres se jouent continuellement à la surface des eaux, et passent la moitié de leur existence sur la plage baignée par les flots. Plusieurs espèces ne se rencontrent que dans les lieux rocailleux, garnis de madrépores et d'un difficile accès; tandis que d'autres recherchent les fonds de sable fin et mouvant pour y enfoncer leur corps.

Parmi ceux qui viennent à terre et qui y font un séjour assez long, plusieurs crustacés brachyures (les ocypodes) se creusent des terriers assez profonds, à l'entrée desquels ils se tiennent ordinairement comme en sentinelle. Quelques uns, dit-on, (les ranines) aiment à grimper sur des lieux élevés, et arrivent jusqu'à monter sur les toits des huttes des Indiens.

Les cloportes, les aselles, les ligées, recherchent l'humidité et l'ombre, et se placent assez ordinairement sous des pierres, ou dans des anfractuosités de rochers.

Les crustacés décapodes macroures, tels que les écrevisses, les homards, les langoustes, les palæmons ou salicoques, ainsi que les entomostracés, sont les seuls qui ne viennent jamais à terre.

Mouvemens. Tous les animaux de la classe qui nous occupe marchent, nagent et marchent, ou nagent seulement. Ces différens modes de locomotion sont en rapport avec la conformation de leurs pieds, ainsi qu'avec l'étendue de leur queue et des appendices qui la garnissent dans beaucoup de cas.

Les décapodes brachyures sont évidemment les crustacés marcheurs par excellence. Chez ceux d'entre eux qui courent le mieux, les huit pieds postérieurs seuls employés, sont tous terminés par des ongles forts et pointus. Ils marchent avec la même facilité en avant, en arrière, de l'un ou de l'autre côté, ou dans toutes les directions obliques possibles. On en voit gravir des plans très-inclinés et même perpendiculaires avec la plus grande célérité, pour peu que ces plans ne soient pas tout-à-fait lisses. Plusieurs, tels que les ocypodes et les gécarcins, sont renommés pour la rapidité de leur course qui est telle, qu'on assure qu'un homme ne sauroit les atteindre.

Plusieurs décapodes brachyures marchent moins bien que les autres, et sont plus décidément aquatiques. Ceux-ci, pourvus de membres dont les articles aplatis et ciliés sur leurs bords, sont transformés en véritables rames, peuvent exécuter dans l'eau tous les mouvemens que les premiers font sur la terre, et dans des directions aussi variées. Tels sont les portunes, les podophthalmes, etc.

Quant aux macroures, comme les écrevisses et les palæmons, si leurs pattes leur servent pour la marche, ce n'est que dans le fond des eaux. Leur natation qui a presque toujours lieu en arrière, s'exécute par les mouvemens de leur forte queue, dont l'extrémité repliée en dessous, se trouve élargie par des lames qui peuvent s'écarter en éventail. Quelques uns, comme les crangons, se tiennent renversés en nageant, le dos en dessous et le ventre en dessus.

Beaucoup d'amphipodes nagent au moyen des contractions de leur queue, aidées des mouvemens de leurs pieds, et quelques uns, comme la crevette des ruisseaux, sont forcés, à cause de la compression extrême de leur corps, et de la cambrure très-forte de leur queue, de se tenir continuellement couchés sur l'un ou l'autre côté.

Quoique les squilles aient des pattes propres au mouvement, elles paroissent n'en pas faire plus d'usage que les crustacés macroures n'en font des leurs, et leur natation semble s'effectuer principalement à l'aide des dix pattes branchiales qui sont placées sous une queue moins robuste et moins recourbée que celle des macroures, mais également terminée par des lames natatoires flabelliformes.

Dans la sous-classe des entomostracés, tous les animaux qui ont des pattes nombreuses molles et pourvues de branchies, comme les apus, les limnadies et les branchipes, avancent, seulement par suite de l'action de ces membres, dont les mouvemens sont doux, et ont lieu comme par ondulation. Les daphnies et les lyncées semblent sauter dans l'eau, ce qui a valu aux premiers le nom de *puces aquatiques*, parce que leur natation a lieu au moyen des mouvemens violens de leurs antennes branchues, qui se répètent fréquemment en laissant entre eux de petits intervalles de repos complet. Dans les cypris ce sont les pattes, et surtout celles de derrière, qui font avancer l'animal.

Parmi les amphipodes, quelques uns peuvent sauter avec beaucoup de vigueur lorsqu'ils sont à terre, en se servant de leur queue repliée en dessous comme d'un ressort.

Instinct. L'instinct des crustacés est en général assez médiocrement développé. Les crabes et ceux qui appartiennent aux genres voisins, sont ceux chez lesquels il semble avoir le plus de finesse. Ces animaux en effet paroissent très-rusés, surtout lorsqu'il s'agit d'échapper à leurs ennemis : alors on les voit parcourir le terrain avec beaucoup d'avantage, en choisissant pour retraite les lieux du plus difficile accès. Plusieurs d'entre eux dont la carapace est très-tendre, comme les pinnothères, font leur résidence habituelle dans les valves de certains mollusques, tels que les moules et les pinnes marines, et d'autres qui ont un abdomen mou et vulnérable (les pagures et les birgus) le placent soit dans des cavités de coquilles univalves abandonnées, soit dans des creux de rochers, afin de le préserver; et ceux-ci changent de demeure à certaines époques lorsque leur corps a grossi, afin d'en choisir une nouvelle plus commode. Quelques crustacés macroures (les thalassines) s'enfoncent dans le sable ou la vase pour se dérober à la poursuite de leurs ennemis, etc.

Les cymothoés et les isopodes voisins; les caliges, les bopyres, qui vivent comme parasites sur le corps des cétacés, des poissons, ou même sous le têt d'autres crustacés, possèdent une qualité instinctive qui leur fait distinguer les êtres sur lesquels ils peuvent se fixer, et les parties de ces êtres où ils doivent se placer préférablement pour trouver la nourriture qui leur convient.

Les crabes de terre, appelés *tourlouroux* dans les îles, ont l'habitude constante de se réunir à une certaine époque de l'année en troupes innombrables, et de marcher par le plus court chemin, vers la mer. sans s'inquiéter des obstacles qui se trouvent sur leur passage. Après la ponte, ils se rassemblent de nouveau, pour retourner à leur ancien domicile.

Quelques espèces de différens ordres vivent toujours en sociétés nombreuses, et nous citerons particulièrement les crangons, les talitres, et la plupart des petits entomostracés, surtout les daphnies, dont la couleur donne quelquefois à l'eau une teinte rouge assez foncée.

Les crabes sont courageux, et lorsqu'il ne leur reste plus de retraite, ils avancent fièrement leurs serres, et cherchent à pincer avec leurs doigts, ce qu'ils font très-fortement en raison de leur taille. Quelques uns. en serrant ces doigts avec force et rapidité, produisent un bruit ou un claquement remarquable : et, comme ils tiennent très-élevée la serre avec laquelle ils produisent le bruit, on leur a donné le nom de *crabes appelans*.

Quant aux autres crustacés. ils n'offrent rien de remarquable dans leur instinct. si ce n'est dans le soin qu'ils ont d'éviter leurs ennemis.

Nourriture. La généralité des crustacés vivent de matières animales, et surtout de matières animales en décomposition. Les crabes, les écrevisses, les crevettes arrivent de toute part sur les corps morts qui flottent dans les eaux, ou qui sont jetés par la mer sur le rivage, et il y a tout lieu de soupçonner qu'ils y sont amenés par le sens de l'odorat, dont le siége, ainsi que nous l'avons dit, n'est pas encore connu.

Il paroît aussi que certains isopodes vivent de la substance des animaux gélatineux qui composent les éponges, du moins c'est toujours sur ces corps marins qu'on trouve les protons et les chevrolles en grande quantité. Quelques autres, les aselles et les ligies, sont accusés de détruire les filets des pêcheurs en rongeant brin à brin les fibres ligneuses des cordages dont ils sont formés. Les cloportes vivent, ainsi qu'on le sait, de matières végétales pourries.

Enfin il n'est pas douteux que les entomostracés les plus petits ne mangent avec de petits animalcules, qui abondent dans les eaux douces, des débris de végétaux également microscopiques; car leur canal alimentaire, visible au milieu de leur corps à cause de sa transparence, est souvent d'une belle couleur verte.

Parmi les crustacés carnassiers il en est qui recherchent une proie vivante, et qui combattent pour se la procurer. Dans ces combats ils perdent souvent leurs pinces, mais elles repoussent, dans un temps assez court.

Rapports des sexes. Ceux des crustacés dont les sexes sont séparés ne présentent jamais de ces unions par paires qu'on observe dans les animaux des deux premières classes, les mammifères et les oiseaux, et qu'on retrouve encore dans les insectes. En général les sexes n'ont de rapport entre eux qu'à l'époque de l'accouplement. Cet acte se fait par différens moyens que nous avons indiqués en traitant de la fonction de la génération, et sur lesquels nous ne reviendrons pas maintenant.

Les femelles, ainsi que nous l'avons dit, conservent leurs œufs après la ponte, pendant un temps plus ou moins long; tantôt fixés à leurs fausses pattes au moyen de filamens qui résultent de la solidification du mucus qui les entouroit au moment de leur sortie: tantôt placés dans des sacs membraneux extérieurs ou dans une cavité dorsale.

Lorsque les petits sont éclos dans le plus grand nombre des espèces de crustacés, ils restent quelques jours auprès de leur mère, et se placent sous sa queue, ainsi qu'on l'a observé dans

quelques crabes et dans l'écrevisse de rivière, ou entre les
feuillets des branchies, comme on l'a remarqué dans les cloportes.

Usages des crustacés.

Les crustacés ne sont employés par l'homme que comme
alimens. Les grosses espèces ou celles qui sont de taille moyenne,
mais abondantes en individus, sont celles que l'on recherche
de préférence. Leur chair est nourrissante, mais difficile à
digérer : aussi n'en peut-on faire qu'un usage modéré.

Les crustacés décapodes sont les seuls qu'on mange en
Europe. Parmi les brachyures, les plus estimés sont le crabe tourteau, le portune étrille, et le maia squinado. Quant au carcine
mænade ou crabe ordinaire, il n'est recherché que par les
gens du peuple, et son usage le plus fréquent est d'être employé
comme appât à la pêche des poissons ou des autres crustacés.
Parmi les macroures la langouste et le homard tiennent le
premier rang à cause de leur taille, et viennent ensuite les palæmons squilles ou salicoques, les penées ou caramotes, plusieurs
espèces de nikas, les écrevisses de rivière et les crangons. Ces
derniers, mangés en innombrable quantité sur nos côtes, sont
encore employés comme appât.

Plusieurs de ces crustacés, tels que les penées et les palæmons, sont salés sur quelques points de nos rivages méditer-
ranéens, et envoyés en Orient, où les Grecs en font un usage
abondant, particulièrement dans le temps du carême.

Autrefois le commerce des pierres de l'estomac des écrevisses,
ou *yeux d'écrevisses*, étoit assez productif, lorsqu'on se servoit
de ces corps en médecine comme absorbans ; et c'étoit particulièrement de la Hongrie, où ces crustacés sont très-communs,
qu'on les tiroit ; maintenant il est tout-à-fait anéanti.

De la classification des crustacés, et bibliographie cancrologique.

M. Leach ayant traité, quoique peut-être un peu trop briè-
vement, ce sujet dans les articles Crustacés et Entomostracés
de ce Dictionnaire, tom. XII, pag. 69, et tom. XIV, p. 534,
je crois ne pas devoir y revenir dans celui-ci, et je me borne
à donner cinq tableaux synoptiques dans lesquels je ras-

semble les principales méthodes qui ont été proposées jusqu'à ce jour, à l'exception toutefois de la dernière de M. Leach (1), adoptée depuis long-temps dans cet ouvrage, et dont je joins ci-après le développement entier, à quelques modifications près, que la découverte de plusieurs genres nouveaux a rendues nécessaires.

Le dernier de ces tableaux contient l'exposé de la méthode fondée par M. Latreille dans le troisième volume du *Règne animal* de M. Cuvier; méthode que j'aurois suivie de préférence à toute autre, si j'eusse été chargé dès l'origine de la description des crustacés dans ce Dictionnaire. J'y ai ajouté une colonne destinée à montrer la concordance synonymique des genres admis par cet auteur, avec ceux beaucoup plus nombreux que M. Leach a créés.

Dans son article Crustacés, ce dernier zoologiste a donné une liste d'environ soixante auteurs principaux, qui ont écrit sur l'Histoire naturelle de ces animaux, et il y a joint les titres de leurs ouvrages. Cette liste n'étant pas complète, nous y ajouterons les indications suivantes, en partie d'après la bibliothèque de Banks.

Gesner (Conrad). *De Piscium et aquatilium Animantium naturâ.* Tiguri, 1558.

Aldrovande (Ulysse). *De Animalibus exsanguibus.* Bononiæ, 1606.

Hentschel (Samuel). *Disputatio de Cancris.* Wittebergæ, in-4.°, 1661.

Lochner. *Museum Beslerianum*, 1716.

Sachs a Lewenheim (Phil. Jacob.). *De Gammaris amaris Silesiacis, et aliis miris Cancrorum.* Eph., Act. nat. Curios., déc. 1, ann. 1.

Wagner. *Hist. nat. Helveticæ* (Crust. fossil.), 1715.

Mylius. *Saxon. subterranea* (Crust. foss.), 1718.

Schacht (Math. Henr.). *De tribus cancri speciebus è mari Balthico.* Nov. litt. mar. Balth., 1699.

Francus de Frankenau (Georg. Frid.). *De Cancro marino rotundo majori variegato.* Act. Acad. nat. Cur., vol. 1.

---

(1) Insérée dans le tome XIe des Transactions de la Société Linnéenne de Londres, pag. 306. (1814.)

Petiver (James). *De Animalibus crustaceis caudatis, etc.* Mém. for the curious, 1708.

Gronovius (Laurent. Théod.). *Descriptio Astaci Norvegici curiosi.* Act. Helv., vol. 4.

Vosmaer (Arnout). Sur un nouveau genre de crabes de mer (*Notogastropus*). Mém. sav. étr. Acad. de Paris, tom. 4. — Imprimé aussi en hollandois.

Forster (Johan. Reinhold). *Nachricht von einem neuen Insekte.* Naturforch., 17 stück.

Ström (Hans). *Oms ilde-eller Röd-aat.* Norske Vidensk. Selsk. scrifter nye, Saml. 1, Bind., pag. 182.

Parra (Anton.). *Descripcion de diferentes piezas de Historia natural las mas del ramo maritimo representadas en setenta y cinco laminas.* Havana, 1787. Cet ouvrage, très-rare en France, contient des descriptions tronquées et des figures assez grossières, mais préférables à celles de Sloane et de Catesby, au moins pour les crustacés.

Minasi (Anton.). *Dissertazione seconda su de timpanetti dell' udito scoverti nel Granchio Paguro, e sulla bizzarra di lui vita.* Napoli, 1775.

Anonyme. *Characterisirung einer kleinen,* etc. — Caractères d'une espèce de crabes (dorippes), dont l'écaille représente au naturel le visage en face d'un homme. Hambourg, in-4.°, avec une planche.

Fabricius (Otho). *Beskrivelse over den store Grönlandske Krabbe.* Danske Vidensk. Selsk. Skrivt. nye, Saml. 3, decl, p. 181-190. (*Cancer Maia.*)

Swammerdam (Jean). Histoire naturelle du *Cancelius ou Bernard l'hermite,* dans le recueil des Voyages de Thevenot. Paris, 1681.

Knorr et **Walch.** Monumens du déluge, tom. 1. (*Crustacés fossiles.*)

Morgenstern (Frid. Sim.). *Descriptio Cancri marini, vulgo Eremitæ.* Nov. Act. nat. Cur., tom. 1.

Odmann (Sam.). *Grundmärglan. Cancer Pulex. Beskrisven* Vetensk. Acad. Hand., 1781.

De Queronic. Description d'un insecte singulier (*Caprella*). Ac. Sc. Paris, sav. étr., tom. 9.

Schlosser (Joh. Alb.). *Auszug aus einem Briefe, wegen einer* *neuen Art von Insecten (Artemia).* Hambourg Magaz., 17 Band.

King (Edw.). *A description of a very remarkable aquatick In-sect. (Branchipus).* Philosoph. Trans., vol. 57. — Neu Hamburg. Mag., 41 stück.

Shaw (Georg.). *Description of the Cancer stagnalis of Linnæus.* Trans. Linn., tom. 1.

Muller (Otto Frid.). *Observations on some bivalve insects found in common water.* Philosoph. Transact., vol. 61. — Mémoire sur les insectes bivalves d'eau douce, spécialement sur la tique, appelée la blanche lisse.— *Entomostraca seu insecta testacea quæ in aquis Daniæ et Norvegiæ reperit,* 1785.— *Von dem mopsnasigten Zackenfloh* (Monoculus simus). Naturf., 6 Band.

Schæffer (Jacob. Christ.). *Die geschwänzten zackigen Wasser-flöhen* (Monoculus Pulex et Monoculus simus). — *Der krebsartige Kiefenfuss mit der kurzen und langen Schwanz Klappe.* (Monoculus Apus.)

De Termeyer (Raimondo Maria). *Memoria per servire alla compiuta storia di Pulce acquajuolo arborescente.* Scelt. di Oposc., tom. 28.

Cavolini (Filip.). *Riflessioni sulla memoria del sign. de Ter-meyer, etc.* Opusc. Scelt., tom. 1.

Jurine (Louis). Sur le Monocle Puce. Bull. de la Soc. philo-mathique de Paris, tom. 2, n.° 53. — Sur le *Monoculus quadri-cornis.* Bull. Soc. phil., tom. 1, pag. 116.— Sur le *Monoculus Castor.* Bull. Soc. phil., tom. 2, n.° 34.— Histoire des Monocles qui se trouvent aux environs de Genève, in-4.°, avec de nombreuses planches, 1820.

De Berniz (Mart. Beruh.). *Cancer Moluccanus.* Act. nat. Cur. dec. 1, ann. 2.

Beckmann (Joh.). *Beytrag zur Naturgeschichte des Kiefenfusses.* Naturf., 6 stück. (Limulus.)

Spengler (Lorenz). *Einige neue Bemerkungen über die Moluk-kische Krabbe.* Besch. der Berlin Ges. Naturf., 2 Band. — *Beschreibung des besondern Meerinseckts, welches bey den Islän-dern Oskabriorn, oder auch Onskebiorn, Wunschbär, Wunskäfer heisset.* Berl. Naturf., 1 Band.

Klein (Jacob. Theod.). *Insectum aquaticum anteà non des-criptum.* Philosoph. Trans., vol. 40. (*Apus.*)

Brown (Littleton). *A letter concerning the same sort of In-*

sect found in Kent; with an addition by C. Mortemer, Tr. Phil.,
vol. 40. (*Apus.*)

Schulze (Christ. Fried.). *Der krebsartige Kiefenfuss in den
Dresdner Gegenden (Apus),* Neu. Hamb. Mag., 68 stück.

Loschge (Fried Heinr.). *Beobachtungen an dem Monoculus Apus,*
Linn. Naturf., 19 stück.

Löfling (Petr.). *Monoculus cauda foliacea plana descriptus.*
(*Monoculus piscinus*). Act. Soc. Ups., 1744.

Herbst (Joh. Fried. Wilh.). *Beschreibung der Flinder-oder
Hellebuttenlaus.* Schr. der Berlin Ges., Naturf., 3 Band. (*Mono-
culus piscinus.*)—*Beschreibung einer sehr sonderbaren Seelaus, vom
Hemorfisch.* Ibid., 1 Band. (*Caligus.*)

Fougeroux de Bondaroy (Aug. Den.). Sur un insecte qui
s'attache à la crevette (*Bopyrus*). Mém. Ac. sc. Paris, 1772.

Lepechin (Ywan). *Tres Oniscorum species descriptæ.* Act.
Petr., 1778.

Dicquemare. — Description de l'actif (*Oniscus*). Journ. de
Phys., tom. 22.

Cuvier (Georg.). Mémoire sur les Cloportes terrestres. Journ.
d'Hist. nat., tom. 2.

Panzer. *Fauna insectorum Germaniæ*, fasc. 9.

Denso (Joan. Dan.). *Von der Walfischlaus* (*Cymothoa*).
In seine Beitr. zur Naturkunde, 12 stück.

Bosc (L. A. G.). Histoire naturelle des crustacés, contenant
leur description et leurs mœurs. Deux vol. in-18, an X.

Leach (W. E.). *Malacostraca podophthalmia Britanniæ.* In-
4.°, fig. 17 cahiers, 1815-1820. — Article *Crustaceology,*
Edinburgh Encyclopedia, de Brewster, tom. VII.

Rafinesque-Smaltz (C. S.). Précis des découvertes somiologiques. — *Annals of Nature*, n.° 1.

Prevost (Bénédict). Mémoire sur le Chirocéphale (*Branchipus*). Journ. de Phys., tom. 57. — 2e édit., à la suite de
l'histoire des Monocles, des environs de Genève, par L. Jurine.

Straus (Hercule-Eugène). Mémoire sur les Cypris, de la
classe des crustacés, dans les Mémoires du Mus. d'Hist. nat.,
tom. 7. — Mémoire sur les Daphnia. *Ibid.*, tom. 5.

Brongniart (Adolphe). Mémoire sur un nouveau genre de
crustacés (*Limnadia*). Mém. du Mus., tom. 6.

28.   14

Ranzani (Camille). *Memorie di Storia naturale.* Deca. prima , pag. 73. (*Ranina Aldrovandi.*)

Say (Thom.). *An account of the crustacea of the united states.* Journ. Acad. sc. nat. de Philadelphie, tom. 1 , 1817 et 1818.

Desmarest (Ans. Gaet.). Hist. nat. des crustacés fossiles (crustacés proprement dits), in-4.°, 1822 , publiée conjointement avec l'Hist. nat. des trilobites , de M. Alex. Brongniart.

Trilobites (Voyez ce mot).

Luyd (Edwards). Philosophical Trans., 1698.

Blumenbach (Jean Fréd.). *Abbildungen, natur. Hist. gegenst.*

Knorr et Walch. Monument du déluge , tom. 1.

Littleton. Fossile de Dudley. Trans. Philos. , 1750.

Guettard (Jean Etienne). Mémoire sur les ardoisières d'Angers. Mém. Ac. sc. Paris, 1757.

Schlotteim. *Petrefactenkunde* , pag. 38 , 1820.

Wahlenberg. *Acta Societatis regiæ scientiarum Upsaliensis* , tom. 8. — Trad. dans le Journ. de Phys.

Tristan (Jules de) et Bigot de Morogues (P. M. S.). Mémoire sur un crustacé renfermé dans les schistes de Nantes et d'Angers. Journ. des Mines , tom. 23.

Parkinson. *Organic remains* , tom. 1.

Brunich. Kiæb., Selsk. Skrivt. nye , Saml. 1 , 1781.

Latreille (P. A.). Sur les trilobites, Mém. du Mus., tom. 7.

Audouin (Victor). Recherches sur les rapports naturels qui existent entre les trilobites et les animaux articulés. Ann. des sciences physiques et naturelles de Bruxelles.

Brongniart (Alex.). Histoire naturelle des crustacés fossiles (partie des trilobites), 1822 , publiée conjointement avec l'Histoire naturelle des crustacés fossiles, par M. Desmarest.

Ici se terminent les généralités de la classe des crustacés. Nous allons maintenant entrer dans le détail de ses subdivisions en sous-classes, légions, ordres, familles et genres; subdivisions qui ont été en majeure partie formées par M. Leach. Néanmoins nous devons avertir que toutes les fois que la méthode de ce naturaliste nous présentera, sans désignations particulières, des groupes naturels correspondant avec ceux que M. Latreille a établis, nous adopterons les noms proposés par ce célèbre entomologiste.

CRUSTACÉS.

SOUS-CLASSE PREMIÈRE.

MALACOSTRACÉS (*MALACOSTRACA*).

*Bouche composée de mandibules, de plusieurs mâchoires, et re-
couverte par des pieds-mâchoires, tenant lieu de lèvre inférieure,
ou la représentant; mandibules souvent palpigères; dix à quatorze
pattes uniquement propres à la locomotion, ou à la préhension, ayant
souvent les organes respiratoires annexés à leur base; corps tantôt
recouvert par un tet calcaire plus ou moins solide, sous lequel la
tête est confondue, tantôt divisé en anneaux avec la tête distincte;
point de métamorphose.*

LÉGION PREMIÈRE.

PODOPHTHALMES, *PODOPHTHALMA.*

*Des yeux composés placés au bout d'un pédoncule mobile; point
d'yeux simples; mandibules pourvues d'un palpe; pieds-mâchoires
ayant tous un palpe adhérent à leur base.*

ORDRE PREMIER. DÉCAPODES, Decapoda, Latr. (1).

*Tête confondue avec le tronc; celui-ci pourvu d'une carapace
qui recouvre toute sa partie antérieure, et qui se replie par ses bords
latéraux pour envelopper des branchies de forme pyramidale, feuil-
letées ou en plumes, situées à la base extérieure des pieds-mâchoires
et des pieds proprement dits, dont le nombre constant est de dix;
vraies mâchoires et pieds-mâchoires formant ensemble six paires,
très-différentes entre elles par leur configuration; tous les viscères
placés sous la carapace, et leurs régions étant indiquées plus ou
moins sur celle-ci par différens enfoncemens qui en limitent les contours.*

FAMILLE PREMIÈRE. BRACHYURES, *Brachyuri.* Latr., Leach: *Kleistagnatha,* Fabr.

*Queue (ou abdomen) plus courte que le tronc, sans appendices
ou lames natatoires à son extrémité, se reployant en dessous dans
l'état de repos, triangulaire et étroite dans les mâles, large et ovale*

---

(1) M. Leach n'a pas admis cette division; sa légion des podophthalmes
est partagée en deux ordres · les Brachyures et les Macroures.

dans la femelle; antennes petites, surtout les intermédiaires qui sont logées dans une fossette sous le bord antérieur du têt, et qui se terminent par deux filets (Latr.).

Ire SECTION. *Abdomen des mâles, composé de cinq articles, dont le troisième est le plus long; abdomen des femelles, formé de sept articles; les deux pieds antérieurs didactyles.*

Ire Division. *Carapace subrhomboïdale; les deux pieds antérieurs très-longs, à doigts arqués, infléchis en dedans.* (Section des Triangulaires, Latr.)

Genre I. Lambre (*Lambrus*, Leach; *Parthenope*, Fabr., Latr.).

Antennes extérieures simples, très-courtes, tout au plus aussi longues que les pédoncules des yeux, insérées sous eux dans une échancrure du bord inférieur de leur orbite ayant leur pédoncule aussi long que leur tige, et leur second article, le plus grand de tous. Pieds-machoires extérieurs ayant leur troisième article plus long que le second, et échancré du côté interne pour l'insertion du suivant. Yeux portés sur un pédoncule court et gros. Les deux pieds antérieurs très-longs, étendus à angle droit de chaque côté du corps, terminés par des pinces trièdres dont les doigts sont comprimés, pointus et courbés angulairement en dedans; les autres pieds courts, simples, semblables entre eux. Régions de la carapace très-prononcées.

Par l'ensemble de leurs caractères, les crustacés qui composent ce genre ont les plus grands rapports avec les parthenopes et les inachus, et devroient en être rapprochés. M. Latreille, suivant l'exemple de Fabricius, les place même dans le genre Parthenope, dont ils ne diffèrent en effet que par des pinces plus longues, et par le nombre des anneaux de l'abdomen des mâles, qui n'est que de cinq au lieu d'être de sept. Ce genre Lambre est un de ceux qui contrarient l'ordre naturel dans la méthode de M. Leach.

Lambre longues-mains : *Lambrus longimanus*, Fabr., Ent. Syst., Suppl., 5, pag. 355; Rumph, Amboin., tab. 8, fig. 2. Carapace couverte d'épines simples; pinces très-longues, épineuses, lisses en dessous. Des mers orientales.

Lambre giraffe : *Lambrus giraffa*, Fabr., Ent. Syst., Suppl., pag. 252; Herbst, Canc., tab. 19, fig. 108 et 109. Carapace couverte de tubercules arrondis, déprimés, dentelés, ou divisés dans leur pourtour; pinces très-longues, couvertes d'épines dentées ou rameuses en dessus, et de petits tubercules lisses en dessous; couleur générale noirâtre, avec les tubercules rougeâtres. De la côte de Coromandel.

LAMBRE SPINIMANE : *Lambrus spinimanus*, Herbst, Cancr., tab. 60, fig. 3; Lamarck, Anim. sans vert., 2.ᵉ édit., tom. 5, pag. 259. Carapace couverte de tubercules, terminée en avant par une espèce de rostre; pinces épaisses, anguleuses, couvertes de rugosités épineuses. De l'Ile-de-France.

LAMBRE LAR; *Lambrus lar*, Fabr., Ent. Syst., Suppl., p. 354. Carapace inégale avec quatre dents antérieurement, et des épines marginales aplaties; pinces très-longues et tout-à-fait lisses. Des mers de l'Inde.

II.ᵉ DIVISION. *Carapace tronquée postérieurement; les deux pieds antérieurs des mâles plus grands que ceux des femelles.*

SUBDIVISION I. *Antennes très-alongées, ciliées sur deux lignes opposées; doigts des pinces inclinés en dedans; tous les autres pieds simples et semblables entre eux.* (Section des ORBICULAIRES, Latr.)

Genre II. CORYSTE (*Corystes*, Latr., Leach, Lamck.; *Albunea*, Fabr., Bosc).

Antennes extérieures plus longues que le corps, sétacées, ciliées sur deux rangs. Pieds-mâchoires extérieurs ayant leur troisième article plus long que le second, étroit, terminé par une pointe obtuse, avec une échancrure sur son bord interne. Yeux assez écartés, portés sur des pédoncules gros, presque cylindriques et un peu courts. Pieds antérieurs grands, égaux entre eux, deux fois plus longs que le corps dans les mâles où ils sont presque cylindriques, simplement de la longueur du corps chez les femelles où ils sont comprimés surtout vers la main; les autres pieds terminés par un ongle alongé, droit, aigu et sillonné longitudinalement. Carapace oblongue-ovale, presque terminée par un rostre antérieurement, tronquée et rebordée postérieurement. Régions légèrement indiquées, si ce n'est la cordiale; les branchiales ou latérales étant très-alongées.

Les rapports naturels des corystes rapprochent ces crusta-

cés des atélécycles, des thies et des leucosies, dont M. Latreille
a formé sa tribu des orbiculaires. Dans la méthode de M. Leach
ils sont placés à côté des deux premiers de ces genres, seulement
parce qu'ils ont le même nombre d'articles à l'abdomen. Les
leucosies, chez lesquelles le nombre de ces articles est moins
considérable, s'en trouvent au contraire très-éloignées.

CORYSTE DENTÉ : *Corystes dentata*, Latr. ; *Cancer cassivelaunus*,
Penn., Brit. Zool., 4, t. 7 ; Herbst, Canc., tab. 12, fig. 72 ; *Cancer
personatus*, ejusd., tab. 12, fig. 71 ; *Albunea dentata*, Fab., Suppl.,
pag. 398 ; *Corystes longimanus*, Latr., Hist. nat. des insectes ;
Corystes dentatus, ejusd., Gen. crust. et insect., t. 1, pag. 40 ; *Corystes cassivelaunus*, Leach, Malac. Brit., fasc. 6, tab. 1. Carapace à surface granuleuse, ayant deux petites dents entre les
yeux, et trois pointes assez aiguës dirigées en avant sur chaque
côté. Le mâle n'a que cinq pièces à son abdomen; mais, ainsi
que le fait observer M. Latreille, on remarque très-bien les
vestiges de la séparation des deux autres, sur la pièce intermédiaire, ou la troisième, qui est la plus grande de toutes. Des
côtes de France et d'Angleterre.

Genre III. THIE (*Thia*, Leach ; *Cancer*, Herbst).

Antennes extérieures, ciliées des deux côtés, plus longues
que le corps, avec le troisième article de leur pédoncule alongé
et cylindrique. Troisième article des pieds-mâchoires extérieurs beaucoup plus court que le second, tronqué et presque
échancré du côté interne et près de son extrémité. Pieds
de la première paire un peu plus longs que le corps dans
les mâles, avec les mains comprimées ; ceux des autres paires
ayant les tarses deux fois plus courts que les jambes, et terminés par un article aigu, sillonné et flexueux. Abdomen du
mâle ayant son premier article transversal, arqué et linéaire; le second un peu plus long avec sa partie antérieure
un peu avancée en arc; le troisième beaucoup plus grand;
le quatrième presque carré et échancré au bout; et le cinquième triangulaire. Carapace presque orbiculaire, tronquée
postérieurement, avec le front avancé. Yeux très-petits, à
peine saillans, contenus dans des orbites dont le bord postérieur est sans aucune fissure. Ce genre, ainsi que le remarque
M. Latreille, paroît avoisiner dans l'ordre naturel les corystes,

les atélécycles et les leucosies; mais, selon M. Leach, il doit
être écarté du dernier de ces genres, pour le même motif qui
l'a engagé à en séparer les corystes.

THIE POLIE : *Thia polita*, Leach, Misc. Zool., tom. 2, pl. 105;
Cancer residuus, Herbst, tom. 3, pag. 53, tab. 48, fig. 1? Carapace
convexe, lisse, pointillée dans quelques places, ayant sa partie
antérieure, ou le front, entière et arquée, et quatre plis peu
marqués de chaque côté. Patrie inconnue.

Genre IV. ATÉLÉCYCLE (*Atelecyclus*, Leach ; *Cancer*, Montagu).

Antennes extérieures ayant au plus la moitié de la longueur
du corps, ciliées, avec leur troisième article cylindrique et
alongé. Pieds-mâchoires extérieurs ayant le troisième article
de leur branche interne étroit, terminé en pointe, et échancré en dedans pour l'insertion des autres articles. Pieds de
la première paire dans les mâles, plus longs que le corps,
robustes, avec les mains très-comprimées; ceux des femelles
de la longueur du corps seulement, moins forts, avec les
mains également comprimées. Pieds des autres paires ayant
les tarses et les jambes à peu près de longueur égale, et
terminés par des ongles droits, alongés, anguleux, sillonnés
longitudinalement, aigus au bout avec la pointe nue; dont
les postérieurs sont légèrement comprimés. Carapace presque
circulaire, tronquée en arrière, ayant ses bords latéraux prolongés postérieurement en cercle et dentelés. Abdomen de la
femelle étroit et alongé. Yeux moins gros que le pédoncule qui
les supporte, logés dans des orbites dont le bord postérieur a
deux fissures, et l'inférieur une troisième.

ATÉLÉCYCLE A SEPT DENTS : *Atelecyclus septemdentatus*; *Cancer
hippa*, *septemdentatus*, Montagu, Trans. Soc. Linn., tom. 2,
tab. 1; *Atelecyclus septemdentatus*, Leach, Mal. Brit., fasc. 6,
tab. 2. Carapace orbiculaire, peu bombée, ayant trois dents
obtuses au front, et sept dents principales de chaque côté,
dont le bord se prolonge en arrière, et est garni de petites
dentelures et de granulations. Des côtes d'Angleterre.

ATÉLÉCYCLE ENSANGLANTÉ : *Atelecyclus cruentatus*; *Cancer ro-
tundatus*, Olivi, Zoologia Adriatica, tab. 2, fig. 2? Mains comprimées avec cinq séries longitudinales de tubercules sur la

face interne. Ce crustacé a été trouvé sur les côtes de l'île de Noirmoutier par M. d'Orbigny.

Atélécycle rugueux; *Atelecyclus rugosus*, Desm., Crust. foss., page 111, pl. 9, fig. 9. Cette espèce pétrifiée en matière calcaire a été trouvée au Boutonnet, près Montpellier.

Subdivision II. *Antennes médiocrement longues, simples; pieds des 2ᵉ, 3ᵉ et 4ᵉ paires, terminés par des ongles droits et pointus. Ceux de la 5ᵉ munis d'un ongle comprimé, cilié sur les bords et propre à la natation.* (Section des Nageurs, Latr.)

Genre V. Portumne (*Portumnus*, Leach; *Cancer*, Plancus, Herbst; *Platyonichus*, Latr.).

Antennes extérieures sétacées, fort courtes, ayant leurs deux premiers articles plus grands que les autres, insérés au canthus interne des yeux. Pieds-mâchoires extérieurs ayant le troisième article de leur branche interne alongé, presque conique et échancré intérieurement. Première paire de pieds grande, égale, avec les doigts des pinces assez longs. Pieds de la cinquième paire terminés par un article aplati, foliacé, presque lancéolé. Carapace assez plane en dessus, avec le bord antérieur arqué et semi-circulaire, et le bord postérieur presque tronqué; ayant son diamètre longitudinal égal au diamètre transversal; orbites sans fissures; yeux médiocres.

Portumne varié : *Portumnus variegatus; Cancer latipes variegatus*, Plancus, de Conch. min. notis, tab. 3, fig. 7 ; *Cancer latipes*, Penn. ; Herbst, Crust., tab. 21, et *Cancer lysianassa*, ejusd., tab. 54, fig. 6 ; *Portumnus variegatus*, Leach, Malac. Brit., tab. 4. Carapace obscure, presque granuleuse, ayant cinq dents de chaque côté, et trois pointes obtuses au front. Carpe ayant une dent unique en dedans. De la mer Adriatique, de la Méditerranée et de l'Océan.

Portumne monodon : *Portumnus monodon*, Leach, Arr. of the Crust.; Trans. Linn., tom. 11, pag. 314. Carapace obscure, presque granuleuse, ayant une seule dent de chaque côté; front tridenté; une pointe à la face interne du carpe de la première paire de pattes. Patrie inconnue.

Genre VI. Carcin (*Carcinus*, Leach ; *Cancer*, Auctorum).

Antennes externes sétacées , courtes, ayant leurs deux premiers articles plus grands que les autres. Troisième article de la division intérieure des pieds-mâchoires extérieurs presque carré. Pieds de la première paire inégaux, avec la face externe des mains glabre. Dernier article, ou ongle des huit pattes postérieures, et surtout de celles de la dernière paire , comprimé, et presque en nageoire étroite et alongée. Abdomen de la femelle large et de forme ovale. Carapace ayant son diamètre transversal plus grand que le longitudinal , avec son bord antérieur demi-circulaire et dentelé, et le postérieur tronqué et rebordé. Orbites ayant une seule fissure à chacun des bords supérieur et inférieur.

Ce genre ne diffère de celui des crabes, proprement dits , que par la forme des derniers articles des pieds postérieurs. M. Latreille en compose même la seconde division du genre Crabe ; et M. Duméril a décrit sous ce nom, dans ce Dictionnaire , l'espèce que nous mentionnons ici.

Carcin ménade : *Carcinus mœnas ; Cancer mœnas*, Linn., Fabr., Penn., Latr.; *Portunus mœnas*, Leach , Edinb. Encycl., 7, 390; *Carcinus mœnas*, Malac. Brit.; Desm. , Crust. foss., tab. 5, fig. 1 et 2. Carapace plane ayant ses régions bien indiquées, légèrement granuleuse , verdâtre, avec cinq dents anguleuses de chaque côté, et trois lobes au front dont l'intermédiaire est le plus long : une saillie forte et pointue au côté interne de l'article qui précède la pince des mains ou le carpe ; doigts striés, noirs au bout, avec des dents obtuses à leur bord interne. Très-commun sur toutes les côtes d'Europe où il dépose ses œufs dans les endroits fangeux en avril et mai. Les gens du peuple le mangent et l'emploient comme appât pour la pêche.

Genre VII. Portune (*Portunus*, Fabr., Latr., Bosc , Leach , *Cancer*, Linn.. Herbst).

Antennes extérieures courtes ou médiocres, terminées par un filet sétacé, beaucoup plus long que leur pédoncule. Troisième article de la division interne des pieds-mâchoires extérieurs presque carré, avec les angles arrondis, et échancré près de l'extrémité de son bord interne. Pieds de la première paire un peu inégaux, ayant le côté externe de la main marqué de lignes longitudinales élevées. Bras souvent inermes. Derniers articles des seconde, troisième et quatrième paires de pattes, alongés, étroits, pointus, souvent striés, et plus ou moins ciliés; ceux de la cinquième paire élargis et aplatis en forme de lame plus ou moins ovale, et ciliée sur ses deux bords. Abdomen de la femelle large et de forme ovalaire; celui du mâle plus ou moins étroit. Carapace plane, ayant son diamètre transversal un peu plus grand que le longitudinal, avec ses régions assez bien indiquées; les blanchiales ordinairement placées au-dessous d'une impression transversale ou d'une ligne granulée qui se termine aux angles latéraux; bords latéro-antérieurs de cette carapace en demi-cercle, et découpés en dentelures plus ou moins nombreuses (5 à 7); le postérieur tronqué transversalement avec une échancrure de chaque côté pour l'articulation de la patte postérieure qui est assez relevée. Yeux plus gros que leur pédoncule qui est court. Deux fissures au bord supérieur et postérieur de chaque orbite.

Ce genre, auquel M. Latreille réunit celui que M. Leach nomme *Lupa*, renferme un très-grand nombre d'espèces. Ces espèces ont été subdivisées par les auteurs d'après l'observation de différens caractères: ainsi M. Latreille se sert pour établir ses différens groupes de portunes, des proportions du têt et de l'étendue plus ou moins grande des épines latérales de ce têt; M. Risso forme autant de sections dans ce genre qu'il y a de différences dans le nombre des dents des bords latéraux de la carapace; enfin M. Leach partage les portunes, selon que la dernière pièce, ou l'ongle ovale et aplati de leur cinquième paire de pieds, est ou n'est pas pourvue d'une côte élevée, longitudinale dans son milieu, et selon que le second article de leurs pieds-mâchoires extérieurs est tronqué en dedans vers son extrémité, ou échancré sur son côté intérieur.

En général, ainsi que le remarque M. Latreille, ces crustacés ne diffèrent bien rigoureusement de certains crabes, et surtout des carcins, que par la manière dont se terminent leurs pattes postérieures. La conformation de celles-ci leur donne les moyens de nager avec la plus grande facilité dans tous les sens, en avant, en arrière et de côté; ils peuvent aussi se soutenir à la surface de l'eau sans bouger, et, lorsqu'ils sont à terre, ils marchent avec autant de vitesse que les carcins. Quelques uns habitent la pleine mer, et n'ont pour lieux de repos que les bancs flottans de l'espèce de fucus, connue sous le nom de Raisin des Tropiques. Parmi les espèces littorales, les unes préfèrent pour fixer leur habitation les lieux vaseux, et les autres recherchent les endroits rocailleux. M. Risso dit qu'ils vivent réunis en société, qu'ils se nourrissent de mollusques et de petits crustacés, et que leurs femelles font plusieurs pontes dans l'année, composées chacune de quatre à six cent mille œufs globuleux et transparens.

Plusieurs portunes sont recherchés comme alimens, notamment l'espèce qui est connue en France sous le nom d'Etrille.

PORTUNE ÉTRILLE : *Portunus puber*, Fabr.; *Cancer puber*, Linn.; *Cancer velutinus*, Penn.; *Portunus puber*, Latr., Leach, Malac. Britan., tab. 6. Corps long de deux pouces et demi, généralement brun; antennes de moitié moins longues que ce corps; carapace velue; front multidenté; cinq dents dirigées en avant de chaque côté du bord antérieur du têt; serres graveleuses; carpes bidentés; dernière pièce des pattes postérieure, ovale, avec une ligne élevée dans son milieu. Des côtes océaniques de France et d'Angleterre.

PORTUNE RIDÉ : *Portunus corrugatus*; *Portunus puber*, Fabr.; *Cancer corrugatus*, Penn., Herbst; *Portunus corrugatus*, Bosc, Leach, Mal. Brit., tab. 7, fig. 1 et 2. Plus petit que le précédent, d'un rouge clair. Carapace marquée de nombreuses lignes transverses, dentelées et granuleuses, lesquelles supportent autant de rangées de cils dirigés en avant; front trilobé; bords antérieurs et latéraux du têt à cinq dents, dont les pointes se portent en avant, et dont les postérieures sont les plus aiguës; mains et carpe très-dentés en dessus; dernière pièce de la cinquième paire de pieds ovale-alongée, pointue au bout, et ayant son milieu marqué d'une ligne élevée, longitudinale. Commun dans la Méditerranée; il est très-rare sur les côtes d'Angleterre.

PORTUNE ÉCHANCRÉ : *Portunus emarginatus*; *Portunus emarginatus*, Leach, Edinb. Encycl.; Trans. Linn. et Malac. Brit., tab. 7, fig. 3 et 4. Encore moindre que le précédent. Carapace marquée de lignes transverses, rugueuses, assez courtes, ayant de chaque côté de son bord antérieur cinq dents dont l'avant-dernière est la plus petite; front large avec une échancrure dans son milieu; mains unidentées en dessus; dernière pièce des pieds de la cinquième paire ovale, terminée en pointe et marquée d'une ligne longitudinale, saillante dans son milieu. Trouvé sur les côtes d'Angleterre.

PORTUNE DE RONDELET: *Portunus Rondeleti; Portunus Rondeleti*, Risso, Crust., pag. 27, tab. 1, fig. 3. Long d'un pouce, large de quinze lignes; couleur d'un brun rougeâtre, quelquefois variée de gris ou de blanc. Carapace inégale, coupée par de petites lignes granuleuses, transverses, avec un duvet très-court; cinq dents aiguës de chaque côté du têt; front un peu avancé, tronqué, entier, cilié sur son bord; serres inégales; carpes unidentés en dessus; dernière pièce des pieds posté-rieurs ovoïdo-elliptique très-pointue au bout, et ayant dans son milieu une ligne foiblement élevée. Ce crustacé, dé-crit pour la première fois par Rondelet, *lib.* 18, pag. 405, habite les endroits vaseux et peu profonds des côtes de la Méditerranée. M. Latreille lui rapporte le portune arqué, *portunus arcuatus*, Leach, Malac. Brit., tab. 7, fig. 3 et 4, qui est fort rare sur les côtes d'Angleterre.

PORTUNE MOUCHETÉ : *Portunus guttatus; Portunus guttatus*, Risso, Crust., pag. 29. Celui-ci a, comme le portune de Ron-delet, cinq dents de chaque côté de la carapace, et le front entier et arrondi; mais son dos est lisse, de couleur vert noirâtre, et parsemée de points blancs sur les angles posté-rieurs. Ses pinces sont épaisses: ses carpes unidentés en dessus. Sa femelle porte des œufs en mai et octobre, tandis que celle du portune de Rondelet est pourvue des siens en avril et en septembre.

PORTUNE LONGUES-PATTES : *Portunus longipes; Portunus longipes*, Risso, Crust., pag. 30, tab. 1, fig. 5. Il est encore voisin du portune de Rondelet. Les bords antérieurs et latéraux de sa carapace ont cinq dents; son front est avancé et sinueux, mais non denté; ses carpes sont inermes, et ses pieds ont une très-grande longueur et sont minces; les lames natatoires, qui ter-minent la dernière paire, sont très-étroites, et supportent une côte moyenne peu élevée.

Le dessus du têt est moins sensiblement chagriné que dans le portune de Rondelet et sans duvet ; une impression transversale, située au-dessus des régions branchiales, le divise dans son milieu : sa couleur est le rouge brillant, tacheté de grisâtre. Cette espèce, dont les œufs éclosent en juin et en septembre, habite la côte de Nice, et se tient dans les trous des rochers profonds. A l'époque des amours, la femelle est ornée de deux grandes taches d'un rouge foncé sur la partie antérieure du têt.

Portune marbré : *Portunus marmoreus ; Cancer pinnatus marmoreus*, Montagu ; *Portunus marmoreus*, Leach, Malac. Brit., tab. 8. Long d'un pouce et demi. Carapace convexe, foiblement et peu distinctement graveleuse, ayant chacun de ses bords antérieurs et latéraux découpé en cinq dents ; front à trois dents obtuses, égales entre elles ; mains glabres avec quelques lignes élevées, peu saillantes, unidentées en dessus ; carpes unidentés ; pièce terminale des pieds de derrière, ovale et sans côte élevée dans son milieu. Il est brun et varié de taches blanchâtres, dont les plus grandes se trouvent au milieu et sur les côtés du têt.

Portune holsatien : *Portunus holsatus ; Portunus holsatus*, Fabr., Latr. ; *Portunus depurator*, Latr., Risso : *Portunus lividus*, Leach, Malac. Brit., tab. 9, fig. 3 et 4 ; *Cancer depurator*, Oliv., Herbst. Son têt est plus court, plus orbiculaire dans le sens transversal, et moins bombé que celui des précédens, presque glabre, d'un gris blanchâtre, et il a moins d'un pouce et demi de longueur. Les bords de ce têt ont de chaque côté cinq dents, dirigées en avant, dont la seconde est un peu plus petite que les autres ; le front a trois dents, dont l'intermédiaire est la plus longue ; les mains et les carpes sont unidentés en dessus ; la lame natatoire terminale des deux pieds postérieurs est plus grande que dans les autres portunes, plus large, moins pointue au bout, sans côte médiane élevée, et la pièce qui la précède est aussi très-aplatie, et ciliée sur ses bords. M. Risso dit que ce crustacé se trouve sous les galets de la plage de Nice, et que sa femelle pond des œufs d'une couleur aurore-pâle en mars et juillet.

Portune plissé : *Portunus plicatus ; Portunus plicatus*, Risso. Latr. ; *Portunus depurator*, Leach, Malac. Brit., tab. 9. fig. 1

et 2. Celui-ci, qui ressemble beaucoup au précédent par les formes de son têt, n'est pas plus que lui *le cancer depurator* de Linnæus. Sa taille est plus grande que celle du portune holsatien; son têt est raboteux, et marqué de nombreuses petites lignes transversales, granuleuses et parallèles entre elles; ses côtés et plusieurs points de son étendue sont velus, et ses bords antérieurs et latéraux ont cinq fortes dents; son front a trois dents; ses mains sont unidentées en dessus; ses pattes ressemblent à celles du portune holsatien, mais les côtes ou saillies qui s'y trouvent, sont plus prononcées. La couleur de ce crustacé est jaunâtre, ses yeux sont gris de perle, ses pattes postérieures ont leur lame ovale, aplatie, sans carène médiane, de couleur violette, et bordée de cils jaunes. Selon M. Risso, la femelle de ce portune, qu'il a observé à Nice, porte des œufs en mars et septembre. Il se trouve aussi sur les côtes d'Angleterre.

PORTUNE PETIT : *Portunus pusillus; Portunus pusillus*, Leach, Malac. Brit., tab. 9, fig. 5 - 8. Il n'a que cinq lignes de longueur; sa carapace est assez bombée et rugueuse; son front trilobé; les bords latéraux de son têt sont à cinq dents, dont la postérieure est la plus aiguë; ses lames natatoires sont sans côte élevée; ses mains sont unidentées. M. Latreille remarque que ce crustacé est voisin du précédent, mais que sa forme générale est plus deltoïde. Son têt est d'un gris jaunâtre, un peu lavé de rougeâtre. On l'a trouvé sur la côte du Devonshire.

PORTUNE A DEUX TACHES : *Portunus biguttatus; Portunus biguttatus*, Risso, Crust., pag. 31. Carapace cordiforme, ovale, lisse, d'un blanc jaunâtre, avec deux grandes taches rouges de corail; front proéminent, terminé par une pointe onduleuse sur les côtés; pinces pubescentes; bras et carpes unidentés; mains sillonnées en dessus; lame natatoire de la dernière paire de pieds ovale, aiguë. Ce crustacé, qui habite la côte de Nice, se tient dans la région de Coraux; sa femelle, qui a des taches rouges plus grandes que celles du mâle, pond des œufs d'un jaune doré en mai et août.

Genre VIII. Lupée (*Lupa*, Leach ; *Portunus*, Fabr.. Latr. ; *Cancer*, Linn., Herbst).

Caractères généraux des portunes. Pieds de la première paire égaux ; bras épineux sur leur bord antérieur ; pieds des 2.ᵉ, 3.ᵉ et 4.ᵉ paires terminés par un article ou un ongle aigu et pointu ; ceux de la 5.ᵉ paire comprimés et finissant par une pièce foliacée, ovale, très-large, ciliée, dont le milieu présente une arête longitudinale, saillante. Abdomen du mâle très-étroit dans ses deux dernières pièces ; abdomen de la femelle très-large, ovalaire, avec sa dernière pièce très-petite et triangulaire. Carapace peu bombée, beaucoup plus large que longue, ayant son bord antérieur arqué et muni de neuf dents, dont la postérieure est beaucoup plus grande que les autres, et dirigée tout-à-fait latéralement.

Ces crustacés vivent comme les portunes. Ce sont eux principalement qu'on rencontre à de grandes distances en mer, au voisinage des bancs de *fucus natans*.

Lupée pelagique : *Lupa pelasgica*, Leach ; *Cancer pelasgicus*, Linn. ; *Cancer cedo-nulli*, Herbst ; *Portunus pelasgicus*, Fabr., Latr. ; *Cancer reticulatus*, Herbst. Dent postérieure des côtés de la carapace très-forte ; front à six dents en scie, en y comprenant les oculaires, dont les deux du milieu sont les plus petites, et forment un triangle avec une pointe qui saille entre les bases des deux antennes intermédiaires. Serres trois fois plus longues que le têt ; bras tridentés du côté interne ; carpe à deux dents, l'une interne, l'autre externe ; mains alongées avec des côtes longitudinales, saillantes en dehors, qui se terminent chacune par une dent ; une arête finissant par une pointe, sur la face interne de ces mêmes mains ; doigts alongés, pointus, fortement striés, avec des dents molaires lobées sur leur bord intérieur. Couleur vert clair ou brune, plus ou moins marbrée ou tachetée de jaunâtre ; serres tachetées comme le têt ; doigts rouges. Cette espèce des Indes orientales est la plus grande du genre. On l'a confondue avec la suivante et quelques autres : mais sa synonymie a été bien éclaircie par M. Latreille dans l'article Portune du Nouveau Dictionnaire d'Histoire naturelle.

Lupée en hache : *Lupa hastata*, Leach ; *Cancer hastatus*. Linn. ;

Portunus hastatus, Latr. ; *Portunus pelasgicus*, Bosc ; Herbst, tab. 8, fig. 55. Très-voisine de la précédente, mais ayant la dent postérieure des côtés du têt beaucoup moins forte que la sienne. Son carpe pourvu seulement d'une dent externe ; les côtes saillantes des faces extérieure et intérieure de ses mains, non terminées par des épines ; ses doigts non striés, etc. Elle est très-commune dans la mer des Antilles. Le *cancer hastatus* de Linnæus est une espèce différente de ce même genre, et propre à l'Adriatique.

LUPÉE SPINIMANE : *Lupa spinimana*, Leach ; *Portunus pelasgicus*, Latr., Gen. Crust. ; *Portunus hastatus*, Fabr., Bosc. Têt couvert d'un petit duvet jaunâtre, coupé par de petites rides roussâtres et interrompues ; bras avec quatre épines du côté interne ; serres garnies de duvet et de granulations ; deux épines sur le carpe et deux sur la main ; doigts blanchâtres avec l'extrémité rouge ; dents des bords du têt rougeàtres à leur base et blanches à l'extrémité ; la dernière étant à peine une fois plus grande que les précédentes. De la côte du Brésil.

LUPÉE SANGUINOLENTE : *Lupa sanguinolenta* ; *Portunus sanguinolentus*, Fabr., Latr. ; Herbst, Cancr., tab. 8, fig. 56. Une grande épine latérale à la carapace, qui porte trois taches rondes d'un beau rouge disposées sur une ligne transversale. Patrie ?

LUPÉE TENAILLE : *Lupa forceps*, Leach, Zool. Misc. ; *Portunus forceps*, Fabr., Latr., Nob. Dent postérieure des bords de la carapace très-grande ; doigts extrêmement longs, filiformes.

LUPÉE DE DUFOUR : *Lupa Dufourii*, Nob. ; *Portunus Dufourii*, Latreille, Nouv. Dict., tom. 28, pag. 46. Têt rouge de brique, raboteux, avec un léger duvet : neuf dents aux côtés de la carapace, dont la dernière est très-forte. Serres presque trois fois plus longues que le têt ; bras à quatre dents aiguës, au côté interne ; carpes et mains à deux dents, avec des côtes longitudinales, élevées sur leur face externe. C'est la seule espèce de ce genre qui se trouve sur les côtes d'Europe. Elle a été découverte sur les bords de la Méditerranée par mon ami Léon Dufour.

M. Latreille rapporte encore à la division du genre Portune, qui répond au genre des *lupa* de Leach, les *portunus armiger*, *gladiator*, *hastatoides* et *ponticus* de Fabricius.

Genre IX. Podophthalme (*Podophthalmus*, Lamarck, Latr.: *Portunus*, Fabr.).

Antennes extérieures courtes. Troisième article des pieds-mâchoires extérieurs carré, court et échancré fortement à son angle interne. Pieds de la première paire très-grands, égaux, ayant la face intérieure du bras, le carpe et la main pourvus de pointes. Dernier article des 2.ᵉ, 3.ᵉ et 4.ᵉ paires de pieds long, fort et pointu; celui de la dernière paire aplati, ovale, cilié sur ses bords. Carapace presque trapézoïdale, une fois plus large que longue, se rétrécissant postérieurement. Yeux portés sur de très-longs pédoncules fort rapprochés à leur base, s'étendant jusqu'aux angles de la carapace, et se logeant dans une rainure inférieure du bord antérieur de celle-ci.

Podophthalme épineux : *Podophthalmus spinosus*; *Portunus vigil*, Fabr.; *Podophthalmus spinosus*, Latr., Gen. crust. et insect., tom. 1, tab. 1 et 2, fig. 1; *Podophthalmus vigil*, Leach, Misc. Zoolog., pl. 148. Long d'un pouce six lignes, mesuré depuis le front jusqu'au bord postérieur du têt; large de trois pouces six lignes, sur son bord antérieur : deux épines de chaque côté, dont la première très-forte; serres très-grandes; bras à cinq épines; carpes bidentés; mains alongées, cylindriques, tridentées; couleur rougeâtre. De la mer d'Afrique, aux atterrages de l'Ile-de-France.

Subdivision III. *Antennes simples, médiocres; pieds des seconde, troisième, quatrième et cinquième paires, terminés par un article, ou un ongle aplati, cilié sur ses bords, propre à la natation.* (Section des Nageurs, Latr.)

Genre X. Polybie (*Polybius*, Leach).

Antennes extérieures courtes, sétacées, avec leurs deux premiers articles plus grands que les autres. Troisième article de la division interne des pieds-mâchoires extérieurs échancré en dedans. Pieds de la première paire égaux, très-forts; mains marquées de lignes élevées sur leur face externe. Dernière pièce de tous les autres pieds comprimée, aplatie et en forme de nageoire. celle de la dernière paire étant beaucoup plus large. plus ovale et moins pointue au bout que les précédentes.

28. 15

Abdomen de la femelle large, ovalaire, et celui du mâle médiocrement étroit et pointu. Carapace plane, orbiculaire, à bord antérieur arqué et demi-circulaire, sans angles latéraux bien marqués, ayant son diamètre transversal de bien peu plus grand que le longitudinal, et chacun de ses côtés à cinq dents. Yeux portés sur de courts pédoncules, et plus gros que ceux-ci. Deux fissures au bord supérieur et postérieur des orbites.

Il y a lieu de croire que les habitudes naturelles de ce crustacé sont généralement semblables à celles des portunes. Tous ses pieds étant terminés en nageoire, il est probable qu'il nage encore avec plus de vitesse et de facilité que ceux-ci.

Polybie de Henslow ; *Polybius Henlowii*, Leach, Malac. Brit., tab. 9, B. Têt assez plane, fort peu bombé, très-légèrement granuleux, ayant sur chacun de ses bords antérieurs et latéraux cinq dents, peu aiguës et très-larges ; front trilobé avec son lobe moyen, surtout dans la femelle, plus aigu que les latéraux. Trouvé sur la côte du Devonshire.

Genre XI. Matute (*Matuta*, Daldorff, Fabr., Latr., Lamck., Bosc, Leach).

Antennes extérieures beaucoup plus petites que les intermédiaires, et insérées près de leur base externe. Troisième article de la tige interne des pieds-mâchoires extérieurs triangulaire, alongé, pointu, prolongé jusqu'aux antennes ; cavité buccale terminée en pointe. Carapace déprimée, subcordiforme, tronquée en devant, avec les côtés dilatés en forme d'une très-forte épine. Pinces égales, épaisses, tuberculeuses, dentelées, et presqu'en crêtes ; tous les autres pieds terminés en nageoire. Yeux portés par des pédoncules assez longs, et logés dans des fossettes transverses.

Matute vainqueur : *Matuta victor*, Fabr., Bosc ; Herbst, Cancr.. tab. 6, fig. 44. Longueur de quinze lignes ; front bidenté ; couleur blanchâtre, parsemée irrégulièrement d'une multitude de petites taches arrondies, rouges ; une très-forte épine sur le côté extérieur des pinces. De la mer Rouge et de celle des Indes orientales.

Matute front-entier : *Matuta integerrifrons*, Latr.; *Cancer latipes*, Degéer, Insect., t. 7, pag. 425, pl. 26, fig. 4 et 5; Brown, Jam., 422, 6, 7. Long d'un pouce ; front formé par une ligne droite sans échancrures ou dents; couleur blanchâtre avec quelques raies d'un jaune pâle. Des mers d'Amérique.

Matute planipède : *Matuta planipes*, Fabr.; Herbst, Cancr., tab. 48, fig. 6. Celle-ci ressemble à la première espèce par ses couleurs; mais ses points rouges sont disposés en une multitude de petites lignes ondulées. Des côtes de l'Ile-de-France.

Péron et Lesueur ont découvert plusieurs espèces de matutes, inconnues sur les plages de la Nouvelle-Hollande.

Subdivision *IV. Antennes simples, courtes; pieds des seconde, troisième, quatrième et cinquième paires semblables entr'eux, et terminés par un article droit et pointu servant pour la marche; têt transversal avec son bord antérieur arqué.* (Section des Arqués, Latr.)

Genre XII. Crabe (*Cancer*, Auctorum).

Antennes extérieures courtes, insérées entre le canthus des yeux et le front, et les intermédiaires dans de petites fossettes creusées au milieu du chaperon. Troisième article des pieds-mâchoires extérieurs court, presque carré, échancré vers son extrémité, et du côté interne. Pinces inégales. Carapace large antérieurement, arquée, horizontale ou légèrement inclinée à sa partie frontale; souvent dentée sur les côtés avec son angle latéral très-obtus : partie postérieure de ce têt rebordée. Orbites ayant une seule fissure au bord postérieur, tant en dessus qu'en dessous. Yeux portés sur un pédoncule court.

Ce genre est réuni au suivant et au genre Carcin par M. Latreille. M. Duméril, dans l'article Crabe de ce Dictionnaire, auquel nous renvoyons (tom. XI, pag. 298), place aussi parmi ses espèces le *Carcin ménade* et le *Pilumne chauve-souris*, que M. Leach en distingue, et il décrit deux espèces, le Crabe tourteau (*Cancer pagurus*), et le Crabe vérolé (*Cancer variolosus*, Fabr.), qui appartiennent réellement au genre *Cancer* de M. Leach, tel que nous le présentons ici. A ces deux espèces nous ajouterons les suivantes :

Crabe corallin : *Cancer corallinus*, Fabr.; Herbst, Cancr.. tab. 4, fig. 40. Bord antérieur de la carapace mousse et sans dentelures; une seule dent à chaque angle externe: front trilobé; couleur générale, le jaune orangé. Des Indes orientales (1).

CRABE CENDRÉ : *Cancer cinereus*, Bosc, Latr.; *Cancer rivulosus*, Risso, Crust., pag. 14, sp. 5. Carapace ovale en travers, lisse, couleur feuille-morte parsemée de points noirâtres, marquée de trois plis sur chacun de ses bords antérieurs et latéraux: front droit. Il vit très-communément sur nos côtes. A Nice, sa femelle porte des œufs d'un vert sale en janvier, mars et septembre.

Genre XIII. XANTHE (*Xantho*, Leach ; *Cancer*, Montagu, Herbst, Latr.).

Caractères du genre précédent, à cette différence près que les antennes extérieures, extrêmement courtes, sont insérées dans le canthus interne des yeux, au lieu de l'être entre ce canthus et le front. Carapace plus bosselée et ayant ses bords moins nettement dentelés ou plissés.

M. Latreille réunit ce genre à celui des crabes proprement dits, dont il est en effet très-voisin.

XANTHE PORESSA : *Xantho poressa*, Leach ; *Cancer poressa*, Olivi, Zool. Adriat., pag. 48, pl. 2, fig. 3; Risso, Crust., pag. 11, sp. 1. Assez petit. Carapace bosselée ayant ses régions bien séparées, et présentant quatre pointes coniques sur chacun de ses bords latéraux; front quadrilobé; pinces grosses, un peu comprimées, striées en dessus, pustuleuses et à dents noirâtres. La femelle de ce crustacé porte ses œufs, qui sont d'une

---

(1) Dans un travail qui n'a pas été publié, M. Leach a formé de cette espèce et du *Cancer maculatus*, Fabr., un nouveau genre sous le nom de CARPILIUS, caractérisé par l'existence d'une seule dent au bord de la carapace et par le front tridenté.

Du *Cancer dentatus*, Fabr., dont les doigts sont dentés et en cuiller, il a formé aussi un genre sous le nom de CLORODIUS.

Il a nommé ZOSIMUS un troisième qui est voisin des xanthes, et qui comprend le *Cancer æneus* et quelques autres espèces dont les pieds sont un peu aplatis.

Enfin il a encore séparé des crabes et des xanthes, sur des caractères qui me sont inconnus, les genres qu'il a nommés BELEUS, ETISUS et OZIUS.

Je dois ces renseignemens à l'obligeance et à l'amitié de M. Latreille.

couleur brunâtre, dans le mois de juillet. De l'Adriatique, de la Méditerranée et de l'Océan.

Xanthe floride. *Xantho florida*, Leach ; *Cancer floridus*, Montagu ; *Cancer incisus*; *Xantho incisa* et *florida*, Leach, Brit. Malac., tab. 11. Carapace bosselée comme celle du précédent, et pourvue comme elle de quatre dents obtuses de chaque côté; front droit avec une scissure dans son milieu; doigts noirs. Des côtes d'Angleterre.

Le *cancer Dodone* d'Herbst se rapporte encore au genre Xanthe.

Genre XIV. Pirimèle (*Pirimela*, Leach ; *Cancer*, Montagu).

Antennes extérieures assez longues, insérées dans le canthus interne des yeux; les intermédiaires placées dans des fossettes obliques du chaperon. Troisième article des pieds-mâchoires extérieurs carré, tronqué et presque échancré à son extrémité et du côté interne. Pinces égales; les autres paires de pieds presque comprimées et terminées par des ongles aigus, ambulatoires. Carapace subtransverse, avec son bord antérieur arqué en demi-cercle. Abdomen des femelles alongé assez étroit. Orbites avec une fissure à leur bord supérieur et postérieur, et une autre à leur bord inférieur. Yeux portés par des pédoncules assez épais.

Ce genre est fondé sur des caractères peu importans. L'espèce unique qu'il renferme a tout le port des carcins, et devroit leur être réunie, si ses huit dernières pattes avoient l'article tarsien ou l'ongle plus comprimé, si ses antennes étoient moins longues, et si l'abdomen du mâle n'avoit sa quatrième pièce de forme carrée. L'insertion des antennes, dans le canthus même de l'œil, est la différence la plus remarquable qui existe entre les pirimèles et les crabes proprement dits; enfin la longueur de leurs antennes et la forme générale de leur carapace les éloignent principalement des xanthes.

Pirimèle denticulé : *Pirimela denticulata*, Leach, Malac. Brit., tab. 3 : *Cancer denticulatus*, Montagu, Trans. of Linn. Societ., tom. 9, tab. 2, fig. 2. Carapace tuberculeuse, lisse, avec ses côtés antérieurs munis chacun de cinq dents; bord postérieur et supérieur des orbites à deux dents, dont l'antérieure est la plus grande; front à trois dents, dont la moyenne dépasse les autres. Cette petite espèce a été trouvée sur les côtes d'Angleterre et d'Ecosse.

Genre XV. Hépate (*Hepatus*, Latr.; *Cancer*, Herbst, Bosc, Oliv.; *Calappa* , Fabr.).

Antennes extérieures excessivement petites, coniques, insérées à la base inférieure des pédoncules oculaires; les intérieures logées dans deux fossettes obliques qui sont situées au-dessous du front. Pieds-mâchoires extérieurs très-semblables à ceux des leucosies, appliqués exactement l'un contre l'autre, leur troisième article ayant une forme triangulaire, et se terminant en pointe. Pinces grandes, aplaties, ayant leur tranche supérieure comprimée et dentée en forme de crête; les autres pieds terminés par un article aigu, ambulatoire, diminuant progressivement de longueur depuis la seconde paire jusqu'à la cinquième. Carapace plus large que longue, évasée en segment de cercle en devant, rétrécie postérieurement, avec ses bords latéro-antérieurs munis d'un grand nombre de dentelures. Yeux assez rapprochés, petits, portés sur des pédoncules courts et logés chacun dans une cavité presque orbiculaire.

La queue ou l'abdomen, dans tous les individus que M. Latreille a été à même d'observer, « étoit en forme de triangle étroit et alongé, terminé en pointe, et composé, à ce qu'il lui a paru, de sept tablettes. » Si ce nombre est exact, et si les individus examinés par M. Latreille étoient des mâles, ce qu'il ne dit pas, mais ce que la forme de leur abdomen pourroit faire supposer, les hépates ne devroient pas rester dans cette division de la méthode de M. Leach, et appartiendroient à la suivante. L'ensemble de leurs autres caractères les rapproche néanmoins tellement des calappes et des crabes, proprement dits, auxquels ils sont pour ainsi dire intermédiaires, qu'il ne sera jamais naturel de les en éloigner.

Hépate fascié : *Hepatus fasciatus*, Latr. ; *Cancer annularis*, Oliv.; *Calappa angustata*, Fabr., Bosc; *Cancer princeps*, Bosc, Herbst, Cancr., tab. 38, fig. 2. Grosseur du crabe tourteau, de moyenne taille; carapace un peu convexe, presque unie; front droit comme tronqué, graveleux au bord antérieur; bords latéro-antérieurs assez finement crénelés;

tarses et poitrine couverts d'un duvet noirâtre. Couleur générale jaunâtre, avec des points rouges très-nombreux sur le
dos, qui se changent en petites lignes postérieurement; les
quatre dernières paires de pattes marquées de bandes transverses aussi rouges; doigts des mains noirâtres. Des mers de
l'Amérique et à Saint-Domingue.

M. Latreille pense que le *cancer floridus* de Linnæus est une
espèce de ce genre (1).

Genre XVI. Calappe (*Calappa*, Fabr., Latr., Bosc, Leach, Lamarck; *Cancer*, Linn., Herbst).

Antennes extérieures et internes semblables à celles des
crabes proprement dits. Troisième article des pieds-mâchoires
extérieurs, se terminant en pointe. Pinces égales, très-grandes,
comprimées, ayant leur tranche supérieure très-élevée, en
crête, s'adaptant parfaitement aux bords extérieurs du têt,
de manière à couvrir toute la région de la bouche. Les autres
pattes courtes et simples. Carapace courte, convexe, plus
large postérieurement qu'antérieurement, et formant en arrière une voûte sous laquelle sont cachées les pattes postérieures dans le repos. Yeux portés sur des pédoncules courts,
peu éloignés l'un de l'autre.

Les calappes ou migranes forment, avec les œthres de
M. Leach, un petit groupe bien caractérisé par la forme des
pinces et le développement excessif du bord postérieur de la
carapace. M. Latreille a donné à ce groupe le nom de cryptopodes, et il le place entre ses décapodes brachyures triangulaires et les notopodes.

Ces crustacés dont une seule espèce habite sur nos côtes de
la Méditerranée, sont vulgairement nommés *coqs de mers*, à
cause de la forme de leurs pinces, et *crabes honteux*, parce
qu'ils contractent leurs membres, et qu'ils semblent se cacher
derrière leurs larges mains.

---

(1) M. Latreille vient d'adopter et de faire placer dans la collection
de Muséum d'histoire naturelle le nouveau genre Mursia de M. Leach,
lequel se rapproche beaucoup des hépates par la forme générale du corps
et par la compression des mains, mais qui en diffère en ce que ses
pieds-mâchoires extérieurs ont, comme ceux des crabes, leur troisième
article court, presque carré et échancré intérieurement

Calappe migrane : *Calappa granulata*, Fabr., Latr.; *Cancer granulatus*, Linn.; Herbst, tab. 12, fig. 75, 76; Rondelet, liv. 13, pag. 404. Carapace verruqueuse, marquée de quatre sutures longitudinales; ayant de chaque côté, avant sa dilatation, sept dents, dont trois courtes et obtuses, et quatre plus fortes et aiguës sur les bords de sa partie élargie, avec deux autres plus petites, tout-à-fait en arrière. Front bidenté. Couleur de chair parsemée de taches d'un rouge carmin. Longueur, deux pouces et demi; largeur, trois pouces six lignes.

M. Risso rapporte que les migranes établissent le plus souvent leurs gîtes dans les fentes des rochers qui bordent les côtes près de Nice; qu'ils plongent jusqu'à 90 pieds de profondeur, et que les femelles pondent leurs œufs en été. Le même naturaliste signale une variété de cette espèce, dont le têt est sexdenté postérieurement, et dont la couleur générale est le rose pâle, avec les pattes blanchâtres et les ongles bruns.

Calappe vouté : *Calappa fornicata*, Fabr., Latr., Lamck.; Herbst, Cancr., tab. 12, fig. 73, 74. Carapace marquée de petites lignes nombreuses, élevées et incisées, transversales, parallèles entre elles; fortement dilatée de chaque côté postérieurement, et munie d'une douzaine de petites dents sur chacun de ses bords latéro-antérieurs. Des mers de l'Archipel indien et de la Nouvelle-Hollande.

Calappe tuberculé : *Calappa tuberculata*, Latr.; *Cancer tuberculatus*, Fabr., Ent. Syst., tom. 2, pag. 454; Suppl., tom. 5, p. 345; Herbst, tab. 13, fig. 78. Carapace noduleuse, multidentée sur ses bords antérieurs, avec ses angles postérieurs dilatés et crénelés. De l'Océan Pacifique, selon Fabricius, et de l'Océan Atlantique, suivant M. de Lamarck.

Calappe marbré : *Calappa marmorata*, Fabr., Ent. Syst., Sup., tom. 5, pag. 346; *Guaja-Apara?* Pison et Marcgrave; Herbst., Cancr., tab. 40, fig. 2. Carapace finement granulée, avec trois grandes dents sur chacun de ses lobes postérieurs, peinte de flammes couleur de rose. Des mers de l'Amérique méridionale, de l'Ile de la Trinité, etc.

Genre XVII. Œthre (*Œthra*, Leach, Latr., Lamarck; *Cancer*, Linn., Herbst; *Parthenope*, Fabr.).

Caractères généraux des calappes, aux différences suivantes

près : Troisième article des pieds-mâchoires extérieurs presque carré, ne finissant pas en pointe ; carapace aplatie, clypéiforme, transversale, noueuse, ou très-raboteuse sur le dos.

ŒTHRE DÉPRIMÉ : *Œthra depressa*, Lamck., Anim. sans vert., tom. 5, pag. 265 ; *Cancer scruposus*, Linn. ; Herbst, Cancr., tab. 53, fig. 4, 5. Carapace elliptique, transverse, avec ses bords latéraux arrondis, et marqués de dents en forme de plis. Des mers de l'Ile-de-France.

ŒTHRE VOUTÉ : *Œthra fornicata*, Lam. ; *Cancer fornicatus*, Fabr., Ent. Syst., tom. 2, pag. 453 ; *Parthenope fornicata*, ejusd., Suppl., tom. 5, pag. 352. Carapace très-inégale, à dos quadrituberculé, dentelée sur ses bords antérieurs, avec les angles postérieurs dilatés et crénelés ; front plan, déprimé, aigu, avec ses côtés dentelés ; mains triangulaires, avec les angles crénelés. Des Indes orientales.

II.ᵉ SECTION. *Abdomen composé de sept articles dans les deux sexes ; pieds de la première paire didactyles.*

III.ᵉ DIVISION. *Les huit pieds postérieurs simples et semblables entre eux ; aucun d'entre eux n'étant remonté sur le dos.*

SUBDIVISION I. *Carapace arquée antérieurement, ses bords convergens en angle sur les côtés ; pieds de la première paire inégaux. Yeux placés en avant, peu écartés.* (Section des ARQUÉS, Latr.)

Genre XVIII. PILUMNE (*Pilumnus*, Leach ; *Cancer*, Linn., Penn., Fabr., Latr.).

Antennes extérieures sétacées, assez longues, grêles, insérées dans le canthus interne des yeux ; les intérieures placées dans des fossettes transverses, un peu obliques, du chaperon. Troisième article des pieds-mâchoires extérieurs presque carré, subtransverse, échancré vers son bout et en dedans. Pieds des seconde, troisième, quatrième et cinquième paires terminés par des ongles simples, aigus. Carapace transverse, tronquée postérieurement avec le bord antérieur, arqué en demi-ellipse. Abdomen des femelles ellipsoïde, alongé. Pédoncules des yeux courts et plus gros que les yeux. Une fissure au fond de l'orbite en dessus, et une autre en dessous.

Les crustacés qui entrent dans ce genre ont totalement le port des crabes proprement dits, et des carcins; mais ils en diffèrent principalement par le nombre des pièces de l'abdomen dans les mâles, et ils s'éloignent encore des premiers par l'insertion des antennes extérieures.

Pilumne hérissé : *Pilumnus hirtellus*, Leach, Malac. Brit., tab. 12; *Cancer hirtellus*, Linn., Syst. Nat. Edit.; Gmel., tom. 1, pag. 1045; Penn., Brit. Zool., tom. 4, pl. 6, fig. 11. Carapace ayant quatre ou cinq petites dents sur chacun de ses bords latéro-antérieurs; mains et carpes granuleux en dessus et en dehors : corps hérissé de poils bruns et roides. Des côtes de France et d'Angleterre.

Pilumne chauve-souris : *Pilumnus vespertilio*, Leach; *Cancer vespertilio*, Fabr., Ent. Syst.; Latr. (Voyez l'article Crabe de ce Dictionnaire, où cette espèce est indiquée.) Carapace à trois dents de chaque côté; dessus du corps, serres et pieds hérissés de poils épais; doigts des mains lisses. De l'Inde.

Subdivision II. *Carapace bombée, en cœur tronqué postérieurement; yeux antérieurs, un peu distans entre eux; serres inégales* (1). (Sect. des Quadrilatères, Latr.)

Genre XIX. Gécarcin (*Gecarcinus*, Leach ; *Cancer*, Linn.; Fabr., Herbst; *Ocypode*, Latr., Bosc).

Antennes très-courtes et apparentes; les extérieures étant insérées près du canthus interne des yeux, portées sur un article radical fort large, et terminées par une petite tige conique; les intermédiaires repliées transversalement très-près du bord inférieur du chaperon. Pieds-mâchoires extérieurs très-écartés l'un de l'autre, ayant leur second et leur troisième articles presque égaux entre eux, comprimés et comme foliacés. Jambes et tarses des quatre paires de pattes postérieures épineux; pieds de la troisième paire plus longs que ceux de la seconde. Carapace en forme de cœur, largement tronquée postérieurement, bombée en avant de chaque côté, et sans dents ni épines. Yeux grands logés dans des fossettes qui s'étendent de chaque côté du chaperon dans la largeur antérieure de la carapace, mais sans atteindre ses extrémités latérales.

(1) M. Leach n'a pas admis cette subdivision. Nous avons cru devoir la créer à cause de la forme très-remarquable de la carapace des crustacés qui y sont placés.

L'article Gécarcin ayant été traité dans ce Dictionnaire, tom. XVIII, nous croyons devoir y renvoyer pour ce qui concerne les mœurs des crustacés compris dans ce genre, et pour les descriptions des espèces qui sont au nombre de deux, savoir :

Gécarcin tourlourou : *Gecarcinus ruricola*, Leach; Séba, Mus., tome 3, pl. 20, fig. 5.

Gécarcin bourreau : *Gecarcinus carnifex*, Latr.; *Ocypode cordata*, ejusd.; *Cancer cordatus*, Linn., Gmel.

M. Latreille désigne sous le nom d'Uca un genre de crustacés très-analogues aux gécarcins par la forme en cœur de la carapace, mais qui en sont différens par les proportions relatives de leurs membres et quelques autres caractères; les pattes de la seconde paire étant plus longues que celles de la troisième, et cette différence existant aussi progressivement dans les suivantes. Ce genre renferme le *cancer uca* de Linnæus, ou *uca-una* de Pison et de Marcgrave.

M. Leach a formé aussi un genre *Uca;* mais celui-ci ne comprend pas le vrai *cancer uca* des auteurs que nous venons de citer. Il est très-voisin des ocypodes, et M. Latreille a changé son nom en celui de Gélasime, *Gelasimus*. (Voyez page 240.)

Subdivision III. *Carapace bombée, plus étroite en avant qu'en arrière, à régions bien distinctes; yeux placés en avant, peu écartés, portés sur un court pédoncule, non logés dans une fossette.* (Section des Orbiculaires, Latr.)

Genre XX. Mictyre (*Mictyris*, Latr., Leach).

Antennes très-petites. Articles inférieurs des pieds-mâchoires extérieurs très-larges, foliacés et très-velus. Pieds longs, diminuant progressivement de grandeur, à partir de la seconde paire, ayant leur dernier article pointu, comprimé et sillonné. Serres grandes, avancées, formant près de leur milieu, en se dirigeant brusquement en bas, un coude très-prononcé; ayant le carpe très-alongé. Carapace presque ovoïde, molle, un peu plus large et tronquée postérieurement; renflée, avec les séparations des régions bien marquées par des lignes enfoncées. Abdomen des femelles formé de sept pièces. Front rabattu comme celui des gécarcins et des ocypodes. Yeux saillans, gros, portés sur un pédoncule court et globuleux, non logés dans une fossette.

M. Latreille, à qui l'on doit l'établissement de ce genre et l'observation des caractères que nous venons de transcrire, remarque que la forme du chaperon et celle des pieds-mâchoires extérieurs le rapprochent particulièrement des ocypodes. Néanmoins il l'avoit d'abord placé (Règne animal), d'après la forme du corps, dans la section des orbiculaires, à côté des atélécycles, des thies, des pinnothères, des corystes, des leucosies et du ixa. Maintenant il le range entre les gélasimes et les pinnothères, immédiatement après le genre ocypode.

Mictyre longicarpe: *Mictyris longicarpus*, Latr., Gen. crust. et insect., tom. I, pag. 40; Nouv. Dict., tom. 20, pag. 523. De petite taille et de couleur jaunâtre. Il a été rapporté des Indes orientales par Péron et Lesueur.

J'ai décrit sous le nom de *Leucosie de Prevost* un joli crustacé fossile des couches inférieures de Montmartre, qui a beaucoup de rapport avec le *mictyris* par les formes de sa carapace. Voyez Leucosie (*Fossile*).

Subdivision *IV. Carapace carrée, ou presque carrée; yeux logés dans le front.* (Section des Quadrilatères, Latr.)

* *Carapace presque carrée; yeux placés sur de courts pédoncules; pinces égales.*

Genre XXI. Pinnothère (*Pinnotheres*, Latr., Bosc, Leach, Lamck.; *Cancer*, Linn.).

' Antennes extérieures très-courtes, ayant leurs trois premiers articles plus grands que les autres, insérées dans le canthus interne des yeux; les intérieures plus grandes, contiguës aux premières, et placées avec elles sur une même ligne transverse. Pieds-mâchoires extérieurs courbés sur la première pièce sternale, ayant leur troisième article grand et arqué extérieurement. Pinces égales; pieds des seconde, troisième, quatrième et cinquième paires terminés par un ongle ou article simple, aigu et crochu; ceux de la troisième paire plus longs que les autres. Carapace très-mince, flexible, un peu déprimée, de forme orbiculaire, ou presque carrée avec les angles mousses, sans aucune dentelure ou rugosité. Abdomen des mâles ayant en dessous et à sa base deux pièces comprimées, presque foliacées; abdomen des femelles vaste, large et long, de forme orbiculaire, et s'étendant jusqu'à la bouche, comme celui des femelles de leucosies. Yeux gros, écartés.

Les crustacés de ce genre sont en général très-petits, et leur carapace très-molle ne pourroit les défendre que foiblement des attaques de leurs ennemis. Comme les pagures, ils trouvent une retraite assurée dans les coquilles de la mer; mais au lieu de choisir, comme ces derniers, des têts univalves vides, ils se logent dans des coquilles bivalves vivantes. Ce sont particulièrement celles des moules et des jambonneaux, où on les rencontre. Ils ne font aucun mal à ces mollusques; et tout le tort qu'ils peuvent leur causer, c'est de les gêner un peu dans leur habitation. Leur nourriture paroît consister dans les petits crustacés ou vers, que l'eau introduit dans les coquilles où ils sont placés; et il seroit même possible, ainsi que le pense M. Risso, qu'ils vécussent de la matière glaireuse qui entoure leurs animaux.

On trouve rarement les pinnothères libres et isolés dans la mer, ou dans des bivalves vides : aussitôt qu'ils sont nés, leur première démarche est de chercher une coquille où ils puissent s'établir. Il est probable néanmoins qu'à une certaine époque de l'année, ils quittent cette habitation pour s'accoupler.

Quelques autres jeunes crustacés se rencontrent aussi, mais rarement et par accident, dans les coquilles de moules : tels sont, ainsi que M. Cuvier l'a remarqué, le *carcinus mænas*, le *portunus puber*, la *galathea strigosa*, etc.

Ces crustacés avoient été observés par les Grecs qui les nommoient *pinnother*, ou *pinnophylax*, et qui leur avoient attribué des qualités fabuleuses. Ainsi ils disoient que ces animaux étoient les gardiens et les défenseurs nés des mollusques avec lesquels on les trouve, qu'ils les protégeoient contre les attaques de leurs ennemis, qu'ils voyoient pour eux, et qu'en les pinçant, ils les avertissoient à temps de clore les valves de leur têt, soit pour éviter une atteinte, soit pour enfermer une proie, que le mouvement de l'eau auroit amenée à portée d'être saisie, etc.

M. Latreille place les pinnothères dans la quatrième section de la famille des crustacés décapodes brachyures, celle des orbiculaires, qui comprend aussi les genres Atélécycle, Thie, Coryste, Leucosie, Ixa et Mictyre.

Pɪɴɴᴏᴛʜᴇ̀ʀᴇ ᴘᴏɪs : *Pinnotheres pisum* ; *Cancer pisum*, Linn. ; *Pinnotheres mytilorum*, Latr. , Gener. et Dict. ; *Pinnothères pisum*, Latr., Leach, Malac. Brit., tab. 14, fig. 1, 2 et 3, la femelle ; *Pinnotheres varians*, Leach, tab. 14, fig. 9, 10 et 11, le mâle. Carapace de la femelle orbiculaire, presque carrée, molle, lisse, à front un peu arqué, entier ; celle du mâle rétrécie en avant ; mains oblongues, avec une ligne de cils en dessous ; cuisses avec une semblable ligne ciliée en dessus et en dessous ; pouces peu arqués ; abdomen de la femelle très-large, avec les côtés de ses segmens arqués en festons, et son extrémité largement, mais peu profondément échancrée. On le trouve fréquemment dans les coquilles des moules et des modioles sur les côtes de France et d'Angleterre ; c'est l'espèce la plus commune.

Pɪɴɴᴏᴛʜᴇ̀ʀᴇ ᴅᴇ Cʀᴀɴᴄʜ ; *Pinnotheres Cranchii*, Leach, Malac. Brit., tab. 14, fig. 4 et 5. Carapace orbiculaire, presque carrée, molle, très-lisse, avec ses côtés postérieurs dilatés ; front droit, très-légèrement échancré ; mains oblongues, avec une ligne ciliée en dessous ; cuisses des autres pattes avec une semblable ligne en dessus, et une autre en dessous : pouces peu arqués ; abdomen de la femelle fort large, avec les bords latéraux des segmens très-légèrement arqués, le second et les suivans étant dans le milieu de leur bord postérieur distinctement échancrés ; le cinquième, le plus large de tous, et le dernier un peu plus étroit que l'avant-dernier. On le trouve dans les moules et dans les modioles, sur les côtes d'Angleterre.

Pɪɴɴᴏᴛʜᴇ̀ʀᴇ ᴅᴇ Lᴀᴛʀᴇɪʟʟᴇ : *Pinnotheres Latreillii*, Leach, Mal. Brit., tab. 14, fig, 6, 7 et 8 ; *Cancer mytilorum albus*, Herbst, tom. 1, pag. 101, tab. 2, fig. 24? Carapace ovale, orbiculaire, rétrécie antérieurement, convexe, très-lisse, assez solide ; front entier, avancé, presque arqué ; deux lignes enfoncées, obliques sur la partie postérieure du dos, un peu convergentes en arrière ; mains ovalaires, avec une ligne ciliée en dessous ; cuisses des quatre dernières paires de pattes avec une semblable ligne en dessous ; doigts arqués ; abdomen de la femelle assez étroit, comparativement à celui des deux premières espèces, avec les bords latéraux de ses segmens, légèrement arqués, et leur bord postérieur entier ; le dernier étant terminé en pointe arrondie. Très-rare dans les modioles ; sur les côtes d'Angleterre.

PINNOTHÈRE DES ANCIENS : *Pinnotheres veterum*, Bosc, Latreille, Leach, Mal. Brit., tab. 15, fig. 1-5 ; *Cancer pinnotheres*, Linn.; *Pinnotheres pinnæ*, Leach, Enc. Edinb. Plus grand que le pinnothère pois; front presque échancré; dessous des mains arqué et sinueux; carapace du mâle presque carrée, transverse, assez solide, ponctuée ; abdomen étroit, avec ses bords latéraux entiers et droits. Carapace de la femelle de même forme, mais à chaperon un peu moins saillant, assez molle, très-finement ponctuée: abdomen très-large, ovalaire, avec son milieu un peu élevé en carène et comme noduleux ; les trois derniers segmens en étant échancrés postérieurement. Il est commun dans la Méditerranée, et plus rare sur les côtes océaniques de France et d'Angleterre. On le trouve dans les pinnes marines, et rarement dans les huîtres.

PINNOTHÈRE DE MONTAGU, Leach ; *Pinnotheres Montagui*, ejusdem, Mal. Brit., tab. 15, fig. 6, 7 et 8 ; *Pinnotheres modioli*, Enc. Edinb. Carapace du mâle presque carrée, transverse, assez solide, ponctuée : front échancré ; mains ovales ; doigts arqués ; côtés de l'abdomen largement échancrés entre le troisième et le septième article; celui-ci étant arrondi, entier et plus large que le précédent.

** *Carapace carrée ; yeux souvent placés sur de longs pédoncules.*

Genre XXII. OCYPODE (*Ocypode*, Daldorff, Fabr., Latr., Bosc, Lamck., Leach).

Antennes placées sur l'arête transverse qui ferme supérieurement la cavité buccale ; les extérieures étant très-petites, un peu arquées en dehors, composées de quatre à cinq articles, et portées sur un pédoncule formé de trois articles plus gros; les internes contiguës aux externes, un peu plus longues que celles-ci, et séparées l'une de l'autre par une pièce dont la forme est celle d'un triangle renversé. Pieds-mâchoires extérieurs rapprochés, ayant leur troisième article en forme de trapèze presque aussi long que large. Pinces inégales, grandes, courbées, en forme de cœur, ou ovales et comprimées: les autres pattes longues, comprimées, celles de la quatrième et de la troisième paires étant les plus grandes; ongle ou dernier article des tarses très-comprimé, marqué de quelques lignes élevées, velu ou cilié, terminé en pointe. Carapace presque carrée, un peu plus large que longue, terminée en devant et de chaque côté par un angle aigu; son bord antérieur, présentant dans son milieu un chaperon déclive, étroit et arrondi, et sur chacun de ses côtés un sinus ou une cavité transversale profonde et ovale, pour loger l'œil. Yeux placés sur des pédoncules assez longs, insérés aux côtés du chaperon, et dirigés dans le repos vers les angles du têt, en reposant dans les fossettes de son bord antérieur.

Les crustacés de ce genre forment avec les grapses, les plagusies, les gonoplaces, les gélasimes, les gécarcins, les ucas, les thelphuses, et les ériphies, la section des crustacés décapodes brachyures, que M. Latreille a nommés quadrilatères. Cette section comprend des animaux qui ont les plus grands rapports entre eux, non seulement par leurs formes générales, mais encore par leurs habitudes, beaucoup moins maritimes que celles des autres crustacés du même ordre.

Les ocypodes en effet se tiennent souvent à terre après le coucher du soleil, et courent avec une vélocité incroyable; ils se creusent des trous dans le sable, et s'y réfugient pendant le jour. Leur histoire au surplus n'est pas encore bien connue, et l'on en confond les principaux traits avec celle des tourlouroux ou ucas, des gécarcins et des grapses, qui, ainsi qu'eux, ont été nommés *crabes de terre*.

M. Latreille divise les ocypodes en deux sections, dont la première correspond exactement au genre *Ocypode* de M. Leach. C'est celle qui comprend les espéces dont les pédoncules des yeux sont prolongés au-delà de leur extrémité supérieure, en forme de pointe ou de corne, telles que les suivantes.

Ocypode cératophthalme : *Ocypode ceratophthalmus*, Fabr., Latr.; *Cancer cursor*, Linn., Oliv.; Pall., Spic. Zool., fasc. 9, tab. 5, fig. 2, 8 et suiv. Pédoncules des yeux prolongés d'un tiers ou plus, de leur longueur totale au-delà des yeux, en une pointe conique et simple; pinces grosses, en cœur, graveleuses, dentelées sur leur tranche, la gauche étant la plus grande. Des Indes orientales.

Ocypode chevalier : *Ocypode ippeus*, Oliv. Voy. Emp. Oth.,

tom. 2, pag. 234, pl. 30, fig. 1; *Cancer eques*, Belon; *Cancer cursor*, Linn. Pédoncules des yeux terminés par un faisceau de poils soyeux. Carapace et serres chagrinées; les autres pattes raboteuses. Des côtes africaines de la Méditerranée et de l'Océan, depuis la Syrie jusqu'au Cap-Vert.

OCYPODE BLANC : *Ocypode albicans*, Bosc, Crust., 1, pag. 196, pl. 1. Pédoncules des yeux prolongés au-delà de leur extrémité en une pointe obtuse; serres presque égales, hérissées de tubercules épineux, à doigts courts; carapace blanchâtre, chagrinée, entière sur ses bords; pattes des quatre dernières paires blanches, garnies de poils serrés, assez longs. Des côtes de la Caroline du Sud.

La seconde section renferme les ocypodes dont le pédoncule des yeux se termine avec eux; tels que les suivans :

OCYPODE CORDIMANE; *Ocypode cordimana*, Latr. Serre gauche plus grande que la droite, toutes deux très-comprimées, en cœur, granuleuses, avec leurs tranches très-dentées. Carapace jaunâtre, chagrinée, avec ses côtés antérieurs un peu dentelés. Des Indes orientales.

OCYPODE RHOMBE : *Ocypode rhombea*, Fabr., Latr., Oliv. Pinces comprimées, ovoïdes, finement chagrinées, avec les doigts striés, la gauche étant la plus grande; yeux très grands, s'étendant dans toute la longueur de leur pédoncule; carapace blonde et glabre. De l'Ile-de-France.

Genre XXIII. GÉLASIME (*Gelasimus*, Latr.; *Uca*, Leach; *Ocypode*, Bosc, Oliv.; *Cancer*, Linn., Degéer, Fabr.).

Antennes toutes découvertes et distinctes, les latérales sétacées. Pieds-mâchoires extérieurs rapprochés l'un de l'autre, leur quatrième article étant inséré à l'extrémité latérale et supérieure du précédent. Pinces comprimées, dont l'une est de beaucoup la plus grande; les autres pieds diminuant graduellement de longueur à partir de la seconde paire. Carapace en forme de trapèze transversal et plus large au bord antérieur, dont le milieu est rabattu en forme de chaperon. Yeux situés chacun à l'extrémité d'un pédoncule grêle, cylindrique, prolongé jusqu'à l'angle antérieur et latéral du têt, et reçu dans une fossette linéaire.

Ces caractères, établis par M. Latreille, se rapportent entièrement aux crustacés que M. Leach a eu l'intention de placer dans le genre qu'il a nommé Uca, et auquel il a rapporté par erreur (Trans. Linn., tom. XI, pag. 323), l'*uca-una* de Pison et de Marcgrave, dont le têt bombé et cordiforme est très-semblable à celui de gécarcins. Ce nom d'*uca* ne peut donc plus convenir au genre que nous décrivons, et nous nous sommes décidé à adopter celui de gélasime proposé par M. Latreille.

Ce naturaliste, ayant remarqué des différences notables dans les proportions des pieds des gécarcins et de l'uca de Pison et de Marcgrave, a fondé un nouveau genre pour ce dernier, et lui a transporté la dénomination d'Uca qui lui convient véritablement.

Les gélasimes sont connues sous les noms de *crabes appelans*, parce qu'elles ont l'habitude singulière de tenir toujours élevée leur grosse pince en avant de leur corps, comme si elles faisoient le geste d'usage pour faire approcher quelqu'un. Elles se tiennent non loin de la mer, dans les terrains humides, et plusieurs d'entre elles se creusent des terriers cylindriques, obliques et très-profonds, tellement rapprochés les uns des autres qu'ils se touchent ; et ces terriers ne sont habités ordinairement que par un seul individu. Une de leurs espèces, observée à la Caroline par M. Bosc, passe les trois mois d'hiver dans ces retraites sans en sortir, et elle ne se rend à l'eau qu'au temps de la ponte.

GÉLASIME MARACOANI : *Gelasimus Maracoani*, Latr. ; *Maracoani*, Pison, Hist. Nat., *lib. III*, pag. 77 ; *Ocypode heterochelos*, Bosc ; Herbst, Cancr., tab. 1, fig. 11. Carapace fortement chagrinée avec deux lignes enfoncées longitudinales dans son milieu, indiquant la séparation des régions médianes des régions latérales ; l'une des deux serres, tantôt la droite, tantôt la gauche, très-grande, à doigts très-comprimés ; ces deux serres ayant leur face extérieure, couverte de tubercules arrondis en forme de grains, et la face intérieure lisse ; longueur totale, un pouce ; largeur, un pouce et demi ; couleur jaunâtre lavée de rougeâtre. Du Brésil et de Cayenne.

GÉLASIME COMBATTANTE : *Gelasimus pugilator*, Latr. ; *Ocypode pugilator*, Bosc, Crust., tom. 1, pag. 197. Carapace lisse, entière dans ses bords, sinueuse antérieurement ; pince droite ordinairement plus grande que la gauche, toutes les deux étant légèrement chagrinées; doigts très-longs, courbés et unis. De la Caroline du Sud.

Gélasime appelante : *Gelasimus vocans*, Latr.; *Cancer vocans*, Degéer, tom. 7, tab. 26, fig. 12; Herbst, Cancr., tab. 1, fig. 10; *Ocypode vocans*, Bosc; Oliv., Encycl. Carapace unie, avec le bord antérieur sinueux; serre droite ordinairement plus grande que la gauche; toutes les deux étant finement chagrinées en dehors, avec une ligne enfoncée courte, près de leur extrémité, et leurs doigts longs, étroits, très-écartés entre eux, unis, comprimés; pédoncules oculaires ayant à leur extrémité une pointe aiguë. Des Antilles.

Gélasime de Marion; *Gelasimus Marionis*, Nob. Carapace lisse, terminée de chaque côté par un angle assez vif et dirigé en avant; ayant une impression en forme d'H sur le dos; pédoncules oculaires grossissant insensiblement par le bout et sans pointe terminale; bord inférieur du sillon des yeux crénelé; pince droite beaucoup plus grande que la gauche, très-comprimée, granuleuse à l'extérieur et près de sa base; pouce droit, lisse sur ses deux faces, granuleux sur sa tranche interne; doigt immobile, arqué en dessous dans toute sa longueur, avec son bord interne largement échancré dans son milieu, et partout garni de dentelures mousses disposées sur sa tranche. Cette espèce, à peine longue de huit lignes et large d'un pouce, est de Manille. Elle m'a été communiquée par M. Marion de Procé de Nantes, à qui je la dédie.

J'ai décrit une espèce fossile de ce genre. Voyez le mot Gélasime (*Fossile*).

Genre XXIV. Gonoplace (*Gonoplax*, Leach, Latr.; *Cancer*, Fabr.; *Ocypode*, Latr., Bosc, Risso; *Rhombille* ou *Gonoplax*, Lamck.).

Antennes découvertes; les extérieures sétacées et très-visibles, avec leurs trois premiers articles beaucoup plus gros que les autres. Pieds-mâchoires extérieurs rapprochés, ayant leur quatrième article inséré à l'angle intérieur et supérieur du troisième qui est pentagone et transversal. Pinces alongées, égales, grêles, portées sur des bras très-longs, ayant la main un peu comprimée et non carénée : toutes les autres pattes généralement grêles, à articulations anguleuses, la première paire étant plus courte que la suivante, et la quatrième la plus grande de toutes. Carapace déprimée en forme de quadrilatère transversal un peu plus large en avant qu'en arrière, ayant dans le milieu de son bord antérieur une avance très-marquée ou une sorte de chaperon. Yeux situés à l'extrémité d'un pédoncule grêle qui s'étend jusqu'aux angles extérieurs du têt, et qui est logé dans une fossette ou gouttière linéaire et transversale.

Les mœurs des crustacés de ce genre n'ont pas été décrites, mais il est présumable qu'elles diffèrent peu de celles des gélasimes et des ocypodes.

Dans mon travail sur les crustacés fossiles, j'ai décrit cinq espèces de ce genre, dont une surtout, le *gonoplax Latreillii*, est remarquable par ses caractères et ses dimensions. Voyez l'article GONOPLACE (*Fossile*).

GONOPLACE A DEUX ÉPINES : *Gonoplax bispinosa*, Leach , Malac. Brit., tab. 13 ; *Cancer angulatus*, Penn., Fabr. ; Herbst, tab. 1, fig. 13; *Ocypode angulata*, Bosc. Angles latéraux de la carapace avancés en forme de pointes; une seconde épine, plus petite, en arrière de celles-ci, sur chaque bord latéral de cette carapace; une épine sur le bras, et une autre à la face interne du carpe; l'extrémité des cuisses des quatre dernières paires ayant aussi une pointe près de leur articulation tibiale. Des côtes de France et d'Angleterre.

GONOPLACE RHOMBOÏDE : *Gonoplax rhomboides*, Latr.; *Cancer rhomboides*, Linn., Fabr.; *Ocypode rhomboides*, Bosc, Oliv.; *Ocypode longimana*, Risso. Différente de la précédente par le manque de la seconde épine latérale des côtés de la carapace. Elle n'a que huit lignes de longueur et environ seize de largeur en avant; sa couleur est le jaune avec des reflets roses. On la trouve à Nice, dans les endroits rocailleux, à une profondeur de soixante à quatre-vingts pieds. La femelle est pourvue d'œufs en juillet.

GONOPLACE TRANSVERSE; *Gonoplax transversa*, Latr., Nouv. Dict. d'Hist. nat. Carapace chagrinée, inégale, ayant ses bords latéraux finement dentelés et velus , et trois fortes dents aux angles antérieurs. De la Nouvelle-Hollande.

Genre XXV. ERIPHIE (*Eriphia*, Latr.; *Cancer*, Fabr., Herbst).

Antennes extérieures assez longues, distantes de l'origine

des pédoncules oculaires, et insérées près du bord antérieur de la carapace; les intérieures entièrement découvertes. Pieds-mâchoires extérieurs rapprochés. Serres grosses, inégales; pattes médiocrement fortes, un peu comprimées, parsemées de poils roides et terminées par des ongles presque droits, striés. Carapace assez semblable à celle des thelphuses, presque en forme de cœur tronqué postérieurement, avec ses côtés et son bord antérieur épineux. Yeux écartés, portés sur des pédoncules courts et logés dans une fossette.

Eriphie front-épineux : *Eriphia spinifrons*, Latr.; *Cancer spinifrons*, Fabr.; Herbst, Cancr., tab. 11, fig. 65; Aldrov., Crust. *Pagurus*, pag. 189. Carapace lisse avec cinq dents de chaque côté, dont la seconde et la troisième sont bifides; front et mains couverts d'une multitude d'épines; doigts des serres noirs. Des côtes de France.

M. Latreille rapporte encore à ce genre, d'après l'inspection des figures, les *Cancer rufopunctatus*, Herbst, tab. 47, fig. 6; *C. cymodoce*, ejusd., tab. 51, fig. 5; et *C. tridens*, tab. 21, fig. 125.

Genre XXVI. Plagusie (*Plagusia*, Latr.; *Cancer*, Fabr., Herbst).

Antennes extérieures très-petites, insérées près de l'origine des pédoncules oculaires; les intermédiaires placées chacune dans une profonde entaille du dessus du front. Pieds-mâchoires extérieurs écartés entre eux inférieurement, ayant leur troisième article presque carré, de largeur égale, avec le côté supérieur dilaté extérieurement en manière d'angle obtus. Serres petites, égales; les autres pieds très-forts, très-comprimés, dirigés latéralement, terminés par un tarse épineux; les troisième et quatrième paires étant les plus longues de toutes. Carapace déprimée, presque carrée, comme celle des grapses, un peu rétrécie aux deux extrémités. Yeux placés près de ses angles antérieurs, portés sur des pédoncules courts et assez gros.

Ce genre est très-voisin de celui des grapses; mais il en diffère principalement par le mode d'insertion des antennes intermédiaires et par la forme du second article des pieds-mâchoires extérieurs.

Plagusie déprimée : *Plagusia depressa*, Latr.; *Cancer depressus*, Fabr.; Herbst, tab. 3, fig. 35. Carapace tuberculeuse et graveleuse, avec quatre dents de chaque côté; lobes frontaux peu avancés; serres sillonnées en dessus, unies sur le reste de leur surface, terminées par une main cylindrique, dont les doigts sont en cuiller; dessus du corps rougeâtre mêlé de gris. Des mers de l'Amérique.

Plagusie clavimane : *Plagusia clavimana*, Latr.; Herbst, tab. 59, fig. 3. Carapace avec des enfoncemens garnis de duvet sur sa surface; les trois divisions frontales avancées et dentelées; serres terminées brusquement par une main renflée, grosse, courte et ovoïde; tranche supérieure des cuisses et des autres jambes garnie d'une série de dentelures. Des mers de la Nouvelle-Hollande.

Genre XXVII. Thelphuse (*Thelphusa*, Latr.; *Potamophilus*, Latr.; *Cancer*, Belon, Rondel., Gesn.; *Gecarcinus*, Lamck.). (1)

Antennes extérieures très-courtes et insérées près des pédoncules oculaires, sous lesquels elles sont couchées. Pieds-mâchoires extérieurs très-rapprochés, et recouvrant exactement toute la bouche. Pinces presque égales, grandes; mains ovales, granuleuses; pattes de la troisième paire les plus longues de toutes, et celles des deux dernières décroissant successivement. Carapace déprimée, lisse, en cœur tronqué postérieurement avec une impression en H dans son milieu, indiquant la séparation des régions de cette partie. Yeux écartés, latéraux, portés sur des pédoncules courts, gros, et logés dans une fossette ovale transverse.

Le crustacé qui forme le type de ce genre étoit connu des Grecs sous le nom de *Carcinos potamios*. Ælien, Pline, Dioscoride, Nicandre, Avicenne, en ont fait mention dans leurs écrits, et il est figuré sur des médailles antiques d'Agrigente, en Sicile. On le trouve en Italie, en Grèce, en Syrie, et, à ce qu'il paroît, sur tout le périple de la Méditerranée. Au lieu de se tenir dans la mer comme les autres crustacés brachyures, il préfère les eaux douces et pures des lacs et les embouchures des rivières. En Italie, on le rencontre dans les ruisseaux; près de Rome et de Florence, dans le lac d'Albano ou de Castello, et

---

(1) Il est probable que ce genre diffère peu, ou ne diffère pas de ceux qui ont été nommés Potamon par M. Savigny, et Potamobia par M. Leach.

dans celui de Nemi, près de Naples. Il est très-agile, nage et court bien, s'écarte quelquefois beaucoup des eaux, et l'on assure même qu'il peut vivre plus d'un mois sans y retourner. Les Italiens le mangent dans les temps d'abstinence, et, ainsi que les anciens, attribuent à sa chair des propriétés, sans doute chimériques, contre les maladies de poitrine. Au rapport de M. Risso, on avoit transporté et acclimaté son espèce aux environs de Nice, il y a trente ans environ. Ce crustacé est le suivant :

THELPHUSE FLUVIATILE : *Thelphusa fluviatilis*, Latr.; *Cancer fluviatilis*, Belon, Rond., Gesn., Mathol., Aldrov.; *Crabe de rivière*, Olivier, Voyag. en Egypt., pl. 30, fig. 2. Carapace longue et large d'environ deux pouces, lisse, avec les côtés antérieurs parsemés d'aspérités et de petites rides incisées; chaperon incliné, transversal, rebordé, un peu concave. Pattes antérieures parsemées d'aspérités; mains fortes, ovales, avec les doigts presque égaux, assez longs, coniques, inégalement dentés le long de leur bord intérieur, ayant une tache roussâtre à leur extrémité. Têt de couleur grisâtre, blanchâtre ou livide dans les individus vivans, et d'un jaune pâle sur ceux qui sont desséchés.

THELPHUSE DENTELÉE; *Thelphusa serrata*, Latr. C'est une espèce des rivières de l'Amérique septentrionale, indiquée par M. Bosc sous le nom de *crabe fluviatile*. Elle est plus large que la précédente; sa carapace est unie et pourvue sur ses bords latéraux de dentelures très-fines, très-nombreuses, et égales entre elles.

M. Latreille rapporte aussi à ce genre le *cancer senex* de Fabricius, ou *cancer hydrodomus* d'Herbst, Cancr., tab. 41. Des Indes orientales.

SUBDIVISION *V. Carapace presque carrée. Yeux placés dans ses angles antérieurs sur de courts pédoncules. Pinces égales.* (Section des QUADRILATÈRES, Latr.)

Genre XXVIII. GRAPSE (*Grapsus*, Lamck., Latr., Leach ; *Cancer*, Linn., Fabr.).

Antennes extérieures petites, sétacées, insérées près de la base des pédoncules oculaires; les intermédiaires éloignées l'une de l'autre, repliées et logées dans deux fossettes de la partie inférieure du chaperon. Pieds-mâchoires extérieurs écartés à leur base avec leur troisième article à bord interne oblique, à bord externe arrondi et fortement échancré à son extrémité. Pinces égales, assez grosses, renflées et lisses; bras comprimés en dessus et terminés de ce côté par une crête; pattes comprimées, lisses, striées en travers, terminées par un ongle un peu crochu, aigu à sa pointe et épineux sur ses faces; celles de la troisième et de la quatrième paires plus longues que les autres. Carapace plane, déprimée, lisse, carrée, à bord antérieur incliné et transverse. Yeux gros, courts, portés sur de courts pédoncules, placés aux angles antérieurs de la carapace, et logés dans des fossettes transversales. La partie antérieure des bords du têt présente souvent trois dents ou crénelures dirigées en avant, et sa surface est, dans quelques espèces, marquée de nombreuses rides peu prononcées, transverses sur les parties antérieures, et obliques sur les régions branchiales.

Les crustacés de ce genre peuvent être considérés comme formant le type de la section des quadrilatères de M. Latreille, qui comprend également les six genres précédens et le genre Gécarcin. Ces genres, ainsi qu'on peut s'en convaincre par la comparaison de leurs caractères, diffèrent entre eux par la forme du têt en cœur tronqué, carré ou trapézoïdal; par l'écartement ou le rapprochement des pieds-mâchoires extérieurs; par la position des yeux sur des pédoncules longs ou courts, naissant d'un chaperon qui dépasse le front, ou des angles latéraux de la carapace; par les proportions des différentes paires de pattes; par la forme, l'égalité ou l'inégalité des pinces, etc. Presque tous les crustacés qu'ils comprennent sont lisses et ornés de couleurs assez vives. Ils sont très-agiles à la course, et c'est parmi eux seulement que se trouvent les crustacés brachyures terrestres et d'eau douce.

Les grapses proprement dits, sont connus en Amérique sous le nom de *crabes des palétuviers;* ils se tiennent ordinairement à terre, cachés sous des pierres pendant la chaleur du jour. Quelques uns forment le long des embouchures des rivières des troupes nombreuses, qui se nourrissent des corps morts de poissons ou de mollusques que le flot rejette sur le rivage.

M. Duméril ayant, dans un article de ce Dictionnaire, tom. XIX, pag. 522, décrit les espèces suivantes :

Grapse porte-pinceaux; *Grapsus penicilliger*, Latr.

Grapse peint; *Grapsus pictus*, Lamck., Latr.

Grapse madré de Rondelet : *Grapsus marmoratus*, Lamck., Latr. ; *Cancer femoralis*, Oliv.

Grapse ensanglanté : *Grapsus cruentatus*, Lamck., Latr., *Cancer ruricola*, Degéer,
nous croyons devoir renvoyer à cet article, pour la connoissance de leurs caractères (1).

IV.ᵉ Division. *Pieds de la dernière paire au moins situés très-haut à l'arrière du corps et dirigés en dessus.* (Section des Noto-podes de M. Latreille.)

Subdivision I. *Cinquième paire de pieds seulement relevée sur le dos, non terminée en nageoire; yeux portés sur un pédoncule biarticulé* (2).

Genre XXIX. Homole (*Homola*, Leach, Latr.; *Hippocarcinus*, Aldrov.).

Antennes extérieures assez longues, ayant leur premier article gros et court, et le second très-long, insérées sous les pédoncules oculaires; les intermédiaires placées au canthus interne des yeux. Pieds-mâchoires extérieurs ayant leur troisième article très-alongé, lobé extérieurement vers son tiers inférieur, et échancré à l'extrémité. Pinces médiocrement grosses et longues, égales entre elles et terminées par des doigts assez courts; pieds des seconde, troisième et quatrième paires,

---

(1) M. Latreille vient de faire placer dans la collection du Muséum, un genre nouveau qu'il nomme Macrophthalmus, et qui comprend une espèce ayant les formes générales des grapses, les pieds-mâchoires semblables à ceux des crabes proprement dits, et les yeux portés sur de très-longs pédoncules.

M. Thomas Say, de Philadelphie, a publié dans le *Journal de l'Académie des sciences naturelles* de cette ville, tom. Iᵉʳ, pag. 73, sous le nom d'*Ocypode reticulatus*, la description d'un vrai grapse, dont il a formé ensuite le genre Sesarma. Plus tard il a reconnu que cet animal devoit être rapproché des grapses, quoiqu'il eût les mœurs des ocypodes.

(2) Sous le nom de Dynomene, M. Latreille a récemment fondé un nouveau genre très-voisin des dromies, mais n'ayant, comme les crustacés de cette 1ʳᵉ subdivision, que les deux pieds postérieurs relevés sur le dos. Les pédoncules de ses yeux sont, comme à l'ordinaire, formés d'un seul article.

très-alongés, grêles, semblables entre eux et tous terminés par un ongle comprimé, aigu, peu arqué et cilié sur sa tranche postérieure ou inférieure; ceux de la cinquième paire de moitié plus courts, relevés, ayant leurs deux derniers articles ployés de façon à figurer une pince en crochet. Carapace en forme de carré long, tuberculeuse en dessus, épineuse en avant avec le front un peu avancé, bordée et crénelée sur les côtés. Yeux gros, globuleux, portés sur un pédoncule mince, biarticulé, assez long, et se dirigeant latéralement jusqu'à l'angle du têt. Abdomen de la femelle presque lancéolé, avec une ligne saillante, large, arrondie dans son milieu.

HOMOLE FRONT-ÉPINEUX; *Homola spinifrons*, Leach, Miscell. Zool., vol. 2, tab. 88. Front armé de quatre grandes pointes égales, derrière lesquelles s'en trouvent d'autres; mains unies; carpes, bras et troisième article de toutes les autres pattes, portant de petites épines et des poils roides, courts et peu nombreux; trois épines assez fortes, à la face postérieure interne du troisième article des derniers pieds. Longueur du corps, un pouce six lignes; largeur, un pouce. Patrie inconnue.

Les dorippes Cuvier et épineux de M. Risso sont des espèces de ce genre, et le genre THELXIOPE de M. Rafinesque paroît s'y rapporter également.

SUBDIVISION II. *Pieds de la quatrième et de la cinquième paires relevés sur le dos, non terminés en nageoires; yeux portés sur des pédoncules simples.*

Genre XXX. DORIPPE (*Dorippe*, Fabr., Latr., Lamck., Leach, Bosc, Risso; *Notogastropus*, Vosmaer; *Cancer*; Linn., Herbst, Aldrov., Plancus).

Antennes extérieures assez longues, sétacées, insérées au-dessus des intermédiaires qui sont pliées, mais non entièrement logées dans les cavités où elles prennent leur insertion. Troisième article des pieds-mâchoires extérieurs étroit, alongé, terminé en pointe. Ouverture buccale triangulaire. Pinces petites et courtes, égales; les autres pieds très-longs, comprimés; ceux de la troisième paire étant les plus grands; ceux des deux dernières paires relevés sur le dos, terminés par un petit ongle crochu et replié sur l'article qui le précède. Carapace un peu déprimée, plus large postérieurement sur les côtés qu'antérieurement;

tronquée et épineuse en avant ; tronquée, sinueuse et rebordée
en arrière ; ayant sa surface marquée de bosselures ou de tubercules qui correspondent exactement aux régions propres
aux parties molles qui sont situées en dessous. Deux grandes
ouvertures obliques, ciliées sur leurs bords, communiquant
avec les cavités branchiales, et situées en dessous du têt, l'une à
droite, l'autre à gauche de la bouche. Partie inférieure et postérieure du corps, tronquée en gouttière pour recevoir l'abdomen replié dont les pièces sont noduleuses ou tuberculeuses.
Yeux petits, latéraux, portés sur des pédoncules assez longs,
placés près des angles du têt, et protégés par les avances anguleuses de celui-ci, qui composent les bords de leur orbite.

Les mœurs de ces crustacés ne sont pas connues. Ils se tiennent à de grandes profondeurs dans la mer, et l'on n'a pas encore constaté s'ils se servent de leurs pieds, relevés sur le dos,
pour se couvrir de corps étrangers comme le font les dromies.

Dorippe laineuse : *Dorippe lanata*, Latr., Lamarck ; *Dorippe
Facchino*, Riss., Crust., pag. 34 ; *Cancer lanatus*, Linn. ; *Cancer
hisurtus alius*, Aldrov., Crust., lib. 2, pag. 194 ; Plancus, de
Conch. min. not., tab. 6, fig. 1. Quatre dents au front et une
forte pointe latérale faisant à la fois l'angle du têt et le bord
externe de l'orbite ; une pointe courte sur le milieu de chaque
côté de la carapace ; bord antérieur des cuisses de la seconde et
de la troisième paire de pieds sans épines ; doigts des pinces
comprimés et arqués en dedans, ayant leur tranche interne
garnie d'une série de dentelures assez fortes, obliques, égales
entre elles et blanches ; corps couvert d'un duvet roussâtre.
De la Méditerranée et de l'Adriatique. Les habitans de Rimini
la nomment *Facchino*.

Dorippe voisine ; *Dorippe affinis*, Nob. Cette espèce, figurée
par Herbst, pl. 11, fig. 67, diffère principalement de la précédente, ainsi que le remarque M. Latreille, en ce que ses
pieds de la seconde et de la troisième paire ont leur tranche
antérieure garnie d'une série de petites épines. De l'Adriatique.

Dorippe a quatre dents : *Dorippe quadridens*, Fabr., Latr. ;
Dorippe nodosa, Coll. du Mus. ; *Cancer Frascone*, Herbst, tab. 11,
fig. 70. Cette espèce, plus petite que les précédentes, a le
front à peu près également conformé ; mais les épines des angles
de son têt sont plus longues, plus minces et plus déversées en

dehors; les pédoncules de ses yeux sont plus longs; l'épine du milieu des côtés du têt est moins forte; les diverses bosselures de sa carapace sont, chacune, pourvues d'une ou deux petites verrues arrondies; les pattes de la seconde et de la troisième paire n'ont pas d'épines sur la tranche antérieure de leur cuisse; les trois premières pièces de la queue ou de l'abdomen ont chacune trois grosses nodosités placées sur une ligne transversale, et la quatrième a une ligne élevée aussi transverse; le corps est velu. Cette dorippe des Indes orientales a été dernièrement rapportée de Manille par M. Marion de Procé. Elle ressemble tellement à une espèce que j'ai décrite avec doute comme fossile, que je ne saurois précisément en signaler la différence. Voyez l'article Dorippe (*fossile*), où M. Defrance rapporte les caractères de cette espèce.

Genre XXXI. Dromie (*Dromia*, Fabr., Latr., Lamck., Leach; *Cancer*, Linn.).

Antennes extérieures petites, insérées au-dessous des pédoncules oculaires; les intermédiaires placées en dessous et un peu en dedans des yeux. Pieds-mâchoires extérieurs ayant leur troisième article presque carré, légèrement échancré à son extrémité et en dedans. Pinces grandes et fortes, égales; pieds de la seconde et de la troisième paire terminés par un article simple, et plus grands que ceux de la quatrième et de la cinquième paire, qui sont relevés sur le dos et pourvus d'une pince, parce que leur dernier article qui est arqué et pointu est opposé à une épine à peu près de la même forme qui termine l'avant-dernier article. Carapace ovale, arrondie, très-bombée, découpée sur ses bords antérieurs, velue ou hérissée, ainsi que les pieds et les serres. Yeux petits, portés sur de courts pédoncules, assez rapprochés et logés dans des fossettes orbiculaires ou cylindriques.

M. Latreille place ce genre dans la section des crustacés brachyures notopodes, et M. Leach le rapporte à une famille qu'il nomme les *Thelxiopédées*, dont les caractères ne me sont pas connus.

A côté de lui, dans une méthode naturelle, doit se placer le nouveau genre Dynomène de M. Latreille, qui n'en diffère principalement qu'en ce que les pieds de la cinquième paire seulement, au lieu des quatre derniers, sont relevés sur le dos.

En général les dromies ont beaucoup de rapport avec les crabes proprement dits, par la forme générale de leur corps; celle des parties de la bouche, la position des antennes, etc.; mais ils en diffèrent par la situation relevée de leurs quatre pieds postérieurs, et par leurs mœurs.

Ces crustacés, assez indolens dans leur démarche, vivent dans les lieux où la mer est médiocrement profonde, et ils choisissent pour leur habitation les endroits où les rochers ne sont pas cachés sous la vase. On les trouve presque toujours recouverts d'une espèce d'alcyon ou de valves de coquilles, qu'ils retiennent avec leurs quatre pieds de derrière, et dont ils semblent se servir comme d'un bouclier qu'ils opposent aux attaques de leurs ennemis. Les alcyons qui sont en général de l'espèce appelée *alcyonium domoncula*, continuent même à se développer et à s'étendre sur leur carapace, qu'ils finissent par cacher entièrement. Au mois de juillet, au rapport de M. Risso, les femelles sortent de l'état d'engourdissement qui leur est ordinaire, et se rendent sur les bas fonds pour y déposer un très-grand nombre d'œufs.

Dromie de Rumphius : *Dromia Rumphii*, Fabr., Latr.; *Cancer heracleoticus alter*, Aldrov. Carapace en voûte un peu surbaissée, longue et large de deux pouces et demi environ, couverte d'un duvet brun, ayant cinq dents distinctes à chacun de ses bords antérieurs; front tridenté : doigts des pinces couleur de rose. De la Méditerranée. Ses œufs sont d'un rouge carmin.

Dromie très-velue; *Dromia hirsutissima*, Lamarck. Carapace très-bombée, à cinq dents sur ses bords latéraux et présentant un large sinus de chaque côté du front qui est presque trilobé; corps couvert de longs poils roux. Du cap de Bonne-Espérance.

Dromie tête-de-mort : *Dromia clypeata*, Latr.; *Cancer caput mortuum*, Linn.; *Act. Hafn.*, 1802. Plus petite que la dromie de Rumphius : carapace beaucoup plus bombée, avec trois dents de chaque côté sur ses bords antérieurs; front court, échancré au milieu et sinué sur les bords. De la Méditerranée.

Parmi les trois ou quatre autres espèces qui composent ce genre, on remarque la dromie subuleuse, *dromia sabulosa* des Antilles, qui recouvre son têt très-mou avec des valves de coquilles. Ce paroît être le *cancer pinnophylax* de Linnæus.

Subdivision **III.** *Les quatre dernières paires de pieds terminées en nageoires, la cinquième seulement insérée sur le dos; pédoncules des yeux simples; abdomen étendu* (1).

Genre XXXII. Ranine (*Ranina*, Lamck., Latr.; *Cancer*, Linn.; *Albunea*, Fabr.).

Antennes extérieures insérées au-dessus des yeux, longues; les intermédiaires, courtes, repliées. Second et troisième articles des pieds-mâchoires extérieurs très-alongés, linéaires, le troisième terminé en pointe, étant très-légèrement échancré sur son bord interne et près de son extrémité, pour l'insertion des autres articles. Cavité buccale rétrécie et arrondie à son extrémité. Pinces comprimées, triangulaires, plus larges à leur extrémité qu'à leur base, en crête dentelée sur leur bord interne, ayant les doigts perpendiculaires à leur axe et le mobile en faux; les autres pieds terminés par des ongles aplatis ovalaires, ou lames natatoires, comme ceux des deux derniers pieds des portunes, mais un peu arqués et pointus à leur extrémité; pieds de la dernière paire plus courts que les autres et insérés sur le dos. Carapace un peu déprimée et bombée d'un côté à l'autre, cunéiforme ou oblongue, tronquée et dentelée antérieurement; tronquée et rebordée postérieurement. Abdomen petit, composé de sept articles, jamais replié sous le corps, sans lames natatoires au bout, et garni de cils sur ses bords. Yeux rapprochés, inclinés et portés sur un pédoncule assez long. Première pièce sternale grande et figurant grossièrement une fleur de lys d'armoiries.

Ce genre composé jusqu'à ce jour de deux espèces qui vivent dans l'Océan indien, appartiendroit, selon M. Latreille (Dict. d'Hist. nat.), à la division qui renferme les corystes et les portumnes, ou *platyonychus*. M. Leach ne l'avoit pas compris dans son tableau des genres de crustacés; et, pour l'y introduire suivant les principes de classification de cet auteur, nous avons été contraints à en former une subdivision particulière de la quatrième division de sa seconde section. Nous nous sommes appuyés, pour prendre cette détermination, sur ce que les naturalistes fixent à sept le nombre des articles de l'abdomen des ra-

____

(1) Cette subdivision n'existe pas dans la nomenclature de M. Leach.

nines; mais comme ils ne disent pas si ce nombre existe dans les deux sexes, il est possible qu'ils n'aient encore observé que des femelles. Si l'on découvre que les mâles n'en ont que cinq, il deviendra alors nécessaire de rapporter ce genre à la première section.

On ne sait rien sur les habitudes des ranines. Rumphius dit seulement qu'elles viennent à terre, et qu'elles grimpent jusque sur les toits des maisons.

Aldrovande avoit décrit un fossile d'Italie que M. Ranzani et moi avons reconnu pour appartenir au genre des ranines. Voyez RANINE (*Fossile*).

RANINE DENTÉE : *Ranina serrata*, Lamck., Latr.; *Cancer raninus*, Linn.; Rumph., Amb. Rareit. Kam., tab. 7, fig. T, V. D'une assez grande taille; têt ovalaire en coin, aplati, tronqué et denticulé antérieurement; serres fortes et dentées.

RANINE DORSIPÈDE : *Ranina dorsipes*, Lamck., Latr., Rumph., tab. 10, fig. 5; *Cancer dorsipes*, Linn.; *Albunea dorsipes*, Fabr., Ent. Syst. Suppl., pag. 397; têt ovale-oblong, presque cylindrique, glabre, avec le bord antérieur pourvu de sept ou neuf dents.

V.ᵉ DIVISION. *Aucune paire de pieds n'étant insérée sur le dos, la cinquième seulement terminée en nageoire* (1). (Section des NAGEURS, Latr.)

Genre XXXIII. ORITHYIE (*Orithyia*, Fabr., Latr.; *Cancer*, Herbst).

Antennes extérieures plus courtes que les intermédiaires. Troisième article des pieds-mâchoires extérieurs triangulaire, étroit, alongé et pointu au bout. Serres épaisses, égales, assez courtes; pieds des trois paires suivantes terminés par un article ou ongle, droit et pointu; ceux de la troisième et de la quatrième paires les plus longs de tous; pieds de la cinquième paire terminés par une lame natatoire, ovale et ciliée sur ses bords. Carapace presque ovoïde, rétrécie et largement tronquée en devant. Orbites très-grands. Yeux portés par un pédoncule assez long, grêle et cylindrique.

M. Latreille fait remarquer avec raison que ce genre qui

---

(1) Cette division n'existe pas dans la méthode de M. Leach.

tient des portunes par la forme de ses deux pieds postérieurs. se rapproche au contraire des dorippes par celle de son têt, et par le nombre des articles de l'abdomen, qui est de sept dans le mâle (seul sexe connu). Astreint à suivre dans cet article les principes de classification de M. Leach, j'ai dû en composer une division particulière de la seconde section.

ORITHYIE MAMILLAIRE : *Orithyia mamillaris*, Fabr.; *Cancer bimaculatus*, Herbst, tab. 18, fig. 101. Seule espèce connue de ce genre; habitant les mers de la Chine. Sa carapace longue de quinze lignes, et un peu moins large, est tuberculeuse à sa surface, triépineuse de chaque côté; son front très-avancé est à cinq dents; ses pinces sont aussi épineuses; son dos porte deux taches rougeàtres.

VI.ᵉ DIVISION. *Carapace triangulaire terminée en pointe antérieurement; antennes intermédiaires logées dans des fossettes creusées en dessous du rostre* (1); *pieds non rélevés sur le dos; ceux des quatre dernières paires pourvus d'ongles simples.* (Section des TRIANGULAIRES, Latr.)

SUBDIVISION I. *Doigts des pinces inclinés en dedans.*

Genre XXXIV. EURYNOME (*Eurynome*, Leach, Latr.; *Cancer*, Pennant).

Antennes extérieures insérées près des pédoncules oculaires et en dedans, terminées par une tige alongée, très-menue, en forme de soie. Troisième article des pieds-mâchoires extérieurs à peu près de forme carrée, échancré vers le milieu du côté interne. Serres des mâles trois fois plus longues que celles des femelles, c'est-à-dire doubles environ de la longueur du corps, linéaires, couvertes d'aspérités, ayant leurs articulations pliées en angle, et les doigts inclinés en dedans, aussi d'une manière angulaire sur l'axe de la main (comme les serres des parthenopes et des lambres); les autres pattes moyennes, décroissant successivement de grandeur depuis la seconde paire jusqu'à la cinquième. Abdomen des mâles étroit, alongé et un peu resserré dans le milieu; celui des femelles ovale. Carapace triangulaire, bosselée et remplie d'aspérités, terminée en avant par un rostre fourchu.

---

(1) Cette division est la cinquième dans la méthode de M. Leach.

Ce genre ne diffère réellement de celui des lambres que par le nombre des tablettes de la queue des mâles, et par le mode d'insertion des antennes extérieures.

EURYNOME RUGUEUSE : *Eurynome aspera*, Leach , Malac. Brit. , tab. 17 ; *Cancer asper*, Penn. , Brit. Zool. , vol. 4. Pattes et carapace très-rugueuses, couvertes d'aspérités et de granulations ; deux tubercules répondant à la région stomacale ; un à la région génitale ; deux à la région cordiale , et trois aux régions branchiales et hépatique postérieure ; quatre tubercules sur chaque côté du têt ; pattes bordées de poils. Des côtes d'Angleterre.

Genre XXXV. PARTHENOPE (*Parthenope*, Fabr. , Latr. , Leach ; *Cancer*, Linn. , Herbst ; *Maia*, Latr.).

Antennes extérieures extrêmement courtes, ayant leurs deux premiers articles, surtout celui de la base, très-gros. Troisième article des pieds-mâchoires extérieurs tronqué et échancré vers l'extrémité de son côté interne. Serres inégales , très-grandes, ayant leurs articulations anguleuses et couvertes de tubercules , de rugosités et de pointes, terminées par des doigts courts, inclinés en dedans ; les autres pattes également rugueuses , médiocrement longues, et décroissant depuis la seconde jusqu'à la cinquième paire. Carapace rhomboïdale excessivement irrégulière en dessus, se prolongeant en un rostre entier en avant, et en angles assez aigus latéralement. Yeux gros, portés sur des pédoncules courts , et logés dans des fossettes latérales.

Ce genre se rapproche plus de celui des lambres et de celui des eurynomes, avec lesquels il a d'abord été réuni, que de tout autre ; néanmoins la différence dans le nombre des articles de l'abdomen du mâle le distingue du premier ; et il s'éloigne aussi du second par son rostre qui est entier, par ses pinces qui sont inégales, et surtout par la brièveté de ses antennes extérieures.

PARTHENOPE HORRIBLE : *Parthenope horrida*, Fabr. , Leach , Latr. ; *Cancer longimanus spinosus*, Séba, Thes. , 3 , tab. 19 , fig. 16-17 ; Rumph. Rareit. Kam., tab. 9, fig. 1 ; *Cancer horridus*, Linn. Cette espèce, qui reste seule dans le genre Parthenope , est grande. Son têt est très-irrégulier, mais présente trois gros tubercules dans son milieu, un quatrième en avant, et deux autres sur les côtés : entre ces tubercules sont des sillons larges et très-profonds, dont la surface est rugueuse, ainsi que celle des tubercules; les doigts des serres sont courts, épais et sans dentelures du côté interne. La couleur est grise roussâtre et terne. De l'Océan asiatique.

Subdivision II. *Doigts presque droits, non inclinés en dedans.*

* *Premier article des antennes externes, à peu près de la grosseur et de la longueur du second.*

A. *Pattes antérieures, ou serres, pas plus grosses que les autres pattes, ou de bien peu plus grosses.*

Genre XXXVI. Maïa (*Maia*, Lamck. , Latr. , Leach, Bosc ; *Cancer*, Oliv. , Scop. , Herbst).

Antennes extérieures assez longues avec leurs deux premiers articles gros, cylindriques, à peu près égaux entre eux ; insérées dans les fossettes oculaires. Troisième article des pieds-mâchoires extérieurs pas plus long que large, en forme de carré irrégulier, avec son bord intérieur échancré profondément. Serres pas plus grosses, ou de bien peu plus grosses que les autres pattes, avec leur main et leur carpe alongés; pattes des quatre paires suivantes assez longues, et décroissant successivement depuis la seconde jusqu'à la cinquième, terminées par un ongle conique, mousse. Carapace bombée, ovale, presque triangulaire, médiocrement développée de chaque côté postérieurement, ayant toute sa surface couverte d'épines, dont les plus grandes se trouvent en avant du front derrière les fossettes orbitaires, et le long des bords latéro-antérieurs. Yeux portés sur de courts pédoncules, et placés dans des fossettes transverses obliques, dont la direction est tout-à-fait latérale.

Les maïas généralement connus sous le nom de *crabes-araignées*, sont le type d'une famille très-naturelle, que M. Latreille nomme celle des crustacés brachyures triangulaires. Linnæus les réunissoit aux autres crustacés décapodes sous le nom de *cancer*. Fabricius les partageoit en deux genres, *Inachus* et *Parthenope*. M. de Lamarck et M. Bosc, réunissant ces deux coupes, en avoient composé le genre *Maia*. M. Latreille ensuite retira de ces maïas les espèces dont il a formé les genres

Lithode et *Macrope* ou *Macropodie*. Plus tard M. Leach, examinant avec détail tous les caractères de ces crustacés, a trouvé
dans le nombre des articles de l'abdomen, dans les proportions
et les formes des pattes, dans la forme des orbites, des différences suffisantes pour diviser le grand genre Maia en vingt
deux genres dont les noms suivent: *Lambrus*, *Eurynome*, *Maia*,
Pisa et *Blastus*; *Lissa*, *Mithrax*, *Hyas*, *Camposia*, *Micippa*, *Inachus*, *Charineus*, *Naxia*, *Stenocionops*, *Macropodia*, *Achœus*,
Leptopodia, *Egeria*, *Doclea*, *Lithodes*, *Libinia*, *Pactolus* et *Hymenosoma*. M. de Lamarck récemment a nommé *Leptopus* un
genre qui correspond aux *Doclea* de M. Leach, et *Stenorhynchus* un second qui se rapporte aux genres *Macropodia* et *Leptopodia*. Enfin M. Latreille a réuni aux maias de M. Leach ses
genres *Libinia*, *Lissa*, *Hyas*, *Egeria*, *Doclea*, etc., et tout nouvellement il vient d'adopter son genre *Hymenosoma*.

Les maïas, dont quelques espèces acquièrent une taille
assez considérable, vivent sur les bords de la mer dans les
lieux peu profonds, et où le fond est rocailleux ou vaseux.
Ils se cachent dans les fucus et autres plantes marines, surtout
à l'époque où ils changent de têt, et lorsqu'ils déposent leurs
œufs qui sont en très-grand nombre.

Maia squinado: *Maia squinado*, Lamck., Bosc, Latr., Leach,
Malac. Brit., tab. 18; *Cancer squinado*, Herbst, tab. 56 et tab. 14,
fig. 84, 85; *Cancer maia*, Scopol.; *Cancer spinosus*, Oliv. Longueur, quatre pouces; plus grande largeur, trois pouces. Carapace toute couverte de tubercules velus dont les plus forts se
trouvent au centre des régions qui sont assez nettement distinguées; deux longues épines un peu déprimées, divergentes en
avant du front; une pointe assez courte placée au milieu du dessous du front et excavée en avant; une grande pointe au-dessus de chaque orbite; cinq pointes fortes de chaque côté de
la carapace, et une sixième au-dessous de l'orbite. Ce crustacé dont les anciens avoient fait un attribut de Diane d'E-
phèse, étoit considéré par eux comme doué d'une grande sa-
gesse, et comme sensible aux charmes de la musique. Il est
très-commun dans la Méditerranée et dans l'Océan.

B. *Serres sensiblement plus grosses que les autres pattes; égales entre elles.*

Genre XXXVII. Pisa (*Pisa*, Leach; *Cancer*, Pennant, Herbst, Montag.; *Inachus*, Fabr; *Maia*, Latr., Bosc; *Blastus*, Leach; *Arctopsis*, Lamck.).

Antennes extérieures couvertes de poils terminés en massue, ayant leur premier article plus long que le second. Serres assez longues, à mains médiocrement renflées; carpes peu alongés. Carapace velue, triangulaire, plus alongée que celle des maïas, également tuberculeuse et dentée antérieurement et latéralement, ayant quelquefois ses côtés postérieurs prolongés en angles. Ongles des quatre dernières paires de pieds denticulés du côté interne, et nus au bout, tous les autres caractères étant communs à ce genre et aux maias.

Quelques espèces ont le tét très-velu et dilaté en arrière de chaque côté, en un angle très-prononcé, ce qui lui donne une forme tout-à-fait triangulaire. Elles forment le genre *Pisa*, proprement dit de M. Leach.

Pisa de Gibbs : *Pisa Gibbsii*, Leach, Trans. Linn.; Mal. Brit., tab. 19; *Pisa biaculeata*, ejusd., Encycl. Edinb.; *Cancer biaculeatus*, Montagu. Front terminé par deux grandes épines inclinées en bas, rugueuses, et écartées l'une de l'autre à leur pointe; carapace bosselée, avec une grande épine derrière chaque orbite; bras et cuisses inermes. Des côtes d'Angleterre. M. Latreille remarque que son *maia armata* ou *maia cornu* de Bosc, Herbst, Cancr., tab. 16, fig. 92, est très-voisin de cette espèce, s'il ne s'y rapporte pas.

Pisa nodipède; *Pisa nodipes*, Leach, Zool. Misc., tom, 2, tab. 78. Même forme générale que la précédente, mais moins velue; les deux pointes du rostre horizontales; régions de la carapace fortement indiquées par des rainures profondes; bras, carpes et cuisses vers leur extrémité tibiale, portant des nodosités nombreuses. Patrie inconnue.

D'autres ont la carapace moins velue, épineuse sur les côtés, mais non prolongée en angles postérieurs et latéraux. Elles forment le genre *Blastus*, que M. Leach lui-même a cru devoir supprimer dans son ouvrage sur les malacostracés de la Grande-Bretagne.

Pisa tétrodon : *Pisa tetraodon*, Leach, Mal. Brit., tab. 20 ;
Cancer tetraodon, Penn. ; *Maia tetraodon*, Bosc ; *Blastus tetraodon*, Leach, Encycl. Edinb. Sa forme est généralement celle
du *maia squinado*. Les pinces du mâle, beaucoup plus fortes que
celles de la femelle, sont au moins aussi longues que le corps ;
les deux pointes divariquées du front sont moins longues que
dans les deux espèces précédentes ; chaque côté de la carapace
a six épines dont quatre grandes et deux petites. On trouve
ce crustacé sur les côtes d'Angleterre.

** *Premier article des antennes extérieures plus long, et quelquefois
plus gros que le second.*

Genre XXXVIII. Lissa (*Lissa*, Leach ; *Cancer*, Herbst ; *Inachus*,
Fabr. ; *Maia*, Latr., Bosc).

Antennes extérieures ayant leur premier article cylindrique, plus gros et beaucoup plus long que le second : quelques
poils en massue sur ces antennes. Serres beaucoup plus grosses
et un peu plus longues que les autres pattes qui sont toutes
noduleuses, ainsi que les bras, et qui diminuent progressivement de grandeur depuis la seconde paire jusqu'à la cinquième ;
ongles inermes, lisses au bout. Carapace fortement noduleuse,
sans épines, avec le front avancé et échancré au bout. Yeux
portés sur des pédoncules courts ; orbites ayant une fissure
en dessous et en arrière.

Lissa gouteuse : *Lissa chiragra*, Leach, Misc. Zool., tom. 2,
tab. 83 : *Cancer chiragra*, Herbst, tab 17, fig. 96 ; *Inachus
chiragra*, Fabr. ; *Maia chiragra*, Bosc, Latr. Longue d'un pouce
neuf lignes ; large d'un pouce deux lignes ; front médiocrement
avancé, échancré dans son milieu avec les deux angles relevés
en dessus ; carapace et pieds noduleux à l'exception des mains
qui sont lisses. De la Méditerranée.

Genre XXXIX. Hyade (*Hyas*, Leach ; *Cancer*, Herbst ;
Maia, Bosc, Latr ; *Inachus*, Fabr.).

Antennes extérieures ayant leur premier article plus grand
que le second, comprimé et dilaté extérieurement. Troisième
article des pieds-mâchoires extérieurs court, un peu dilaté en
dehors, échancré à son extrémité et du côté interne. Pinces
beaucoup plus grosses, mais plus courtes que les autres pattes,

dont la longueur n'a pas le double de celle du corps; toutes ces pattes à articles presque cylindriques, inermes et terminées par un ongle long, conique et arqué. Carapace alongée, subtriangulaire, arrondie postérieurement, tuberculeuse à sa surface, avec ses côtés avancés en pointe derrière les yeux. Front terminé par deux pointes déprimées, rapprochées l'une de l'autre. Yeux portés sur des pédoncules courts et n'étant pas d'un diamètre plus grand que ceux-ci; orbites ouverts un peu en avant, ayant une fissure à leur bord supérieur et postérieur.

Hyade araignée : *Hyas araneus*, Leach, Mal. Brit., tab. 21, A.; *Cancer araneus*, Linn.; *Cancer bufo*, Herbst, Cancr., tab. 17, fig. 59; *Inachus araneus*, Fabr.; *Maia bufo*, Bosc; *Maia aranea*, Latr. Partie antérieure de la carapace avancée en pointe et terminée par deux épines qui convergent à leur extrémité; sa partie supérieure et postérieure couverte de petits tubercules dont on retrouve quelques uns sur le bras et sur le carpe; longueur totale, trois pouces quatre lignes; largeur, deux pouces six lignes. De l'Océan.

Hyade contractée : *Hyas coarctata*, Leach, Mal. Brit., tab. 21, B. Trois fois plus petite que la précédente; son têt est beaucoup plus large derrière les yeux, et échancré de chaque côté dans son milieu; son front a deux épines assez larges et courtes, à peu près parallèles entre elles; les pinces sont assez grêles. Des côtes de la Manche (1).

Genre XL. Micippe (*Micippa*, Leach; *Cancer*, Linn., Herbst).

Antennes extérieures velues, insérées en dehors des fossettes oculaires, ayant leur premier article plus long et plus gros que le second, mais cylindrique comme lui et non comprimé ou dilaté. Troisième article des pieds-machoires extérieurs presque triangulaire, échancré à son extrémité et en dedans. Serres médiocres, plus courtes que les autres pattes, inermes, à carpe court; mains alongées, et doigts minces et peu courbés : les pattes proprement dites décroissant successivement de grandeur depuis la seconde paire, qui n'est qu'une

---

(1) M. Leach, sous le nom de Camposia, et M. Latreille, sous celui de Helimus, ont fondé deux genres distincts voisins du genre *Hyas*, dont les descriptions sont encore inédites.

fois et demie aussi longue que le corps jusqu'à la dernière ; ongles longs, grêles et courbés. Carapace granuleuse et épineuse,
médiocrement dilatée postérieurement, comme tronquée en
avant, avec ses côtés peu obliques et garnis d'épines. Yeux portés
sur des pédoncules assez longs, un peu arqués, et n'étant pas
plus gros que ceux-ci ; bord antérieur des orbites muni d'une
grande pointe, le postérieur coupé par une fissure profonde.

La position des antennes hors des orbites et le peu de développement des serres sont les caractères principaux, pour
distinguer les micippes des autres genres dépendans du grand
genre Maia de MM. Latreille et Bosc, que je viens de décrire.

Micippe a crête : *Micippa cristata*, Leach, Misc. Zool.,
tom. 2, tab. 128 ; *Cancer cristatus*, Linn. ; *Maia cristata*, Lamck.
Carapace épineuse sur les orbites et les côtés, et portant au
milieu d'une foule de petites pointes, sur le dos, quelques
épines plus grandes, distribuées sur les diverses régions, à peu
près dans cet ordre, en les comptant d'avant en arrière 2, 3,
1, 4 et 6. Patrie inconnue.

Micippe philyre : *Micippa philyra*, Leach ; *Cancer philyra*,
Hersbt, tab. 58, fig. 4 ; *Maia philyra*, Lamck. Bords latéraux de
la carapace irrégulièrement épineux ; rostre avancé en pointe,
échancré, armé de chaque côté d'une épine recourbée ; mains
glabres. De la mer des Indes ; sur les rivages de l'Ile-de-France.

Genre XLI. Mithrax (*Mithrax*, Leach, Latr. ; *Cancer*, Herbst ;
Trechonites, Latr.).

Antennes extérieures placées près du canthus interne des
yeux, très-courtes, terminées par une tige conique, ou en alène,
guère plus longue que leur pédoncule dont le premier article
est un peu plus gros, mais plus court que le second.
Troisième article des pieds-mâchoires extérieurs presque
carré avec l'angle interne supérieur échancré. Serres grandes,
mais moins que celles des lambres et des eurynomes,
dirigées en avant et ne formant pas d'angle avec l'axe longitudinal du corps ; terminées par des pinces plus ou moins ovales,
dont les doigts ne s'inclinent pas brusquement comme ceux
des mêmes eurynomes et lambres. Carapace à rostre bifide,
tantôt courte, renflée sur les côtés, très-inégale et épineuse,
tantôt oblongue et médiocrement inégale. Yeux gros, portés

sur un court pédoncule, et entièrement renfermés dans une cavité cylindrique.

M. Latreille admet ce genre fondé par M. Leach, et il le trouve rapproché des parthenopes, ainsi que des lambres et des eurynomes, par les caractères que donnent la forme du corps, la disposition des yeux, les dimensions des serres, etc.; mais il remarque néanmoins des différences dans ces diverses parties qui lui semblent assez importantes, pour permettre de distinguer génériquement les mithrax.

Mithrax bords-épineux; *Mithrax spinicinctus*, Latr. Têt court, bombé, à bords épineux; les deux pointes du front courtes, cylindriques, mousses; une forte pointe au bord interne de chaque orbite: sept tubercules épineux sur la région stomacale, disposés sur deux lignes transverses, 2 et 5; région génitale bien distincte; huit petits tubercules épineux sur chacune des régions branchiales qui ont sur leur bord une forte épine bifurquée; pattes rugueuses et épineuses, à l'exception de la main et du carpe, qui sont lisses. Du Brésil.

Mithrax lunulé; *Mithrax lunulatus*, Latr. Plus petit que le précédent; têt oblong-alongé, terminé par deux pointes trèsaplaties et mousses, ayant le dessus sans tubercules et les côtés pourvus de quatre dents, dont la seconde est la plus grande. De la Nouvelle-Hollande.

Mithrax dichotome; *Mithrax dichotomus*, Latr.; *Maia condyliata*, Risso? Têt ovale oblong, granuleux, sans épines en dessus, à cinq ou six dents latérales, et terminé en avant par deux épines qui sont elles-mêmes divisées chacune en deux pointes. De la Méditerranée.

M. Latreille rapporte encore à ce genre les *Cancer spinipes*, Herbst., Cancr,, tab. 17, fig. 94; *C. condyliatus*, Herbst, tab. 18, fig. 99; *C. hispidus*, tab. 18 fig. 100, et *C. aculeatus*, tab. 19, fig. 104. Tous des Indes orientales.

IIIe SECTION. *Abdomen composé de six articles dans les deux sexes; les deux pieds antérieurs didactyles.* (Section des TRIANGULAIRES de M. Latreille.)

VIIe DIVISION. *Pieds des seconde, troisième, quatrième et cinquième paires, simples, grêles et semblables entre eux. Carapace triangulaire, terminée en avant par un rostre. Antennes intermédiaires logées dans des fossettes du dessous du chaperon* (1).

SUBDIVISION I. *Yeux rétractiles.*

Genre XLII. INACHUS (*Inachus,* Fabr., Latr., Leach ; *Cancer,* Linn., Penn., Herbst; *Maia,* Bosc, Latr., Lamck.).

Antennes extérieures distantes, cinq fois plus courtes que le corps, sétacées, insérées entre les yeux et le rostre, ayant leurs trois premiers articles plus gros que les suivans. Troisième article des pieds-mâchoires extérieurs aussi long que large, tronqué obliquement vers son extrémité supérieure et interne. Serres fortes, courbes, plus longues que le corps dans les mâles, et un peu plus courtes dans les femelles ; les autres pattes très-longues, filiformes, décroissant graduellement depuis la seconde jusqu'à la cinquième paire. Carapace triangulaire, terminée en avant par un rostre bifide médiocrement prolongé, renflée postérieurement surtout sur les côtés, ayant sa surface marquée de saillies principales qui répondent aux régions viscérales, et plus ou moins rugueuse ou épineuse. Yeux latéraux, saillans, portés sur des pédoncules peu longs, courbes et rétrécis dans leur milieu.

Ce genre, d'abord très-nombreux en espèces, a été subdivisé en plusieurs autres dont nous avons indiqué les noms en décrivant le genre *Maia.* Il ne comprend plus, selon M. Leach, qu'une assez petite quantité de crustacés réellement très-voisins de ceux qu'on en a séparés.

INACHUS SCORPION : *Inachus scorpio,* Latr. ; *Cancer scorpio,* Linn., Herbst; *Inachus scorpio,* Fabr.; *Inachus dorsettensis,* Leach, Malac. Brit., tab. 22. Rostre assez court, échancré ; chaperon muni d'une épine en dessous; quatre petits tubercules égaux, rangés en travers sur la région stomacale ; trois

---

(1) Cette division est la sixième dans la méthode de M. Leach.

épines placées plus loin, dont la dorsale est la plus grande; trois autres épines plus fortes encore, aiguës, disposées, une sur chaque région branchiale, et la troisième sur la région cordiale. Le mâle a un pouce de long, et ses pattes de la seconde paire en ont trois. De l'Océan et de la Méditerranée.

INACHUS DORYNQUE: *Inachus dorynchus*, Leach, Mal. Brit., tab. 22, fig. 7, 8; *Cancer phalangium*, Fabr. Rostre très-avancé, aplati, en forme de fer de lance, et fendu dans son milieu à sa pointe; région stomacale ayant deux épines en avant; région génitale portant une épine plus forte; trois tubercules rapprochés sur la cordiale; deux à distance, l'un en avant, l'autre en arrière sur chaque région des branchies; deux tubercules peu apparens, distans entre eux près du bord postérieur de la carapace; proportions des pattes semblables à celles de l'espèce précédente. Ce crustacé vit sur nos côtes au milieu des varecs.

INACHUS LEPTORYNQUE; *Inachus leptorynchus*, Leach, Malac. Brit. . tab. 22, B. Bras et mains très-longs et très-grêles dans les deux sexes; rostre court, échancré à sa pointe: une épine latérale derrière chaque orbite; deux légers tubercules, l'un à droite et l'autre à gauche, sur la région stomacale; une pointe sur chacune des régions génitale et cordiale, et deux sur le milieu des branchiales, dont la postérieure est la plus forte; longueur du corps, un pouce trois lignes; des serres du mâle, trois pouces, et des pieds de la première paire, au moins quatre pouces. Des côtes du Devonshire et du Cornouaille (1).

SUBDIVISION II. Yeux non rétractiles.

Genre XLIII. ACHÉE (*Achæus*, Leach).

Antennes extérieures écartées, sétacées, velues, ayant leurs

____

(1) M. Leach, dans ses travaux inédits, a formé plusieurs genres voisins de celui des Inachus, sous les noms de CHARINEUS, de NAXIA, de STENOCIONOPS, *etc.* Ce dernier comprend le maïa taureau, *maia laurus,* de M. de Lamarck, qu'on soupçonne se trouver dans la Méditerranée. Il a la carapace ovale, bordée d'épines sur son contour, inégale et presque mutique en dessus. Son front est pourvu de deux fortes épines; ses deux pattes antérieures sont grandes, à troisième article hérissé de tubercules, à mains longues, assez étroites, en partie tuberculeuses, et dont les doigts sont courts et un peu arqués. M. Latreille lui rapporte le *cancer corundo* d'Herbst.

deux premiers articles plus gros que les autres, et égaux entre eux; insérées en avant des yeux sur les côtés du rostre. Second article des pieds-mâchoires extérieurs très-large, profondément échancré à son extrémité pour recevoir le troisième qui est étroit à sa base, et s'élargit insensiblement jusqu'à son bout, où il est tronqué obliquement. Serres petites, assez épaisses et courbées en dedans; les autres paires de pattes assez longues et grêles; la première terminée par un ongle droit, étant la plus longue de toutes; la seconde ayant un ongle un peu arqué, et les deux dernières pourvues d'un grand ongle crochu. Carapace courte, presque globuleuse, avec ses diverses régions bombées, rétrécie de chaque côté derrière la région stomacale, terminée antérieurement par un petit rostre bifurqué. Yeux écartés, moyens, portés sur des pédoncules assez longs et droits, pourvus chacun d'un tubercule dans son milieu. Abdomen de la femelle large, ovale, presque caréné sur sa ligne médiane.

Achée de Cranch; *Achæus Cranchii*, Leach, Malac. Brit., tab. 22, fig. C. Deux lignes élevées longitudinales dans l'espace qui sépare les yeux; régions génitale et cordiale formant, au milieu de la carapace, deux gros tubercules situés l'un devant l'autre; longueur totale, huit lignes. Des côtes d'Angleterre.

Genre XLIV. Macropodie (*Macropodia*, Leach, Latr.; *Macropus*, Latr.; *Inachus*, Fabr.; *Maia*, Bosc; *Cancer*, Penn., Herbst; *Stenorynchus*, Lamck.).

Antennes extérieures distantes, ayant la moitié de la longueur du corps, sétacées, insérées en avant des yeux sur les côtés du rostre; leur second article étant trois fois plus long que le premier. Pieds-mâchoires extérieurs ayant leur second article étroit à la base, dilaté à l'extrémité du côté interne, et le troisième ovalaire, alongé et beaucoup plus étroit. Serres égales, grandes, à main alongée et comprimée, avec le carpe de moitié moins long; celles des mâles deux fois aussi longue que le corps; les autres pattes grandes, grêles et filiformes, celles de la seconde paire ayant trois fois la longueur de l'animal. Carapace triangulaire, avec ses régions branchiales tout-à-fait postérieures et bombées, diminuant graduellement de largeur en avant jusqu'à l'extrémité d'un rostre assez long, qui est fendu dans son milieu. Yeux écartés, subréniformes, beaucoup plus gros que leurs pédoncules, non susceptibles d'être retirés dans les orbites.

Macropodie tenuirostre : *Macropodia tenuirostris*, Leach, Malac. Britann., tab. 23, fig. 1-5; *Leptopodia tenuirostris*, ejusd., Enc. Edinb. Rostre très-long et mince; antennes un peu plus longues que ce rostre; trois tubercules ou pointes disposées en triangle, 2, 1, sur la région stomacale; une pointe sur la cordiale, deux sur les branchiales; bords latéraux du têt présentant quelques aspérités; face interne des bras couverte de petites épines. Des côtes d'Angleterre.

Macropodie faucheur : *Macropodia phalangium*, Leach, Malac. Brit., tab. 23, fig. 6; *Cancer phalangium*, Penn.; *Macropus longirostris*, Latr., Gen. Crust.; *Maia phalangium*, Leach, Trans. Soc. Linn.; *Leptopodia phalangium*, ejusd., Edinb. Encycl. Rostre beaucoup plus court, mais de même forme que celui de l'espèce précédente; antennes le dépassant des trois quarts de leur longueur; tubercules de la carapace disposés comme dans la macropodie tenuirostre; face interne des bras presque scabreuse, velue. Des côtes de l'Océan et de la Méditerranée.

Genre XLV. Leptopodie (*Leptopodia*, Leach; *Inachus*, Fabr.; *Maia*, Bosc., Latr., Lamck.; *Cancer*, Herbst; *Stenorhynchus*, Lamck.).

Antennes extérieures courtes. Rostre très-prolongé et grêle, non fendu. Serres grêles, linéaires, ayant surtout les mains et les bras très-alongés; les autres pattes encore plus minces, diminuant successivement de longueur depuis la seconde jusqu'à la cinquième paire. Carapace moins bombée postérieurement, moins rugueuse, et à régions moins distinctes que celle des macropodies.

Ce genre ne diffère principalement du précédent que par le rostre qui est entier, au lieu de présenter une fissure dans son milieu.

Leptopodie sagittaire : *Leptopodia sagittaria*, Leach, Zool. Misc., tom. 2, tab. 67; *Inachus sagittarius*, Fabr.; *Cancer sagittarius*, Herbst, Cancr.; *Macropus sagittarius*, Latr., Gen. Crust.; *Maia sagittaria*, Leach, Edin. Enc.; *Maia sagittis*, Bosc.

Longueur totale, un pouce et demi; jusqu'aux yeux, neuf lignes; des pattes de la seconde paire, quatre pouces. Mains finement granuleuses; côtés du rostre et face antérieure des cuisses garnis de petites épines assez écartées entre elles. Du golfe du Mexique.

Genre XLVI. Egérie (*Egeria*, Leach; *Cancer*, Herbst; *Maia*, Latr.).

Antennes extérieures courtes, insérées sur les côtés du rostre, ayant leur second article beaucoup plus court que le premier. Pieds-mâchoires extérieurs ayant leur troisième article droit sur son bord interne, et terminé par une pointe. Serres minces, linéaires, doubles du corps en longueur chez les mâles, à peu près égales dans les femelles, beaucoup plus courtes dans les deux sexes que les autres pattes qui sont très-grêles, celles de la seconde paire ayant cinq fois la longueur du corps. Carapace triangulaire, bosselée et épineuse, terminée par un rostre assez court, bifide, à pointes divergentes. Yeux beaucoup plus gros que leur pédoncule. Orbites ayant une double fissure à leur bord supérieur.

Ce genre, établi assez légèrement par M. Leach, a les plus grands rapports avec ceux que nous venons de décrire. Si le nombre des articles de l'abdomen des espèces qu'il renferme étoit de sept, il se rapprocheroit surtout des maia, des pisa, des mithrax et des micippa, par la forme du corps; mais il en différeroit beaucoup par la minceur et la longueur disproportionnée de ses pieds. Si ce nombre étoit de six, comme il y a lieu de le croire, quoique MM. Latreille et Leach ne le disent pas positivement, il auroit surtout des rapports avec les genres à longs pieds, comme les macropodies, les leptopodies et les doclées; mais il n'a pas le rostre long, grêle et fendu, ainsi que les serres longues et plus grosses que les pattes, qui caractérisent les premiers; il ne présente pas le rostre très-long, très-grêle et entier, ainsi que les serres très-alongées et linéaires des seconds; enfin, il n'a pas le corps globuleux, et les serres très-courtes et minces des derniers. Il ne s'éloigne même des inachus que par ses serres, proportionnellement plus courtes et moins épaisses que celles de ces crustacés, par ses autres pieds relativement plus longs que les leurs, par ses antennes, dont les deux premiers articles de la base, et non les trois, sont plus gros que les autres, et par la double fissure du fond des orbites en dessus.

Egérie de l'Inde : *Egeria indica*, Leach, Zool. Misc., tom. 2, tab. 73 ; *Cancer*, Herbst, tab. 16, fig. 93. Sa grosseur, la forme générale de son corps et l'alongement de ses pattes lui donnent la plus grande ressemblance avec l'inachus scorpion ; mais, outre les caractères génériques différentiels que nous venons d'apprécier, elle s'en éloigne encore en ce que son rostre, plus large, est plus profondément incisé dans son milieu, et que les pointes qui garnissent les régions relevées et distinctes de la carapace en dessus, sont disposées dans cet ordre : 3, 2, 1 et 1. Une pointe post-oculaire assez longue, aiguë, est dirigée en avant ; les bras sont assez courts, grêles et lisses ; il n'y a point de poils visibles sur la carapace et sur les pieds. Des mers de l'Inde.

Genre XLVII. Doclée (*Doclea*, Leach ; *Maia*, Latr.).

Antennes extérieures insérées sur les côtés du rostre : leur second article étant beaucoup plus court que le premier. Troisième article des pieds-mâchoires extérieurs profondément échancré vers l'extrémité de son côté intérieur. Serres (de la femelle) de la longueur du corps, moins épaisses que les autres pattes, ayant la main alongée, et les doigts minces et arqués tous les deux dans le même sens ; pieds des quatre dernières paires proportionnellement moins longs et moins grêles que ceux des crustacés des trois genres précédens, cylindriques, non épineux, et terminés par un grand ongle légèrement arqué. Carapace velue, un peu épineuse latéralement, de forme presque globuleuse, terminée en avant par un rostre très-court, bifide. Yeux médiocrement gros, mais d'un diamètre plus grand que celui de leur pédoncule. Orbites ayant, en dessus et en dessous, à leur bord postérieur, une seule fissure.

La forme arrondie de la carapace des doclées, la brièveté de leur rostre et la proportion des pattes, rapprochent un peu ces crustacés des leucosies proprement dites ; mais le nombre des articles de l'abdomen les en sépare assez nettement.

Doclée de Risso ; *Doclea Rissonii*, Leach, Zool. Misc., tom. 2, tab. 74. Une pointe derrière chaque orbite ; deux autres, à distances égales de celles-ci, sur les côtés antérieurs de la carapace: une pointe peu élevée sur chaque région branchiale; pattes cylindriques, avec le cinquième article de celles de la seconde et de la troisième paires un peu renflé, au bout: carapace et pieds bruns, couverts d'un duvet très-fin: une petite pointe tout-à-fait en arrière du têt. Longueur, un pouce trois lignes; celle des serres de la femelle, un pouce deux lignes; des pattes de la seconde paire, quatre pouces. Patrie inconnue.

Genre XLVIII. LEPTOPE (*Leptopus*, Lamck.; *Cancer*, Linn.; *Inachus*, Fabr.; *Maia*, Latr.).

Antennes courtes. Serres très-grêles et fort longues, mais beaucoup moins que les autres pattes, qui le sont encore plus proportionellement que celles des macropodies, des leptopodies et des égéries. Carapace arrondie, trigonoïde, à rostre nul ou très-court, non bifide. Yeux globuleux, non éloignés de la bouche. Nombre des articles de l'abdomen non indiqué.

M. Latreille, dans son article *Maia* (Nouv. Dict.), avoit dit que les *Inachus longipes* et *spinifer* de Fabricius lui paroissoient devoir former une division intermédiaire entre les égéries et les doclées. M. Lamarck, adoptant l'opinion de M. Latreille, a créé le genre Leptope pour placer ces crustacés. Par la forme du corps, ce genre se rapporte surtout aux doclées: mais par la longueur de ses pattes, il se rapproche des égéries. La longueur et l'extrême minceur de ses serres, et l'intégrité de son petit rostre, lui fournissent d'ailleurs des caractères qui lui sont propres.

Ne sachant de quel nombre d'articles se compose l'abdomen dans les deux sexes, ce n'est qu'avec doute que je place ce genre dans la division qui comprend les crustacés brachyures à six articles. Je m'y suis déterminé principalement d'après l'ensemble des autres caractères.

LEPTOPE LONGIPÈDE : *Leptopus longipes*, Lamck., An. sans vert., tom. 5, pag. 255; *Cancer longipes*, Linn.; *Inachus longipes*, Fabr., Suppl.; Rumph, Amb. rarcit.. tab. 8, fig. 4. Carapace globuleuse recouverte de tubercules épais; pattes et serres si longues et si minces, que l'animal a le port d'un faucheur. De l'Océan indien.

VIII.ᵉ D**ivision**. *Pieds des seconde, troisième et quatrième paires, simples et semblables entre eux ; ceux de la cinquième paire sans usage, très-petits, non terminés par un ongle comme les précédens. Carapace triangulaire, tuberculeuse et épineuse, terminée en avant par un rostre. Abdomen membraneux, sans division d'articles bien distincte* (1).

Genre XLIX. L**ithode** (*Lithodes*, Latr., Leach, Lamck.; *Maia*, Bosc ; *Inachus*, Fabr.; *Cancer*, Linn.).

Antennes extérieures ayant à peu près la moitié de la longueur du corps, sétacées, avec leurs deux premiers articles plus longs que les autres, insérées sous les yeux et en dehors ; les intermédiaires avancées, assez longues, divisées en deux soies comprimées, multiarticulées. Troisième article des pieds-mâchoires extérieurs petit, court et carré, dilaté et denticulé intérieurement. Serres assez courtes et grosses, cylindriques, inégales, droites, épineuses, ayant leur carpe assez long et dans la direction de la main, dont les doigts sont courts, épais, et un peu inclinés en dedans. Pieds des trois paires suivantes plus longs, robustes, épineux, ceux de la troisième étant les plus grands ; pieds de la cinquième paire quatre fois plus courts et dix fois moins épais que ceux de la quatrième, non épineux, adactyles, inutiles au mouvement. Carapace triangulaire très-épineuse, renflée postérieurement de chaque côté, par le grand développement des régions branchiales ; terminée en avant par un rostre bifurqué ; garnie de fortes pointes sur ses côtés. Yeux gros, rapprochés, portés sur de courts pédoncules. Abdomen membraneux, avec des plaques crustacées disposées sur ses bords, dont le nombre peut faire supposer qu'elles sont les rudimens de six articles.

L**ithode arctique** : *Lithodes arctica*, Latr.; *Lithodes maia*, Leach, Mal. Brit., tab. 24; *Cancer maia*, Linn.; Herbst, tab. 15, fig. 87 ; *Cancer horridus*, Penn.; *Inachus maia*, Fabr.; *Maia araignée*, Latr., Hist. nat. des crust. et des insect., tom. 6, pag. 91 ; *Crabe épineux*, Ascan., Icon. rar. nat., tab. 40. Terminaison du rostre grêle et bifurquée au bout, épineuse à la base ; bords des doigts des serres garnis de fascicules de poils ; base de l'abdomen

---

(1) Cette division est la septième dans la méthode de M. Leach.

épineuse. Longueur du têt, quatre pouces; largeur, trois pouces et demi; longueur de la plus grande serre, quatre pouces et demi; d'une patte de la troisième paire, sept pouces six lignes. Des mers du nord de l'Europe.

IV.ᵉ SECTION. *Abdomen composé de cinq articles dans les mâles et de six dans les femelles; les pieds de la première paire didactyles.* (Section des TRIANGULAIRES, Latr.) (1)

Genre L. LIBINIE (*Libinia*, Leach; *Maia*, Latr.).

Antennes extérieures courtes, c'est-à-dire de la longueur du rostre, avec les deux premiers articles plus grands que les autres, surtout celui de la base. Troisième article des pieds-mâchoires extérieurs brusquement et profondément échancré vers son extrémité et sur son bord interne. Serres un peu plus courtes que les autres pattes, et aussi grosses qu'elles, terminées par une main alongée, peu renflée, dont le carpe est court; les autres pieds assez épais, unis et médiocrement longs. Carapace ovoïde, ayant ses bords antérieurs dentés; terminée en avant par un rostre peu prolongé, bifide. Yeux gros, placés sur de courts pédoncules, et logés dans des cavités orbitaires dont les bords supérieurs et inférieurs ne présentent point de fissures en arrière.

M. Leach, en créant ce genre, n'a pas fait connoître le nombre des articles de l'abdomen dans les deux sexes; mais M. Latreille, en lui rapportant une espèce de la Méditerranée, a reconnu que ce nombre étoit, dans celle-ci, de cinq pour le mâle et de six pour la femelle. Cette espèce deviendra pour nous le type du genre, et nous n'y admettrons qu'avec une certaine réserve, à cause du silence de M. Leach sur le nombre des articles abdominaux, celle qui a été décrite par ce naturaliste, quoique l'ensemble de ses caractères l'y rapporte.

Au surplus, M. Latreille, ne tenant compte du nombre des articles de l'abdomen, range la libinie qu'il fait connoître d'après M. Risso, dans le genre des *maia*, et dans la division de ce genre qui comprend les espèces dont la longueur de la seconde paire de pieds ne surpasse pas celle du corps, dont les yeux

---

(1) M. Leach n'a pas formé cette section dans sa méthode. Elle est créée par nous, d'après ses principes de classification.

sont très-courts, et dont l'abdomen de l'un des sexes a six articles au plus.

Libinie lunulée : *Libinia lunulata*, Nob.; *Maia lunulata*, Latr. ; Risso, Crust., pag. 49, tab. 1, fig. 4. Front terminé par deux pointes très-courtes disposées en croissant ; têt ovale, presque carré et glabre, de couleur jaunâtre, ayant chacun de ses bords latéraux muni de trois épines, entourées de faisceaux de poils. Longueur, six lignes ; largeur, cinq lignes et demie. Elle se trouve à Nice au milieu des fucus du rivage. Sa femelle pond de petits œufs jaunâtres, au printemps.

Libinie échancrée ; *Libinia emarginata*, Leach, Zool. Misc., tom. 2, pag. 108. Longue et large de duex pouces et demi ; carapace parsemée en dessus de pointes médiocrement fortes, et garnie sur chacun de ses bords antérieurs de six épines plus saillantes ; rostre peu avancé, tronqué et échancré au bout ; pieds sans épines, les mains pas plus grosses que les bras ou les carpes, alongées, à doigts médiocres, tous les deux un peu arqués en dedans. Patrie inconnue.

V.ᵉ SECTION. *Abdomen composé de cinq articles dans la femelle, et de* . . . . ? *dans le mâle ; les deux pieds antérieurs dépourvus de pinces ; les quatre postérieurs didactyles.* (Section des Triangulaires, Latr.) (1)

Genre LI. Pactole (*Pactolus*, Leach ; *Inachus ?* Fabr.).

Antennes extérieures ayant leur premier article long et cylindrique. Pieds médiocrement longs et assez épais; les deux antérieurs plus courts que les autres, non terminés par une main, mais pourvus d'un simple ongle crochu ; ceux de la seconde paire semblables ; pieds de la troisième paire . . . . . ? ceux de la quatrième et de la cinquième paires didactyles. Carapace triangulaire, alongée, assez renflée de chaque côté en arrière, non épineuse en dessus, et terminée en avant par un rostre fort long, aigu, mince et entier, semblable à celui des leptopodies. Abdomen de la femelle, composé de cinq articles, dont le premier étroit, les trois suivans transverses, linéaires, et le cinquième très-grand, presque arrondi. Yeux assez gros,

---

(1) Cette section est la quatrième de M. Leach.

situés derrière les antennes, toujours saillans hors de leur fossette; une seule pointe derrière chaque orbite.

Ce genre très-voisin, par les caractères que fournit sa carapace, des macropodies et des leptopodies, s'en distingue éminemment par la conformation des pieds.

Pactole de Bosc; *Pactolus Boscii*, Leach, Zool. Misc., tome 2, tab. 68. Long d'un pouce huit lignes, dont la moitié à peu près appartient au rostre, qui porte de petites épines dirigées obliquement en avant sur ses côtés; carapace lisse, brunâtre; pieds variés de roux et de blanchâtre. Patrie inconnue.

VI.ᵉ SECTION. *Abdomen composé de quatre articles dans les femelles, et de cinq dans les mâles; les deux pieds antérieurs didactyles.* (Section des Triangulaires de M. Latreille.) (1)

Genre LII. Hyménosome (*Hymenosoma*, Leach; *Maia*, Latr.).

Nota. Les caractères de ce genre ne me sont pas connus, si ce ne sont ceux que j'ai remarqués dans l'aplatissement singulier et l'amincissement de la partie supérieure du têt, et sa terminaison en un rostre très-court et entier, dans les deux espèces suivantes qui font partie de la collection du Muséum :

Hyménosome orbiculaire; *Hymenosoma orbiculare*, Latr. Longueur et largeur, un pouce environ. Têt orbiculaire, ayant ses parois latérales solides, crustacées, granuleuses et relevées, avec le sommet tronqué horizontalement presque membraneux, lisse, et marqué d'une impression en H qui indique les limites des régions moyennes et latérales; rostre excessivement court: yeux petits: pinces moyennes, à peu près égales, avec des mains lisses, renflées, arquées en dedans et à doigts minces et courbés: les autres pattes un peu rugueuses et poilues, assez fortes, médiocrement longues: celles de la troisième paire étant les plus grandes de toutes. Du cap de Bonne-Espérance.

Hyménosome de Mathieu; *Hymenosoma Mathæi*, Latr. Long de six lignes; corps extrêmement déprimé, lisse, demi-transparent, en forme de triangle équilatéral: angle antérieur ou rostre un peu arrondi et relevé, cachant les yeux et la base des

____

(1) M. Leach n'a pas formé cette section dans sa méthode.

antennes; serres et pattes très-alongées, grêles et lisses; mains
très-longues, ayant leurs doigts de force égale, un peu renflés vers le bout; une petite épine sur l'extrémité de la face postérieure des quatre dernières jambes; couleur de corne. De
l'Ile-de-France.

M. Leach a fondé ce genre sur d'autres espèces, trouvées à
la Nouvelle-Hollande.

VIIe SECTION. *Abdomen composé de quatre articles dans les
deux sexes* (1) *; antennes extérieures très-petites ; tige interne
des pieds - mâchoires extérieurs acuminée. Pieds antérieurs didactyles.* (Fam. *Leucosidea*, Leach. Section des ORBICULAIRES,
Latr.) (2)

Nota. Tous les crustacés de cette section ou famille, généralement petits, ont les antennes extérieures à peine visibles,
et placées dans le canthus interne de l'œil, les intermédiaires
médiocres, insérées entre les yeux dans de petites fossettes
obliques, transverses; leurs pieds-mâchoires sont pointus,
avec le troisième article échancré intérieurement pour l'insertion des derniers; leurs serres sont didactyles et plus grandes
dans les mâles que dans les femelles; leurs autres pieds sont
ambulatoires et terminés par un ongle ou article simple, et
un peu crochu. La carapace est solide, convexe, presque ovoïde,
arrondie, rhomboïdale ou transverse, et toujours sa partie antérieure présente une avance ou un petit rostre un peu relevé;
les yeux sont petits, très-rapprochés et placés sur le front;
l'abdomen est formé de quatre pièces dans les femelles, et ordinairement du même nombre dans les mâles; mais on voit par
des sutures un peu apparentes que les plus larges d'entre elles
résultent de la réunion intime de quelques autres. Dans les
mâles cet abdomen est étroit; dans les femelles il est au contraire très-ample, et recouvre, comme un couvercle un peu

---

(1) M. Latreille dit avoir compté cinq articles dans quelques crustacés mâles appartenant à cette section; mais il ne cite pas les espèces
qui lui ont présenté ce caractère.

(2) Cette section est la cinquième de M. Leach. Il ne l'a point subdivisée dans sa *Classification générale des Malacostracés :* mais il l'a fait
dans la monographie qu'il en a donnée (*Mélanges zoologiques*, tom. 3).

bombé, une vaste cavité formée par l'enfoncement des pièces sternales et la saillie des latéro-sternales.

Tous vivent isolément au milieu des madrépores et des algues, parmi lesquels ils semblent se cacher, à peu de distance des rivages, et dans les endroits où la mer a une profondeur médiocre. Leur démarche est très-lente.

Nous suivons M. Leach dans la distinction qu'il a faite (Zool. Misc., tome 3, pag. 17 et suiv.) de dix genres dont il compose la famille des leucosidées, et nous rapportons les caractères qu'il leur assigne.

Ire Race. *Carapace rhomboïdale; pieds de la première paire (ou serres) déprimés, beaucoup plus grands que les autres, ayant les doigts un peu inclinés en dedans.*

Genre LIII. Ebalie (*Ebalia*, Leach ; *Cancer*, Penn., Montagu., Latr.).

Tige externe des pieds-mâchoires extérieurs linéaire. Bras des serres un peu anguleux ; mains assez renflées, à doigts un peu inclinés en dedans; pieds des quatre dernières paires médiocres, diminuant graduellement de longueur, depuis la seconde jusqu'à la cinquième. Carapace légèrement avancée en forme de rostre, tuberculeuse à sa surface, entière sur ses bords. Dernier article de l'abdomen des mâles armé d'une petite pointe près de sa base.

Ebalie de Pennant : *Ebalia Pennantii*, Leach, Zool. Misc., tome 3, pag. 19; Malac. Brit., tab. 25, fig. 1-6; *Cancer tuberosus*, Penn. Carapace granuleuse, irrégulière, ayant ses régions stomacale, cordiale et branchiales élevées et confluentes au centre de façon à figurer une croix. Grand article de l'abdomen ou l'avant-dernier, formé de la soudure complète de quatre articles particuliers, dont on distingue un peu les lignes de séparation. Des côtes d'Angleterre.

Ebalie de Cranch : *Ebalia Cranchii*, Leach, Zool. Misc., tome 3, pag. 20; Malac. Brit., tab. 25, fig. 7 à 11. Carapace finement granuleuse avec cinq tubercules, deux aux côtés de la région génitale, un sur chaque région branchiale, et un gros sur la cordiale. Grand article de l'abdomen formé chez les mâles de la réunion de trois articles, et distinctement chez les femelles de quatre. Des côtes occidentales d'Angleterre, dans les endroits où la mer est assez profonde.

Ebalie de Bryer ; *Ebalia Bryerii*, Leach, Zool. Misc., tome 3, page 20 ; Mal. Brit., tab. 25, fig, 12-13 ; *Cancer tuberosa*, Montagu. Carapace légèrement granuleuse, presque carénée en avant au-dessus du rostre, chargée de trois gros tubercules, dont les deux antérieurs appartiennent aux régions branchiales, et le postérieur à la région cordiale. Grand article de l'abdomen visiblement formé de la réunion de trois autres dans les deux sexes. Des côtes occidentales d'Angleterre, dans les lieux où la mer est profonde.

Genre LIV. Nursie (*Nursia*, Leach, Latr.).

Tige externe des pieds-mâchoires extérieurs dilatée. Pieds de la première paire anguleux, avec les doigts des pinces fortement infléchis. Carapace un peu avancée en forme de rostre, ayant ses côtés postérieurs échancrés et dentelés. Avant-dernier article de l'abdomen du mâle, pourvu d'une petite pointe à son bord postérieur.

Nursie d'Hardwick ; *Nursia Hardwickii*, Leach, Zool. Misc., tome 3, page 20. Carapace à quatre dents de chaque côté, ayant sur son milieu trois tubercules disposés en triangle, et près de son bord postérieur une ligne transversale élevée portant un tubercule ; front avancé quadrifide. De l'Inde.

M. Latreille connoît une seconde espèce de ce genre, trouvée sur les côtes de la Nouvelle-Hollande.

II.ᵉ Race. *Carapace longue ou globuleuse ; pieds de la première paire (serres) beaucoup plus gros que les autres, qui ont leurs deux derniers articles comprimés.*

Genre LV. Leucosie (*Leucosia*, Fabr., Latr., Bosc, Lamck., Lichtenstein, Leach).

Tige interne des pieds-mâchoires extérieurs insensiblement acuminée vers son extrémité ; l'externe linéaire. Carapace globuleuse, avec le front avancé au-delà du chaperon ; côtés du têt profondément canaliculés de chaque côté, au-dessus de l'insertion des serres.

Leucosie craniolaire : *Leucosia craniolaris*, Fabr., Latr., Leach, Licht.; Herbst, Cancr., tab. 2, fig. 17. Carapace lisse en dessus, déprimée de chaque côté en avant, avec ses bords antérieurs crénelés ; front peu avancé, légèrement tridenté ; bras verruqueux ; mains lisses, ovoïdes, rebordées sur leur tranche inférieure. De la côte du Malabar.

LEUCOSIE URANIE ; *Leucosia urania*, Licht., Berl. Magaz., 1815, pag. 140 ; Leach, Zool. Misc., tom. 3, pag. 21 ; *Cancer urania*, Herbst, tab. 53, fig. 3. Front avancé entier. De la mer des Indes.

J'ai décrit deux espèces fossiles qui se rapportent à ce genre. Voyez LEUCOSIE (*Fossile*).

Genre LVI. PHILYRE (*Philyra*, Leach ; *Leucosia*, Fabr., Licht., Latr. ; *Cancer*, Herbst).

Tige interne des pieds-mâchoires extérieurs pointue vers l'extrémité ; l'externe très-large, ovale. Carapace arrondie, déprimée ; front comme tronqué, plus court que le chaperon.

PHILYRE GRANULEUSE ; *Philyra scabriuscula*, Leach ; *Leucosia scabriuscula*, Fabr., Licht. ; *Cancer cancellus*, Herbst, tom. 1, tab. 2, fig. 20. Carapace un peu déprimée, très-glabre et polie en dessus, rugueuse sur les côtés et en arrière ; bras couverts de granulations disposées par petites lignes. De la mer des Indes.

PHILYRE GLOBULEUSE : *Philyra globosa*, Leach ; *Leucosia globosa*, Fabr., Licht. ; *Leucosia porcellana*, Latr. ; *Cancer porcellanus*, Herbst, Canc., tom. 1, tab. 2, fig. 18, *mas*. Carapace assez bombée, lisse, avec ses bords granuleux ; serres granuleuses en entier chez les femelles, et à leur base seulement chez les mâles. De l'Océan indien.

Genre LVII. PERSÉPHONE (*Persephona*, Leach).

Tiges externe et interne des pieds-mâchoires extérieurs amincies insensiblement depuis leur base ; l'externe étant très-obtuse à l'extrémité. Carapace arrondie, déprimée, dilatée de chaque côté ; front un peu avancé, mais pas plus long que le chaperon. Grand article de l'abdomen du mâle, composé de trois pièces soudées.

PERSÉPHONE DE LATREILLE ; *Persephona Latreillii*, Leach, Zool. Misc., tom. 3, pag. 22. Partie antérieure du têt graduellement et obtusément dilatée, recouverte de granulations ; trois épines égales recourbées à sa partie postérieure ; bras tuberculeux. Longueur, deux pouces et demi. Patrie inconnue.

Perséphone de Lamarck; *Persephona Lamarckii*, Leach, Zool. Misc., tom. 3, pag. 23. Partie antérieure du têt presque angulaire, présentant des granulations éparses; trois épines égales recourbées à sa partie postérieure; bras granuleux. Longueur, deux pouces et demi. Patrie inconnue.

Perséphone de Lichtenstein; *Persephona Lichtenstenii*, Leach, Zool. Misc., tom. 3, pag. 23. Têt aplati, couvert de granulations éparses, armé d'un tubercule sur chacun de ses angles latéraux, et de trois épines à peine recourbées, dont la médiane est la plus longue, sur son bord postérieur; bras couverts de tubercules rugueux. Longueur, un pouce un quart. Patrie inconnue.

III.ᵉ Race. *Carapace ovale ou globuleuse; front un peu avancé; pieds de la première paire (serres) filiformes, pas plus gros que les suivans; mains effilées au bout, à doigts presque filiformes; ongles des quatre dernières paires de pieds simples et très-grêles.*

Genre LVIII. Myra (*Myra*, Leach; *Leucosia*, Fabr., Latr., Licht.; *Cancer*, Herbst).

Tige externe des pieds-mâchoires extérieurs avancée en arc en dehors. Serres très-longues et grêles dans les deux sexes, avec le doigt interne garni de petites épines. Carapace ovale. Abdomen du mâle ayant son grand article formé par la réunion de quatre autres, et le dernier pourvu d'une dent à son extrémité; grand article de celui de la femelle, composé de trois pièces réunies.

Myra fugace : *Myra fugax*, Leach, Zool. Misc., tome 3, pag. 24; *Leucosia fugax*, Fabr., Latr., Licht.; *Cancer punctatus*, Herbst, tom. 1, pag. 89, tab. 2, fig. 15 et 16. Carapace un peu granuleuse, munie postérieurement de trois épines dont l'intermédiaire est la plus longue et la plus élevée. De la mer des Indes.

Genre LIX. Ilia (*Ilia*, Leach; *Leucosia*, Fabr., Latr., Licht.; *Cancer*, Linn., Herbst).

Tige externe des pieds-mâchoires extérieurs graduellement rétrécie vers son extrémité qui est arrondie. Carapace subglobuleuse. Doigts des mains très-longs, grêles, filiformes et pointus.

Ilia noyau : *Ilia nucleus*, Leach, Zool. Misc., tom. 3, pag. 24 ; *Cancer nucleus*, Linn., Herbst, Cancr., tom. 1, tab. 2, fig. 14, *mas* ; *Leucosia nucleus*, Fabr., Latr., Licht. Carapace globuleuse, granuleuse postérieurement et sur les côtés, lisse en avant ; une petite dent de chaque côté, au-dessus et en avant de l'articulation de chaque serre ; une épine plus longue en arrière, au-dessus de la naissance de chaque patte de la dernière paire ; deux dents au bord tout-à-fait postérieur du têt ; front échancré ; serres rugueuses. De la Méditerranée. Ce crustacé, qui est le *cancer macrochelos* de Rondelet et d'Aldrovande, pond ses œufs rougeâtres en été sur les rivages de Nice, au rapport de M. Risso.

Genre LX. Arcanie (*Arcania*, Leach ; *Leucosia*, Fabr., Latr., Licht. ; *Cancer*, Herbst).

Tige externe des pieds-mâchoires extérieurs linéaire, tronquée et échancrée en dedans à son extrémité ; l'intérieure diminuant insensiblement de largeur depuis sa base jusqu'au bout.

Arcanie hérisson : *Arcania erinaceus*, Leach, Zool. Misc., pag. 24 ; *Leucosia erinaceus*, Fabr., Latr., Licht ; *Cancer erinaceus*, Herbst, Cancr., tom. 1, tab. 20, fig. 111. Carapace couverte d'épines, dont trois postérieures et latérales, plus grandes que les autres, sont elles-mêmes dentées ; front aigu, échancré, à divisions aiguës ; pieds épineux. De l'Océan indien.

Genre LXI. Iphis (*Iphis*, Leach ; *Leucosia*, Fabr., Latr., Licht. ; *Cancer*, Herbst).

Tige externe des pieds-mâchoires extérieurs presque linéaire, mais néanmoins un peu plus étroite vers son extrémité qu'à sa base. Carapace arrondie-rhomboïdale, munie de chaque côté d'une longue épine ; front un peu avancé. Serres filiformes, terminées par une main pointue dont les doigts, un peu inclinés sur son axe, ont leur bord interne garni de petites épines. Grand article de l'abdomen formé de trois articles soudés dans les mâles, et de deux seulement dans les femelles.

Iphis a sept épines : *Iphis septemspinosa*. Leach, Zool. Misc., tom. 3. pag. 25 ; *Cancer septemspinosus*, Herbst. Cancr., tom. 1.

tab. 20, fig. 112 ; *Leucosia septem spinosa*, Fabr., Latr., Licht. Carapace un peu granuleuse, terminée en avant par un petit front échancré , munie d'une épine très-forte , et recourbée sur chaque côté, et d'une troisième épine semblable, sur le milieu de son bord postérieur; deux pointes plus courtes et droites, situées de chaque côté et en arrière, entre les grandes épines latérales et la postérieure; base des bras granuleuse. De la mer des Indes.

IV.ᵉ Race. *Carapace transverse, ayant ses côtés fortement prolongés latéralement en forme de cylindres ; pieds filiformes ; serres à peine plus grosses que les autres pattes, à doigts filiformes , denticulés sur leur bord interne.*

Genre LXII. Ixa (*Ira*, Leach ; *Leucosia*, Fabr. , Latr. , Licht.).

Tige externe des pieds-mâchoires extérieurs plus courte et plus large que l'interne, linéaire, arrondie au bout; troisième article de la tige interne profondément échancré en avant. Front court, échancré.

Ixa canaliculée : *Ixa canaliculata*, Leach , Zool. Misc., tom. 3, pag. 26, tab. 129 , fig. 1 : *Leucosia cylindrus* , Fabr., Latr. , Licht. Côtés de la carapace alongés en cylindres transverses, droits, granuleux et pourvus d'une pointe à leur extrémité ; dos marqué de deux cannelures, profondes, longitudinales, qui séparent les régions médianes, telles que la stomacale , la génitale et la cordiale , des régions latérales telles que les hépatiques antérieures et les branchiales. De la mer des Indes.

Ixa sans armes ; *Ixa inermis*, Leach , Zool. Misc., tome 3. page 26 , tab. 129, fig. 2. Côtés de la carapace prolongés en forme de cylindres ou de cônes granuleux , légèrement arqués en avant, sans pointe à l'extrémité ; dos sans cannelures, mais avec des impressions peu profondes , qui dessinent la séparation des régions viscérales; deux tubercules à son bord postérieur. Patrie inconnue.

FAMILLE SECONDE. Macroures, *Macrouri*, Latr., Leach ; *Exochnata* et *Kleistagnatha*, Fabr.

Queue (ou abdomen) au moins aussi longue que le tronc, étendue, et seulement courbée en dessous à son extrémité postérieure(1),

---

(1) Les crustacés des seuls genres Porcellane et Pisidie sont pourvus

étant terminée par des appendices qui le plus souvent forment ensemble une nageoire flabelliforme. Antennes, surtout les extérieures, ordinairement très-longues, les intérieures divisées chacune en deux ou trois filets (1). *Des fausses pattes terminées chacune par deux lames ou deux filets, au nombre de quatre ou cinq paires, sous la queue, dans les deux sexes. Organes de la génération des mâles, placés à la base de leurs derniers pieds; ceux de la femelle situés à la base de la troisième paire.* LATR.

Ire SECTION. *Abdomen ayant vers son extrémité, ou sur ses côtés, des appendices rudimentaires, quelquefois charnus au bout, repliés et rejetés sur les côtés, ne formant jamais une nageoire en éventail.* (Section des MACROURES ANOMAUX. Latr.)

Ire DIVISION. *Tégumens crustacés; pieds des seconde, troisième et quatrième paires terminés par une lame ou nageoire falciforme; ceux de la cinquième paire très-menus, filiformes et repliés; les quatre antennes avancées et très-ciliées; appendices latéraux de l'abdomen en forme de petites lames crustacées* (2).

Genre LXIII. ALBUNÉE (*Albunea*, Fabr., Latr., Lamck.; *Hippa*, Fabr.; *Cancer*, Linn., Herbst).

Antennes intermédiaires d'un seul filet , beaucoup plus longues que les latérales, insérées sous les yeux. Pieds de la première paire terminés par une pince triangulaire, dont le doigt immobile est fort court. Carapace ovale , légèrement convexe, un peu plus étroite postérieurement, tronquée en devant. Yeux portés sur des pédoncules en forme d'écailles contiguës au milieu du front. Abdomen court, ayant son article terminal ovoïde.

ALBUNÉE SYMNISTE : *Albunea symnista*, Fabr., Latr., Lamck.: *Cancer symnista*, Linn.; Herbst. Cancr., tab. 22, fig. 2. Carapace subcylindrique. tronquée. ciliée et en scie antérieurement. De la mer des Indes.

---

d'une queue repliée sous le corps, comme celle des crabes; mais elle est garnie d'appendices natatoires.

(1) Les albunées font seulement exception à ce caractère. Leurs antennes intermédiaires n'ont qu'un seul filet.

(2) Cette section n'existe pas dans la méthode de M. Leach.

ALBUNÉE ÉCUSSONNÉE; *Albunea scutellata*, Fabr. Plus petite que la précédente. Carapace ovale, lisse, avec ses bords à peine dentelés, et garnis de longs poils. Patrie inconnue.

Ce genre, formé par Fabricius aux dépens de ses hippes, étoit placé par lui avec les crustacés brachyures (kleistagnathes). Ce naturaliste en rapprochoit aussi un genre qu'il avoit composé de l'*hippa variolosa*, sous la désignation de SYMETHIS, et qui étoit caractérisé par la brièveté de ses *deux* antennes quadriarticulées, cachées dans une avance du rostre. Ce genre Syméthis n'a été mentionné dans aucun ouvrage récent sur l'histoire naturelle des crustacés, et M. Rafinesque s'est servi de son nom en en changeant la dernière syllabe (*symethus*), pour un décapode macroure qui vit dans les ruisseaux en Sicile, et qu'il caractérise très-vaguement par cette phrase : Antennes intérieures à deux filets; palpes filiformes alongés. Première paire de pattes chéliforme et pincifère ?

A côté des albunées paroîtroit aussi devoir prendre place le genre POSIDON de Fabricius, s'il étoit mieux connu. Ce naturaliste le caractérise ainsi : Quatre antennes à pédoncule simple ; celles du milieu étant plus courtes que les latérales, et bifides ; pieds-mâchoires extérieurs foliacés; pédoncule des yeux en forme d'écaille ; mains des quatre pattes antérieures sans pince à doigt mobile. Il en annonce deux espèces de la mer des Indes : l'une, *posidon depressus*, a l'abdomen à sept écailles, dont l'intermédiaire est transverse et tronquée ; l'autre, *posidon cylindrus*, a le sien à cinq écailles, dont l'intermédiaire est triangulaire.

Genre LXIV. HIPPE (*Hippa*, Fabr. , Latr. , Lamck. ; *Emerita*, Gronov.).

Antennes intermédiaires divisées en deux filets avancés et un peu recourbés. Antennes latérales beaucoup plus longues et recourbées, plumeuses au côté extérieur, avec une grande écaille dentelée qui recouvre leur base. Pieds antérieurs terminés par un article ovale, comprimé, en forme de lame, et sans doigt mobile ; ceux de la seconde, de la troisième et de la quatrième paires finissant par un article aplati, falciforme ou en croissant ; ceux de la cinquième paire très-menus, filiformes et repliés. Troisième article des pieds-mâchoires extérieurs très-grand, recouvrant la bouche. Carapace ovalaire, un peu bombée et tronquée aux deux extrémités, non rebordée. Abdomen comme échancré de chaque côté à sa base, terminé par un article triangulaire long et étroit, sur chaque côté duquel existe près de sa base une lame natatoire, petite, ciliée sur ses bords, et coudée ou arquée. Yeux rapprochés au-devant du têt, et supportés sur des pédoncules minces, en forme d'écailles.

H*ippe émérite* : *hippa emeritus*, Fabr., Latr., Lamck.; *Cancer emeritus*, Linn.; Gronov., Gazophylacium, tab. 17, fig. 8 et 9: Herbst, Cancr., tab. 22, fig. 3; *Hippa adactyla*, Fabr. Carapace finement ridée en travers, présentant en avant quatre lignes enfoncées, transverses, très-marquées, et trois dents qui garnissent son bord antérieur; abdomen étendu, non courbé au bout, velu sur ses bords; pattes velues; longueur, deux pouces et demi. Selon M. Latreille, qui réunit les *hippa emeritus* et *adactyla* de Fabricius en une seule espèce, cette espèce habiteroit les côtes du Brésil.

Genre LXV. R*emipède* (*Remipes*, Latr., Lamck.).

Antennes latérales et intermédiaires courtes, presque d'égale longueur, avancées, un peu recourbées. Pieds-mâchoires extérieurs semblables à de petits bras, et ayant au bout un fort crochet. Pieds de la première paire adactyles, terminés par des lames qui finissent en pointe; ceux des autres paires terminés par des lames ciliées également pointues, mais un peu plus larges dans leur milieu.

R*emipède tortue*; *Remipes testudinarius*, Latr., Lamck. Carapace ovale, longue d'environ un pouce, finement ridée en dessus, avec cinq dents à son bord antérieur, dont les trois intermédiaires ont moins de longueur que les deux latérales, au-dessous desquelles sont insérés les pédoncules grêles qui supportent les yeux; bords du dernier article de l'abdomen et pattes velus. Rapporté des côtes de la Nouvelle-Hollande par Péron et Lesueur.

II.ᵉ DIVISION. *Carapace proprement dite légèrement crustacée;*
abdomen très-mou, en forme de sac vésiculeux, pourvu à son
extrémité d'appendices grêles et charnus au bout; pieds de la
première paire en pinces; ceux des seconde et troisième finis-
sant en pointe, et ceux des quatrième et cinquième très-courts,
terminés tantôt par un seul article pointu, tantôt par une petite
serre.

Genre LXVI. PAGURE (*Pagurus*, Fabr., Latr., Lamck., Bosc,
Leach; *Cancer*, Linn., Herbst; *Astacus*, Baster, Degéer;
Cancellus, Rondelet, Swammerdam).

Antennes extérieures distantes, longues, sétacées, ayant l'extrémité supérieure de leur second article pourvue d'une épine
mobile; les deux intérieures courtes, rapprochées, filiformes,
terminées par deux filets. Tige interne des pieds-mâchoires
extérieurs formée de six articles, dont le premier court et
inégal, le second court, anguleux et dentelé intérieurement,
le troisième un peu plus étroit, mais plus long, supportant
les trois derniers qui sont grands, linéaires, aplatis et ciliés.
Serres inégales, courbées tantôt à droite, tantôt à gauche,
suivant les espèces, le plus souvent anguleuses, rugueuses et
couvertes de poils roides divisés en faisceaux; les quatre grands
pieds des seconde et troisième paires inégaux en longueur
comme les pinces, et suivant la même direction; les quatre
dernières pattes très-courtes, un peu molles, velues et didactyles. Carapace n'ayant de solide que sa région stomacale, qui
est plane ou très-légèrement convexe en dessus, tronquée en
avant, et infléchie sur les côtés; régions postérieures à celle-ci,
en étant séparées par un sillon transversal; la génitale et la
cordiale occupant un espace médian, linéaire, et les branchiales
recouvertes d'un têt très-mou, membraneux et ridé. Abdomen
très-mou en forme de sac vésiculeux, contourné, sans anneaux
bien distincts, terminé par deux appendices latéraux, petits,
d'inégale grandeur. composés d'un article commun qui porte
deux autres petits articles en forme de doigts. Des fausses pattes
ou des filets pour porter les œufs, sur un seul côté du corps, dans
les femelles. Yeux rapprochés, portés sur des pédoncules mobiles, alongés, cylindriques, placés au-dessus des antennes
intermédiaires et pourvus d'un appendice à leur base.

Les singuliers et nombreux crustacés, renfermés dans ce genre, sont vulgairement connus sous les noms de *Bernard-l'hermite*, de *Soldats*, etc., parce qu'ils habitent les coquillages univalves vides qu'ils rencontrent. Ils y placent la partie vulnérable de leur corps, c'est-à-dire leur abdomen et la portion postérieure de leur carapace, en n'en laissant sortir que leurs six premiers pieds, leurs antennes, leurs yeux et les parties extérieures de la bouche. Cramponnés dans ces coquilles vides à l'aide de leurs quatre dernières pattes et des appendices latéraux de l'abdomen, ils s'y tiennent solidement fixés jusqu'à ce qu'ayant acquis plus de volume, leur corps s'y trouve à l'étroit. Alors cherchant une autre habitation plus vaste et disponible, ils s'y installent jusqu'à ce qu'ils soient obligés de la quitter pour le même motif, ce qui arrive, assure-t-on, tous les ans à l'époque de la mue.

La même espèce habite des coquilles souvent très-différentes, et la convenance de la capacité de ces coquilles paroît être l'unique objet du choix que ces crustacés en font.

Les pagures, pour être ainsi renfermés dans des coquilles, souvent très-lourdes pour leur corps, ne restent pas immobiles. Ordinairement on les rencontre sur les plages, à peu de profondeur, et on les voit se trainer sur le fond à l'aide de leurs serres et des autres pattes libres. Leur démarche, comme on le juge bien, est lente et irrégulière. Ils vivent comme les autres crustacés, de petits animaux de la même classe, ou de mollusques, qui passent à la portée de leurs pinces et qu'ils parviennent à saisir.

Les naturalistes font mention de plusieurs espèces de pagures qui vivent à terre, à une assez grande distance du rivage, et qui se logent dans des trous. Il est vraisemblable que ces animaux doivent rentrer dans le genre suivant, qui comprend un pagure également terrestre. Quelques espèces aussi se cachent dans les cavités des éponges, dans les tubes de serpules, etc. M. Latreille pense avec raison qu'elles appartiennent sans doute à un genre particulier.

Les pagures font deux ou trois pontes par an : alors les femelles portent pendant quelque temps leurs œufs, attachés aux fausses pattes, qui se trouvent sous un des côtés de leur abdomen.

Les anciens Grecs connoissoient ces animaux sous le nom de

carcinion, et non sous celui de *paguros* qu'ils appliquoient à un grand crustacé voisin des crabes proprement dits. Les Latins les nommoient *cancelli*.

Les espèces de ce genre sont très-difficiles à caractériser. M. Olivier en a décrit plus d'une trentaine dans l'Encyclopédie, et M. Spinola en a reconnu plus de quinze aux environs de Gênes. Le travail de ce dernier naturaliste n'a pas été encore imprimé : il étoit destiné à faire partie du second volume des Mémoires de la Société Linnéenne de M. Thiébault de Bernéaut dont la publication paroît ajournée indéfiniment.

PAGURE BERNARD : *Pagurus Bernhardus*, Fabr., Bosc, Latr., Oliv.; *Pagurus streblonyx*, Leach, Mal. Brit., tab. 26, fig. 1-4; *Astacus Bernhardus*, Degéer. Pinces chagrinées et muriquées, la droite plus grande que la gauche ; dessus du carpe, extrémité des bras et des pieds des seconde et troisième paires, épineux ; ongles un peu tordus sur eux-mêmes, épineux en dessus. Des mers d'Europe.

PAGURE DE PRIDEAUX; *Pagurus Prideaux*, Leach, Malac. Brit., tab. 26, fig. 5, 6. Très-voisin du précédent, mais plus petit ; serres couvertes d'aspérités ; angle interne du carpe épineux ; extrémité des bras épineuse ; pieds de la seconde et de la troisième paire très-légèrement muriqués; ongles minces, presque en scie en dessus. Des côtes d'Angleterre.

PAGURE STRIÉ; *Pagurus striatus*, Latr., Risso, Crust., pag. 54. Pinces et pattes transversalement striées; stries ciliées: pince gauche plus grande que la droite, à doigts courts, obtusément dentés en dedans; corps oblong, lisse, d'un rouge carmin, passant par des nuances insensibles au jaune pâle. Ce pagure assez grand, a été trouvé par M. Risso dans la coquille du *murex tritonis*, Linn., près de Nice. Sa femelle porte des œufs pointillés de jaune en juin et juillet.

PAGURE RUBANNÉ; *Pagurus vittatus*, Bosc, Crust., tom. 2, pag. 78. Pattes rouges avec des raies longitudinales blanches; pinces presque égales, raboteuses, hérissées. De la Caroline du Sud.

PAGURE GRANULÉ; *Pagurus granulatus*, Oliv., Encycl., Sp. 5. Très-grand ; jaunâtre; pinces presque égales, marquées de tubercules réunis, avec leurs intervalles hérissés de poils très-courts et roides. Ce crustacé de la mer des Indes est conservé dans la collection du Muséum d'Histoire naturelle de Paris.

Pagure ours; *Pagurus ursus*, Oliv., Encycl., sp. 6. Pattes et pinces transversalement striées et très-velues ; d'un rouge très-pâle ; de grande taille. De l'Ile-de-France.

Pagure pointillé; *Pagurus punctulatus*, Oliv., Encycl., sp. 7. Taille moyenne; d'un rouge clair, marqué de points blancs ; pinces hérissées, la gauche plus grande que la droite. De Timor.

Pagure hongrois : *Pagurus hungarus*, Fabr.; Herbst, Canc., tom. 2, pag. 26, tab. 23, fig. 8. Pinces velues, avec l'extrémité noire, la droite étant plus grande que la gauche; corps rouge. De la mer des Indes orientales.

Pagure tubulaire : *Pagurus tubularis*, Fabr., Latr., Oliv.; *Cancer tubularis*, Linn., Syst. Nat., tom. 1, pag. 1050, n.° 60. Ce crustacé, seulement décrit par Linnæus, vit dans les tuyaux de la *serpula glomerata*. C'est un de ceux qu'on soupçonne ne pas devoir appartenir au genre dans lequel il se trouve placé. Il ressemble pour la forme et la grandeur, à la scolopendre à pinces (*scolopendra forficata*); son têt est court, presque ovale, coupé de chaque côté antérieurement, marqué de points enfoncés sur toutes ses parties. Ses deux premières pattes sont terminées en pince, celles de la cinquième paire sont mutiques, et on ne voit que le rudiment des autres; l'abdomen est long, cylindrique et mou. De la Méditerranée.

Genre LXVII. Birgus (*Birgus*, Leach; *Pagurus*, Latr., Fabr., Oliv.).

Antennes ayant leur second article en forme de crête. Pieds de la première paire inégaux, terminés en pince. Pieds des seconde et troisième paires finissant par un ongle simple, paroissant servir au transport de l'animal, ainsi que ceux de la quatrième paire qui sont plus petits que les premiers, et didactyles; pieds de la cinquième paire rudimentaires. Carapace ou corselet en forme de cœur renversé, dont la pointe est en avant; ses côtés bombés, formés par les régions branchiales; son dessus marqué d'une impression en X. Abdomen orbiculaire, crustacé en dessus et divisé en tablettes transversales qui sont des rudimens d'anneaux.

Birgus larron : *Birgus latro*, Leach; *Cancer latro*, Linn., Syst. Nat., édit. : Gmel., tom. 1, pag. 1049; *Cancer (astacus) latro*, Herbst, Canc., tom. 2, p. 34, pl. 24; *Cancer crumenatus*, Rumph.

Amb. Rareit, tab. 4; *Cancer crumenatus orientalis*, Séba, Thes.,
tom. 3, tab. 21, fig. 1-2. Très-grand; d'un beau rouge; rostre
terminé en une seule pointe; pinces rouges, la gauche étant
beaucoup plus grosse que la droite, toutes deux ayant leurs
doigts garnis de fortes dents; pattes des trois paires suivantes
dentelées sur leurs bords et marquées de taches ondulées. De
la mer des Indes. Il habite à terre les fentes des rochers, d'où
il sort la nuit pour se rendre sur le rivage où il cherche sa
nourriture.

Birgus a large queue: *Birgus laticauda*, Nob.; *Pagurus laticauda*, Latr., Reg. Anim., tom. 4, pl. 12, fig. 2. Assez petit,
rougeâtre, avec de petites taches jaunâtres sur quelques parties; serres presque égales; antennes intermédiaires presque
aussi longues que les latérales; pattes marquées de petites incisions transverses; queue formée de cinq tablettes. De l'Ile-de-
France.

II.ᵉ SECTION. *Abdomen pourvu à son extrémité d'appendices
foliacés qui composent une nageoire flabelliforme.*

A. *Pédoncule des antennes intermédiaires très-long.*

II.ᵉ Division (1). *Antennes extérieures squamiformes, les dix pieds
simples, sans pinces et semblables entre eux, dans les mâles; les deux
derniers en pince chez les femelles.* (Sect. des Homards, Latr.)

Genre LXVIII. Scyllare (*Scyllarus*, Fabr., Latr., Lamck., Leach;
Thenus, Leach.; *Cancer*, Linn., *Squilla*, Rondel.).

Antennes extérieures remplacées par leur pédoncule, qui
est formé de quatre grands articles aplatis et dentelés en avant
ainsi que sur le bord externe; le premier étant assez court et
transverse; le second très-grand et externe; le troisième petit,
interne et placé dans une échancrure du second; le quatrième,
en forme de crête horizontale, très-large, triangulaire, denté
et cilié sur ses bords. Antennes intermédiaires en forme de
deux petits appendices pluriarticulés, portées sur un long
pédoncule composé de cinq articles à peu près cylindriques,
dont le premier est le plus long. Pieds-mâchoires extérieurs

---

(1) Le numérotage des dernières divisions de cette section se trouve
faux, à compter de celle-ci, qui devroit être cotée III au lieu de II. Il
faudra ajouter une unité à chacune.

courbés en dedans comme les pattes de la première paire, appliqués l'un contre l'autre dans toute leur étendue. Pattes courtes, d'autant plus petites et plus écartées entre elles, qu'elles appartiennent à des paires plus postérieures; les deux premières étant les plus grosses, et toutes étant terminées par une seule pointe, si l'on en excepte les deux dernières des femelles, dont le pénultième article se prolonge en dessous de façon à former une sorte de doigt opposable à l'ongle terminal. Carapace courte, déprimée, carrée, tronquée en devant, sinueuse en arrière, anguleuse autour des orbites qui sont latéraux. Abdomen médiocrement alongé, peu recourbé au bout, composé de six articles et terminé par cinq lames natatoires, crustacées à la base, membraneuses à l'extrémité, dont les deux externes de chaque côté sont entières et articulées avec le sixième article. Quatre paires de fausses pattes dans les deux sexes.

Les scyllares connus sous le nom vulgaire de *cigales de mer* recherchent les rivages où la mer est peu profonde, tranquille, et où le terrain est argileux : ils s'y creusent des cavités assez spacieuses pour les recevoir, et se tiennent la plus grande partie du temps dans cette retraite, d'où ils ne sortent que pour aller à la recherche de leur nourriture. Leur natation est bruyante comme celle des langoustes.

Scyllare large : *Scyllarus latus.* Latr.; *Scyllarus orientalis.* Bosc, Risso; *Squille large* ou *Orchetta,* Rondel.; Encycl., pl. 313. Longueur totale s'étendant jusqu'à un pied; une pièce crustacée, avancée au milieu du front; carapace tuberculeuse et chagrinée, sans arêtes angulaires; ses bords latéraux et ceux des articles de l'abdomen, crénelés. Des côtes de la Méditerranée, où sa chair est très-estimée. Ses œufs sont d'un rouge vif.

Scyllare oriental : *Scyllarus orientalis.* Fabr., Latr.; Rumph, Amboin. Rareit., tab. 2, fig. D; Herbst, Crust., tab. 50, fig. 1; Encycl., pl. 314. D'un tiers ou d'un quart plus petit que le précédent: carapace trapézoidale avec son grand côté en avant, tuberculeuse, très-déprimée, ayant une carène médiane armée de trois ou quatre épines; une pièce frontale échancrée dans son milieu. Des Indes orientales.

Scyllare ours : *Scyllarus arctus.* Fabr., Latr., Bosc : *Cigale de mer*, Rondelet, lib. 13. cap. 6; Herbst, Cancr., tab. 30, fig. 3; Encycl., tab. 287, fig. 5; *Scyllarus australis*. Bosc. Carène élevée du milieu de la carapace présentant d'abord une petite épine en avant, puis un renflement granuleux, une épine sur la région génitale, et une autre semblable, mais plus forte, sur la cordiale ; deux séries de granulations anguleuses sur chaque région branchiale, et une autre sur le bord de la carapace ; point d'avance frontale ; antennes extérieures profondément dentées ; articles de l'abdomen sculptés en dessus, avec leurs bords latéraux non crénelés. De la Méditerranée, où il abonde.

Genre LXIX. Ibacus (*Ibacus*, Leach ; *Scyllarus*, Latr.).

Caractères des scyllares, aux différences suivantes près. Yeux situés non aux angles du têt, mais à peu de distance du milieu du front et de l'origine des antennes intermédiaires. Second article des pieds-mâchoires extérieurs divisé par des lignes enfoncées et transverses, son côté extérieur étant dentelé en manière de crête. Abdomen assez court et large.

Ibacus de Péron : *Ibacus Peronii*, Leach, Zool. Misc., tom. 2, tab. 119; *Scyllarus incisus*, Péron; Latr. Carapace très-large, crénelée antérieurement, à cinq dents, et pourvue d'une échancrure profonde sur ses côtés ; quatrième article des antennes extérieures présentant quatre dents peu avancées et distantes entre elles; le second crénelé. De la Nouvelle-Hollande.

III.ᵉ Division. *Antennes extérieures sétacées, extrêmement longues ; les dix pieds simples, sans pinces, et semblables entre eux.* (Section des Homards, Latr.).

Genre LXX. Langouste (*Palinurus*, Fabr., Latr., Oliv., Lamck., Leach, Risso ; *Astacus*, Penn.; *Cancer*, Linn., Herbst; *Locusta*, Rondel.).

Antennes extérieures excessivement longues et grosses, sétacées, hérissées de poils ou de piquans, portées sur un grand pédoncule beaucoup plus gros qu'elles, et formé de trois articles épineux. Antennes intermédiaires insérées au-dessous et en dedans des extérieures, formées d'un long pédoncule mince, composé de trois articles, dont le premier très-grand, et de deux petites branches multiarticulées, six fois plus

courtes que ce pédoncule. Pieds-mâchoires extérieurs ressemblant à une petite paire de pieds dont les deux premières
pièces sont dentelées et velues du côté interne. Pieds médiocrement longs, tous terminés par un ongle simple, court,
aigu, un peu courbé et hérissé de quelques poils roides en
dessous : ceux de la première paire plus gros et plus courts que
ceux de la troisième qui sont les plus longs, et après lesquels les autres vont en diminuant progressivement de grandeur; ces pieds ayant aussi, dans le même ordre, leur insertion
plus écartée, comme ceux des scyllares. Carapace médiocrement alongée, demi-cylindrique, hérissée de pointes, surtout
en avant et au-dessus des orbites qui sont latéraux; marquée,
comme celle des écrevisses, d'un sillon transversal arqué en
arrière qui sépare les régions stomacale et hépatiques antérieures des autres régions, et de deux impressions longitudinales postérieures qui comprennent entre elles les régions génitale et cordiale, en laissant en dehors les branchiales.
Abdomen alongé, recourbé en dessous vers le bout, demi-
cylindrique en dessus, formé de six articles, se rétrécissant un
peu postérieurement, et terminé par cinq lames natatoires,
entières, disposées en éventail. Yeux grands et ronds portés
sur des pédoncules étroits, transversaux, et qui semblent
partir du même point au milieu du front.

Les langoustes sont les plus gros crustacés macroures connus.
Les Grecs les désignoient sous le nom de *carabos*, et les Latins
sous celui de *locusta*, d'où est évidemment dérivée la dénomination françoise de langouste. Elles se tiennent dans les profondeurs de la mer pendant l'hiver, et ne se rapprochent des
rivages rocailleux et pierreux que dans les mois de mai, de
juin et de juillet, pour s'accoupler et déposer leurs œufs,
très-abondans, petits, et d'un beau rouge, ce qui leur a fait
donner vulgairement le nom de *corail*. L'accouplement a lieu
au printemps, et l'on prend alors plus de mâles que de femelles,
tandis que celles-ci deviennent plus abondantes au moment
de la ponte; M. Risso ajoute qu'au mois d'août il y a un second
accouplement, suivi d'une nouvelle ponte.

LANGOUSTE COMMUNE: *Palinurus locusta*, Oliv.; *Palinurus vulgaris*, Latr.; Leach, Malac. Brit., tab. 30; *Palinurus quadricornis*,
Fabr.; Langouste, Belon. de la Nat. des Poiss.. pag. 354 et 356,

fig. 1. Ce crustacé, bien décrit par Aristote et par d'autres auteurs anciens, n'a pas été mentionné par Linnæus, et ne l'a été que fort tard par Fabricius, sous les noms de *cancer elephas* et de *palinurus quadricornis*: et ce n'est qu'assez récemment que MM. Olivier et Latreille l'ont clairement distingué et caractérisé. Il a jusqu'à un pied et demi de longueur, et pèse, lorsqu'il est chargé de ses œufs, jusqu'à douze ou quatorze livres. Sa carapace est épineuse, hérissée de poils courts et roides, armée antérieurement de deux grands piquans comprimés, dentés en dessous. Sa couleur est le brun verdâtre foncé, ponctué de blanc jaunâtre. Elle est très-commune dans la Méditerranée, et on la trouve aussi, mais plus rarement, sur les côtes de l'Océan européen.

La chair de la langouste femelle est très-estimée, surtout avant et durant la ponte; après cette époque, elle devient maigre et sans saveur : alors on lui préfère celle des mâles.

LANGOUSTE MOUCHETÉE: *Palinurus guttatus*, Latr., Ann. Mus., tom. 3, pag. 392; Encycl., pl. 515. Carapace épineuse; front avec deux cornes; corps et pattes bleus, avec des taches rondes blanches. Des Indes orientales.

LANGOUSTE ORNÉE; *Palinurus ornatus*, Fabr., Latr., Encycl., pl. 316. Carapace épineuse, verdâtre: front avec six cornes; pattes mélangées par anneaux, de bleu et de blanc. De l'Ile-de-France.

LANGOUSTE ARGUS; *Palinurus argus*, Latr., Ann. Mus., tom. 3, pag. 393. Carapace épineuse; front avec quatre cornes; corps mélangé de rose et de bleu; abdomen avec quatre taches oculées blanches. Des Indes orientales.

LANGOUSTE POLYPHAGE : *Palinurus polyphagus*, Bosc. Latr., Oliv.; Herbst, Cancer., tab. 52. Carapace à peine épineuse, postérieurement granulée; front avec deux cornes arquées simples. Patrie inconnue.

LANGOUSTE PENICILLÉE : *Palinurus penicillatus*, Oliv., Encycl.; *Langouste versicolore*, Latr., Ann. Mus., tom. 3, pag. 594; *Palinurus gigas*, Bosc. Beaucoup plus grande que la langouste commune. Carapace granulée et épineuse; front avec quatre cornes; pattes avec des bandes longitudinales blanches, bleues et rouges, terminées par des faisceaux de poils. De l'Ile-de-France.

Langouste queue-lisse : *Palinurus lævicauda*, Latr., Nouv. Dict. Hist. Nat.; *Potiquiquya*, Pison. Carapace épineuse avec six pointes aiguës en avant, dont quatre disposées en carré au milieu et une sur chaque orbite; segmens de l'abdomen lisses avec les bords latéraux de chacun crénelés en arrière et unis en avant; couleur rougeâtre parsemée de petites taches blanchâtres; pattes rayées longitudinalement de rouge-pâle. Des côtes du Brésil, où elle a été découverte par feu M. Delalande.

IV.ᵉ Division. *Antennes extérieures sétacées, très-longues; pieds de la première paire terminés par une pince, ceux des seconde, troisième et quatrième paires simples, ceux de la cinquième petits et comme rudimentaires.* (Famille des *Galatéadées*, Leach. Section des Macroures anomaux. Latr.)

Nota. Cette division correspond à la famille des *Galatéadées* décrite dans ce Dictionnaire, par M. Leach. Les caractères que lui assigne ce naturaliste, sont en apparence différens de ceux que nous venons d'indiquer, parce qu'il emploie d'autres termes que nous pour désigner les parties qui les présentent. Ainsi il appelle troisième paire de pattes, les pieds-mâchoires extérieurs; quatrième paire, les pinces; cinquième, sixième et septième paires, celles que nous regardons comme les seconde, troisième et quatrième. Enfin il donne le nom de huitième paire à la cinquième; et, après avoir annoncé avec exactitude que celle-ci est très-petite, il ajoute *qu'elle est didactyle, ayant la queue formée d'une seule pièce*, ce qui est inexact et incompréhensible : aussi présumons-nous qu'il y a eu erreur dans la traduction françoise du manuscrit de M. Leach, et que ce savant n'en a pu revoir les épreuves.

Aux caractères de la famille des galateadées il faudra donc substituer ceux de cette troisième division, et toujours dans les descriptions des genres qui la composent, remplacer les nombres indicatifs des paires de pattes ou des pieds-mâchoires par ceux que nous avons adoptés.

Subdivision ou Race I. *Carapace de forme triangulaire ovale, alongée antérieurement; pieds-mâchoires extérieurs (c'est-à-dire troisième paire de pattes, Leach) non dilatés.*

Genre LXXI. Æglée (*Æglea*, Leach. Voyez tom. XVIII, pag. 49; *Galathea*, Latr., Lamck.

Genre LXXII. Grimotée (*Grimotea*, Leach. Voyez tom. XVIII, pag. 5o; *Galathea*, Fabr.).

Genre LXXIII. Galathée (*Galathea*, Fabr.; *Galatea*, Leach, De-géer. Voy. t. XVIII, p. 5o; Fabr. Dald., Oliv., Latr., Lamck., Risso; *Cancer*, Linn., Herbst; *Astacus*, Penn., Degéer). (1)

(1) Je crois que c'est ici le lieu de parler d'un crustacé figuré par Rondelet, lib. 22, cap. 3, sous le nom d'*Astacus parvus marinus*, et dont M. Risso a fait, dans son Histoire naturelle des Crustacés de Nice, un genre particulier, d'abord sous le nom de Calypso, et ensuite sous celui de Janira.

Je pense que ce crustacé appartient au genre des galathées proprement dites, et je me servirai même de la description qu'en donne M. Risso, pour soutenir cette assertion. Quant à la figure qui accompagne cette description, elle est copiée de l'ouvrage de Rondelet, et ne doit pas, ainsi que la plupart de celles qui datent de la même époque, inspirer une grande confiance dans son exactitude.

Cette figure représente un crustacé macroure, à carapace et abdomen larges; ayant un rostre avancé et épineux; pourvu de dix pattes, dont les deux premières grosses, épineuses et didactyles, et les huit dernières terminées par un article simple; muni d'une nageoire caudale, dont les pièces, en apparence nombreuses, ne sont pas exactement divisées au nombre de cinq, comme celles de la plupart des autres crustacés de la même famille.

Or, tous ces caractères se retrouvent dans les galathées proprement dites, telles que la *galathea spinigera* et la *galathea squamifera*, dont les pattes antérieures sont courtes, grosses et épineuses : la galathée figurée par Rondelet sous le nom de *leo* est, ainsi que M. Leach l'a reconnu le premier, la *galathea rugosa* de Fabricius, à pinces grêles et longues, dont il a formé son genre Munidée.

La figure de Rondelet présente encore une impression demi-circu-laire qui commence au côté externe de chaque œil, et se porte en arrière sur le milieu de la carapace. Cette impression existe aussi, mais beaucoup moins marquée, sur le têt des galathées.

Les pédoncules des antennes intermédiaires sont alongés, également comme dans les galathées; mais les deux filets de ces antennes sont très-longs, ce qui n'existe pas dans ces crustacés. N'est-il pas pro-bable que le dessinateur aura eu l'intention de terminer ces antennes comme elles le sont dans beaucoup d'autres animaux de la même classe, et que deux traits de crayon auront rempli son objet?

Quant à la description de M. Risso, il suffit d'en donner un extrait pour montrer qu'elle se compose en entier de traits caractéristiques qui sont propres aux galathées : « *Le corps est* oblong, renflé, d'un » *brun rouge varié de petites bandes d'un bleu céleste; le corselet*

Genre LXXIV. Munidée (*Munida*, Leach. Voyez tom. XVIII,
pag. 52; *Galathea*, Lamarck; *Astacus*, Penn.).

» arrondi, bombé, *est formé de petites plaques transversales* placées
» comme en recouvrement; il est aiguillonné dans son pourtour, et
» terminé sur le devant par un long rostre dentelé de chaque côté;
» *les antennes intérieures sont courtes, bifides;* les extérieures épaisses
» et assez longues, à premier article renflé; les pieds-mâchoires
» extérieurs sont presque aplatis et ciliés; *les pattes de la première paire*
» *sont* grosses, épineuses, et *terminées par des pinces égales,* et *les*
» *autres* sont courtes et *garnies d'ongles crochus;* *l'abdomen* est com-
» posé de six segmens arrondis *traversés par des lignes bleuâtres;* les
» *écailles natatoires sont courtes, étalées et arrondies.* »

M. Risso place le genre Calypso dans sa famille des homardiens,
à cause, dit-il, de la forme de la première paire de pieds, et de
l'existence d'un long rostre. Ces caractères nous paroissent tout aussi con-
venables pour réunir les calypso aux galathées.

Il nomme Calypso dangereuse, *Calypso periculosa,* l'unique espèce
de ce genre, parce qu'on prétend que sa chair, qui répand une forte
odeur de punaise, donne des aigreurs d'estomac aux personnes qui en
mangent, et que les pointes de son rostre peuvent faire des blessures
venimeuses. Il dit qu'elle vit solitaire dans les antres rocailleux du fond
de la mer, à la profondeur de quinze à dix-huit pieds; qu'on la trouve en
août dans l'estomac des poissons pélagiens, que ses œufs sont rouges, etc.

M. Risso ne paroit pas avoir eu ce crustacé à sa disposition lorsqu'il
a fait faire les dessins qui accompagnent son ouvrage, car il est vraisemblable qu'il l'auroit fait représenter d'après nature, au lieu de se
contenter de la copie de la grossière figure de l'ouvrage de Rondelet.

Enfin il est assez remarquable que M. Risso, qui indique toujours
avec un grand soin les couleurs des crustacés qu'il décrit, n'ait pas fait
mention de la belle teinte bleue de ciel, ou bleue d'outre-mer, que la
carapace des galathées, généralement d'un rouge brun, présente dans
quelques endroits, notamment au fond des orbites, à la base de quelques
unes des lames écailleuses transversales de la carapace, sur les côtés des
articles de l'abdomen et sur les lames natatoires de la queue; tandis
qu'il a signalé des nuances pareilles et semblablement disposées dans
le genre Calypso.

Il n'est pas moins surprenant que les collections de Paris, et surtout
celle du Muséum d'Histoire naturelle, qui est peut-être la plus nom-
breuse qu'on ait jamais rassemblée, ne renferment pas un seul individu de l'espèce comprise dans ce genre.

Je crois pouvoir conclure de la discussion à laquelle je viens de me
livrer, 1.º que le genre *Calypso* est un genre factice: 2.º que l'*Astacus*
parvus marinus de Rondelet, sur lequel il est établi, n'est autre qu'une
galathée, soit la *strigosa,* soit la *squamifera,* qui habitent nos côtes.

Subdivision ou *Race II.*[e] *Carapace arrondie, légèrement convexe, non alongée antérieurement; pieds-mâchoires extérieurs (troisième paire de pieds, Leach) dilatés intérieurement, au moins dans leur premier article.*

Genre LXXV. Pisidie (*Pisidia*, Leach. Voyez tom. XVIII, pag. 53; *Cancer*, Linn.).

Genre LXXVI. Porcellane (*Porcellana*, Lamck., Bosc, Latr., Risso, Leach. Voyez tom. XVIII, pag. 55; *Cancer*, Linn., Fabr.). (1)

---

(1) Dans cette subdivision , ou plutôt à sa suite, et dans une subdivision particulière, devra prendre place un genre de crustacés établi par M. Say, lequel est évidemment intermédiaire aux porcellanes et aux mégalopes.

Ce genre, nommé Monolépis, a été décrit, mais non figuré dans le Journal de l'Académie des Sciences naturelles de Philadelphie, tome Ier, page 155 (1817). Il a, comme les porcellanes, la carapace (ou le thorax) raccourcie, convexe, assez lisse, oblongue, terminée en avant par un rostre court, échancrée en arrière; l'abdomen formé de six articles, replié en dessous et appliqué contre un sillon du plastron; le premier article de la division interne des pieds-mâchoires extérieurs dilaté intérieurement ; les deux pieds antérieurs en pinces , les autres médiocrement grands, et les deux derniers très-petits, repliés en dessus des deux angles postérieurs du têt, et terminés par des soies; le têt plissé entre les yeux , etc.

Comme les mégalopes , il a les yeux très-volumineux, et le dernier ou sixième anneau de la queue aussi large que l'avant-dernier, arrondi au bout, et couvrant de chaque côté une seule petite pièce ovale , membraneuse, ciliée de longs poils sur ses bords, et qui est supportée par un pédoncule très-court, sans doute annexé au segment précédent.

Les antennes extérieures sont formées de onze articles dont les trois premiers, qui composent le pédoncule, sont les plus gros; du reste, leur grandeur n'est pas indiquée. Ces petits crustacés n'ont guère qu'un quart de pouce de longueur.

Le Monolépis inerme, *Monolepis inermis*, Say, a les tarses sans épines, et un gros tubercule derrière chaque œil. Sa carapace est d'un vert olivâtre, avec des taches plus foncées : il est des côtes du Maryland.

Le Monolépis a tarses épineux , *Monolepis spinitarsis*, Say, a des épines en dessous du dernier article de ses pattes proprement dites, et un tubercule à peine apparent derrière chaque œil : il est de la Caroline du Sud.

V.ᵉ Division. *Antennes extérieures sétacées. courtes; pieds de la première paire terminés par une pince; ceux des quatre dernières tous très-grands. simples et finissant par un ongle crochu; queue étendue, ayant l'avant-dernier article pourvu de chaque côté et en dessous d'une seule lame natatoire ovale et ciliée, et le dernier, ou septième, simple et arrondi.* (1)

Genre LXXVII. MÉGALOPE (*Megalopa*, Leach; *Cancer*, Montagu; *Macropa*, Latr., Encycl.).

Antennes extérieures sétacées. n'ayant pas le quart de la longueur de la carapace, formées d'articles alongés; les intermédiaires terminées par deux soies, dont la supérieure est la plus longue. Pieds-mâchoires extérieurs ayant les deux premiers articles comprimés; le second étant le plus court, et échancré au bout pour l'insertion des autres. Pieds antérieurs égaux, en forme de serres didactyles, assez courts et gros; ceux des quatre dernières paires un peu plus longs, moins épais, et terminés par un ongle simple et un peu courbé. Carapace courte, large et un peu déprimée, terminée en avant par un rostre pointu, large à sa base, quelquefois infléchi. Yeux très-gros portés sur un pédoncule fort court. Abdomen étroit, étendu, linéaire, composé de sept articles, dont les cinq intermédiaires sont pourvus d'appendices. savoir: les quatre premiers, de fausses pattes, ayant leur division externe très-grande et ciliée, et le cinquième de chaque côté, d'une lame horizontale. ovale et ciliée. composant avec le dernier article de la queue, qui est arrondie, une sorte de nageoire un peu différente de celle des autres macroures.

MÉGALOPE DE MONTAGU : *Megalopa Montagui*, Leach, Mal. Britann. , tab. 16, fig. 1-6; *Cancer rhomboidalis*, Montagu; *Megalopa rhomboidalis*, Leach, Edinb. Encycl. Rostre entier terminé par une seule épine dirigée en avant; carapace inerme postérieurement; hanches des huit premières pattes pourvues en dessous d'une petite épine recourbée. Ce crustacé, qui a trois lignes de longueur totale, a été trouvé sur la côte du Devonshire. au milieu des coraillines et sur le dos d'un *maia squinado*.

---

(1) Ce te division n'existe pas dans la methode de M. Leach.

Mégalope armée ; *Megalopa armata*, Leach, Malac. Brit., tab. 16, fig. 7-9. Rostre entier terminé par une seule pointe en avant ; carapace pourvue postérieurement dans son milieu d'une carène qui se prolonge en une pointe droite aiguë, s'étendant jusqu'au commencement du quatrième article de l'abdomen ; hanches des quatre premiers pieds seulement pourvues en dessous d'une petite épine recourbée. Il est de la grandeur du précédent, et a été trouvé sur la même côte.

Mégalope mutique ; *Megalopa mutica*, Nob. Cette espèce, qui est plus grande que les deux précédentes, puisqu'elle a cinq à six lignes de longueur, diffère de toutes les deux en ce que son rostre, au lieu de former une pointe droite et horizontale, se replie perpendiculairement sur l'extrémité de la carapace, et a son milieu canaliculé, et en ce que les hanches de toutes ses pattes n'ont point d'épine recourbée. En arrière le têt est tronqué et n'a pas de pointe comme celui de la mégalope armée. Le dessus de la carapace est uni ; les quatre paires de fausses pattes proprement dites, très-longues, très aplaties, diffèrent par ces caractères de celles des deux espèces figurées par M. Leach. Les deux derniers appendices, qui sont de vraies nageoires, sont extrêmement transparens et entourés de très-longs cils. Dans le repos, ils sont tout-à-fait cachés par le dernier article de la queue qui est arrondi à son bout et qui a la forme d'un bouclier. L'avant-dernier article et le premier sont les plus étroits de tous. Les ongles sont épineux en dessous. La couleur de ce crustacé est brunâtre.

Il m'a été communiqué par MM. Audouin et Adolphe Brongniart qui l'ont trouvé sur les côtes de l'Océan, près de l'embouchure de la Loire.

B. *Pédoncules des antennes intermédiaires médiocrement longs.*

VI.ᵉ Division. *Ecailles terminales et latérales de l'abdomen simples, formées d'une seule pièce ; les quatre antennes insérées sur une même ligne horizontale ; les intermédiaires divisées en deux filets et les extérieures simples.* (Section des Homards. Latr.) (1)

Genre LXXVIII. Thalassine (*Thalassina*, Latr., Leach, Lamck.; *Astacus*, Herbst).

Antennes extérieures médiocrement longues (un cinquième

___

(1) Cette division est la cinquième de M. Leach.

de la grandeur du corps), sétacées, minces, ayant leur pédoncule simple et mutique; les intermédiaires plus courtes,
surtout leur filet intérieur. Tige interne des pieds-mâchoires
extérieurs formée de six articles velus, dont le premier est
le plus long et épineux, les autres étant inermes. Pieds de la
première paire plus grands, plus épais que les suivans et en
forme de serres à deux doigts, dont l'immobile est le plus
court: pieds de la seconde paire plus petits et de même forme,
mais avec le doigt inférieur ou immobile encore plus court:
ceux des trois dernières paires monodactyles et décroissant
successivement de grandeur, les deux premiers de ceux-ci
étant les plus longs de tous. Carapace alongée, un peu ren
flée et plus large postérieurement qu'antérieurement, terminée par un rostre, marquée d'un sillon transversal arqué,
qui sépare la région de l'estomac des autres régions; celles des
branchies étant séparées des intermédiaires par deux lignes
enfoncées, longitudinales. Abdomen très-long, étroit, linéaire,
formé de six segmens dont le dernier est pourvu d'une large
écaille natatoire intermédiaire et de quatre lames latérales
très-étroites et linéaires. Yeux petits.

THALASSINE SCORPIONOÏDE : *Thalassina scorpionoides*, Latr.,
Gen. ins. et crust., tom. 1; *Cancer anomalus*, Herbst, Cancr.,
tab. 62; Leach., Zool. Misc., tom. 3, pag. 28, tab. 130. Rostre
rebordé, avec son bord antérieur granulé: cuisses pourvues
sur leur tranche inférieure de deux séries de petites épines:
dessus de la main et du doigt mobile des serres présentant
deux carènes longitudinales dentées en scie: longueur du
corps, six à sept pouces. De la mer des Indes.

Genre LXXIX. GÉBIE (*Gebia* et *Upogebia*, Leach; *Gebios*, Risso;
   Cancer (*Astacus*), Montagu; *Thalassina*, Latr.; *Herbstium*,
   Leach).

Caractères généralement les mêmes que ceux des thalassines,
aux exceptions suivantes près : Antennes extérieures proportionnellement plus longues, relativement à la grandeur du
corps. Pieds de la seconde paire n'ayant ordinairement pas de
pinces et ressemblant aux derniers, quoique plus gros et plus
longs. Abdomen plus gros, à articles moins distincts, terminé
par des lames natatoires, toutes foliacées, entières et fort larges.

Les gébies, ainsi que les callianasses, et probablement que les thalassines, vivent sur les plages unies, et s'enfoncent dans le sable, en ne laissant paroître que l'extrémité de leur rostre et le bout de leurs serres.

Gébie étoilée: *Gebia stellata*, Leach., Malac. Brit., tab. 31, fig. 1 à 9; *Cancer (astacus) stellatus*, Montagu, Trans. Linn. Soc., tom. 9, tab. 3, fig. 5. Abdomen totalement crustacé, terminé par des lames foliacées extérieures, arrondies, et une intermédiaire un peu rétrécie au bout; serres pourvues de lignes, de points élevés, et velues; longueur, un pouce et demi. Des côtes d'Angleterre.

Gébie delture; *Gebia deltura*, Leach, Malac., Brit., tab. 31, fig. 9-10; *Gebia deltaura*, ejusd., Trans. Linn. Soc., tom. XI, p. 342. Abdomen ayant sa partie supérieure membraneuse, terminé par des lames extérieures, arrondies et presque dilatées au bout et par une lame intermédiaire deltoïde, tronquée; mains couvertes de quelques lignes de poils; longueur, deux pouces et demi. Des côtes d'Angleterre.

Gébie riveraine: *Gebia littoralis*, Nob.; *Thalassina littoralis*, Risso, Crust., pag. 76, pl. 3, fig. 2. Corps glabre, d'un vert sale; carapace unie, rougeâtre, sillonnée sur ses bords, terminée par un rostre aplati et couvert de petits faisceaux de poils rudes; pieds très-velus; écailles caudales ovales, ciliées, marquées chacune de deux nervures longitudinales; longueur, quinze lignes. Elle se creuse des trous ronds du diamètre de son corps, et profonds, dans les terrains argileux du bord de la mer, pour s'y tenir blottie pendant le jour. M. Risso l'a découverte aux environs de Nice, dans les lieux où la mer est calme.

Gébie de Davis; *Gebia Daviana*, Risso, Jour. de Phys. oct. 1822, pag. 245. Corps alongé, nacré; rostre subconique, court, glabre; serres courtes; pieds de la seconde paire plus longs, terminés, comme les premiers, par de longues pinces courbées, dont le doigt inférieur est à peine ébauché; longueur, huit lignes. On la trouve dans les régions madréporiques. Aux environs de Nice.

Genre LXXX. Callianasse (*Callianassa*. Leach; *Cancer (astacus)*, Montagu; *Thalassina*. Latr., Lamck. *Montagua*, Leach).

Caractères généraux des thalassines, aux différences suivantes près : Second article des pieds-mâchoires extérieurs le plus long de tous. Pieds de la première paire très inégaux, terminés par une pince bien formée et comprimée; pieds de la seconde paire également didactyles; ceux de la troisième monodactyles; ceux de la quatrième simples, et ceux de la dernière presque didactyles par le prolongement en dessous de l'avant-dernier article, sur lequel le dernier peut s'appuyer comme un doigt mobile. Carapace peu alongée, lisse, terminée brusquement par un petit rostre. Abdomen grand, assez large, presque membraneux, pourvu à son extrémité de lames foliacées, dont les latérales sont très-larges, arrondies et l'intermédiaire presque triangulaire et arrondie au bout.

On trouve ces crustacés dans les sables des bords de la mer, recouverts par les eaux.

Callianasse souterrain : *Callianassa subterranea*, Leach, Edinb. Encycl.; Malac. Brit., tab. 32; *Cancer (astacus) subterraneus*, Montagu, Trans. Soc. Linn., tom. 9. Longue de deux pouces. Petite avance rostriforme de la carapace, un peu carénée en dessus et arrondie à la pointe. Des côtes d'Angleterre.

Genre LXXXI. Axie (*Axius*, Leach; *Thalassina*, Latr.; *Cancer* Herbst).

Caractères généraux des callianasses, et n'en différant que par les caractères suivans : Pieds de la première paire à peine inégaux; pieds des troisième, quatrième et cinquième paires comprimés et pourvus d'un ongle comprimé. Pédoncule des antennes intermédiaires formé de trois articles dont le premier est le plus long. Pieds-mâchoires extérieurs ayant leurs deux premiers articles assez longs, égaux.

Les antennes des axies, se trouvant toutes les quatre placées sur une même ligne, ne peuvent permettre de ranger ces crustacés ailleurs qu'ici. Ils doivent rester à côté des callianasses dont ils ne s'éloignent que par les caractères que nous venons de rapporter; encore ceux-ci ne paroissent-ils ni très-importans, ni comparatifs. M. Leach, par exemple, dit des pieds des callianasses : *par tertium monodactylum; paria quartum et quintum spuria*, et de ceux des axies : *paria tertium, quartum et quintum compressa, ungue compresso instructa*; et ses figures des deux genres montrent ces pieds monodactyles, et ne différant entre eux que par les proportions des articles dont ils sont formés. Dans le Règne animal de M. Cuvier, M. Latreille dit que les callianasses n'ont point d'onglets aux quatre dernières pattes, tandis que les axies en sont pourvus. Mais ce caractère est inexact pour les premiers, car leurs pieds sont bien réellement terminés par un article ou onglet simple, court et un peu arqué, comme ceux des derniers.

M. Latreille, en rapportant les axies à sa division des salicoques, renvoie au troisième volume du *Zoological Miscellany* de M. Leach, pour la description de ces crustacés. Néanmoins ce troisième volume ne contient pas de description de ce genre; mais il renferme celle du genre *Atya* qui appartient évidemment à la division des salicoques, et que nous décrirons plus bas, d'après M. Leach. Il paroît donc très-probable que cette citation ne manque d'exactitude que parce que le célèbre entomologiste françois a été trompé par la ressemblance des noms *axie* et *atye*.

En définitive, nous pensons que le genre Axie est tout-à-fait artificiel, fondé sur des caractères inappréciables, et qu'il doit être réuni à celui des callianasses.

AXIE STIRHYNQUE : *Axius stirhynchus*, Leach, Trans. Soc. Linn., tom. XI, pag. 343; ejusd., Malac. Brit., tab. 33. Carapace formant en avant un rostre court, et caréné dans son milieu, dont les bords sont relevés et terminés en arrière par deux lignes saillantes, peu prolongées. Longueur totale, trois pouces ou trois pouces et demi; serres des deux premières paires de pieds bien formées; écailles latérales de la queue arrondies, l'intermédiaire triangulaire, alongée, pointue. Rare sur les côtes d'Angleterre : on la trouve près de Sidmouth et de Plymouth.

Genre LXXXII. ERYON (*Eryon*, Desm.; *Cancer*, Schlotteim; *Locusta*, Baïer; *Astacus*, Richter).

Antennes extérieures courtes (un huitième de la longueur totale du corps, la queue comprise), sétacées, pourvues à leur base d'une écaille assez large, ovoïde, et fortement échancrée du côté interne : les intermédiaires sétacées, bifides, beaucoup plus courtes que les extérieures et ayant leurs filets égaux.

Ouverture buccale alongée et assez étroite. Pieds de la première paire à peu près aussi longs que le corps, grêles, linéaires, non épineux, terminés par des pinces très-longues et étroites, à doigts peu arqués, mais légèrement infléchis en dedans: carpes courts; pieds des autres paires aussi grêles, et ceux de la seconde et de la troisième étant terminés par des pinces, comme les pieds des écrevisses. Carapace très-déprimée, large, presque carrée, peu avancée antérieurement, profondément échancrée sur ses bords latéro-antérieurs. Abdomen assez court, formé de six articles, dont les quatre intermédiaires ont leurs bords latéraux prolongés en angles, bien détachés comme chez les écrevisses; nageoire caudale formée de cinq pièces dont les deux latérales sont entières, assez larges, un peu arrondies au côté interne, échancrées au côté extérieur, et dont les trois moyennes sont triangulaires, alongées, surtout l'intermédiaire.

Ce genre est tout-à-fait anomal, et devroit, dans une classification naturelle, former une section à part. Toutefois dans la méthode de M. Leach, que nous suivons dans cet article, il est évident qu'il appartient, 1° à l'ordre des macroures; 2° à la seconde section, qui renferme les macroures pourvus d'une nageoire caudale flabelliforme; 3° à la sous-section *B*, dont les pédoncules des antennes intérieures sont médiocrement alongés; 4° à la cinquième division (la sixième pour nous) dont les lames natatoires de l'extrémité de la queue sont formées d'une seule pièce, dont le second article de l'abdomen n'est point dilaté et arrondi en avant et en arrière de chaque côté, enfin dont les pieds sont au nombre total de dix.

C'est donc à côté des callianasses, des thalassines, des gébies et des axies que l'éryon se trouve rapporté. Néanmoins il n'en a nullement le port. Sa carapace courte déprimée et son abdomen peu alongé le rapprochent des scyllares; mais ses antennes intérieures à pédoncule court, ses antennes extérieures sétacées, et ses grands pieds antérieurs didactyles, l'en éloignent totalement. On ne sauroit aussi le confondre avec les langoustes, dont les antennes extérieures et les pédoncules des internes sont si longs, et dont les pieds sont tous monodactyles. Enfin on ne sauroit le réunir aux écrevisses, dont le têt a une forme différente, et dont les lames natatoires externes de la queue sont composées de deux pièces. Je dois dire cependant que le dernier genre est celui dont l'éryon se rapproche le plus par l'ensemble de ses caractères.

Je regrette de n'avoir pu m'assurer si les quatre antennes sont insérées sur une même ligne horizontale, ou si elles ne le sont pas. L'observation de ce fait m'auroit pu servir dans la comparaison que j'ai dû faire de ce crustacé avec les autres des genres connus.

On n'a trouvé encore l'animal qui fait le type de ce genre, qu'à l'état fossile, dans la pierre calcaire lithographique de Pappenheim et d'Aichtedt, dans le margraviat d'Anspach. Je l'ai nommé

Eryon de Cuvier, *Eryon Cuvieri*, et je l'ai décrit dans l'Hist. nat. des Crust. foss., pag. 128, pl. 10, fig. 4. Avant moi, plusieurs oryctographes en avoient fait mention, et entre autres : Bajer, Oryct. Noric., Suppl., pag. 13, tab. 8, fig. 1-2 ; Richter, Mus. Richt., tab. 13 M, n° 32 ; Knorr et Walch., Rec. des Mon. des Catastr. du Globe, tom. 1, pl. 141, 141 A, 141 B. Ce fossile, long de quatre à cinq pouces, a la carapace finement granulée en dessus, marquée de deux échancrures profondes et étroites sur ses deux bords latéro-antérieurs, et finement crénelée sur ses bords latéro-postérieurs.

VII.ᵉ Division. *Lames natatoires extérieures de l'extrémité de l'abdomen divisées en deux parties, l'une baséale et l'autre terminale; antennes insérées sur une même ligne, les intermédiaires divisées en deux filets, les extérieures simples, grandes, ayant le premier article de leur pédoncule muni d'une écaille spinifère; pieds au nombre de dix, ceux de la première paire étant beaucoup plus gros que les autres, inégaux, didactyles.* (Section des Homardiens. Latr.) (1)

Genre LXXXIII. Ecrevisse (*Astacus*, Gronov., Fabr., Latr., Bosc, Leach, Risso, Lamck.; *Cancer*, Linn., Herbst).

Antennes extérieures aussi longues que le corps, sétacées, multiarticulées, supportées par un pédoncule formé de trois gros articles dont le premier est pourvu vers son extrémité, et en dehors d'une petite écaille, découpée, garnie de pointes

---

(1) Cette division est la sixième de M. Leach.

et de poils sur ses bords; les intérieures bifides, multiart`culées, sétacées et portées sur un pédoncule triarticulé simple. Pieds-machoires extérieurs longs avec leurs deux premiers articles garnis de cils roides et de petites épines sur leur côté interne. Mâchoires de la seconde paire découpées en six lanières: mandibules très-fortes et dentelées sur leurs bords. Pattes antérieures ou serres, inégales, très-longues et fort grosses, ayant la main et le carpe plus ou moins tuberculeux et épineux; pieds de la seconde et de la troisième paire alongés, minces. terminés par de petites pinces dont le doigt externe est mobile; ceux de la quatrième et de la cinquième paire finissant par un article ou ongle simple, pointu et crochu. Carapace alongée, demi-cylindrique, terminée en avant par un rostre plus ou moins prolongé, épineux et non comprimé; tronquée en arrière et marquée dans son milieu d'un grand sillon transversal derrière la région stomacale. Abdomen grand, légèrement atténué postérieurement, formé de six articles. recourbé en dessous et terminé par cinq vastes lames natatoires ciliées sur leurs bords, dont les deux latérales sont formées chacune de deux pièces transversales, distinctes et mobiles l'une sur l'autre en dessous. Yeux demi-sphériques, médiocrement gros et d'un diamètre qui ne dépasse pas celui de leur pédoncule.

Le genre *Astacus*, formé par Gronovius, aux dépens du genre *Cancer* de Linnæus et des anciens auteurs, comprenoit d'abord tous les crustacés décapodes brachyures, moins le genre *Hippa*. Fabricius le décomposa ensuite pour en former les genres *Pagurus*, *Galathea* et *Scyllarus*, en laissant le nom d'*Astacus* à un certain nombre de crustacés dont plus tard, profitant des travaux de Daldorff, il retira les genres *Palinurus*, *Palæmon*, *Alphæus*, *Penæus* et *Crangon*. Ses *Astaci* se trouveront ainsi réduits à une petite quantité d'espèces dont les deux plus remarquables sont l'écrevisse (*Astacus* des anciens) et le homard. M. Leach, en adoptant le genre *Astacus* de Fabricius. a cru devoir néanmoins en retirer le crustacé avec lequel il a composé son genre *Nephrops* dont nous donnerons la description ci-après.

Dans l'état actuel de la science, le genre Ecrevisse se trouve renfermer des espèces d'eau douce et des espèces marines dont le nombre total ne s'élève pas à plus de six. Les premières

ont le sixième article de l'abdomen formé de deux pièces soudées, et les dernières ont ce même article entier.

Ecrevisse homard : *Astacus marinus*, Fabr., Latr., Risso,
Lamck., Bosc; *Cancer gammarus*, Linn., Syst. Nat.; *Astacus marinus*, Penn., Brit. Zool., tom. 4, tab. 10, fig. 21. Carapace
unie, terminée antérieurement par un rostre tridenté de
chaque côté, avec une double dent à sa base supérieure ;
pinces très-grosses, inégales, l'une ovale avec des dents fortes et
mousses, l'autre oblongue avec de petites dents nombreuses ;
bords des segmens de l'abdomen obtus ; couleur brune verdâtre, avec les filets des antennes rougeâtres.

Ce crustacé, qui a jusqu'à un pied et demi de longueur, se
trouve sur les côtes de l'Océan, de la Manche et de la Méditerranée. Il se tient dans les lieux remplis de rochers à une
profondeur peu considérable, dans le temps de la ponte, qui
a lieu vers le milieu de l'été. Sa chair est très-estimée.

Ecrevisse de rivière : *Astacus fluviatilis*, Fabr., Latr., Lamck.,
Risso, Bosc, Leach, etc.; *Cancer astacus*, Linn.; *Astacus astacus*, Penn.; *Ecrevisse*, Geoffr. Carapace unie, terminée par
un rostre unidenté latéralement, et pourvue d'une seconde
dent à sa base, aussi de chaque côté; pinces inégales, chagrinées, n'ayant au côté interne que des dentelures assez fines ;
bords latéraux des segmens de l'abdomen terminés en pointe ;
couleur d'un brun plus ou moins obscur.

L'écrevisse proprement dite se trouve dans les eaux douces
de l'Europe et du nord de l'Asie. Elle se tient ordinairement
sous les pierres, dans les cavités des berges, et ne paroit en
sortir que pour rechercher sa proie. Très-vorace de son naturel, elle vit de mollusques, de petits poissons, de larves d'insectes, et de chairs corrompues qui flottent dans les eaux.
Son existence peut se prolonger vingt ans et au-delà, et sa
taille s'augmente proportionnellement à son âge. Chaque année, à la fin du printemps, elle dépouille les pièces de son
têt, et quelques jours après se trouve recouverte d'une enveloppe crustacée aussi solide que la première, et plus grande
que celle-ci, quelquefois d'un cinquième.

L'accouplement des écrevisses se fait ventre à ventre, et
deux mois après, la femelle pond ses œufs qui se rassemblent
sous son abdomen et se collent par le moyen de la matière vis-

queuse dont ils sont enduits sur les filets ou fausses pattes qui garnissent cette partie. Ces œufs qui grossissent avant d'éclore, sont très-nombreux et de couleur rouge brun ; il en sort de petites écrevisses extrêmement molles et tout à-fait semblables à leur mère, sous la queue de laquelle elles se réfugient pendant plusieurs jours.

C'est particulièrement sur les écrevisses qu'on a observé le fait de la reproduction des pattes, des antennes, et des pieds-mâchoires dans les crustacés, lorsque ces parties ont été arrachées ou brisées accidentellement ; et que l'on a suivi le mode de remplacement annuel des diverses pièces du têt.

La chair des écrevisses est très-recherchée, et on lui attribue beaucoup de propriétés médicales que sans doute elle n'a pas. On remarque que celles qui habitent dans les eaux pures et courantes sont généralement d'un meilleur goût que celles qui vivent dans les étangs et dans les amas d'eaux presque stagnantes. On les prend en les attirant dans des filets ou dans des fagots d'épines au milieu desquels on place de la chair putréfiée, ou bien on les recherche à la main dans les trous où elles se tiennent pendant le jour. Enfin on les pêche au flambeau.

Les masses solides, calcaires, rondes, aplaties, qu'on trouve dans leur estomac un peu avant la mue, et qui sont connues sous le nom de *pierres d'écrevisses*, étoient employées autrefois en médecine comme absorbans. Elles ne sont maintenant d'aucun usage, et elles ont été remplacées dans les pharmacies par la craie ou carbonate calcaire fin et friable, et encore mieux par le carbonate de magnésie.

Ecrevisse de Barton : *Astacus Bartonii*, Fabr., Latr., Bosc, Crust, tom. 2, pl. 11, fig. 1. Carapace unie, terminée en avant par un rostre court, aigu ; carpes dentés ; mains ovales, lisses, ponctuées. Des rivières de l'Amérique septentrionale, et notamment de la Caroline du Sud où M. Bosc l'a trouvée.

Genre LXXXIV. Néphrops (*Nephrops*, Leach ; *Astacus*, Penn., Fabr., Latr. ; *Cancer*, Linn.).

Caractères généraux des écrevisses, à quelques différences près. Filet supérieur des antennes intermédiaires plus gros que l'inférieur. Premier article du pédoncule des antennes extérieures pourvu d'une écaille qui s'étend jusqu'à l'extrémité de ce pédoncule. Second article des pieds-mâchoires extérieurs denté en dessus et crénelé en dessous. Pieds de la première paire très-grands, inégaux, à mains alongées, prismatiques, et dont les angles sont épineux. Côtés des segmens de l'abdomen anguleux. Yeux très-gros, réniformes, portés sur de courts pédoncules beaucoup moins épais qu'eux.

Ce genre se distingue particulièrement de celui des écrevisses par l'alongement des serres et par la forme et le volume des yeux.

Néphrops de Norwége: *Nephrops norvegicus*, Leach, Malac. Brit., tab. 36; *Cancer norvegicus*. Linn.; *Astacus norvegicus*, Penn.; *Homard lettré*, Ascan., Ic. Rer. Natur., tab. 39; Herbst, tab. 26, fig. 3. Rostre très-aigu, tridenté latéralement, avec trois épines à sa base, aussi de chaque côté; milieu de la carapace presque caréné. Intermédiaire pour la grandeur au homard et à l'écrevisse.

VIII.ᵉ Division. *Antennes extérieures pourvues à leur base et en dehors d'une large et grande écaille; second article de l'abdomen presque toujours élargi de chaque côté en avant et en arrière.* (Section des Salicoques, Latr.) (1)

Subdivision I. *Antennes extérieures insérées au-dessous des intermédiaires; celles-ci divisées en deux filets multiarticulés, placés l'un à côté de l'autre; lames natatoires de la queue formées de deux pièces, l'une baséale, l'autre terminale, comme dans les écrevisses.*

Genre LXXXV. Atye (*Atya*, Leach; *Atys*, ejusd., Trans. Soc. Linn., par erreur).

Antennes extérieures sétacées, presque de la longueur du

---

(1) Les crustacés qui appartiennent à cette division, la septième de M. Leach, sont tres-nombreux. En général leur port est le même, et les différences qu'on a remarquées entre eux sont fondées sur le nombre des filets des antennes intermédiaires, sur le nombre et les proportions des pattes terminées par des pinces, sur la forme des doigts de ces pinces, etc.

Ils composent une famille fort naturelle, à laquelle devront être réunis sans doute, quand on les connoîtra bien, plusieurs genres proposés récemment par M. Rafinesque.

Dans son Précis de découvertes et de travaux somiologiques, publié en 1814, cet auteur indique quelques uns de ces nouveaux genres, qu'il corps, pourvues à leur base et du côté extérieur d'une grande écaille unidentée ; les intermédiaires formées de deux filets, placés sur une même ligne horizontale. Pieds de la première paire petits, ayant leur avant-dernier article ou le carpe très-court, et le dernier divisé en deux lanières d'égale longueur, dont l'extrémité est garnie de longs cils ; ceux de la seconde paire semblablement conformés, mais plus grands ; ceux de

---

place dans la famille des *Palæmonia*. Outre ceux qu'il appelle Etheria, Everne, Cabida, Neleus et Carcinus *, sur lesquels il ne donne aucune notion, il en fait connoître d'autres par quelques notes très-abrégées dont je vais rapporter l'extrait.

Deux d'entre eux sont pourvus de trois filets aux antennes intérieures, comme les palémons, les lysmates et les athanas. Ce sont ceux qu'il nomme :

Aglaope, ayant les pieds de la première paire seulement terminés en pince alongée, et l'écaille des antennes extérieures épineuse. L'*Aglaope striata* a le rostre court, en scie en dessus et en dessous ; son têt a une épine de chaque côté en arrière des yeux ; sa couleur est le rouge marqué de bandes longitudinales plus pâles.

Cryptophthalmus, ayant les deux pieds antérieurs chéliformes ; ceux de la seconde paire moins gros, didactyles, formés de onze articles ; les autres simples ; l'écaille des antennes extérieures dentelée ; les yeux cachés sous deux prolongemens de la carapace, etc.—Le *Cryptophthalmus ruber* est glabre, rougeâtre ; sa carapace est entière, son rostre n'est qu'une simple épine ; les mains des pattes antérieures sont hérissées latéralement et déprimées ; la plus grande est à trois angles en dessous ; l'extrémité de sa queue est quadridentée et ciliée.

Le premier de ces genres se distingue des trois que nous avons nommés, parce qu'il n'a que la première paire de pieds en pince ; et le second s'en éloigne par la forme de son têt, prolongé en avant pour cacher les yeux.

Cinq autres n'ont que deux filets aux antennes intermédiaires, comme la plupart des crustacés de cette division. Voici leurs noms et leurs caractères.

Melicertus. ** Tête rostrée ; antennes intérieures très-courtes ; les extérieures très-longues, simples, avec l'écaille de leur base lisse ; les trois premières paires de pieds didactyles, l'antérieure étant la plus grosse. — *Melicertus tigrinus.* Glabre ; rostre serreté en dessus, unidenté en dessous, plus court que les écailles des antennes ; une épine

* Qu'il ne faut pas confondre avec le genre *Carcinus* de M. Leach, ni avec celui du même nom traduit par M. Latreille dans son Precis des caractères génériques des insectes.

** Qui n'est pas le genre *Melicerta* ou *Lysmata* de M. Risso.

la troisième beaucoup plus longs et plus gros que tous *les* autres, inégaux entre eux, et pourvus d'un ongle très-court et crochu ; ceux des deux dernières paires médiocres et finissant par un ongle peu robuste. Carapace lisse, demi-cylindrique, terminée en avant par un petit rostre, et tronquée en arriere. Abdomen alongé, formé de six articles, et pourvu d'une nageoire flabelliforme, dont les deux lames latérales sont composées

---

sous chaque œil ; épaules unidentées ; queue comprimée, carénée en dessus. (Ce genre ne me paroît pas différer de celui des penées.)

MESAPUS. Ecaille de la base des antennes extérieures épineuse ; première paire de pieds chéliforme, la seconde, et quelquefois la troisième, pincifères. — *Mesapus fasciatus.* Glabre ; rostre tronqué, entier ; épaules biépineuses ; dos épineux ; bras égaux ; queue à deux bandes noires transversales et terminée par deux appendices membraneux. (Il paroît avoir plus de rapports avec le genre Egéon qu'avec les autres.)

BIZENUS. Ecailles de la base des antennes extérieures sans dents ; les deux paires de pattes antérieures pincifères, mais très-courtes ; la troisième, pincifère, chéliforme, très-grosse. — *Byzenus scaber.* Entièrement couvert de tubercules aigus ; rostre serreté en dessus et en dessous, bidenté latéralement, plus court que les écailles des antennes ; doigts tridentés intérieurement. (Par le nombre des pieds terminés en serres, ce genre se rapproche seulement de ceux des penées et des stenopes. La grosseur des pieds de sa troisième paire, la rugosité du corps, les trois tubercules de l'intérieur des doigts le rapportent presque sans aucun doute au dernier de ceux-ci.)

ALCIOPE. Ecailles des antennes extérieures épineuses ; trois seules paires de jambes, dont la seconde est chéliforme. — *Alciope heterochelus.* Glabre ; rostre subulé, entier, plus court que les écailles des antenne, extérieures ; bras gauche plus grand que le droit ; queue mucronée. (Je ne connois aucun genre de crustacés macroures qui ait six pattes seulement, et par analogie je me crois fondé à révoquer en doute les caractères de celui-ci.)

SYMETHUS. Ecailles des antennes extérieures épineuses ; palpes filiformes alongés ; la première paire de pattes seulement pincifère et chélifère. — *Symethus fluviatilis.* Rostre comprimé, serrulé en dessus e en dessous, un peu plus long que les écailles des antennes extérieures, rouge ainsi que la partie antérieure du têt ; épaules bidentées ; queue ciliée. Se trouve dans les ruisseaux et les mares. (On ne connoît aucun crustacé macroure vivant dans les eaux douces et stagnantes, et dans la division des salicoques aucun qui présente les caractères que nous venons de rapporter.)

Tous ces genres ont été fondés sur des espèces siciliennes.

de deux pièces et dont l'intermédiaire est triangulaire et tronquée droit à son extrémité.

ATYE ÉPINEUSE : *Atya scabra*, Leach, Trans. Soc. Linn., tom. XI, page 345 ; ejusd., Zoolog. Misc., tome 3, page 29, tab. 131. Longueur, deux pouces et demi; corps et pieds des deux premières paires glabres ; rostre caréné, trifide; pieds des trois dernières paires couverts de petites aspérités et de poils roides épars. Patrie inconnue.

SUBDIVISION II. *Antennes situées presque sur une même ligne horizontale, les intermédiaires terminées par deux filets placés l'un à côté de l'autre; lames natatoires extérieures d'une seule pièce.*

Genre LXXXVI. CRANGON (*Crangon*, Fabr., Latr., Lamck., Bosc, Risso, Leach; *Cancer*, Linn.; *Astacus*, Penn.).

Antennes extérieures sétacées, de la longueur du corps, placées très-peu au-dessous des intermédiaires, ayant leur pédoncule pourvu d'une grande écaille alongée. Antennes intermédiaires divisées en deux filets, dont l'interne est droit et le plus long, et l'externe un peu arqué. Pieds mâchoires extérieurs composés de quatre articles visibles, le premier court et gros, le second long et contourné en S, et les deux derniers moyens, égaux entre eux et droits. Pieds de la première paire grands, comprimés, presque didactyles, le crochet mobile se repliant sur une petite pointe de l'extrémité interne de la grande pièce qui représente la main; seconde paire de pieds alongée, mince et didactyle; troisième paire mince, mais un peu plus grosse et plus longue que la précédente, et finissant par un très-petit ongle simple; la quatrième et la cinquième plus grosses que la troisième, et terminées comme elle, par des ongles simples, mais un peu comprimés. Carapace mince, demi-transparente, lisse, demi-cylindrique, terminée en avant par un rostre fort court, non comprimé. Abdomen alongé, plus mince postérieurement qu'en avant, assez peu arqué en dessous, et terminé par cinq lames natatoires, alongées, étroites, ne se recouvrant mutuellement qu'à leur base.

Les petits crustacés de ce genre, dont M. Duméril (article CRANGON de ce Dictionnaire, tome XI, page 511) a donné une description. très-communs sur nos côtes de l'Océan et de la Manche. sont connus vulgairement sous le nom de *crevettes*, bien qu'il ne faille pas les confondre avec ceux qui reçoivent plus particulièrement ce nom et celui de *bouquets*, lesquels appartiennent au genre Palémon. On en mange une quantité prodigieuse en Normandie, en Bretagne, en Gascogne, en Provence, et on s'en sert aussi comme d'appâts pour prendre certains poissons.

CRANGON COMMUN : *Crangon vulgaris*, Fabr., Latr., Leach, Malac. Brit., tab. 37 B; *Cancer crangon*, Linn.; *Astacus crangon*, Penn.; Roësel, Insect., tome 3, tab. 63, fig. 1-2. Corps transparent, d'un vert glauque très-pâle, ponctué de gris; une petite épine de chaque côté en arrière du rostre, et une en dessous du bras, près de sa base. Longueur, deux pouces.

Genre LXXXVII. EGÉON (*Egeon*, Risso; *Pontophilus*, Leach).

Caractères généralement les mêmes que ceux des crangons, aux différences suivantes près. Quatrième ou dernier article visible des pieds-mâchoires extérieurs presque deux fois plus grand que le précédent. Pieds de la seconde paire extrêmement courts, grêles et didactyles; ceux de la troisième longs, très-grêles, et terminés par un ongle simple; ceux des quatrième et cinquième paires plus gros et finissant par un ongle comprimé. Carapace alongée, cylindrique, épineuse et terminée en avant par un petit rostre.

L'extrême brièveté de la seconde paire de pattes, et l'aspérité de la carapace, sont les plus remarquables de ces différences; mais elles ne présentent pas, selon moi, des caractères suffisans pour l'établissement d'un genre.

EGÉON CUIRASSÉ : *Egeon loricatus*, Risso. Crust. page 100; *Pontophilus spinosus*, Leach, Trans. Soc. Linn., t. XI, p. 346; et Malac. Brit., tab. 37 A; *Cancer cataphractus*, Olivi., Zool. Adriat., tav. 3, fig. 1. Carapace supportant trois carènes longitudinales dentelées en dessus; rostre très-court; longueur totale, un pouce et demi. Des côtes d'Angleterre, de la mer de Nice et de l'Adriatique.

*Subdivision III. Antennes extérieures insérées au-dessous des inter-
médiaires; celles-ci terminées par deux filets placés l'un au-dessus
de l'autre; point d'appendice alongé et sétacé très-apparent à la
base de toutes les pattes, ou bien cet appendice étant rudimentaire.*

Genre LXXXVIII. Pandale (*Pandalus*, Leach, Latr.; *Astacus*,
Fabr.; *Palæmon*, Risso).

Antennes supérieures ou intermédiaires les plus courtes,
bifides, supportées par un pédoncule de trois articles dont le
premier, et le plus grand, est échancré du côté des yeux et
pourvu d'une lamelle qui se prolonge au-dessous de ceux-ci;
antennes extérieures ou inférieures plus longues que le corps, sétacées, pourvues à leur base d'une écaille alongée, unidentée en
dehors vers son extrémité. Pieds-mâchoires extérieurs formés de
trois articles visibles, dont le premier est aussi long que les autres
ensemble, échancré en dedans depuis sa base jusqu'à son milieu, et dont les deux derniers égaux entre eux, sont couverts de
petites épines sur toutes leurs faces. Pieds de la première paire
assez courts, sans pince, avec leur dernier article simple et pointu;
ceux de la seconde paire didactyles, très-longs et grêles, inégaux
entre eux, ayant les troisième, quatrième et cinquième articles
marqués de beaucoup de petits sillons transverses et comme multiarticulés; pieds des trois dernières paires plus gros et moins
longs que ceux de la seconde, et décroissant successivement de
grandeur entre eux, tous étant terminés par un ongle simple,
pourvu de petites épines du côté interne. Carapace alongée,
cylindrique, carénée et dentelée dans son milieu, terminée en
avant par un long rostre comprimé, denté en dessous et relevé
à sa pointe. Abdomen arqué vers le troisième article; écailles
de la queue alongées, étroites, surtout celle du milieu qui est
garnie de petites épines à sa pointe.

Pandale annulicorne; *Pandalus annulicornis*, Leach, Malac.
Brit, tab. 40. Rostre multidenté en dessous, relevé et échancré
à sa pointe; antennes latérales ou inférieures marquées de huit
ou dix anneaux rouges aussi larges que les intervalles qui les
séparent, épineuses du côté intérieur; longueur totale, trois
pouces. Des côtes d'Angleterre.

Pandale narwal; *Pandalus narwal*, Latr.; *Astacus narwal*,
Fabr.; *Palæmon prisiis*, Risso, Crust., pag. 105. Rostre aussi

long que les antennes intermédiaires, et au moins que les deux tiers du corps, relevé vers sa pointe et garni sur ses deux tranches supérieure et inférieure, d'une multitude de petites dents; couleur générale, le rouge de corail, traversé par des lignes d'un blanc jaunâtre; yeux d'un bleu foncé; longueur, quatre pouces et demi. De l'Océan et de la Méditerranée. M. Risso dit que ce crustacé habite sur les fonds rocailleux, et que sa femelle porte des œufs d'une couleur azurée dans le mois de juillet.

Genre LXXXIX. Hippolyte (*Hippolyte*, Leach; *Alphæus*, Latr., Leach).

Antennes semblables à celles des pandales. Pieds des deux premières paires didactyles; les autres terminés par un ongle simple très-épineux sur son bord inférieur; ceux de la paire antérieure les plus courts et les plus gros de tous; ceux de la seconde paire les plus longs et les plus grêles, avec leur carpe et la pièce qui le précède multiarticulés; ceux des troisième, quatrième et cinquième paires intermédiaires aux deux premiers pour la longueur, et décroissant successivement d'avant en arrière. Avant-dernier article des pieds-mâchoires extérieurs beaucoup plus court que le dernier qui est épineux. Carapace courte et large, terminée en avant par un rostre assez court, mais très-comprimé et haut, non relevé en arc à sa pointe, et plus ou moins découpé en dents de scie sur ses bords. Abdomen arqué vers le troisième article; lames natatoires de la queue alongées, surtout l'intermédiaire qui est pourvue de petites épines à son extrémité.

Quelques espèces de ce genre ont le dernier article des pieds-mâchoires extérieurs tronqué obliquement à l'extrémité; la base des antennes intermédiaires pourvue d'une épine, et la lame natatoire médiane de la nageoire caudale garnie de deux épines sur chacun de ses bords latéraux. Telles sont les suivantes:

Hippolyte de Prideaux: *Hippolyte Prideauxiana*, Leach, Malac. Britann., tab. 58, fig. 1. 3. 4 et 5. Rostre droit, simple, avec une seule dent en dessous. près de son extrémité; longueur totale du corps, six lignes. Des côtes du Devonshire, en Angleterre.

Hippolyte de Moore; *Hippolyte Moorii*, Leach, Malac. Brit., tab. 38, fig., 2. Rostre droit, simple, avec deux seules dents en dessous dans sa première moitié; longueur totale, huit lignes. Trouvé aux environs de Plymouth.

Hippolyte variable; *Hippolyte varians*, Leach, Malac. Brit., tab. 38, fig. 6-16. Rostre droit, plus prolongé que dans les deux espèces précédentes, pourvu de deux dents en dessus, l'une près de sa naissance et l'autre vers son extrémité, et de deux dents en dessous, entre son milieu et sa pointe; longueur totale, environ huit lignes. Très-commun sur les côtes sud-ouest des comtés de Devon et de Cornouailles.

D'autres espèces ont le dernier article de leurs pieds-mâchoires extérieurs terminé par un faisceau de poils, la base de leurs antennes intermédiaires pourvue d'une lame spiniforme, et la pièce intermédiaire de la nageoire de la queue munie de chaque côté de quatre petites épines, également distantes entre elles. Telles sont les suivantes:

Hippolyte de Cranch: *Hippolyte Cranchii*, Leach, Malac. Brit., tab. 38, fig. 17-21. Rostre avancé, légèrement infléchi, pourvu de trois dentelures à sa base en dessus et de deux pointes au bout dont la supérieure est la plus forte; longueur totale, environ dix lignes. Des côtes d'Angleterre.

Hippolyte de Sowerby: *Hippolyte Sowerbœi*, Leach, Malac. Brit., tab. 39; *Cancer spinus*, Sowerby, Brit. Misc., tab. 21; *Alphœus spinus*, Leach, Trans. Soc. Linn., t. XI, pag. 347; Encycl. Edinb, Suppl., tom. 7, pag. 421. Longueur totale, un pouce et demi; corps raccourci, très-arqué vers le troisième article de l'abdomen; rostre court et large, multidenté sur sa tranche supérieure, échancré et multidenté au bout, arrondi et unidenté en dessous, au-delà de son milieu. Des côtes d'Écosse.

Genre XC. Alphée (*Alphœus*, Fabr. Latr., Lamck., Risso).

Caractères généralement les mêmes que ceux des hippolytes, si ce n'est que les pieds didactyles de la première paire sont plus longs que ceux de la seconde, au lieu d'être plus courts, et qu'ils sont très-inégaux entre eux.

Ce genre formé par Fabricius, pour placer quatre crustacés de la mer des Indes, devroit comprendre aussi toutes les espèces du genre précédent, si la différence de grandeur relative des deux premières paires de pattes, ne fournissoit un caractère pour les séparer. Avec M. Latreille, nous prendrons pour type de ce genre l'espèce que Fabricius a nommée

Alphée du Malabar; *Alphæus malabaricus*, Fabr., Syst. Ent., Suppl., pag. 406.Mains de la première paire de pieds difformes, l'une très-grande, comprimée, avec le pouce très-arqué, aigu, et l'autre plus petite avec des doigts filiformes, très-longs; rostre, court, subulé.

Nous y joindrons, aussi avec M. Latreille, la suivante :

Alphée monopode : *Alphæus monopodium*, Latr., Lamck.; *Crangon monopodium*, Bosc., Carapace unie; main gauche de la première paire de pieds très-grosse et parallélogrammique, l'autre filiforme; écailles de la base des antennes très-petites. De la mer des Indes (1).

---

(1) Il est aussi très-probable que les *Alphæus avarus, tamulus* et *rapax* sont du même genre; mais, ne les ayant pas vus, et n'en connoissant point de figures, je ne saurois l'affirmer.

Sur les cinq espèces d'Alphées, mentionnées par M. Risso, une ne me paroît pas décrite avec assez de détails, et n'est pas figurée avec assez de soin pour qu'il soit possible de décider si elle apparient plutôt au genre Hippolyte qu'au genre Alphée. Ses deux premières paires de pieds, terminées par des serres, paroissent de même grosseur et de même longueur. C'est son

Alphée pelagique; *Alphæus pelagicus*, Risso, Crust., pag. 91, pl. 2, fig. 7. Rostre droit, cannelé, à cinq dents en dessus, bidenté et cilié en dessous; quatre pointes à la partie antérieure de la carapace; longueur, trois pouces et demi; couleur, d'un beau rouge.

Une seconde, son *Alphæus sivado*, est le crustacé qui a servi de type au genre *Pasiphæa* de M. Savigny, décrit ci-après:

Deux autres espèces, les *Alphæus elegans* et *thyrenus*, ont été placées dans un genre nouveau que M. Latreille nomme Gnathophylle. Une cinquième, l'*Alphæus caramote*, doit être reportée dans le genre Penée. De plus M. Risso a publié (Journ. de Phys., octobre 1822) les descriptions de deux Alphées, *Alphæus punctulatus* et *scriptus*, qui nous présentent autant d'incertitudes que celle de l'*Alphæus pelagicus*.

Dans les Transactions de la Société Linnéenne, M. Leach donne pour seul caractère distinctif des Alphées, comparés à ses Hippolytes, d'avoir le dernier article des pieds-mâchoires extérieurs trois fois plus long que l'avant-dernier, tandis que dans ces derniers crustacés il seroit plus court. Ce caractère est tout-à-fait inexact, même

Genre XCI. Penée (*Penæus*, Fabr. , Latr. , Lamck., Leach ,
Bosc, Risso ; *Alphæus, Risso*).

Antennes supérieures ou intermédiaires très-courtes, bifides,
portées par un pédoncule fort grand , profondément creusé
en dessus pour recevoir l'œil ; antennes extérieures ou inférieures sétacées, fort longues, pourvues à leur base d'une grande
écaille de forme alongée. Pieds-mâchoires extérieurs ayant
la forme de pieds pointus et velus , composés de cinq articles visibles, dont le dernier qui est très-petit, s'avance jusque sous
les écailles des antennes extérieures. Palpes mandibulaires saillans, velus et terminés par un article très-grand et foliacé. Pieds
peu alongés, grêles, pourvus d'un petit appendice à leur base ;
les six premiers un peu arqués en dedans, didactyles et croissant successivement depuis la première jusqu'à la troisième
paire ; pieds de la quatrième paire plus courts que ceux de la
troisième, finissant par un ongle simple ; pieds de la cinquième
plus courts que ceux de la quatrième, et conformés de
même. Carapace cylindrique terminée en avant par un rostre
pointu, comprimé, dentelé et cilié. Second article de l'abdomen
non dilaté sur les côtés ; les derniers portant dans leur milieu
une carène assez prononcée, et le sixième étant terminé en
pointe aiguë ; écailles natatoires de la queue alongées et arrondies au bout. Yeux gros presque globuleux, portés sur un pédoncule court.

Les penées sont des crustacés plutôt propres aux contrées
tempérées et chaudes qu'aux mers septentrionales. Une espèce
très-commune de la Méditerranée, et qui est connue sous le
nom de *Caramote* dans le midi de la France et dans l'Italie, est
l'objet d'une pêche considérable. Non seulement on la consomme
en grande quantité sur les côtes , mais encore on la sale pour
l'envoyer dans le Levant, et notamment en Grèce et dans l'Asie
mineure où il s'en fait un bon débit.

---

pour l'espèce citée, *Alphæus spinus*, que M. Leach, lui-même a réuni
plus tard (Malac. Brit.) à ses Hippolytes.

Enfin M. Latreille, dans son article Alphée du Nouv. Dict. d'Hist.
nat., regarde comme devant se rapporter à ce genre (dont il ne
sépare pas les Hippolytes) les *Palæmon marmoratus* , *diversimanus
villosus* et *flavescens* d'Olivier , le *Cancer nautilator* d'Herbst, Cancer ,
tab., 43, fig. 4, et le *Cancer longipes* du même auteur, tab. 31, fig. 2.

Les uns ont les filets des antennes intermédiaires fort courts.

Penée caramote : *Penœus caramote*, Latr., Lamck.; *Alphœus caramote*, Risso, Crust., page 190 (indiquée à tort comme n'ayant, ainsi que les alphées, que deux paires de pieds didactyles) ; *Caramote*, Rondelet, Hist. nat. des l'oiss. , lib. 18, cap. 7, pag. 394. Longueur totale, neuf pouces. Carapace marquée de deux sillons longitudinaux entre lesquels se trouve une carène elle-même bifurquée à sa base, et terminée en avant en un rostre comprimé, portant onze dents en dessus, et une seule en dessous, avec sa pointe très-acérée ; couleur de chair mêlée de rose tendre. Il se tient dans les grandes profondeurs de la mer, et sa femelle pond en été des œufs rougeàtres.

Penée a trois sillons ; *Penœus trisulcatus*, Leach, Malac. Brit., tab. 42. Carapace marquée de trois sillons en arrière, lés deux qui bordent la carène du rostre, et celui qui est placé dans sa bifurcation postérieure ; crête supérieure du rostre multidentée, l'inférieure bidentée ; sa pointe assez aiguë, comprimée et dirigée un peu en en bas. Des côtes d'Angleterre.

M. Leach rapporte à cette espèce le *Squilla crangon* de Rondelet, Pisc., lib. 18, pag. 547.

Penée d'Orbigny ; *Penœus Orbignyanus*, Latr., Nouv. Dict. d'Hist. nat. , tom. 25, pag. 155. Rostre très-long, à huit dents en dessus, et deux seulement en dessous ; carène non divisée par un sillon dans son épaisseur. Des côtes du département de la Vendée.

Les autres penées ont au contraire les filets des antennes intermédiaires alongés, grêles et sétacés : telles sont les espèces suivantes :

Penée monodon ; *Penœus monodon*, Fabr. , Ent. Syst. Suppl. , pag. 408. Rostre à sept dents en dessus, et cinq en dessous, terminé par une pointe très-aiguë ; une carène longitudinale sur les derniers segmens de la queue, divisée en deux par un sillon médian; long de cinq pouces. De la côte de Coromandel.

Penée aux longues antennes ; *Penœus antennatus*, Risso , Crust., pag. 96, pl. 2, fig. 6. Corps comprimé, rouge ; rostre très-long, aigu et un peu relevé à la pointe, tridenté en dessus et en dessous; antennes extérieures extrêmement grandes.

Longueur, sept pouces. Il vit dans les profondeurs de la mer. Sa femelle porte ses œufs en juillet.

Penée de Mars ; *Penæus Mars*, Risso, Crust., pag. 97, pl. 2, fig. 5. Rostre bidenté, au milieu duquel adhère un prolongement cartilagineux en forme de crête et d'une belle couleur bleue ; carapace ovale pourvue de six petites pointes en avant, et traversée de sutures sur les côtés ; yeux gris de perle ; lames natatoires de la queue d'un bleu d'azur. On le trouve à une grande profondeur. Sa femelle porte des œufs d'un roux aurore dans le mois de juillet.

Genre XCII. Stenope (*Stenopus*, Latr. ; *Palæmon*, Oliv.).

Antennes mitoyennes ou supérieures terminées par deux filets sétacés, presque égaux entre eux, et plus longs que le corps ; les extérieures étant encore plus longues. Pieds des trois premières paires finissant par une main didactyle ; ceux de la troisième et des suivantes très-longs ; les deux avant-derniers segmens des quatre pattes postérieures divisés en un grand nombre de petits articles, et se repliant sur eux-mêmes. Corps mou, hispide. Carapace terminée en avant par un rostre court, épineux, mais non denté en scie.

M. Latreille a formé ce genre sur un crustacé rapporté des mers australes par Péron et Lesueur, lequel se rapproche des penées par la considération du nombre de ses pattes pourvues de mains, mais s'en éloigne par la conformation de ses pieds postérieurs, et l'alongement excessif des filets de ses antennes supérieures. Un de ses caractères les plus frappans consiste dans la longueur extrême et la grosseur des pieds de la troisième paire, lesquels au reste sont inégaux entre eux.

Stenope hispide : *Stenopus hispidus*, Latr. ; *Palæmon hispidus*, Oliv., Enc. Insect., tome 8, page 666, Crustacés, pl. 319, fig. 2. Longueur du corps, deux pouces, et des antennes intérieures, trois pouces et demi ; carapace couverte de petits piquans un peu arqués, terminée en avant par un rostre avancé, pointu, assez court, et recouvert en dessus et sur les côtés de petits piquans semblables aux autres ; une impression demi-circulaire derrière le rostre séparant la région stomacale, comme dans les langoustes et les écrevisses ; abdomen et lames natatoires de la queue hérissés de piquans ; ces dernières présentant deux arêtes sur leur face supérieure, et des cils sur leurs bords, l'intermédiaire ayant un sillon profond dans son milieu ; les deux paires de pattes antérieures menues, courtes, surtout la première ; la troisième très-grande, un peu renflée, anguleuse, hispide, terminée par une main à doigts alongés, dont l'inférieur a sur son bord interne deux grosses dents, entre lesquelles vient s'enchâsser une autre dent unique, du doigt supérieur.

Genre XCIII. Hyménocère (*Hymenocera*, Latr.).

Antennes mitoyennes ou supérieures bifides, ayant leur division supérieure foliacée. Pieds-mâchoires extérieurs foliacés, couvrant la bouche. Les quatre pattes antérieures terminées par une main didactyle foliacée ; carpe ou pince qui précède la main dans ces quatre pattes, non divisé en petites articulations ; pieds des trois dernières paires terminés par des articles simples, ceux de la troisième étant plus petits que ceux des deux qui précèdent.

Ce genre a été formé par M. Latreille sur une espèce de la mer des Indes orientales, qui nous est inconnue, mais qui nous paroît avoir quelques rapports avec le genre Atye, à cause de la forme de ses deux premières paires de pieds plus courtes que les autres, didactyles et foliacées. Elle s'en distingue néanmoins éminemment par le filet supérieur de ses antennes intermédiaires, et par ses pieds-mâchoires extérieurs foliacés.

Genre XCIV. Gnathophylle (*Gnathophyllum*, Latr. ; *Alphæus*, Risso).

Antennes mitoyennes terminées par deux filets, ayant la forme ordinaire, et assez courtes ; les extérieures ou inférieures sétacées, assez longues, mais un peu moins que le corps. Pieds-mâchoires extérieurs foliacés, couvrant la bouche, comme dans le genre précédent. Les quatre pattes antérieures terminées par une main didactyle, ayant le carpe non divisé en petits articles. Pinces de la seconde paire plus minces et beaucoup plus longues que celles de la première. Carapace terminée par un rostre moyen.

Ce genre se rapproche des hippolytes et des alphées par sa

forme générale et par la configuration de ses deux premières
paires de pieds qui sont terminées en pinces; mais il s'en
écarte par le défaut de petits articles subdivisant l'avant-dernière pièce des uns ou des autres de ces pieds. Il s'en éloigne
encore par ses pieds-mâchoires extérieurs foliacés; et, sous ce
rapport, il ressemble au contraire aux hyménocères; mais ces
derniers ont le filet supérieur des antennes intérieures et leurs
pinces foliacées, ce qui les distingue éminemment. Enfin le
nombre des serres. qui n'est chez les gnathophylles que de quatre
en totalité, les différencie suffisamment des penées et des stenopes, où il est de six.

Gnathophylle élégant : *Gnathophyllum elegans*, Latr.; *Alphœus elegans*, Risso, Crust., pag. 92, pl. 2, fig. 4. Longueur,
un pouce et demi; corps oblong, renflé, arqué vers le troi
sième article de l'abdomen ; carapace lisse terminée en avant
par un petit rostre comprimé, sexdenté en dessus ; les quatre
antennes épineuses à leur base ; pièces natatoires de la queue
arrondies, ciliées et blanches ; couleur générale variée de
nuances carmelites, et de points d'un jaune doré; pédoncules
des yeux jaunes ; rostre et pieds des deux premières paires
blancs; dernier segment de l'abdomen violet. La femelle de
cette espéce pond des œufs d'un brun violâtre, en juillet et
novembre , sur les rivages de Nice.

Gnathophylle de Tyrhène: *Gnathophyllum Tyrhenus*, Latr.;
Alphœus Tyrhenus, Risso, Crust., page 94, tab. 2, fig. 2. Longueur, un pouce et demi; pinces de la seconde paire extrêmement fortes comparativement à celles de la première, la
gauche étant toujours plus grosse que la droite: carapace large ,
bombée, arrondie, terminée en avant par une pointe courbe
qui forme le rostre. Couleur générale, le rouge aurore, traversé avec beaucoup de régularité par de petites lignes blanchâtres; yeux grisâtres. On le trouve aux environs de Nice ,
dans les valves du jambonneau marin, et sa femelle porte en
été de petits œufs rougeâtres. M. Risso rapporte à cette espèce
le *Cancer candidus* d'Olivi, Zool. Adr., pag. 51, pl. 3. fig. 3 ;
et *l'Astacus Tyrhenus* de Petagna, tab. 5, fig. 5.

Genre XCV. Nika (*Nika*, Risso, Lamarck ; *Processa*, Leach ,
Latr.).

Antennes intermédiaires ou supérieures terminées par deux

filets sétacés, disposés presque sur une même ligne horizontale, et dont l'intérieur est le plus long ; portées sur un pédoncule formé de trois articles, dont le premier est le plus grand, et le dernier le plus court. Antennes inférieures ou extérieures sétacées, beaucoup plus longues que les premières, pourvues à leur base d'une écaille alongée, unidentée à l'extrémité et en dehors, et ciliée sur le bord interne. Pieds-mâchoires extérieurs ne couvrant pas la bouche, formés de quatre articles visibles, dont le second est très-long et fortement échancré à sa base, du côté interne. Pieds généralement grêles et longs ; ceux de la première paire monodactyles à gauche, et didactyles à droite, n'ayant pas le carpe multiarticulé ; pieds de la seconde paire plus grêles, très-longs, filiformes, de grandeur inégale, et finissant chacun par une petite main didactyle ; le carpe et l'article qui le précède étant multiarticulés dans la plus longue, et le carpe seulement l'étant dans la plus courte ; les trois dernières paires de pieds simplement terminées par un ongle aigu, légèrement arqué et non épineux. Carapace un peu alongée, lisse, pourvue en avant d'un petit rostre comprimé. Abdomen arqué vers le troisième segment, terminé par des lames foliacées, alongées, dont l'extérieure de chaque côté est bipartie à l'extrémité.

Ce petit genre, très-remarquable par le défaut de symétrie des pieds de la première paire, et par l'alongement extrême d'un de ceux de la seconde, a été formé sous le nom de *Nika*, par M. Risso en 1813, mais n'a été publié qu'en 1816, et à peu près vers cette époque M. Leach le décrivit aussi sous le nom de *Processa* dans ses Malacostracés de la Grande-Bretagne. Le nom imposé aux crustacés que ce genre renferme, par le premier de ces naturalistes, ayant l'antériorité en sa faveur, nous l'avons adopté.

Les nikas sont très-communs sur les côtes de Provence et du comté de Nice. Ils vivent à la manière des animaux des genres voisins, et sont recherchés pour leur chair, ainsi que les palémons, les crangons et les pénées. Leur taille est en général petite.

Nika comestible : *Nika edulis*, Risso, Crust., page 85, pl. 3, fig. 3. Carapace très-lisse, terminée par trois pointes aiguës, dont celle du milieu, ou le rostre, est la plus longue, d'un rouge incarnat pointillé de jaunâtre , avec une ligne de petites taches jaunes au milieu ; yeux verts ; pattes de la première paire égales en grosseur. Cette espèce, longue d'un pouce et demi, vit dans la région des algues , et sa femelle pond des œufs d'un jaune verdâtre , plusieurs fois dans l'année. On l'emploie comme comestible aux environs de Nice.

NIKA VARIÉE ; *Nika variegata*, Risso , Crust. , page 86. Longue de huit lignes ; carapace glabre , terminée en avant par trois pointes presque égales, variée de gris , de vert , de jaune rougeâtre , avec une petite ligne brune sur le dos; filets des antennes supérieures presque égaux ; patte droite de la première paire plus courte que la gauche. Se trouve à Nice dans les algues profondes.

NIKA SINUEUSE ; *Nika sinuolata*, Risso, Crust. , pag. 87. Carapace traversée dans son milieu par des sinuosités régulières , et terminée par trois pointes inégales; d'un blanc transparent, couvert d'une infinité de petits points d'un rouge carmin ; antennes supérieures blanches , à filets inégaux; pattes de la première paire égales; longueur totale, neuf lignes. De Nice.

NIKA CANNELÉE : *Nika canaliculata*, Nob.; *Processa canaliculata*, Leach , Malac. Brit. , tab. 41 ; Latr. , Dict. d'Hist. nat. Longue d'un pouce ; carapace lisse , avec une dent à la base du rostre; patte gauche ou monodactyle de la première paire plus large que la droite ou la didactyle ; lame natatoire intermédiaire de l'extrémité de l'abdomen cannelée longitudinalement dans le milieu de sa face supérieure. Trouvée par Montagu sur la côte sud du Devonshire. M. Latreille l'indique aussi sur nos côtes océaniques.

Genre XCVI. AUTONOMÉE (*Autonomœa* , Risso).

Antennes intermédiaires ou supérieures terminées par deux filets, dont un est beaucoup plus long et plus épais que l'autre ; les externes ou inférieures plus longues que le corps , sétacées. Pédoncules des premières triarticulés, ayant leur pièce inférieure renflée et armée d'un aiguillon , l'intermédiaire longue et cylindrique, et la dernière courte et arquée ; ceux des secondes biarticulés, sans écailles, leur deuxième pièce étant velue à son extrémité. Pieds-mâchoires extérieurs non foliacés. Pieds de la première paire seulement didactyles.

très-grands, épais, inégaux; les autres courts, minces, et finissant par des crochets simples. Corps alongé, glabre. Carapace un peu renflée, terminée en avant par une pointe aiguë ou rostre qui dépasse à peine les yeux. Ceux-ci, globuleux, portés sur des pédoncules très-courts. Les trois lames natatoires intermédiaires de l'extrémité de l'abdomen, tronquées au sommet avec une petite pointe de chaque côté; les deux latérales arrondies et ciliées.

Ce genre est particulièrement distingué de ceux qui présentent deux filets aux antennes intermédiaires, par ses grandes serres à doigts bien distincts qui n'existent qu'aux pieds de la première paire, par ses pieds-mâchoires simples, et par le manque d'appendices sétacés et alongés à la base postérieure des pattes.

Autonomée d'Olivi : *Autonomea Olivii*, Risso, Crust., pag. 166; *Cancer glaber*, Olivi, Zool. Adriat., pag. 51, pl. 3, fig. 4. Quinze lignes de longueur; formes générales des nikas et des alphées. Carapace glabre, demi-transparente, jaunâtre, légèrement variée de teintes rougeâtres; pattes de la première paire d'un assez beau rouge en dessus, et d'un jaune clair en dessous; antennes extérieures blanchâtres. Ce crustacé vit isolé dans les algues et les endroits fangeux; sa femelle porte des œufs rougeâtres vers le milieu de l'été. On le trouve dans la mer Adriatique, et assez rarement aux environs de Nice.

Subdivision *IV. Antennes extérieures insérées au-dessous des intermédiaires, celles-ci formées de trois soies; lames extérieures de la nageoire de la queue d'une seule pièce; pattes sans appendice sétacé, alongé à leur base.*

Genre XCVII. Palémon (*Palæmon*, Fabr., Bosc, Latr., Oliv., Lamck., Leach, Risso; *Cancer*, Linn.; *Astacus*, Penn.; *Squilla*, Baster; *Lysmata* et *Melicerta*, Risso.).

Antennes intermédiaires formées de trois filets, deux principaux les plus longs, sétacés, multiarticulés, et un troisième très-court, assez gros, enté sur la base de celui des deux premiers qui est situé supérieurement; ces antennes étant portées sur un pédoncule de trois articles, dont le premier, ou le plus grand , est dilaté et comprimé extérieurement avec une échancrure en dessus , pour recevoir la partie inférieure de l'œil. Antennes latérales ou inférieures plus longues que le corps , insérées sur un pédoncule court, de quatre articles , dont le second donne attache à une forte écaille ovale , alongée, pourvue à son extrémité et en dehors d'une dent bien prononcée. Pieds-mâchoires extérieurs avancés, presque filiformes, étroits , composés de quatre articles , dont le second , le plus grand de tous , est échancré au côté interne, et le dernier en forme d'onglet écailleux. Mandibules ayant leur extrémité supérieure bifide, ou comme fourchue, l'une de leurs divisions comprimée et en forme de lame, et l'autre plus épaisse et tronquée. Pieds des deux premières paires didactyles et assez grêles , ayant le carpe conformé comme à l'ordinaire, les deux antérieurs étant de moitié plus petits que les autres ; pieds des trois dernières paires grêles , monodactyles , décroissant successivement de grandeur depuis la troisième, qui est la plus grande , jusqu'à la cinquième. Carapace mince , alongée, cylindrique , terminée en avant par deux pointes aiguës, latérales, et par un rostre médian comprimé , ordinairement fort long et en scie sur ses bords supérieur et inférieur. Yeux globuleux, rapprochés. Abdomen alongé , comprimé , arqué en dessous : pièce intermédiaire de la nageoire caudale étroite, alongée, tronquée et épineuse au bout ; les latérales de forme ovale alongée , composées d'une seule pièce, dont les côtes sont assez saillantes.

Ce genre renferme particulièrement les espèces de crustacés marins comestibles, que l'on désigne par les noms de *crevettes, chevrettes, salicoques, squilles* et *bouquets*, et dont la chair, ainsi que celle des penées, des crangons et des nikas, cuite et salée, est recherchée par les habitans des pays limitrophes de la mer, et par ceux des grandes villes de l'intérieur. Les palémons s'approchent beaucoup des rivages, et surtout de ceux qui avoisinent l'embouchure des rivières. Ils nagent avec aisance au moyen des fausses pattes en forme de petites nageoires, dont leur abdomen est pourvu en dessous ; mais lorsqu'ils se sentent poursuivis, ils font agir cet abdomen lui-même et les lames natatoires qui en garnissent l'extrémité , ce qui leur donne les moyens de fuir très-rapidement à reculons et dans diverses directions. Ils sont plus rares que les crangons, sur nos côtes, aussi leur prix est-il toujours beaucoup plus élevé. C'est particulièrement au printemps qu'on les recherche, parce qu'alors les femelles portent un très-grand nombre d'œufs dont le goût est agréable. On les pêche avec des filets à mailles serrées, qui ont la forme d'une chausse d'Hippocrate, et qui sont portés par un manche assez court.

Palémon porte-scie : *Palæmon serratus*, Leach, Malac. Brit., tab. 43, fig. 1-10 ; *Astacus serratus*, Penn. ; Herbst, Cancr., tab. 27, fig. 1 ; *Palæmon xiphas*, Risso ? Longueur totale, trois à quatre pouces ; rostre très-prolongé en pointe, relevé à son extrémité, pourvu sur sa tranche supérieure et près de sa base, de six, sept ou huit dentelures, et sur l'inférieure, de quatre, cinq ou six dents pareilles; doigts aussi longs que la main ; couleur générale, le rouge pâle, devenant plus vif sur les antennes, le bord postérieur des segmens de l'abdomen, et les lames natatoires de la queue. Cette espèce habite les côtes de France et d'Angleterre : c'est elle particulièrement que l'on vend à Paris. Je l'ai vue, dans toutes les saisons de l'année, pourvue de crustacés du genre Bopyre, qui produisent des tubercules très-élevés, tantôt d'un côté, tantôt de l'autre, sur sa carapace, dans la partie qui recouvre les branchies.

Palémon squille : *Palæmon squilla*, Leach, Malac. Brit., tab. 43, fig. 11-13; Latr.; *Cancer squilla*, Linn. Taille de moitié plus petite que celle de l'espèce précédente; rostre plus court, plus droit, échancré au bout, pourvu sur sa tranche supérieure, et dans presque toute son étendue, de sept ou huit dents, et sur l'inférieure, de deux ou trois seulement; doigts un peu plus courts que la main. Des côtes d'Angleterre et de France.

Palémon variable : *Palæmon varians*, Leach, Malac. Brit., tab. 43, fig. 14-16; Latr. Taille un peu moindre encore que celle de la précédente; rostre droit, court, terminé en pointe aiguë, ayant sur sa tranche supérieure quatre, cinq ou six dents, et deux seulement sur l'inférieure. Des côtes du Devonshire.

Palémon de Latreille : *Palæmon Trilianus*, Nob.; *Lysmata Triliana*, Risso, Crust., pag. 111, pl. 3, fig. 6. Taille du palémon porte-scie; rostre plus long proportionnellement que le sien, ayant huit dents sur sa tranche supérieure et cinq seulement sur l'inférieure; quatre protubérances épineuses sur le dernier segment de l'abdomen; corps translucide, d'un jaune rougeâtre fascié de rouge violet; lames natatoires de la queue pointillées de rouge; les trois dernières paires de pattes annelées de blanc, de jaune et de violet. La femelle, nuancée de rougeâtre et marquée de points obscurs, dépose ses œufs, qui sont de couleur jaunâtre, dans le mois de juillet. Il vit dans les eaux moyennement profondes aux environs de Nice.

M. Risso mentionne encore, outre son *palœmon xiphias*, qui paroît être celui que nous désignons sous le nom de porte-scie, deux autres espèces de Nice, qui semblent se rapprocher des palémons squilles et variables de M. Leach, par la brièveté et la rectitude de leur rostre. L'une, *palœmon trisetaceus*, a le sien sexdenté en dessus, et quinquedenté en dessous; sa couleur est le vert pâle parsemé de petits points bruns : sa ponte, qui se compose d'œufs verdâtres, a lieu en avril et juillet. La seconde, *palœmon microrhamphos*, a cinq dents en dessus et deux seulement en dessous de son rostre : elle est translucide, incolore, et son corps est orné de petits points sur tout son pourtour. Si ces espèces sont les mêmes que les deux dernières que j'ai admises, comme cela est possible, ce que je viens d'en dire d'après M. Risso, servira à compléter leur description. Ses *palœmon Coquetii*, *ensiferus* et *Olivieri*, me sont inconnus.

Quant au palémon scie, *palœmon pristis*, du même naturaliste, nous avons déjà vu qu'il se rapporte au genre Pandale de M. Leach. Enfin M. Latreille soupçonne que les *palœmon margaritaceus*, et *lœvirhynchus*, aussi de M. Risso, doivent rentrer dans le genre Hippolyte.

Parmi les crustacés exotiques de ce genre, établi par Fabricius, et ensuite confondu avec la plupart des autres de la même famille par MM. Olivier et de Lamarck, nous remarquerons celui qui est connu sous le nom de

PALÉMON CANCRE : *Palœmon carcinus*, Fabr.. Ent. Syst., Suppl., pag. 402; *Astacus carcinus*, ejusdem, Ent. Syst., tom. 2; Rumph, Rarcit. Kam., tab. 1, fig. B. Rostre prolongé, d'abord infléchi et ensuite relevé vers sa pointe qui est aiguë, pourvu de onze dents sur sa tranche supérieure, et de neuf, beaucoup

plus petites, sur l'inférieure ; seconde paire de pieds très-alongée, plus grande que le corps, linéaire, hispide et terminée
par une main longue, à doigts minces et arqués ; couleur généralement bleue ; longueur, sept à huit pouces. De la mer des
Indes. Fabricius l'indique à tort comme propre aux fleuves
de l'Amérique.

Une seconde espèce qui a été confondue avec celle-ci, présente la même grandeur disproportionnée des pieds de la seconde paire, et l'on doit être étonné que ce caractère n'ait
pas encore porté quelque naturaliste a en former une coupe
générique nouvelle. M. Olivier la nomme

PALÉMON DE LA JAMAÏQUE : *Palœmon jamaicensis*, Oliv., Encycl., n.° 2 ; *Astacus fluviatilis*, Sloane, Jam., tom. 2, tab. 245,
fig. 2 ; Seba, Thes., tom. 3, tab. 21, fig. 4 ; *Cancer astacus jamaicensis*, Herbst, Cancr., tom. 2, tab. 27, fig. 2 ; *Cancer carcinus*, Linn. ; *Palœmon carcinus*, Fabr. ; Leach, Zool. Misc.,
tom. 2, tab. 92. Plus gros qu'une très-forte écrevisse ; rostre
médiocrement long, assez droit, et même incliné en dessous
dans la plus grande partie de sa longueur, et relevé à la pointe,
denté en scie sur sa tranche supérieure, et seulement bidenté
sur l'inférieure, à peu de distance de son extrémité ; carapace
lisse, avec une pointe sur le bord externe et postérieur de
chaque orbite ; grandes pinces de la seconde paire finement
épineuses, à doigts longs, arqués légèrement et garnis sur leur
bord interne d'une série de petites épines. C'est à celui-ci
que doit être rapportée la localité indiquée par Fabricius pour
le crustacé précédent. En effet on l'a trouvé sur les côtes de
l'Amérique méridionale et des Antilles, et plus particulièrement à l'embouchure des rivières.

La pierre lithographique fissile de Pappenheim et de Solhn-
ofen, dans le marcgraviat d'Anspach, renferme souvent les
débris d'un crustacé fossile à trois filets aux antennes intérieures, que j'ai rapporté à ce genre sous le nom de *Palœmon
spinipes*. Voyez l'article PALÉMON (*fossile*).

Genre XCVIII. LYSMATE (*Lysmata*, Risso, Latr. ; *Melicerta*,
Risso).

Antennes intermédiaires ou supérieures formées de trois filets,
dont le plus court est joint à la base de l'un des deux plus

longs; antennes extérieures longues et sétacées. Pieds des deux premières paires didactyles, ceux de la seconde étant les plus longs, et ayant leur carpe divisé en plusieurs petits articles; pieds des trois dernières paires très minces, terminés par un ongle simple, les quatre derniers étant plus courts que les autres. Carapace carénée en dessus et terminée en avant par un rostre fort court.

Les lysmates ont le corps plus raccourci que celui des palémons, et leurs pieds sont plus minces que ceux de ces crustacés; ils ont comme eux les quatre premiers didactyles; mais ce qui les en distingue surtout, c'est que ceux de la seconde paire qui sont aussi les plus grands, ont la pièce qui précède la main subdivisée en petits articles au lieu d'être entière. D'ailleurs la forme des antennes intermédiaires les fait placer dans la même subdivision.

M. Risso avoit d'abord appelé Mélicertes ces crustacés, mais, s'étant aperçu que ce nom étoit déjà employé par Péron pour désigner un groupe de méduses, il l'a changé dans l'errata de son ouvrage en celui de Lysmate, *Lysmata*. Il a décrit deux espèces nouvelles de ce genre; mais l'une d'elles doit être rapportée au genre Palémon.

Lysmata soyeuse: *Lysmata seticaudata*, Risso, Crust., pag. 110, pl. 2, fig. 1. Longueur totale, un pouce et demi; rostre très-court, sexdenté en dessus et bidenté en dessous; pièces natatoires de la queue ciliées sur leurs bords; celle du milieu étant terminée par dix longues soies très-déliées: corps d'un rouge de corail marqué longitudinalement de lignes blanchâtres. Ce crustacé se trouve dans les eaux profondes, aux environs de Nice. Sa femelle porte des œufs d'un rouge brun en juin et juillet.

Genre XCIX. Athanas (*Athanas*, Leach, Latr.; *Cancer (astacus)*, Montagu: *Palæmon*, Leach).

Antennes supérieures ou intermédiaires terminées par trois filets, dont le plus gros et le plus court est enté sur la base du plus court des deux autres: antennes extérieures ou inférieures un peu plus courtes que le corps, sétacées, ayant l'écaille de leur base grande et terminée par une seule pointe aiguë au côté externe de son extrémité. Pieds-mâchoires assez grêles, le premier article étant plus long que les deux autres ensemble, et le dernier de ceux-ci plus long que l'avant-dernier. Pieds des deux premières paires terminés par une main didactyle; cette première paire étant la plus grande de toutes, et la seconde qui est la plus grêle, ayant son carpe multiarticulé; pieds des troisième, quatrième et cinquième paires, finissant par un ongle simple, un peu arqué. Carapace cylindrique un peu plus étroite en avant qu'en arrière, et prolongée en forme de rostre aigu, mais court. Lames natatoires extérieures de la queue formées de deux pièces.

Ce genre a les plus grands rapports avec le précédent, et il n'en est réellement distinct que par la différence de proportion de ses pattes de la première paire qui sont les plus grosses, tandis que dans celui-ci ce sont les pattes de la seconde paire qui ont le plus de volume.

Athanas luisante : *Athanas nitescens*, Leach, Malac. Brit., tab. 44; *Palæmon nitescens*, ejusd., Edinb. Encycl. Longueur, huit à neuf lignes; rostre avancé, inerme. Des côtes du Devonshire et du comté de Cornouailles en Angleterre, et des bords de l'Océan en France.

Subdivision *V. Antennes extérieures insérées au-dessous des intermédiaires; celles-ci terminées par deux filets; un appendice sétacé et alongé, très-apparent à la base postérieure et extérieure des pieds.*

Genre C. Pasiphaé (*Pasiphœa*, Savigny, Latr.; *Alphœus*, Risso).

Antennes intermédiaires terminées par deux filets. Pieds-mâchoires extérieurs servant pour la locomotion. Pieds des deux premières paires didactyles, semblables entre eux, et à peu près d'égale longueur avec le carpe formé d'une seule pièce; pieds de la troisième paire et des suivantes beaucoup plus petits, presque capillaires ou sétacés, les derniers surtout uniquement natatoires. Corps long, mou, très-comprimé.

M. Latreille considère ce genre comme formant le passage de ceux qui précèdent et qui composent sa section des salicoques, à ceux qui suivent dont il forme celle des schizopodes.

Pasiphaé sivado : *Pasiphœa sivado*, Nob.; *Alphœus sivado*. Risso, Crust., pag. 95, pl. 3. fig. 4. Longueur totale, deux pouces et demi; largeur, quatre lignes et demie, Très-comprimé, arqué; carapace lisse, terminée en avant par un rostre aigu, légèrement courbé et infléchi vers la pointe; écaille de la base des antennes extérieures ou inférieures oblongue, ciliée et terminée par une épine; pattes des deux premières paires épineuses et rougeâtres, les autres très-grêles et crochues; dernier segment de l'abdomen très-mince; écailles de la queue égales, pointillées de rouge, l'intermédiaire pointue. Corps mou, d'un beau blanc nacré, transparent et bordé de rouge.

Ce crustacé qu'on trouve très-communément sur la plage de Nice, dépose ses œufs de couleur nacrée en juin et juillet. Au rapport de M. Risso, il sert de proie à une infinité de poissons.

IX.ᵉ DIVISION. *Antennes extérieures insérées au-dessous des intermédiaires, et munies d'une grande écaille à leur base; pieds et pieds-mâchoires divisés en deux tiges, à peu près semblablement conformés et au nombre total de huit paires, servant tous pour la natation; extrémité de l'abdomen pourvue de chaque côté de deux lames natatoires foliacées, formant ensemble une sorte d'éventail comme celles de la queue des écrevisses.* (Section des SCHIZOPODES, Latr.)

Genre Ci. MYSIS (*Mysis*. Latr., Leach.; *Cancer*, Oth. Fabr., Mull.; *Praunus*, Leach; *Astacus*, Fabr.). (1)

Antennes intermédiaires ou supérieures terminées par trois filets ou soies dont deux fort longs; les extérieures sétacées, très-longues et pourvues à leur base d'une grande écaille de forme alongée et ciliée sur ses bords. Trois paires de pieds-mâchoires ayant leur division extérieure (le fouet) alongée, sétacée, formée d'une douzaine d'articles, et leur division interne différente dans chacun d'eux : la dernière ressemblant tout-à-fait aux pieds proprement dits. Les cinq paires de ceux-ci divisées jusqu'à leur base en deux tiges partant d'un support commun en forme de tubercule ou d'article arrondi; chacune de ces tiges offrant ensuite un pédoncule de deux articles, et étant terminée par un filet articulé très-grêle, flexible, garni de quelque soies courtes; la branche extérieure étant la plus

---

(1) **Cette** division est la huitième de M. Leach.

forte (1). Corps alongé, cylindrique, assez mince. Carapace lisse, avancée, mais obtuse antérieurement; yeux très-gros, globuleux, portés sur des pédoncules courts, mais très-épais. Abdomen formé de six segmens pourvus de fausses pattes en dessous et terminé par une nageoire composée de cinq feuillets. Femelles pourvues en dessous et derrière la poitrine de valvules en forme de coquilles qui contiennent les œufs.

Mysis spinosule : *Mysis spinosulus*, Leach, Trans. Linn., vol. XI, pag. 350, n.° 1; *Praunus flexuosus*, ejusd., Edinb. Encycl. Lame intermédiaire de la nageoire de la queue profondément et étroitement échancrée dans son milieu, épineuse sur ses côtés, les latérales pointues et largement ciliées; longueur, neuf lignes; diamètre, $\frac{3}{4}$ de ligne. De la mer d'Ecosse, et des côtes de France à Port-en-bassin, près Bayeux, département du Calvados.

Mysis de Fabricius : *Mysis Fabricii*, Leach, Trans., tom. XI, pag. 350, n.° 2; Encycl. Méth., pl. 336, fig. 8 et 9. Lame intermédiaire de la nageoire caudale obtusément échancrée dans son extrémité, épineuse sur les bords; les latérales arrondies au bout; même dimension que la précédente. Du Groenland : c'est peut-être celle qu'Othon Fabricius a figurée dans la *Fauna Groenlandica*, fig. 1, sous le nom de *Cancer oculatus*.

Mysis entier : *Mysis integer*, Leach, Trans. Linn., tom. XI, pag. 350, *Sp.* 3; *Praunus integer*, ejusd., Edinb. Encycl. Lame intermédiaire de la nageoire caudale, sans échancrure à son extrémité. Des côtes de l'ile d'Arran.

M. Latreille annonce l'existence sur les côtes de Noirmoutier, d'une quatrième espèce de mysis qu'il rapporte à l'*astacus harengum* de Fabricius. Il n'admet pas dans ce genre le *mysis plumosus* de M. Risso, qui lui paroît insuffisamment décrit. Enfin il fait remarquer que le *mysis bipes* d'Olivier est une nébalie.

---

(1) Il résulte de cette conformation des trois paires de pieds-mâchoires et des cinq paires de pieds, que l'animal a en dessous de lui quatre séries composées chacune de huit filets natatoires.

X.ᵉ **Division**. *Dix pieds divisés jusque près de la moitié de leur longueur en deux branches soyeuses; antennes extérieures insérées au-dessous des mitoyennes, et pourvues d'une grande écaille à leur base.* (Section des Schizopodes , Latr.) (1)

Genre CII. Nébalie (*Nebalia*, Leach; *Mysis*, Latr. , Oliv.'; Risso ; *Cancer*, Oth. Fabr., Herbst; *Monoculus*, Montag.; *Cyclops*, Viviani).

Antennes intermédiaires ou supérieures insérées au-dessus des yeux, formées de deux soies médiocrement longues et portées sur un pédoncule cylindrique. Antennes extérieures (premiers pieds, selon M. Leach) longues, simples, sétacées, sans écaille à leur base, placées latéralement, assez loin des yeux, et portées sur des pédoncules alongés. Dix pieds placés très en arrière , fort rapprochés les uns des autres, égaux entre eux et ayant leur extrémité formée de deux divisions égales. sétacées, ciliées, servant uniquement à la natation. Carapace formant un bouclier, analogue à celui de certains entomostracés, et notamment des cyclopes, bombée dans son milieu. embrassant les côtés du corps, prolongée en avant en un petit rostre aigu, arqué en dessous, non épineux et mobile, sous lequel les yeux sont insérés et très-rapprochés. Abdomen conique. plus ou moins long que la carapace, composé de plusieurs segmens visibles au-delà de celle-ci et d'un premier qu'elle recouvre; terminé par deux appendices multiarticulés en forme de soie.

Nébalie d'Herbst : *Nebalia Herbstii*, Leach. Zool. Miscel., tom. 1 , pag. 100 , tab. 44 ; *Monoculus rostratus*, Montagu, Trans. Linn. Soc., tom. 2 , tab. 2, fig. 5; *Cancer bipes*, Oth. Fabr.. Faun. Groenland., n.° 223, fig. 2; Herbst, Cancr., tom. 2, tab. 24, fig. 7; *Mysis bipes*, Oliv. Longueur totale, huit à dix lignes; abdomen formé de quatre segmens; couleur grise ou d'un cendré jaunâtre , avec les yeux noirs. De l'Océan européen, mais principalement des régions septentrionales.

A la suite de cette espèce il convient de joindre un très-petit crustacé phosphorique. de la mer de Gênes. qui a été décrit par M. Viviani, sous le nom de *cyclops exiliens*, phos-

---

(1) Cette division est la neuvième de M. Leach.

phor. maris, etc., 1805, tab. 2, fig. 1-2. Sa longueur est d'un quart ou d'un tiers de ligne. Sa forme générale est celle d'un cyclope; mais il doit être rapporté au genre des nébalies, parce qu'il a deux yeux bien distincts, parce que son têt est terminé en avant par un petit rostre, infléchi et mobile, et parce que ses antennes et ses pieds ont la forme et la disposition des mêmes parties dans ces animaux.

Il diffère de la nébalie d'Herbst, non seulement par sa taille bien plus petite, mais encore parce que son bouclier est beaucoup plus court que le sien, et qu'il est dépassé par onze segmens du corps, ou de l'abdomen, au lieu de quatre : sa couleur est rougeâtre ou jaunâtre.

Le *mysis plumosus* de M. Risso, Crust., page 116, paroît se rapporter encore à ce genre; mais il seroit intermédiaire à la nébalie d'Herbst et à celle de Viviani, non seulement pour la taille, puisqu'il a trois lignes de longueur, mais encore pour le nombre des anneaux du corps visibles après le têt, lequel est de huit. Sa couleur est le blanc mat; et ses yeux qui sont gros et presque sessiles, ont une belle couleur rouge. On le trouve à Nice, dans les endroits où la mer est tranquille, et à trois pieds tout au plus de profondeur, au milieu des algues, des varecs et des corallines. Il se tient ordinairement fixé sur ces productions marines; mais, lorsqu'il nage, il se meut avec beaucoup de rapidité. Sa femelle, au temps de la ponte, porte vingt-quatre à trente-six œufs arrondis et d'un jaune aurore; elle paroît accompagner ses petits quelque temps après leur naissance (1).

______

(1) C'est sans doute à cette section, ou à la précédente, que se rapporte le genre DIASTYLIS de M. Th. Say, Journ. Ac. sc. nat. de Philadel.. tome 1, page 313, lequel est ainsi caractérisé : Quatre antennes placées presque sur la même ligne : les intermédiaires bifides, ayant un pédoncule de trois articles; les extérieures simples avec leur premier article grand et sans écaille. Pieds-mâchoires extérieurs très-longs, pédiformes, très-rapprochés du front, avec le premier article très-long, comprimé, et les autres fort petits, cylindriques, presque égaux. Corselet glabre, formé de six segmens dont le premier, plus grand que tous les autres ensemble, est terminé en avant par un rostre court, obtus, triangulaire, embrassant et crénelé sur ses bords latéraux. Six paires de pieds bifides; ceux de la première paire tronqués au bout,

ORDRE SECOND. Stomapodes ; *Stomapoda*, Latr.

Tête distincte du tronc, divisée en deux parties, dont l'une, an-térieure, porte les antennes et les yeux; corps partagé en segmens transversaux dans toute son étendue; une carapace appartenant à la tête et formant quelquefois le dessus des premiers segmens du corps; yeux pédonculés, mobiles; bouche composée de mâchoires, de fortes mandibules palpigères et entourée d'appendices très-développés, ou de pieds, à la base desquels sont placés des corps membraneux, vé-siculeux, pouvant servir à la respiration; souvent des branchies en forme de panaches, existant en outre, sous la queue qui est très-grande, derrière chacune des paires de pieds-nageoires qui la gar-nissent en dessous (1).

Genre CIII. Squille (*Squilla*, Fabr., Oliv., Latr., Lamck., Risso ; *Cancer*, Linn., *Entomon*, Latr.).

Antennes intermédiaires grandes, relativement aux latérales,

---

plus courts que les pieds-mâchoires extérieurs ; ceux de la seconde ter-minés en pointe ; ceux des troisième, quatrième et cinquième paires , relevés, pointus, sans ongle, et terminés par des poils forts. Abdo-men plus étroit que le thorax, formé de six segmens, dont les deux der-niers portent des pieds natatoires. Queue biarticulée, pourvue sur chaque côté du premier segment d'un seul style bifide, et sur l'extré-mité du second d'un style simple, cylindrique.

Le *Diastylis arenarius* est la seule espèce que M. Say fait connoître ; sa longueur est d'un cinquième de pouce anglois. Il a été trouvé sur les côtes de la Géorgie et des Florides.

Il est fâcheux que le créateur de ce genre n'ait pas joint de figures à son Mémoire; car la description qu'il donne de son crustacé, quoique détaillée, ne peut suffire pour qu'on puisse se représenter complète-ment, avec son seul secours, les formes de cet animal.

M. Say pense que le *Cancer scorpionides* de Montagu (Trans. Soc. Linn.), des côtes d'Angleterre, et le *Cancer esca* de Gmelin (Syst. Nat.), des rivages de la Norwège, doivent être rapportés à son genre Diastylis.

Pour terminer ce que j'ai à dire des schizopodes, je rapporterai que M. Leach, dans un Mémoire inséré au Journal de Physique, avril 1818, avance, mais sans déduire ses motifs, que le genre Zoé de M. Bosc doit être certainement placé dans le même groupe que le genre Nébalie.

(1) Les animaux compris dans cet ordre n'ont pas été admis par M. Leach dans sa Classification des Crustacés, bien qu'il ait fait con-noître plusieurs d'entre eux dans des mémoires particuliers.

formées de trois filets sétacés, dont le supérieur est le plus long, et dont les inférieurs sont réunis à leur base; tous étant portés sur un pédoncule, long, cylindrique, composé de trois articles dont le premier est le plus gros et le plus court, et le second le plus long : ces antennes formant avec les yeux une saillie distincte du reste du corps, et sur laquelle s'étend une sorte de chaperon carré, mais arrondi sur ses angles, qui est articulé avec le bord antérieur de la carapace de la tête. Antennes extérieures placées à peu près sur le même plan horizontal que les intermédiaires, insérées de chaque côté entre le chaperon et l'angle externe de la carapace, formées d'un article baséal, large, anguleux, lequel porte : 1.° un second article vers son extrémité et en dehors, un peu moins fort, aussi anguleux, et muni lui-même extérieurement d'une lame très-alongée, ovoïde et ciliée sur son bord externe; 2.° le corps même de l'antenne qui est sétacé, multiarticulé et pourvu à son origine de deux ou trois articles cylindriques beaucoup plus grands que les autres. Yeux ovoïdes, transverses, obliques, portés sur un court pédoncule d'un diamètre moindre que le leur, insérés très-près l'un de l'autre au-dessus des antennnes intermédiaires. Bouche placée au sommet et en arrière d'une saillie pyramidale, comprimée, très-apparente en dessous du têt; composée, en allant du dedans au dehors, 1.° d'une lévre supérieure un peu arrondie, presque membraneuse, formant le sommet du cône et ayant sa saillie tournée en arrière; 2.° de deux grandes mandibules très-solides, ayant leur partie triturante divisée en deux branches qui tombent à peu près à angle droit l'une sur l'autre, dont l'inférieure qui se croise avec celle de la mandibule opposée, est tranchante sur son bord, un peu arquée à son extrémité et pourvue d'un seule série de dents, au nombre de sept, comprimées, droites et peu aiguës, et dont la branche supérieure à peu près horizontale, a sa tranche droite, canaliculée et bordée de deux rangs de semblables dents, mais plus nombreuses et plus petites (la base de ces mandibules est renflée et caverneuse); 3.° d'un long palpe composé de trois articles filiformes, adhérent à chacune de ces mandibules, couché sur les côtés et à la base du cône buccal; 4.° de deux lames un peu bombées, placées au-devant des mandibules, ciliées et épineuses sur les bords, qui font l'office de véritables mâchoires et qui sont considérées par M. La-

treille comme des divisions de la languette : 5.° d'une paire de
mâchoires aplaties, composées chacune de deux parties, l'une
plus large, tronquée et garnie d'un rang de cils roides en
dedans et l'autre externe, palpiforme, aiguë et finissant en
pointe; 6.° de deux mâchoires plus extérieures très-grandes,
triangulaires, alongées, aplaties sur les autres parties de la
bouche et les recouvrant longitudinalement, formées évi_
demment de quatre pièces de dimension à peu près égale, dont la
première et la dernière sont triangulaires, et les autres à peu
près carrées, avec leurs angles émoussés. De grands appendices
(pieds-mâchoires, ou pieds proprement dits), au nombre de
dix, insérés très-près les uns des autres, autour de la bouche :
ceux de la première paire (1) assez longs, très-grêles, terminés
par un article lenticulaire, supportant un onglet qui fait la
pince en se reployant sur son bord : ceux de la seconde paire (2)
extrêmement grands, insérés plus en dehors que les autres, com_
posés de six articles, comme les serres des crustacés décapodes
ordinaires; savoir : deux pièces courtes à la base, un bras long
et assez épais, canaliculé en dessous, un carpe court, une pièce
représentant le corps de la main, très-aplatie et ayant sur son
bord interne un sillon ou une série de cavités plus ou moins nombreuses et profondes, enfin un sixième et dernier article, qu'on
peut considérer comme un ongle ou un pouce mobile de forme
alongée, arquée, se repliant sur la tranche interne de la cinquième pièce, et ayant souvent sur son bord de fortes épines arquées, disposées de façon à loger leurs pointes dans les cavités de
celle-ci : ceux des troisième, quatrième et cinquième paires (3).
beaucoup moins grands, mais assez épais, diminuant progressivement de force, ayant leur avant-dernier article assez gros, plat
et arrondi, supportant le dernier qui est aigu, petit, arqué et
replié sur lui, en forme de crochet (une production vésiculeuse
dont l'usage est, selon M. Leach, de servir à la respiration,
existant à la base des six premiers de ces appendices). Carapace petite, mince et flexible, de forme trapézoïdale alongée,

------

(1) Mâchoires auxiliaires, Savig.; palpes extérieurs, Fabr.; barbillons et premières pattes, Latr.; première mâchoire, Cuv.

(2) Première paire de pieds proprement dits, Savigny, Fabr., Cuv.
Deuxième paire de pattes, Latr., Consid. génér.

(3) Pattes des deuxième, troisième et quatrième paires, Savigny.

marquée de deux impressions longitudinales entre lesquelles se trouve la partie qui recouvre la région buccale, et au dehors desquelles ses bords consistent seulement en une lame presque membraneuse, qui protège la base extérieure des pieds. Corps fort long, un peu plus large en arrière qu'en avant, formé de onze segmens, dont le premier, plus court et plus étroit que les autres, ne donne attache à aucune patte; le second, le troisième et le quatrième, ayant au contraire chacun une paire d'appendices (1) ou de pattes alongées, grêles, grandissant graduellement d'avant en arrière, terminées par un petit article mince, triangulaire, cilié sur son bord interne, et ayant un filet styliforme, attaché à la base de leur troisième article contre lequel il est accolé; la dernière de ces trois paires pourvue à son origine, dans quelques individus (les mâles sans doute), d'une tige assez longue, cylindrique, inarticulée et dirigée en dedans; les cinq segmens suivans de l'abdomen étant munis en dessous d'une paire de pieds-nageoires, courts, dont les articles terminaux sont en palettes ovales, ciliées sur les bords, et qui supportent à leur origine une branchie, composée de nombreux filets cylindriques disposés comme une houppe; le onzième et dernier segment aplati en forme d'écaille en dessus, ayant l'anus ouvert sur sa face inférieure, et représentant la lame intermédiaire de la nageoire caudale des crustacés macroures proprement dits. Deux nageoires latérales attachées chacune à l'angle postérieur de l'avant-dernier segment et composées d'une pièce principale, solide et aiguë postérieurement, qui porte en dehors un appendice mobile, formé de deux lames aplaties, ovales, ciliées, et en dedans une lame également garnie de cils, mais unique et de forme très-alongée.

Les squilles présentent de grandes anomalies dans leur organisation, lorsqu'on la compare à celle des crustacés que nous avons décrits jusqu'à présent. Toute la région recouverte par leur tête ne comprend que les organes de la manducation, et les viscères sont distribués dans les autres parties du corps. Leur estomac est situé dans les quatre premiers segmens qui suivent la carapace; leur cœur de forme très-alongée, est placé tout le

______

(1) Pieds des cinquième, sixième et septième paires, Savigny.

long du dos, et leurs branchies, rejetées en arrière et en dessous du corps, sont presque à découvert.

Les squilles étoient connues des Grecs sous les dénominations de *cragones* et de *crangines*; et celles de *mante de mer* et de *prégadious* leur ont été données par les modernes à cause de la ressemblance de leur grande paire de pieds avec les premières pattes des orthoptères du genre *Mantis*, et parce qu'elles la tiennent ployée de la même manière. Elles habitent les mers des contrées chaudes et tempérées, et se tiennent à une assez grande profondeur (90 à 150 pieds) sur les fonds sablonneux et fangeux. Leur accouplement a lieu au printemps.

Squille mante; *Squilla mantis*, Fabr., Lamck., Latr., Encycl., pl. 524. Ongle mobile des grands pieds en pince pourvu en dedans de six épines qui entrent dans autant de cavités du bord intérieur de la pièce précédente, dont la tranche est finement dentelée et garnie à sa base de trois épines mobiles; corps et abdomen ayant en dessus six carènes longitudinales, terminées sur les deux avant derniers-segmens par autant de pointes dirigées en arrière; dernier segment ayant une seule carène dans son milieu, trois pointes latérales, et deux terminales, son bord postérieur étant garni de dents très-régulières, enflées en dessus et crochues en dessous, sa surface présentant des séries de points enfoncés. D'un blanc nacré, nuancé de bleu et de violet; yeux verts dorés; pattes d'un vert de mer; deux taches d'un bleu violet sur le dernier segment de l'abdomen. Longueur, six à huit pouces. On la trouve dans la Méditerranée. Sa femelle, au rapport de M. Risso, est pourvue d'œufs nacrés, en été.

Squille tachetée : *Squilla maculata*, Fabr., Lamck., Latr., Encycl., pl. 523 ; *Cancer arenarius*, Rumph, Amb. Rareit., tab. 3, fig. E. Très-grande; corps lisse en dessus; ongle mobile des grands pieds en pince très-courbé au bout et pectiné (ayant dix épines); dernier segment de l'abdomen arrondi, sans carène, avec trois dentelures sur chacun de ses angles postérieurs et latéraux. Des Grandes-Indes.

Squille queue-rude; *Squilla scabricauda*, Lamck., Latr., Encycl., pl. 325, fig. 1. Carapace courte, presque en cœur, marquée de quatre sillons; corps généralement lisse avec la dernière pièce de l'abdomen couverte en dessus de nombreuses aspérités; ongle mobile des grands pieds en pince à huit dents.

à peu près de la taille de la squille mante. De l'Océan indien.

SQUILLE GOUTTEUSE : *Squilla chiragra*, Fabr., Latr., Encycl., pl. 325, fig. 2. Corps lisse, généralement verdâtre ; avant-dernier segment de l'abdomen pourvu de six tubercules alongés et pointus postérieurement ; le dernier en ayant trois à sa base dont le médian est le plus long, et quadridenté sur ses bords ; ongle mobile des grands pieds en pinces renflé à la base, mince et arqué au bout, très-finement crénelé sur son bord interne ; taille moyenne. De l'Ile-de-France.

SQUILLE DE DESMAREST ; *Squilla Desmarestii*, Risso, Crust., pag. 114, pl. 2, fig. 8. Ongle des grands pieds en pince pourvu de quatre aiguillons ; trois carènes longitudinales sur chaque côté de l'abdomen entre lesquelles sont deux espèces de sillons ; dernier segment ayant six épines sur ses bords et étant terminé en pointe ; longueur, deux pouces et demi ; couleur généralement fauve. Cette squille se trouve au milieu des zostères aux environs de Nice, et sa femelle pond des œufs, jaunes, en avril et septembre. Une variété est d'un rouge de chair, et une autre d'un beau jaune.

Genre CIV. ERICHTHE (*Erichthus*, Latr., Lamck.; *Squilla*, Fabr.; *Smerdis*, Leach).

Antennes, bouche et yeux comme dans les squilles. Carapace large, se prolongeant en arrière jusqu'à l'extrémité postérieure du tronc, et recouvrant les anneaux qui portent les trois dernières paires de pattes grêles (celles qui précèdent les pieds nageurs). Queue composée de huit articulations fort larges, et pouvant se recourber en dessous et en avant, de manière à former avec la carapace une enveloppe dure, crustacée, sous laquelle l'animal se met complètement à l'abri. Cinq paires de pattes natatoires sous la queue, ne supportant pas de branchies à leur base. Un appendice foliacé à l'origine des pieds qui entourent la bouche semblable à celui qui existe dans les squilles à la même place, et paroissant servir à la respiration. Bouche assez antérieure.

ERICHTHE VITRÉ : *Erichthus vitreus*, Latr., Rég. anim., tom. 3, pag. 43 ; *Squilla vitrea*, Fabr., Syst. Entom., tom. II, pag. 513, Lamck., Anim. sans vert., tom. V, pag. 189 ; Encycl., pl. 354, fig. 7 ; *Smerdis vulgaris*, Leach, Journ. de Phys., tom. 86, p. 305,

fig. 5. Longueur, dix lignes; carapace lisse, carénée, avec les
angles pointus et une épine très-courte à la partie postérieure
du dos; doigt ou ongle des grandes serres, sans dents. De l'Océan atlantique.

Erichthe armé : *Erichthus armatus*, Latr., Encycl., pl. 354,
fig. 6; *Smerdis armata*, Leach, Journ. de Phys., t. 86, p. 305,
fig. 6. Plus petit que le précédent; carapace terminée en avant
par un rostre et se relevant en une très-longue pointe sur son
bord postérieur, qui est aussi muni de petites épines latérales.

Genre CV. Alima (*Alima*, Leach).

Caractères généraux des érichthes, mais en différant par
l'alongement extrême du corps et de la queue, ainsi que par
celui du têt ou bouclier céphalothoracique. Antennes intermédiaires ayant un pédoncule fort long, composé de trois articles cylindriques dont celui de la base est un peu plus grand
que les autres; terminées par trois filets cylindriques, inégaux,
et dont le plus grand est moins long que le pédoncule. Antennes extérieures plus courtes que la lame ovale, non ciliée,
qui est annexée à leur base. Yeux très-gros, portés sur un pédoncule très-mince, et faisant un angle avec lui. Bouche située
fort en arrière, entourée d'appendices disposés comme ceux
de la bouche des squilles, et dont les deux plus grands, ou les
serres en genou, sont très-grêles, linéaires, avec leur dernière
pièce ou l'ongle, repliée, courte, très-mince, aiguë et sans dentelures sur son bord. Carapace très-mince, fort alongée, plus
large en arrière qu'en avant, terminée antérieurement par trois
pointes dont l'intermédiaire est fort longue et très-aiguë, et en
arrière par trois pointes dont les deux externes sont formées
par les angles latéraux, et dont la moyenne fait une petite
saillie au-dessus du bord tronqué de cette partie. Corps et
queue très-alongés, grêles, mais néanmoins un peu plus larges
en arrière qu'en avant. Premier segment sans pieds; les second, troisième et quatrième, pourvus de très-petits appendices
à peine visibles, qui représentent les trois dernières paires de
pattes ambulatoires des squilles; les cinq segmens suivans munis
chacun d'une paire d'appendices natatoires, consistant en un
pédoncule assez alongé, qui supporte deux lames membraneuses
très-minces, ovales et non ciliées. Dernier article de la queue

grand, aplati, mince et très-transparent, arrondi à sa base, à bords latéraux parallèles unidentés, et terminé par quatre pointes dont les deux intermédiaires sont les plus postérieures.

ALIME HYALINE; *Alima hyalina*, Leach, Journ. Phys., tom. 86, avril 1818, pag. 305, fig. 7. Longueur totale du corps, treize lignes; largeur de la carapace, deux lignes; du corps au premier anneau, une demi-ligne; transparent. Du port Praya, au Cap-Vert, en Afrique, par 7.° 30'; latitude N, et 17.° 34', O.

Genre CVI. PHYLLOSOME (*Phyllosoma*, Leach, Latr.).

Antennes placées sur la même ligne horizontale; les intermédiaires étant plus courtes que les pédoncules oculaires, divisées en deux filets dont l'interne ou le plus court paroît formé de deux articles, et portées sur un pédoncule de trois articles; les latérales variant de longueur, filiformes, sans écaille à la base, composées de cinq articles, dont le quatrième est le plus long. Bouche très-petite, située au-dessous de la carapace, vers les deux tiers postérieurs de la ligne médiane, et formée de parties très-ténues qui paroissent avoir beaucoup d'analogie avec celles qui existent dans les squilles. Pattes au nombre de seize en totalité; savoir: 1.° douze grandes, dont les dix premières longues, et les deux dernières beaucoup plus petites (six à dix de ces pattes ayant à l'extrémité de leur troisième article un appendice articulé, sétacé, cilié, qui ressemble au palpe flagelliforme des pieds-mâchoires, dans les crustacés décapodes), et 2.° quatre très-petites pattes, antérieures à celles-ci et postérieures à la bouche, existant au-dessous du corps et paroissant formées de trois articles. Corps extrêmement déprimé, mince comme une feuille (d'où est tiré le nom du genre *Phyllosoma*) et très-transparent, divisé en deux boucliers chevauchant l'un sur l'autre en arrière, et en un abdomen composé de cinq segmens, lequel est terminé par deux lames natatoires de chaque côté. Le premier bouclier de forme ovale d'avant en arrière, représentant la tête des squilles, portant antérieurement les antennes et les yeux, qui sont globuleux et placés sur un pédoncule long, mince et droit, et ayant la bouche en dessous. Le second bouclier, ou le tronc, plus large que long, transversal, et légèrement anguleux dans son contour, portant en dessous les grandes pattes. L'abdomen étant plus court que le tronc; pourvu en dessous d'autant de paires de fausses pattes en nageoires qu'il y a de segmens; sans branchies visibles.

Les mouvemens des phyllosomes sont très-lents. Ces singuliers crustacés n'ont encore été rencontrés que dans les mers équatoriales.

PHYLLOSOME CLAVICORNE : *Phyllosoma clavicorne*, Leach, Notice sur Cranch, n.° 4.; Journ. de Phys., 1818, avril, page 307, fig. 11. Lame clypéiforme de la tête ovale et entière; longueur des antennes extérieures triple de celle des pédoncules oculaires; la première paire des pattes extérieures la plus longue. Mer d'Afrique, en Guinée.

PHYLLOSOME COMMUN; *Phyllosoma commune*, Leach, Journ. de Phys., loc. cit., fig. 10, Lame clypéiforme de la tête ovale, entière; longueur des antennes extérieures double de celle des pédoncules oculaires; la seconde et la quatrième paires de pattes extérieures les plus longues. De la côte de Guinée, et au port Praya.

PHYLLOSOME LARGES-CORNES : *Phyllosoma laticorne*, Leach, Journ. de Phys., loc. cit., fig. 9. Lame clypéiforme de la tête ovale; les quatre antennes plus courtes que les pédoncules oculaires; les extérieures étant un peu plus longues et plus larges que les intermédiaires, avec leur premier article dilaté extérieurement, et le dernier, plus grand que le précédent, elliptique; les intérieures sétacées.

PHYLLOSOME BRÉVICORNE : *Phyllosoma brevicorne*, Leach, Journ. de Phys., loc. cit., fig. 8 , Latr. Lame clypéiforme de la tête ovale; antennes plus courtes que les pédoncules oculaires, toutes quatre sétacées.

PHYLLOSOME FRONT-ÉCHANCRÉ ; *Phyllosoma cunifrons*, Latr. Lame clypéiforme de la tête plus carrée qu'ovale, arrondie aux angles du bord antérieur, dont le milieu est échancré. De la côte de Coromandel (1).

____

(1) M. Latreille vient de créer, sous le nom de CORONIS, dans la collection du Muséum d'Histoire naturelle de Paris, un nouveau genre qu'il rapporte à l'ordre des stomapodes, et qu'il compose d'une espèce de crustacé très-alongée, ayant quelques rapports de formes avec les scolopendres, et qui a été rapportée du Brésil par feu M. Delalande.

Selon le même naturaliste, il est vraisemblable que la squille pieuse,

EDRIOPHTHALMES, *EDRIOPHTHALMA*, Leach.

Des yeux sessiles , ordinairement composés , mais quelquefois simples , situés sur les côtés de la tête ; des mandibules souvent munies d'un palpe ; tête presque toujours distincte du corps.

ORDRE TROISIÈME. AMPHIPODES, *Amphipoda*, Latr. (1).

Tête distincte du tronc et formée d'une seule pièce ; mandibules pourvues d'un palpe ; mâchoires au nombre de trois paires dont l'extérieure représente une lèvre avec deux palpes ou deux petits pieds réunis près de sa naissance ; corps comprimé latéralement, divisé en sept anneaux ; quatorze pattes dont les antérieures sont souvent terminées par une serre avec un seul doigt ; des branchies vésiculeuses, situées à la base intérieure des pieds, à l'exception de celle de la paire antérieure ; queue composée de six à sept articles, portant en dessous cinq paires de fausses pattes en forme de filets , divisées en deux branches , très-mobilse.

Ire SECTION. *Deux antennes insérées une de chaque côté du front ; queue terminée par des filets styliformes ; tête grosse, verticale.*

Genre CVII. PHRONIME (*Phronima*, Latr., Leach, Lamck., Risso, *Cancer*, Herbst, Forskh.).

Deux antennes sétacées, très-courtes, composées d'un petit

---

squilla eusebia, de M. Risso, Crust., pag. 115, appartient à ce genre, si même ce crustacé diffère spécifiquement de celui de la collection du Muséum.

Il a la tête terminée par une longue pointe, le corselet ou têt presque aplati, oblong, glabre ; les antennes extérieures soyeuses ; l'ongle des grands pieds en pince pourvu de dix aiguillons très-fins ; les autres pattes courtes et munies d'un appendice arrondi sur leur quatrième article ; l'abdomen formé de sept segmens arrondis , glabres, dont les trois premiers et le dernier sont moins renflés que ceux du milieu ; les écailles de la queue ciliées et portant deux aiguillons inégaux. Ce crustacé, de la mer de Nice, est rouge et pointillé de brun. Sa longueur est d'un pouce et demi.

(1) Cet ordre de M. Latreille, que M. Leach n'a pas admis, comprend les deux premières sections de sa légion des Malacostracés édriophthalmes. Il correspond au genre *Gammarus* de Fabricius.

nombre d'articles. Les quatre premiers pieds (*mâchoires exté-rieures*, Latr.) en forme de petits bras comprimés, finissant en pointe, dentés en dessous; les deux antérieurs étant plus petits et annexés à la tête. Pieds de la cinquième paire les plus grands de tous, terminés par une pince didactyle. Six sacs vésiculeux divisés en trois paires, et placés à la base interne des six der-niers pieds. Tête très-grande, cordiforme, verticale. Corps très-mou, étroit et long. Queue plus mince que le corps, ter-minée par six stylets alongés et fourchus au bout, pourvue en dessous de quatre ou six pattes natatoires disposées par paires, sous les troisième, quatrième et cinquième anneaux; ces pattes étant formées d'un petit article pour leur articulation avec la queue, d'un grand article ovale aplati, et de deux filets termi-naux.

Phronime sédentaire : *Phronima sedentaria*, Latr., Gen. insect. et crust., tom. 1, tab. 2, fig. 2; *Cancer sedentarius*, Forsk., Faun. Arab. 95; *Cancer gammarellus sedentarius*, Herbst, tom. 2, tab. 37, fig. 8. Six pattes natatoires caudales; corps demi-trans-parent, nacré et ponctué de rougeâtre. Ce petit crustacé, dont la longueur n'excède pas un pouce, vit à quelque distance des côtes, et se tient, selon M. Risso, dans l'intérieur du corps des animaux radiaires des genres Pyrosome et Beroé. On l'a trouvé dans la Méditerranée et près de Burray en Zetland.

Phronime sentinelle ; *Phronima custos*, Risso, Crust., pag. 121, pl. 2, fig. 3. Pattes natatoires caudales, paroissant n'être qu'au nombre de quatre; corps plus petit que celui de l'espèce précédente, très-blanc. Des environs de Nice, dans l'intérieur des méduses, des genres Equorée et Géronie, de Péron et Lesueur.

II.ᵉ SECTION. *Quatre antennes ; deux feuillets aplatis, servant de nageoires, placés au bout de la queue, et remplaçant les styles ; tête grosse, verticale* (1).

Genre CVIII. Hypérie (*Hyperia*, Latr.).

Quatre antennes sétacées. Les dix pieds, proprement dits, médiocrement longs, et tous terminés par un article

---

(1) M. Leach n'a pas admis cette section. Je l'ai créée pour placer deux nouveaux genres qui ont beaucoup de rapports avec les phronimes.

simple et pointu. Tête assez petite , ronde , plane en devant , point prolongée en rostre. Corps conique , terminé par deux lames triangulaires , alongées , horizontales.

Hypérie de Lesueur : *Hyperia Suerii*, Latr. ; *Phronima ?* ejusd., Encycl. Mét. Crust., tab. 328 , fig. 17 et 18.

Nota. Je dois la communication des caractères de ce genre inédit à la complaisance de M. Latreille , son fondateur.

Genre CIX. Phrosine (*Phrosine*, Risso ; *Dactylocerus* , Latr.).

Deux antennes supérieures grandes et en forme de cuillers ; deux inférieures sétacées et très-petites. Les dix pattes proprement dites monodactyles, formées de cinq articles aplatis; la première paire courte , mince , crochue ; la seconde un peu moins longue que la troisième ; la quatrième fort grande , avec son premier article large , ovale , les deux suivans triangulaires , le quatrième ovale , épineux , et le dernier long , aigu , arqué , falciforme ; cinquième paire de pieds plus courte que la précédente , mais de même forme. Corps oblong, un peu arqué , sub-arrondi sur les côtés , à segmens crustacés , transverses. Tête prolongée sur le devant en forme de museau. Queue composée de cinq segmens, presque quadrangulaires , terminée par deux lames oblongues , ciliées , et une plaque intermédiaire courte , aplatie et arrondie au bout.

Phrosine en croissant ; *Phrosine semilunata* , Risso , Journ. de Phys. , oct. 1822, pag. 245. Corps oblong, jaunâtre antérieurement , rouge postérieurement ; tête pourvue de deux petites cornes qui forment une sorte de croissant ; yeux petits. Longueur totale, sept à huit lignes. Peu commun aux environs de Nice, ce crustacé y apparoît au printemps, à l'époque de ses amours. Il fait son séjour habituel dans les endroits où la mer est profonde et où le fond est sablonneux. Ses œufs sont transparens.

Phrosine gros-œil ; *Phrosine macrophthalma* , Risso , loc. cit. Corps oblong, d'un rouge violet, avec la tête transparente ; point de cornes ; yeux très-gros, ovalaires et noirs ; taille moindre de moitié que celle de l'espèce précédente. M. Risso l'a trouvée sur le pyrosome élégant de Lesueur, en février et juillet. C'est à cette dernière époque que la femelle est chargée d'une grande quantité de très-petits œufs globuleux.

III.ᵉ SECTION. *Quatre antennes; queue terminée par des filets styliformes; tête médiocrement grosse, non verticale* (1).

I.ʳᵉ DIVISION. *Antennes formées de quatre articles dont le dernier est subdivisé en plusieurs autres fort petits ; les supérieures très-petites et plus courtes que le pédoncule des inférieures, qui est formé de trois articles.*

Genre CX. TALITRE (*Talitrus*, Latr., Bosc, Leach, Lamck.; *Astacus*, Penn.; *Cancer*, Montag. ; *Oniscus*, Pallas).

Les deux pattes antérieures plus grandes que les deux suivantes, allant graduellement en pointe, ou simplement onguiculées (sans pinces); pattes de la seconde paire courtes, grêles, terminées par deux articles très-comprimés, et dont le dernier est en forme d'onglet membraneux et obtus; celles des trois dernières paires assez longues et finissant par un crochet simple. Segmens du corps pourvus d'écailles latérales. Queue composée de cinq articles dont le dernier est le plus petit. Tête non prolongée en forme de bec.

Les talitres, comme les crevettes, nagent de côté sur les bords de la mer, et se traînent sur le sable : elles s'assemblent en grand nombre sur les corps morts que le flot rejette, pour s'en nourrir. Elles sautent très-bien au moyen du mouvement de ressort qu'elles donnent à leur queue; leurs femelles qui, selon M. Risso, pondent plusieurs fois dans l'année, portent leurs œufs sous les écailles latérales de la poitrine. Les petits qui en naissent restent quelque temps placés sous l'abdomen de leur mère, attachés aux fausses pattes dont cette partie est pourvue.

TALITRE LOCUSTE : *Talitrus locusta*, Latr., Leach; *Astacus locusta*, Penn.; *Cancer gammarus saltator*, Montagu, Trans. of the Linn. Societ., tom. 9, pag. 94; *Oniscus locusta*, Pallas, Spicil. Zool., fasc. 9, tab. 4, fig. 7. Longueur, six à huit lignes; corps d'un cendré plus ou moins foncé, avec les antennes roussâtres, velues, ainsi que les trois dernières paires de pattes. Très-commun sur nos côtes, surtout sur les plages sablonneuses.

---

(1) Cette section est dans la méthode de M. Leach.

Genre CXI. Orchestie (*Orchestia*, Leach ; *Talitrus*, Latr., Risso, Lamck.; *Oniscus*, Pallas).

Caractères généraux semblables à ceux des talitres. Les quatre pattes antérieures terminées par une pince comprimée, en griffe ; celles de la seconde paire étant beaucoup plus fortes, avec la griffe du bout longue, arquée, et s'appliquant sur la tranche aiguë et antérieure de la main ; cette tranche étant unidentée dans les femelles.

Ces crustacés, très-peu différens des précédens, vivent absolument de la même manière.

Orchestie littorale : *Orchestia littorea*, Leach, Edinb. Enc.; Trans. Soc. Linn., tome XI, page 356; *Cancer gammarus littoreus*, Montagu ; *Talitrus gammarus*, Latr., Risso ; *Oniscus gammarellus*, Pall., Spicil., fasc. 9, tab. 4, fig. 8. Longueur, six à sept lignes ; couleur, le vert pâle nuancé de rougeâtre. Tête petite ; pinces de la seconde paire très-grosses ; queue composée de trois appendices bifides, dont celui du milieu est fort court. Cette espèce dont une variété est entièrement d'un jaune pâle, se trouve sur nos côtes, cachée sous les pierres et les goémons. Aux environs de Nice, sa femelle pond des œufs jaunâtres plusieurs fois dans l'année.

II.ᵉ Division. *Antennes grandes, sétacées, formées de quatre articles dont le dernier est lui-même multiarticulé ; les supérieures de bien peu plus courtes que les inférieures.*

Genre CXII. Atyle (*Atylus*, Leach; *Gammarus*, Fabr.).

Second article des antennes supérieures plus long que le troisième ; second article des antennes inférieures un peu plus court que le troisième. Devant de la tête prolongé en forme de bec. Yeux petits, arrondis, placés de chaque côté de la tête, entre les points d'insertion des antennes supérieures et inférieures. Pieds des deux premières paires (pieds-mâchoires extérieurs?) monodactyles, terminés par un article comprimé ; pieds proprement dits ou des cinq autres paires, à peu près d'égale longueur et grosseur entre eux, moyens et finissant par un ongle simple. Queue terminée par deux filets latéraux et un filet intermédiaire, bifides à leur extrémité. Corps composé (la tête comprise) de douze articulations.

Ce genre est très-voisin des deux précédens. Il en diffère principalement par l'alongement de ses deux antennes supérieures, et le prolongement de sa tête en une sorte de rostre.

ATYLE CARÉNÉ : *Atylus carinatus*, Leach, Zool. Misc., tom. 2, pag. 22, pl. 69; ejusdem, Trans. Soc. Linn., tom. XI, pag. 357; *Gammarus carinatus*, Fabr., Ent. Syst., tom. 2, pag. 515, spec. 3. Longueur, quatorze lignes; rostre formé par la partie antérieure et supérieure de la tête, un peu infléchi; les cinq derniers segmens de l'abdomen carénés en dessus, et terminés un peu en pointe postérieurement. Patrie inconnue.

M. Latreille présume que le *gammarus nugax* de Fabricius, figuré par Phipps (Voyage au pôle boréal, pl. 12, fig. 2), appartient au genre Atyle.

III.ᵉ DIVISION. *Antennes formées de trois articles dont le dernier est multiarticulé, et dont le premier est le plus petit de tous; les supérieures étant les plus longues.*

Genre CXIII. DEXAMINE (*Dexamine*, Leach ; *Gammarus*, Latr.; *Cancer*, Montagu).

Second article des quatre antennes long et grêle; une petite soie à la base du troisième des inférieures. Les quatre pieds antérieurs presque égaux, terminés par une pince comprimée en griffe, ou à un seul crochet. Yeux oblongs, placés en arrière de la base des antennes supérieures. Queue ayant de chaque côté trois styles bifides, et en dessus un style mobile.

DEXAMINE ÉPINEUSE : *Dexamine spinosa*, Leach, Edinb. Encycl., tom. 7, pag. 433; ejusdem, Zool. Misc., tom. 2, pag. 25, *Cancer gammarus spinosus*, Montagu, Linn. Trans., tom. XI, pag. 3. Les quatre derniers segmens de l'abdomen prolongés postérieurement en forme d'épine; front avancé entre les deux antennes supérieures et un peu infléchi; corps luisant. Des côtes méridionales d'Angleterre.

Genre CXIV. LEUCOTHOÉ (*Leucothoe*, Leach ; *Gammarus*, Latr.; *Cancer*, Montagu ; *Cuvieria*, Leach).

Caractères généraux des dexamines, aux différences suivantes près. Les deux pieds antérieurs terminés par deux doigts, dont le mobile, ou le pouce, est biarticulé; pieds de la seconde paire ayant leur main dilatée, comprimée, alongée, et pourvue d'un grand ongle courbé; ceux des autres paires assez courts et grêles, terminés par un ongle simple. Extrémité de l'abdomen recourbée en dessous.

Leucothoé articulée : *Leucothoe articulosa*, Leach, Edinb. Encycl.; Trans. Soc. Linn., pag. 358; *Cancer articulosus*, Montagu, Trans. Soc. Linn., tome VII, tab. 6, fig. 6. Très-rare dans les mers qui baignent les côtes de l'empire britannique.

IV.ᵉ Division. *Antennes formées de quatre articles, dont le dernier est multiarticulé; les supérieures étant les plus longues.*

Subdivision I. *Les quatre premiers pieds monodactyles; ceux de la seconde paire dans les mâles, ayant la main dilatée et comprimée.*

Genre CXV. Mélite (*Melita*, Leach; *Gammarus*, Latr., Lamck.; *Cancer*, Montagu; *Boscia*, Leach).

Pieds de la première paire monodactyles; ceux de la seconde ayant le doigt infléchi sur le milieu de la lame que forme la main, et non sur sa tranche. Queue garnie de chaque côté d'une lamelle alongée et foliacée. Antennes supérieures un peu plus longues que les inférieures.

Les crustacés de ce genre, comme la plupart de ceux que renferme la même division, se tiennent sous les pierres qui bordent le rivage de la mer.

Mélite palmée : *Melita palmata*, Leach, Edinb. Encycl., tom. 7, pag. 403; *Cancer palmatus*, Montagu, Trans. Linn., tom. VII, pag. 69; Encycl. Méthod. Crust., tab. 336, fig. 31. Couleur noirâtre; antennes et pieds annelés de grisâtre pâle.

Genre CXVI. Mæra (*Mæra*, Leach; *Gammarus*, Latr., Lamck.; *Mulleria*, Leach).

Caractères généraux des mélites, aux différences suivantes près : Antennes supérieures au moins doubles en longueur des inférieures, ayant leur quatrième article multiarticulé, le plus long de tous; le troisième le plus court; le second presque aussi long que le quatrième, et le premier intermédiaire pour la grandeur à celui-ci et au troisième. Antennes inférieures ayant leur quatrième article moins long que le second. Pieds des deux premières paires monodactyles; doigt de ceux de la seconde infléchi sur le milieu de la lame que forme la main, et non sur sa tranche. Queue dépourvue de styles foliacés.

Ce genre, très-voisin de celui des mélites, en diffère principalement par ce dernier caractère.

Mæra aux grosses mains; *Mæra grossimana*, Leach , Edinb. Encycl., tome 7, page 403; ejusd., Trans. Linn., tome XI, page 559; *Cancer gammarus grossimanus*, Montagu , Trans. Linn., tome II, page 97, tab. 4, fig. 5. Très-commun sur les côtes d'Angleterre. On le trouve sous les pierres et sur les écueils que la mer découvre aux basses marées (1).

Subdivision II. *Pieds des deux premières paires monodactyles et semblables dans les deux sexes.*

Genre CXVII. Crevette (*Gammarus* , Fabr., Latr., Lamck., Leach ; *Squilla*, Degéer; *Cancer*, Linn.; *Carcinus*, Latr.).

Antennes insérées au-devant de la tête entre les yeux, de médiocre grandeur, composées de trois articles principaux et d'un quatrième sétacé, multiarticulé et terminal; les supérieures ayant à l'extrémité intérieure de leur troisième article, un petit appendice sétacé, multiarticulé. Les quatre pieds antérieurs terminés par une main comprimée, large, pourvue d'un fort crochet, ou doigt mobile, qui s'applique sur sa tranche inférieure; les quatre pieds suivans finissant par un article simple, ou ongle un peu courbé; les six derniers plus longs, relevés sur les côtés du corps, et ayant leur article terminal mince et droit. Des filets longs, bifides, très-mobiles de chaque côté du dessous de la queue, qui est terminée par trois paires d'appendices alongés, bifurqués, ciliés, étendus à peu près dans la direction du corps, et qui constituent une sorte de ressort dont l'animal se sert pour exécuter des sauts très-considérables, ou pour nager en poussant l'eau derrière lui. Corps oblong, très-comprimé, arqué, divisé en treize articulations (la tête étant comprise pour une); chacun de ses segmens étant garni en dessus d'une lame

------

(1) C'est vraisemblablement à ce genre qu'il faut rapporter le petit crustacé des environs de Gênes, appelé *Gammarus crassimanus* par Viviani. Phosph. maris, etc., pag. 10, tab. II, fig. 7 et 8.

28.   23

crustacée, mince, demi-transparente, transverse, et les sept premiers d'entre eux étant accompagnés d'une pièce latérale aussi crustacée, qui recouvre la base des pattes.

Le type de ce genre est le petit crustacé d'eau douce, vulgairement connu sous les noms de *Crevette des ruisseaux*, ou de *Chevrette*, qui abonde dans les fontaines, les bassins des sources, les filets d'eau des cressonnières, etc. Cet animal nage toujours au fond, couché sur le côté, et son principal moyen de progression consiste dans la détente rapide et souvent renouvelée des appendices de sa queue. Il est carnassier et paroît vivre de la chair des poissons morts, et même de celle des individus de sa propre espèce. On le trouve souvent accouplé, le mâle emportant la femelle, beaucoup plus petite que lui, entre ses jambes. Cette femelle garde ses œufs jusqu'au moment où ils éclosent, et les petits qui en sortent se mettent pendant quelque temps à l'abri sous son ventre et sous les lames latérales de son corps. Quelques espèces de crevettes sont marines.

Ce genre a les plus grandes analogies avec ceux que l'on a séparés, sur des caractères assez légers, sous les noms de Leucothoé, Dexamine, Melite, Mæra, Pherusa, Amphithoé, Atyle, Orchestie, etc., ainsi qu'on pourra en juger en les lui comparant. La plupart d'entre eux n'ont pas été adoptés par les auteurs les plus récens, sur l'histoire naturelle des crustacés, et les deux seuls qui aient été généralement admis, sont ceux qui portent les noms de Talitre et de Corophie. Je considère aussi comme fondé sur des caractères suffisans, le genre Cerapus de M. Say.

CREVETTE DES RUISSEAUX : *Gammarus pulex*, Fabr., Latr.; *Cancer pulex*, Linn.; *Crevette des ruisseaux*, Geoff., Insect. des environs de Paris, tome 2, page 667, pl. 21, fig. 6; *Pulex fluviatilis*, Rai, Ins., 44; *Squilla pulex*, Degéer, Insect., tome 7, pl. 33, fig. 1 et 2; *Squilla fluviatilis*, Merret, Pin., pag. 192; *Gammarus aquaticus*, Leach. Longueur, sept lignes; largeur, deux lignes; couleur d'un jaune de rouille; yeux noirs; une avance peu prononcée et arrondie entre les antennes. Très-commune en Europe.

CREVETTE MARINE: *Gammarus marinus*, Leach, Trans. Linn., tome XI, pag. 359; *Gammarus pulex*, ejusd., Edinb. Encycl., tom. 7 , pag. 402-432. Cette espèce a, comme la précédente, le filet supérieur des appendices de la queue très-court ; mais l'avance de sa tête, qui est entre les antennes, est plus prolongée et presque pointue. Des côtes d'Angleterre.

CREVETTE LOCUSTE : *Gammarus locusta*, Leach, Edinb. Encycl., et Trans. Soc. Linn., tom. XI, pag. 559 ; *Cancer gammarus locusta*, Montagu, Linn. Trans., tom. 9, pag. 92. Cette espèce, qui a été confondue avec le *Gammarus pulex* de Linnæus, en diffère par ses yeux linéaires, presque lunulés, par ses antennes parsemées de poils , par les derniers anneaux de sa queue plus épineux en dessus, et parce que les filets des appendices de cette queue sont presque égaux en longueur. Très-commune sur les rivages de l'Angleterre et plus rare en France. C'est à cette espèce qu'on attribue ce que Linnæus dit des crevettes qui rongent les filets des pêcheurs. M. Surriray, du Havre, a remarqué qu'elle est phosphorescente.

CREVETTE CAMPYLOPE : *Gammarus campylops*, Leach, Edinb. Encycl.. tom. 7, pag. 403 ; ejusd., Trans. Linn., tom. XI, pag. 360. Très-semblable à la précédente, mais ayant les yeux flexueux. De l'île d'Arran , près de Loch-Ranza.

Genre CXVIII. AMPHITHOÉ (*Amphithoe*, Leach; *Gammarus*, Latr., Lamck.; *Oniscus*, Pall.; *Cancer*, Montag.). (1)

Caractères généraux des crevettes, aux différences suivantes près. Point d'appendice sétacé à l'extrémité intérieure du troisième article des antennes supérieures. Queue non épineuse ni fasciculée en dessus. Mains des quatre premiers pieds ovales.

AMPHITHOÉ ROUGE : *Amphithoe rubricata*, Leach, Edinb. Encycl., tom. 7, pag. 452 ; ejusd., Trans. Soc. Linn., tom. XI, pag. 560 ; *Gammarus rubricatus*, Leach, Edinb. Encycl., tom. 7, pag. 402 ; Encycl. Méthod., pl. 336, fig. 55 ; *Cancer gammarus rubricatus*, Montagu, Trans. Linn., tom. 9, pag. 99. Couleur rouge. Des côtes d'Angleterre.

AMPHITHOÉ CANCELLE : *Amphithoe cancellus*, Latr.; *Oniscus cancellus*, Pall., Spic. Zool.. fasc. 9, tab. 3, fig. 18 ; *Gammarus cancellus*,

______

(1) J'ai anciennement donné le nom d'AMPHITHOÉ ou d'AMPHITHOITES à un fossile marin assez commun dans le calcaire coquillier des environs de Paris, que je rapportois à la classe des polypiers flexibles. Depuis il a été reconnu que ce fossile n'étoit autre chose qu'une souche de ZOSTERA.

Fabr., Ent. Syst., tom. 2, pag. 515. Plus grande que la crevette des ruisseaux ; tête lisse avec une petite épine de chaque côté ; segmens du corps presque carénés sur le dos et armés de chaque côté d'une petite épine conique et d'une lame arrondie ; couleur d'un brun verdâtre, avec un point noir sur le milieu de chaque article. Très-commune dans les fleuves de la Sibérie où elle sert d'aliment aux poissons et aux oiseaux aquatiques. Les habitans de ce pays en mangent aussi, et trouvent ce mets délicat.

Genre CXIX. Phéruse (*Pherusa*, Leach ; *Gammarus*, Latr., Lamck.).

Caractères généraux des amphithoés, et n'en différant principalement qu'en ce que les mains des quatre premiers pieds sont filiformes au lieu d'être ovales.

Phéruse des varecs : *Pherusa fucicola*, Leach, Edinb. Encycl., tom. 7, pag. 432 ; ejusd., Trans. Linn., tom. XI, pag. 360. D'un cendré jaunâtre, ou d'un gris cendré varié de rouge. On la trouve rarement sur les côtes d'Angleterre, au milieu des varecs.

V.ᵉ Division. *Antennes composées de quatre articles ; les inférieures étant les plus longues et pédiformes ; les quatre pieds antérieurs monodactyles.*

Subdivision I. *Pieds de la seconde paire pourvus d'une grande main ; antennes inférieures de bien peu plus longues que les supérieures.*

Genre CXX. Podocère (*Podocerus*, Leach ; *Corophium*, Latr., Lamck.).

Caractères généraux des corophies (voyez ci-après), mais en différant par la grandeur des mains de la seconde paire de pieds. Yeux un peu saillans.

Podocère varié : *Podocerus variegatus*, Leach, Edinb. Enc., tom. 7, pag. 433 ; ejusd., Trans. Soc. Linn., tom. XI, pag. 361. Blanc varié de roux. On le trouve sur les côtes d'Angleterre, au milieu des conferves marines.

Genre CXXI. Jasse (*Jassa*, Leach ; *Corophium*, Latr.; Lamck.).

Caractères généraux des corophies, mais en différant, ainsi que les podocères, par la grandeur assez considérable des mains, des quatre premiers pieds, qui sont ovales; celles de la seconde paire étant les plus grandes, armées de dents plus ou moins nombreuses sur leur bord interne. Yeux non saillans.

Jasse mignone : *Jassa pulchella*, Leach, Edinb. Enc., tom. 7, pag. 433; ejusdem, Trans. Soc. Linn., tom. XI, pag. 361. Blanche, lavée de roux ; pouce de la seconde paire de pieds échancré à sa base, du côté interne. Var. α, mains pourvues d'une dent assez longue, obtuse, à la base de leur bord interne. Var. β, les mêmes mains armées de trois dents, à la même place. Trouvée sur la côte méridionale du comté de Cornouailles, au milieu des varecs.

Jasse pelagique; *Jassa pelagica*, Leach, Trans. Linn., tom. XI, pag. 361. Demi-transparente, cendrée et variée de brun; mains ayant leur côté interne échancré en croissant. Trouvée dans la mer d'Ecosse, près de Bell-Rock.

Subdivision II. Pieds de la seconde paire n'ayant pas la main dilatée; antennes inférieures bien plus longues que les supérieures.

Genre CXXII. Corophie (*Corophium*, Latr., Leach, Lamck., *Astacus*, Penn.; *Cancer*, Linn.; *Oniscus*, Pall.).

Antennes composées de quatre pièces, les inférieures beaucoup plus grandes et plus grosses que les supérieures, ayant leur dernière pièce formée d'un à quatre articles et paroissant se terminer par un petit crochet. Les quatre pieds antérieurs pourvus d'une main ou serre monodactyle, à peu près égale en grosseur pour tous. Corps presque cylindrique, comprimé, terminé postérieurement par des appendices articulés.

Par les proportions relatives des antennes supérieures et inférieures, ce genre se rapproche de celui des talitres; mais il en diffère par la forme des dernières qui ressemblent à des pieds. Sous ce rapport il a de l'analogie avec les deux genres précédens; mais dans ceux-ci, les mains de la seconde paire de pieds sont bien plus grosses que celles de la première paire, tandis qu'ici elles sont à peu près égales et petites.

Corophie a longues cornes : *Corophium longicorne*, Latr., Gener. Crust. et Insect.; Leach, Edinb. Encycl., et Trans. Soc. Linn., tom. XI, pag. 362 : *Cancer grossipes*. Linn.: *Astacus*, Gronov., Zooph., tab. 17; fig. 7. *Oniscus volutator*, Pall., Spic.

Zool., fasc. 9, tab. 4, fig. 9; *Gammarus longicornis*, Fabr.,
Ent. Syst., tom. 2, pag. 515. Des côtes d'Europe. On ne connoit
encore que cette seule espèce.

VIe Division. *Les quatre antennes très-grandes et fortes, presque
aussi longues les unes que les autres ; les supérieures formées de
quatre articles, et les inférieures ou latérales, de cinq.*

Genre CXXIII. Cérapode (*Cerapus*, Say).

Antennes velues, servant comme de membres à l'animal, et
ayant en cela des rapports avec les antennes inférieures des corophies. Pieds de la première paire petits et terminés par un ongle
simple assez court ; ceux de la seconde paire, au contraire,
fort grands, ayant une main large, aplatie, triangulaire,
et pourvue d'un pouce biarticulé, correspondant à une pointe
assez prononcée qui remplace le doigt immobile des crustacés
ordinaires ; ceux des trois paires suivantes moyens et monodactyles, et les quatre derniers plus longs, plus grêles, et dirigés
en arrière et en haut. Corps long, linéaire, demi-cylindrique,
composé de douze segmens, le dernier de ceux-ci étant aplati,
en forme de lame ovale, et muni de chaque côté d'un petit
appendice bifurqué à l'extrémité. Tête terminée par un très-
petit rostre. Yeux saillans.

Cérapode tubulaire; *Cerapus tubularis*, Thom. Say, Journ. of
the Acad. of nat. Scienc. of Philadelph., tom. 1, n.° 4, pag. 49,
pl. 4, fig. 7-11. Ce singulier crustacé, long de six lignes environ, vit dans un petit tube cylindrique (sans doute un tuyau de
tubulaire), à la manière des larves de phryganes, et n'en laisse
sortir que sa tête, ses quatre grandes antennes et ses deux premières paires de pieds. On le trouve en abondance dans la mer
près de Egg-Harbourg, sur les côtes des Etats-Unis, au milieu
des sertulaires, dont il paroît faire sa nourriture principale (1).

---

(1) Le défaut de renseignemens suffisans et de figures me force à
placer ici les indications de plusieurs genres fondés assez nouvellement,
et qui paroissent devoir être rapportés à l'ordre des amphipodes.

Le premier, nommé Lepidactylis par M. Say, Journ. de l'Acad.
des Sc. nat. de Philadelphie, 1818, tom. I, pag. 379, paroît se rapprocher particulièrement du genre des crevettes proprement dites, par
l'addition d'un appendice sétacé à l'extrémité du troisième article des

ORDRE QUATRIÈME. Læmodipodes, *Læmodipoda*, Latr.

*Premier des sept segmens du corps uni à la tête, et portant une
paire de petits pieds ; organes respiratoires ou présumés tels en forme
de corps vésiculaires, tantôt au nombre de quatre, situés sous le second et le troisième segmens du corps, attachés ou non à des fausses*

antennes intermédiaires ou supérieures. Sa tête est prolongée en un
chaperon pointu ; ses yeux sont orbiculaires et convexes. Son corps,
comprimé, est formé de sept segmens pédigères et pourvus d'écailles
sur les côtés ; son abdomen, étroit, n'en a que trois, munis en dessous de pieds natatoires qui consistent en un pédoncule court supportant deux soies ; sa queue est terminée par deux styles bifides. Ses antennes, qui sont presque d'égale longueur et velues en dessous, sont
formées de quatre articles. Dans les inférieures ou latérales, le second
et le troisième de ces articles sont dilatés en dessous, comprimés, et
composent ensemble un ovale continu ; le dernier, en forme de soie, est
octoarticulé et velu. Dans les supérieures, le premier article est
dilaté, déprimé ; le second beaucoup plus petit ; le troisième, encore
moindre, a une soie accessoire à son extrémité ; et le quatrième, aussi
long que les trois premiers ensemble, est octoarticulé. Des quatorze
pieds, les quatre premiers sont filiformes ; les quatre suivans ont la
main comprimée, dilatée avec le doigt arrondi et le pouce ovale, lamelliforme ; les six autres, graduellement plus longs jusqu'aux derniers,
sont armés d'épines courtes et dépourvus d'ongle terminal. — Le *Lepidactylis dytiscus* est blanc avec une ligne intérieure ferrugineuse, formée par la couleur propre au canal alimentaire ; la soie accessoire du
troisième article de ses antennes s'étend jusqu'à l'extrémité du quatrième ; ses deux pieds extérieurs sont velus. Il est des Etats-Unis.

Le second, créé aussi par M. Say (Journ. de l'Ac. des Sc. nat. de Philadelphie, 1818, pag. 317), est le genre Lanceola. Il appartient à la série
des amphipodes par ses branchies vésiculeuses, oblongues, au nombre
de dix, placées à la base interne des pieds, excepté ceux de la première
et de la septième paire, et il se rapproche surtout des phronimes par
ses appendices caudaux, qui consistent en trois paires de styles lancéolés doubles et supportés par des pédoncules déprimés, linéaires,
annexés aux côtés des trois anneaux qui composent la queue. Sa bouche,
pourvue de deux palpes triarticulés filiformes, et de pieds-mâchoires bifides, a de l'analogie avec celle des cloportes. Sa forme générale est
celle des crustacés isopodes du genre Pranize. Ses antennes, composées de
quatre articles, ont le dernier non divisé, et les inférieures sont les plus
longues. Les supérieures ont leur base cachée par le chaperon, qui est
anguleux. Les yeux sont alongés ; le front est concave ; les pieds sont au
nombre de quatorze et simples ; leurs deux premières paires sont com-

patles , tantôt au nombre de six ou douze, annexés à la base des vraies pattes , à partir de la seconde paire ; quatre antennes sétacées, quadriarticulées, dont le deux supérieures sont les plus longues ; bouche pourvue d'une lèvre supérieure, de deux mandibules sans palpes, d'une languette profondément échancrée , de deux paires

primées, et la sixième est la plus longue. La tête est courte, transverse. Le corps est mou et couvert de tegumens membraneux; la queue est déprimée, plus étroite que le corps, et son segment terminal est atténué entre les styles caudaux postérieurs. M. Say a composé ce genre d'une seule espèce, *Lanceola pelagica* , dont il a vu seulement deux femelles prises sur la côte d'Amérique, dans le Gulfstream.

Le troisième genre a été appelé à tort SPERCHIUS par M. Rafinesque (Annals of Nature, n.º 1), puisque ce nom est à une lettre près semblable à celui de *Sperchœus*, employé par Fabricius pour désigner un genre d'insectes coléoptères. Il est ainsi caractérisé : Antennes deux fois plus longues que la tête , à peu près égales entre elles , avec de longs articles tronqués; celles de la paire supérieure étant néanmoins un peu plus grosses et plus grandes que les inférieures. Corps comprimé , formé de sept segmens pourvus d'une large écaille de chaque côté; le quatrième de ces segmens étant grand , avec un appendice additionnel en arrière. Partie postérieure du corps (ou abdomen) formée de quatre segmens. Queue avec des appendices courts et recourbés. Pieds au nombre de quatorze terminés par un seul ongle ou crochet; ceux de la quatrième paire forts, pourvus d'une main grande , épaisse et arrondie. — Le *Sperchius lucidus* vit et nage très-bien dans les eaux des sources et des ruisseaux, aux environs de Lexington dans le Kentucky, aux États-Unis. Il a trois quarts de pouce de long; sa couleur est le brun luisant; ses yeux sont noirs; les appendices de sa queue sont plus courts que le dernier segment de celle-ci , courbés en dehors et composés de deux articles et d'un filament terminal.

Le quatrième, établi par le même naturaliste dans le même ouvrage, a reçu le nom de LEPLEURUS. Il a quatre antennes presque horizontales plus courtes que la tête, à peu près égales entre elles, tronquées (et formées d'un seul article?) ; le corps un peu comprimé et étroit, formé de douze segmens, tous pourvus d'une large écaille de chaque côté , à l'exception des trois premiers et du dernier, les postérieurs, ainsi que leurs écailles étant plus longs que les antérieurs; les pieds de la première paire pourvus d'une grande main chéliforme , oblongue et pointue; ceux des seconde et troisième paires cylindriques , pincifères, ou avec deux doigts cylindriques et tronqués; les quatre suivans minces et dépourvus, ainsi que tous les autres, de crochets; les appendices du dessous de l'abdomen semblables aux pieds de derrière, et ceux de la queue courts, étroits et tronqués obliquement. — Le *Lepleurus rivularis de mâchoires rapprochées sur un même plan transversal, de deux pieds-mâchoires réunis à leur base, représentant une lèvre, et des deux premiers pieds; corps très-étroit et linéaire ou fort déprimé et large, formé de six à sept segmens, avec une queue très-courte; pieds au nombre de dix ou quatorze; quelquefois des yeux lisses joints aux yeux composés.* (Section des ISOPODES CYSTIBRANCHES, Latr., Règn. anim., formant aussi son ordre des LÆMODIPODES, dans le Dictionnaire d'Histoire naturelle.) (1)

---

qui est la seule espèce connue de ce genre, a les yeux foiblement irréguliers et les pieds plus longs que le corps n'est large. Sa couleur est olivâtre; sa longueur est d'environ un demi-pouce anglois. M. Rafinesque l'a découvert dans les ruisseaux des montagnes de Pensylvanie, près du Shannon et de Bedfort-Spring. Il rampe sur les pierres plutôt qu'il ne saute ou qu'il ne nage.

Le cinquième est le PISITOÉ, du même M. Rafinesque (Précis de Déc. somiol. ,p. 25). Celui-ci, qu'il dit appartenir à son ordre des *Brangasteria* et à la famille *Phronimia*, différoit particulièrement du genre Phronime par son moindre nombre de jambes. Il a pour caractères : Antennes nulles; yeux irréguliers; bouche sous la tête, recourbée postérieurement, munie de crochets; corps à six articles et six paires de jambes inégales, la quatrième paire étant la plus grande; queue formée de quatre articles, dont les trois premiers sont pourvus d'appendices caudaux. — Le *Pisitoe bispinosa*, des mers de Sicile, a le front à deux épines, et les pieds des trois premières paires à un seul ongle. — Le *Pisitoe lævifrons* a son front lisse, sans épines, et les trois premières paires de pattes à deux ongles.

Enfin, un genre nommé AEROPE, appartenant aussi à l'ordre des amphipodes, a été créé par M. Leach; mais il m'est inconnu, et M. Savigny a figuré (dans ses Mém. sur les anim. sans vert. , 1re part. , 1er fasc.), les parties de la bouche des deux autres , qu'il nomme CYMADUSA et LYCESTA. Ce dernier me paroît très-voisin du genre MAERA de M. Leach.

(1) Cet ordre et le suivant comprennent les crustacés édriophthalmes de la troisième section de M. Leach, laquelle a pour caractères : *corps déprimé, quatre antennes, quatorze pieds.* Celui-ci en particulier répond à la première division de cette troisième section : caractérisée par *tous les segmens du corps pédigères,* parce que M. Leach considère les appendices vésiculeux du troisième et du quatrième anneau des chevrolles comme des pieds rudimentaires. Il attribue aussi à la même section quatorze pieds, parce qu'il compte également comme pieds ces appendices.

Les deux divisions que nous y admettons sont des subdivisions pour M. Leach.

Ire SECTION. *Corps très-étroit et linéaire; des yeux composés situés en arrière des antennes supérieures; point d'yeux lisses; antennes supérieures ayant le dernier article aussi long que tous les autres ensemble; les inférieures un peu comprimées; pieds en nombre variable; main de ceux de la seconde paire souvent dentée en dedans.*

Genre CXXIV. Leptomère (*Leptomera*, Latr., Lamck.).

Quatorze pieds disposés dans une série continue depuis la tête jusqu'à l'extrémité postérieure du corps, en y comprenant les deux premiers qui sont annexés à la tête; ces pieds très-grêles, ne paroissant pas tous pourvus d'appendices en forme de sac vésiculeux à leur base, ou même n'en ayant pas du tout (1).

Ce genre, si rapproché du suivant que M. de Lamarck a cru devoir les réunir, pourroit bien en effet n'en différer que par le défaut de clarté des descriptions qu'on en a données. M. Latreille n'a point vu de leptomères en nature, et il ne les a séparés des chevrolles et des protons que sur l'inspection des figures qui en ont été publiées.

Le crustacé qui forme le type de ce genre est la *squilla ventricosa* de Muller, Zool. Dan., tab. 56, fig. 1-3; Herbst, Cancr., tab. 36, fig. 11. M. Latreille lui rapporte aussi l'espèce représentée par Slabber, Micros., tab. 10, fig. 2, qui a un appendice en forme de lobe, à tous les pieds, les deux premiers exceptés, et le *cancer pedatus*, Montagu, Trans. Linn., tom. XI, pl. 2, fig. 6, qui en a tous les pieds pourvus, moins ceux de la première et des trois dernières paires de pieds.

Genre CXXV. Proton (*Proto*, Leach, Latr.; *Squilla*, Muller; *Leptomera*, Lamck.).

Dix pieds disposés dans une série continue depuis la tête jusqu'au quatrième anneau inclusivement, le corps étant terminé par deux ou trois articles, qui forment une espèce de queue. Un appendice à la base des pieds de la seconde paire et de ceux des deux paires suivantes. Femelles portant leurs œufs sous les second et troisième segmens du corps, dans une poche formée d'écailles rapprochées.

---

(1) Du moins dans la figure de Muller citée plus bas.

Le Proton pédiaire, *Proton pedatum*, Nob.; *Squilla pedata* de Muller, Zool. Dan., tab. 101, fig. 1 et 2, est le type de ce genre; et, selon M. Latreille, il est probable qu'on doit y réunir le *cancer linearis* de Linnæus. J'ai trouvé en abondance cette espèce au Havre, sur des éponges ramenées du fond de la mer par la drague, et il est très-probable qu'elle se nourrit de la substance des animaux qui les forment.

Genre CXXVI. Chevrolle (*Caprella*, Lamck., Latr., Leach; *Cancer*, Linn.; *Gammarus*, Fabr.).

Dix pieds disposés ainsi : deux petits annexés à la tête, terminés par une pince en crochet dont la main est peu renflée; une seconde paire longue, avec des serres dont la main est grande et oblongue, insérée sur le premier segment du corps; le second et le troisième segmens étant dépourvus de pattes, et n'ayant que des appendices vésiculeux; les quatrième, cinquième et sixième segmens portant six pattes longues, grêles et terminées par un ongle long, un peu arqué et crochu. Corps très-grêle. Queue très-courte.

Les chevrolles ont la plus grande analogie avec les crustacés des deux genres précédens, et portent, comme eux, leurs œufs placés dans une sorte de poche écailleuse, qui est située sous le second et le troisième anneau du corps dans les femelles. Elles se tiennent parmi les plantes marines, et surtout sur les éponges, marchent à la manière des chenilles arpenteuses, se redressent lentement en faisant vibrer leurs antennes, et nagent en courbant en bas les extrémités de leur corps.

Chevrolle front-pointu : *Caprella acutifrons*, Latr.; *Caprella atomos*, Leach; Baster, Opusc. Subs., 1, tab. 4, fig. 2, *a b c*. Tête ovale; front pointu; antennes inférieures très-ciliées; corps uni; son premier segment cylindrique, pas plus gros que la tête, donnant attache antérieurement aux seconds pieds qui sont courts. D'Angleterre.

Chevrolle porte-pointes : *Caprella acuminifera*, Leach, Latr. Tête ovale; antennes presque sans cils; corps ayant en dessus de petits tubercules en forme de pointes; premier segment renflé postérieurement où les pieds de la seconde paire prennent attache; ces pieds alongés, ayant leur serre échancrée en forme de croissant, et armée d'une forte dent en dessous.

Chevrolle linéaire : *Caprella linearis*, Latr. ; *Cancer linearis*, Linn. ; *Squilla quadriloba*, Mull., Zool. Dan., tab. 56, fig. 4, 5, 6, mas ; tab. 114, fig. 11-12, fem. ; *Oniscus scolopendroides*, Pallas, Spicil. Zool., fasc. 9, tab. 4, fig. 15 ; *Caprella scolopendroides*, Lamck. Tête alongée et rétrécie en arrière ; second segment du corps renflé postérieurement où les pieds de la seconde paire prennent attache ; second article de ces pieds alongé, cylindrique, avec quelques petites dents en dessus ; leurs serres alongées avec trois dents en dessous. Des mers septentrionales de l'Europe et des côtes de la Manche.

Chevrolle mante ; *Caprella mantis*, Latr., Nouv. Diction. d'Hist. nat. Tête alongée, rétrécie postérieurement ; pieds de la seconde paire plus courts que ceux de l'espèce précédente, avec leurs articles inférieurs comprimés et anguleux. **Des côtes de la France baignées par l'Océan.**

Chevrolle phasme : *Caprella phasma*, Lamck. ; *Cancer phasma*, Montagu, Trans. Soc. Linn., tome 7, pag. 66, tab. 6, fig. 3. Tête ronde, avec une pointe sur l'occiput, dirigée en avant ; premier segment du corps étroit en arrière, armé de deux fortes épines situées sur son milieu, l'une devant l'autre, et dirigées antérieurement ; main des seconds pieds alongée et presque didactyle ; troisième segment du corps prolongé en pointe en avant. Elle habite l'Océan d'Europe.

M. Latreille regarde encore comme appartenant à ce genre le *cancer filiformis* de Linnæus, et le crustacé décrit par Forskhal, Faun. Arab., pag. 87, comme une larve d'insecte d'un genre incertain.

II.ᵉ SECTION. *Corps large, déprimé ; des yeux composés, et en outre deux très-petits yeux lisses disposés transversalement sur le vertex ; antennes très - rapprochées à leur base ; pieds au nombre de quatorze, dont dix parfaits, et quatre (placés sous le second et le troisième segmens du corps), en forme d'appendices grêles, articulés, ou de fausses pattes ; anus avancé et pourvu de tubercules peu saillans.*

Genre CXXVII. Cyame (*Cyamus*, Latr., Lamck. ; *Panope*, Leach ; *Larunda*, Leach ; *Oniscus*, Pallas, Linn. ; *Squilla*, Degéer ; *Pycnogonum*, Fabr.).

Tête petite, courte, conique et tronquée. Corps large, orbiculaire . déprimé, crustacé, composé de six segmens séparés entre eux par des entailles profondes, et d'un petit article terminal en forme de tubercule lobé. Yeux composés, très-peu saillans, placés aux parties antérieure et latérales de la tête, et les yeux lisses sur son sommet. Antennes légèrement sétacées, formées de quatre articles, dont le dernier très-petit et conique, les inférieures étant beaucoup plus petites que les supérieures, dont la longueur égale celle de la tête et du premier segment du corps réunis. Bouche formée d'un labre échancré, de deux mandibules à sommet bifide, de quatre mâchoires réunies en deux pièces transverses, d'une lèvre inférieure formée de deux palpes articulés, onguiculés, réunis par leur base. Pieds de la première paire insérés sur un fragment d'articulation, ou sur un segment rudimentaire, placé en dessous et en arrière de la tête, courts, assez grêles, formés de six articles, terminés par une main dont le doigt mobile est une griffe très-dure et recourbée sur un sinus. Les autres pieds portés par le premier, le quatrième, le cinquième et le sixième segmens du corps, assez courts, robustes, comprimés, diminuant progressivement de force et de longueur d'avant en arrière; formés de six articles dont le premier, ou la hanche, est gros et arrondi, et dont l'avant-dernier, qui est ovoïde, compose avec le dernier qui est en griffe recourbée, une serre monodactyle. Pieds des second et troisième segmens remplacés par un article grêle, courbé, appliqué au corps par sa face supérieure, à la base duquel sont dans les deux sexes les vésicules branchiales, et dans les femelles, une bourse ovifère formée de quatre écailles disposées par paires, ou formant une croix.

M. Latreille connoît deux espèces de ce genre, dont une est inédite, et provient des mers des Indes orientales. L'autre, très-anciennement décrite, se trouve accrochée avec ses pattes sur le corps des cétacés, et est connue sous le nom de

CYAME DE LA BALEINE : *Cyamus ceti*, Latr., Lamck.; *Oniscus ceti*, Linn., Pallas, Spic. Zool., fasc. 9, tab. 4, fig. 14; Muller, Zool. Dan., tab. 119, fig. 15-17; *Squille de la baleine*, Degéer, Mém. sur les insectes, tome 7, pl. 42, fig. 6-7; *Pycnogonum ceti*, Fabr., Ent. Syst. Suppl., pag. 670; *Panope ceti*, Leach, Edinb. Encycl., tom. 7, pag. 404; *Larunda ceti*, ejusd., Trans.

Soc. Linn., tome XI, page 364; *Cyame*, Savigny, Mém. sur les Anim. sans vert.', 1er fasc., pl. V, fig. 1. De l'Océan d'Europe où il vit sur les baleines, et aussi, selon M. Latreille, sur les scombres ou maquereaux. Ce crustacé est vulgairement désigné par le nom de *pou de baleine*.

ORDRE CINQUIÈME. Isopodes, *Isopoda*, Latr.

Tête distincte, non accolée au premier segment du corps; des mandibules sans palpes; trois paires de mâchoires dont les inférieures représentent, soit deux petits pieds réunis à leur base, soit une lèvre avec deux palpes; corps plus ou moins déprimé, divisé en segmens, dont le nombre varie de trois à sept; dix ou quatorze pieds simples uniquement propres à la locomotion ou à la préhension; queue formée d'un nombre variable (1 à 7 ou plus) d'anneaux portant des branchies, et souvent garnie de lames ou de feuillets qui recouvrent celles-ci; point de têt; yeux grenus; antennes ordinairement au nombre de quatre (1).

1.re SECTION. *Branchies placées sous la queue, toujours nues, en forme de tiges plus ou moins divisées; pieds tantôt au nombre de dix et terminés par un onglet, tantôt au nombre de quatorze, mais dont les quatre derniers au moins n'ont point de crochet au bout, et ne sont propres qu'à la natation; antennes au nombre de deux ou de quatre.* (Section des Isopodes phytibranches, Latr.) (2)

1.re Division. *Pieds au nombre de dix seulement; corps formé de trois, cinq ou sept segmens; abdomen (ou queue) en ayant quatre, cinq ou six, et terminé par deux ou quatre lames latérales; deux ou quatre antennes.*

Genre CXXVIII. Typhis (*Typhis*, Risso, Latr., Lamck.).

Deux très-petites antennes. Deux petits yeux. Tête grosse,

---

(1) L'ordre précédent et celui-ci se rapportent ensemble à la troisième section des malacostracés édriophthalmes de M. Leach.

(2) Cette section n'est représentée dans la méthode de M. Leach que par le seul genre *Apseudes* (ou *Euphée* de M. Risso), formant sa cinquième division, qui compose sa sous-section *C*, et qui est caractérisée par une queue terminée par deux soies-

courte, comme tronquée. Corps ovoïde, convexe en dessus, arqué en dessous, formé de sept segmens très-rapprochés, munis d'appendices latéraux. Abdomen (ou queue) formé de cinq segmens, et terminé par quatre écailles arrondies et ciliées, dont les deux paires sont séparées par une pièce intermédiaire, conique et aiguë. Pieds médiocrement longs; les quatre premiers terminés par des serres didactyles (1); les deux qui viennent après ceux-ci pas plus gros qu'eux et pourvus d'un ongle simple : les quatre derniers consistant en deux grandes et larges lames terminées par un crochet.

TYPHIS OVOÏDE : *Typhis ovoides*, Risso, Crust. de Nice, p. 122, pl. 2, fig. 9; Latr., Lamck. Longueur, onze lignes; corps lisse, d'un beau jaune clair et luisant, parsemé de petits points rougeâtres. Il vit sur les fonds sablonneux, nage bien, et se roule en boule lorsqu'il craint d'être pris. On le trouve près de Nice en été, dans les journées où la mer est parfaitement calme et tranquille.

Genre CXXIX. ANCÉE (*Anceus*, Risso, Latr., Lamck.; *Gnathia*, Leach).

Quatre antennes médiocrement longues; les extérieures l'étant plus que les intérieures, et terminées par des articles déliés et en soies; les intérieures grosses et poilues. Deux yeux composés. Tête des mâles pourvue de deux grandes avances, ayant la forme et la position relative de très-fortes mandibules, arquées et épaisses en dehors, concaves, tranchantes et dentelées en dedans. Corps oblong, déprimé, formé de cinq segmens, dont les deux premiers sont très-larges, sillonnés et soudés ensemble. Dix pieds monodactyles; les six premiers étant assez courts et dirigés en avant, et les quatre derniers, plus longs, se portant en arrière. Abdomen (ou queue) formé de quatre segmens, et terminé par une lame natatoire de chaque côté, et une intermédiaire plus aiguë que celle-ci.

ANCÉE FORFICULAIRE; *Anceus forficularius*, Risso, Crust., p. 52, pl. 2, fig. 10. Longueur, trois lignes; couleur blanchâtre. On le trouve près de Nice, dans les profondeurs de la mer. Il se plait

---

(2) M. Risso n'annonce comme didactyles que les deux premiers pieds; MM. Latreille et de Lamarck indiquent les deux suivans comme présentant le même caractère.

au milieu de la région des coraux, où il se cache dans les interstices des madrépores. Sa natation est vive ; et, lorsqu'on cherche à le prendre, il ne se roule pas en boule comme le typhis.

MM. Latreille et de Lamarck rapportent à ce genre, sous le nom d'Ancée maxillaire, le *Cancer maxillaris* de Montagu, Trans. Soc. Linn., tom. 7, pag. 65, tab. 6, fig. 2. Celui-ci a les plus grands rapports, en effet, avec l'Ancée forficulaire ; mais il en diffère, au moins sur la figure, en ce que ce sont les antennes intérieures qui sont les plus longues, en ce que ses yeux sont plus latéraux, et aussi en ce que le dernier segment de sa queue paroît arrondi, cilié et dépourvu de lamelles. Si ce dernier caractère existe réellement, il devient nécessaire, selon les principes de classification de M. Leach, de former pour ce crustacé un genre particulier, qu'il faudra éloigner beaucoup de celui des ancées, quoique l'ensemble de sa structure indique clairement qu'il en est très-voisin.

Genre CXXX. Pranize (*Praniza*, Leach, Latr., Lamck.; *Oniscus*, Montagu, *Cœlino*, Leach).

Quatre antennes inégales, sétacées ; les intérieures paroissant un peu plus longues que les extérieures. Corps alongé, un peu bombé, assez distinct de la queue, formé de trois segmens, dont le dernier est très-grand et sert d'attache aux trois dernières paires de pieds, les deux premières étant insérées chacune sous l'un des deux segmens antérieurs. Ces dix pieds terminés par des ongles simples, et grandissant graduellement depuis la première paire jusqu'à la cinquième. Abdomen (ou queue) composé de six segmens, et terminé par quatre lames alongées, ovales et ciliées sur leurs bords.

Pranize bleuatre : *Praniza cærulata*, *Oniscus cærulatus*, Montagu, Trans. Soc. Linn., tom. XI, part. 1, pl. 4, fig. 2 ; *Oniscus marinus*, Slabber, Obs. microsc., pl. 1 ; fig. 1 et 2. Longueur, une ligne et demie ou deux lignes ; couleur bleuâtre. Slabber représente sur le dernier anneau du corps de son crustacé, dont la forme est ovalaire, quatre grandes régions arrondies, placées deux en avant et deux en arrière, qui semblent indiquer autant de taches d'une couleur différente du fond.

Il existe dans les planches de l'Encycl. Méthod., Crust. et Ins., tab. 336, fig. 28, la figure du crustacé annoncé comme étant celui qui a été décrit par Montagu sous le nom d'*oniscus thoracicus*, avec l'indication que ce crustacé appartient à un genre (non publié) de M. Leach, celui que cet auteur nomme *Cœlino*. Il a les plus grands rapports avec la pranize bleuâtre, et il pourroit bien se faire qu'il n'en différât pas. Le véritable *oniscus thoracicus* est d'ailleurs représenté sur la même planche, fig. 46.

IIe Division. *Corps tantôt formé d'un seul segment en dessus, tantôt de six; queue en ayant tantôt quatre, tantôt une quinzaine, terminée par deux grands appendices sétiformes ou claviformes; quatorze pieds* (1).

CXXXI. Euphée (*Eupheus*, Risso; *Apseudes*, Leach, Latr., Lamck.; *Cancer*, Montagu; *Gamarellus*, Leach).

Quatre antennes; les deux externes plus longues que les intermédiaires, sétacées, multiarticulées. Corps alongé, formé de six articles. Abdomen (ou queue) alongé, conique, composé de quinze articles environ, et terminé par deux longues soies. Les deux pieds antérieurs grands et finissant par une pince à deux doigts, un peu renflée et bien formée; les deux qui viennent après aussi grands, tantôt comprimés et dentés, tantôt simples et grêles; les six pieds suivans minces, et terminés par un ongle un peu crochu; les quatre derniers, les plus courts de tous, dirigés en arrière, ciliés et servant seuls pour la natation.

Euphée ligioïde; *Eupheus ligioides*, Risso, Crust. de Nice, pag. 124, pl. 3, fig. 7. Corps alongé, cylindrique, presque aplati en dessus et concave en dessous; tête tronquée en devant; seconde paire de pieds non dilatée, comprimée et dentée à son extrémité; couleur générale variée de jaune, de blanc et de verdâtre. Longueur totale, deux lignes. On le trouve au milieu des plantes marines, et notamment des *ceramium*.

Euphée taupe : *Eupheus talpa*. Nob.; *Cancer gammarus talpa*, Montagu, Trans. Soc. Linn., tom. IX, tab. 4, fig. 6; *Apseudes*

____

(1) Cette division, la 5e des édriophthalmes, selon M. Leach, ne comprend que le genre Apseudes ou Eupheus. J'ai été obligé de modifier ses caractères, pour pouvoir y introduire le genre Jone de M. Latreille.

talpa, Leach, Edinb. Encycl., tom. 7, pag. 404; ejusd., Trans. Soc. Linn., tom. XI, pag. 372; Latr.; Lamck., Anim. sans vert., tom. 5, pag. 169. Tête avancée en pointe; segmens du corps présentant en dessus trois divisions longitudinales; dernier article des quatre antennes plumeux; pieds de la seconde paire aplatis, très-larges, dentés; les quatre derniers pieds, les segmens de l'abdomen et les deux filets de la queue velus. Rare dans l'Océan britannique.

Genre CXXXII JONE (*Jone*, Latr., Lamck.; *Oniscus*, Montagu).

Antennes subulées, courtes, au nombre de deux? Corps ovoïde plus large et obtus en avant, entièrement formé en dessus d'un seul segment, ayant l'apparence d'un corselet. Abdomen (ou queue) court, composé de quatre segmens transversaux, et terminé par deux appendices longs, claviformes, fort semblables aux pieds. Ceux-ci au nombre de quatorze, sans ongles, en languettes spatulées, natatoires, diminuant progressivement de largeur depuis la première paire jusqu'à la dernière, servant tous à la natation. Branchies situées sous la queue, à nu, pédiculées, ou rameuses et dendroïdes, bien apparentes.

JONE THORACIQUE: *Jone thoracicus*, Lamck., Anim. sans vert., t. 5, p. 170; Latr., Régn. Anim., tom. 3, pag. 54; *Oniscus thoracicus*, Montagu, Trans. Soc. Linn., vol. IX, pag. 103, tab. 5, fig. 3. Fausses pattes du dessous de l'abdomen ciliées. De l'Océan européen.

M. Latreille (Encycl. Méth., Expl. des pl.) considère comme devant former un genre voisin de celui-ci le crustacé décrit et figuré par Slabber sous le nom d'*oniscus arenarius;* mais il en différeroit toutefois, en ce qu'au lieu d'avoir deux longs filets spatulés à la queue, il y en auroit neuf courts, cylindriques et velus, dont les deux latéraux bifurqués. Ce crustacé, long de trois lignes et demie, est ovale, alongé; ses quatre antennes sont plumeuses, et les deux intermédiaires, qui sont les plus courtes, ont leur extrémité bifurquée, et leur base épineuse; il a deux yeux; son corps paroît formé de sept segmens, et sa queue, qui est courte et arrondie, est composée d'un assez grand nombre d'anneaux, dont les deux premiers sont les plus grands. Sa figure ne montre que douze pieds, savoir:

quatre petits spatuliformes, annexés aux deux premiers segmens du corps ; quatre moyens dirigés en arrière, finissant par
un article arrondi sans ongle , placés sur les deux segmens suivans (le cinquième segment paroissant apode); les quatre
pieds postérieurs très - grands, aplatis, avec leurs articles
en forme de lames, et les deux derniers de ceux-ci feston-
nés ou dentelés, et ciliés par fascicules sur les bords.

II.ᵉ SECTION. *Branchies placées sous la queue, soit libres, et en
forme d'écailles vasculaires ou de bourses membraneuses,
tantôt nues, tantôt recouvertes par des lames; soit renfermées
dans des écailles en recouvrement. Pattes au nombre de quatorze; quatre antennes sétacées* (1). (Section des PTÉRYGI-
BRANCHES, Latr.)

A. *Queue nerme.*

III.ᵉ DIVISION. *Segmens du corps au nombre de sept; tous les pieds
semblables entre eux et terminés par un article simple en forme
de crochet; une queue composée de trois segmens, dont le dernier
beaucoup plus grand que les autres, sans aucune sorte d'appendice au bout, recouvre les branchies, qui ont la forme
de vessies oblongues, et qui sont protégées en dessous par deux
lames cornées, annexées aux bords de ce troisième segment, et
mobiles comme les battans d'une porte* (2).

L'ensemble de ces caractères rapproche des aselles les crustacés compris dans cette division , et ces animaux, dans une méthode naturelle, telle que l'est celle de M. Latreille, devront toujours être placés très-près les uns des autres. M. Leach, ayant pris
pour motif de la division de sa troisième section des crustacés
édriophthalmes la conformation de la partie postérieure de

---

(1) Cette section comprend les seconde, troisième, quatrième, sixième
et septième divisions de la troisième section des édriophthalmes dans
la méthode de M. Leach.

(2) Le caractère principal de cette division seroit, selon M. Leach,
de n'avoir pas tous les segmens du corps pédigères, ce qui est absolument
contraire à ce qu'on observe dans les animaux qu'elle renferme, à moins
qu'on ne considère comme articles de leur corps ceux que M. Latreille
regarde comme formant la queue.

24.

la queue, tantôt inerme, et tantôt pourvue de lames, de soies, ou d'appendices styliformes, s'est trouvé contraint de séparer des genres qui avoient de si grands rapports en plaçant entre eux la famille entière des cymothoadées. Nous trouvons ici un exemple remarquable de l'égarement où peut entraîner l'oubli de la loi de la subordination des caractères en histoire naturelle.

Genre CXXXIII. IDOTÉE (*Idotea*, Fabr., Latr., Lamck., Leach, Risso; *Oniscus*, Pallas, Linn.; *Squilla*, Degéer; *Asellus*, Oliv., Lamck.; *Cymothoa*, Fabr., Daldorff; *Physodes*, Duméril; *Pallasius*, Leach).

Aspect général des cloportes, mais de forme plus alongée. Antennes intermédiaires insérées un peu plus haut que les latérales, beaucoup plus petites, filiformes, composées de quatre articles; antennes latérales sétacées, médiocrement alongées, avec un pédoncule de quatre articles, et leur extrémité multiarticulée. Tête de la largeur du corps, ou un peu plus étroite, presque carrée. Deux yeux ronds composés, peu saillans. Bouche petite, formée d'un labre, de deux mandibules, de deux paires de mâchoires et de deux pieds-mâchoires foliacés de cinq articles, qui remplacent par leur base la lèvre inférieure. Les sept anneaux du corps proprement dit transversaux, presque égaux et unis, ordinairement marqués de chaque côté d'une impression longitudinale qui, avec sa correspondante, divise le corps en trois parties (ainsi que l'est celui des fossiles connus sous le nom de *trilobites*). Queue très-grande, triarticulée, sans appendices terminaux, recouvrant les branchies et les lames qui protègent celles-ci. Pieds moyens, à peu près égaux entre eux, dirigés les premiers en avant, et les derniers en arrière.

Les idotées se trouvent dans la mer où elles nagent très-bien à l'aide de leurs pattes et de leurs branchies qui sont mobiles d'avant en arrière, lorsque les lames qui les recouvrent sont écartées. Leur nourriture est la même que celle des crustacés voisins des crevettes, c'est-à-dire qu'elles recherchent les corps morts. On assure aussi qu'elles rongent et détruisent à la longue les filets des pêcheurs. Les femelles portent leurs œufs sous des lames pectorales.

Parmi les espèces qui ont sur le dos les deux impressions longitudinales dont nous avons fait mention, on remarque les suivantes.

Idotée entomon : *Idotea entomon*, Latr.; *Oniscus entomon*, Linn., Penn., Pallas, Spicil. Zool., fasc. 9, tab. 5, fig. 5-16; *Entomon pyramidale*, Klein; *Squilla entomon*, Degéer, tom. 7, pl. 32, fig. 1 et 2. Longueur du corps, un pouce six à neuf lignes; antennes extérieures à peu près égales aux intermédiaires; forme ovale tronquée; queue longue et conique; couleur, le brun grisâtre en dessus, et le blanc sale mêlé de brun et de gris en dessous; tête incisée sur les côtés. Des bords de la Baltique. C'est cette espèce qui attaque les filets des pêcheurs.

M. Latreille fait observer que cette idotée est bien différente de celle que M. Leach a décrite sous le même nom, Trans. Linn., tom. XI, pag. 364. Cette dernière qu'il nomme

Idotée tricuspide, *Idotea tricuspidata*, a le corps alongé, ovale; la queue tridentée à son extrémité, avec la dent intermédiaire plus longue que les deux latérales; les antennes presque égales à la moitié de la longueur du corps. Sa couleur est cendrée, ponctuée de brun et souvent tachée de blanc jaunâtre. Des côtes d'Angleterre.

Idotée pélagique : *Idotea pelagica*, Leach, Trans. Soc. Linn., tom. XI, pag. 365. Corps linéaire ovale; queue arrondie avec une dent très-peu apparente dans son milieu; antennes ayant le tiers de la longueur du corps; tête échancrée en devant. De la mer d'Ecosse.

Idotée œstre : *Idotea œstrum*, Leach, Trans. Soc. Linn., t. XI, pag. 365; *Oniscus œstrum*, Penn., Brit. Zool., tom. 4, pl. 18, fig. 6; *Idotea emarginata*, Fabr.; *Idotea excisa*, Bosc. Longueur, un pouce un quart; corps ovale alongé; queue tronquée, échancrée; antennes égalant le tiers de la longueur totale de l'animal; couleur jaune roussâtre ou cendrée, avec les côtés et le bout de la queue toujours plus pâles. Des côtes d'Angleterre.

Idotée pointue : *Idotea acuminata*, Fabr., Latr.; *Idotea marina*, ejusdem, Var.; *Oniscus balthicus*, Pall., Spic. Zool., fasc. 9, tab. 4, fig. 6; *Physodes*, Duméril, Cons. sur les Insectes, pl. 58, fig. 3. Cette espèce, dont la synonymie a été éclaircie par M. Latreille, se trouve sur nos côtes. Son corps est ovale oblong, plus étroit que celui de l'espéce précédente ; sa queue a une caréne assez aiguë sur le milieu du dos, et qui se prolonge postérieurement en une pointe ; couleur jaunâtre ou roussâtre, avec trois rangées longitudinales de taches obscures ; côtés du corps plus pâles ; queue souvent noirâtre.

Genre CXXXIV. Sténosome (*Stenosoma*, Leach ; *Idotea*, Latr., Lamck.),

Caractères généraux des idotées, aux différences suivantes près. Antennes extérieures de la longueur du corps (la tête et le tronc, sans comprendre la queue), avec le troisième article plus long que le quatrième. Corps alongé linéaire, étroit.

Quelques crustacés de ce genre, ont sur les côtés du second segment du corps et des suivans l'apparence d'une petite articulation, tels sont les suivans :

Sténosome linéaire : *Stenosoma lineare*, Leach, Trans. Soc. Linn., tom. XI, pag. 366 ; *Oniscus linearis*, Penn., Brit. Zool., tom. 4, pl. 18, fig. 2 ; *Idotea Diodon*, Latr. Base du dernier segment de la queue un peu rétrécie avec l'extrémité dilatée, tronquée, échancrée et pourvue d'une dent à chaque angle latéral ; d'un brun noirâtre en dessus, blanchâtre sur les côtés. Des bords de l'Océan.

Sténosome filiforme : *Stenosoma filiforme; Idotea filiformis*, Latr.; Gronov., Zooph., tab. 17, fig. 3 ; Baster, Opusc. Subs., tom. 2, tab. 13, fig. 2. M. Latreille, qui établit ainsi la synonymie de cette espèce, lui rapporte avec doute le *Cymothoa chelipes* de Fabricius, et le *Stenosoma acuminatum* de M. Leach. Elle a le corps très-étroit et le dernier segment de la queue échancré avec trois dents terminales. De nos côtes.

Un seul n'a pas de traces d'articulation sur le bord des segmens du corps, c'est celui qui est nommé

Sténosome hectique : *Stenosoma hecticum; Oniscus hecticus*, Pall., Spic. Zool., fasc. 9, tab. 4, fig. 10 ; *Idotea viridissima*, Risso, Crust., pag. 136, tab. 3, fig. 8. Il a plus d'un pouce de long ; son corps est linéaire ; le dernier segment de sa queue est échancré, et ses angles latéraux sont saillans ; couleur d'un vert brillant. De la mer de Nice, où il habite les moyennes profondeurs.

B. *Queue pourvue d'une ou deux lames de chaque côté.*

IV.ᵉ Division. *Pénultième segment de la queue très-court; le dernier plus étroit, plus long, ayant de chaque côté deux lames alongées; antennes à peu près égales, placées l'une derrière l'autre, sur une ligne presque horizontale* (1).

Genre CXXXV. Anthure (*Anthura*, Leach ; *Oniscus*, Montag.).

Antennes courtes, les intermédiaires un peu plus longues que les latérales. Pieds antérieurs pourvus d'un ongle mobile ou d'un pouce. Corps linéaire. Lames latérales de la queue foliacées.

Anthure grêle : *Anthura gracilis*, Leach, Edinb. Encycl., tom. 7, pag. 404; ejusd., Trans. Soc. Linn., tom. XI, pag. 366; *Oniscus gracilis*, Montagu, Trans. Soc. Linn., tom. IX, tab. 5, fig. 6. Le *Gammarus heteroclitus*, Viviani, Phosph. maris, pag. 9, tab. 2, fig. 11 et 12, se rapporteroit à ce genre, si sa queue étoit terminée par deux lames au lieu de l'être par deux petits filets sétacés de quatre ou cinq articles; caractère que j'ai aussi remarqué dans un petit crustacé de Luc en Normandie, qui m'a été communiqué par M. Audouin.

M. Leach présume que l'*oniscus cylindricus* de Montagu, Linn. Trans., vol. VII, tab. 6, fig. 8, doit être placé avec les anthures.

V.ᵉ Division. *Dernier segment de la queue grand, pourvu de deux appendices de chaque côté; antennes insérées par paires les unes au-dessus des autres.* (Cette division correspondant à la famille des Cymothoadées décrite par M. Leach dans ce Dictionn., tom. XII, nous adopterons les coupes qu'il y a proposées) (2).

Le corps des cymothoadées est plus ou moins ovalaire, plus ou moins bombé en dessus; son abdomen est formé de quatre, cinq ou six pièces, dont la dernière est pourvue, sur chacun de ses côtés, de deux appendices foliacés fixés à un pédoncule commun; tous les appendices du ventre sont nus ou à découvert; les pieds sont courts, repliés sur eux-mêmes, appliqués contre le corps et terminés par un crochet arqué.

---

(1) Cette division est la troisième de la troisième section des malacostracés édriophthalmes de M. Leach.

(2) Elle correspond à la quatrième division de la troisième section dans la méthode de M. Leach.

Tous ces animaux sont parasites et s'attachent au corps des poissons, surtout dans les endroits charnus et sans écailles, comme les lèvres, l'intérieur de la bouche, les ouïes et les environs de l'anus. On les trouve dans toutes les mers.

Subdivision ou Race I. Corps peu convexe; abdomen (ou queue) composé de quatre anneaux distincts, dont le premier est plus grand que les suivans; yeux placés sur le sommet de la tête, écartés l'un de l'autre; antennes inférieures plus longues que les supérieures.

Genre CXXXVI. Sérole (*Serolis*, Leach; *Cymothoa*, Fabr. Voyez tom. XII, pag. 339).

Subdivision, ou Race II. Corps convexe; abdomen (ou queue) composé de cinq anneaux; les quatre premiers soudés l'un à l'autre, au moins dans leur milieu, le cinquième étant le plus grand; yeux situés entre le sommet et le côté de la tête, touchant presque au bord antérieur du premier segment du corps, et reçus dans une échancrure que ce segment a de chaque côté; antennes inférieures plus longues que les supérieures.

Genre CXXXVII. Campecopée (*Campecopea*, Leach; *Oniscus*, Montagu; *Sphæroma*, Latr., Lamck. Voyez tom. XII, pag. 341).

Genre CXXXVIII. Nésée (*Næsa*, Leach; *Oniscus*, Adams; *Sphæroma*, Latr., Lamck. Voyez tom. XII, pag. 342).

Genre CXXXIX. Cilicée (*Cilicæa*, Leach. Voyez tom. XII, pag. 342).

Genre CXL. Cymodocée (*Cymodocea*, Leach; *Cymodice*, ejusd.; *Oniscus*, Montagu; *Sphæroma*, Latr. Voyez tom. XII, pag. 342).

Genre CXLI. Dynamène (*Dynamene*, Leach; *Oniscus*, Montagu; *Sphæroma*, Latr., Lamck. Voyez tom. XII, pag. 343).

Genre CXLII. Zuzare (*Zuzara*, Leach. Voyez tom. XII, p. 344).

Genre CXLIII. Sphérome (*Sphæroma*, Latr., Lamck., Leach; *Oniscus*, Linn., Pall., Fabr.; *Cymothoa*, Fabr., Daldorff. Voyez tom. XII, pag. 345).

Subdivision ou Race III. Corps convexe; abdomen (ou queue) composé de cinq ou six anneaux distincts, dont le dernier est le plus grand; yeux placés latéralement; antennes inférieures plus longues que la moitié du corps; ongles tous semblables, légèrement courbés.

Genre CXLIV. Eurydice (*Eurydice*, Leach; *Cymothoa*, Latr., Leach. Voyez tom. XII, pag. 347).

Genre CXLV. Nélocire (*Nelocira*, Leach. Voyez tom. XII, pag. 347).

Genre CXLVI. Cirolane (*Cirolana*, Leach. Voyez tom. XII, pag. 347).

Subdivision ou Race IV. Corps convexe; abdomen (ou queue) composé de six anneaux distincts, le dernier plus grand que les autres; yeux placés sur les côtés de la tête; antennes inférieures n'étant jamais plus longues que la moitié du corps; ongles des deuxième, troisième et quatrième paires de pieds très-arqués, les autres légèrement courbés.

Genre CXLVII. Conilère (*Conilera*, Leach. Voyez t. XII, p. 348).

Genre CXLVIII. Rocinele (*Rocinela*, Leach. Voyez tom. XII, pag. 349).

Genre CXLIX. Æga (*Æga*, Leach; *Cymothoa*, Latr., Lamck. Voyez tom. XII, pag. 349).

Genre CL. Canolire (*Canolira*, Leach. Voyez tom. XII, pag. 350).

Genre CLI. Anilocre (*Anilocra*, Leach. Voyez t. XII, p. 550).

Genre CLII. Olencire (*Olencira*, Leach. Voyez tom. XII, p. 350).

Subdivision ou Race V. Corps convexe; abdomen (ou queue) ayant six anneaux distincts, le dernier le plus grand; yeux peu apparens; antennes presque égales en longueur.

Genre CLIII. Nérocile (*Nerocila*, Leach; *Cymothoa*, Fabr. Voyez tom. XII, pag. 351).

Genre CLIV. Livonèce (*Livoneca*, Leach. Voyez tom. XII, pag. 352).

Genre CLV. Cymothoé (*Cymothoa*, Fabr., Dald., Bosc , Latr., Lamck., Leach; *Oniscus*, Linn., Pall.; *Asellus*, Oliv., Lamck. Voyez tom. XII, pag. 352).

Subdivision ou Race *VI*. *Corps convexe; abdomen (ou queue) ayant six anneaux distincts , le dernier plus grand; yeux placés latéralement, écartés l'un de l'autre, et composés de grains distincts; antennes presque égales en longueur.*

Genre CLVI. Limnorie (*Limnoria*, Leach; *Cymothoa*, Latr., Lamck. Voyez tom. XII, pag. 353) (1).

---

(1) Dans son Mémoire sur la classification des malacostracés, Trans. Linn., tom. XI, M. Leach n'admet dans cette division que neuf genres seulement , qu'il distribue ainsi :

Subdivision I.re Une seule lamelle apparente de chaque côté de la queue.
Appendices de la queue courbés, comprimés...... Campecopea.
— droits, un peu comprimés. Næsa.

Subdivision II.e Deux lamelles visibles aux appendices de chaque côté de la queue.

* *Pédoncule des antennes supérieures très-grand ; ongles bifides.*

Queue échancrée entre les lamelles; appendices non foliacés................................ Cymodice.
— échancrée; appendices comprimés , foliacés... Dynamène.
— entière , avec des appendices comprimés, foliacés............................... Sphæroma.

** *Pédoncule des antennes supérieures très-grand ; ongles simples.*

Yeux granulés, grands et latéraux............... Æga.

*** *Pédoncule des antennes supérieures médiocre.*

Yeux distincts, non granulés ; tête aussi large que le premier segment du corps............... Eurydice.
— granulés ; tête aussi large que le premier segment du corps..................... Limnoria.
— peu apparens ; tête plus étroite que le premier segment du corps....................... Cymothoa.

C. Queue stylifère (1).

VIe DIVISION. *Quatre antennes bien apparentes.*

Genre CLVII. ASELLE (*Asellus*, Geoff., Oliv., Lamck., Latr., Leach; *Oniscus*, Linn.; *Squilla*, Degéer; *Cymothoa*, Daldorff; *Idotea*, Fabr.; *Physodes*, Cuv., Duméril).

Antennes intermédiaires ou supérieures quadriarticulées, aussi longues que l'article terminal sétacé des extérieures; celles-ci formées de cinq articles. Yeux petits, simples et latéraux. Pieds-mâchoires extérieurs réunis à leur base en forme de lèvre, ayant leur premier article grand, lamelliforme. Corps oblong, déprimé, formé de sept segmens pédigères. Queue d'un seul article, portant deux appendices fourchus, composés d'une tige déliée, cylindrique, biarticulée, et terminés par deux filets coniques et divergens, ou deux petites pièces en forme de tubercules. Branchies vésiculeuses, alongées, aplaties, ovales, au nombre de six, recouvertes par deux écailles extérieures, arrondies et fixées par leur base. Sept paires de pattes terminées par un crochet simple; les dernières étant plus longues que les antérieures; les premières ayant leur avant-dernier article un peu renflé.

Nota. Ce genre a été décrit dans ce Dictionnaire par M. Duméril, comme appartenant à la classe des insectes, à l'ordre des aptères, et à la famille des polygnathes ou quadricornes.

ASELLE D'EAU DOUCE: *Asellus vulgaris*, Latr., Lamck.; *Asellus aquaticus*, Leach; *Aselle d'eau douce*, Geoffr., Hist. des insectes, tome 2, page 672, pl. 22, fig. 2; *Squille aselle*, Degéer, Mém. sur les Insectes, tome 7, pag. 496, pl. 51, fig. 1; *Idotea aquatica*, Fabr., Suppl. Ent. Syst., page 303; *Entomon hieroglyphicum*, Klein, Dub., fig. 5. Voyez pour la description et le détail des mœurs de ce petit crustacé d'eau douce, très-commun aux environs de Paris, l'article ASELLE de ce Dictionnaire, tom. 3, page 204.

M. Latreille regarde comme devant former un genre nou-

---

(1) Cette sous-section *C* correspond à celle qui est indiquée par M. Leach sous la lettre *D*, parce que celle qu'il désigne par la même lettre *C*, forme pour nous la première section, celle des isopodes phytibranches.

veau, voisin de celui-ci, l'IDOTÉE PINCEAU, *Idotea penicillata*, Risso, Crust., page 157, tab. 3, fig. 10. Ce crustacé est de forme très-alongée, linéaire, demi-cylindrique en dessus, plane en dessous; sa tête est petite, prolongée en pointe obtuse, pourvue de quatre antennes assez courtes, presque égales entre elles. Son corps est formé de neuf segmens, dont les sept premiers portent autant de paires de pattes assez longues et terminées par un crochet. Son dernier segment a deux filets longs et soyeux à sa partie postérieure, et une lame ovale à bords ciliés de chaque côté. Sa couleur est d'un vert grisâtre, pointillé de brun. Sa longueur totale est de six lignes et demie, et sa largeur d'un peu moins d'une ligne. On l'a trouvé près de Nice, au milieu des fucus.

Genre CLVIII. JANIRE (*Janira*, Leach; *Oniscus*, Montagu; *Asellus*, Latr., Lamck.).

Caractères généraux des aselles, aux différences suivantes près. Crochets terminaux des quatorze pattes bifides. Yeux assez gros, placés plus près l'un de l'autre que ceux de ces crustacés. Antennes intermédiaires et supérieures plus courtes que l'article terminal sétacé des extérieures.

JANIRE TACHÉE : *Janira maculosa*, Leach, Edinb. Encycl., tome 7, pag. 434, et Trans. Soc. Linn., tome XI, pag. 373; *Oniscus maculosus*, Montagu, Mss. Corps cendré, taché de brun. Trouvée sur les côtes d'Angleterre, au milieu des varecs et des ulves.

Nota. Le nom de *janira* a déjà été proposé par M. Risso pour le genre de crustacés, tout au moins voisin des galathées, qu'il avoit d'abord appelé *calypso*.

Genre CLIX. JAERA (*Jaera*, Leach; *Oniscus*, Montagu; *Asellus*, Latr., Lamck.).

Caractères généraux des aselles et des janires, mais en différant en ce que les pieds antérieurs n'ont pas leur avant-dernier article plus gros ou plus renflé que celui des autres pieds, et en ce que les appendices latéraux de leur queue ne sont pas terminés par deux pointes aiguës, mais ont la forme de simples tubercules. Les yeux sont, ainsi que ceux des janires, plus rapprochés l'un de l'autre que ceux des aselles.

Jaera a front blanc : *Jaera albifrons*, Leach, Edinb. Enc., tom. 7, pag. 434 ; ejusd., Trans. Soc. Linn., tom. XI, pag. 373 ; *Oniscus albifrons*, Montagu, Mss. Couleur générale cendrée ; front blanchâtre. Elle est très-commune sur les côtes d'Angleterre, au milieu des varecs et sous les pierres.

VII.ᵉ Division. *Antennes intermédiaires extrêmement courtes, non visibles, ou même n'existant pas du tout.*

Subdivision I. *Appendices de la queue au nombre de deux, divisés chacun en deux pointes coniques, alongées et presque égales, l'intérieure étant seulement un peu plus grande, et offrant à son extrémité un très-petit article aigu.*

Genre CLX. Ligie (*Ligia*, Fabr., Latr., Lamck., Leach; *Oniscus*, Linn., Oliv.; *Asellus*, Oliv.).

Antennes extérieures assez grandes, anguleuses, très-rapprochées à leur base, formées de six articles, dont les deux premiers fort courts, et les trois derniers alongés, le terminal plus grand que les autres, et composé lui-même de petits articles nombreux. Antennes intermédiaires très-petites, formées de deux articles comprimés, dont le dernier est obtus. Pieds-mâchoires membraneux, comprimés, concaves, divisés en six articles. Tête carrée, plus large que longue. Yeux composés assez grands et ronds. Corps alongé, ovalaire, convexe en dessus, très-semblable à celui des cloportes, composé de treize segmens transversaux, pointus en arrière de chaque côté, dont les sept premiers sont pédigères, et dont les six derniers constituent la queue ; le treizième presque carré, avec le bord postérieur arrondi au milieu, et échancré latéralement, pour l'articulation des appendices. Les quatorze pieds insérés sur les côtés du corps, ayant leur premier article dirigé de dehors en dedans, très-long, et formant avec le second, qui se porte de dedans en dehors, un angle aigu ; tous étant terminés par un article écailleux, pointu au bout, et pourvu d'une petite dent en dessous. Branchies en forme de lames triangulaires, placées sous l'abdomen ou la queue, au nombre de six paires.

Les crustacés de ce genre sont très-abondans sur les bords de la mer. Ils grimpent avec facilité, à la manière des cloportes, sur les rochers des rivages, ou sur les parapets des constructions maritimes, dans les endroits les plus humides. Lorsqu'on cherche à les prendre, ils replient promptement leurs pattes, et se laissent tomber.

LIGIE OCÉANIQUE : *Ligia oceanica*, Fabr., Latr., Gen. crust. et insect., Leach, Lamck.; *Oniscus oceanicus*, Linn.; *Cloporte oceanique*, Oliv.; Baster, Subst., 11, tab. 13, fig. 4. Antennes extérieures de moitié plus courtes que le corps, ayant leur dernier segment composé de treize petits articles; styles de la queue à peu près égaux entre eux, et aussi longs que cette queue; longueur, un pouce environ; couleur jaunâtre. Très-commune sur nos côtes.

LIGIE ITALIQUE : *Ligia italica*, Fabr., Latr., Gen. crust. et insect., tom. 1, pag. 67. Antennes extérieures presque égales au corps en longueur, avec leur dernier segment composé de dix-sept petits articles; styles de la queue très-longs, égaux entre eux, ayant leur pédoncule commun étroit et alongé.

LIGIE DES HYPNES : *Ligia hypnorum*, Latr., Gen. crust. et Insect., tome 1, pag. 68, sp. 3; *Ligie des mousses*, Bosc, Crust., tom. 2, pag. 190; *Oniscus hypnorum*, Cuv., [Journ. d'Hist. Nat., tome 2, pag. 19, tab. 26, fig. 3, 4, 5; *Oniscus hypnorum*, Fabr.; *Oniscus agilis*, Panz., Faun. German., fasc. 9, fig. 24. Antennes plus courtes que la moitié de la longueur du corps, ayant leur dernière pièce formée d'environ dix petits articles; styles de la queue apparens, ayant leur pédoncule muni d'une dent et d'une soie à son extrémité et du côté interne; corps varié en dessus de noirâtre, de cendré et de jaunâtre. Des côtes de l'Océan.

Dans le Règne Animal, M. Latreille paroît soupçonner que l'espèce décrite sous les noms de *ligia oniscides*, d'*oniscus* et de *eymothoa assimilis*, n'est autre que la ligie océanique, dont les pointes de la queue sont mutilées.

Subdivision II. Appendices de la queue au nombre de quatre, les latéraux biarticulés.

* *Corps ne pouvant se rouler en boule.*

a. *Antennes extérieures composées de huit articles.*

Genre CLXI. Philoscie (*Philoscia*, Latr. , Lamck., Leach ; *Oniscus*, Linn., Fabr., Oliv., Cuvier).

Antennes extérieures découvertes à leur base; les intermédiaires non distinctes. Corps ovale, à segmens transverses au nombre de sept. Queue formée de six segmens, brusquement plus étroite que le corps; les quatre appendices styliformes bien apparens et presque égaux entre eux, les extérieurs étant néanmoins un peu plus longs que les intermédiaires.

Philoscie des mousses : *Philoscia muscorum*, Latr., Lamck., Leach; *Oniscus muscorum*, Scopoli; *Cloporte des mousses*, Oliv., Enc.; *Oniscus sylvestris*, Fabr.; *Oniscus muscorum*, Cuv., Journ. d'His. nat., tom. 2, pag. 21, tab. 26, fig. 6, 7 et 8; Coqueb., Illust. icon. insect., decas 1, tab. 6, fig. 12. Dessus du corps d'un cendré brun, parsemé de petits traits et de petits points gris ou jaunâtres, dessous blanchâtre; pattes ayant quelques traits obscurs. Assez commun dans les bois humides, sous les feuilles mortes, ou sous les pierres, en France, en Allemagne, en Suède et en Angleterre.

Genre CLXII. Cloporte (*Oniscus*, Linn., Geoff., Fabr., Oliv., Latr., Lamck., Degéer, Cuv., Leach).

Antennes extérieures seules apparentes, ayant leur base recouverte par les rebords latéraux de la tête : celle-ci moyenne enchâssée dans le bord antérieur du premier segment du corps. Yeux composés, granuleux, latéraux. Corps formé de sept segmens transversaux, dont les bords latéraux sont postérieurement terminés en pointe, et antérieurement arrondis; queue (ou abdomen) composée de six segmens, dont les cinq premiers très-étroits : les deux antérieurs sans prolongemens latéraux ; les trois suivans en ayant au contraire de très-prononcés, et le sixième ou dernier triangulaire, pointu et muni de quatre appendices. Les deux appendices latéraux de la queue très-forts, coniques et biarticulés; les intérieurs situés au-dessus de ceux-ci, grêles, cylindriques, d'un seul article, terminés par plusieurs petites soies, et laissant suinter un liquide visqueux. Pieds insérés sur les côtés du corps, ayant leurs deux premières pièces grandes, et formant entre elles un angle vers la ligne médiane du ventre ; tous étant terminés par un article ou crochet simple, et leur grandeur s'augmentant graduellement depuis la première paire jusqu'à la dernière. Organes respiratoires placés sous la queue, et consistant en six paires de lames superposées, triangulaires, appliquées pour chaque paire exactement l'une contre l'autre par leur côté interne, et formant ensemble une pointe plus ou moins prolongée en arrière.

Nota. Ce genre ayant été décrit par M. Duméril (tome IX, pag. 417 de ce Dictionnaire), je renvoie à son article, pour ce qui concerne les détails que j'omets ici, en avertissant que la seconde espèce, le *cloporte armadille*, appartient au genre que je décris après le suivant.

Les cloportes habitent de préférence les lieux humides et obscurs, tels que les caves ou les celliers, et se tiennent ordinairement dans les fentes de murailles, dans les joints mal réunis des cloisons, sous les pierres, etc. Ils paroissent vivre de substances végétales en décomposition, et on en a vu aussi qui mangeoient des cadavres d'individus de leur espèce. Leur démarche est ordinairement lente ; mais lorsqu'ils éprouvent quelque crainte, ils courent assez vite. Les femelles portent leurs œufs entre les lames respiratoires du dessous de la queue, jusqu'au moment où ils éclosent, et les petits qui en sortent trouvent pendant quelques jours un refuge assuré au milieu de ces mêmes lames. On les a long-temps employés en médecine comme fournissant des remèdes diurétiques, absorbans, ou apéritifs ; mais l'usage en a presque totalement cessé.

Le type de ce genre est le

CLOPORTE ASELLE : *Oniscus asellus*, Linn., Fabr., Latr. ; *Cloporte ordinaire*, Geoffr., Hist. des Insectes, tome 2, pag. 670, pl. 22, fig. 1 : *Cloporte aselle*, Degéer, Ins., tome 7, pag. 547, pl. 35, fig. 5 ; *Oniscus murarius*, Cuv., Journ. d'Hist. Nat., tome 2, pag. 22, pl. 26, fig. 11, 12, 13 ; Panzer, Faun. Germ., fasc. 9, fig. 21. Longueur, six à sept lignes ; légèrement rugueux en dessus, et particulièrement sur la tête ; d'une couleur grise, obscure, avec les bords plus clairs, et une série longitudinale de points jaunes, placée de chaque côté du corps ; ventre et pattes d'un gris blanchâtre uniforme. Très-commun dans toute l'Europe.

b. Antennes extérieures formées de sept articles.

Genre CLXIII. Porcellion (*Porcellio*, Latr., Leach ; *Oniscus*, Linn., Geoffr., Fabr., Oliv., Cuv.).

Caractères généraux des cloportes, et n'en différant sensiblement que par le nombre des articles des antennes. Mœurs semblables.

Porcellion rude : *Porcellio scaber*, Latr., Leach ; *Cloporte ordinaire*, var. C., Geoff.; *Oniscus asellus*, Fab., Cuv.; Panzer, Faun. Germ., fasc. 9, fig. 21 ; *Oniscus granulatus*, Lamck., Anim. sans vertèbres, tome 5, pag. 154. Dessus de la tête et des segmens du corps et de la queue recouvert de granulations nombreuses ; quatrième et cinquième articles des antennes striés dans leur longueur ; couleur tantôt d'un cendré noirâtre uniforme, tantôt jaune clair et variée de gris plus ou moins foncé. Commun sur les murailles, sous les pierres et le bois pourri.

Porcellion lisse : *Porcellio lævis*, Latr., Leach ; *Oniscus lævis*, Lamck., Anim. sans vert., tom. 5, pag. 154 ; *Cloporte ordinaire*, var. B., Geoffr. Corps lisse ; appendices de la queue plus grands que dans l'espèce précédente ; couleur cendrée noirâtre, plus ou moins nuancée de gris-jaunâtre. Il vit sous les pierres.

** *Corps pouvant se rouler en boule.*

Genre CLXIV. Armadille (*Armadillo*, Latr., Lamck., Leach ; *Oniscus*, Linn., Geoff., Oliv.).

Antennes extérieures formées de sept articles, coudées, insérées de chaque côté, au-dessous d'une échancrure du chaperon, mais ayant leur base protégée en dessus par un prolongement de la tête en forme de voûte. Yeux granuleux, tout-à-fait latéraux sur le dessus de la tête. Corps bombé et arqué, composé d'anneaux qui ne se terminent pas en pointe sur leurs bords latéraux et postérieurs. Queue formée de six segmens, dont les deux premiers ne se prolongent pas jusqu'au bord extérieur, et dont le dernier est triangulaire et court.

Second article des appendices latéraux de la queue aplati, triangulaire, et placé de manière à remplir l'espace qui existe entre le segment terminal et le bord postérieur de l'avant-dernier. Pieds conformés comme ceux des cloportes et des philoscies, et terminés par un ongle court et simple. Ecailles branchiales supérieures ayant une rangée de petits trous qui donnent passage à l'air.

Je renvoie pour le détail des mœurs à l'article ARMADILLE traité dans ce Dictionnaire par M. Duméril, qui considère ce genre comme appartenant à l'ordre des insectes aptères et à la famille des polygnathes ou quadricornes. Il en décrit trois espèces sous les noms suivans :

ARMADILLE VULGAIRE; *Armadillo vulgaris*. D'un gris cendré sans taches, avec le bord des anneaux un peu plus pâle.

ARMADILLE PUSTULÉ; *Armadillo pustulatus*. D'un gris cendré, avec des taches irrégulières, blanches ou jaunâtres, sur ses anneaux.

ARMADILLE DES BOUTIQUES; *Armadillo officinalis*. Gris; à second anneau du corps échancré, très-grand, plus long que les six derniers. D'Italie.

VIIIe DIVISION. *Corps déprimé irrégulier; point d'antennes, d'yeux ni de mandibules* (1).

Genre CLXV. BOPYRE (*Bopyrus*, Latr.; *Monoculus*, Fabr.).

Corps ovalaire, déprimé, mou, avec une forte saillie longitudinale et médiane en dessous, marqué sur ses deux faces d'impressions transversales qui semblent séparer des segmens au nombre de sept. Tête oblique, distincte, seulement parce que son bord antérieur ou chaperon est plus large que ne le sont les bords latéraux des anneaux qui la suivent. Queue apla-

---

(1) Ces caractères et ceux que je vais détailler sont ceux de l'individu femelle. Si le très-petit crustacé isopode que l'on trouve constamment près de l'issue des œufs de cette femelle est le mâle, comme il y a tout lieu de le présumer, cette huitième division que je propose sera annulée, et il suffira de former dans la précédente une subdivision particulière, pour y ranger le genre Bopyre.

M. Leach, au surplus, n'admet pas ce genre dans la classe des crustacés. Il pense que sa place est à côté des vers épizoaires.

tie, oblique, sur l'axe du corps, plus étroite que lui, découpée sur ses bords, et marquée de rides transverses sur ses faces supérieure et inférieure, de façon à paroître divisée en six segmens très-étroits. Bouche offrant, 1.° à l'extérieur deux valves qui la recouvrent comme des volets, formées chacune d'une pièce fixée antérieurement, en cuiller dont la convexité est en dehors, et d'une semblable pièce plus membraneuse, annexée en arrière de la première; 2.° deux pièces latérales molles, comprimées, placées comme des mâchoires; 3.° une ouverture centrale qui peut être munie d'autres appendices, tels que mâchoires ou mandibules, mais qui sont indistincts même à la loupe. Quatre grandes lames presque membraneuses de chaque côté du corps en dessous, faisant suite aux deux valves qui recouvrent les parties de la bouche, se tenant relevées par leur bord libre, imbriquées entre elles de façon à ce que les antérieures passent en arrière, derrière les postérieures; ces lames formant par leur ensemble une sorte d'enceinte ovalaire sous le corps, destinée à contenir les œufs, et qui s'en trouve remplie vers la fin du printemps et dans les dernières saisons de l'année; la quatrième ou la dernière de ces lames beaucoup plus longue que les premières, et se croisant par son extrémité avec sa correspondante de l'autre côté : toutes étant aussi épaisses que les deux lames de la bouche, et comme elles, variées d'une couleur brunâtre que l'on n'observe sur aucune autre partie de l'animal. Dessous de la queue ayant cinq paires de lamelles blanches et molles, disposées en recouvrement comme les lames branchiales des c'oportes et des autres crustacés des genres voisins. Ouverture de l'anus, et sans doute celle qui sert au passage des œufs placés entre ces lames. Point d'yeux. Point d'antennes visibles, ni d'appendices styliformes au bout de la queue. Quatorze pattes très-petites, contournées à la manière de celles des cymothoés, paroissant formées de quatre articles, placées sur les côtés du corps, entre l'extrême bord et la base des lames imbriquées dont nous avons fait mention plus haut, chaque paire sur un anneau distinct.

Mâle, ou individu regardé comme tel, extrêmement petit, à corps symétrique, alongé, linéaire, bombé en dessus d'un côté à l'autre, ayant une tête distincte pourvue de deux petits yeux noirs et ronds, un corps formé de six ou sept anneaux, et une queue de moitié plus courte que ce corps, paroissant avoir des lamelles branchiales en dessous; ses pattes, ses antennes et les appendices styliformes de sa queue étant inapercevables.

Bopyre des chevrettes : *Bopyrus squillarum*, Latr., Lamck.; *Monoculus crangorum*, Fabr., Syst. Entom. Suppl., pag. 3o6; Fougeroux de Bondaroy, Mém. de l'Acad. des Sc. de Paris, année 1772, pag. 29, pl. 1; *Bopyre des crustacés*, Bosc, Hist. nat. des Crust., tome 2, pag. 216. Longueur, quatre lignes; couleur pâle blanchâtre, si ce n'est sur les écailles du dessous du corps où elle passe au noirâtre. Ce crustacé parasite se trouve fixé sous le têt des palémons squille et porte-scie, accroché à la membrane qui double ce têt en dessous, et le dos appliqué contre les branchies, qu'il ne gêne en aucune façon. Il paroît se nourrir des petits animaux que l'eau, attirée par le mouvement des organes de la respiration, apporte avec elle. Sa présence sous le têt des palémons produit sur celui-ci une protubérance d'autant plus grande que ce bopyre est plus âgé, ou ses œufs sont plus abondans. Il n'y en a jamais qu'un seul sur chaque palémon, placé indifféremment à droite ou à gauche, et l'on en trouve dans toutes les saisons de l'année.

Les pêcheurs de nos côtes prennent les bopyres pour de jeunes soles ou de jeunes plies qui passeroient ainsi, selon eux, le premier temps de leur existence fixées sous le têt des palémons ou salicoques. Deslandes, en 1722, avoit consacré ce préjugé dans les Mémoires de l'Académie royale des sciences de Paris; mais Fougeroux de Bondaroy, en 1772, l'a complétement réfuté dans le même ouvrage. Voyez dans ce Dictionnaire l'article Bopyre par M. Duméril, tome 5, Suppl., pag. 3o.

Bopyre des palémons ; *Bopyrus palæmonis*, Risso, Crust., pag. 148. Sa queue est plus obtuse que celle du précédent; sa couleur est jaunâtre, mêlée de vert clair, avec deux lignes longitudinales brunes dentelées. Sa tête est surmontée de deux petits corps qu'on seroit tenté de prendre pour des antennes. M. Risso l'a trouvé, près de Nice, sous le têt des palémons où il produit une tumeur fort remarquable, et il a observé qu'au lieu d'œufs, sa femelle portoit sous son ventre huit à neuf cents petits individus très-apparens et de couleur blanche grisâtre.

M. Duméril rapporte au genre Bopyre un petit crustacé

figuré par Duhamel, Traité des pêches, deuxième partie, pl. 16, fig. 11, lequel s'attache aux saumons (1).

(1) En terminant l'histoire des crustacés qui appartiennent à l'ordre des isopodes, je dirai, ainsi que je l'ai fait à l'égard des amphipodes, quelques mots sur certains genres trop peu connus ou trop incomplétement décrits pour qu'il m'ait été possible de les intercaler dans la série que j'ai adoptée.

Plusieurs d'entre eux ont été créés par M. Rafinesque, et l'on n'en sait encore que les noms. Ce sont ceux qu'il appelle TYRONIA, PRIMNO, PSAMATHE, IDYIA, ACERINA, ENARTHRUS et CYMODOCEA; ce dernier ne devant pas être confondu avec le genre Cymodocée de M. Leach.

Le genre GONOTUS du même naturaliste (Précis de Découv. somiol., page 26), est caractérisé par un corps linéaire plat, à dos caréné; quatorze jambes; quatre antennes, dont deux plus longues que les autres, formées de quatre articles principaux et de plusieurs courts; une queue articulée, sans appendices, etc. Il me paroît comprendre notre *Stenosoma hecticum*, dans l'espèce de Sicile nommée *Gonotus viridis*, laquelle est verdâtre et a la queue de la longueur des antennes, plate et lunulée.

Son genre LIRCEUS, publié dans les *Annals of Nature*, n.º 1, est américain et d'eau douce. Ses caractères sont les suivans : Quatre antennes, dont les deux supérieures seulement sont très-longues, formées de quatre grands articles qui augmentent en dimension vers le haut, et de plusieurs autres petits terminaux ; les deux inférieures plus courtes que la tête ; tête arrondie ; yeux ronds latéraux ; pattes pourvues d'un ongle terminal ; corps pinnatifide, formé de sept segmens, sans écailles latérales ; queue grande, arrondie, utriculée en dessous avec des appendices cachés. Le *Lirceus fontinalis* est un animal voisin des aselles, long d'un quart de pouce, à dos convexe, à queue semi-trilobée, dont la couleur est noirâtre, et qui vit dans les sources aux environs de Lexington.

Le genre ERGYNE de M. Risso ne nous est connu que par la description et la figure qu'il donne de la seule espèce qu'il y place. Il est aplati ; sa tête est distincte, pourvue de deux yeux et de quatre antennes longues, ramifiées et plumeuses ; son corps est ovale, formé de cinq segmens ; ses pattes, au nombre de six de chaque côté, sont composées d'articles courts et terminées par des aiguillons très-crochus. — L'*Ergyne cervicornis* a trois lignes et demie de longueur ; son corps est lisse, d'un beau rouge et bordé de blanc. M. Risso l'a trouvé vivant à la manière des bopyres, attaché sous les branchies du portune de Rondelet, et il a vu les plaques superposées dont le ventre de la femelle est recouvert se dilater, pour donner passage à vingt ou trente petits vivans. Dans cette espèce le mâle qui est très-petit reste toujours placé sur la queue de la femelle.

SOUS-CLASSE SECONDE.

ENTOMOSTRACÉS (*Entomostraca*).

Bouche tantôt en forme de bec, tantôt composée de mandibules sans palpes, ou avec des palpes (1) *et de deux paires de mâchoires en feuillets auxquelles sont quelquefois annexées les branchies; corps ordinairement recouvert d'un têt corné, souvent membraneux, tantôt en forme de bouclier supérieur, tantôt divisé en valves latérales; tête rarement distincte du tronc; yeux ordinairement sessiles; pieds garnis d'appendices branchiaux, de petits feuillets, ou de cils propres à la natation; organes sexuels placés à l'extrémité postérieure de la poitrine, ou à l'origine de la queue; une métamorphose incomplète; des mues nombreuses, etc.* (Ordre des Crustacés branchiopodes. Latr.)

Nota. Je renvoie pour les autres caractères de cette sous-classe, et pour l'exposition de diverses distributions méthodiques qui en ont été proposées par Muller, Fabricius, M. de Lamarck, M. Latreille. M. Duméril et M. Leach, à l'article *Entomostracés* de ce dernier naturaliste, qui fait partie du tome XIV de ce Dictionnaire, pag. 525, ainsi qu'aux tableaux que j'ai joints aux généralités du présent article. Je vais seulement donner ici pour compléter le tableau des genres de crustacés, le résumé succinct du système de classification des genres d'Entomostracés, adopté par M. Leach, et j'y ajouterai le précis des découvertes les plus récentes faites sur plusieurs de ces animaux.

ORDRE SIXIÈME. Pœcilopes, *Pœcilopoda.*

Tête confondue avec le tronc; un têt ou la partie antérieure du corps en forme de bouclier; bouche en bec ou composée d'appendices qu'on ne sauroit comparer aux mandibules; antennes courtes et simples, ou nulles; souvent des yeux distincts et sessiles; pieds antérieurs terminés par un ou deux crochets ou par des pinces, propres à

---

(1) Le genre *Cypris*, d'après les observations récentes de M. Straus, est pourvu de mandibules palpigères, et vraisemblablement celui des *Cythérées* est dans le même cas. Ces deux genres sont aussi les seuls chez lesquels les pieds servent uniquement à la locomotion, et dont les organes respiratoires consistent en lames branchiales annexées aux mâchoires. Sous ces divers rapports, ils s'éloignent beaucoup de la sous-classe où ils sont placés pour se rapprocher de celle des malacostracés. Avec M. Straus nous en composerons un ordre particulier sous le nom d'Ostrapodes

*à la marche ou à la préhension ; les postérieurs destinés à la natation,
soit composés ou accompagnés de lames branchiales, soit membraneux
et en digitations* (1). (Section des Pœcilopes, Latr.)

Ire Division. *Bouche en forme de bec ; antennes au nombre de
quatre ; douze pattes dont les deux premières en ventouses.* (Famille
des Argulidées, Leach.)

Genre CLXVI. Argule (*Argulus*, Muller, Latr., Leach, Lamck.,
Jurine fils ; *Monoculus*, Linn. ; *Binoculus*, Geoffr., Latr., Bosc ;
Ozolus, Latr. Voyez tome XIV, pag. 329).

IIe Division. *Bouche en forme de bec ; antennes au nombre de
deux seulement* (2). (Famille des Caligidées, Leach.)

Subdivision ou Race I. *Douze pattes ; les six de devant terminées
par des crochets ou onguiculées.*

Genre CLXVII. Anthosome (*Anthosoma*, Leach ; *Caligus*, Latr.,
Lamck., Risso. Voyez tome XIV, pag. 532).

Genre CLXVIII. Dichelestion (*Dichelestium*, Hermann fils,
Latr., Lamck., Leach. Voyez tome XIV, pag. 533).

Subdivision ou Race II. *Quatorze pattes ; les six antérieures onguiculées ; la quatrième ou cinquième paire bifide ; la sixième et
la septième ayant les hanches et les cuisses très-dilatées et réunies
par paires.*

Genre CLXIX. Cécrops (*Cecrops*, Leach, Latr., Lamck. Voyez
tome XIV, pag. 533).

Subdivision ou Race III. *Quatorze pattes ; les six antérieures onguiculées ; toutes les autres bifides.*

Genre CLXX. Pandare (*Pandarus*, Leach : *Caligus*, Latr.,
Lamck. Voyez tome XIV, pag. 534).

Genre CLXXI. Nogaus (*Nogaus*, Leach. Voyez tome XIV,
pag. 535).

---

(1) Cet ordre de M. Leach n'est qu'une section (la première) de l'ordre
des branchiopodes pour M. Latreille.

(2) M. Leach en admet deux ; mais les pièces qu'il nomme antennes,
peuvent être plus justement considérées, ainsi que le fait M. Latreille,
comme des palpes ou des mandibules insérés sur une petite lèvre supérieure et terminés en pince.

*Subdivision ou Race IV. Quatorze pattes; les six de devant on-
guiculées; la cinquième paire bifide, avec le dernier article garni
de poils en forme de cils.*

Genre CLXXII. Calige (*Caligus*, Leach, Latr., Lamck. Voyez
tom. XIV, pag. 536).

Genre CLXXIII. Riscule (*Risculus*, Leach. Voyez tome XIV,
pag. 536). (1)

III.ᵉ Division. *Bouche ayant son ouverture au milieu de cinq paires
de pieds, ou de pieds-mâchoires, terminés en pinces, dont les
hanches hérissées de pointes peuvent servir à la mastication;
point d'antennes; têt en bouclier formé de deux pièces, et terminé
par une longue queue ensiforme; organes de la respiration placés
sous la seconde pièce du têt.* (Famille des **Limulidées**, Leach.)

Genre CLXXIV. Limule (*Limulus*, Mull., Fabr., Latr., Leach;
Monoculus, Linn.; *Xiphosura*, et *Xiphotheca*, Gronov; *Polyphemus*, Lamck.; *Cancer*, Clusius. Voyez tom. XIV, pag. 536,
et l'article **Limule** (Fossile), tom. XXVI, pag. 479). (2)

Genre CLXXV. Tachyplée (*Tachypleus*, Leach; *Limulus*, Latr.;
Polyphemus, Lamck., tom. XIV, pag. 538).

---

(1) *Voyez* l'article **Lernée** de ce Dictionnaire, dans lequel M. de
Blainville établit les rapports qui existent entre les animaux de cette
division et les lernées.

(2) C'est à l'ordre de pœcilopes que je crois pouvoir rattacher le
genre **Diprosia** de M. Rafinesque (Précis de Découv. somiol., pag. 25),
bien qu'il soit très-peu clairement décrit, et que son auteur le rapporte
à la famille *Bopyria* de l'ordre des *Pseudopia*. Son manteau est déprimé,
oblong, fendu sans articulations postérieurement; sa queue est inférieure, longue et échancrée : il a deux yeux lisses en dessus; sa bouche
est inférieure; son corps est étroit et articulé; ses jambes sont formées de
trois articles, et on en compte six paires; enfin, il y a deux suçoirs en
avant de celles-ci. — La *Diprosia vittata*, d'un blanc bleuâtre, rayé longitudinalement de pourpre violet, à dos lisse et convexe, me paroît se
rapprocher des argules, non seulement par l'existence de ses deux
suçoirs ou ventouses, mais encore par ses mœurs. Parasite d'un poisson
de mer, le *Sparus erythrinus*, elle est aussi transparente que l'argule,
et l'on aperçoit très-facilement à travers son corps les mouvemens de
la circulation.

C'est aussi dans cet ordre qu'il faudra placer, lorsqu'on le connoîtra

ORDRE SEPTIÈME. Phyllopes, *Phyllopoda.*

Tête confondue avec le tronc ; yeux sessiles, lisses, très-rappro-
chés ; antennes très-courtes ; un bouclier mince d'une seule pièce, libre
postérieurement, servant de tét ; deux mandibules cornées, sans palpes,
demi-cylindriques, à pointe comprimée, droite et très-dentelée ; pattes
de la première paire en forme de rames, et terminées par des soies arti-
culées ; les autres branchiales, au nombre de plus de soixante paires,
disposées pour la natation (1). (Section des Phillopes, Latr.)

Genre CLXXVI. Apus (*Apus*, Scop., Cuv., Latr.; *Binoculus*,
Geoffr., Leach; *Limulus*, Mull., Lamck.; *Monoculus*, Linn.,
Fabr. Voyez tom. XIV, de ce Dictionnaire pag. 538.)

Corps alongé, conique, formé d'une quarantaine de segmens
étroits, dont les sept ou huit derniers (formant la queue) ne
portent point de pattes. Tête confondue avec le corps, et recouverte comme lui par un vaste bouclier membraneux, formé de
deux lames adhérentes entre elles dans toute leur étendue, ainsi
qu'à la tête et au corps en dessus, mais seulement en avant : ce
bouclier étant bombé, ovalaire, caréné dans son milieu, et échan-

-----

inieux, le *Binocle à queue en plumet* de Geoffroy (Ins., tom. II, pag. 660,
pl. 21, fig. 3). Ce crustacé, qui doit être fort rare, puisqu'aucun naturaliste, à l'exception de M. Duméril (article BINOCLE de ce Dictionnaire), n'en a parlé depuis Geoffroy, a le corps hémisphérique, uni-
formément bombé en dessus, les antennes petites, très-courtes,
composées de cinq articles, et placées proche des yeux qui sont assez
écartés entr'eux ; sa bouche paroit formée en un bec recourbé en
dessous ; sa tête est assez grande ; son corps est recouvert de deux
écailles lisses à suture médiane longitudinale, comme celle des élytres
de coléoptères. Ces écailles sont tronquées au bout, et laissent dépasser
une queue formée de quatre segmens, et terminée par des appendices
barbus comme des plumes. Les pattes sont courtes et au nombre de six,
sans ventouses. Geoffroy a trouvé, dans les ruisseaux où il nageoit avec
facilité, ce petit animal dont la longueur est de deux lignes. Sa couleur
jaune est le brun ; sa tête est marquée de trois petites taches noirâtres
disposées en triangle.

(1) Cet ordre répond à une partie de la seconde section de la méthode de
M. Latreille ; M. Leach n'ayant point décrit avec assez de détails les crustacés qu'il comprend et ceux de l'ordre suivant, je crois devoir le faire ici,
et cela devient d'autant plus nécessaire que, dans la série alphabétique,
il ne reste aucun mot auquel il soit possible de rattacher leur histoire.

cré postérieurement; portant en avant trois yeux simples, dont deux antérieurs plus grands, très-rapprochés, un peu en forme de croissans, et le troisième très-petit, ovale et placé en arrière de ceux-ci. Chaperon formant en dessous et en avant du têt une large surface à peu près triangulaire sur le milieu du bord postérieur de laquelle est attachée une lèvre supérieure grande, à peu près carrée dans son contour, et légèrement bombée dans son milieu. Bouche composée outre cette lèvre, 1.° de deux grandes mandibules arquées en voûte, minces, tronquées à leur extrémité qui est droite et dentelée; 2.° de deux paires de mâchoires dont les supérieures sont en forme de feuillets épineux et ciliés à leur extrémité, et les inférieures simplement velues, annexées à une pièce membraneuse, en forme de fausse patte; 3.° d'une languette profondément bifide, et munie d'un canal cilié qui conduit à l'œsophage. Antennes très-courtes insérées près des mandibules; formées de deux articles, dont le second plus long que le premier est terminé par trois soies très-petites. Pattes de la première paire (antennes selon quelques auteurs) grandes, rameuses, pourvues de quatre soies articulées, dont les deux premières très-longues; les suivantes, au nombre de soixante paires environ, diminuant graduellement de grandeur, assez compliquées dans leur forme, ayant leur base ciliée, et une grande lame branchiale sur un de leurs côtés, avec un sac ovalaire vésiculeux en dessous; celles de la onzième paire pourvues d'une capsule à deux valves, renfermant les œufs qui sont rouges. Queue terminée par deux longs filets sétacés et multiarticulés.

Les apus sont de singuliers crustacés aquatiques qu'on voit dans certains cas se développer instantanément en très-grand nombre dans des mares, ainsi que dans des amas accidentels d'eau de pluie, où l'on n'en avoit jamais vu précédemment. Leur développement est très-rapide : tous paroissent pourvus d'œufs, et la distinction de leurs sexes n'a pas encore été faite; aussi quelques naturalistes pensent-ils que ces animaux sont hermaphrodites. Leurs œufs paroissent pouvoir se conserver pendant de longues années à sec, sans périr; car l'on ne sauroit expliquer autrement l'apparition de ces crustacés dans les lieux où on les voit tout à coup en très-grand nombre, qu'en supposant que leurs germes existoient dans le sol, et qu'ils ne se sont développés qu'à la suite du séjour de l'eau pluviale.

Apus cancriforme : *Apus cancriformis*, Cuv., Latr., Bosc ; *Limulus palustris*, Muller, Entomost., pag. 127, n.° 61 ; *le Binocle à queue en filets*, Geoffr., Ins. des Env. de Paris, tom. 2, pl. 21, fig. 4 ; Schæff., Monogr. 1-5 ; *Apus vert*, Bosc. Long d'un pouce et demi ; échancrure postérieure du têt très-grande, sa carène dorsale peu prolongée en pointe. De France : il est rare autour de Paris.

M. Leach (Edinb. Encycl., Suppl., tom. 1, pl. 20) a figuré une seconde espèce sous le nom de *apus Montagui*.

Genre CLXXVII. Lépidure (*Lepidurus*, Leach ; *Apus*, Lamck., Latr.).

Caractères des apus, si ce n'est qu'il existe entre les filets de la queue une lame alongée, horizontale et de forme ovalaire, un peu tronquée et échancrée au bout.

Manière de vivre semblable.

Lépidure prolongé : *Lepidurus productus*, Leach ; *Apus productus*, Lamck., Latr. ; *Monoculus apus*, Linn., Faun. Succica ; Fabr., Entom. Syst., Suppl., pag. 305 ; *Limule serricaude*, Herm. ; Schæff., Monogr., tab. 6. Moins grand que l'apus cancriforme, mais généralement très-semblable, quoique plus alongé ; carène du têt prolongée postérieurement en pointe. Commun en France, aux environs de Paris, près de Maisons-Alfort, ainsi que dans les anciens travaux de la Garre près de la Salpêtrière.

ORDRE HUITIÈME. Lophyropes, *Lophyropa*.

Tête confondue avec l'extrémité antérieure du tronc ; œil ou yeux sessiles et composés ; têt tantôt plus ou moins court, et recouvrant le haut du corps, tantôt plus ou moins vaste et composé de deux pièces réunies en forme de valves de coquilles, dont la charnière est sur le dos ; mandibules sans palpes ; mâchoires sans branchies ; pieds en nombre variable, propres à la natation, tantôt simples ou branchus, tantôt formés de lames garnies de poils, que l'on a considérées comme des organes respiratoires. (Sect. des Lophyropes, Latr.)

1.re Division. *Têt d'une seule pièce.* (Fam. des Cyclopidées, Leach.)

Genre CLXXVIII. Cyclope (*Cyclops*, Muller, Latr., Lamck., Leach ; *Monoculus*, Linn., Geoffr., Degéer, Fabr. ; *Amymona* et *Nauplius*, Mull.).

Corps ovale, conique, alongé. Œil unique. Quatre antennes simples. Deux mandibules sans palpes : des pièces placées en arrière, représentant des mâchoires et des pieds-mâchoires. Pieds proprement dits au nombre de huit, formés d'un pédoncule biarticulé, et de deux tiges de trois articles. Une queue longue et fourchue. Organes mâles situés, comme ceux des femelles, à la partie postérieure et inférieure du corps, doubles.

Ces petits animaux sont communs dans les eaux douces, où ils nagent en avançant par secousses successives. Les femelles sont faciles à distinguer, parce qu'elles portent en arrière de leur corps une ou deux bourses ovales, membraneuses, remplies d'œufs bruns, bleus ou verts. Ces œufs y éclosent, et il en sort des petits qui ont quelques différences dans leurs formes générales comparées à celles de leurs parens, surtout en ce qu'ils manquent d'abord de queue, et qu'ils ont moins de pieds : aussi ont-ils d'abord été considérés par Muller comme appartenant à des genres particuliers que ce naturaliste avoit établis sous les noms d'*Amymona* et de *Nauplius*, genres qui ont été effacés de la série des entomostracés après les belles observations de M. de Jurine. L'accouplement dure long-temps, et dans cet acte, la femelle porte partout son mâle suspendu à sa queue.

Cyclope commun : *Cyclops vulgaris*, Leach ; *Monoculus quadricornis*, Linn., Faun. Suec., n.° 2049 ; Fabr., Syst. Ent. ; *Monocle à queue fourchue*, Geoffr., Ins., tom. 2, pag. 656, n.° 3 ; Degéer, Ins., tom. 7, pag. 483, pl. 29, fig. 11, 12 ; *Cyclops quadricornis*, Mull., Entom., pl. 18, fig. 1-14 ; *Monoculus quadricornis rubens*, Jurine, Monocl., pag. 1, pl. 1, fig. 1-11 ; pl. 2, fig. 1-9. ; var. *albidus*, pl. 2, fig. 10 et 11 ; var. *viridis*, pl. 3, fig. 1 ; var. *fuscus*, pl. 3, fig. 2 ; var. *prasinus*, pl. 3, fig. 5. Corps assez renflé, formé de quatre anneaux, et prolongé jusqu'au tiers de la longueur totale ; queue de sept anneaux ; antennes postérieures (*antennules*, Jurine) assez grandes, composées de quatre articles ; les antérieures trois fois plus longues qu'elles. Var. A, rougeâtre ; œufs bruns formant deux masses obliques rapprochées des côtés de la queue ; longueur totale, $\frac{8}{12}$ de ligne. Var. B, blanchâtre, ou grise lavée d'un peu de bistre ; plus large que la précédente ; masses d'œufs verdâtres, formant un angle presque droit avec la queue ; longueur totale $\frac{8}{12}$ de ligne. Var. C, verte ; œufs verts formant deux masses, dont la direction est intermédiaire à celles des masses d'œufs des deux premières variétés : longueur, $\frac{9}{12}$ de ligne. Var. D, d'un roux enfumé ; forme générale présentant un ovale presque parfait; œufs bruns composant deux masses qui recouvrent une grande partie de la queue ; longueur totale, $\frac{6}{12}$ de ligne. Var. E, d'un vert plus foncé que la var. C ; œufs d'un vert obscur, et passant un peu au rose, lorsqu'ils sont prêts à éclore, composant deux petites masses, immédiatement collées à la queue, et semblant faire corps avec elle ; longueur totale, $\frac{6}{12}$ de ligne. Voyez, pour les détails relatifs aux métamorphoses de ce petit crustacé, l'article CYCLOPE de M. Duméril, dans ce Dictionnaire, tom. XII, pag. 288.

CYCLOPE CASTOR : *Cyclops castor; Monoculus castor*, Jurine, Monoc., pag. 50, pl. 4, 5 et 6 ; *Cyclops cæruleus*, Mull., Ent., tab. 15, fig. 1-9 ; *Cyclops rubens*, ejusd., pl. 16, fig. 1-3, *Cyclops laciniatus*, ejusd., pl. 16, fig. 4-6 ; *Monoculus cæruleus*, Fabr., Syst. Ent., tom. 2, pag. 500, n.° 46 ; *Monoculus rubens*, ejusd., pag. 500, n.° 47. Corps alongé, peu renflé, formé de six segmens; queue assez courte, en ayant également six; antennes postérieures courtes, bifides ; œufs de la femelle bruns, formant une seule masse ovale, aplatie, placée au-dessous de la queue ; longueur totale, une ligne et demie ; couleur de la femelle bleuâtre, celle du mâle rougeâtre.

CYCLOPE STAPHYLIN, *Cyclops staphylinus*, Nob.; *Cyclops minutus*, Mull., Entom., pl. 18, fig. 1-7; *Monoculus minutus*, Fabr., Ent. Syst., t. 2, p. 499; *Monoculus staphylinus*, Jurine, Monocl., p. 74, pl. 7, fig. 1-19. Forme alongée, un peu conique ; corps partagé en dix segmens, dont le premier ou l'antérieur est le plus grand, et dont le dernier ou le plus petit est terminé par une queue bifide; couleur des femelles d'un bleu d'aigue-marine, ou d'un bleu verdâtre; celle des mâles d'un joli rose; longueur totale, $\frac{5}{12}$ de ligne ; œufs bleus verdâtres, rassemblés dans une seule bourse pyriforme qui pend au-dessous du ventre de la femelle. Ce cyclope est remarquable en ce qu'il tient ordinairement relevée l'extrémité postérieure de son corps sur l'antérieure, à peu près comme le font les insectes du genre Staphylinus.

Genre CLXXIX. CALANE (*Calanus*, Leach ; *Cyclops*, Mull.).

Caractères généraux des cyclopes, et en différant seulement par le manque des deux antennes postérieures (ou antennules de Jurine), et par le grand alongement des antérieures.

CALANE DE FINMARCKIE ; *Calanus finmarchianus*, Mull., Zool. Dan. Prodrom., 2415. Il vit dans la mer de Finmarckie.

Nota. Je crois qu'il faudra rapporter à ce genre le *Cyclope longicornis* de Muller, Entomost., pag. 115, tab. 19, fig. 7-9 ; *Monoculus longicornis*, Fabr., Ent. Syst., tome 2, pag. 501 ; qui n'a que deux très-longues antennes, et qui vit dans la mer de Norwège.

IIe DIVISION. *Têt formé de deux pièces.* (Familles des CYPRIDÉES , et des CYCLOPIDÉES , Leach.)

SUBDIVISION OU RACE I. *Un seul œil ; deux antennes en forme de bras ramifiés ; tête séparée du corps par un étranglement, ou une sorte de cou.*

Genre CLXXX. POLYPHÈME (*Polyphemus*, Mull., Latr., Leach ; *Monoculus*, Linn., Fabr. ; *Cephaloculus*, Lamck.) (1).

Corps court, globuleux, arqué, un peu comprimé, couvert d'un têt s'ouvrant en dessous, mais dont la division en valves n'est pas bien apparente. Œil ou yeux réunis, formant une seule masse fort grosse, figurant une espèce de tête, entièrement recouverte par le têt, et portée sur un cou. Deux petits barbillons composés chacun d'un article terminé par deux filets, sortant de la coquille au-dessous de l'œil. Deux grands bras formés chacun d'un pédoncule surmonté par deux branches composées de cinq articles, et garnies de quelques soies biarticulées. Un sillon transversal séparant la partie postérieure du corps de l'antérieure, à l'endroit du cou. Une queue grêle, relevée sur le dos et bifurquée. Huit pattes apparentes hors de la coquille, composées d'une cuisse, d'une jambe et d'un tarse à deux articles, de l'extrémité duquel sortent quelques petits filets (excepté de celui de la dernière paire). Œufs placés dans la coquille, sur le dos, et au nombre de dix au plus. Mâles inconnus.

POLYPHÈME DES ÉTANGS : *Polyphemus stagnorum*; *Polyphemus oculus*, Muller, Entom., pl. 20, fig. 1-5 ; *Monoculus pediculus*,

---

(1) Le genre Polyphème, que M. Leach range dans la division ou la famille des CYCLOPIDÉES, me paroît devoir être rapproché des daphnies, ainsi que M. de Jurine l'a proposé dans son excellent ouvrage sur les monocles.

Linn., Faun. Suec., n.° 2048 : *Monocle à queue retroussée*, Geoffr., Ins., tom. 2, pag. 656, n.° 2 : *Monoculus pediculus*, Degéer, t. 7, p. 467, pl. 28, fig. 6-13 : Fabr., Ent. Syst, t. 2, p. 502 ; *Cephaloculus stagnorum*, Lamck., Anim. sans vert., tom. 5, pag. 130. Longueur, $\frac{11}{24}$ de ligne. Il habite dans l'eau des étangs et des marais, où on le rencontre en grandes troupes. Il nage sur le dos, et emploie ses deux rames, ou antennes, pour se mouvoir.

Genre CLXXXI. DAPHNIE (*Daphnia*, Muller, Latr., Lamck., Leach, Straus; *Monoculus*, Linn., Degéer, Jurine, Geoffr., Fabr.).

Corps alongé, comprimé, évidemment compris dans un têt. Coquille bivalve, dépendante de la peau, transparente, ayant son ouverture sous le ventre et sa charnière sur le dos. Tête moyenne, très-distincte du corps, surtout en dessous, plus ou moins prolongée en forme de rostre infléchi, pointu ou obtus; pourvue intérieurement d'un seul œil, médiocrement développé, formé d'une membrane sphérique (cornée générale), qui renferme une vingtaine de petites aréoles transparentes (crystallins), se détachant sur un fond noir (rétine et pigmentum). Deux petits barbillons (Jurine), ou antennes (Straus), placés à l'extrémité du rostre que la tête forme en dessous, plus longs dans les mâles que dans les femelles. Deux grandes antennes (Muller et Jurine), ou pieds antérieurs (Straus), ou rames branchues, servant seulement à la natation, insérées aux deux côtés du cou, formées d'une première tige arrondie, conique, plus ou moins longue, et de deux branches terminales, dont l'antérieure est à trois articles, et la postérieure à quatre; supportant toutes deux, un certain nombre de soies assez longues et ciliées. Abdomen, ou corps proprement dit, divisé en huit segmens (dont le premier, très-grand), absolument libre dans l'intérieur des valves, grêle et alongé, se portant d'abord horizontalement en arrière et se recourbant ensuite en dessous, où il est terminé par deux petits crochets dirigés en arrière. Bouche placée à la partie inférieure du corps en dedans du bord antérieur des valves et à la base du bec; composée, 1° d'un long labre, comprimé par les côtés; 2° de deux mandibules très-fortes, sans palpes ni branchies, dirigées verticalement en dessous et ayant leur tranchant arqué et uni, et 3° d'une paire de machoires dirigées horizontalement et en arrière, pourvues à leur extrémité d'un disque qui supporte à son bord supérieur trois épines, cornées, très-fortes, en forme de crochets et recourbées. Œsophage étroit, se portant de bas en haut, et d'arrière en avant. Estomac ou intestin cylindrique, assez gros, presque horizontal comme le corps dans sa première partie et se recourbant en dessous aussi comme lui, à son extrémité postérieure; deux sortes de *cæcum* aboutissant à cet estomac près du cardia. Pattes au nombre de dix, très-compliquées et différentes entre elles par paires, tant pour la forme que pour la grandeur et les fonctions, mais ayant toutes leur second article vésiculeux; les deux premières paroissant plus spécialement destinées à la préhension; les six suivantes (surtout les quatre dernières parmi celles-ci) ayant un de leurs articles comprimé, cilié fortement sur un de ses bords, et faisant fonction de branchie. Cœur situé dans la région dorsale antérieure au-dessus de l'intestin. Ovaires placés le long des côtés de l'abdomen depuis le premier segment jusqu'au sixième où ils s'ouvrent séparément près du dos dans une cavité qui existe entre la coquille et le corps, et où les œufs, dont la forme est sphérique, sont conservés quelque temps après la ponte : cette partie du têt (*Ephippium*, Muller; *Selle*, Jurine) devenant opaque vers la fin de l'été, et se trouvant à cette époque, pourvue sur chaque valve, d'ampoules ovalaires transparentes, dépendantes du têt même, et formant, conjointement avec celles de la valve opposée, deux capsules qui contiennent les œufs qui doivent passer l'hiver pour se développer au printemps. Organes mâles paroissant placés vers la queue, près de la dernière paire de pattes.

La description très-abrégée que nous venons d'extraire du beau Mémoire de M. Straus, inséré dans le tome 5, page 380 des Mémoires du Muséum, donne un idée assez complète de l'organisation des daphnies; mais nous n'avons pu y faire entrer une foule de détails curieux, pour lesquels nous renvoyons à la source où nous avons puisé. Un des résultats remarquables auxquels M. Straus est arrivé consiste à faire voir que les daphnies sont fort différentes par leur système respiratoire, des cypris, dont on les rapproche toujours. Ce sont de vrais branchiopodes ainsi que les lyncées, les apus, les limnadies, les cyclopes, les branchipes, les polyphèmes et les entomostracés de deux genres nouveaux qu'il a l'intention de fonder pour placer, dans l'un le *daphnia cristallina* de Muller, et dans l'autre son *daphnia setifera*. Il propose de former des cypris et des cythérées un ordre particulier, celui des Ostrapodes, lequel sera caractérisé par des organes respiratoires annexés aux parties de la bouche, et des pieds simplement ambulatoires.

Nous renvoyons pour les détails qui sont relatifs aux mœurs, aux mues, aux métamorphoses et aux pontes des entomostracés du genre que nous examinons, à l'article Daphnie de ce Dictionnaire, tome XII, page 492.

Daphnie puce : *Daphnia pulex* Latr., Lamck.; *Pulex aquaticus arboreus*, Swammerdam, Bibl. natur., pl. 31; *Monoculus pulex*, Linn., Faun. Suec., n.° 2047; Fabr., Syst. Ent., tom. 2, pag. 491; Jurine, Monocl., pag. 85, pl. 8, 9, 10, 11; *Perroquet d'eau*, Geoff., Ins., tom. 2, pag. 455; *Monoculus*, Degéer, Ins., vol. 7, pag. 442, pl. 27, fig. 1-8; *Daphnia pennata*, Mull., Entom., pl. 12, fig. 4-7. Longueur, une ligne : rouge au printemps, rose en été, et d'un blanc verdâtre dans les autres saisons; tête moyenne, infléchie, non séparée du dos en dessus, par un sillon transversal ou un étranglement; têt terminé en pointe postérieurement. Très-commun dans les étangs et se tenant à peu de distance des bords, ou des corps, qui sont immergés. Ce crustacé a été l'objet d'observations très-curieuses parmi lesquelles celles qui sont dues à M. Jurine occupent le premier rang.

Daphnie longue-épine, *Daphnia longispina*, Muller, Entom., pag. 88, n.° 35, pl. 12, fig. 8-10; Straus, Mém. du Mus., tom. 5, pl. 29, fig. 23 et 24; *Monoculus pulex*, Jurine, Monocl. Longueur totale, une ligne : plus alongée que la précédente et plus rare; dos presque droit terminé par une longue pointe mince, droite et épineuse; couleur semblable à celle de la daphnie puce.

Daphnie géante : *Daphnia magna*, Straus, Mém. du Mus., tom. 5, pl. 29, fig. 21-22. La plus grande du genre, n'ayant guère moins de deux lignes de longueur; têt terminé par une longue pointe mince et épineuse, comme celle de la précédente ; dos arqué ; bord inférieur des valves aussi très-arqué.

Daphnie camuse : *Daphnia sima*, Mull., Ent., pl. 12, fig. 11-12 ; *Monoculus simus*, Jurine, Monocl., pag. 129, pl. 12, fig. 1-2 ; *Monoculus exspinosus*, Degéer, vol. 7, pag. 457, n.° 2, pl. 27, fig. 9-13 ; *Monoculus lævis*, Fabr., Ent. Syst., tom. 2, pag. 492 ; *Daphnia vetula*, Straus, Mém. du Mus., tom. 5, pl. 29, fig. 25-26. Longueur, $\frac{10}{12}$ de ligne ; tête plus petite et moins pointue en devant que celle de la daphnie puce ; partie postérieure du têt arrondie, non guillochée, mais seulement garnie de petits traits dirigés transversalement et presque imperceptibles.

Daphnie a gros bras : *Daphnia brachiata*, Nob. ; *Monoculus brachiatus*, Jurine, Monocl., pag. 131, pl. 12, fig. 3 et 4 ; *Daphnia macrocopus*, Straus, Mém. du Mus., tom. 5, pl. 29, fig. 29-30. Longueur, $\frac{7}{12}$ de ligne ; antennes rameuses, très-grandes, et très-fortes à la base ; tête obtuse, grande, inclinée, séparée du corps en dessus par un sillon transversal profond ; barbillons très-longs et grêles ; têt court arrondi postérieurement avec ses valves lisses. Trouvée dans les mares des environs de Genève, en août et septembre.

Daphnie nasique : *Daphnia nasuta*, Nob. ; *Monoculus nasutus*, Jurine, Monoc., pag. 133, pl. 13, fig. 1-2. Longueur, une ligne $\frac{1}{2}$; tête non séparée du dos en dessus par un sillon transversal ; front arrondi et terminé en dessous par une pointe obtuse, un peu relevée, qui figure un nez retroussé ; antennes rameuses, médiocres ; barbillons non apparens ; valves du têt courtes, comme tronquées postérieurement, et striées obliquement sur leur face externe ; couleur jaunâtre. En automne, près de Genève.

Daphnie a bec droit : *Daphnia rectirostris*, Mull., Ent., pl. 12, fig. 1-3 ; *Monoculus rectirostris*, Fabr., Ent. Syst., tome 2, page 493 ; Jurine, Monocl., pag. 134, pl. 13, fig. 3-4. Longueur, $\frac{5}{12}$ de ligne ; yeux sans aréoles transparentes ; tête distincte du corps en dessus par un sillon transversal ; museau arrondi ; une tubérosité sur la nuque ; barbillons très-apparens ; coquille ayant en arrière une petite pointe, et ciliée sur son bord inférieur ; œufs blanchâtres, gros, laissant voir l'œil du petit comme un point noir.

Daphnie a long cou : *Daphnia longicollis*, Nob. ; *Monoculus lon-*

gicollis, Jurine, pag. 136, pl. 13, fig. 3 et 4. Longueur, $\frac{1}{3}$ ligne.
Ne différant des deux précédentes que par l'alongement du cou,
la saillie que forment en arrière les bords inférieurs des valves
de son têt, la longueur de ses barbillons qui sont biarticulés et
terminés par deux filets ciliés. Œufs au nombre de quatre pour
chaque ponte.

DAPHNIE ÉPINEUSE : *Daphnia mucronata*, Mull., Entom., pl. 13,
fig. 6-7 ; *Monoculus bispinosus*, Degéer, vol. 7, pag. 463, n.° 3,
pl. 28, fig. 3-4 ; Fabr., Ent. Syst., tom. 2, pag. 493, n.° 17 ; Jurine,
Monoc., pag. 137, pl. 14, fig. 1 et 2. Longueur, $\frac{9}{24}$ de ligne ; tête
triangulaire ; nuque droite oblique, séparée du dos par un sillon transversal ; front un peu échancré ; bout du museau relevé ;
coquille courte, à bord inférieur droit et terminé pour chaque
valve en une pointe aiguë, longue et droite ; une bande brune
suivant ce bord ; œil paroissant formé de deux yeux accolés,
lorsqu'on le regarde en dessus.

DAPHNIE A RÉSEAU : *Daphnia reticulata*, Nob.; *Monoculus reticulatus*, Jurine, Monocl., pag. 139, pl. 14, fig. 3 et 4. Longueur totale, $\frac{9}{24}$ de ligne ; tête avancée, obtuse, séparée du corps en
dessus par une légère impression transversale ; têt court, arrondi et cilié sur son bord inférieur, terminé en arrière et en
haut par une petite pointe, et ayant toute sa surface finement re-
ticulée ; barbillons assez longs. La *daphnia rotundata* de M. Straus
se rapproche beaucoup de celle-ci par la forme et la réticula-
tion de son têt , mais en diffère par sa tête plus petite, et par
son bec qui est anguleux et un peu relevé à la pointe.

DAPHNIE GUILLOCHÉE : *Daphnia clathrata*, Nob. ; *Monoculus cla-
thratus*, Jurine, Monoc., pag. 141, pl. 14, fig. 5-6. Longueur totale, $\frac{9}{24}$ de ligne. Assez semblable à la précédente, mais en différant par sa tête plus profondément séparée du tronc en arrière
et en dessus, par son front qui offre une sinuosité, par la pointe
plus forte et dentelée de l'extrémité de son têt, et par le manque
de cils sur son bord inférieur ; œil rond , ne présentant que des
vestiges presque imperceptibles d'aréoles ; bras grêles et lisses
à l'extérieur ; œufs au nombre de quatre pour chaque ponte,
verts et visibles au travers de la coquille ; celle-ci réticulée.

DAPHNIE CORNUE : *Daphnia cornuta*, Nob. ; *Monoculus cornutus*,
Jurine, Monocl., pag. 142, pl. 14, fig. 8, 9, 10. Longueur totale, $\frac{9}{14}$ de ligne. Dos très bombé, tête longue pointue, inflé-

chie et en formant la continuation, armée en devant de deux longues cornes que M. de Jurine considère comme des barbillons articulés et mobiles ; œil grand entouré d'aréoles assez transparentes ; têt lisse et tronqué postérieurement ; deux œufs seulement apparens à travers la coquille, d'abord verts, et passant ensuite au rouge.

Genre CLXXXII. LYNCÉE (*Lynceus*, Mull., Latr., Lamck., Leach ; *Monoculus*, Fabr., Jurine ; *Chydorus*, Leach).

Corps arrondi, comprimé, renfermé, ainsi que celui des daphnies, dans un têt dont les bords se rapprochent en dessous comme ceux des valves d'une coquille, et dont le centre, qui forme une ligne saillante sur le dos, représente la charnière. Tête plus ou moins séparée du corps par une échancrure du têt en dessous. Deux points noirs, un petit en avant, et un plus gros en arrière, considérés comme des yeux par Muller et la plupart des naturalistes, et seulement comme un œil précédé d'un point noir d'usage, inconnu par M. Jurine. Deux antennes en forme de longs bras bifides, ayant quelquefois leur pédoncule très-court (1). Pieds au nombre de dix, terminés par des soies, et accompagnés à leur base d'écailles barbues ou branchiales. Une petite queue pointue, ordinairement repliée sous le ventre, et renfermée dans le têt. Œufs apparens sous celui-ci dans la région du dos, tantôt seuls, tantôt au nombre de deux par ponte.

Les lyncées ont les plus grands rapports avec les daphnies, et n'en diffèrent évidemment que par le caractère peu important du petit point noir qui se trouve placé en avant de leur œil. Ce sont les plus petits de tous les entomostracés connus. Ils se propagent et muent comme les daphnies.

LYNCÉE ROSE : *Lynceus roseus*, Nob.; *Monoculus roseus*, Jurine, Monocl., p. 150, pl. 15, fig. 4 et 5. Longueur totale, $\frac{5}{24}$ de ligne ;

---

(1) C'est la brièveté de ce pédoncule, caché sous le têt dans les lyncées, qui a fait croire à Muller que ces entomostracés avoient quatre antennes simples, et que le seul lyncée sphérique n'en avoit que deux, parce que, chez lui, la branche inférieure est courte, écartée et à peine visible. Cette erreur de Muller en a fait commettre une autre à M. Leach, qui a formé le genre CHYDORE, pour placer ce lyncée sphérique.

couleur généralement rose, avec l'intestin d'un jaune brunâtre, et les deux œufs contenus dans la matrice dorsale, roses, verts ou bruns; antennes et leurs pédoncules longs; un grand filet attaché à la base de la branche supérieure de ces antennes; tête infléchie, pointue et terminée par deux barbillons crochus; têt lisse avec de petites épines sur les bords de son ouverture inférieure. Il nage horizontalement dans les eaux.

Lyncée a larges cornes : *Lynceus laticornis*, Nob.; *Monoculus laticornis*, Jurine, Monocl., p. 151, pl. 15, fig. 6 et 7; *Lynceus trigonellus*, Muller, Ent., pl. 10, fig. 5-6 ? Longueur totale, $\frac{3}{24}$ de ligne. Assez semblable au précédent, ayant entr'autres la même forme de tête, les antennes aussi longues (mais plus larges), et pourvues d'un grand filet attaché au premier article de leur branche supérieure : œil postérieur plus grand, et visiblement pourvu d'aréoles; barbillons plus découpés à l'extrémité; bords inférieurs du têt ayant des épines bien plus nombreuses. Couleur rosée; membrane des œufs transparente.

Lyncée a bec crochu : *Lynceus aduncus*, Nob.; *Monoculus aduncus*, Jurine, Monocl., pag. 152, pl. 15, fig. 8 et 9. Corps plus raccourci que celui des deux espèces précédentes, et aussi comprimé, long d'un quart de ligne, fort élevé sur le milieu du dos; tête prolongée en avant, courbée, pointue et terminée comme le bec d'un oiseau de proie; bras ou antennes très-courts, bifurqués comme à l'ordinaire; point de grand filet attaché à la branche supérieure de ces antennes; intestins décrivant deux circonvolutions avant de se rendre à l'anus; têt lisse, tronqué postérieurement et inférieurement, où ses bords sont hérissés de petites épines; œufs au nombre de deux, de couleur de bistre claire.

Lyncée strié : *Lynceus striatus*, Nob.; *Monoculus striatus*, Jurine, Monocl., pag. 154, pl. 16, fig. 1 et 2; *Lynceus striatus*, Mull. ? Longueur totale, $\frac{3}{24}$ de ligne. Corps comprimé surtout en avant, ayant la carène du dos continue à celle de la tête, et formant une courbe régulière; bord inférieur du têt, droit; tête infléchie, pointue; antennes ayant leurs branches de grandeur inégale et leur pédoncule entièrement caché dans la coquille, ce qui peut faire croire qu'il en existe quatre simples; barbillons sous forme de deux tubercules alongés, placés sous la tête, et portant à leur extrémité deux petits filets; intestins faisant une circonvolution avant de se rendre à l'anus; têt verdâtre, obli-

quement strié et fortement cilié en dessous ; œufs au nombre
de deux ou trois, presque ronds et de couleur verte.

LYNCÉE ROND : *Lynceus sphæricus*, Mull., Entomost., pl. 9,
fig. 7-9 ; *Monoculus sphæricus*, Fabr., Ent. Syst., tom. 2, p. 497 ;
Jurine, Monocl., pag. 157, pl. 16, fig. 5, *a-m* ; *Chydorus Mulleri*,
Leach, Dict. Sc. nat., tom. XIV, pag. 541. Longueur, $\frac{9}{48}$ de
ligne ; globuleux ; tête très-infléchie, pointue ; antennes à pédoncules cachés dans le têt, ne laissant voir au dehors bien sensiblement qu'une seule de leurs branches ; couleur de bistre très-
claire ; œufs verts au nombre d'un ou deux seulement. Ce petit
lyncée semble plutôt rouler que nager dans l'eau : il parcourt
de suite, sans s'arrêter, un assez grand espace, ayant toujours
l'ouverture de son têt placée inférieurement.

SUBDIVISION OU RACE II. *Deux yeux ; deux antennes en forme de
bras ramifiés ; tête non séparée du corps par un étranglement
ou une sorte de cou.*

Genre CLXXXIII. LIMNADIE, (*Limnadia*, Adolphe Brongniart ;
Daphnia, Hermann fils).

Corps alongé, linéaire, infléchi en avant, entièrement
renfermé dans un têt bivalve, de forme ovale et très-comprimé.
Tête n'en étant pas séparée d'une manière distincte ; pourvue
de deux yeux placés transversalement à une petite distance l'un
de l'autre, ayant leur face interne plane, et l'externe très-con-
vexe, et couverte d'aréoles transparentes (cristallins, Straus),
placées sur un fond noir. Deux grandes antennes attachées au-
dessous des yeux, de moitié aussi longues que le corps, ayant
leur base ou pédoncule formée de huit articles assez gros et
courts, et leur extrémité divisée en deux filets sétacés, chacun de douze articles qui supportent quelques petites soies.
Deux petites antennules simples, élargies à leur extrémité,
placées entre les deux grandes antennes. Bouche située au-
dessous des antennules, composée de deux mandibules renflées,
arquées et tronquées à leur extrémité inférieure, et de deux
mâchoires foliacées, dont la réunion forme une sorte de bec
ordinairement replié sous la tête. Abdomen ou tronc divisé
en vingt-trois anneaux, dont les vingt-deux premiers portent
chacun une paire de pattes branchiales, et dont le dernier,
qui forme la queue, est terminé par deux filets divergens. Toutes

les pattes semblables entre elles, très-comprimées, bifides,
ayant leur division externe simple et ciliée sur son bord extérieur, et la division interne quadriarticulée, et fortement ciliée
sur son bord intérieur ; les douze premières paires de même longueur et plus grandes que les autres qui vont en diminuant
progressivement jusqu'aux dernières ; la onzième et les deux
suivantes étant pourvues à leur base d'un filet mince remontant dans la cavité qui existe entre le dos et la coquille, et qui
sert de support aux œufs. Cerveau apparent entre les yeux
et l'œsophage. Canal dorsal ou cœur parallèle à l'intestin qui
suit la courbure du corps. Ovaires situés dans l'intérieur du
corps, sur les côtés du canal intestinal entre la base de la première
paire de pattes et celle de la dix-huitième, paroissant avoir
pour issues des canaux recurrens qui sont à la racine de quelques unes de ces pattes. Œufs placés après la ponte dans la
cavité dorsale de la coquille, et y étant attachés à de très-petits filets qui tiennent eux-mêmes aux filets recurrens des
pattes ; ces œufs d'abord ronds et transparens, devenant ensuite jaunâtres, puis obscurs au centre, et prenant une forme
irrégulière et anguleuse.

Les limnadies trouvées en grand nombre au mois de juin
dans les petites mares de la forêt de Fontainebleau, par
M. Adolphe Brongniart, à qui on en doit la description complète, étoient toutes chargées d'œufs, et n'ont présenté parmi
elles aucun individu qu'on pût considérer comme un mâle : d'où
il suit que les questions qui se sont élevées à l'occasion de la
reproduction des apus et des cypris, peuvent être renouvelées
à leur égard : sont-elles hermaphrodites ? ou bien une seule
fécondation peut-elle, comme chez les daphnies, selon les observations de M. Jurine, suffire à la ponte de plusieurs générations de femelles, les mâles ne prenant naissance qu'une
seule fois par an ?

Les limnadies ayant des pattes branchiales, se rapprochent
plus des apus, des branchipes et des daphnies que des cypris
et des cythérées, bien qu'elles aient avec ces deux derniers
genres une ressemblance notable dans l'existence de leur têt
bivalve, et renfermant totalement la tête. Leurs deux yeux
distincts et sur une même ligne transverse les éloignent des lyncées et des daphnies, aussi bien que des cythérées et des cy-

pris, et les font au contraire ressembler aux branchipes et aux apus. On ne connoît encore qu'une espèce de ce genre.

LIMNADIE D'HERMANN : *Limnadia Hermanni*, Adolphe Brongniart, Mém. du Mus. d'Hist. nat., t. 6, pl. 13; *Daphnia gigas*, Hermann, Mémoire aptérologique, p. 134, tab. 5. Longueur totale du têt, quatre lignes; couleur blanchâtre, transparente.

ORDRE NEUVIÈME. OSTRAPODES; *Ostrapoda*, Straus.

Corps renfermé entre deux valves latérales; point de tête distincte; un seul œil composé, sessile; pieds ambulatoires; mandibules palpifères; branchies tenant aux organes de la bouche; antennes longues, sétacées et terminées par un faisceau de soies. (Sect. des LOPHYROPES, Latr.)

Genre CLXXXIV. CYPRIS (*Cypris*, Mull., Latr., Lamck., Leach, Straus; *Monoculus*, Linn., Fabr., Geoff., Jurine).

Corps réuni à la tête, ne présentant aucune trace de segmens, terminé par une queue molle, repliée en dessous et munie de deux filets à son extrémité; placé dans un têt bivalve dont la forme est plus ou moins ovalaire, comprimée, bombée en dessus sur la ligne moyenne ou la charnière, et plus ou moins échancrée en dessous ou sur le bord ouvert des valves. Un gros œil noir, sphérique, situé à la partie supérieure de la face antérieure du corps. Deux antennes insérées immédiatement en dessous de l'œil, longues, sétacées, composées de sept à huit articles et terminées par un faisceau de douze à quinze soies; se portant en avant et sortant des valves des deux tiers de leur longueur. Pieds au nombre de six; les antérieurs sortant du têt et se dirigeant en avant, beaucoup plus forts que les autres, insérés au-dessous des antennes, formés de cinq articles dont les deux premiers représentent la hanche des pattes ordinaires de crustacés, le troisième la cuisse, le quatrième la jambe, et le cinquième le tarse (l'extrémité de ces deux derniers étant garnie de quelques soies roides ou crochets); pieds de la seconde paire un peu plus foibles et plus courts, situés au milieu de la face inférieure du corps derrière la bouche, ayant leur pointe sortie du têt et dirigée en avant; pieds de la troisième paire placés immédiatement en arrière de la seconde, ne paroissant jamais au dehors, recourbés en arrière et en dessus, embrassant la partie postérieure du corps, terminés par deux très-petits crochets, et servant à soutenir les ovaires qui sont sur le dos. Filets du bout de la queue sortant du têt et dirigés en arrière. Bouche située vers la partie antérieure de la face inférieure du corps, et composée d'un labre en carène, d'une sorte de sternum aussi comprimé, faisant l'office d'une lèvre inférieure, d'une grande paire de mandibules palpifères et de deux paires de mâchoires; palpes des mandibules triarticulés, munis de soies et portant annexée au premier de leurs articles une petite lame branchiale divisée en cinq digitations; mâchoires de la première paire, pourvues sur leur bord interne de quatre appendices en forme de mamelons mobiles terminés par une touffe de poils, et portant sur leur bord extérieur une grande lame branchiale dont la tranche supérieure est divisée en dents de peigne; mâchoires de la seconde paire beaucoup plus petites et sans lame branchiale. Œsophage droit dirigé de bas en haut. Estomac assez renflé, cylindrique, presque horizontal. Intestin droit, oblique, gros surtout près de l'estomac, dont il est séparé par un léger étranglement. Ovaires considérables en forme de deux gros vaisseaux simples, coniques, terminés en cul-de-sac à leur origine, et placés extérieurement sur les côtés de la partie postérieure du corps; s'ouvrant, l'un à côté de l'autre, dans la partie antérieure de l'abdomen, où ils communiquent par le canal formé par la queue. Œufs sphériques.

Les cypris dont M. Straus a bien fait connoître le premier la structure et l'organisation (Mém. du Mus., tom. VII), nagent avec une grande facilité dans les eaux douces tranquilles, ou peu courantes, au moyen de leurs antennes et de leurs deux pattes antérieures. Leur nourriture consiste en substance animale morte et en conferves: leurs mues sont aussi fréquentes que celles des autres crustacés du même ordre, et dans cette opération elles se dépouillent de leur ancienne coquille, ce qui prouve évidemment que celle-ci est une dépendance de leur enveloppe générale, et non le produit inerte d'une sécrétion, ainsi que l'est la coquille des mollusques acéphales. On ne sait rien sur leur génération, quoique Ledermuller ait dit en avoir vu d'accouplés: et, comme tous les individus que l'on observe se trouvent pourvus d'œufs, on a cru pouvoir en conclure que ces animaux étoient hermaphrodites. Il seroit possible néanmoins, ainsi que le fait remarquer M. Straus, que les mâles n'existassent qu'à une certaine époque de l'année seulement. Cet observateur attentif a recherché l'organe mâle, et ne l'a pas trouvé, à moins qu'on ne regarde comme tel un gros vaisseau conique qui existe au-dessous de l'articulation de chaque mandibule, et qui est rempli d'une substance gélatineuse; mais ce vaisseau, paroissant communiquer avec l'œsophage par un canal étroit, pourroit plus vraisemblablement remplir les fonctions d'une glande utile pour la digestion.

Il paroît que les cypris n'ont pas de métamorphoses, et que ces animaux ont en sortant de l'œuf la forme qu'ils doivent conserver toute leur vie.

En été, lorsque la chaleur dessèche les mares, les cypris s'enfoncent dans la vase humide, et y restent vivantes jusqu'à ce que les pluies les remplissent de nouveau.

M. de Jurine a décrit les cypris différemment de M. Straus. Il leur trouve huit pieds, et attribue aux soies qui terminent ceux-ci, les fonctions respiratoires. Son travail sur la distinction des espèces de ce genre nous paroissant très-bon, nous allons en donner l'extrait.

Cypris ornée: *Cypris ornata*, Mull., Entom., pl. 3, fig. 4-6; *Monoculus ornatus*, Jurine, Monocl., pl. 17, fig. 1-4. Longueur totale, $\frac{14}{12}$ de ligne. C'est la plus grande connue. Sa coquille est d'un jaune verdâtre, et marquée de bandes vertes, dont l'une est transversale derrière l'œil, une seconde en double croissant plus en arrière, et accompagnée d'une dernière qui lui est parallèle.

Cypris ovale: *Cypris ovata*, Nob.; *Monocle à coquille courte*, Geoffr., Ins., tom. 2, pag. 658, n.° 5; *Monoculus ovatus*, Jurine, Monoc., pl. 17, fig. 5 et 6. Longueur, une ligne; têt très-bombé en dessus, dans le point où est l'œil, de couleur verte avec une tache ovale, oblique, plus claire, de chaque côté.

Cypris blanche-lisse: *Cypris conchacea*, Nob.; *Monoculus conchaceus*, Linn., Faun. Suec., n.° 2050; Jurine, Monocl., pag. 171, pl. 17, fig. 7-8; *Monocle à coquille longue*, Geoffr., Insect., tom. 2, pag. 657, n.° 4; *Monoculus ovato-conchaceus*, Degéer, tom. 7, pag. 476, n.° 2; *Cypris detecta*, Mull., Entom., pl. 3, fig. 1. Longueur, $\frac{11}{12}$ de ligne. Corps assez régulièrement réniforme, comprimé, blanchâtre et lisse. Elle se tient dans la fange des marais, et nage de côté.

Cypris a duvet: *Cypris pubera*, Muller, Entom., pl. 5, fig. 1-5; *Monoculus puber*, Juine, Monocl., pag. 171, pl. 18, fig. 1 et 2. Longueur totale, une ligne; têt comprimé, un peu obtus en avant, légèrement sinueux au-dessus de l'œil, bombé dans son milieu, d'une couleur verte d'aigue-marine très-claire, un peu teinte de rose postérieurement, hérissé de poils placés à quelque distance les uns des autres, et marqué de deux bandes parallèles obliques, qui naissent près de l'œil, et qui sont plus fortement colorées que le reste.

Cypris bordée; *Cypris marginata*, Straus, Mém. du Mus., tome 7, pl. 1, fig. 20-22. Longue d'un millimètre; valves vertes à marge blanchâtre, beaucoup plus larges en avant qu'en arrière, également bombées aux deux extrémités, légèrement échancrées en dessous, et hérissées de poils roides très-apparens; soies des pattes antérieures très-longues. Des environs de Paris.

Cypris brune: *Cypris fusca*, Straus, Mém. du Mus., tome 7, pl. 1, fig. 16; Joblot, Obs. d'Hist. Nat., tome 1, part. 2, pag. 104, pl. 13, fig. O; Ledermuller, Amus. Microsc., pag. 58, pl. 73. Longueur totale, $\frac{3}{4}$ de millimètre; valves brunes, réniformes, plus étroites et plus comprimées en avant, couvertes de poils épars à peine sensibles; antennes pourvues de quinze soies.

Cypris rouge: *Cypris rubra*, Nob.; *Monoculus ruber*, Jurine, Monocl., pag. 172, pl. 18, fig. 3 et 4. Longueur totale, $\frac{3}{4}$ de ligne; forme générale de la précédente; têt peu transparent, d'un rouge terne, avec une large zone plus colorée qui le traverse dans son milieu.

Cypris orangée: *Cypris aurantia*, Nob.; *Monoculus aurantius*, Jurine, Monocl., pag. 173, pl. 18, fig. 5 et 12. Longueur, $\frac{1}{4}$ de ligne; forme générale des deux précédentes; également épaisse aux deux extrémités; couleur orangée uniforme; têt parsemé de très-petits poils; antennes courtes comme celles de la cypris brune. Les jeunes individus ont leur coquille beaucoup plus étroite postérieurement qu'antérieurement.

Cypris religieuse: *Cypris monacha*, Mull., Entom., pl. 5, fig. 6-8; *Monoculus monachus*, Jurine, Monocl., pag. 173, pl. 18, fig. 13 et 14. Longueur totale, $\frac{1}{12}$ de ligne; têt court, comprimé, non réniforme, assez bombé en dessus, et un peu en dessous ; couleur blanchâtre, avec la partie antérieure et inférieure des valves noirâtre.

CYPRIS VERDOYANTE: *Cypris virens*, Nob.; *Monoculus virens*, Jurine, Monocl., pag. 174, pl. 18, fig. 15 et 16. Longueur, $\frac{1}{13}$ de ligne; têt réniforme, légèrement échancré en dessous, comprimé antérieurement, arrondi en arrière, non velu, d'un blanc verdâtre, avec une tache triangulaire verte, en dessus, derrière l'œil, se prolongeant sur la suture des valves ; le bord antérieur de celles-ci également vert; le milieu de chaque valve vert, avec deux bandes obliques, parallèles, vertes en arrière.

CYPRIS PEINTE : *Cypris picta*, Straus, Mém. du Mus., tome 7, pl. 1, fig. 17. Longueur totale, $\frac{6}{10}$ de millimètre; valves plus bombées en arrière, non échancrées en dessous, couvertes de poils épars assez longs ; dos nu ; couleur verte, avec trois bandes grises, se terminant en pointe en dessous.

CYPRIS ENFUMÉE: *Cypris fuscata*, Nob.; *Monoculus fuscatus*, Jurine, Monocl., pag. 174, pl. 19, fig. 1 et 2; *Cypris pilosa*, Muller, Entom., pl. 6, fig. 5-6. Longueur totale, $\frac{1}{2}$ ligne. Coquille un peu plus épaisse en avant qu'en arrière, très-haute un peu derrière l'œil, très-foiblement échancrée en dessous, velue, avec une tache alongée sinueuse brune sur sa suture postérieure, et une tache anguleuse de même couleur sur le milieu de chaque valve.

CYPRIS PONCTUÉE : *Cypris punctata*, Nob.; *Monoculus punctatus*, Jurine, Monocl., pag. 175, pl. 19, fig. 3 et 4. Longueur, $\frac{20}{48}$ de ligne; coquille élevée en avant de l'œil, à peu près également comprimée aux deux extrémités, peu échancrée en dessous, velue et parsemée partout de petits points bistrés.

CYPRIS VEUVE : *Cypris vidua*, Muller, Entomost., pl. 4, fig. 7-9; *Monoculus vidua*, Jurine, Monocl., pag. 175, pl. 19, fig. 5 et 6. Longueur, $\frac{18}{48}$ de ligne. Coquille réniforme, ayant sa plus grande saillie au milieu du dos, velue, blanchâtre, et marquée en dessus de deux bandes noires festonnées, transverses, parallèles entre elles, et qui n'atteignent pas son bord inférieur.

CYPRIS BLANCHE: *Cypris candida*, Mull., Entom., pl. 6, fig. 7-9; *Monoculus candidus*, Jurine, Monocl., pag. 176, pl. 19, fig. 7 et 8. Longueur totale, $\frac{9}{24}$ de ligne; têt réniforme, un peu plus étroit et comprimé antérieurement, velu, blanc, avec une légère teinte rose en dessus, dans son milieu.

CYPRIS A UNE BANDE : *Cypris unifasciata*, Nob.; *Monoculus uni-fasciatus*, Jurine, Monocl., pag. 176, pl. 19, fig. 9 et 10 : *Cypris fasciata ?* Muller. Longueur totale, $\frac{9}{24}$ de ligne ; têt velu, plus large antérieurement, également droit et oblique sur ses deux bords supérieur et inférieur, vert clair, avec une bande transverse d'un vert foncé, derrière l'œil ; cette bande étant bifurquée à chacune de ses extrémités.

CYPRIS STRIÉE : *Cypris striata*, Nob.; *Monoculus striatus*, Jurine, Monocl., pag. 177, pl. 19, fig. 11. Longueur totale, $\frac{1}{3}$ de ligne ; têt court, réniforme, assez fortement échancré en dessous, et marqué de stries concentriques à ses bords, analogues à celles qu'on observe sur les valves des coquilles du genre Mulette, *Unio*.

CYPRIS A DEUX BANDES : *Cypris strigata*, Mull., Entomost., pl. 4, fig. 4-6 ; *Monoculus bistrigatus*, Jurine, Monocl., pag. 177, pl. 19, fig. 12 et 13. Longueur, $\frac{1}{3}$ de ligne ; têt velu, alongé, échancré en dessous, élevé en avant, et oblique depuis ce point jusqu'à sa partie postérieure, où il est arrondi ; couleur blanche, avec deux bandes brunes transversales.

CYPRIS VELUE : *Cypris villosa*, Nob.; *Monoculus villosus*, Jurine, Monocl., pag. 178, pl. 19, fig. 14 et 15. Longueur totale, $\frac{1}{4}$ de ligne ; têt court, réniforme, élevé au milieu du dos, avec ses extrémités égales, d'un vert uniforme, extrêmement velu.

CYPRIS ŒILLÉE : *Cypris ophthalmica*, Nob.; *Monoculus ophthal-micus*, Jurine, Monocl., pag. 178, pl. 19, fig. 16 et 17. Longueur totale, $\frac{1}{4}$ de ligne ; têt court, très-élevé dans le dos et un peu antérieurement, légèrement échancré en dessous, jaunâtre, avec quelques nuances rougeâtres au bord antérieur et derrière l'œil ; celui-ci ayant une tache blanche dans son centre.

CYPRIS ŒUF : *Cypris ovum*, Nob.; *Monoculus ovum*, Jurine, Monocl., pag. 179, pl. 19, fig. 18 et 19. Longueur totale, $\frac{1}{6}$ de ligne ; coquille arrondie, peu réniforme, régulière, tout-à-fait lisse, et d'une couleur blanchâtre rosée.

Genre CLXXXV. CYTHÉRÉE (*Cythere*, Mull., Latr.; *Cytherina*, Lamck.; *Monoculus*, Fabr.).

Corps renfermé dans un têt bivalve, généralement réniforme, qui a la plus parfaite ressemblance avec celui des cypris. Tête non distincte. Un seul œil. Deux antennes, simples, sétacées, formées de cinq ou six articles, et pourvues de quelques soies qui sont implantées à l'extrémité de chaque articulation. Pieds au nombre de huit, articulés, pointus et garnis de quelques soies, les antérieurs et les postérieurs étant plus longs que les intermédiaires; laissant tous voir leur extrémité hors du têt.

La différence dans le nombre des pieds est la principale qui existe entre les cypris et les cythérées; mais nous avons tenu compte de ces membres chez les premières d'après les observations très-exactes de M. Straus, et nous sommes obligés de nous en rapporter à la description de Muller pour les dernières. Il se pourroit donc que plusieurs des pieds intermédiaires des cythérées fussent des organes particuliers, et que le nombre de leurs vrais pieds ne différât pas de celui des cypris; et ce ne sera que lorsque ces animaux auront été examinés de nouveau par un naturaliste bien exercé dans l'art des observations microscopiques, qu'on pourra fixer définitivement leurs caractères génériques.

D'après l'analogie des formes générales, il y a lieu de croire que les cythérées, comme les cypris, ont leurs lames branchiales annexées aux mandibules et aux mâchoires, et que leurs pieds sont seulement destinés à la locomotion. S'il en est ainsi, ces entomostracés devront rester dans le même ordre, celui des ostrapodes.

Les cythérées habitent les eaux salées et saumâtres des bords de la mer, et vivent, à la manière des cypris, au milieu des varecs et des conferves.

Cʏᴛʜᴇ́ʀᴇ́ᴇ ᴠᴇʀᴛᴇ : *Cythere viridis*, Mull., Entom., pag. 64, tab. 7, fig. 1 et 2; *Cytherina viridis*, Lamck., Anim. sans vert., tome 5. pag. 125. Longueur, $\frac{1}{6}$ de ligne; têt court, réniforme, vert, tomenteux.

Cʏᴛʜᴇ́ʀᴇ́ᴇ ᴊᴀᴜɴᴇ: *Cythere lutea*, Mull., Entomostr., pag. 65; *Cytherina lutea*, Lamck., Anim. sans vert., tom. 5, pag. 125. Plus grande que la précédente; têt réniforme, plus alongé, jaune et glabre.

Cʏᴛʜᴇ́ʀᴇ́ᴇ ᴊᴀᴜɴᴀᴛʀᴇ; *Cythere flavida*, Mull., Entom., p. 66, tab. 7, fig. 5 et 6. De la taille de la cythérée jaune; têt encore plus alongé, ovalaire, non réniforme, ni échancré en dessous, jaunâtre, lisse. Se trouve fréquemment sur la *flustra lineata*.

Cʏᴛʜᴇ́ʀᴇ́ᴇ ɢɪʙʙᴇᴜsᴇ; *Cythere gibba*, Mull., Entom., pag. 66, tab. 7, fig. 8 et 9. Beaucoup plus grosse que les précédentes, quoiqu'elle n'ait pas plus d'une demi-ligne de longueur; têt

blanchâtre, hispide, court, avec une gibbosité très-forte sur
le milieu de chaque valve.

CYTHÉRÉE BOSSELÉE : *Cythere gibbera*, Mull., Entomostr.,
p. 66, pl. 7, fig. 11 et 12. Aussi grande que la cythérée gibbeuse;
têt raccourci, renflé antérieurement, et encore davantage en
arrière, un peu étranglé dans son milieu, tant en dessus qu'en
dessous, verdâtre et lisse.

ORDRE DIXIÈME. BRANCHIOPODES, *Branchiopoda*.

*Deux yeux pédonculés; pattes servant à la natation et à la respi-
ration ordinairement très-nombreuses.* (Sect. des PHYLLOPES, Latr.)

Genre CLXXXVI. BRANCHIPE (*Branchipus*, Lamck., Latr.,
Leach; *Branchiopoda*, Lamck., Latr., Bosc; *Cancer*, Linn.;
Gammarus, Fabr.; *Apus*, Schæffer; *Branchiopus*, Duméril;
Chirocephalus, Bénédict-Prévost, Jurine).

Corps alongé, presque filiforme et très-mou, sans têt. Tête
distincte, munie d'antennes filiformes, droites, flexibles,
composées d'une multitude d'articles presque imperceptibles,
de la longueur de la tête, au nombre de deux ou de quatre.

Deux yeux à réseau très-écartés, latéraux, pédonculés, mobiles. Deux espèces de cornes sur le front, beaucoup plus
grandes et très-avancées dans les mâles. Bouche composée d'un
chaperon bifide, avancé, d'une papille en forme de bec, et de
quatre autres pièces latérales. Pieds tous natatoires, d'égale
longueur, placés au-dessous et sur les côtés du corps, formés
de quatre articles, dont le premier court, et les trois derniers
aplatis, ovales, ciliés sur leurs bords, et faisant fonction de
branchies et de rames. Queue composée de six à neuf anneaux,
dont le dernier muni de deux feuillets alongés, pointus et ciliés
sur leurs bords. Organes des sexes situés après la dernière paire
de pattes, à l'origine de la queue, et aussi dans la femelle près
de l'extrémité de celle-ci (Voyez les généralités page 195).

Ce genre ayant été en partie décrit par M. Leach (article
ENTOMOSTRACÉS de ce Dictionnaire, tome XIV, pag. 542), et
par M. Duméril (article BRANCHIOPE, tom. V, suppl., pag. 66),
je renvoie à ces mots pour quelques détails que je m'abstiens
de rapporter ici. Cependant je crois devoir avertir que dans
le dernier de ces articles il s'est glissé une faute grave, en ce
que le corps y est décrit comme n'ayant qu'une douzaine d'ar-

ticles, tandis qu'il en a dix-huit ou vingt, et surtout en ce qu'il y est dit que les pattes sont insérées sous les articles de la queue, ou les postérieurs, tandis qu'elles le sont sur les onze articles qui suivent le premier après la tête. On a distingué deux espèces dans ce genre.

BRANCHIPE DES ÉTANGS : *Branchipus stagnalis*, Latr., Leach, Lamck.; *Cancer stagnalis*, Linn.; *Apus pisciformis*, Schæff.; *Gammarus stagnalis*, Fabr.; Herbst, Cancr., tab. 35, fig. 3 à 10. Longueur, dix lignes; cornes du mâle horizontales; nageoires de la queue larges; antennes au nombre de quatre; œufs des femelles bleus, renfermés après la ponte dans un sac ovale qui est placé sous la queue.

BRANCHIPE DES MARAIS : *Branchipus paludosus*, Latr.; *Cancer paludosus*, Muller, Prodr. Zool. Dan., tab. 48, fig. 1-8; Herbst, Cancr., tab. 35, fig. 3, 4 et 5; *Chirocephalus diaphanus*, Bénédict-Prévost, Journal de Physique, messidor an II; ejusd., Mém. sur le Chirocéphale, joint au travail de Jurine sur les Monocles, pag. 201, pl. 20, 21, 22. Cornes du mâle perpendiculaires; nageoires de la queue filiformes; deux antennes dans les deux sexes.

Comme il se pourroit néanmoins que le chirocéphale constituât une espèce particulière, je vais donner, d'après M. Bénédict-Prévost, quelques détails sur ses formes et sur ses mœurs. L'animal a jusqu'à un pouce et demi de longueur. La tête est séparée du corps par une sorte de col que forme le premier anneau de celui-ci qui est dépourvu de pattes; les deux antennes sont droites, cylindriques et terminées par une touffe de petits poils; les deux cornes des mâles (*premiers doigts*, Bénédict-Prévost), qui sont destinées à fixer la femelle lors de l'accouplement, sont formées chacune de deux pièces verticales, dont la dernière est étroite, courbée en dedans pour correspondre à celle de la corne opposée, et constitue avec elle une sorte de tenaille à branches courbes; deux grands tentacules en forme de trompes molles (*second doigt du chirocéphale adulte*, Bénédict-Prévost), mais non traversés par un canal, placés à la base des cornes, en dedans, mobiles, roulés en spirale, pourvus à leur racine, du côté extérieur, de quatre appendices charnus, cylindriques et parsemés de petites épines, et d'une membrane triangulaire languetée, qui se déploie dans l'accou-

plement (1). Ces deux organes, manquant dans les femelles qui
ont à la place des cornes en forme de pinces, deux simples
protubérances coniques assez avancées. Yeux fort grands, à
réseau, ordinairement noirs, quelquefois bruns ou marbrés
de blanc, portés sur des pédoncules assez longs. Bouche composée, 1.º de deux mandibules très-grandes, ayant leur extrémité triturante, large, obtuse et garnie d'un grand nombre
de petites dents, comme les dents d'une lime; 2.º de deux organes particuliers (*barbillons des mandibules*, B. Prévost), formés de deux pièces, l'une épaisse, et l'autre mince et garnie
d'une vingtaine de filets très-déliés, qui sont placés de manière que les alimens qui arrivent aux mandibules doivent
passer entre eux; 3.º de deux petits appendices (*papilles*, B. Prévost), situés sous le corps, et non sous la tête, paroissant destinés à pousser les alimens entre les filets; 4.º d'une lèvre supérieure (*soupape*, B. Prévost), insérée à la base et au centre
des parties de la bouche, un peu au-dessous d'une tache noire,
triangulaire, qui est le rudiment des yeux lisses; cette lèvre
s'étendant sur les mandibules et les barbillons, et arrivant
jusqu'auprès de l'intervalle qui sépare les deux papilles. Corps
en forme de bateau ou de canot alongé, dont la carène est sur
le dos, composé d'un anneau sans pattes, et de onze anneaux
pédigères. Queue consistant en neuf segmens dont les deux
premiers supportent les organes externes de la génération.
Pattes en nageoires, dont les trois derniers articles alongés,
ovalaires, sont très-ciliés sur leurs bords. Organes extérieurs
du mâle en forme de deux corps conoïdes, obtus, et les intérieurs composés de longs vaisseaux spermatiques. Vulves des
femelles placées tout-à-fait à l'extrémité de la queue, ne servant pas à la sortie des œufs. Ovaires situés dans toute l'étendue
de la queue à droite et à gauche du canal intestinal, et remontant
jusqu'au second anneau où ils communiquent avec une grosse
poche extérieure, conique, remplie d'œufs, qui est ici l'analogue des sacs ou matrices extérieures des cyclopes, et dont

---

(1) Ces tentacules, ou seconds doigts de M. B. Prévost existent aussi
comme M. Audouin l'a reconnu dans le branchipe stagnal. Ce sont
les petites antennes *corniculæ* distinguées par Schæffer. (*Apus pisciformis*, 1752, fig. V, VI et VII, lettre *c*.)

l'ouverture est à sa pointe. Queue à lanières étroites, pourvues sur leur contour de soies qui elles-mêmes sont ciliées.
Cœur consistant en un vaisseau dorsal, semblable à celui des insectes. Intestin droit, ayant deux œsophages, et se terminant
à l'extrémité du dernier anneau de la queue.

Les chirocéphales, en sortant de l'œuf, ont le corps divisé
en deux masses globuleuses à peu près égales. La première
renferme un gros œil lisse, et donne attache, 1.° à deux antennes courtes, cylindriques et pourvues de poils au bout ;
2.° à deux très-grandes rames dont l'extrémité est ciliée,
et, 3.° à deux pattes assez courtes et grêles, formées de cinq
articles. Après la première mue, ils ont trois yeux, l'intermédiaire lisse, et les deux latéraux composés ; la partie postérieure du corps est alongée, conique, divisée en anneaux,
et terminée par deux petits filets. Plus tard et après plusieurs
mues, les pattes se montrent et se développent de plus en plus,
tandis que les rames s'atrophient et disparoissent : l'œil simple
intermédiaire reste rudimentaire (1). Dans les jeunes encore, la
lèvre supérieure ou soupape est énorme, puisqu'elle recouvre
le ventre, mais son volume diminue progressivement avec l'âge.

Les chirocéphales se trouvent dans les petites mares d'eau
trouble, mais non corrompue, et souvent dans celles qui ont
été formées momentanément à la suite des grandes pluies. Ils
nagent sur le dos avec beaucoup de facilité, et paroissent continuellement occupés à manger de petits corps animaux ou végétaux que l'eau tient en suspension. Leur accouplement a de l'analogie avec celui des libellules, c'est-à-dire que le mâle, nageant
au-dessous de la femelle, la saisit au cou avec les appendices
qui munissent sa tête, et s'y tient fixé jusqu'à ce que celle-ci
recourbe sur lui l'extrémité de sa queue, de façon à
mettre en contact ses deux vulves avec les deux organes co-
pulateurs qui doivent la féconder. Les œufs jaunâtres, sphériques, irréguliers, ont une enveloppe épaisse et dure qui
les conserve en été à sec et dans la poussière, ou dans la terre,
jusqu'à ce qu'une circonstance favorable, telle que la présence
de l'eau de pluie en quantité suffisante leur permette d'éclore.

---

(1) C'est lui qu'on aperçoit sous la forme d'un chevron noir sur la tête
des adultes.

Ce qui arrive pour ces œufs, a lieu également pour ceux du branchipe des étangs, et il faut que ces derniers aient une vitalité au moins aussi grande que la leur, car j'ai observé des animaux de cette espèce dans de petites flaques d'eau pluviale sur les sommités des rochers de grès de Fontainebleau, qui sont ordinairement à sec, et exposés pendant plusieurs mois de l'été aux rayons ardens du soleil.

Les femelles des chirocéphales font plusieurs pontes distinctes à la suite d'un seul accouplement; chacune en plusieurs reprises qui durent ensemble quelques heures, et jusqu'à un jour entier. Chaque ponte est de cent à quatre cents œufs; ceux-ci sont lancés au dehors avec beaucoup de vitesse, par jets de dix ou douze, et avec assez de force pour pouvoir s'enfoncer un peu dans la vase.

Genre CLXXXVII. Artémie (*Artemia*, Leach; *Artemisus*, Lamck.; *Cancer*, Linn.; *Gammarus*, Fabr.).

Corps ovale à tête non séparée, et postérieurement caudifère. Deux antennes courtes, subulées. Deux yeux subpédonculés. Bouche placée sous le bord antérieur de la tête. Queue longue terminée en pointe. Dix paires de pattes lamelleuses, natatoires, ciliées, finissant par une soie.

Artémie saline: *Artemia salina*, Leach; *Cancer salinus*, Linn.; *Gammarus salinus*, Fabr.; *Cancer salinus*, Montag., Trans. Soc. Linn., tom. XI, pag. 205, tab. 14, fig. 8, 9, 10; *Artemisus salinus*, Lamarck, Anim. sans vert., tome 5, pag. 135. Animal trèspetit, commun dans les marais salans de Lymington en Angleterre, lorsque l'évaporation de l'eau de mer est très-avancée.

Genre CLXXXVIII. Eulimène (*Eulimene*, Latr.; *Artemia*, Leach).

Corps ovale, oblong, linéaire. Tête transverse avec les yeux noirs latéraux, portés chacun sur un pédoncule assez grand et cylindrique. Deux antennes presque filiformes, mais un peu plus menues au bout, simples, un peu plus longues que la tête, insérées entre les yeux. Deux petits corps filiformes, semblables à des palpes placés à l'extrémité antérieure de la tête. Premier article du corps élargi sur les côtés, servant de cou. Pattes au nombre de vingt-deux, placées sur les côtés du corps, paroissant composées de quatre à cinq articles membraneux ou en lames, dont les trois premiers et le dernier plus petits, celui-ci allant en pointe, et aucun d'eux n'étant double; le dernier de la onzième paire étroit vers son extrémité qui est arrondie. Une pièce arrondie et globuleuse, attachée vers le milieu des pattes comprises inclusivement entre la quatrième et la dixième paire. Une pièce renflée presque demi-globuleuse, remplie d'une matière noirâtre, terminant le corps postérieurement et remplaçant la queue, de laquelle sort un filet semblable à un boyau alongé, aussi noirâtre, que M. Latreille soupçonne être un oviductus.

EULIMÈNE BLANCHATRE : *Eulimene albida*, Latr., Règn. Anim., tome 3, pag. 68; Nouv. Dict. d'Hist. nat., tom. 10, pag. 333; *Artemia eulimene*, Leach, Dict. des Sc. nat., tom. XIV, pag. 543. Couleur blanchâtre; extrémité postérieure du corps noirâtre. De la Méditerranée près de Nice.

Genre CLXXXIX. Zoé (*Zoea*, Bosc, Latr., Lamck., Leach, *Monoculus*, Slabber).

Corps ayant un têt presque ovale, avec lequel la tête se trouve confondue, terminé en avant par un très-long rostre infléchi. Quatre antennes presque égales, dont les extérieures sont bifides et coudées; deux yeux presque sessiles extrêmement gros et saillans, placés à la base du rostre et au-dessus des antennes. Parties de la bouche inconnues. Une grande pointe relevée et dirigée en arrière, placée en arrière du corselet ou de la carapace. Abdomen long, replié en dessous, formé de quatre segmens aplatis, presque égaux, étroits, et d'un cinquième terminal, plus grand et fourchu. Pattes très-courtes et cachées sous le corps, à peine visibles, à l'exception des deux dernières qui sont très-longues et en nageoires.

M. Latreille soupçonne que ce genre appartient moins à la sous-classe des entomostracés qu'à celle des malacostracés, et il le croit voisin de certains décapodes, tels que les albunées et les remipèdes. M. Leach pense qu'il appartient au même groupe que les nébalies.

Zoé PÉLAGIQUE : *Zoea pelagica*, Bosc, Crust., tome 2, pl. 15, fig. 3-4. Transparent comme du verre; yeux et une tache à la base de l'épine dorsale, d'un beau bleu; grandeur, ¼ de ligne. De l'Océan atlantique.

Zoé a masse: *Zoea clavata*, Leach, Journ. de Phys., 1818, avril pag. 304, fig. 4; Enc. Méth., pl. 354, fig. 5. Plus grosse ; rostre droit et non infléchi ; têt globuleux avec deux longs prolongemens en massue de chaque côté. De la côte occidentale d'Afrique.

Le *monoculus taurus* de Slabber, Microsc., tab. 5, paroit devoir rentrer dans ce genre.

J'ai pris à tâche, ainsi qu'on a pu le remarquer dans le courant de cet article, de passer en revue tous les genres qui ont été formés jusqu'à ce jour dans la classe des crustacés, et d'en exposer les principaux caractères. Quelques uns néanmoins ont échappé à mes recherches, et je ne connois encore que leurs noms seulement. Ce sont ceux qui ont été appelés par M. Leach (article Crustacés de ce Dictionnaire) : Charaxia, Etyæa, Gemallia ; Herynus, Isochirus, Leptosoma, Nectocerus, Nectyleus, Psammyllus et Rhetia ; et par M. Rafinesque (Précis de Découvertes somiologiques) : Janerea, Isulus, Cerophas, Protonia, Telesto, Stenyo, Cychreus, Pephredo, Dameus et Dinao.

Liste complète des genres de Crustacés, avec l'indication des noms des auteurs qui les ont créés, et celle des pages de cet article où il en est traité.

---

(1) Ce genre n'existe plus. Il est partagé entre ceux de la sous-classe des entomostracés.

<table>
<tr><td>

Stenorhynchus, Lamck., 267, 268.
Stenosoma, 374.
Stenyo, Rafin., 421.
Symethis, Fabr., 284.
Symethus, Rafin., 312, *note*.
Tachypleus, Leach, 392.
Talitrus, Latr., 349.
Telesto, Rafin., 421.
Thalassina, Latr., 300.
Thelphusa, Latr., 246.
Thenus, Leach, 290.
Thia, Leach, 214.

</td><td>

Trachonites, 263.
Typhis, Risso, 366.
Tyronia, Rafin., 389.
Uca, Leach, 241.
Uca, Latr., 235.
Upogebia, Leach, 301.
Xantho, Leach, 228.
Xiphosura, Gronov., 392.
Zoea, Bosc, 420.
Zozimus, Leach, 228, *note*.
Zuzara, Leach, 376.

</td></tr>
</table>

En examinant avec quelque attention les tableaux que j'ai annexés à cet article, on prendra une idée de la progression suivant laquelle le nombre des genres de crustacés qui, au temps de Linnæus, n'étoit que de trois, *Cancer*, *Oniscus* et *Monoculus*, s'est accru au point, qu'il est maintenant quatre-vingts fois plus considérable. Pendant quarante ans il est resté le même, et ce n'est qu'en 1775 que Fabricius le porta à sept. Plus tard, en 1793, ce célèbre entomologiste l'éleva jusqu'à douze, et en 1798, profitant des travaux de Daldorff, il le fit monter à trente-deux. M. de Lamarck comptoit trente-six de ces genres en 1801 ; M. Latreille, soixante-quatre en 1806, et ce n'est qu'après un intervalle de six ou sept années, que les premiers travaux de M. Leach furent publiés. Depuis cette dernière époque, c'est-à-dire en dix ans environ, les quatre cinquièmes des trois cent quinze noms qui composent la liste que je viens de donner, ont été créés. Cette augmentation prodigieuse a-t-elle été profitable ou nuisible à la science? C'est une question que je n'ai pas l'intention d'aborder, croyant avoir atteint le but que je m'étois proposé, si dans mon travail j'ai présenté fidèlement l'état auquel celle-ci est arrivée maintenant. (Desm.)

MALACOXYLUM. (*Bot.*) Voyez Mapou. (Poir.)

MALACOZOAIRES, *Malacozoaria*. Dénomination que M. H. de Blainville, dans son Système de classification des animaux et de nomenclature zoologique, a proposée pour remplacer le nom de Mollusques, *Mollusca*. La disposition des volumes du Dictionnaire l'a cependant forcé de renvoyer à ce dernier mot l'histoire de la classification de ces animaux et de leur organisation. (De B.)

MALADIE et MORT DES VÉGÉTAUX. (*Bot.*) L'irritabilité donne aux molécules qui composent les corps organisés une
force telle qu'elles résistent jusqu'à un certain point aux lois
des affinités chimiques et de la pesanteur. Tant que cette force
est prédominante, elle fait passer la matière brute à l'état de
matière organisée ; mais comme la pesanteur et les affinités
agissent sans relâche et toujours avec une égale intensité,
tandis que l'irritabilité se ralentit, ou même s'éteint par un trop
long exercice, tôt ou tard la vie cesse, et les formes de l'organisation disparoissent.

Le temps suffit donc pour amener la destruction des corps
organisés et vivans ; mais chez les plantes, de même que chez les
animaux, la mort de vieillesse est rare. Une multitude de circonstances accidentelles troublent ou suspendent l'action des
forces vitales. De là les maladies qui abrègent la vie des individus, et altèrent quelquefois la vigueur des races.

Les plantes privées de sentiment, et par conséquent de
volonté, semblent être, au premier coup d'œil, moins exposées
que les animaux à l'influence des causes destructives ; toutefois
il faut considérer que si, d'une part, elles ne vont pas au-
devant des dangers, d'autre part elles n'ont en elles aucun
désir de les éviter, aucun moyen pour les fuir.

On a comparé sans fondement, les maladies des végétaux à
celles des animaux. La manie trop commune de chercher des
analogies avant de bien connoître les faits a beaucoup nui aux
progrès de la pathologie végétale. Toute lésion organique
détermine un dérangement quelconque dans les fonctions des
êtres vivans. Chaque système d'organes est sujet à des accidens
morbifiques, selon la nature de ses fonctions, et le degré d'irritabilité et de sensibilité dont il est doué. Ainsi les différences
dans l'organisation et dans les propriétés vitales, occasionnent
nécessairement des différences essentielles dans les maladies.
Les plantes qui n'ont ni sensibilité, ni forces locomotives, ni
digestion, ni circulation, parce qu'elles sont privées de cerveau, de nerfs, de muscles, d'estomac, de cœur. d'artères, de
veines, etc. ; les plantes dont toutes les fonctions semblent se
réduire en dernière analyse à la nutrition et à la génération,
et chez lesquelles les forces organiques résultantes de l'irritabilité ont très-peu d'énergie ; les plantes dis-je, ne sauroient

être exposées aux maladies qui affectent des systèmes d'organes dont elles sont dépourvues, et qui troublent des fonctions qu'elles n'exercent pas. C'est donc par ignorance ou par légèreté qu'on a donné à ces affections morbifiques des plantes, des noms qui rappellent ces organes ou ces fonctions, et ne peuvent avoir de juste application que dans la pathologie animale.

Je vais d'abord passer rapidement en revue les principales causes connues des maladies des plantes. Je dirai ensuite quelques mots des races parasites qui deviennent, pour les individus sur lesquels elles se fixent, des hôtes souvent dangereux et toujours incommodes. Je parlerai enfin de la guerre continuelle que les animaux font aux plantes pour satisfaire à leurs premiers besoins. Ces considérations se rattachent à l'économie générale de la nature; vues en grand, elles sont de quelque intérêt pour le botaniste; mais les détails appartiennent spécialement à l'agriculture. D'ailleurs, il faut convenir que si la pathologie humaine est une science conjecturale à beaucoup d'égards, la pathologie végétale l'est bien davantage encore.

Les maladies des plantes sont générales quand elles affectent à la fois tout le système organique ; locales, quand elles n'affectent que telle ou telle partie, comme les boutons, les branches, les feuilles, les organes de la génération, etc.; endémiques, quand elles sont particulières à certaines races ou à certaines familles : par exemple, aux arbres verts, aux graminées, etc.; sporadiques, quand elles attaquent indifféremment, tantôt une espèce, tantôt une autre ; épidémiques, quand elles frappent tout à coup un grand nombre d'individus dans une même contrée; contagieuses, quand elles se propagent d'un individu à un autre, soit par le contact immédiat, soit par des particules subtiles qui sont transportées par les vents.

La nature du sol est une des principales causes des affections morbifiques des végétaux. Un sol très-maigre ne porte que des individus chétifs: les arbres qui y naissent, n'y trouvant point d'aliment, éprouvent avant l'âge les infirmités de la vieillesse; leur écorce se couvre d'érosions cancéreuses; leurs branches se dessèchent; leur tronc se dégarnit, ou, comme on dit, se couronne; leur tissu contient peu de carbone et beaucoup de matières terreuses et alcalines.

Un sol engraissé de dépouilles animales et végétales, loin

de convenir aux liliacées bulbeuses, fait tomber leurs ognons en pourriture.

Quelquefois l'excès de sucs nutritifs, en fortifiant l'individu, nuit à la reproduction de l'espèce. Dans une terre très-riche, les arbres fruitiers poussent de longues branches chargées d'un grand nombre de feuilles, les céréales produisent des chaumes élevés et vigoureux; mais les uns et les autres ne donnent qu'une petite quantité de fleurs.

Quand les sucs se portent en trop grande abondance aux organes de la génération, ils transforment les étamines et les pistils en pétales, et rendent les plantes infécondes. Ces plantes dont les fleurs magnifiques font l'ornement de nos parterres sont perdues pour la propagation des races. Ce n'est pas seulement dans les terres cultivées, que les étamines subissent ces brillantes métamorphoses. Le phénomène se produit quelquefois dans les lieux abandonnés à la nature. Non loin de Bagnères de Bigorre, sur le plateau du Lycris, montagne couverte des plus riches pâturages, et que visita jadis l'immortel Tournefort, j'ai vu des anémones, des renoncules, des roses pleines comme dans nos jardins. La trop grande fertilité de la terre occasionne ces métamorphoses qui, sous une riche apparence, cachent une véritable dégradation. Les botanistes les rangent parmi les monstruosités. Ils considèrent aussi comme telle la transformation des calices en feuilles, des ovules en bulbilles, des pistils en boutons, des corolles irrégulières en corolles régulières, etc.; mais les causes de ces développemens extraordinaires leur sont inconnues.

L'influence du sol est quelquefois manifeste dans les avortemens. Souvent les branches des individus mal nourris, au lieu de porter un bouton à leur extrémité, s'alongent en une pointe acérée.

Dans les années pluvieuses beaucoup de végétaux éprouvent une espèce de pléthore; l'eau remplit les vaisseaux sans s'y élaborer; les huiles et les résines ne se forment point; les fruits sont sans saveur; les graines n'arrivent pas à parfaite maturité; les feuilles tombent; les racines se couvrent de moisissures, et pourrissent.

Les tiges des plantes aquatiques ont des lacunes remplies d'air qui semblent les préserver de ces accidens. Il faut croire aussi que leur tissu cellulaire est d'une telle nature qu'il peut résister à l'action prolongée de l'eau, et qu'il ne s'y réduit pas facilement en mucilage, comme celui des autres plantes.

L'eau chargée de principes putrides occasionne des dépôts, des excroissances fongueuses, des plaies, des ulcères, des écoulemens purulens et une sorte de gangrène. Les arbres fruitiers situés dans les lieux bas sont sujets à ces diverses maladies.

Si l'eau séjourne sur la blessure d'un arbre, il s'y forme un chancre ou une carie qui gagne de proche en proche.

Les eaux du ciel, au temps de la fécondation, emportent le pollen, et rendent les plantes stériles.

La grande sécheresse de l'air et de la terre est encore plus nuisible à la végétation que l'excès de l'humidité.

Quand le sol est sec et que l'atmosphère échauffée contient beaucoup d'eau en vapeur, les feuilles suppléent les racines. Voilà pourquoi les murs, les rochers, les sables privés d'eau, ne sont pas toujours dépouvus de verdure. Mais toutes les espèces n'ont pas, au même degré, la propriété d'absorber l'humidité par leurs feuilles; aussi lorsqu'un soleil ardent a dissipé l'humidité du sol, que les terres glaiseuses se sont resserrées en masses dures, et que les terres meubles et siliceuses se sont réduites en une poussière aride, des millions de végétaux meurent sur pied. Il n'est pas rare, après un été brûlant, de voir dans les forêts de sapins, des espaces immenses couverts d'arbres desséchés jusque dans leurs racines.

Une chaleur et une lumière trop vives excitent une grande transpiration et nuisent particulièrement aux jeunes pousses.

Presque tous les végétaux privés des rayons directs de la lumière sont blanchâtres et languissans. Du gaz oxigène est absorbé; du gaz acide carbonique se dégage; le principe saccharin se développe; il ne se forme que peu ou point d'huile, de résines, de ligneux; les membranes restent minces et diaphanes; les tiges s'alongent sans se fortifier; les feuilles sont rares et petites; les fleurs s'épanouissent à peine et sont décolorées; le pollen est sans vertu, et les fruits avortent. Les cultivateurs désignent cette chlorose sous le nom d'étiolement; ils font étioler la chicorée, le céleri, et d'autres espèces comestibles pour en adoucir la saveur.

L'étiolement explique pourquoi l'on ne parvient pas toujours à repeupler les clairières des forêts, et à remplacer les arbres qui périssent dans les anciens quinconces.

Les panachures jaunes ou blanches des organes qui naturellement devroient être verts, semblent provenir de l'impuissance où sont les parties affectées de décomposer le gaz acide carbonique.

Les végétaux élevés sur couches et sous châssis, et particulièrement les melons et les concombres, sont également sujets à une espèce de chlorose. Les extrémités supérieures blanchissent d'abord ; puis la pâleur gagnant les parties inférieures, les feuilles s'inclinent, se fanent, et les plantes ne tardent pas à périr.

Une grande lumière produit des effets analogues sur l'hortensia, et si l'on ignoroit la cause des altérations que l'on remarque dans cette plante, on la croiroit étiolée.

Le froid qui surprend la végétation quand il est modéré, anéantit l'irritabilité et détruit l'organisation quand il est excessif; il resserre le tissu et occasionne des déchiremens internes. Durant les grands hivers, les arbres des forêts éclatent quelquefois avec un bruit semblable à celui d'une arme à feu. De là le cadran ou cadranure, si les déchiremens s'étendent du centre à la circonférence; et la roulure, s'ils isolent les couches ligneuses les unes des autres.

La roulure provient aussi quelquefois de l'aridité du sol.

Lorsque la gelée atteint l'aubier, elle le désorganise et empêche qu'il ne passe à l'état de bois. Cette couche imparfaite est recouverte, à la nouvelle séve, par une couche ligneuse, et demeure pour toujours enclavée dans le tronc. Cet accident se nomme gélivure.

Le froid est dangereux surtout quand les végétaux entrent en séve, parce qu'il congèle les sucs, et occasionne la rupture des cellules.

Lorsque l'humidité se joint au froid, les jeunes bourgeons se couvrent de givre qui se fond au premier rayon de soleil; mais le tissu trop tendre est déjà désorganisé; il noircit et tombe en pourriture. C'est la raison pourquoi les lieux bas et humides sont peu favorables aux végétaux hâtifs. On donne à cette maladie le nom de brûlure.

Les brouillards méphitiques, les vapeurs des volcans, la

fumée et les exhalaisons des laboratoires de chimie font sécher les feuilles.

La grêle déchire ou meurtrit les parties tendres des végétaux; la foudre, attirée par la cime des grands arbres, les frappe, les écrase et en disperse les débris. Les vents impétueux arrachent leurs branches, brisent leur tronc, et secouent si violemment leurs racines qu'étant lacérées en mille endroits, elles deviennent incapables de remplir leurs fonctions (1).

Parmi les maladies dont la cause est inconnue, et qui sont en très-grand nombre, je ne citerai que le blanc mielleux ou meunier et la teigne des pins.

Le blanc mielleux ou meunier attaque les arbres fruitiers, et notamment l'abricotier, le prunier et le pêcher. Cette maladie se manifeste dès la fin de juin et durant le mois de juillet, d'août et de septembre. Les jeunes feuilles des rameaux se couvrent d'une substance blanchâtre mielleuse, qui transsude à travers les pores de l'épiderme, et qui paroît au microscope, comme une multitude de fils collés les uns aux autres. Insensiblement le mal gagne les parties inférieures; il attaque toutes les feuilles, il détermine leur chute prématurée, et occasionne, par cette raison, l'avortement des boutons à fruits qui étoient destinés à se développer l'année suivante.

Une des maladies endémiques les mieux caractérisées est la teigne des pins. Les arbres attaqués répandent une forte odeur de térébenthine; les feuilles tombent, la résine sort en gouttelettes de l'écorce crévassée, qui bientôt se détache par plaques. Le dermeste typographe, attiré par l'odeur qu'exhalent les arbres malades, vient déposer ses œufs dans leurs plaies, et rend les accidens plus graves.

---

(1) Les vents ne sont réellement nuisibles aux arbres que lorsqu'ils les brisent par leur violence. Les arbres exposés à des vents auxquels ils peuvent résister, deviennent plus robustes; leur bois acquiert plus de dureté; leurs racines sont plus fortes, surtout du côté frappé par l'air. Rien de plus simple que l'explication de ces phénomènes. L'agitation de l'air hâtant l'évaporation des fluides, augmente la transpiration des parties herbacées, et par conséquent la succion des racines, d'où suit que l'assimilation des molécules nutritives est plus abondante et plus prompte.

Il est à remarquer que les insectes insultent de préférence les arbres malades.

Certaines espèces de végétaux portent préjudice à d'autres. Les plantes pourvues de racines traçantes et voraces affament les plantes voisines.

Les plantes grimpantes se roulent autour des tiges des autres plantes, et les privent d'air et de lumière. Si ces espèces grimpantes sont ligneuses, elles serrent vigoureusement les tiges qu'elles entourent, et y font naître des bourrelets.

Les mousses et les lichens fatiguent les arbres sur lesquels ils se cramponnent, non qu'ils se nourrissent de leurs sucs, car ils puisent dans l'atmosphère une suffisante nourriture, mais parce qu'ils empêchent la transpiration, et qu'ils entretiennent à la superficie de l'écorce une humidité qui la pourrit, et y attire une multitude d'insectes.

Les orobanches, les cuscutes, les guis, les *loranthus*, etc., sont de véritables parasites. Ils vivent aux dépens des végétaux qui les portent, et les font quelquefois périr. Les orobanches viennent sur les racines de quelques espèces ligneuses. Les cuscutes s'attachent aux tiges des plantes herbacées. Les guis, les *loranthus* croissent sur le tronc et les branches des arbres.

La maladie, appelée blanc-fongueux, est due au *mucor ery-siphe*, petit champignon qui se développe sous l'épiderme de la face inférieure des feuilles de l'érable, du houblon, etc. D'abord il paroît comme une tache blanchâtre et pulvérulente, ensuite il brunit et offre au microscope une multitude de petits grains.

Les gerçures et les verrues qu'on voit quelquefois sur les feuilles proviennent le plus souvent de la présence d'autres champignons du genre *Æcidium*. Les jardiniers ont remarqué que l'anémone attaquée par ces parasites ne fleurit point.

La rouille est produite par un autre champignon, le *puccinia* des graminées. Les céréales chargées de ce *puccinia* ne donnent que des épis maigres, et même avortés.

Les *uredo* naissent pour l'ordinaire sur le dos des feuilles; ils y paroissent souvent comme des points jaunes dans lesquels des yeux peu exercés ont cru reconnoître la fructification des fougères. Ils nuisent à la floraison.

L'*uredo segetum* connu sous le nom de charbon se développe dans les ovaires du froment, de l'orge, de l'avoine et autres graminées; il détruit le périsperme, et remplit le péricarpe d'une poussière noire.

L'ergot, cette excroissance brune du grain de l'orge, du seigle, de l'avoine, et quelquefois du blé, n'est aussi, selon quelques naturalistes, qu'une espèce de champignon parasite; mais cela n'est pas encore bien démontré.

Le *sclerotium crocorum*, plante voisine de la truffe, attaque sous la terre les bulbes du safran, et les fait périr.

Quelques espèces de plantes laissent écouler par leurs racines des sucs qui sont, suivant l'opinion de Plenk et de Brugmans, des poisons mortels pour d'autres plantes. Mais n'est-il pas bien probable que si certains végétaux d'espèces différentes ne peuvent vivre ensemble sur le même sol, cela provient de ce que les uns enlèvent à la terre des principes nourriciers nécessaires au vigoureux développement des autres? Cette hypothèse explique d'une manière assez plausible ce qu'on nomme les antipathies des plantes.

Les animaux font aussi beaucoup de mal aux végétaux. Les pucerons répandent sur les feuilles, au moyen de deux canaux situés près de leur anus, une liqueur gluante et sucrée, qui nuit à la transpiration et à l'absorption. Les plantes surchargées de ces insectes meurent de consomption.

Une foule d'insectes armés de tarières découpent l'épiderme des végétaux, déposent leurs œufs dans le parenchyme des feuilles ou de leurs branches, et déterminent ainsi la production d'excroissances charnues, au centre desquelles leurs petits se développent. Telle est l'origine de la galle du chêne, du bédéguar du rosier, des cornes des feuilles de tilleul, de l'épaississement charnu des bourgeons des sapins, des saules, etc.

Beaucoup d'insectes, non moins industrieux, déposent leurs œufs dans le péricarpe de différens végétaux. C'est ce singulier instinct qui rend les charançons si nuisibles aux récoltes des céréales. Quand les petits sont éclos, ils dévorent le fruit qui leur a servi de berceau.

Les *cynips psenes* se logent dans les sycônes du figuier sauvage (*ficus carica*). Voilà l'origine de la caprification, pratique ancienne dont le but est de hâter la maturité des figues. Les cultivateurs des îles de l'Archipel suspendent chaque année, depuis un temps immémorial, des branches de figuiers sauvages au-dessus des figuiers domestiques. Les cynips sortent de leurs retraites, et pénètrent dans les figues des arbres cultivés par l'ouverture située au sommet de l'involucre.

La torsion extraordinaire des tiges provient encore de la piqûre des insectes.

L'altise oléracée dévore les feuilles séminales des crucifères, qui prennent, comme la plupart des autres cotylédones, une saveur très-sucrée au moment de la germination.

Les limaçons et les limaces n'épargnent presque aucuns végétaux, mais ils préfèrent les plantes potagères et les graminées.

Les larves du *scarabeus melolontha* restent quatre ans sous la terre, et y vivent de racines tendres. Elles font périr en peu de jours les plus grands arbres quand elles se réunissent pour les attaquer. Ces larves, transformées en hannetons, se jettent sur les feuilles des arbres, et les dévorent.

Les cantharides dépouillent en un moment les frênes de toutes leurs feuilles.

Les sauterelles, toujours redoutables pour les plantes herbacées, se multiplient quelquefois à tel point que les moissons tombent sous leurs dents comme sous la faucille du moissonneur.

Le taupe-grillon se nourrit de racines. Les galeries souterraines qu'il pratique nuisent à la végétation d'une multitude de plantes foibles.

Dans certaines années les grillons-voyageurs émigrent par milliers de la Grande-Tartarie en Europe, et détruisent tout ce qui se rencontre sur leur passage.

Les marmottes du Nord (*glis lemmus*) descendent des montagnes neigeuses de la Scandinavie, quand un hiver rigoureux se prépare, et s'avancent en corps d'armée sur une ligne, sans être arrêtées par fleuves, rivières ou montagnes, portant partout la désolation.

Les marmottes de nos climats, les rats, les loirs, les écureuils, les taupes, etc., etc., se nourrissent pendant l'été d'herbes, de racines, de fruits, et plusieurs d'entr'eux font pour l'arrière-saison, des provisions de blé, de fèves, de pois, etc.

Les oiseaux granivores, les moineaux-francs surtout, consomment une quantité prodigieuse de grains.

Combien d'autres animaux encore fondent leur existence sur la destruction des végétaux !

Parlerai-je aussi de l'homme, l'ennemi le plus redoutable des animaux et des plantes? il extirpe. avec une infatigable activité, les individus du règne végétal, inutiles à ses jouissances et à ses besoins, et ne souffre autour de lui que les espèces dont il retire quelque avantage.

Je ne finirois pas si je voulois énumérer toutes les causes accidentelles qui restreignent dans de justes bornes le nombre des individus du règne végétal ; mais il est temps de parler de la mort de vieillesse dont rien ne peut affranchir tout être organisé.

La privation de la vie, c'est-à-dire l'extinction des forces qui contrebalancent, dans les corps organisés, l'action des lois générales de la chimie et de la physique, est ce qu'on appelle la *mort*.

Tout individu, animal ou végétal, s'il ne meurt de maladie ou d'accident, meurt de vieillesse.

La vie de beaucoup de moisissures, de *byssus*, de champignons, ne dure que quelques jours, ou même que quelques heures.

Les herbes, dites annuelles, meurent de vieillesse long-temps avant une année révolue. Leur mort a lieu, dans nos climats, aux approches de l'hiver. Il ne faut pas croire cependant que le froid en soit la cause première ; une température plus douce ne prolongeroit point leur existence. Les herbes qui croissent sous la ligne ne vivent guère plus long-temps que celles qui habitent les régions voisines des pôles. Les unes et les autres périssent quand la propagation de l'espèce est assurée par la production de la graine.

Dans les herbes bisannuelles, des feuilles radicales se montrent seules durant la première année. La plupart de ces feuilles se dessèchent quand l'hiver survient ; mais au retour du printemps de nouvelles feuilles se développent et annoncent l'apparition des tiges. Celles-ci ne tardent pas à produire des fleurs et des fruits, et peu après les herbes bisannuelles meurent, de même que les herbes annuelles.

Dans les herbes vivaces, les parties exposées à l'air et à la lumière se détruisent chaque année après la fructification, mais les racines se conservent sous la terre, et donnent, l'année suivante, de nouvelles tiges, qui portent encore des fleurs et des fruits.

La mort, chez les plantes ligneuses, n'arrive en général qu'après que la floraison s'est renouvelée pendant un nombre d'années plus ou moins considérable. Il y a pourtant de grands arbres monocotylédons, tel que le palmier qui produit le sagou (*sagus farinifera*), et cet autre palmier dont les feuilles en éventail ont huit à dix mètres de longueur (*corypha umbraculifera*), qui ne fleurissent qu'une seule fois, et périssent ensuite; mais en revanche, il se trouve parmi les arbres dicotylédons des individus énormes, dont la naissance paroît être antérieure à tous les temps historiques, et qui, malgré leur haute antiquité, se couvrent chaque année de fleurs et de fruits.

En ne considérant les plantes vivaces et ligneuses que comme de simples individus, vous seriez naturellement induits à tirer cette conséquence, qu'elles ne périssent que de maladies ou d'accidens, et ne sont point sujettes à la mort de vieillesse; mais des réflexions plus profondes nous apprendront qu'il faut distinguer dans toute plante vivace ou ligneuse la partie qui vit et végète actuellement, des parties plus anciennes qui ont cessé de végéter et de vivre.

Je m'explique. Les plantes ont deux modes de génération : la génération par graines et la génération par développement continu de parties semblables.

Le premier mode nous présente, dans une graine, un embryon, nouvel individu tout-à-fait isolé de l'individu qui lui a donné la vie; le second mode, une série d'individus qui, naissant à la superficie les uns des autres, se succèdent sans interruption, et peuvent souvent demeurer unis. Que les individus proviennent de génération par graines ou de génération par développement continu, il est de fait que dans l'un ou dans l'autre cas, ils ne sauroient se soustraire à l'influence du temps. Mais la succession des individus ou la race, quelle que soit son origine, ne peut éprouver les atteintes de la vieillesse, et elle se conserve tant qu'elle n'est pas détruite par des causes accidentelles.

Essayons de faire l'application de ces lois générales :

Toutes les parties d'une jeune herbe sont susceptibles d'accroissement : les cellules et les tubes, d'abord très-petits, se dilatent bientôt dans tous les sens ; ensuite leurs parois membraneuses, pénétrées par les sucs nutritifs, se fortifient, s'épaississent et perdent insensiblement leur première souplesse. Une fois les membranes endurcies, l'irritabilité s'éteint, les opérations vitales cessent; plus de nutrition, plus de croissance, et la plante, incapable d'opposer aucune résistance aux agens destructeurs qui l'attaquent sans relâche, ne tarde pas à se décomposer.

Les mêmes causes amènent de semblables résultats dans les tiges herbacées des plantes vivaces ; mais leurs racines se régénèrent par développement continu.

C'est aussi une génération du même ordre qui renouvelle la vie des arbres et des arbrisseaux. Leur liber représente une plante herbacée, et n'a comme elle qu'une végétation trèscourte. Si les espèces ligneuses recommencent à végéter au retour de la belle saison, c'est parce qu'un nouveau liber, doué de toute l'énergie vitale d'une herbe naissante, remplace l'ancien liber endurci et transformé en écorce et en bois.

Les ifs du comté de Surrey, qui existoient déjà, à ce qu'on croit, du temps de Jules-César, et qui ont 2 mètres de diamètre; les cèdres de 9 mètres de tour que notre savant Labillardière a mesurés sur le Liban; les figuiers du Malabar qui, suivant Rumph, ont communément de 16 à 17 mètres de circonférence; les énormes châtaigniers du mont Etna dont un entre autres, au rapport de Houel, a un diamètre de près de 17 mètres; les céibas de la côte occidentale d'Afrique, si épais et si élevés que les indigènes en font des pirogues d'une seule pièce, de 3 à 4 mètres de large sur 18 à 20 mètres de long; les baobabs du Sénégal et des îles de la Magdeleine, qui ont 10 à 12 mètres de diamètre, et qui, s'il faut en croire les caculs d'Adanson, n'auroient pas moins de cinq à six mille ans d'antiquité; tous ces arbres gigantesques de même que les moindres arbrisseaux, végètent uniquement par la lame herbacée qui se produit chaque année entre le bois et l'écorce. Les couches des anciens libers augmentent la masse de l'écorce et celle du corps ligneux dont les fonctions se bornent à servir de support aux parties jeunes et à leur transmettre les sucs nutritifs.

Maintenant, pour peu que l'on y réfléchisse, on verra que la longue vie de la plupart des arbres et l'immortalité qui semble avoir été départie à quelques uns d'entre eux et à toutes les herbes vivaces, ne contrarient pas la loi générale selon laquelle tout individu organisé doit périr dans un espace de temps déterminé, puisqu'il est de fait que les parties anciennes des racines des plantes vivaces se détruisent continuellement dans le sein de la terre, et que les couches ligneuses des troncs ne sont autre chose qu'une suite de générations accumulées qui ont cessé de végéter et de vivre.

Telle est l'idée philosophique qu'il convient d'adopter touchant la vie et la mort, dans les êtres qui se régénèrent sans cesse par le développement successif de parties semblables et continues.

Et remarquez que le liber qui se forme sur un tronc de plusieurs siècles, quand d'ailleurs ce tronc n'a pas subi d'altération, jouit d'une force végétative qui n'est pas moindre que celle du liber d'un arbre à sa première année, et qu'une branche saine et bien venue, détachée d'un arbre antique, mais vigoureux, donne une bouture aussi belle que celle qui est prise sur un jeune arbre; en sorte que par le moyen des boutures, sans le secours de la graine, on pourroit conserver l'espèce. D'où il est juste de conclure que, dans l'ordre naturel, la génération par développement continu ne s'arrêteroit jamais, si l'accroissement démesuré des branches et du tronc, l'endurcissement du bois et l'obstruction des canaux qui le parcourent, ne mettoient obstacle à la marche de la séve, et par conséquent à son accès jusqu'au liber.

Ainsi, pour me résumer, ce qu'on nomme dans les arbres mort de vieillesse, est à proprement parler l'extinction de la race, suite inévitable de la mort prématurée du liber, occasionnée par la privation des substances nutritives.

A mesure qu'un arbre grossit, les vaisseaux de ses couches ligneuses s'obstruent, et la séve circule avec plus de difficulté; par cette raison la succion et la transpiration ne sont plus aussi considérables que dans la jeunesse, en raison du volume de l'individu. Le liber est moins vigoureux; les boutons et les racines qu'il produit sont foibles et en petit nombre; les branches se dessèchent, le tronc se couronne, l'eau séjourne dans les plaies qui se forment, le bois tombe en pourriture : dès lors, le nouveau liber, l'herbe annuelle des végétaux ligneux, n'a plus la force de se régénérer; tout développement cesse, et l'arbre meurt.

L'arbre mort se couvre de *puccinia*, de *mucor*, de *sphæria* et autres plantes cryptogames. Il attire l'humidité et s'en pénètre, non plus comme autrefois par la force de succion de ses organes, mais par la propriété hygrométrique qu'il doit à sa structure poreuse et à l'action chimique des élémens qui le composent. L'oxigène de l'air brûle une partie de sa substance, de l'eau se forme, du gaz acide carbonique se dégage; le reste se réduit en *humus*, substance pulvérulente, brune, onctueuse, éminemment fertile, où se retrouvent en des proportions différentes les mêmes principes que dans les végétaux, et qui est douée de la propriété de décomposer l'air et de se combiner avec l'oxigène.

Ainsi finissent les plantes selon l'ordre régulier des choses. La terre qu'elles embellissoient au temps de leur végétation s'enrichit de leurs dépouilles; des germes vigoureux, déposés dans son sein, font succéder d'autres générations à celles qui viennent de s'éteindre, et la mort des individus est comme un garant de la jeunesse éternelle des races. Mirbel, *Elém.* (Mass.)

MALADOA. (*Conchyl.*) Coquille bivalve du Sénégal; c'est l'*arca senilis* de Linnæus. (Desm.)

MALAGH. (*Bot.*) On nomme ainsi, en Languedoc, le cerisier sauvage. (L. D.)

MALAGO-CODI. (*Bot.*) Nom malabare du poivre ordinaire, *piper nigrum*, suivant Rhéede. Le *malago maram* est rapporté par Linnæus à son *rhus cominia*. (J.)

MALA-GOESIA. (*Bot.*) C. Bauhin cite sous ce nom le carambolier, *averrhoa carambola*. (J.)

MALAGOS. (*Ornith.*) Kolbe parle, dans sa Description du cap de Bonne-Espérance, tom. 5, p. 175, d'un oiseau aquatique de ce nom, et de la grosseur d'une oie, qui fréquente la mer et les rivières, et dont le plumage, noir et blanc, est mêlé de taches grises: l'auteur ajoute qu'il se nourrit de poissons, et que la nuit il se retire sur les rochers ou sur des arbres. Tout annonce que cet oiseau, comme le *majagué*, dont il a été ci-devant question, est le cormoran, *pelecanus carbo*. Linn.; et si les naturalistes qui ont copié la description l'avoient fait avec plus de soin, ils auroient vu cette synonymie indiquée dans l'ouvrage même. (Cu. D.)

MALAGUÉ (*Bot.*), nom languedocien du cerisier mahaleb, cité par Gouan. (J.)

MALAGUETTE et MANIQUETTE. (*Bot.*) Sur la côte de Guinée on donne ces noms à l'*amomum*, graine de paradis, au Brésil ; c'est le piment frutescent et le piment annuel. (Lem.)

MALAHUOL (*Bot.*) Voyez Hahuol. (J.)

MALA-INSCHI-KUA, MALAN-KUA. (*Bot.*) Voyez Kua. (J.)

MALAIROSOS. (*Bot.*) En Languedoc, on donne ce nom, qui signifie rose mâle, à la rose de Provins, qui est d'une couleur beaucoup plus foncée que les autres roses. (L. D.)

MALAKENTOMOZOAIRES. Voyez Malacentomozaires. (De B.)

MALAKAYA. (*Mamm.*) Barrère nomme ainsi une petite espèce de chat de la Guiane, à corps tacheté. On pense que c'est l'ocelot. (F. C.)

MALAKI-CARAMBOLI (*Bot.*), nom brame du *bilimbi* des Malabares, *averrhoa bilimbi*. (J.)

MALALABU (*Bot.*), nom d'une espèce de vigne, *vitis indica*, à Ceilan, suivant Hermann. (J.)

MALAMBETTI (*Bot.*), nom brame d'une espèce de jambosier, *eugenia*, qui est le *malla-katou-tsjambou* du Malabar. (J.)

MALAMIRIS (*Bot.*), nom d'une espèce de poivre, *piper malamiris*, dans la presqu'île de l'Inde. (Lem.)

MALAM TODDA-VADI. (*Bot.*) Herbe du Malabar, qui paroît être une sensitive ou un *œschynomene*. (J.)

MALANCIER. (*Bot.*) On donne ce nom, en Savoie, au *mespilus amelanchier*. (L. D.)

MALANEH (*Bot.*), nom arabe, cité par M. Delile, du ciche ou pois ciche, *cicer*, dont les graines sont nommées *hommos*. (J.)

MALANI, ou MÉLANI, *Malanea*. (*Bot.*) Genre de plantes dicotylédones, à fleurs complètes, monopétalées, de la famille des *rubiacées*, de la *tétrandrie monogynie* de Linnæus, offrant pour caractère essentiel : Un calice fort petit, à quatre dents ; une corolle petite, en roue ; le tube court ; le limbe à quatre

lobes ; quatre étamines de la longueur du tube de la corolle ;
un ovaire inférieur ; un style ; deux stigmates ; un drupe couronné, renfermant un noyau à deux loges, à deux semences.

MALANI SARMENTEUX : *Malanea sarmentosa*, Aubl., *Guian.*, 1,
pag. 106, tab. 41; Lamk., *Ill. gen.*, tab. 66, fig. 2; *Cunninghamia
sarmentosa*, Willd., *Spec.* Arbrisseau de cinq à six pieds, dont
le bois est blanchâtre et l'écorce roussâtre, gercée. Les branches
sont sarmenteuses; les rameaux opposés, très-longs, pendans,
noueux, couverts d'un duvet roussâtre ; munis à chaque nœud de
deux feuilles opposées, grandes, pétiolées, ovales, tomenteuses,
un peu roussâtres en dessous ; les stipules ovales, tomenteuses,
caduques ; les fleurs très-petites, disposées en grappes lâches,
axillaires, tomenteuses, plus longues que les feuilles ; le calice est
pileux sur ses bords; la corolle bleuâtre, à tube court; les lobes
du limbe sont aigus et pileux; les étamines saillantes. Le fruit est
un drupe glabre, ovale, long de cinq lignes, couronné par le
calice, renfermant un noyau à deux loges monospermes. Cette
plante croît à la Guiane.

MALANI VERTICILLÉ : *Malania verticillata*, Lamk., *Encycl.*, et
Ill. gen., tab. 66, fig. 1; *Antirrhœa*, Juss., *Gen.*; *Cunninghamia
verticillata*, Willd., *Spec.*; vulgairement BOIS DE LOSTEAU. Arbre
d'une hauteur médiocre, dont le bois est blanc, susceptible
d'un beau poli, employé pour le merrain, même pour la charpente. Les feuilles sont verticillées trois à trois ou à quatre,
glabres, ovales, entières, acuminées, chargées en dessus de
poils courts : les pédoncules sont axillaires, solitaires, souvent
bifurqués, chargés de petites fleurs sessiles, unilatérales, formant par leur réunion des cimes de douze à quinze fleurs ;
leur calice est pileux; la corolle hypocratériforme, velue ; le
tube un peu alongé; les lobes sont obtus; les étamines presque
sessiles, non saillantes. Le fruit est un drupe ovale, de la grosseur d'un grain de froment, contenant un noyau à deux loges
monospermes. Cette plante croît aux îles de France et de Bour-
bon. Son écorce est employée dans les diarrhées et les dyssen-
teries. (POIR.)

MALAN-KUA (*Bot.*), nom malabare, cité par Rhéede, du
hœmpferia rotunda. (J.)

MALAO-MANGUIT. (*Bot.*) Un muscadier sauvage de Madagascar, cité sous ce nom, dans un herbier de Poivre, que nous

possédons, est le *myristica acuminata* de M. Lamarck. Rochon en fait aussi mention. (J.)

MALAPARI. (*Bot.*) Un arbre des Moluques est ainsi nommé dans ces îles suivant Rumph qui en donne la description et la figure. Il appartient certainement à la famille des légumineuses ; ses fleurs ressemblent, suivant lui, à celles du *lingoum* qui est un ptérocarpe près duquel il est rapporté par M. Desrousseaux, dans le Dictionnaire encyclopédique ; mais sa gousse, au lieu d'être orbiculaire et monosperme comme dans ce dernier, est décrite comme étant longue d'un doigt, et remplie d'une à trois graines. De plus la figure présente des folioles opposées et bijuguées avec une impaire. Ces caractères de la gousse et des feuilles le rapprochent davantage du *dalbergia* et du *pungamia* dans la même famille, et il est peut-être congénère du dernier. (J.)

MALAPERTURE. (*Ichthyol.*) Ce mot, qui se trouve dans le Nouveau Dictionnaire d'Histoire naturelle, est probablement le produit d'une erreur typographique, et doit représenter MALAPTÉRURE. Voyez ce mot. (H. C.)

MALA-POENNA. (*Bot.*) Rhèede, dans son *Hort. Malab.*, 5, t. 9, cite sous ce nom un grand arbre dont les feuilles portées sur des pétioles renflés et velus, sont lancéolées, épaisses, luisantes en dessus, lanugineuses en dessous. Les fleurs naissent sur les rameaux en petits paquets sessiles, au nombre de cinq dans chaque paquet, entourés d'un involucre à quatre divisions très-profondes. Chaque fleur a un calice divisé en quatre ou cinq parties, et contenant huit ou dix étamines. L'auteur ne parle pas de l'ovaire, et il dit seulement qu'aux fleurs succèdent des petites baies sphériques contenant un seul noyau. Adanson, qui ne connoît le *mala-poenna* que par la description de Rhèede, l'a adopté comme genre, et placé dans sa famille des cistes, dans laquelle il a amoncelé, accumulé beaucoup de familles distinctes et de genres inconnus : il attribue à celui-ci une corolle dont Rhèede ne parle pas. Cet arbre ne peut venir auprès du *tari*, espèce de *myrobolanus*, à la suite duquel il l'a placé, puisqu'il a, selon la figure de Rhèede, le calice infère qui n'est pas tel dans les myrobolanées. On ne pourra bien déterminer les affinités du *mala-poenna* que lorsque ses divers caractères seront mieux connus. (J.)

MALAPTÈRE(*Ichthyol.*), nom spécifique d'un poisson rangé,
par M. de Lacépède, parmi les labres, et que nous avons décrit à l'article GIRELLE. Voyez ce mot. (H. C.)

MALAPTÉRONOTE (*Ichthyol.*), nom spécifique d'un autre
labre de M. de Lacépède, et dont nous avons également parlé
au même article GIRELLE. (H. C.)

MALAPTÉRURE, *Malapterurus.* (*Ichthyol.*) M. de Lacépède,
le premier, a établi sous ce nom un genre de poissons dans la
famille des oplophores, ordre des holobranches abdominaux,
et aux dépens du genre *Silurus* de Linnæus.

Les caractères du genre Malaptérure sont les suivans :

*Catopes abdominaux; corps conique; tête déprimée; bouche au
bout du museau; nageoire dorsale unique, adipeuse, très-rapprochée
de la queue; point d'épines aux nageoires pectorales, dont les rayons
sont entièrement mous; tête et corps recouverts d'une peau lisse et
visqueuse; dents en velours; des barbillons.*

Les malaptérures se distinguent aisément des SILURES, des
SCHILBÉS, des PIMÉLODES, des BAGRES, des MACROPTÉRONOTES, des
CALLICHTHES, des ASPRÈDES, par l'absence des épines aux nageoires pectorales, et des AGÉNÉIOSES, des CENTRANODONS, des
DORAS, des CATAPHRACTES, des PLOTOSES, des TACHYSURES, qui
ont deux nageoires dorsales. (Voyez ces divers noms de genres
et OPLOPHORES.)

On ne connoît encore qu'une espèce dans ce genre.

Le MALAPTÉRURE ÉLECTRIQUE : *Malapterurus electricus*, Lacépède; *Silurus electricus*, Linnæus. Deux barbillons à la mâchoire
supérieure; quatre inégaux à l'inférieure; nageoire caudale
arrondie; tête moins grosse que le corps, qui est renflé en avant
et généralement aplati comme la tête, yeux recouverts par un
épiderme transparent; deux orifices à chaque narine; teinte
grisâtre, relevée par quelques taches noires ou foncées que l'on
voit sur sa queue. Taille de dix-huit à vingt pouces.

Ce poisson, qui habite le Nil et le Sénégal, a été figuré dans
la douzième planche de la partie ichthyologique du grand Ouvrage sur l'Égypte. Son corps est recouvert d'une épaisse couche
de graisse. Les Arabes le nomment *raasch*, c'est-à-dire *tonnerre*,
à cause de la propriété qu'il possède, comme la torpille et le
gymnonote, de donner des commotions électriques, propriété
dont le siége paroit exister dans le tissu adipeux sous-cutané,

dont nous venons de parler, tissu qui est très-abondamment pourvu de nerfs. (H. C.)

MALARMAT. (*Ichthyol.*) Voyez Péristédion. (H. C.)

MALART (*Ornith.*), nom que l'on donne, dans plusieurs départemens, au canard domestique mâle. (Ch. D.)

MALATES. (*Chim.*) Combinaisons salines de l'acide malique avec les bases salifiables. Voyez Sorbates. (Ch.)

MALATTI. (*Bot.*) Voyez Kambang. (J.)

MALATTI-TONQUIN (*Bot.*), nom javanois de l'*asclepias cordata* de Burmann. (J.)

MALAUCIER. (*Bot.*) Belon, dans son Voyage au Levant, dit que le *codo malo* de Crète est le même que le *malancier* de la Savoie, et, selon C. Bauhin, ce codo malo est notre amelanchier, *mespilus amelanchier* de Linnæus. Voyez Codo malo. (J.)

MALAVEA. (*Bot.*) Suivant M. Bosc, c'est le nom qu'on donne aux îles Philippines à un bois incorruptible, dont l'arbre qui le produit n'est pas connu. (Lem.)

MALAXIDE (*Bot.*), *Malaxis*, Swartz. Genre de plantes monocotylédones, de la famille des orchidées, Juss., et de la *gynandrie diandrie*, Linn., qui a pour caractères distinctifs: Une corolle de six pétales, dont trois extérieurs lancéolés, deux intérieurs linéaires, et un troisième (labelle ou nectaire) en forme de lèvre, concave, presque en cœur, et placé à la partie supérieure de la fleur; un ovaire infère, surmonté d'un style bossu, à stigmate concave, placé du côté du labelle; une seule anthère terminale, hémisphérique, caduque, à deux loges; une capsule oblongue, à six côtes arrondies, à une seule loge contenant un grand nombre de graines.

Les malaxides sont des plantes herbacées, vivaces, à feuilles entières, alternes, engaînantes, et à fleurs disposées en grappe ou en épi au sommet des tiges. On en connoît une douzaine d'espèces dont la plus grande partie est exotique; les trois suivantes croissent en Europe.

Malaxide de Lœsel: *Malaxis Lœselii*, Swartz, *Act. Holm.*, 1800, p. 235; *Ophrys Lœselii*, Linn., *Spec.*, 1341; *Liparis Lœselii*, Richard, *Orchid. Europ.*, 38. Sa racine est une sorte de bulbe ovoïde, spongieuse, garnie inférieurement de petites fibres blanches; elle produit une tige droite, grêle, triangulaire, haute de quatre à huit pouces, munie vers sa base de deux feuilles ovales-lancéolées, lisses, engaînantes et presque opposées. Ses fleurs sont jaunâtres, assez petites, un peu pédicellées, au nombre de quatre à huit dans le haut des tiges, et disposées en épi; cinq des pétales sont linéaires, et le labelle est ovale, obtus, marqué vers sa base d'une crénelure de chaque côté, et recourbé en bas à son sommet. Cette espèce croît dans les marais de Saint-Gratien près de Paris, et en Flandre, en Alsace, en Dauphiné, etc. On la trouve aussi en Allemagne, en Suède, en Angleterre, et en général dans le nord de l'Europe.

Malaxide des marais: *Malaxis paludosa*, Swartz, *l. c.*, p. 235; *Ophrys paludosa*, Linn., *Spec.*, 1341. Cette espèce diffère de la précédente, parce que sa tige est pentagone, moitié moins élevée, garnie de trois à quatre feuilles vers sa base, parce que ses fleurs sont plus petites et beaucoup plus nombreuses, et parce que le labelle est entier. Elle croît dans les marais de la Belgique et du nord de l'Europe.

Malaxide monophylle: *Malaxis monophyllos*, Swartz, *l. c.*, p. 234; *Ophrys monophyllos*, Linn., *Spec.*, 1342; *Epipactis folio unico amplexicauli, spicâ prolixâ multiflorâ*, Hall. Helv., n. 1293, t. 56. Sa racine, comme dans les espèces précédentes, est une sorte de bulbe formée de la base des anciennes feuilles; elle produit ordinairement une seule feuille ovale-oblongue, engaînante à sa base, et une tige nue, droite, cylindrique, haute de huit à dix pouces, chargée dans sa partie supérieure d'un grand nombre de fleurs verdâtres, très-petites et disposées en épi serré; leur labelle est entier, concave, acuminé. Cette plante croît naturellement en Suisse, en Prusse et en Allemagne. (L. D.)

MALBRANCIA (*Bot.*), nom donné par Necker au genre *Rourea* d'Aublet, qui est le *Robergia* de Schreber et de Willdenow. (J.)

MALBROUCK (*Mamm.*), nom propre d'une espèce de Guenon. Voyez ce mot. (F. C.)

MALCHE ou MALCHUS. (*Ichthyol.*) Nom spécifique d'un poisson des eaux douces du Chili, poisson encore fort peu connu, et que, d'après Molina, on a généralement rapporté au grand genre des *cyprins* de Linnæus. Il appartient probablement à la division des ables. Voyez Able dans le supplément du premier volume de ce Dictionnaire, et Cyprin. (H. C.)

MALCITA. (*Bot.*) Voyez Myxa. (J.)

MALCOMIA. (*Bot.*) Genre établi par Rob. Brown, pour plusieurs espèces de *cheiranthus* et d'*hesperis*, dont le caractère essentiel consiste dans une silique cylindrique, à deux valves; le stigmate aigu; le calice fermé; les cotylédons plans, tombans. Voyez Giroflée et Julienne. (Poir.)

MALCOT (*Ichthyol.*), nom vulgaire du tacaud, *gadus barbatus*. Voyez Gade et Morue. (H. C.)

MAL-COWDA. (*Ornith.*) Knox, dans sa Relation de Ceilan, tom. 1, p. 70, fait mention de cet oiseau, de la grosseur d'un merle, qui est noir, avec les oreilles jaunes, et qui parle très-bien. Ne seroit-il pas ici question du mainate? (Ch. D.)

MALE. (*Bot.*) Un chaton, un épi sont mâles lorsque les fleurs qui les composent sont toutes mâles, c'est-à-dire, pourvues d'étamines et dépourvues de pistil. (Noisetier, Pin, Châtaignier, etc.) (Mass.)

MALE. (*Zool.*) Voyez Sexe. (Desm.)

MALE. (*Ichthyol.*) Voyez Mal. (H. C.)

MALEE-MALEE. (*Bot.*) Plante ombellifère et blanche, de Sumatra, dont on applique les feuilles sur les tumeurs, suivant Marsden qui ne donne pas d'autre indication. (J.)

MALE-FOU (*Bot.*), nom vulgaire de l'*orchis mascula*, Linn. (L. D.)

MALEGUETA (*Bot.*), nom brésilien d'un piment, *capsicum frutescens*, cité par Vandelli. (J.)

MALESHERBIA. (*Bot.*) Genre de plantes dicotylidones, à fleurs complètes, polypétalées, de la famille des *passiflorées*, de la *pentandrie trigynie* de Linnæus, offrant pour caractère essentiel: Un calice, alongé, renflé, coloré, à cinq divisions; cinq pétales insérés sur le calice, alternes avec ses divisions; à la base de la corolle, une couronne composée de dix écailles; cinq étamines insérées sur le réceptacle; un ovaire supérieur, pédicellé, portant trois styles un peu au-dessous de son sommet; une capsule uniloculaire, trivalve, polysperme.

Malesherbia en thyrse: *Malesherbia thyrsiflora*, Ruiz et Pav., *Flor. Per.*, 3, pag. 30, tab. 254; *Gymnopleura tubulosa*, Cavan., *Icon. rar.*, 4, pag. 52, tab. 575. Plante du Pérou, des environs de Lima, dont les tiges sont hautes de deux pieds, rameuses, annuelles, tomenteuses, garnies de feuilles nombreuses, sessiles, linéaires-lancéolées, étroites, aiguës à leurs deux extrémités, tomenteuses, glutineuses, longues de deux pouces, sinuées, dentées en scie; les fleurs axillaires, presque sessiles, rapprochées en un épi terminal en forme de thyrse; le calice ventru, tubulé, d'un jaune orangé, à dix stries, long d'un pouce et demi; ses divisions lancéolées, ciliées; les pétales ciliés, lancéolés, plus courts que le calice; les filamens persistans, plus longs que le calice, insérés sur des tubercules velus, à la base de l'ovaire: celui-ci pédicellé, ovale, alongé, velu; une capsule plus longue que le calice qui l'enveloppe, à une seule loge, s'ouvrant en trois valves; les semences fort petites, ovales, pédicellées, placées sur trois réceptacles adhérens à chaque valve.

Malesherbia a feuilles linéaires : *Malesherbia linearifolia*, Poir., Encycl. Suppl.; *Gymnopleura linearifolia*, Cavan., *Icon. rar.*, 4, pag. 52, tab. 376. Cette espèce a des tiges hautes de trois pieds, des rameaux alternes, velus, surtout dans leur jeunesse, des feuilles sessiles, presque linéaires, tomenteuses, longues d'un demi-pouce, entières, ciliées, accompagnées de deux petites stipules. Les fleurs sont presque sessiles, solitaires, axillaires, plus longues que les feuilles; le calice tomenteux, en entonnoir, à dix stries; ses divisions obtuses; la corolle d'un blanc-jaunâtre, un peu plus longue que le calice; les pétales ovales, obtus, transparens; l'ovaire tomenteux, pédicellé; les styles s'élèvent du milieu de trois tubercules, un peu au-dessous du sommet de l'ovaire; les capsules ovales, plus courtes que le calice. Cette plante croît au Chili, sur les montagnes. (Poir.)

MALESTAN. (*Ichthyol.*) Sur quelques côtes, on donne ce nom aux sardines que l'on a mises en saumure avant de les placer dans des barils. Voyez Clupée. (H. C.)

MALETTA-MALA MARAWARA (*Bot.*), nom malabar d'une espèce de fougère (*polypodium adnascens*, Swartz) qui croît sur les troncs d'arbre au Malabar, et figurée dans l'*Hortus Malabaricus* de Rhèede, vol. XII, pag. 57, tabl. 29. (Lem.)

MALETTE A BERGER (*Bot.*), nom vulgaire du thlaspi bourse à pasteur. (L. D.)

MALFAMÉS et MALNOMMÉS. (*Bot.*) Dans les colonies on donne ce nom à quelques espèces d'euphorbes qui n'ont point les qualités pernicieuses qui appartiennent à presque toutes les autres espèces du même genre. (Lem.)

MALFINI. (*Ornith.*) Il paroît que les créoles de Saint-Domingue donnent ce nom indistinctement à tous les petits oiseaux de proie; mais les naturalistes en ont fait des applications particulières au *falco sparverius*, ou émérillon de la Caroline, et au *sparvius striatus*, ou épervier malfini de M. Vieillot, qui ne pense pas, comme Buffon, que le mot malfini soit une mauvaise prononciation de mansfeni, terme par lequel le Père du Tertre désigne le *falco Antillarum*, Lath. Celui-ci est une espèce d'aigle qu'on connoît au Para sous la dénomination d'*ouyra-ouassou-panema*, qui signifie, dans la langue du Brésil, *oiseau sans bonheur*, parce que, moins défiant que les autres rapaces, il se laisse prendre dans des piéges. (Ch. D.)

MALHERBE. (*Bot.*) Un des noms vulgaires donnés, dans les départemens méridionaux, soit à la dentelaire, *plumbago europœa*, employée avec succès comme léger vésicatoire, dans le traitement de la gale, soit au *thapsia villosa*, suivant M. Decandolle. (J.)

MALHERBE. (*Bot.*) Dans le midi de la France, on donne ce nom à la globulaire turbith, à la dentelaire commune, et au daphné mézéréon. (L. D.)

MALICORIUM. (*Bot.*) C'est ainsi que l'on nomme dans les pharmacies, l'écorce ferme du fruit du grenadier, laquelle est employée en médecine comme astringente. (J.)

MALI-MALI (*Bot.*), nom caraïbe de la casse des boutiques, cité par Surian. Le même est rapporté par Nicolson à l'herbe à dartres, autre espèce de casse. (J.)

MALIMBE. (*Ornith.*) Le voyageur Perrein, de Bordeaux, a trouvé à Malimbe, dans le royaume de Congo, sur la côte d'Afrique, un oiseau de l'ordre des passereaux, qui n'avoit encore été observé par aucun naturaliste, et qu'il a nommé *cardinal noir et rouge huppé*. M. Vieillot, qui étoit devenu possesseur d'un couple de ces oiseaux, les ayant communiqués à Sonnini au moment où il s'occupoit de sa nouvelle édition de Buffon, celui-ci en a fait dessiner le mâle, pl. 117, et a décrit les deux sexes sous le nom de leur pays natal, au tom. 47,

p. 111, à la suite des gros-becs. Quelque temps après, Daudin en a fait insérer une nouvelle description avec figures dans les Annales du Muséum d'Histoire naturelle, tom. 1, pag. 149, pl. 10, à la suite d'observations générales sur les tangaras, parmi lesquels il les a placés avec la dénomination de *tangara de Malimbe*. M. Vieillot en a ensuite donné des figures enluminées, pl. 42 et 43 de son Histoire naturelle des Oiseaux chanteurs de la zone torride, et il y a joint deux autres espèces, en formant du tout une famille particulière des *malimbes*, entre les veuves et les bouvreuils. Le même naturaliste avoit postérieurement établi, dans la première édition de l'Ornithologie élémentaire, son soixante-treizième genre, faisant partie de la famille des tisserands, sous le même nom de malimbe, en latin *sycobius*; mais M. Cuvier ayant désigné, dans son Règne animal, l'oiseau dont il s'agit comme une espèce de ses tisserins, *ploceus*, M. Vieillot a adopté cette classification, tant dans la seconde édition de son Système d'Ornithologie, que dans le Nouveau Dictionnaire d'Histoire naturelle. Voyez la description et l'histoire des malimbes sous le mot Tisserin. (Ch. D.)

MALINATHALLA. (*Bot.*) La plante à laquelle Théophraste et les Egyptiens donnent ce nom, est, selon Clusius et C. Bauhin, la même que le *dulcichinum*, déjà mentionné dans ce recueil, le souchet comestible, *cyperus esculentus*. (J.)

MALINGA-TENGA (*Bot.*), nom malabare des fruits du palmier-tenga, *cocos nucifera*. (Lem.)

MALION et MALIUM. (*Bot.*) Les anciens ont donné ces noms à la camomille romaine, *anthemis nobilis*, à cause sans doute de son odeur aromatique un peu rapprochée de celle de la pomme. (Lem.)

MALIQUE [acide]. (*Chim.*) Acide végétal. Voyez Sorbique, acide. (Ch.)

MALKIRA (*Bot.*), nom d'une espèce d'*ochna*, à Ceilan, suivant Hermann et Linnæus. (J.)

MALKOHA. (*Ornith.*) Ce nom, que quelques naturalistes écrivent avec un *c* au lieu d'un *k*, sans que la prononciation en soit plus douce, et auquel par conséquent on croit devoir conserver l'orthographe primitive, est celui d'un oiseau de l'île de Ceilan, qui a d'abord été décrit par Forster dans sa *Zoologia Indica*, et dont Gmelin et Latham ont fait un coucou,

28. 29

sous le nom de *Cuculus pyrrhocephalus*, coucou à tête de feu ; mais comme les coucous se nourrissent d'insectes, tandis que les malkohas sont purement frugivores, on a senti que leur organisation ne devoit pas être la même, et que leur association n'étoit pas naturelle ; et, d'après les observations de Sonnini et de M. Levaillant, M. Vieillot a établi un genre distinct sous la dénomination de PHŒNICOPHAUS (*purpureus aspectu*), laquelle présente le double inconvénient d'avoir pour base un attribut susceptible de variations à chaque espèce nouvelle, et de reposer sur un fait au moins douteux, puisqu'outre la non existence d'une peau nue sur la tête de l'oiseau, dont le vertex est emplumé, cette peau, qui n'occupe que la région ophthalmique, n'étoit pas purpurine, mais orangée, chez tous les individus de l'espèce, au nombre de dix-sept, que M. Levaillant a examinés avant qu'on leur eût fait subir la moindre préparation : c'est seulement dans les cabinets que ce dernier a trouvé des malkohas dont les joues étoient tantôt rouges, tantôt jaunes, et même une fois bleues, suivant la nature des ingrédiens employés pour les peindre. D'un autre côté, l'épithète *pyrrhocephalus*, qui auroit pu être convenablement accolée au terme générique *cuculus*, si d'ailleurs on avoit eu à désigner avec certitude une couleur rouge, forme évidemment un pléonasme lorsqu'elle est précédée de *phœnicophaus*.

En cet état de choses, comme la première espèce de malkoha, celle dont la figure se trouve dans la *Zoologia Indica* de Forster, pl. 6, et au tom. 5.ᵉ des Oiseaux d'Afrique de M. Levaillant, pl. 224, n'a pas encore reçu de nom spécifique en françois, et peut être appelée MALKOHA A VENTRE BLANC, par opposition avec la seconde espèce, qui a cette partie rousse, il est tout simple de lui appliquer la dénomination latine de *phœniphaus leucogaster*. Cette espèce, qui pèse quatre onces, a environ 15 ou 16 pouces de longueur totale. Sa queue, largement barbée, est étagée et dépasse des trois quarts les ailes pliées. Les plumes du sinciput, de l'occiput, du derrière du cou et du bas des joues ont chacune une ligne blanche au centre, et sont, pour le fond, d'un noir vert, qui s'éclaircit et devient plus brillant sur le dos, sur les scapulaires, sur le croupion et sur les plumes caudales, dont l'extrémité est frangée de blanc ; les plumes de la gorge et du devant du cou sont d'un vert sombre ; la poitrine, les parties inférieures, les plumes tibiales et anales sont blanches ; le bec, d'un vert olive à sa base, est jaunâtre au bas de la mandibule inférieure et à la pointe ; les écailles des pieds sont de cette dernière couleur, sur un fond brun.

Malkoha rouverdin ; *Phœnicophaus viridis*, Vieill. Cette espèce, d'une taille plus forte que la précédente, n'a qu'une plus petite partie des joues nue ; sa queue est plus étagée, et les pennes en sont pointues. La région ophthalmique étoit peinte en rouge sur l'individu qui a été figuré par M. Levaillant, pl. 225, et le haut de la tête, ainsi que le bas des joues, étoient d'un gris clair. Le reste du plumage est sur les parties supérieures, d'un vert sombre, avec des teintes plus ou moins brillantes, suivant les incidences de la lumière, et tout le dessous du corps est d'un brun marron, devenant plus sombre vers les parties postérieures. Les pennes caudales sont toutes terminées par du brun foncé.

Malkoha a sourcils rouges ; *Phœnicophaus superciliosus*, Cuv. Cet oiseau des Philippines, dont il existe au Muséum d'Histoire naturelle de Paris deux individus donnés par M. Dussumier, est moins gros que le coucou d'Europe, mais il en a la longue queue et la forme élancée. Les arcades orbitaires sont ornées de plumes rouges, effilées, qui présentent deux rangées saillantes et parallèles. Il y a aussi quelques unes de ces jolies plumes derrière la peau qui entoure la région ophthalmique. Tout le dessus du corps de l'oiseau est d'un noir à reflets violets, à l'exception de la queue, dont les pennes arrondies ont l'extrémité blanche ; les parties inférieures sont d'un blanc sale ; le bec est ardoisé, et les pieds sont gris. (Ch. D.)

MALLA (*Bot.*), nom de la capucine, *tropœolum*, dans le Chili, suivant Feuillée. (J.)

MALLA-KATOU-TSJAMBOU. (*Bot.*) Voyez Malambetti. (J.)

MALLA-KOLLA. (*Bot.*) L'*olax zeylanica* est ainsi nommé à Ceilan. (Lem.)

MALLAM-TODDALI. (*Bot.*) Nom malabare, suivant Rhéede, du micocoulier du Levant, *celtis orientalis*, selon Reichard, éditeur de Linnæus. Il a plus d'affinité avec le *muntingia* de Plumier, dont Linnæus faisoit son *rhamnus micranthus*, mais qui, étant apétale à fruit monosperme, se rapproche en ce point plus du *celtis*, comme le pensoit Reichard, mais forme une espèce différente, qui est le *celtis micranthus*. (J.)

MALLAM-TSJALLI. (*Bot.*) Voyez Nelam-mari. (J.)

MALLAM-TSJUTTI. (*Bot.*) Suivant Burmann, c'est le nom de l'*hedysarum diphyllum* au Malabar. (Lem.)

MALLEA MOTHE. (*Bot.*) Suivant M. Bosc, c'est le nom du pavette de l'Inde. (Lem.)

MALLEI-CAJAN-TAGARE (*Bot.*), nom donné sur la côte de Coromandel, suivant Burmann, au *verbena nodiflora* de Linnæus, maintenant réuni au genre *Zapania*. (J.)

MALLE-MEEUWEN. (*Ornith.*) Lachesnaye-des-Bois dit que dans leur navigation aux Indes orientales, les Hollandois donnèrent ce nom, qui signifie *poules d'eau sottes*, à des oiseaux de mer qui se laissoient tuer à coups de bâton. Voyez Mallemucke. (Ch. D.)

MALLEMUCKE. (*Ornith.*) Ce mot est formé de *mall*, qui signifie sot, stupide, en hollandois, et de *mocke*, qui, dans l'ancien allemand, désigne une bête, un animal. On a rapporté le terme *mallemucke*, tantôt au goéland varié ou grisard, *larus nævius*, Linn., tantôt au *procellaria glacialis*, Linn., ou pétrel fulmar, et c'est dans cette dernière acception qu'il est cité par Muller, p. 17, n.° 144, et par Othon Fabricius, p. 86, n.° 55. Le même nom est écrit *mallemoque* dans le premier Voyage de Pagès autour du monde, tom. 2, pag. 163, et *malmuche*, dans la traduction françoise du Voyage en Islande, d'Olafsen et Povelsen, tom. 3, p. 291. (Ch. D.)

MALLE-NAGOU (*Erpétol.*), un des noms de pays du Naja. Voyez ce mot. (H. C.)

MALLETTE (*Bot.*), un des noms vulgaires de la bourse à berger, *thlaspi bursa pastoris*. (J.)

MALLEUS. (*Ichthyol.*) Voyez Marteau. (H. C.)

MALLEUS (*Malacoz.*), nom latin du genre Marteau. Voyez ce mot. (De B.)

MALLINGTONIA. (*Bot.*) Ce genre, décrit dans le Nouveau Dictionnaire d'Histoire naturelle, est le même que le Millingtonia. Voyez ce mot. (Lem.)

MALLOCOCCA. (*Bot.*) Ce genre de plante, observé par Forster dans une des îles de la mer du Sud, a été reconnu postérieurement pour une espèce de *grewia* dans la famille des tiliacées. (J.)

MALLORA. (*Bot.*) Cossigny, dans son Voyage à Canton, cite sous ce nom un palmier qu'il dit être une variété d'un autre palmier de Madagascar, nommé *vouakoa*. Si ce dernier est le même que le vacoua de cette île, *pandanus*, il n'est pas un palmier. Cependant l'auteur dit que le fruit du mallora est rond comme celui du vouakoa; qu'il contient une substance farineuse, avec laquelle on a pu nourrir pendant deux mois l'équipage d'un vaisseau; qu'on fait avec ses feuilles découpées en lanières des sacs pour renfermer le café, et ces diverses indications semblent rapprocher plutôt le mallora du sagoutier, qui appartient à la famille des palmiers. Le mallora a été naturalisé dans les colonies françoises par les soins de Cossigny qui y a fait parvenir des fruits bons à semer. (J.)

MALLOTIUM. (*Bot.*) Acharius désigne ainsi la quatrième section de son genre COLLEMA. Voyez ce mot. (LEM.)

MALLOTUS. (*Bot.*) Le fruit de ce genre de Loureiro à trois loges et trois graines, joint au caractère fondé sur la séparation des sexes, nous avoit d'abord fait présumer que ce genre, qui ne nous est connu que par une description, appartenoit à la famille des euphorbiacées; mais on ne peut le certifier, tant qu'on n'aura pas observé un périsperme dans la graine. Willdenow détruit ce genre qu'il réunit au *trewia*, dont on ne connoît le caractère qu'imparfaitement, et que l'on n'a pu pour cette raison rapporter à une famille connue. Voyez TREVIER. (J.)

MALL-SNÆPPA (*Ornith.*), nom suédois de la bécassine, *scolopax gallinago*, Linn. (CH. D.)

MALMADURILLO (*Bot.*), nom du laurier-tin en Portugal, (LEM.)

MALMAISON (*Bot.*), nom vulgaire de l'astragale des champs. (L. D.)

MAL NAREGAM (*Bot.*), nom malabare, cité par Rhéede, du *limonia monophylla* de Linnæus, dont M. Corréa a fait son genre *Atalantia*, qui diffère du *limonia* par le nombre moindre de pétales et d'étamines, la monadelphie de ces derniers et l'addition d'une loge dans le fruit. (J.)

MALNOMMÉE. (*Bot.*) A Saint-Domingue et à la Martinique, on donne ce nom à l'*euphorbia hirta*. (J.)

MALOION. (*Bot.*) Un des noms grecs donnés par Dioscoride, suivant son commentateur Ruellius, à la coquelourde des jardiniers, *agrostemma coronaria*. (J.)

MALOPE. (*Bot.*) Ce nom que Pline donnoit à la rose trémière, *alcea rosea*, est employé par Linnæus pour désigner un autre genre de malvacée. Voyez ci-après. (J.)

MALOPE (*Bot.*), *Malope*, Linn. Genre de plantes dicotylédones, de la famille des malvacées, Juss., et de la *monadelphie polyandrie*, Linn., dont les caractères sont : Un calice double, l'extérieur plus large, composé de trois folioles cordiformes, l'intérieur monophylle et semiquinquéfide; une corolle de cinq pétales ouverts, plus grands que le calice, réunis par leur base, et adhérens au tube staminifère; des étamines nombreuses, à filamens réunis inférieurement en tube cylindrique, libres dans leur partie supérieure, portant des anthéres presque réniformes; un ovaire supère, surmonté d'un style simple inférieurement, multifide supérieurement, terminé par plusieurs stigmates sétacés; plusieurs capsules arrondies, monospermes, rassemblées en tête dans le calice persistant.

Les malopes sont des plantes herbacées, à feuilles simples, alternes, accompagnées de stipules, et à fleurs assez grandes, ordinairement axillaires. On en connoît cinq espèces, dont trois croissent naturellement en Europe; nous parlerons seulement des deux suivantes :

MALOPE MALACOÏDE : *Malope malacoides*, Linn., *Spec.*, 974 ; Cavan., *Dissert.*, 2, pag. 84, t. 27, f. 1. Sa racine, qui est annuelle, produit plusieurs tiges, peu rameuses, en partie couchées, longues de huit pouces à un pied, garnies de feuilles ovales ou ovales-oblongues, pétiolées, un peu en cœur à leur base, irrégulièrement crénelées en leurs bords, obscurément lobées, glabres ou chargées de quelques poils. Les fleurs sont purpurines ou violettes, quelquefois entièrement blanches, portées sur des pédoncules axillaires, de la longueur des feuilles ou à peu près. Cette plante croît en Provence, dans le midi de l'Europe, et dans le nord de l'Afrique.

MALOPE TRIFIDE; *Malope trifida*, Cavan., *Dissert.*, 2, n. 144, t. 27, f. 2. Sa tige est cylindrique, rameuse, haute d'un pied et demi, garnié de feuilles oblongues, pétiolées, glabres, irrégulièrement dentées, et divisées le plus souvent en trois lobes pointus, quelquefois en cinq. Les fleurs sont d'un rouge incarnat, marquées de stries violettes, et portées sur des pédoncules presque plus longs que les feuilles. Cette espèce croît en Espagne. (L. D.)

MALOT. (*Entom.*) On donne ce nom aux taons dans quelques provinces. (Desm.)

MALOUASSE. (*Ornith.*) Suivant Salerne, on donne en Sologne ce nom et celui d'*amalouasse gare* au gros-bec commun, *loxia coccothraustes*, Linn. (Ch. D.)

MALOXA. (*Bot.*) D'après Cossigny, ce seroit aux îles Nicobar le nom d'une espèce de baquois, *pandanus*, dont on mange le fruit. (Lem.)

MALPALXOCHITL. (*Bot.*) C'est dans Hernandès le nom mexicain de l'hélictère sans pétales. (Lem.)

MALPIGHIA. (*Bot.*) Voyez Mourbiller. (Poir.)

MALPIGHIACÉES. (*Bot.*) Famille de plantes qui tire son nom du moureiller, *malpighia*, un de ses genres principaux. Elle est placée dans la série des hypopétalées ou dicotylédones polypétales à étamines insérées sous l'ovaire, à la suite des acérinées et des hippocraticées et avant les hypéricées. Son caractère général consiste dans l'assemblage des suivans : Un calice persistant à cinq divisions profondes; cinq pétales onguiculés, alternes avec ces divisions, et insérés sous un disque placé sous l'ovaire; dix étamines partant du même point, à filets réunis par le bas, à anthères arrondies; un ovaire libre, simple ou trilobé, surmonté de trois styles et de trois ou six stigmates; un fruit tricapsulaire à capsules monospermes, indéhiscentes et ordinairement ailées, ou monocarpe charnu et rempli de trois nucules ou noyaux monospermes; graines sans périsperme; embryon à radicule droite et ascendante, à lobes droits ou repliés à leur base.

Toutes les plantes de cette famille sont des arbres ou des arbrisseaux. Leurs rameaux sont opposés, ainsi que les feuilles toujours simples, accompagnées quelquefois de petites stipules. Les pédoncules florifères sont terminaux ou plus souvent axillaires, tantôt uniflores et partant plusieurs du même point, tantôt solitaires et multiflores, à fleurs disposées presque en

ombelle, ou en épi, ou en panicule; les pédicelles sont ordinairement articulés dans leur milieu, et munis de deux petites
écailles.

La famille se divise naturellement en deux sections, à raison
du fruit tricapsulaire ou monocarpe.

Dans celle des tricapsulaires sont placés les genres *Banisteria*, *Triopteris*, *Tetrapteris*, *Hyptage* de Gærtner, nommé *Molina* par Cavanilles et *Gærtnera* par Schreber et Willdenow,
Flabellaria de Cavanilles, *Zymum* de M. du Petit-Thouars auquel
se réunit le *Tristellateia* du même. La section des monocarpes
renferme le seul *malpighia* dont Cavanilles a détaché quelques
espèces pour former son genre *Galphimia*, qui n'a pas encore
été adopté.

A la suite de cette famille sont placés les genres *Trigonis*
et *Erythroxylum*, qui ont avec elle beaucoup d'affinité, mais
qui en diffèrent en quelques points essentiels. On peut croire
qu'ils deviendront les types de nouvelles familles qui occupe-
ront la même place dans cette série. (J.)

MALPOLE (*Erpétol.*), nom spécifique d'une couleuvre que
nous avons décrite dans ce Dictionnaire, t. XI, p. 201. (H. C.)

MALT. (*Chim.*) Nom que l'on donne aux grains de quelques graminées en général, et aux grains d'orge en particulier,
que l'on a préparés pour la fabrication de la bière. La préparation de ces grains consiste à les faire germer, à les exposer,
vingt-cinq ou trente heures après que les germes ont paru, à
une température de 55 à 60°., à séparer ensuite les germes
par le frottement qu'on fait subir aux grains. Les uns nomment *malt* les grains germés; les autres, les grains germés
et séparés de leurs germes; enfin il est des auteurs qui ne
donnent ce nom qu'aux grains germés, séchés, séparés de
leurs germes et moulus grossièrement. (Cʜ.)

MALTHA. (*Ichthyol.*) Voyez Mɪʟᴀɴᴅʀᴇ. (H. C.)

MALTHE. (*Min.*) C'est le nom ordinaire, et même employé dans Pline, d'une variété de Bɪᴛᴜᴍᴇ. (Voyez ce mot,
t. IV, p. 428.)

Mais c'est aussi le nom d'une composition désignée ailleurs
par Pline sous le nom de *maltha*, et dont les anciens se ser-
voient pour recouvrir et faire durcir les enduits faits avec de
la chaux éteinte dans du vin, et broyée avec des figues et de

la graisse de porc, nommée sain-doux. Il falloit que ces enduits fussent frottés d'huile avant d'être recouverts par cette composition. Rondelet, Art de bâtir, t. I, p. 413. (B.)

MALTHÉE, *Malthe.* (*Ichthyol.*) M. Cuvier a retiré du genre *Lophius* de Linnæus quelques espéces de poissons, dont il a fait un nouveau genre qui appartient à la famille des chismopnés, et qui offre les caractères suivans :

Ouverture des branchies en forme de simple fente percée en arrière des nageoires pectorales, sur les côtés du cou; opercules et rayons branchiostèges enveloppés dans la peau; squelette cartilagineux; peau alépidote; nageoires pectorales comme soutenues par deux bras; catopes jugulaires; tête très-élargie et aplatie; yeux très en avant; bouche sous le museau, médiocre et protractile; une seule nageoire dorsale, petite et molle; corps hérissé de tubercules osseux; des barbillons tout le long des côtés; point de rayons libres sur la tête.

Les Malthées, qui manquent de vessie natatoire, et de cœcum, se distinguent donc aisément des Baudroies, qui ont sur la tête de fort longs rayons libres; des Balistes, des Monacanthes et des Alutères, qui ont les catopes thorachiques; et enfin des Triacanthes et des Chimères, qui les ont abdominaux. (Voyez ces différens noms de genres et Chismopnés.)

La Malthée chauve-souris : *Malthe vespertilio; Lophius vespertilio,* Gmelin. Museau très-prolongé, conique et pointu; un appendice terminé par un tubercule auprès des narines; tête et corps très-larges vers l'insertion des nageoires pectorales; dents petites, crochues, sur un seul rang; dessus du corps hérissé de tubercules en forme de godets renversés et terminés par un sommet aigu; ventre armé d'aiguillons; teinte générale rougeàtre; nageoires de la queue et de la poitrine blanchâtres; catopes bruns ainsi que la nageoire du dos; taille de dix-huit pouces.

Ce poisson, toujours fort maigre, et dont la chair est peu mangeable, habite les mers qui baignent les rivages de l'Amérique méridionale, et en particulier celle du Brésil. Il est très-vorace, et a été décrit par Marcgrave, d'abord sous le nom de *Guacucuja.* Il est figuré dans l'atlas de notre Dictionnaire sous son ancienne dénomination de Lophie vespertilion.

La Malthée faujas : *Malthe stellata.* N.; *Lophie Faujas,* Lacép.; *Lophius stellatus,* Walh. Corps très-déprimé, aiguillonné, en forme de disque ; nageoires pectorales très-voisines de l'anus ; queue conique terminée par une nageoire arrondie ; dessus du corps semé de tubercules et d'épines ramifiées vers leurs racines ; des mamelons garnis de barbillons sous le ventre ; taille de quatre pouces. Patrie inconnue. (H. C.)

MALTHINE, *Malthinus.* (*Entom.*) Ce nom, dérivé du grec μαλθαχίνος, qui signifie mou comme de la cire, a servi à M. Latreille pour désigner un petit genre de coléoptères apalytres, qu'il a formé aux dépens de quelques espèces de Téléphores. Voyez ce dernier mot. (C. D.)

MALUM INSANUM MARINUM. (*Zooph.*) Rondelet et quelques autres zoologistes qui ont écrit en latin ont employé cette dénomination pour désigner, d'après Pallas, la pennatule cynnomorion, espèce du genre Vérétille des zoologistes modernes. (De B.)

MALUNGAY, MARLUNGIT (*Bot.*), noms de la noix de ben, *moringa*, dans l'île de Luçon, une des Philippines, suivant Camelli cité par Rai. (J.)

MALURUS. (*Ornith.*) Ce nom, tiré de deux mots grecs, qui signifient *queue grêle*, a été donné par M. Vieillot à son genre Mérion, composé d'espèces tirées des *motacilla* de Linnæus, ou *sylvia* de Latham. (Ch. D.)

MALUS. (*Bot.*) Ce nom, qui est particulièrement celui du pommier, étoit donné anciennement à tous les arbres à fruits d'une certaine grosseur, charnus comme la pomme, et affectant également une forme presque sphérique : on les distinguoit par un surnom ajouté au premier, et ce surnom est devenu ensuite pour plusieurs le nom primitif. Tels sont l'oranger, le limonier, le citronnier, l'abricotier, le pêcher, le grenadier : le même a été donné par des auteurs plus récens à des arbres étrangers à fruits charnus. Le mammé, *mammea*, et le sapotilier, *achras*, étoient nommés *malus persica* par Sloane. Le *crateva* et le mancenillier, sont pour Commelin des *malus americana*. Le *malus indica* de Rumph est un jujubier, *ziziphus jujuba*. On est peut-être moins d'accord sur le *malus Assyriæ*, autrement dit *pomum Adami*, que l'on croit cependant être une espèce d'oranger à gros fruit. (J.)

MALVA (*Bot.*), nom latin du genre Mauve. (L. D.)

MALVACÉES. (*Bot.*) Cette famille de plantes à laquelle la

mauve, *malva*, donne son nom, est dans la classe des hypopétalées, ou dicotylédones polypétales à étamines insérées sous
l'ovaire. Elle a pour caractères : Un calice monosépale à cinq
divisions plus ou moins profondes, tantôt simple, tantôt entouré d'un calice extérieur mono ou polysépale; cinq pétales
égaux, tantôt distincts et hypogynes, tantôt insérés sur la gaine
des étamines, et imitant alors une corolle monopétale; étamines en nombre tantôt défini, tantôt indéfini, insérées sur
l'ovaire, à filets réunis, tantôt dans presque toute leur longueur en un tube qui entoure le style et paroît supporter vers
son sommet plusieurs petits filets anthérifères, tantôt seulement
à leur base en un godet et séparés au-dessous, tous fertiles,
ou quelques uns stériles sans anthères, mêlés entre les filets
fertiles; anthères ordinairement arrondies. Ovaire simple, sessile ou plus souvent porté sur un pivot, surmonté d'un ou
plus rarement plusieurs styles, et de plusieurs stigmates ou
plus rarement d'un seul. Fruit tantôt multicapsulaire, à capsules uniloculaires, mono ou polyspermes, ne s'ouvrant pas ou
s'ouvrant du côté intérieur en deux valves; tantôt simple, capsulaire ou charnue, et multiloculaire, à loges mono ou polyspermes. Graines attachées à l'angle intérieur des loges, ou à un
réceptable central qui unit et supporte les capsules et les loges.
Embryon sans périsperme, à radicule dirigée vers le point
d'attache de la graine, et à lobes repliés autour de la radicule
et comme plissés en divers sens.

La tige est ligneuse ou herbacée; les feuilles alternes, simples ou rarement digitées, toujours accompagnées de deux
stipules; les fleurs axillaires ou terminales, rarement diclines
par avortement.

Cette famille peut se diviser d'abord en deux sections principales, caractérisées par les filets d'étamines réunis dans
presque toute leur longueur en un tube, et par les mêmes réunis seulement par le bas en un godet.

Dans la première, on distingue les fruits multicapsulaires
et les fruits multiloculaires. Les multicapsulaires présentent
des capsules rassemblées en tête dans le *malope* et le *kitaibelia*,
des capsules disposées en anneau ou en rond sur un seul plan
dans les genres *Malva*, *Althæa*, *Lavatera*, *Malachra*, *Pavonia*,
Urena, *Napœa*, *Sida*, *Cristaria* de Cavanilles. Les genres à

fruit simple, multiloculaire, ont les étamines en nombre indéfini dans l'*anoda*, le *laguna* dont le *solandra* est congénère, l'*hibiscus*, le *malvaviscus*, le *matisia* de MM. Humboldt et Bonpland, le *gossypium*, le *pourretia;* ou en nombre défini dans le *cheirostemon* de MM. Humboldt et Bonpland, l'*ockroma* de Swartz, le *senra*, le *fugosia*, le *plagianthus*, le *quararibea* d'Aublet ou *myrodia* de Swartz.

La division des étamines réunies en godet, présente le godet sessile et les étamines toutes fertiles dans les genres *Ruizia*, *Malachodendrum*, *Gordonia*, *Bombax*, *Adansonia;* le godet sessile et des filets stériles entre les filets fertiles dans les genres *Pentapetes*, *Theobroma*, *Guazuma*, *Melhania*, *Brotera* de Cavanilles, *Dombeya*, *Assonia*. Le godet est stipité, ainsi que le fruit, dans les genres *Ayenia*, *Kleinhovia*, *Helicteres*, *Triphaca* de Loureiro.

Le *pachira* est placé à la suite des malvacées, comme ayant avec elles de l'affinité, sans leur appartenir entièrement.

On a retranché de cette famille les genres *Melochia*, *Hugonia*, *Abroma*, *Byttneria*, *Sterculia* qui, à raison de leur embryon à cotylédons droits, entouré d'un périsperme, doivent être rapportés aux hermanniées qui suivent dans l'ordre naturel.(J.)

MALVA D'ISCO. (*Bot.*) Marcgrave dit que les Portugais du Brésil nomment ainsi le *piper umbellatum*. (J.)

MALVAISCO (*Bot.*), nom portugais de la guimauve officinale, selon Vandelli. (J.)

MALVA ROSEA (*Bot.*), nom des roses tremières, *alcea*, dans les ouvrages des anciens botanistes. (Lem.)

MALVAVISCUS. (*Bot.*) Ce nom, cité d'abord par Anguillara pour la guimauve, *althea officinalis*, a été ensuite employé par Dillen pour désigner un genre voisin de l'*hibiscus*, mais distinct surtout par son fruit charnu et non capsulaire. Linnæus, regardant ce caractère comme insuffisant, avoit réuni ce genre à l'*hibiscus*, déjà très-nombreux en espèces. Nous avions rétabli le genre de Dillen sous son premier nom, adopté par Adanson; il l'a été ensuite également par Schreber, Willdenow et d'autres, qui l'ont nommé *achania;* c'est aussi le *petilia* de Necker. L'usage décidera quel nom doit être préféré; mais il restera au moins certain que le genre doit subsister. D'une autre part, Gærtner emploie le nom *malvaviscus* pour désigner les espèces d'*hibiscus* qui ont le calice extérieur non composé de plusieurs pièces, mais monophylle, divisé profondément en plusieurs parties. Ce genre, fait aupavavant par Adanson sous le nom de *pariti*, par Cavanilles sous celui de *thespesia*, n'a pas encore été adopté. Voyez MAUVISQUE. (J.)

MALVEOLA. (*Bot.*) Voyez MALVINDA. (J.)

MALVINDA. (*Bot.*) Dillen avoit fait sous ce nom, et Heister sous celui de *malveola*, le genre que Linnæus a ensuite nommé *sida*. Ce genre, auparavant réuni avec l'*hibiscus* par Tournefort, sous le nom d'*abutilon*, en diffère surtout par l'absence du calice extérieur. (J.)

MALVIZZO (*Ornith.*), nom italien de la grive mauvis, *turdus iliacus*, Linn. (Ch. D.)

MAMÆ-TSUTA, ITAB, ITABU (*Bot.*), noms japonois, cités par Kæmpfer, du *ficus pumila*. (J.)

MAMAGU. (*Bot.*) On trouve sous ce nom, dans les forêts de la Nouvelle-Zélande, une espèce de fougère, *polypodium medullare*, mentionnée par Forster, dont la racine et le bas de la tige contiennent une moelle que les habitans mangent après l'avoir fait rôtir. Elle a la consistance et la saveur de la rave, et approche aussi de celle du sagou. On en peut exprimer un suc rouge et glutineux très-abondant. (J.)

MAMAKU, FANNA-IKADU. (*Bot.*) L'*osyris japonica* de M. Thunberg est ainsi nommé au Japon. (J.)

MAMAM-CACAO (*Bot.*), nom de l'*hura crepitans*, chez les habitans de Cayenne. (J.)

MAMANGA. (*Bot.*) L'arbrisseau du Brésil, cité sous ce nom par Marcgrave, paroît être une espèce de casse à feuilles bijuguées. (J.)

MAMANT, MAMONT. (*Mamm.*) C'est le même nom que MAMOUTH. (F. C.)

MAMAOEIRA (*Bot.*), nom brésilien du papayer, nommé aussi *papay*, suivant Marcgrave. (J.)

MAMAT. (*Ornith.*) L'oiseau désigné sous ce nom dans le Nouveau Dictionnaire d'Histoire naturelle, est la passerine jacobine, Vieill., *emberiza hyemalis*, Lath. (Ch. D.)

MAMAY (*Bot.*), de C. Bauhin. Voyez *Mamei d'Amérique* à l'article MAMEI. (Lem.)

MAMBI. (*Bot.*) Voyez COCA. (J.)

MAMBU. (*Bot.*) C'est sous ce nom que Clusius, dans ses *Erotica*, fait mention de l'arbre plus connu sous celui de bambou, duquel découle le tabaxir, matière sucrée qui tenoit lieu de sucre chez les anciens, avant que l'on connût ou cultivât la canne qui fournit cette dernière substance. Selon Clusius, le mambu a un tronc d'un tel volume, que l'on peut faire avec deux de ses entre-nœuds ouverts d'un côté, un canot assez grand pour porter deux hommes, qui peuvent manœuvrer avec beaucoup de facilité sur les fleuves de l'Inde, et éviter par un mouvement rapide l'approche des crocodiles ou caymans, communs dans ces fleuves. Clusius avoit extrait ces détails du voyageur d'Acosta, témoin oculaire. (J.)

MAME, DAIDFU (*Bot.*), noms japonois cités par Kæmpfer, du *dolichos soja* de Linnæus, dont les graines, au rapport de M. Thunberg, sont employées dans la préparation du soja du Japonois, ou kitjap des Chinois, dans lequel entrent plusieurs autres substances comestibles. (J.)

MAMEI, *Mammea.* (*Bot.*) Genre de plantes dicotylédones, à fleurs complètes, quelquefois polygames, polypétalées, de la famille des *guttifères*, de la *polyandrie monogynie* de Linnæus, offrant pour caractère essentiel : Un calice à deux folioles ; quatre pétales, quelquefois cinq ou six ; les étamines nombreuses, insérées sur le réceptacle ; un ovaire supérieur ; un style court ; un stigmate en tête. Le fruit est une très-grosse baie globuleuse, charnue, à une loge, renfermant trois ou quatre semences.

Mamei d'Amérique : *Mammea americana*, Linn. ; Lamk., *Ill. gen.*, tab. 458 ; Sloan., *Jam. Hist.*, 2, pag. 123, tab. 217, fig. 3 ; Burm., *Amer. Icon.* ; vulgairement, Abricotier d'Amérique, Abricotier de Saint-Domingue. Grand et bel arbre de l'Amérique, autant intéressant par l'agrément de son aspect que par la nature de ses fruits. Son tronc s'élève à la hauteur de soixante à soixante-dix pieds ; il supporte une cime ample, touffue, pyramidale. L'écorce est grisâtre, crevassée ; les jeunes rameaux sont tétragones, garnis de feuilles opposées, ovales, obtuses, glabres, très-entières, coriaces, luisantes, longues de six à huit pouces ; les pétioles très-courts ; les pédoncules courts, uniflores, épars sur les anciens rameaux. Les fleurs sont blanches, d'environ un pouce et demi de diamètre ; elles répandent une odeur agréable ; leur calice est composé de deux folioles caduques, coriaces, concaves, arrondies, colorées; les pétales sont une fois plus longs que le calice , arrondis, concaves, obtus; les filamens des étamines courts, capillaires; les anthères droites, oblongues; l'ovaire est arrondi ; le style une fois plus long que les étamines. Le fruit est une grosse baie uniloculaire, revêtue d'une écorce épaisse , contenant une pulpe charnue, et quatre coques monospermes, ovales, au moins de la grosseur d'un œuf de pigeon, coriaces, fibreuses, scabres à leur superficie, renfermant une grosse amande.

Cet arbre croit dans l'Amérique méridionale, dans la Guiane et aux Antilles. On en fait des poutres, des tables, des chaises, et autres ouvrages. Il distille de son écorce, lorsqu'on y pratique des incisions, une gomme qui, dit-on, tue les chiques, insectes très-incommodes, qui s'insinuent dans la chair des pieds, s'y multiplient, et occasionnent de très-vives douleurs. La chair de ses fruits a une saveur particulière, douce, fort agréable ; elle est ferme, aromatique , d'un beau jaune. On la coupe par tranches qu'on fait macérer dans du vin sucré, pour la dépouiller totalement des particules amères qui auroient pu y rester attachées, et on la sert ainsi sur les tables. On en prépare avec du sirop et des aromates d'excellentes marmelades. L'esprit de vin distillé sur les fleurs, donne une liqueur qu'on vante beaucoup, et qu'on nomme dans les Antilles *eau créole.*

Ces fruits se vendent sur les marchés comme les meilleurs du pays. Outre les variétés de forme, qui sont, en général, relatives à ce qu'une ou plusieurs de leurs semences sont avortées, ils varient encore beaucoup dans leur grosseur. Leur écorce est double; l'extérieure coriace, épaisse, d'un brun jaunâtre, crévassée, s'enlevant aisément; elle en recouvre une seconde, mince, jaunâtre, qui tient fortement à la pulpe. Il faut avoir soin, lorsqu'on veut manger les fruits, d'enlever soigneusement cette deuxième écorce ; car elle est d'une amertume considérable, qui, à la vérité, ne se manifeste pas d'abord, mais dont en revanche l'impression se conserve pendant deux à trois jours. On retrouve aussi, dans la pulpe qui avoisine les noyaux, une amertume semblable, qu'on évite pareillement.

Mamei arbrisseau; *Mammea humilis,* Vahl, *Eglog. Amer.,* 2, pag. 40. Arbrisseau d'environ six pieds, d'où découle un suc jaunâtre. Ses feuilles sont opposées, pétiolées, elliptiques, longues de quatre à cinq pouces, aiguës, quelquefois obtuses, avec une petite échancrure, coriaces, très-glabres; les nervures jaunâtres; les fleurs polygames; les pédoncules, dans les individus mâles, sortent de tubercules situés de chaque côté des cicatrices; dans les femelles, un peu au-dessus de la cicatrice des pétioles; les deux folioles du calice sont concaves, arrondies, persistantes; les pétales deux fois plus longs, dont deux un peu plus grands; l'ovaire placé sur un réceptacle hémisphérique, jaunâtre; une baie alongée, obtuse, longue de deux pouces, à trois semences oblongues, réticulées. Cette plante croît dans l'Amérique, au Mont-Serrat. (Poir.)

MAMEKA. (*Bot.*) Les Hottentots donnent ce nom à plusieurs espèces de *mesembryanthemum* qu'ils mâchent pour apaiser la soif. (Lem.)

MAMELLE PELUCHÉE ET TIGRÉE. (*Bot.*) C'est le titre que Paulet donne à un groupe d'agarics qui comprend les *agaricus granulatus, aurantius, striatus, incertus, filamentosus* et *cæsareus* de Schæffer, *Fung. bav.*, pl. 21, 37, 38, 62, 209 et 247. (Lem.)

MAMELLES. (*Bot.*) Un assez grand nombre de champignons, qui ont plus ou moins de ressemblance avec des mamelles, sont ainsi désignés par Paulet. Tels sont les suivans :

Mamelles de chair. Espèce d'agaric de six à sept pouces de hauteur, dont le chapeau, en forme de mamelle, a quatre ou cinq pouces de diamètre et de hauteur. Les feuillets sont d'un blanc sale ou grisâtre, écartés. Le dessus du chapeau est couleur de chair pâle. Ce champignon, observé par Paulet dans les bosquets de Trianon, n'est point malfaisant. Paulet en fait une famille particulière dans ses champignons feuilletés ou agarics, caractérisée par la forme du chapeau semblable à une grosse mamelle, la grandeur du champignon, et par sa substance pareille à de la chair fraîche sans membranes et sans fibres sensibles. L'espèce est figurée pl. 118 du Traité de Paulet.

Mamelles a l'encre. Agaric décrit par Paulet, Trait. Ch., 2, pag. 218, pl. 125, fig. 1, et qui paroît être un de ceux figurés par Schæffer sous les noms d'*agaricus truncorum*, tab. **6**; *fuscescens*, pl. 16; et *lignorum*, pl. 59. Ce champignon, en forme de mamelle, d'une couleur gris de lin ou cendrée, couvert d'une poussière farineuse, a des feuillets d'abord de même couleur, mais qui brunissent ensuite, puis noircissent comme de l'encre. Il croît dans les bois de Versailles en touffe de deux ou trois individus. Dans une variété le chapeau est profondément sillonné de haut en bas. Paulet pense que ce champignon est suspect. Donné avec ses feuillets à des chiens, ils le rejettent avec vomissement, et en paroissent incommodés. Il fait partie de la famille des *encriers farineux*.

Mamelle rayée et dorée. Cet agaric, qui fait partie de la famille des mamelonnés gris de Paulet, décrit et figuré par lui (Trait., 2, p. 241, pl. 117, fig. 1, 2), est un champignon haut de quatre pouces sur deux ou trois d'étendue, en forme de mamelle de couleur roux clair ou doré. Lorsqu'il est naissant, il ressemble à un cône blanc obtus; son chapeau est sujet à se fendre en long et à s'entr'ouvrir. Les feuillets d'abord gris, puis fauves, et ordinairement recouvérts d'une poussière farineuse, sont fragiles, faciles à séparer du chapeau, et entremêlés de feuillets plus courts. Ce champignon, donné aux animaux, les altère d'abord, puis leur cause des vomissemens; ils en sont très-malades, mais ils n'en meurent pas. On le rencontre dans le parc de Saint-Maur. Paulet le range encore dans le groupe qu'il désigne par *mamelons rayés*.

Mamelles pourpres et blanches. Paulet donne ce nom à deux agarics qui ne sont connus que par les dessins que Cimel en a laissés, et qui font partie de la collection des vélins du Muséum d'Histoire naturelle. Ils croissent en Italie; leur chapeau, en forme de mamelon, est purpurin et muni de feuillets blancs en dessous.

Mamelles vertes et rouges. C'est encore un agaric figuré par le même dessinateur, et dont le vélin existe dans la même collection. Il croît également en Italie; son stipe est court et épais; son chapeau grand, étalé, pointillé de vert et garni en dessous de feuillets d'un rouge vif.

Mamelles brunes. Paulet donne ce nom à deux espèces d'agarics décrites par Micheli (*Gen.*, pag. 149, *Fungus*, n.ᵒˢ 3 et 6), qui sont d'une couleur brune obscure, et dont le chapeau est en forme de mamelon. Ce sont de petits champignons qu'on désigne à Florence par les noms de *canapone scuriccio* et *funghetto scuro*. (LEM.)

MAMELLES. (*Mamm.*) Organes de la nature des glandes conglomérées, destinés à la sécrétion du lait, existant exclusivement dans les animaux vertébrés, à sang chaud, et vivipares; ceux qu'on désigne ordinairement par les noms de quadrupèdes et de cétacés, et que les zoologistes, à cause de la présence même de ces organes, ont réunis sous la dénomination générale de MAMMIFÈRES. (Voyez l'article QUADRUPÈDES.)

Les mamelles placées à la face inférieure du corps dans les animaux, et à la partie antérieure et supérieure dans l'homme, sont composées d'une multitude de petits grains lobés, de couleur blanchâtre, d'apparence pulpeuse, liés entre eux par un tissu spongieux, cellulaire et graisseux. Leur masse est traversée par un grand nombre de conduits lactifères demi-transparens, dilatables, qui se réunissent en plusieurs troncs pour se porter vers un point de la surface de l'organe, où ils sont ouverts, et y former conjointement avec les vaisseaux sanguins, et la peau extérieure, modifiée convenablement, un tubercule sensible et érectile, le mamelon, par l'extrémité duquel s'opère la sortie du lait. Ces conduits sont en communication directe avec de nombreux vaisseaux lymphatiques, ramifiés dans l'intérieur de la glande, et avec des veines, qui, ainsi que les artères, sont très-abondantes, mais peu grosses.

Les artères qui se distribuent dans les mamelles, sont les mammaires internes ou sous-sternales, lorsque ces organes sont situés sur la poitrine, comme dans la femme, et ce sont des rameaux des épigastriques et des hypogastriques, chez les mammifères qui les ont placés sur la région du ventre ou sur celle des aines. Les nerfs sont très-petits, mais nombreux, surtout dans le mamelon, et ils proviennent des paires dorsales. La peau extérieure qui revêt les mamelles est toujours plus fine et plus douce que celle des parties environnantes, et, entre elle et la glande, existe un tissu cellulaire feuilleté très-tenace.

Ordinairement chaque glande mammaire n'a qu'un seul mamelon, mais il y en a quelquefois plusieurs.

Les mamelles existent constamment chez les animaux compris dans la classe des mammifères, si ce n'est dans deux espèces (l'ornithorhynque et l'échidné), que plusieurs naturalistes soupçonnent être ovipares, et qui n'en ont encore laissé apercevoir aucune trace.

On les trouve dans les deux sexes en pareil nombre, et semblablement disposées; mais elles n'ont d'utilité que chez les femelles. Dans l'état de viduité, celles-ci les ont en général d'un volume médiocre; mais, dès que la gestation commence, elles se gonflent, et la sécrétion du lait s'opère. Cette sécrétion devient encore plus abondante après l'accouchement et durant l'allaitement des petits.

Le nombre des mamelles est très-variable dans les espèces de mammifères, souvent même chez des animaux rapprochés par tous les autres points de leur organisation, et c'est surtout dans les ordres des carnassiers et des rongeurs qu'il existe des anomalies de ce genre assez fréquentes. En général, les mammifères qui font peu de petits à la fois, ont moins de mamelles que les autres, et ceux qui pullulent le plus, en ont davantage; mais cette remarque est loin d'être générale.

On distingue les mamelles en pectorales, abdominales ou inguinales, selon qu'elles sont placées sur la poitrine, sous le ventre ou dans la région des aines.

Lorsqu'il n'en existe que deux, elles sont, 1.° pectorales chez l'homme, les singes, les makis et genres voisins, les chauve-souris, les galéopithèques, plusieurs tatous, les paresseux, les lamantins et le dugong; 2.° inguinales chez les moutons, les chèvres, quelques antilopes, les vrais cétacés, l'éléphant, le tapir et le cheval (1); 3.° ventrales dans le cochon d'Inde, le rhinocéros et l'hippopotame. Dans les chéiroptères du genre Rhinolophe, on a long-temps cru qu'il existoit quatre mamelles, deux pectorales et deux inguinales; mais M. Kuhl a reconnu que ces dernières ne consistent qu'en une simple production de la peau sous laquelle on ne trouve aucune glande mammaire.

Lorsqu'on en compte quatre, elles sont, 1.° toutes pecto-

---

(1) Dans ces deux derniers animaux les mamelles du mâle, très-petites, sont situées sur le prépuce.

rales dans l'hélamys; 2.° pectorales et ventrales dans le loris; 3.° veutrales seulement dans le lion, la genette, la loutre, la fouine, l'agouti des Patagons, l'écureuil palmiste, le pika sulgan, certains phoques, le morse, etc.; 4.° pectorales et inguinales, telles que celles du paca et du tatou cachicame; 5.° toutes inguinales, comme celles des ruminans des genres chameau, lama, bœuf, de quelques antilopes, etc. Dans le capromys, on en trouve deux derrière les aisselles, et deux en avant des cuisses, tout-à-fait sur les cotés du corps, et dans une disposition telle qu'il y a moins de distance entre les deux mamelles d'une même paire, en prenant la mesure de leur éloignemeut par-dessus le dos, qu'en le faisant par-dessous le corps.

Quand il y a six mamelles, tantôt on en trouve deux pectorales et quatre ventrales, comme chez le blaireau, le couguard, le zibet, le polatouche, le taguan, le mulot, le loir, etc., ou quatre pectorales et deux ventrales, comme dans l'ours et le lièvre tolaï, ou bien quatre ventrales et deux inguinales, comme dans la musaraigne et le pika proprement dit. Dans le raton et le coati, elles sont toutes ventrales.

Plusieurs mammifères en ont huit ainsi disposées, 1.° quatre pectorales et quatre ventrales dans le chat, le rat d'eau, la gerboise alagtaga, etc.; 2.° toutes les huit ventrales, dans le polatouche sapan et la marmotte boback; 3.° deux pectorales et six ventrales dans l'écureuil, etc.

Il y a dix mamelles, toutes ventrales, dans le cochon, mais dont les deux premières et les deux dernières peuvent être considérées comme pectorales et inguinales. Le chien, le lièvre, le lapin et la marmotte des Alpes en ont quatre pectorales, et six ventrales; le hérisson en a six pectorales et quatre ventrales, etc.

Enfin on en trouve douze ainsi réparties : quatre pectorales et huit ventrales dans le cabiai, six pectorales et six ventrales dans le surmulot, quatre pectorales et huit ventrales dans le rat proprement dit, et quatre mamelles de chaque sorte dans la marmotte souslik dont M. Frédéric Cuvier a formé le type de son genre Spermophile.

Quel que soit leur nombre, les mamelles sont en général placées symétriquement sur deux lignes parallèles et longitudinales. Néanmoins dans le genre des didelphes on remarque un arrangement différent. Chez l'un de ces animaux, le didelphe à oreilles bicolores, dont la peau du ventre s'étend et se replie de façon à former une poche dans le fond de laquelle les mamelons sont placés, ces organes très-rapprochés les uns des autres se trouvent au nombre de treize, douze disposés en ellipse, et le treizième au milieu. L'opossum, autre espèce du même genre, a sept mamelons seulement dont un central. Enfin il existe, dans la même famille, des quadrupèdes dont d'Azara fait mention, lesquels ont quatorze mamelons disposés en deux séries, et compris entre deux simples replis longitudinaux de la peau. Ces mamelons sont à peine visibles lorsque les didelphes n'ont pas de petits, mais lorsque ceux-ci sont nés, ils s'emparent chacun d'une tétine, et par l'excitation qu'ils y causent, la font grandir, de façon qu'elle pénètre dans leur œsophage très-profondément, et leur sert pendant quelque temps comme de pédicule ou de point d'attache à leur mère. Voyez MARSUPIAUX. (DESM.)

MAMELLES A RUBAN. (*Bot.*) Voyez PETITES MAMELLES A RUBANS. (LEM.)

MAMELON A L'AIL. (*Bot.*) Voyez l'article MAMELONS. (LEM.)

MAMELON ARDOISE. (*Bot.*) Voyez *Mamelonnés foncés*, à l'article MAMELONNÉS. (LEM.)

MAMELON AURORE. (*Bot.*) Voyez CÔNE D'OR. (LEM.)

MAMELON BLANC (*Conchyl.*), nom marchand de la nérite mamelon, *nerita mamilla*, Linn. (DE B.)

MAMELON A COLUMELLE NOIRE. (*Conchyl.*) Variété de la nérite mamelon. (DESM.)

MAMELON FAUVE, A GRAND OMBILIC. (*Conchyl.*) C'est la *nerita glaucina* de Linnæus, espèce de natice des conchyliologistes modernes. (DE B.)

MAMELONÉ, *Papillaris.* (*Conchyl.*) Terme de conchyliologie, employé pour désigner que le sommet d'une coquille univalve est obtus et arrondi comme dans les volutes, ou que ses tubercules sont mousses et arrondis. Voyez CONCHYLIOLOGIE. (DE B.)

MAMELONNÉ [GRAND], BULBEUX, BRUN ET BLANC. (*Bot.*) C'est le nom par lequel Paulet désigne une grande espèce d'agaric décrite par Micheli, dont le chapeau est d'un brun obscur, découpé, élégamment peluché au centre, à feuillets blancs et à stipe bulbeux à la base. Ce champignon se mange aux environs de Florence. (Lem.)

MAMELONNÉS. (*Bot.*) Paulet forme sous cette dénomination plusieurs groupes ou familles, comme il les nomme, dans le genre *Agaricus*. Ces champignons sont essentiellement caractérisés par leur chapeau mamelonné ou en forme de mamelon. Il y a

Les mamelonnés blancs.

Les mamelonnés de couleur.

Les mamelonnés foncés.

Les mamelonnés gris.

Les mamelonnés pâles.

Les Mamelonnés blancs diffèrent des *mamelons plateaux* (voyez Mamelons) par leur chapeau qui ne s'évase pas en manière de cône ou de plateau, et par leur stipe plein sans être moelleux. Il y en a deux espèces que Paulet regarde comme suspectes, bien qu'elles n'aient point incommodé les animaux qui en ont mangé. Elles sont blanches comme neige.

Le *grand mamelonné blanc* (Paulet, Trait., t. 2, pag. 236, pl. 113, fig. 1, 2) a cinq ou six pouces de hauteur, avec un chapeau de quatre à cinq pouces d'étendue. Ses feuillets sont très-pressés, entremêlés d'autres feuillets plus petits, et s'insèrent autour du stipe sans y adhérer. Sa substance est aqueuse, sans odeur désagréable. On le trouve au bois de Boulogne, du côté de Longchamp.

Les *petits mamelonnés ailés* (Paul., *l. c.*, fig. 3, 4) se font remarquer par leur chapeau dont le centre offre un petit mamelon, et dont les bords se relèvent en manière de petites ailes. Ils croissent plusieurs ensemble au pied des bouleaux; ils s'élèvent à deux pouces environ, et répandent une odeur nauséeuse qui les rend suspects.

Les Mamelonnés de couleur ont des couleurs vives, ordinairement au nombre de deux distinctes ou qui se nuancent; une surface humide, une substance tendre, aqueuse, fade au goût; un stipe qui devient entièrement fistuleux. Ils ne sont pas nuisibles: il y en a deux espèces.

Le *cône doré de Tournefort.* Décrit à l'article CÔNE D'OR.

Le *vert des orties.* (Voyez VERT DES ORTIES.)

Les MAMELONNÉS FONCÉS sont de couleur de terre d'ombre ou d'ardoise, à stipe droit et d'une forme plus régulière que celle des mamelonnés pâles. Il y en a deux espèces.

Le *mamelonné bistre* (Paul., Trait., tom. 2, pag. 239, pl. 115, fig. 1, 4.), qui se compose de deux variétés. La première, le *grand mamelonné bistre*, a quatre pouces de hauteur, et un chapeau de trois pouces d'étendue. Il est totalement couleur de *bistre*, et répand une très-bonne odeur de champignon. Il n'est point nuisible.

La seconde variété ou le *petit mamelonné bistre*, ne diffère que par sa petite taille, n'ayant guère plus d'un pouce dans ses dimmensions. Son odeur n'est pas aussi agréable.

Ces champignons croissent au printemps dans le bois de Vincennes.

Le *mamelon ardoise* (Paul., *l. c.*, pl. 115, fig. 5, 6) a son chapeau d'un bleu foncé d'ardoise, ainsi que son stipe, tandis que les feuillets sont de couleur de chair tendre. Il a trois pouces de hauteur; son chapeau est finement rayé en dessus, et un peu rude au toucher. Il croît à Meudon, et n'est pas nuisible.

Les MAMELONNÉS GRIS diffèrent des précédens par leur couleur grise ou rousse, leur stipe plus fort et plus élevé, et par leur substance en général beaucoup plus charnue. Ils ne sont pas nuisibles. On en compte quatre espèces.

Le *mamelon souris* (Paul., tom. 2, pag. 240, pl. 116, fig. 1, 3) est sans doute l'*agaricus leucophœus* de Scopoli. La surface de son chapeau est unie, quoiqu'elle paroisse velue ou peluchée, par l'effet de petits points noirs distribués en façon de poils sur un fond gris. Ce champignon a quatre pouces de hauteur, son chapeau en a deux d'étendue. Ses feuillets sont gris et piquetés de noir ou de brun. Il est sec, sans odeur, d'une saveur piquante et désagréable, et cependant point malfaisant.

La *mamelle rayée et dorée*, décrite à son article.

L'*éteignoir doré tige brune.* (Voyez à l'article ÉTEIGNOIR.)

Le *nyctalopique.* (Voyez ce mot.)

Les MAMELONNÉS PALES ont leur chapeau couleur de chair

pâle ou blanche ou lilas, les feuillets d'une couleur différente, leur stipe cylindrique et point parfaitement droit. Il y a :

Le *crottin de cheval*. (Voyez cet article.)

Le *satin pâle*. (Voyez SATIN PALE.)

Le *petit bouton lilas*. (Paul., Trait., 2, pag. 238, pl. 116, fig. 4, 5.) (Voyez BOUTONS.)

Le *petit bouton blanc et roux* (Paul., *loc. cit.*, fig. 6, 7), qui a une odeur de farine fraîche moulue. (Voyez à l'article BOUTONS.)

On remarque encore dans la Synonymie de Paulet :

1.° Les MAMELONNÉS ORANGES ET GRIS, qui sont le *fungus* n° 37 de Vaillant, *Bot. Paris.*, auprès duquel Paulet place une autre espèce de *fungus* de Micheli, qui croît en touffe rameuse, d'une couleur orangée brunâtre, à feuillets roux et stipe fistuleux. Il se trouve aux environs de Florence.

2.° Les MAMELONNÉS RAYÉS, où Paulet range le champignon décrit à l'article MAMELLE RAYÉE ET DORÉE, l'*agaricus galericulatus*, Schæffer, pl. 45, et plusieurs autres agarics mentionnés par Vaillant et Micheli, distingués par leur couleur grise ou baie, et leur grandeur. (LEM.)

MAMELONS. (*Bot.*) Paulet fait plusieurs familles dans le genre Agaric qu'il désigne par ce nom, à cause de la forme du chapeau qui est plus ou moins semblable à un mamelon ou à une mamelle. Il a ainsi :

Les mamelons plateaux.

Les mamelons carnés de Vaillant.

Les MAMELONS PLATEAUX sont ainsi nommés parce que le centre de leur chapeau est relevé en forme de bouton ou de mamelon, et que ses bords, en s'étalant, finissent par former une surface horizontale, tandis que sa partie inférieure ou feuilletée a la forme d'un entonnoir. Le stipe est moelleux intérieurement. Deux espèces composent cette famille.

Le *mamelon à l'ail* (Paul., Trait., 2, pag. 234, pl. 112, fig. 1), qui répand une forte odeur d'ail que l'on convertit en celle d'amande amère, en laissant quelque temps le champignon dans l'eau. Il est de très-bon goût et point suspect. Paulet l'indique en Franche-Comté, en Suisse, en Allemagne, où l'on en fait généralement usage et sans le moindre inconvénient. Il se conserve très-bien : les Comtois le vendent avec le mousseron de Suisse. Ce champignon est fauve ou couleur de ventre de biche, haut de quatre à cinq pouces, large de trois à quatre; sa surface est lisse et unie comme du satin; sa chair est blanche; ses feuillets sont droits, inégaux, et le bas du stipe est un peu tubéreux ou bulbeux.

2. Le *bouton plateau* (Paul., Trait., tom. 2, pag. 234, pl. 112, fig. 2, 6), *et les petits blancs de lait* (Paul., *l. c.*, tom. 1, p. 561) qui ont été décrits par Vaillant, sont des petits champignons d'un blanc de neige ou de lait, hauts d'un à deux pouces, d'abord bombés ou en cône obtus, puis s'aplanissant en se développant; à surface visqueuse et chair assez ferme. *Les feuillets sont fins, bien rayonnés ou irréguliers.* On trouve ces champignons sur les pelouses, dans les bois, à Versailles, Sceaux, Vincennes, près Paris. Ils ne sont point dangereux, quoique fades au goût, et que leur odeur soit un peu vireuse.

Les Mamelons carnés, ou les Carnés de Vaillant, sont remarquables par leur couleur de chair ou rose pâle, par leur stipe un peu fusiforme, et par le mamelon terminal qui finit par s'effacer.

Le *grand carné* (Paul., tom. 2, pag. 244, pl. 119, fig. 2, 3) s'élève à trois ou quatre pouces; son chapeau ressemble d'abord à une mamelle, puis s'aplatit : son stipe est presque cylindrique.

Le *petit carné* (Paul., *l. c.*, fig. 2, 3) est d'un tiers plus petit, son stipe est fusiforme, son chapeau est légèrement rayé par la saillie des feuillets qui sont placés dessous. Ces deux champignons ne sont point nuisibles; cependant ils ont une odeur de bois humide gâté, et sont fades au goût. (Lem.)

MAMELONS. (*Foss.*) Scheuchzer, Lang, Wallerius et d'autres anciens auteurs ont ainsi nommé des pièces pentagones ou hexagones, convexes d'un côté, concaves de l'autre, portant à leur centre, du côté bombé, un mamelon, et qu'on trouve à l'état fossile. Ces pièces ont fait partie du têt des cidarites, et portent le petit bouton sur lequel étoit attachée une des pointes dont l'animal étoit couvert. C'est principalement dans les couches de craie que l'on trouve ces pièces. (D. F.)

MAMELONS AILÉS [petits]. (*Bot.*) Voyez Mamelonnés blancs. (Lem.)

MAMELONS SOURIS. (*Bot.*) Voyez *Mamelonnés gris*, à l'article Mamelonnés. (Lem.)

MAMERA. (*Bot.*) Selon Clusius, les Portugais donnoient ce nom au papayer. (J.)

MAMILLAIRES. (*Conchyl.*) Les conchyliologistes françois du siècle dernier donnoient le nom de coquilles mamillaires aux espèces de volutes dont on a fait le genre Gondole, *Cymbium*. Voyez ces mots et Volute. (De B.)

MAMILLIFÈRE, *Mamillifera*. (*Actinoz.*) C'est une petite section générique établie par M. Lesueur dans le Journal de l'Académie des Sciences naturelles de Philadelphie, tom. 1, pag. 178, pour un petit nombre d'actinies fort rapprochées de celles dont M. Cuvier a fait le genre Zoanthe, mais qui en diffèrent, parce que n'étant pas longuement pédonculées, un plus ou moins grand nombre d'individus se réunissent par la base de manière à former une sorte d'expansion mamelonnée à la surface des roches qu'ils recouvrent. C'est un genre encore très-voisin de celui que le même auteur a établi dans le même ouvrage sous la dénomination de corticifère, parce que chaque petite actinie est contenue dans du sable aggluliné, qui lui fait comme une loge de sable. M. Lesueur ne caractérise que deux espèces de mamillifère. 1.° Mamillifère auricule, *Mamillifera auricula*, pl. 8, fig. 2, *loc. cit.*, dont le corps charnu, court, cylindrique, de couleur rougeâtre, est terminé par un disque verdâtre, percé au centre par une bouche petite, blanchâtre, et entourée d'un rang de vingt-six ou trente tentacules rougeâtres : cette espèce recouvre par ses larges expansions les rochers à l'entrée des ports de l'île Saint-Vincent et de la Dominique. 2.° Mamillifère nymphe, *Mamillifera nymphœa*, dont le corps est d'un rouge jaunâtre, court, charnu ; le disque de même couleur, avec un cercle vert à la base des tentacules qui sont d'un brun clair, sur deux rangs, et au nombre de cinquante environ ; la bouche rosacée, sous forme de bouton, et divisée de chaque côté par quatre ou cinq plis : de l'île de Saint-Christophe. Pour plus de détails sur l'organisation, la distribution systématique de ces animaux et des actinies en général, voyez Zoanthaires. (De B.)

MAMINA. (*Bot.*) On ne connoît que par la description incomplète de Rumph cet arbre d'Amboine, de l'écorce duquel est tiré par incision un suc épais, visqueux, blanchâtre, qui jaunit en vieillissant, dont la saveur est astringente et la propriété purgative. Selon Rumph, il est d'une hauteur médiocre; ses feuilles sont alternes, luisantes; ses fleurs viennent en bouquets latéraux; ses fruits sont de petits drupes ovoïdes, ombiliqués, dont la noix dure et ridée contient une amande visqueuse. (J.)

MAMMA. (*Conchyl.*) Klein a établi sous ce nom un genre de coquilles univalves qui correspond, à peu de chose près, à celui que les conchyliologistes modernes ont adopté, d'après Adanson, sous la dénomination de Natice. Il y comprenoit, en effet, les espèces que l'on a nommées Mamelon, à cause de leur forme. (De B.)

MAMMAIRE, *Mammaria*. (*Malacoz.?*) Genre d'animaux établi par Muller, trop insuffisamment connu pour que l'on puisse être un peu certain de la place qu'il doit occuper dans la série; aussi les auteurs systématiques varient-ils à ce sujet. Gmelin plaçoit ce genre près des actinies, ce qu'ont imité M. Bosc et tous les auteurs linnéens. M. de Lamarck en a fait au contraire un genre de sa classe des tuniciers, et par conséquent l'a mis auprès des ascidies. M. G. Cuvier n'en a pas parlé. D'après les caractères que Muller assigne à ce genre; le corps lisse, sans aucun cirre autour de l'ouverture qui est unique, il me semble plus probable que c'est un genre de la famille des actinies, comme Gmelin l'a pensé; mais c'est ce que je n'oserois assurer, car j'ai rencontré assez souvent dans nos mers un corps charnu, subpédiculé, avec un enfoncement assez profond et médian à sa partie supérieure, qui pourroit bien être une espèce de mammaire de Muller, et qui m'a paru n'être qu'un véritable alcyon. Quoi qu'il en soit, Gmelin caractérise dans ce genre trois espèces qui sont toutes des mers du Nord, etc.

La Mammaire blanche; *Mammaria alba*, Mull., *Zool. Dan. Prod.*, 2718, conique, ventrue, et toute blanche.

La Mammaire bigarrée; *Mammaria varia*, Mull., *loc. cit.*, 2719, ovale et variée de blanc et de pourpre.

La Mammaire globule; *Mammaria globulus*, Gmel., d'après Oth. Fabricius, Faune du Groenl., pag. 329, n.° 515. Globuleuse, lisse, gélatineuse, cendrée, ayant une ligne et demie de diamètre. (De B.)

MAMMALOGIE. (*Mamm.*) C'est-à-dire science des mammifères. Voyez Quadrupèdes mammifères. (F. C.)

MAMMAROU. (*Bot.*) Voyez Liane persil. (J.)

MAMMEI, MAMMAY (*Bot.*), nom caraïbe de l'abricot de Saint-Domingue, adopté par Plumier et changé par Linnæus en celui de *mammea*. Voyez Mamei. (J.)

MAMMIFÈRES. (*Mamm.*) C'est-à-dire porte-mamelles. Voyez Quadrupèdes mammifères. (F. C.)

MAMMOLA (*Bot.*), nom italien d'une espéce d'agaric qui sera décrit à l'article Orseille. (Lem.)

MAMMON (*Bot.*), nom du *melicocca bijuga*, aux environs de la Nouvelle-Valence, dans la province du Caraccafana, suivant M. de Humboldt. (J.)

MAMMONT. (*Mamm.*) Voyez Mammouth. (Desm.)

MAMMOUTH ou MAMMONT. (*Mamm.*) Nom que les Russes donnent à l'espéce d'éléphant dont les os se trouvent en si grande abondance sous terre, dans les parties les plus froides de la Sibérie, et dont les défenses qu'ils appellent *cornes de mammont* (*mammontovaia-kosi*) s'emploient, quand elles sont bien conservées, aux mêmes ouvrages d'art que l'ivoire des éléphans ordinaires.

Les Anglo-Américains ont transporté ce nom à un animal pourvu de défenses comme l'éléphant, dont ils trouvent aussi les ossemens chez eux, mais qui diffère des éléphans ordinaires par la structure de ses mâchelières, c'est le Mastodonte de M. G. Cuvier. (Voyez ce mot.)

Le véritable mammouth, le mammouth primitivement appelé ainsi, est une espéce d'éléphant très-semblable à l'éléphant des Indes, principalement par ses dents mâchelières, mais qui en diffère par quelques détails de son ostéologie, notamment par la longueur de ses alvéoles, et la forme de quelques unes de ses articulations, mais surtout par la laine épaisse et rousse mêlée de longs crins bruns dont il étoit couvert.

Ce dernier caractére a été reconnu sur quelques individus, que la rigueur du froid a conservés dans les parties les plus glacées de la Sibérie, et particulièrement sur celui que

M. Adams a découvert en 1807 sur les bords de la mer glaciale, et dont le squelette entier est conservé à Pétersbourg.

On dispute sur l'étymologie du nom de *mammouth*. Les uns le font venir de *mamma* qui, dans quelques idiomes tartares, signifie la terre; d'autres, de *mehemoth*, épithète que les Arabes ajoutent souvent au nom de l'éléphant (*fihl*), quand l'animal est très-grand; d'autres enfin, de *behemoth* qui, ainsi que chacun sait, est employé par Job pour désigner un très-grand animal, que sa description poétique ne permet pas de déterminer avec beaucoup d'exactitude, mais dans lequel plusieurs commentateurs ont cru reconnoître l'hippopotame.

Les peuples de la Sibérie, étonnés de la quantité d'ossemens de mammouth, qu'ils trouvent en creusant la terre, et que les rivières arrachent à leurs berges lors des inondations, ont imaginé que cet animal habite naturellement sous terre comme les taupes; qu'il y vit et qu'il y meurt, et qu'il ne peut supporter, sans périr, la lumière du jour.

Les Chinois, qui ont sans doute aussi des os de mammouth dans les parties septentrionales de leurs possessions, ont adopté une fable pareille, et donnent à cet animal imaginaire le nom de *tien-schu*, ou d'*yn-schu*. Ils le croient semblable à une souris, mais de la taille d'un éléphant.

Pierre-le-Grand, ayant donné en 1722 l'ordre d'envoyer à Pétersbourg tous les os remarquables par leur grandeur, que l'on découvriroit en Sibérie, ils y arrivèrent en si grande abondance qu'une salle entière du Muséum de l'Académie en fut bientôt remplie.

Il paroît que ce fut Duvernoy, anatomiste de Montbéliard, et membre de l'Académie de Pétersbourg, qui chercha le premier à prouver, par une comparaison immédiate avec le squelette d'un éléphant qu'il disséqua, que la plupart de ces grands os de Sibérie venoient d'un animal du même genre; cette proposition, sans cesse confirmée par des comparaisons nouvelles, n'est plus aujourd'hui sujette à aucun doute.

On est même arrivé à reconnoître que c'est une espèce particulière, différente de l'éléphant des Indes et de celui d'Afrique. C'est ce que M. G. Cuvier a établi d'une manière incontestable dans ses Recherches sur les Ossemens fossiles.

Ce n'est pas seulement en Sibérie que l'on trouve des os

de cette espèce d'éléphant ; toutes les parties de l'Europe en ont fourni en quantité, et il y en a même dans quelques endroits de l'Amérique septentrionale, pêle-mêle avec les os de cet autre mammouth, nommé mastodonte.

On peut voir, dans l'ouvrage que nous venons de citer, l'énumération d'un très-grand nombre de lieux qui ont fourni des os de mammouth. On en a même déterré en divers endroits d'Allemagne, des squelettes entiers accumulés en tas. Si le mammouth de Sibérie a été plus tôt célèbre, c'est que le froid en a mieux garanti les os, et surtout les défenses ; et que ces dernières, s'étant assez bien conservées pour devenir un objet de commerce, ont été recherchées avec beaucoup de soin par les habitans.

Aussi long-temps qu'on se figuroit ces os comme provenus de l'espèce des éléphans qui habitent encore aujourd'hui dans la zone torride, il étoit assez difficile de comprendre comment ils avoient pu être transportés dans des lieux si éloignés, ou comment les animaux qui les avoient produits avoient pu vivre dans des climats si froids. Aussi les naturalistes ont-ils imaginé sur ce sujet des systèmes sans nombre. Selon les uns, une grande inondation auroit jeté les cadavres de ces grands quadrupèdes à ces distances immenses de leur pays natal, ou les auroit contraints de s'y rendre. Tel est, par exemple, le sentiment de Pallas. Selon d'autres, le climat de la Sibérie étoit autrefois assez chaud pour nourrir des éléphans, mais il s'est réfroidi, soit par la raison que le globe, comme le veut Buffon, éprouve un réfroidissement graduel très-lent, soit parce que l'axe de la terre aura changé, et que des contrées autrefois sous l'équateur sont maintenant près des pôles, soit enfin pour toute autre cause.

Il y a même des auteurs qui ont cru que ces éléphans auroient été conduits dans ces régions lointaines par les hommes ; qu'Annibal, par exemple, en a mené en Italie, et les Romains dans la Gaule et la Germanie ; quant à ceux de Sibérie, on avoit recours aux conquérans arabes et mongoles ; opinion insoutenable depuis que l'on connoît l'excessive abondance de ces os dans les pays les plus reculés, et où jamais conquérans ne furent tentés de se rendre, et surtout depuis que l'on sait qu'il se trouve dans les mêmes dépôts des ossemens d'hippopotame, de rhinocéros et d'autres grands quadrupèdes que les armées n'ont jamais conduits à leur suite.

Mais depuis qu'il est certain que le mammouth n'étoit ni l'éléphant des Indes, ni celui d'Afrique, mais bien une espèce particulière, et une espèce couverte de deux sortes de poils, et par conséquent très-capable de supporter le froid, il n'y a pas de raison pour croire qu'il n'ait pas vécu dans les climats même où l'on en déterre les os. Ce qui reste à expliquer, c'est comment et par quelles catastrophes leur espèce a pu être détruite au point de ne laisser aucuns rejetons sur la face actuelle du globe ; mais cette difficulté n'est point particulière au mammouth : elle embrasse une foule d'autres espèces qui ont également disparu, et dont les naturalistes n'ont eu connoissance que par leurs restes fossiles. (G. C.)

MAMOGARI. (*Bot.*) Nom brame du *tsjeru mulla* des Malabares, que Rhèede prend pour un jasmin, quoiqu'il lui reconnoisse cinq étamines très-apparentes. Il est probable que c'est plutôt une apocinée, ce que l'on pourra vérifier, lorsqu'on connoîtra son fruit. (J.)

MAMONET. (*Mamm.*) Voyez MACAQUE MAIMON. (DESM.)

MAMPATA. (*Bot.*) Nous devons à M. Adanson la connoissance de cet arbre du Sénégal, qui, dans notre *Genera*, est réuni au *parinarium*, dans la famille des rosacées, section des amygdalées. (J.)

MAMULARIA. (*Bot.*) Voyez HERPACANTHA. (J.)

MAN (*Ornith.*), nom de l'épervier, *falco-nisus*, Linn., à la terre des Papous. (CH. D.)

MANA. (*Bot.*) Les Brahmes nomment ainsi le beenel du Malabar, qui est une variété du *croton racemosum* de Burmann. (J.)

MANABEA (*Bot.*), *manabo des Galibis*. Genre de plante de Cayenne, établi par Aublet : il doit être réuni à l'*ægiphila* dans la famille des verbenacées, dont il ne diffère que par son fruit à deux loges dispermes, et non à quatre loges monospermes. La réunion peut subsister au moyen d'une addition dans le caractère de l'ÆGIPHILE Voyez ce mot. (J.)

MANACA. (*Bot.*) Espèce de palmier non décrite, et citée seulement par M. de Humboldt. Il a un tronc élevé et mince sans épines, et des feuilles pennées à folioles membraneuses.

Les Espagnols d'Amérique le nomment aussi *palmito* et *palmiche del Rio Negro*.

Il existe encore sous le nom de *manaca* à fleurs odorantes, un arbrisseau du Brésil, cité par Marcgrave, qui paroît être un myrte ou un jambosier. (J.)

MANACUS (*Ornith.*), nom générique donné, en latin moderne, par Brisson, aux manakins, *pipra*, Linn. (Ch. D.)

MANAER (*Bot.*), nom javanois de l'*ixora alba*, suivant Burmann. (J.)

MANAGUIER DE LA GUIANE (*Bot.*), *Managa guianensis*, Aubl., *Guian.*, vol. 2, suppl., pag. 2, tab. 369. Arbre des forêts de la Guiane qui avoisinent la source de la rivière de Courou. Il est peu connu; son bois est blanc; son tronc est revêtu d'une écorce blanchâtre; il s'élève à la hauteur de dix à douze pieds, et pousse à son sommet des branches rameuses, les unes droites, d'autres inclinées, garnies de feuilles alternes, ovales, oblongues, entières, acuminées, vertes, épaisses, caduques, longues de deux ou trois pouces; les pétioles courts. Les fleurs n'ont pas été observées. Les fruits naissent ordinairement trois à cinq aux aisselles des feuilles et à l'extrémité des branches. Ils sont sphériques, à peu près de la grosseur d'une noix, portés chacun sur un pédoncule court; un calice à cinq divisions étroites, linéaires, aiguës, soutenant une baie molle, jaunâtre, panachée de rouge; l'écorce épaisse, blanchâtre, spongieuse; deux loges séparées par une cloison à laquelle sont attachés plusieurs rangs d'osselets enveloppés d'une substance gélatineuse, transparente, de couleur jaune; ces osselets sont de forme ovale, aplatis, chagrinés; ils renferment une amande à deux cotylédons. (Poir.)

MANAGURELL. (*Mamm.*) Selon Sonnini, ce nom est celui que le coendou porte à la Nouvelle-Espagne. (Desm.)

MANAIMBANNA (*Bot.*), nom caraïbe, cité par Surian, de l'*eupatorium furcatum* de M. Lamarck. (J.)

MANAKIN. (*Ornith.*) Les oiseaux auxquels les Hollandois de Surinam ont donné ce nom, avoient été placés par Linnæus, dans la 10.ᵉ édition du *Systema Naturæ*, avec les mésanges; mais les trois doigts antérieurs de celles-ci ne sont réunis qu'à leur base, et leur mandibule supérieure n'a presque point d'échancrure, ce qui ne s'accorde pas avec les caractères des manakins. On les a aussi classés avec les coqs-de-roche, qui leur ressemblent par le mode de réunion des deux doigts externes ; mais le bec de ces derniers, dont les formes se rapprochent davantage de celui des cotingas, est proportionnellement plus long, plus ouvert à la base et plus déprimé à la pointe. Divers auteurs les ont aussi associés aux moineaux. aux linottes, aux tangaras, aux roitelets. Enfin les ornithologistes se sont assez généralement accordés à établir. sous le nom de *pipra*, un genre particulier, dont les caractères sont d'avoir un bec court, fort, plus haut que large, trigone à la base, comprimé sur les côtés, vers le bout; la mandibule supérieure courbée et échancrée à la pointe, l'inférieure un peu retroussée et acuminée; les narines latérales, grandes. mais à moitié fermées par une membrane couverte de petites plumes; les trois doigts de devant inégaux en longueur, l'intermédiaire uni à l'interne jusqu'à la première articulation seulement, et à l'externe jusqu'à la deuxième. Le cou et les ailes sont courts, et la queue, composée de douze pennes, est ordinairement carrée.

M. Desmarest, qui a publié à la suite de son bel ouvrage sur les tangaras. une monographie des manakins, a fait observer que les plumes qui couvrent le corps de ces oiseaux ont de longues barbules, ressemblant à des poils très-fins. Les plus grandes espèces n'excèdent pas la taille d'un moineau, et il y en a d'aussi petites qu'un roitelet. Linnæus, dans la 12.ᵉ édition du *Systema Naturæ*, en compte treize, que Gmelin. dans la 13.ᵉ édition, porte à vingt-six. L'*Index Ornithologicus* de Latham en comprend vingt-huit. et le supplément, six. M. Desmarest, ayant remarqué, ainsi que plusieurs autres naturalistes. qu'on n'avoit trouvé de vrais manakins que dans l'Amérique méridionale, et que ceux des oiseaux de l'ancien continent auxquels on avoit donné ce nom, n'en présentoient pas tous les caractères. s'est borné à en décrire et figurer sept. M. Vieillot, dans la 2.ᵉ édition du Nouveau Dictionnaire d'Histoire naturelle. publiée postérieurement. en mentionne plus de vingt. quoiqu'il en ait extrait quatre. savoir : les *pipra punctata, striata, gularis* et *superciliosa*. pour en former le genre *Pardalote:* mais plusieurs de ces espèces ont été appor-

tées des différentes parties du monde, et n'ont été que super-
ficiellement décrites.

Les seules notions qu'on ait jusqu'à ce jour sur les mœurs
des manakins, sont dues à Sonnini qui les a observés à la
Guiane, où ils préfèrent les bois humides et frais aux terrains plus chauds et plus secs, sans fréquenter toutefois les
marais, ni le bord des eaux. Leur vol est assez rapide, mais
court et peu élevé; ils ne se perchent que sur les branches
moyennes des arbres dans les bois, qu'ils ne quittent jamais
pour aller dans les lieux découverts ni dans les campagnes
voisines des habitations. Ils se réunissent le matin en petites
troupes de huit à dix de la même espèce, et se joignent souvent à des compagnies d'autres petits oiseaux : ils font alors
entendre un gazouillement assez agréable; mais vers neuf à
dix heures, ils se séparent et se retirent seuls jusqu'au lendemain dans les endroits les plus ombragés des forêts. Leur nourriture consiste en petits fruits sauvages; ils mangent aussi des
insectes.

MANAKIN TIJÉ, ou GRAND MANAKIN; *Pipra pareola*, Linn. et
Lath. Cette espèce, qui est le *tijé guacu* de Marcgrave et le
manacus cristatus niger de Brisson, a quatre pouces et demi
de longueur. Le mâle a été figuré sous le nom de manakin noir
huppé de Cayenne, dans la planche 687 de Buffon, n.° 2; et
la planche 303, n.° 2, du même recueil, représente le jeune, qui
y est nommé manakin vert à huppe rouge. M. Desmarest a
consacré à cet oiseau quatre planches où le mâle est peint
1.° dans l'état adulte, 2.° en mue, 3.° encore jeune, et dans la
dernière desquelles est figurée la femelle. Chez le mâle adulte,
la plus grande partie du plumage est d'un noir foncé et ve-
louté. Depuis le sommet de la tête, dont le devant est de la
même couleur, jusqu'à l'occiput, il y a des plumes d'un beau
rouge, qui sont roides, longues, dirigées dans le sens de la
tige, et qui forment une huppe quand elles se relèvent. Le cou,
la poitrine, le ventre et le croupion sont également noirs, et
le dos est couvert de plumes composées de barbules d'abord
réunies entre elles par un duvet assez fourni jusqu'aux deux
tiers de leur longueur, et terminées par des soies bleues, très-
fines, qui cachent la couleur grise et blanche de ces plumes à
leur base. Les grandes pennes des ailes sont d'un noir violet

en dessus et d'un brun grisâtre en dessous; leurs petites couvertures et les grandes pennes caudales sont d'un noir foncé.
Le bec est noir et les pieds sont rouges dans les individus vivans, qui ont les yeux d'une belle couleur de saphir.

La femelle du tijé, qui est dépourvue de huppe, a le dessus
du corps d'un vert olivâtre et le dessous d'un vert jaunâtre,
avec une teinte de gris sur la poitrine et sur le cou. Les petits
très-jeunes lui ressemblent.

Cette espèce, qui se trouve à Cayenne, y est bien moins commune qu'au Brésil.

MANAKIN ROUGE : *Pipra aureola*, Linn. et Lath.; *Manacus ruber*, Briss. La figure 3.ᵉ de la 34.ᵉ planche de Buffon représente
le mâle de cette espèce, qui a trois pouces neuf lignes de longueur totale. M. Desmarest lui a aussi consacré quatre planches,
sur lesquelles on voit 1.º le mâle adulte, 2.º le même à l'époque
de la mue, 3.º un jeune, 4.º une variété orangée. Le mâle de
cette espèce, la plus commune de celles qui habitent la
Guiane, a la tête, le cou, le haut du dos, la poitrine, d'un rouge
vif; le front et les côtés de la gorge orangés : toutes ses plumes
sont, à leur origine et dans la partie non visible, d'un beau
blanc. Le pli de l'aile est marqué d'un trait jaune; le bas du dos,
le croupion, les plumes scapulaires et le dessous du corps sont
d'un noir lustré; les ailes et la queue sont également noires à
l'extérieur, mais chacune des pennes alaires a intérieurement
une tache blanche, et les couvertures inférieures sont jaunâtres;
le bec est noir et les pieds sont bruns. La femelle, que M. Desmarest n'a pas figurée, comme le dit un ornithologiste moderne, puisque cet auteur déclare n'avoir pas eu même occasion de l'examiner, a, selon Buffon, le dessus du corps olivâtre,
avec un vestige de couronne rouge sur la tête, et le ventre
ainsi que la poitrine d'un jaune olivâtre.

Le manakin orangé qu'Edwards a regardé comme la femelle
de cette espèce, et que Buffon a fait figurer, pl. 302, n.º 2,
comme une espèce particulière, n'est qu'une variété du mâle.

MANAKIN GOÎTREUX; *Pipra gutturosa.* L'oiseau que M. Desmarest a ainsi nommé, est par lui regardé comme de la même
espèce que le *casse-noisette* de Buffon, figuré dans sa 303.ᵉ pl.
enluminée, n.º 1, sous le nom de manakin à tête noire de
Cayenne, *pipra manacus* de Linnæus et de Latham, et la variété

est représentée sous celui de manakin du Brésil dans la 3o2.ᵉ pl., n.° 1. Les couleurs du manakin goîtreux, peint dans l'ouvrage de M. Desmarest, sont en effet les mêmes, et l'on ne remarque de différence sensible que dans la longueur des plumes qui forment une sorte de goître sur la gorge de celui-ci, tandis qu'on ne trouve pas cette touffe saillante sur la même partie dans les figures de Buffon, ni dans celle du *black-capped manakin* d'Edwards. pl. 260 de ses Glanures, lequel n'est autre que le manakin du Brésil. M. Desmarest, en avouant que le caractère par lui tiré de la touffe de plumes blanches n'auroit pu échapper à la sagacité d'Edwards, de Brisson et de Buffon, si les individus qu'ils ont décrits en avoient été pourvus, déclare, de son côté, qu'il existoit chez plus de quinze individus par lui observés, ce qui le porte à croire que son absence doit être attribuée à l'âge ou au sexe, et à considérer ce signe comme le vrai type de l'espèce. L'opinion de ce naturaliste paroissant fondée, sa description va être suivie comme étant celle du mâle.

La longueur de l'oiseau est d'environ quatre pouces; le dessus de la tête et le dos sont d'un noir foncé luisant; une large bande d'un blanc grisâtre forme derrière son cou un collier dont les plumes, grises à la base et blanches à l'extrémité, sont très-barbues; les petites couvertures supérieures de ses ailes sont de couleur blanche; les pennes alaires et caudales d'un noir brun; le blanc du ventre devient, vers les côtés du corps et le croupion, d'un gris cendré qui se retrouve sur les petites couvertures supérieures de la queue: les plumes du dessous du cou, d'un blanc éclatant, sont beaucoup plus longues que les autres, et comme leurs barbules sont très-écartées, elles offrent l'aspect d'un goître. Chez les individus conservés dans les cabinets, le bec est noir et les pieds sont jaunâtres.

Ces oiseaux qu'on trouve au Brésil, à Cayenne, et plus communément à la Guiane, surtout aux lisières des grands bois, ne fréquentent pas plus les Savanes et les lieux découverts que les autres manakins, avec lesquels ils ne se mêlent pas, quoiqu'ils vivent comme eux en petites troupes; ils se tiennent le plus souvent à terre, et lorsqu'ils se posent sur des branches, c'est toujours sur les plus basses: ils paroissent aussi manger moins de fruits que d'insectes, et on les rencontre assez fréquemment à la suite des colonnes de fourmis voyageuses appelées *termès*. Ce sont les piqûres aux pieds que leur font ces fourmis qui semblent être la cause de leurs sauts et des cris qui imitent le bruit du petit instrument avec lequel on casse les noisettes. Ils n'ont aucun autre chant ni ramage : très-vifs et très-agiles, ils ne restent presque jamais en repos, mais ils ne volent pas au loin.

MANAKIN A GORGE BLANCHE ; *Pipra gutturalis*, Linn. et Lath., pl. enl. de Buffon, 324, fig. 1. Cette espèce est longue de trois pouces huit lignes. M. Desmarest a fait figurer les deux sexes. Les plumes qui couvrent le devant du cou, la gorge et le bord intérieur de quelques pennes alaires du mâle, sont blanches, et elles forment sur sa gorge une sorte de cravate qui se termine en pointe sur la poitrine ; le reste du corps est d'un noir violet. Le bec, que divers auteurs disent être noirâtre en dessus et blanc en dessous, avoit les deux mandibules d'un brun clair chez les individus observés par M. Desmarest. Une femelle, envoyée de Cayenne, avoit le dessus de la tête, du cou, le dos et les couvertures supérieures des ailes d'un vert olive foncé ; la gorge, la poitrine et le ventre blancs ; les grandes pennes alaires et caudales d'un noir brun du côté intérieur, et extérieurement d'un vert olivâtre : les pieds étoient bruns.

MANAKIN A TÊTE BLANCHE : *Pipra leucocilla*, Linn. et Lath.; et *leucocapilla*, Gmel. et Desmarest. Cette espèce, qui est figurée dans la planche 34 de Buffon. n.° 2, et dans la Monographie de M. Desmarest, se trouve au Brésil, à Surinam et à la Guiane. Elle a environ trois pouces huit lignes de longueur. Le mâle a le sommet de la tête blanc ; les plumes du corps. soyeuses comme celles des autres manakins, sont d'un gris foncé à la racine et d'un noir luisant dans la partie visible : les pennes alaires et caudales, de cette dernière couleur extérieurement. sont brunes à l'intérieur : le bec. les pieds et les ongles sont bruns. Différentes circonstances portent à croire que la femelle est d'un vert olivâtre. Suivant Dahlberg , cet oiseau fait entendre un petit chant fort agréable dans les roseaux.

MANAKIN A TÊTE D'OR : *Pipra erythrocephala*. Linn. et Lath Le mâle de cette espèce est figuré dans la planche 34 de Buffon, n.° 1, et M. Desmarest, qui l'a aussi fait peindre. a donné de plus la figure d'un individu qu'il croit être la femelle.

quoiqu'il soit de plus forte taille. Le mâle n'a, suivant la description de cet auteur, que trois pouces de longueur; le dessus
de sa tête, le derrière du cou et les joues sont d'un jaune doré;
l'extrémité des barbules des plumes de ces parties offre des
teintes légères d'un rouge orangé, qui sont plus apparentes
vers la base du cou qu'ailleurs; le dos, le dessus du cou, la
gorge et la poitrine sont d'un noir foncé, et les ailes, ainsi
que la queue, d'un noir brun. Tout le corps de l'individu
regardé comme la femelle est olivâtre, à l'exception de la
tête et du dessous du cou, qui sont d'un gris foncé.

Dans le *Chichitototl altera* de Séba, vol. 1, pl. 60, fig. 8,
dont Buffon a fait son *manakin à tête rouge*, la couleur jaune
de la tête est remplacée par une belle couleur rouge; les ailes
et la queue sont d'un noir d'acier brillant; le bec et les pieds
sont jaunâtres. Il se trouve à la Guiane, au Mexique et au
Brésil.

Manakin varié; *Pipra serena*, Linn. et Lath. Cette espèce,
figurée dans la 324.e planche enluminée de Buffon, n.° 2, sous
le nom de manakin à front blanc, et dans la Monographie de
M. Desmarest, se trouve à Cayenne où elle est rare; elle n'a
que trois pouces six lignes du bout du bec à celui de la queue,
et n'est pas plus grosse qu'un roitelet. Son front et le sommet
de la tête sont couverts de plumes blanches, ayant la forme
d'écailles, et un peu relevées; celles qui les suivent sont d'un
bleu d'aigue-marine; le reste de la tête, la gorge, le cou, le
dos, les ailes et la queue sont d'un noir lustré; le croupion
est d'un bleu très-éclatant; une partie de la poitrine est orangée, et les plumes abdominales et anales sont jaunes; le bec
et les ongles sont noirs, et les individus empaillés ont les tarses
noirâtres.

M. Desmarest a donné par supplément la description et la
figure d'un autre individu de la même espèce, chez lequel le
noir du premier est remplacé par du vert, la plaque blanche
du front par une plaque grise, le bleu de ciel du croupion
par une teinte d'un vert éclatant, et qu'il regarde comme un
jeune mâle.

La Monographie de M. Desmarest est terminée par la description du manikup ou plume blanc, *pipra albifrons*, Gmel.,
dont il donne une belle figure; mais cet oiseau de la Guiane,

qui porte dans Buffon le nom de demi-fin à huppe et gorge
blanches, pl. 707, n.° 1 , a des caractères qui pourroient
le faire regarder comme intermédiaire entre les manakins et
les fourmiliers. D'un autre côté, M. Cuvier, pag. 359 de son
Règne animal, le range dans une section de ses piegrièches à
bec droit et grêle, avec des huppes de plumes redressées ; et,
l'embarras des méthodistes pour lui trouver une place convenable, ayant déterminé M. Vieillot à l'examiner plus attenti-
vement, il en a formé un genre séparé, dont les caractères
seront exposés sous le mot *pithys*.

Manakin superbe; *Pipra superba*, Gmel. et Lath. Cet oiseau
de Surinam, que Pallas a décrit dans le 6.e fascicule de ses *Spi-
cilegia Zoologica*, comme un des plus beaux qu'il eût encore
vus, et qui l'y a fait figurer, d'après un individu existant à
Rotterdam dans le cabinet de M. Gevers, est un peu plus
grand que le manakin rouge. Ses narines sont couvertes par
les plumes frontales, et sa bouche est entourée de poils, ce
que l'auteur lui-même fait remarquer comme une circonstance particulière ; des plumes alongées, étroites et d'un rouge
éclatant, forment sur le sommet de la tête une sorte de huppe ;
un croissant bleu se remarque au haut du dos; les pennes
alaires sont pointues et de couleur brune ; le reste du corps
est noir, ainsi que le bec ; les pieds et les ongles sont jaunâtres.

Cette espèce est la huitième et dernière que M. Cuvier cite
dans son Règne animal; et si M. Desmarest ne l'a pas comprise
positivement dans sa Monographie, c'est parce qu'il ne l'a pas
vue en nature. Il en est de même du manakin à poitrine dorée, *pipra pectoralis*, Lath., qui se trouve au Brésil. La tête,
le cou, la poitrine, le dos, les ailes et la queue de ce dernier sont d'un noir bleu foncé; la poitrine est traversée par
un croissant d'un beau jaune doré, qui se recourbe sur chaque
côté du cou; les autres plumes sont de couleur ferrugineuse.

M. Vieillot a décrit et fait graver dans le Nouveau Dictionnaire d'Histoire naturelle, tom. 19, pag. 162, et pl. G, 4,
n.° 2 , un Manakin a longue queue, *Pipra caudata*, Lath., lequel est aussi représenté pl. 153 des *Misc. Zool.* de Shaw.
Cet oiseau a quatre pouces et demi de longueur; son plumage
est, en général, d'un beau bleu avec reflets : il a le sommet de
la tête rouge, le bec brun, les ailes noires ; les deux pennes

intermédiaires de sa queue dépassent les autres de neuf lignes, et sont pointues.

Le même auteur donne aussi comme espèces de ce genre les deux oiseaux décrits dans l'Ornithologie du Paraguay, n.ᵒˢ 111 et 112, sous les noms de bec-en-poinçon plombé, et bec-en-poinçon à queue en pelle ; mais il ne dissimule pas son incertitude à l'égard du premier, qui est le MANAKIN PLOMBÉ, *Pipra plumbea*, Vieill., et il ne parle avec assurance que du second, le MANAKIN A QUEUE EN PELLE, *Pipra longicauda*, Vieill. On peut voir la description de ces deux oiseaux au Supplément du quatrième volume de ce Dictionnaire, p. 60.

M. Vieillot cite encore, sans dénomination particulière, trois autres manakins à longue queue, venant aussi de l'Amérique méridionale, dont le premier avoit les joues d'un gris sombre ; la gorge grise ; la tête, les plumes scapulaires, les pennes primaires des ailes et la queue noires ; le bas du dos, le croupion, les couvertures supérieures de la queue rouges ; le dessous du corps blanc ; le bec brun et les pieds gris. Le second, qui lui a paru être un jeune, avoit les parties supérieures d'un vert cendré ; la gorge et le devant du cou de cette dernière couleur ; les plumes abdominales et anales d'un blanc sale. Le troisième, qui a été apporté du Brésil par M. Delalande fils, existe au Muséum de Paris ; il a une huppe rouge, les ailes et la queue d'un beau noir, le reste du plumage d'un bleu de ciel foncé, le bec et les pieds d'un rouge brun.

On voit dans les mêmes galeries, sous le nom de MANAKIN A DEUX BRINS, une espèce que M. Temminck désigne dans l'analyse de son système général d'ornithologie, sous celui de *pipra militaris*, Shaw, laquelle a le front rouge, la tête ardoisée, le dessus du corps brun, le dessous d'un blanc sale, et deux longues pennes à la queue. M. Temminck cite encore comme une grande espèce (*p. max.*) un *pipra strigilata*, mais sans aucune autre indication, et l'on trouve, pl. 54, des Oiseaux coloriés que cet auteur publie, avec M. Laugier, pour faire suite à ceux de Buffon, la figure de manakins rubis et à tête rouge.

Il y a enfin au Muséum, et à la suite des manakins, mais sans étiquettes, des individus dont la grosseur n'excède pas

celle du pouliot, et qui, bruns sur le corps, ont en dessous
des taches longitudinales de cette couleur sur un fond d'un
blanc jaunâtre.

Outre ces espèces, on place dans l'*Index Ornithologicus* de
Latham, et dans le Nouveau Dictionnaire d'Histoire naturelle, parmi les manakins, des oiseaux dont le pays natal est
inconnu, tels que le *pipra cinerea*, qui n'a que trois pouces et
demi de longueur, et dont le plumage, de couleur cendrée
sur le corps, est blanchâtre sur les parties inférieures; le *pipra cærulea*, qui a la langue dentelée à son extrémité, la tête,
les ailes et la queue noires, le dos bleuâtre et le ventre blanchâtre; le *pipra nigricollis*, dont les parties supérieures sont
d'un noir bleuâtre, et qui a le haut du ventre blanc, la gorge et
le bas-ventre noirs; le *pipra hæmorrhoa*, dont le bas-ventre
est blanc, avec une tache rouge, et qui a le dessus du corps
noir, et les couvertures supérieures de la queue presque aussi
longues que les pennes; un de l'île de la Trinité, *pipra cyano-
cephala*, dont le front, les joues et le dos sont d'un vert olive,
les ailes et la queue noires, et qui a le haut de la tête d'un
joli bleu de ciel, et les parties inférieures d'un jaune foncé,
tirant au vert sur les flancs: un du cap de Bonne-Espérance,
pipra capensis, qui a le ventre orangé, et les parties supérieures
noirâtres: un de l'île d'Huaheine, dans la mer Pacifique, *pipra
gularis*, lequel a le dos d'un noir bleuâtre, la poitrine écarlate
et le ventre blanc; deux de l'Australasie, savoir, 1.° *pipra Des-
maresti*, dédié par M. Leach à M. Desmarest, et figuré pl. 41
de la suite des *Miscel. Zoologica*, lequel est d'un bleu noir
éclatant sur le corps, et a le ventre blanc, la gorge, la poitrine
et les plumes anales rouges; 2.° *pipra superciliosa*, ou manakin
rougeâtre, dont le corps est de cette couleur en dessus, d'un
blanc jaunâtre en dessous, et qui a les ailes brunes, la queue
noire, et une tache blanche surmontée d'une ligne noire au-
dessus de l'œil. Cet oiseau est décrit en double emploi, dans
le Nouveau Dictionnaire d'Histoire naturelle, sous le nom
de pardalote rougeâtre, *pardalotus superciliosus*, tom. 24,
pag. 529.

On ne croit pas devoir terminer cet article sans faire ici
mention des considérations qui ont déterminé M. Desmarest à
écarter du genre Manakin beaucoup d'autres espèces que

divers auteurs y avoient rangées avant l'année 1805, époque de la publication de sa Monographie.

Le *pipra leucotis*, ou fourmilier à oreilles blanches, qui a été décrit par Gmelin sous ce nom, et sous celui de *turdus auritus*, ne se rapproche des manakins que par la réunion de ses doigts externes, et il a d'ailleurs les formes, les couleurs, et les habitudes des fourmiliers. Le *pipra nœvia*, pl. enl. 823, n.° 2, est aussi un fourmilier. Le *pipra musica* est l'euphone organiste de M. Desmarest. Le *pipra atricapilla*, ou oiseau cendré de Buffon, a le bec bien plus long que celui des manakins. Le *pipra papuensis* de Gmelin a le bec plus long et plus aplati, et sa mandibule supérieure n'est pas échancrée. Les *pipra punctata*, de la Nouvelle-Hollande; *striata*, de la terre de Van-Diémen, selon Anderson; *minuta*, des grandes Indes, etc., ne doivent pas être considérés comme des manakins, si l'Amérique méridionale est regardée comme leur patrie exclusive. Le *pipra europœa*, décrit par Hermann dans ses *Observationes Zoologicæ*, et dont il propose de faire un nouveau genre sous le nom d'*Ægithalos*, a les pieds conformés comme ceux des mésanges.

Parmi les espèces d'Amérique le *pipra rubetra* de Latham et de Gmelin, ou *rubetra* de Séba, a la queue très-longue, le bec mince, courbé et alongé; le *pipra cristata* de Latham et de Gmelin, ou *picicitli* de Séba et non de Fernandez, a le bec pointu; le *pipra grisea*, Lath. et Gmel., auquel le *coquantototl* de Séba doit être rapporté, a la figure d'un moineau et le bec court, recourbé et se jetant en arrière; or, tous ces caractères diffèrent beaucoup de ceux des manakins, comme l'observe Buffon. Le *miacatototl* de Séba et de Brisson, ou manakin à collier, *pipra torquata* de Latham et de Gmelin, et le *miaca-tototl* de Fernandez, *pipra miacatototl* de Latham, n'offrent que des caractères trop vagues pour reconnoître si ce sont véritablement des manakins.

Outre les difficultés que le genre Manakin présente pour la détermination des espèces, la variété des noms peut encore occasionner quelquefois des embarras nouveaux, et il est bon de remarquer ici : 1.° que le cotinga cordon bleu est appelé dans Edwards manakin bleu à poitrine pourprée; 2.° que le manakin noir huppé n'est autre que le tijé; 5.° que le rubetra porte aussi le nom de manakin roux; 4.° que le manakin goitreux ou casse-noisette, est le même que le manakin noir et blanc, et le manakin chaperonné de noir; 5.° que le manakin au visage blanc est le *manikup* ou plumet blanc; 6.° que le manakin à front blanc ne diffère pas du manakin varié; 7.° que le manakin noir et jaune est le manakin rouge; 8.° que le manakin rouge huppé est le *picicitli;* 9.° que les manakins pointillé et rayé sont les pardalotes auxquels M. Vieillot a donné les mêmes épithètes. (Cн. D.)

MANAKUS ou MANACUS. (*Ornith.*) Quelques auteurs ont ainsi latinisé le nom des Manakins. Voyez ce mot. (Desm.)

MANALLOU (*Bot.*), nom caraïbe cité par Surian, du *cynanchum parviflorum* de Swartz, espèce de plante apocinée. (J.)

MANAM-PODAM. (*Bot.*) Plante labiée du Malabar, dont M. Lamarck fait son *hyssopus cristatus*, mais dont Willdenow fait un genre sous le nom de *elsholtzia*, parce que la lèvre supérieure de sa corolle est entière, et l'inférieure est à quatre lobes. (J.)

MANANGHAMETTE. (*Bot.*) Arbre de Madagascar, cité par Flacourt, dont le bois rouge-brun noircit comme l'ébène : ce qui pourroit faire présumer que c'est un plaqueminier, *diospyros*, dont l'ébénier est aussi congénère. (J.)

MANAROU (*Bot.*), nom caraïbe cité par Nicolson, de l'aristoloche ronde qu'il nomme aussi Liane a serpent. Voyez ce mot. (J.)

MANASSI (*Bot.*), nom donné dans l'ile de Madagascar, à l'ananas, suivant Flacourt. (J.)

MANATE. (*Mamm.*) Dampier donne par erreur au phoque-lion ce nom, qui est celui du lamantin. (F. C.)

MANATI (*Mamm.*), nom que l'on donne sur plusieurs côtes de l'Amérique méridionale au lamantin. (F. C.)

MANATIA (*Ichthyol.*), nom spécifique d'un Céphaloptère. Voyez ce mot. (H. C.)

MANATIKLI. (*Ornith.*) Le P. Paulin de Saint-Barthelemi dit, dans le tome I.ᵉʳ de son Voyage aux Indes orientales, pag. 426, qu'on appelle ainsi au Malabar une petite hirondelle blanche et noire. (Cн. D.)

MANATUS. (*Mamm.*) C'est le même mot que manati, auquel on a donné une terminaison latine pour en faire le nom latin du genre Lamantin. (F. C.)

MANAVIRI. (*Mamm.*) M. de Humboldt rapporte que ce nom est celui du kinkajou au Mexique. (Desm.)

FIN DU VINGT-HUITIÈME VOLUME.

LE NORMANT FILS, IMPRIMEUR DU ROI, RUE DE SEINE, N° 8.

(*Systema Naturæ*, Édit. 1-13. — Années 1735-1788.)

CLASSE Vᵉ..... INSECTES .... Ordre VII. APTÈRES.
Point d'ailes.
- six pieds ; tête distincte du thorax............. Lepisma, Podura, [illegible], Pulex, [illegible]
- huit à quatorze pieds ; tête et thorax confondus.... Acarus, Phalangium, Aranea, Scorpio, Cancer, Monoculus, [illegible]
- pieds nombreux ; tête distincte du thorax........ Scolopendra, Julus.

MÉTHODE DE BRISSON.

(*Règne animal*, 1756.)

CLASSE VIᵉ..... POISSONS...... Des nageoires composées d'osselets ; respiration s'opérant par des ouïes sur lesquelles sont des couvercles mobiles composés d'[illegible]

VIIᵉ.... *CRUSTACÉS*... Des antennes à la tête ; huit pieds au moins.

VIIIᵉ... INSECTES..... Pourvus avant leur dernière métamorphose de stigmates ou organes de la respiration, et après cette dernière métamorphose, d'antennes, d'une tête et de six pieds.

IXᵉ.... VERS......... Corps, ou une partie du corps, étant capable d'un mouvement de contraction et d'extension. Point d'antennes, de pieds ni de stigmates.

Nota. Gronovius, dans le premier fascicule de son *Zoophylacium Gronovianum*, publié en 1764, ajouta aux trois genres de vrais crustacés, admis par Linnæus, ceux qu'il nomme *Astacus*, *Emerita* et *Xiphosurus*.

PREMIÈRE MÉTHODE DE FABRICIUS.

(*Systema Entomologiæ*, 1775.)

INSECTES. CLASSE IIIᵉ.......... SYNISTATA. Bouche pourvue de mâchoires et de quatre palpes ; mâchoire réunie avec la lèvre :
> Ephemera, Phryganea, Semblis, *Monoculus*, *Oniscus*, Lepisma, Podura, Hemerobius, Panorpa, Raphidia, Cynips, Tenthredo, Sirex, Ichneumon, Evania, Tiphia, Chrysis, Leucopsis, Vespa, Crabro, Formica, Mutilla, Termes, Myrmeleon, Ascalaphus, Sphex, Scolia, Thynnus, Andrena, Nomada, Apis, Bembex.

IV........ AGONATA... Bouche pourvue de mâchoires et de quatre palpes ; point de mâchoire inférieure :
> Scorpio, *Cancer*, *Pagurus*, *Scyllarus*, *Astacus*, *Gammarus*.

Nota. Cette distribution se retrouve dans le *Species Insectorum* du même auteur (1781), et dans son *Mantissa Insectorum* (1787) ; mais dans l'un et l'autre de ces ouvrages, le genre *Scorpio* est retiré de la classe des AGONATA. Le premier renferme de plus dans cette classe le genre *Squilla*, Fabr., et le second le genre *Hippa* ou Emerite de Gronovius.

Le VIIᵉ volume des Mémoires de Degéer sur les insectes, publié en 1778, après la mort de son auteur, contient une distribution des insectes parmi lesquels sont placés les crustacés. Ces derniers animaux sont rangés dans la classe générale des insectes aptères, et dans l'ordre des aptères sans métamorphoses ; les uns, tels que les écrevisses, les crabes et les monocles, appartiennent à la 13ᵉ classe, celles des aptères à huit ou dix pattes, dont le têt est confondu avec le corselet ; les autres sont renfermés dans la 14ᵉ, qui comprend ceux à tête distincte et à quatorze pattes au moins, tels que les squilles et les cloportes.

SECONDE MÉTHODE DE FABRICIUS.

(*Entomologia systematica*, tome II, 1793.)

INSECTES. CLASSE VIᵉ.... MITOSATA........ Deux palpes ; mâchoires filiformes, membraneuses : Scolopendra, *Julus*, *Oniscus*.

VIIᵉ..... UNOGATA....... Deux palpes avancés ; mâchoires cornées, onguiculées : Trombidium, Aranea, Phalangium, Tarentula, Scorpio.

VIIIᵉ.... AGONATA........ Souvent six palpes ; point de mâchoires.........
> *Limulus* ou Xiphosure de Gronovius, *Cymothoa*, *Cancer*, *Pagurus*, *Scyllarus*, *Hippa*, *Galathea*, *Astacus*, *Squilla*, *Gammarus*, *Monoculus*.

PREMIÈRE MÉTHODE DE M. LATREILLE.

(*Précis des caractères génériques des Insectes*, 1796.)

INSECTES................. IIᵉ Division............... APTÈRES.

CLASSE XII...... ENTOMOSTRACÉS.. de Muller (1785).
> Tête confondue avec le corps renfermé sous un têt d'une ou deux pièces ; des antennes souvent rameuses ; des mandibules sans palpes ou antennules, deux rangs au plus de feuillets maxillaires ; point de lèvre inférieure ; six à huit pattes communément.

Iʳᵉ Famille... MONOCLES.................
> 1° Univalves : *Amymona*, *Nauplius* ; 2° Bivalves : *Cypris*, *Cytherea*, *Daphnia* ; 3° Crustacés : *Cyclops*, *Polyphemus*.

IIᵉ Famille... BINOCLES.................
> 1° Univalves : *Argulus*, *Caligus*, *Limulus* ; 2° Bivalves : *Lynceus*.

CLASSE XIII .... CRUSTACÉS.
> Tête confondue avec le corps renferme ordinairement sous une carapace ; quatre antennes ; plusieurs rangs de feuillets maxillaires et de palpes ou d'antennules, dont deux insérées et couchées sur les mandibules ; point de lèvre inférieure ; dix pattes communément : *Cancer*, *Pagurus*, *Scyllarus*, *Hippa*, *Galathea*, *Astacus*, *Squilla* et *Entomon*, *Gammarus* et *Cancer*.

CLASSE XIV.................... MYRIAPODES.
> Tête distinguée du corps [illegible] un avancement conique [illegible] implantées sur le contour de [illegible] mâchoires au plus ; [illegible] et plus : *Asellus*, *Cramus*, *Oniscus*, [illegible]

Les genres d'Entomostracés admis par M. Latreille sont exactement ceux de Muller, *Entomostraca seu Insecta testacea*, 1785, et leur distribution est celle que j'ai suivie ici en parlant de leur fondateur.

TROISIÈME MÉTHODE DE FABRICIUS, d'après les travaux de Daldorff

(*Entomologia systematica*, tome V. Supplément, 1798.)

INSECTES. CLASSE VIᵉ... MITOSATA........ Mâchoires cornées, en pinces, non palpigères :...... Scolopendra, *Julus*.

VIIᵉ... UNOGATA.......... Mâchoires cornées, onguiculées.........
> Solpuga, Trombidium, Aranea, [illegible], Tarentula, Julus, Scorpio.

VIIIᵉ.. POLYGONATA..... Plusieurs mâchoires en dedans de la lèvre.......
> *Oniscus*, *Ligia*, [illegible]

IXᵉ.... KLEISTAGNATHA. Plusieurs mâchoires au dehors de la lèvre et fermant la bouche :
> *Cancer*, *Calappa*, [illegible], *Ocypoda*, [illegible], *Matuta*, *Hippa*, *Xantho*, [illegible]

Xᵉ...... EXOCHNATA..... Plusieurs mâchoires en dehors de la lèvre, couvertes par des palpes :
> *Albunea*, *Scyllarus*, [illegible], *Astacus*, *Pagurus*, [illegible], *Squilla*, *Polyphemus*, *Galathea*, [illegible]

MÉTHODE DE M. CUVIER.

(Tableau élémentaire de l'Histoire naturelle [...], 1798.)

INSECTES .... *Insectes pourvus de mâchoires et sans ailes.*
A. *Les crustacés qui ont plusieurs paires de mâchoires.*

1. Myr[...] .... [...]
2. Cancr[es] .... [...] *Cancer, [...], Écrevisses, Pagures, Crabes,* 1.er genre [...]
   Pagures, [...], Palémons, Galères, Scyllares, Squilles, 2.e genre [...]
3. Onisc[es] .... *Aselles ou Physodes, Oniscus* proprement dit; *Gymnothorax.*

MÉTHODE DE MM. CUVIER ET DUMÉRIL.

(Tableaux accompagnant le premier volume de l'Anatomie comparée, 1799.)

CRUSTACÉS. Classe VII.e .... Animaux invertébrés, ayant des vaisseaux sanguins, une moelle épinière noueuse, et des membres articulés.

    1. MONOCLES .... *Limulus, Calizes, Apus, Cyclops, Polyphemus.*

    2. ÉCREVISSES .... *Cancer, Inachus, Pagurus, [...], Palinurus, Scyllarus, Squilla.*

INSECTES ... Classe VIII.e .... Animaux invertébrés, dépourvus de vaisseaux sanguins, ayant une moelle épinière noueuse, et des membres articulés.

    A mâchoires. {sans ailes, { GNATHAPTÈRES. Plusieurs paires de mâchoires. POLYGNATHES *Aselles ou Physodes, Oniscus, Gymnothorax.*

PREMIÈRE MÉTHODE DE M. DE LAMARCK.

(Animaux sans vertèbres, première édition, 1801.)

CRUSTACÉS. II.e **Classe** des animaux invertébrés, la VI.e du Règne animal. — Corps et membres articulés ; peau crustacée, que l'animal quitte et renouvelle à certaines époques ; un cerveau et des nerfs ; des branchies pour la respiration ; un cœur musculaire et des vaisseaux pour la circulation.

    Ordre I.er... CRUSTACÉS PÉDIOCLES .... Deux yeux distincts élevés sur des pédicules mobiles.

        I.re Section .... { Corps court, ayant une queue nue, sans feuillets, sans appendices latéraux et appliquée sous l'abdomen. { *Cancer, Calappa, Ocypode, Grapsus, Dorippe, Portunus, Podophthalmus, Matuta, Porcellana, Leucosia, Maia, Arctopsis.*

        II.e Section .... { Corps oblong, ayant une queue alongée garnie d'appendices ou de feuillets, ou de crochets. { *Albunea, Hippa, Ranina, Scyllarus, Astacus, Pagurus, Galathea, Palinurus, Crangon, Palæmon, Squilla, Branchiopoda.*

    Ordre II.e... CRUSTACÉS SESSILIOCLES .... Deux yeux distincts ou réunis en un seul, mais constamment fixes et sessiles.

        I.re Section .... Corps couvert de pièces crustacées nombreuses ...... { *Gammarus, Asellus, Caprella, Cyamus, Ligia, Oniscus, Forbiscina, Cyclops.*

        II.e Section .... { Corps couvert par un bouclier crustacé d'une seule ou de deux pièces. { *Polyphemus (Limulus, Fabr.), Limulus (Apus, Latr.), Daphnia, Amymona, Cephaloculus (Polyphemus, Müll. Latr.)*

SECONDE MÉTHODE DE M. LATREILLE.

(Histoire Naturelle des Crustacés et des Insectes, dépendante de l'édition des Œuvres de Buffon, par Sonnini, 1802.)

CRUSTACÉS. Des veines ; des branchies pour la respiration.

    Sous-classe I.re. ENTOMOSTRACÉS ..... { Mandibules nues ou nulles ; bouche formée au plus de deux rangs d'autres pièces ; antennes et pattes à forme branchiale ; tarses sans onglets ou bien [...] d'un test univalve ou bivalve, ou segments annulaires du corps cornés ou membraneux ; yeux sessiles souvent réunis en un.

        Section 1. Ostracés ..... { Têt univalve... CLYPÉACÉS ... { Ordre 1. Nymphonées [...]
            2. Psammonées [...] *Cyclops, Binoculus, Ocellus.*
            3. Phyllopes [...]
        { Têt bivalve .... { 4. Ostracodes [...] *Daphnia, Cypris, Cythereis.*

        Section 2. Nus .... { Tête confondue avec le segment suivant { 5. Poecilopes [...] *Cyclops, Argulus.*
        { Tête distincte .... { 6. Cirripèdes [...] *Apus, Branchiopoda.*

    Sous-classe II.e. MALACOSTRACÉS ..... { Mandibules palpigères, plusieurs rangs de pièces à la bouche ; quatre antennes point branchiales [...] ; tarses ayant un onglet corné au moins [...] yeux souvent pédiculés et toujours au nombre de deux.

        Ordre 1. DÉCAPODES ...
            { Section I.re Queue courte. Brachyures. { Famille 1. Cancérides [...]
                        2. Oxyrhynques [...]
            { Section II.e Queue longue. Macroures. { Famille 1. Pagurides [...]
                        2. Langoustines [...]
                        3. Homarides [...] *Astacus, Alpheus, Penæus, Palæmon, Crangon.*

        Ordre 2. BRANCHIOGASTRES ..... { Famille 1. Squillides ..... *Squilla [...]*
                              2. Crevettines ..... *Cancer, Gammarus, Talitrus, Ligia.*

INSECTES ... Sous-classe 1. TÉTRACÈRES .... { Famille 1. Aselloies ..... *Aselles, Asellus, Sphæroma, Cymothoa.*
                                      2. Cloportides ..... *Philoscia, Armadillo.*

QUATRIÈME MÉTHODE DE M. LATREILLE. — Vᵉ TABLEAU.

(Insérée dans le *Règne Animal* de M. Cuvier, tome III. 1817.)

Ordres.	Familles.	Sections.	Genres.	Genres correspondans de la méthode de M. Leach.
CRUSTACÉS.				
DÉCAPODES; Dix pieds; branchies cachées sous les bords latéraux du têt : tête confondue avec le tronc; yeux mobiles; mandibules palpigères.	**BRACHYURES ou CRABES;** queue plus courte que le tronc, repliée en dessous, sans appendices ou nageoires à l'extrémité.	**NAGEURS:** derniers pieds en nageoires.	PORTUNE	*Portunus, Portumnus, Lupa, Polybius.*
			PODOPHTHALME	*Podophthalmus*, Encycl. Edinb.
			MATUTE	*Matuta.*
			ORITHYIE	*Orithyia.*
		ARQUÉS; pieds terminés en pointe; têt arrondi en avant, rétréci en arrière.	CRABE	*Carcinus, Cancer, Xantho, Pirimela, Pilumnus.*
			HEPATE	*Hepatus.*
		QUADRILATÈRES; pieds terminés en pointe, têt presque carré ou en cœur.	PLAGUSIE	*Plagusia*, Enc. Edinb. ?
			GRAPSE	*Grapsus.*
			OCYPODE	*Ocypode.*
			GONOPLACE	*Gonoplax.*
			GELASIME (Diction.)	*Uca.*
			GÉCARCIN	*Gecarcinus.*
			UCA	*Gecarcinus*
			POTAMOPHILE ou THELPHUSE.	
			ÉRIPHIE	
		ORBICULAIRES; pieds terminés en pointe, têt orbiculaire ou elliptique.	PINNOTHÈRE	*Pinnotheres.*
			ATÉLÉCYCLE	*Atelecyclus.*
			THIE	*Thia.*
			CORYSTE	*Corystes.*
			LEUCOSIE	*Ebalia, Nursia, Leucosia, Philyra, Persephona, Myra, Ilia, Arcania.*
			IXA	*Ixa, Iphis.*
			MICTYRE	*Mictyris*, Ency. Edinb.
		TRIANGULAIRES; pieds terminés en pointe, têt rhomboïdal ou ovale, étroit en avant.	INACHUS	*Maia, Pisa* ou *Blastus, Lissa, Hyas, Micippa, Libinia.*
			EGÉRIE	*Egeria, Inachus, Achæus.*
			LITHODE	*Lithodes.*
			MACROPODE	*Macropodia, Leptopodia.*
			PACTOLE	*Partolus.*
			DOCLÉE	*Doclea.*
			MITHRAX	*Mithrax.*
			PARTHÉNOPE	*Mambrus, Euryaome, Parthenope.*
		CAYSTOPODES; les huit pieds postérieurs cachés sous une voûte du têt.	CALAPPE	*Calappa.*
			ŒTHRA	*Œthra.*
		NOTOPODES; pieds postérieurs relevés sur le dos.	DROMIE	*Dromia.*
			DORIPPE	*Dorippe.*
			HOMOLE	*Homola.*
			RANINE	*Ranina.*
	MACROURES ou ECREVISSES; queue au moins aussi longue que le tronc, étendue, munie d'appendices à son extrémité.	**ANOMAUX;** pieds simples, les deux ou quatre postérieurs beaucoup plus petits que les autres.	ALBUNÉE	
			HIPPE	*Hippa*, Enc. Edinb.
			RÉMIPÈDE	*Remipes*, Enc. Edinb.
			PAGURE	*Pagurus, Birgus.*
			PORCELLANE	*Porcellana, Pisidia.*
			GALATHÉE	*Æglea, Grimotea, Galatea, Manida.*
		HOMARDS; pieds simples; les postérieurs proportionnés aux antérieurs; antennes situées sur le même plan.	SCYLLARE	*Scyllarus, Ibacus.*
			LANGOUSTE	*Palinurus.*
			ÉCREVISSE	*Astacus, Nephrops.*
			THALASSINE	*Thalassina.*
			GÉBIE	*Upogebia*, Enc. Edinb., ou *Gebia*, Trans. Linn.
			CALLIANASSE	*Callianassa.*
			AXIE	*Axius.*
		SALICOQUES; pieds comme ceux des homards; antennes latérales placées au-dessous des mitoyennes.	NIKA	*Processa.*
			PENÉE	*Penaus.*
			ALPHÉE	*Alpheus, Hippolyte.*
			CRANGON	*Crangon.*
			PANDALE	*Pandalus.*
			PALÉMON	*Palæmon.*
			PASIPHÉE	
		SCHIZOPODES; pieds divisés au moins jusqu'à leur milieu en deux branches.	MYSIS	*Mysis.*
			NÉBALIE	*Nebalia.*
STOMAPODES ou SQUILLES		Plus de dix pieds; branchies placées sous la queue; tête distincte du tronc, yeux mobiles, mandibules palpigères.	SQUILLE	*Squilla.*
			ERICHTHE	*Smerdis.*
AMPHIPODES ou CREVETTES		Pieds ordinairement au nombre de quatorze; branchies vésiculeuses, placées à la base des pieds; tête distincte du tronc; yeux sessiles; mandibules palpigères.	PHRONIME	*Phronima.*
			CHEVRETTE	*Gammarus, Dexamine, Leucothoa, Melita, Maera, Pherusa, Amphitoe.*
			TALITRE	*Talitrus, Orchestia, Atylus.*
			COROPHIE	*Corophium, Podocerus, Jassa.*
ISOPODES ou CLOPORTES; pieds en nombre variable, simples, propres à la locomotion; branchies ordinairement sous l'abdomen; tête souvent distincte du tronc; yeux sessiles grenus; mandibules sans palpes.		**CYSTIBRANCHES ou LÆMODIPODES (1);** branchies vésiculeuses attachées aux pattes ou les remplaçant; deux petits pieds annexés à la tête.	LEPTOMÈRE	
			PROTON	*Proto.*
			CHEVROLLE	*Caprella.*
			CYAME	*Panope*, Ency. Edinb. ou *Larunda*, Tr. Linn.
		PHYTIBRANCHES; branchies en forme de tiges, plus ou moins divisées, placées sous la queue.	TYPHIS	
			ANGÉE	*Gnathia*, Ency. Edinb.
			PRANIZE	*Praniza* (genre communiqué par M. Leach à M. Latreille).
			APSEUDES	*Apseudes*, Enc. Edinb.
			JONE	
		PTÉRYGIBRANCHES; branchies en forme d'écailles vasculaires ou de bourses membraneuses placées sous la queue.	CYMOTHOÉ	*Cymothoa, Livoneca, Nerocila, Limnoria, Æga, Conilera, Rocinela, Canolira, Eurydice, Nelocira, Cirolana.*
			SPHÉROME	*Sphæroma, Campecopea, Næsa, Cilicæa, Zuzara, Cymodocea, Dynamene.*
			IDOTÉE	*Idotea, Stenosoma.*
			ASELLE	*Asellus, Janira, Jaera.*
			LIGIE	*Ligia.*
			PHILOSCIE	*Philoscia.*
			CLOPORTE	*Oniscus.*
			PORCELLION	*Porcellio.*
			ARMADILLE	*Armadillo.*
			BOPYRE	
BRANCHIOPODES ou MONOCLES; pieds en forme de nageoires, souvent très-nombreux; bouche tantôt en forme de bec, tantôt composée de mâchoires et de mandibules sans palpes (2); corps souvent recouvert d'un têt.		**POECILOPES;** des pieds à crochets en avant; des pieds-nageoires en arrière.	LIMULE	*Limulus* (3), *Tachypleus.*
			CALIGE	*Caligus, Anthosoma, Pandarus, Nogaus, Risculus.*
			ARGULE	*Argulus.*
			CÉROPS	*Cecrops.*
			DICHÉLESTION	*Dichelestium.*
		PHYLLOPES; tous les pieds en nageoires ou en rames, au moins au nombre de onze paires.	APUS	*Binoculus, Lepidurus.*
			BRANCHIPE	*Branchipus.*
			ARTÉMIE	*Artemia.*
			EULIMÈNE	
		LOPHYROPES; pieds natatoires garnis de poils, simples ou branchus, au plus au nombre de six paires.	CYTHÈRE	*Cythere.*
			CYPRIS	*Cypris.*
			LYNCÉE	*Lynceus, Chydorus.*
			DAPHNIE	*Daphnia.*
			CYCLOPE	*Cyclops, Calanus.*
			POLYPHÈME	*Polyphemus.*
			ZOÉ	

(1) Dans le *Nouveau Dictionnaire d'Histoire Naturelle*, seconde édition, M. Latreille a séparé la section des Cystibranches de l'ordre des Isopodes, pour en former un ordre particulier auquel il a donné le nom de LÆMODIPODES. Il a aussi établi ou adopté dans cet ouvrage plusieurs genres, qu'il n'avoit pas d'abord admis dans sa méthode. Ces genres, dont nous traiterons à leur place sont particulièrement les suivans : *Gelasimus, Hymenosoma, Pontophilus* Leach, *Atya* Leach, *Stenops, Hymenocera, Gnathophyllum, Autonomea* Risso, *Lysmata* Risso, *Athanas* Leach, *Phyllosoma* Leach, *Alima* Leach, *Phrosine* Risso, etc. Enfin il a créé tout récemment, dans la Collection du Muséum, plusieurs genres sous les noms de *Macrophthalmus, Dynomene, Helinus, Coronis, Hyperia*, etc.

(2) Ce caractère manque d'exactitude, depuis que M. Strans a reconnu que les *Cypris* avoient des mandibules palpigères.

(3) A compter de ce genre la synonymie de M. Leach est prise dans son article *Entomostracés* du Dictionnaire des Sciences naturelles, tome XIV, page 525.

DISTRIBUTION DES CRUSTACÉS SELON M. RISSO.

(Histoire naturelle des Crustacés des environs de Nice, imprimée en 1813, mais publiée en 1816.)

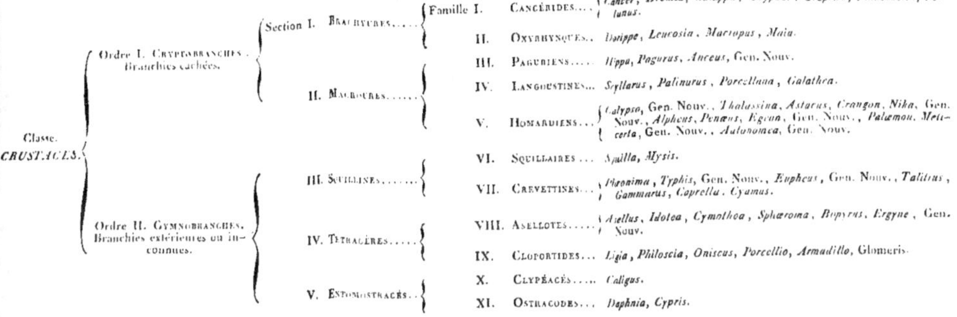

Classe. CRUSTACÉS.

Ordre I. CRYPTOBRANCHES. Branchies cachées.

- **Section I. BRACHYURES.**
  - Famille I. CANCÉRIDES.... *Cancer, Dromia, Calappa, Ocypode, Grapsus, Pinnotheres, Porcellanus.*
  - II. OXYRHYNQUES.. *Dorippe, Leucosia, Macropus, Maia.*
- **II. MACROURES.**
  - III. PAGURIENS.... *Hippa, Pagurus, Anceus, Gen. Nouv.*
  - IV. LANGOUSTINES... *Scyllarus, Palinurus, Porcellana, Galathea.*
  - V. HOMARDIENS... *Calypso, Gen. Nouv., Thalassina, Astacus, Crangon, Nika, Gen. Nouv., Alpheus, Penæus, Egean, Gen. Nouv., Palæmon, Mecerta, Gen. Nouv., Autonomea, Gen. Nouv.*

Ordre II. GYMNOBRANCHES. Branchies extérieures ou inconnues.

- **III. SQUILLINES.**
  - VI. SQUILLAIRES ... *Squilla, Mysis.*
  - VII. CREVETTINES... *Phronima, Typhis, Gen. Nouv., Eupheus, Gen. Nouv., Talitrus, Gammarus, Caprella, Cyamus.*
- **IV. TÉTRACÈRES.**
  - VIII. ASELLOTES..... *Asellus, Idotea, Cymothoa, Sphæroma, Bopyrus, Ergyne, Gen. Nouv.*
  - IX. CLOPORTIDES... *Ligia, Philoscia, Oniscus, Porcellio, Armadillo, Glomeris.*
- **V. ENTOMOSTRACÉS.**
  - X. CLYPÉACÉS..... *Caligus.*
  - XI. OSTRACODES... *Daphnia, Cypris.*

Nota. Les familles correspondent exactement aux divisions que M. Latreille a établies sous les mêmes noms.

SECONDE MÉTHODE DE M. DE LAMARCK.

(Animaux sans vertèbres, 2ᵉ édition, tome V, 1818.)

CRUSTACÉS

Ordre I. HÉTÉROBRANCHES, branchies de formes variées, non cachées sous les bords latéraux du têt.

- **1re Section. BRANCHIOPODES,** mandibules sans palpes ou nulles; pattes servant à nager; yeux souvent sessiles;
  - toutes les pattes natatoires; jamais dilatées en lames.......... FRANGÉS........ *Cypris, Cytherina, Daphnia, Lynceus, Cyclops, Cephaloculus, Zoea.*
  - pattes, en totalité ou en partie, natatoires;
    - yeux pédonculés......... LAMELLIPÈDES.... *Branchipus, Artemisus.*
    - yeux sessiles;
      - bouche en bec. PARASITES....... *Dichelestium, Cecrops, Argulus, Caligus.*
      - bouche non en forme de bec. GÉANS......... *Limulus (Apus, Latr.), Polyphemus (Limulus, Latr.).*
- **2ᵉ Section. ISOPODES;** mandibules sans palpes; pattes locomotiles; yeux sessiles;
  - branchies situées sous la queue,
    - couvertes, non dendroïdes,
      - 2 antennes apparentes.... CLOPORTIDES..... *Armadillo, Oniscus, Philoscia, Ligia.*
      - 4 antennes apparentes... ASELLIDES........ *Asellus, Idotea, Sphæroma, Cymothoa, Bopyrus.*
    - à nu; dendroïdes..................... JONELLES........ *Typhis, Anceus, Praniza, Apseudes, Jone.*
  - branchies situées sous la partie antérieure de l'abdomen, entre les pattes. CAPRELLINES..... *Leptomera, Caprella, Cyamus.*
- **3ᵉ Section. AMPHIPODES;** mandibules palpigères; yeux sessiles, tête distincte, des branchies vésiculeuses à la base des pattes. *Phronima, Gammarus, Talitrus, Corophium.*
- **4ᵉ Section. STOMAPODES,** mandibules palpigères; yeux pédonculés; tête distincte; des branchies en panaches, sous la queue. *Squilla, Erichthus.*

Ordre II. HOMOBRANCHES, branchies composées de lames membraneuses en grand nombre, cachées sous les bords latéraux du têt.

- **1re Section. MACROURES,** queue aussi longue ou plus longue que le tronc, étendue,
  - pattes profondément bifides........................... FISSIPES......... *Nebalia, Mysis.*
  - pattes non bifides;
    - des lames natatoires en éventail au bout de la queue;
      - antennes latérales placées en dessous des intermédres. SALICOQUES..... *Crangon, Nika, Pandalus, Alpheus, Penæas, Palæmon.*
      - antennes placées à peu près sur un même rang. ASTACIENS........ *Palinurus, Scyllarus, Galathea, Astacus, Thalassina.*
    - point de lames natatoires en éventail au bout de la queue. PAGURIENS....... *Pagurus, Hippa, Remipes, Albunea, Ranina.*
- **2ᵉ Section. BRACHYURES,** queue plus courte que le tronc, repliée sous lui;
  - pattes postres non natatoires; têt orbiculaire ou elliptique.... ORBICULÉS..... *Porcellana, Pinnotheres, Leucosia, Corystes.*
  - pattes postres non natatoires; têt subtriangulaire.......... TRIGONÉS....... *Leptopus, Stenorhynchus, Parthenope, Lithodes, Maia.*
  - pattes postres non natatoires; têt tronqué antérieurement.... PLAQUETTES..... *Dorippe, Plagusia, Grapsus, Gecarcinus, Ocypode, Gonoplax.*
  - pattes postérieures au moins, natatoires.................. NAGEURS..... *Podophthalmus, Portunus, Orithyia, Matuta.*
  - pattes postres non natatoires: bord antérieur du têt arqué.... CANCÉRIDES..... *Dromia, Oethra, Calappa, Hepatus, Cancer.*

DISTRIBUTION DE M. DE BLAINVILLE.

(Bulletin de la Société Philomathique, 1816, page 123; et Principes d'Anatomie comparée, tome I, tableau 7, 1823.)

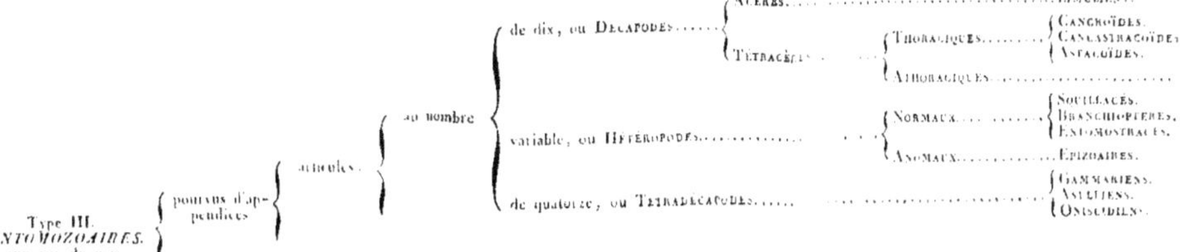

Type III. ENTOMOZOAIRES, à anneaux du corps

- pourvus d'appendices articulés,
  - au nombre
    - de dix, ou DÉCAPODES.....
      - ACÈRES............................ LIMULIENS.
      - TÉTRACÈRES.....
        - THORACIQUES.........
          - CANCROÏDES.
          - CANCASTRACOÏDES.
          - ASTACOÏDES.
        - ATHORACIQUES...........................
    - variable, ou HÉTÉROPODES...............
      - NORMAUX.........
        - SQUILLACÉS.
        - BRANCHIOPTÈRES.
        - ENTOMOSTRACÉS.
      - ANOMAUX............ ÉPIZOAIRES.
    - de quatorze, ou TÉTRADÉCAPODES......
      - GAMMARIENS.
      - ASELLIENS.
      - ONISCIDIENS.

QUATRIÈME MÉTHODE DE M. LATREILLE.

(Insérée dans le Règne Animal de M. Cuvier, tome III, 1817.)

Vᵉ TABLEAU.

Ordres.	Familles.	Sections.	Genres.	Genres correspondans de la méthode de M. Leach.
CRUSTACÉS.				
DÉCAPODES; Dix pieds; branchies cachées sous les bords latéraux du têt; tête confondue avec le tronc; yeux mobiles; mandibules palpigères.	**BRACHYURES ou CRABES;** queue plus courte que le tronc, repliée en dessous, sans appendices ou nageoires à l'extrémité.	**NAGEURS:** derniers pieds en nageoires.	Portune	Portunus, Portumnus, Lupa, Polybius
			Podophthalme	Podophthalmus, Encycl. Edinb.
			Matute	Matuta
			Orithyie	Orithya
		ARQUÉS: pieds terminés en pointe; têt arrondi en avant, rétréci en arrière.	Crabe	Carcinus, Cancer, Xantho, Pirimela, Pilumnus
			Hépate	Hepatus
		QUADRILATÈRES: pieds terminés en pointe, têt presque carré ou en cœur.	Plagusie	Plagusia, Enc. Edinb.
			Grapse	Grapsus
			Ocypode	Ocypode
			Gonoplace	Gonoplax
			Gélasime (Diction.)	Uca
			Gécarcin	Gecarcinus
			Uca	Uca
			Potamophile ou Thelphuse	
			Ériphie	
		ORBICULAIRES: pieds terminés en pointe, têt orbiculaire ou elliptique.	Pinnothère	Pinnotheres
			Atélécycle	Atelecyclus
			Thie	Thia
			Coryste	Corystes
			Leucosie	Nucia, Nursia, Leucosia, Philyra, Persephona, Myra, Ilia, Arcania
			Ixa	Ixa, Iph.
			Mictyre	Mictyris, Ency. Edinb.
		TRIANGULAIRES: pieds terminés en pointe, têt rhomboïdal ou ovale, étroit en avant.	Inachus	Maia, Pisa ou Blastus, Lissa, Hyas, Micippa, Leiainia
			Égérie	Eurria, Inachus, Achœus
			Lithode	Lithodes
			Macropode	Macropodia, Leptopodia
			Pactole	Pactolus
			Doclée	Doclea
			Mithrax	Mithrax
			Parthénope	Lambrus, Eurynome, Parthenope
		CRYPTOPODES: les huit pieds postérieurs cachés sous une voûte du têt.	Calappe	Calappa
			Oéthra	Œthra
		NOTOPODES: pieds postérieurs relevés sur le dos.	Dromie	Dromia
			Dorippe	Dorippe
			Homole	Homola
			Ranine	Ranina
	MACROURES ou ÉCREVISSES; queue au moins aussi longue que le tronc, étendue, munie d'appendices à son extrémité.	**ANOMAUX:** pieds simples, les deux ou quatre postérieurs beaucoup plus petits que les autres.	Albunée	
			Hippe	Hippa, Enc. Edinb.
			Remipède	Remipes, Enc. Edinb.
			Pagure	Pagurus, Birgus
			Porcellane	Porcellana, Pisidia
			Galathée	Æglea, Grimoteu, Galatea, Munida
		HOMARDS: pieds simples; les postérieurs proportionnés aux antérieurs; antennes situées sur le même plan.	Scyllare	Scyllarus, Ibacus
			Langouste	Palinurus
			Écrevisse	Astacus, Nephrops
			Thalassine	Thalassina
			Gébie	Upogebia, Enc. Edinb., ou Gebia, Trans. Linn
			Callianasse	Callianassa
			Axie	Axius
		SALICOQUES: pieds comme ceux des homards; antennes latérales placées au-dessous des mitoyennes.	Nika	Processa
			Pénée	Penæus
			Alphée	Alpheus, Hippolyte
			Crangon	Crangon
			Pandale	Pandalus
			Palémon	Palæmon
			Pasiphée	
		SCHIZOPODES: pieds divisés au moins jusqu'à leur milieu en deux branches.	Mysis	Mysis
			Nébalie	Nebalia
STOMAPODES ou SQUILLES. Plus de dix pieds; branchies placées sous la queue; tête distincte du tronc, yeux mobiles, mandibules palpigères.			Squille	Squilla
			Erichthe	Smerdis
AMPHIPODES ou CREVETTES. Pieds ordinairement au nombre de quatorze; branchies vésiculeuses, placées à la base des pieds; tête distincte du tronc; yeux sessiles; mandibules palpigères.			Phronime	Phronima
			Crevette	Gammarus, Dexamine, Leucothoa, Melita, Maera, Pherusa, Amphitoe
			Talitre	Talitrus, Orchestia, Atylus
			Corophie	Corophium, Podocerus, Jassa
ISOPODES ou CLOPORTES; pieds en nombre variable, simples, propres à la locomotion; branchies ordinairement sous l'abdomen; tête souvent distincte du tronc; yeux sessiles grenus; mandibules sans palpes.		**CYSTIBRANCHES ou LÆMODIPODES (1);** branchies vésiculeuses attachées aux pattes ou les remplaçant; deux petits pieds annexés à la tête.	Leptomère	
			Proton	Proto
			Chevrolle	Caprella
			Cyame	Panope, Ency. Edinb. ou Larunda, Tr. Linn.
		PHYTIBRANCHES; branchies en forme de tiges, plus ou moins divisées, placées sous la queue.	Typhis	
			Ancée	Gnathia, Ency. Edinb.
			Pranize	Praniza (genre communiqué par M. Leach à M. Latreille).
			Apseudes	Apseudes, Enc. Edinb.
			Ione	
		PTÉRYGIBRANCHES; branchies en forme d'écailles vasculaires ou de bourses membraneuses placées sous la queue.	Cymothoé	Cymothoa, Livoneca, Nerocila, Limnoria, Æga, Canilera, Rocinela, Canolira, Eurydice, Nelocira, Carolana
			Sphérome	Sphæroma, Campecopea, Nœsa, Cilicæa, Zuzara, Cymodocea, Dynamene
			Idotée	Idotea, Stenosoma
			Aselle	Asellus, Janira, Jaera
			Ligie	Ligia
			Philoscie	Philoscia
			Cloporte	Oniscus
			Porcellion	Porcellio
			Armadille	Armadillo
			Bopyre	
BRANCHIOPODES ou MONOCLES; pieds en forme de nageoires, souvent très-nombreux; bouche tantôt en forme de bec, tantôt composée de mâchoires et de mandibules sans palpes (2); corps souvent recouvert d'un têt.		**POECILOPES;** des pieds à crochets en avant; des pieds-mâchoires en arrière.	Limule (3)	Limulus, Tachypleus
			Calige	Caligus, Anthosoma, Pandarus, Nogaus, Binoculus
			Argule	Argulus
			Cécrope	Cecrops
			Dichélestion	Dichelestium
		PHYLLOPES; tous les pieds en nageoires ou en rames, au moins au nombre de onze paires.	Apus	Limulus, Lepidurus
			Branchipe	Branchipus
			Artémie	Artemia
			Eulimène	
		LOPHYROPES; pieds natatoires garnis de poils, simples ou branchus, au plus au nombre de six paires.	Cythérée	Cythere
			Cypris	Cypris
			Lyncée	Lynceus, Chydorus
			Daphnie	Daphnia
			Cyclope	Cyclops
			Polyphème	Polyphemus

(1) Dans le *Nouveau Dictionnaire d'Histoire Naturelle*, seconde édition, M. Latreille a séparé la section des Cystibranches de l'ordre des Isopodes, pour en former un ordre particulier auquel il a donné le nom de LÆMODIPODES. Il a aussi établi ou adopté dans cet ouvrage plusieurs genres, qu'il n'avoit pas d'abord admis dans sa méthode, et nous traiterons à leur place particulièrement les suivans: *Gelasimus, Hymenosoma, Pontophilus* Leach, *Alima* Leach, *Stenops, Hymenocera, Gontius, Hippolyte* Leach, *... Lysmata* Risso, *Athanas* Leach, *Phyllosoma* Leach, *Alima* Leach, *Pterosina* Risso, etc. Enfin il a créé tout récemment, dans la Collection du Muséum, ... les noms de *Macrophthalmus, Dynomene, Helinus, Coronis, Hyperia*, etc.

(2) Ce caractère manque d'exactitude, depuis que M. Straus a reconnu que les Cypris avoient des mandibules palpigères.

(3) À compter de ce genre la synonymie de M. Leach est prise dans son article *Entomostracés* du Dictionnaire des Sciences naturelles, tome XIV, page 524.